建筑施工安全技术资料系列丛书

建筑工程施工
安全专项方案编制与实例

主编单位　北京土木建筑学会

北　京
冶 金 工 业 出 版 社
2015

内 容 提 要

本书首先对建筑工程中危险源及危险性较大工程辨识、危险性较大工程安全专项方案的编制、危险性较大工程安全专项方案的专家论证；之后着重讲解了危险性较大工程安全专项施工方案的编制，其中包括深基坑支护及降水工程、模板及支承体系工程、脚手架工程、起重吊装及安装拆卸工程、拆除爆破工程的安全专项施工方案编制；最后是其他的危险性较大工程的安全专项施工方案实例，并提供了部分建筑工程施工安全应急预案的范例。

本书内容广泛、插图精致、便于掌握，具有实用性、可操作性和指导性，是施工管理人员和施工技术人员必备的工具书，也可作为培训教材和参考书。

图书在版编目(CIP)数据

建筑工程施工安全专项方案编制与实例／北京土木
建筑学会主编．— 北京：冶金工业出版社，2015.11
（建筑施工安全技术资料系列丛书）
ISBN 978-7-5024-7138-5

Ⅰ．①建… Ⅱ．①北… Ⅲ．①建筑工程－工程施工－
安全技术－方案制定－案例 Ⅳ．①TU714

中国版本图书馆 CIP 数据核字（2015）第 272944 号

出 版 人 谭学余
地　　址 北京市东城区嵩祝院北巷 39 号　邮编　100009　电话　(010)64027926
网　　址 www.cnmip.com.cn　电子信箱　yjcbs@cnmip.com.cn
责任编辑 肖　放　美术编辑 李达宁　版式设计　付海燕
责任校对 齐丽香　责任印制 李玉山
ISBN 978-7-5024-7138-5

冶金工业出版社出版发行；各地新华书店经销；三河市双峰印刷装订有限公司印刷
2015 年 11 月第 1 版，2015 年 11 月第 1 次印刷
787mm×1092mm　1/16；39 印张；1028 千字；613 页
89.00 元

冶金工业出版社　投稿电话　(010)64027932　投稿信箱　tougao@cnmip.com.cn
冶金工业出版社营销中心　电话　(010)64044283　传真　(010)64027893
冶金书店　地址　北京市东四西大街 46 号(100010)　电话　(010)65289081(兼传真)
冶金工业出版社天猫旗舰店　yjgycbs.tmall.com

（本书如有印装质量问题，本社营销中心负责退换）

建筑工程施工安全专项方案编制与实例
编 委 会 名 单

主编单位： 北京土木建筑学会

主要编写人员所在单位：

中国建筑业协会工程建设质量监督与检测分会

北京万方建知教育科技有限公司

北京筑业志远软件开发有限公司

北京市政建设集团有限责任公司

北京城建集团有限责任公司

北京城建道桥工程有限公司

北京城建地铁地基市政有限公司

北京建工集团有限责任公司

中铁建设集团有限公司

北京住总第六开发建设有限公司

万方图书建筑资料出版中心

主　　审： 吴松勤　葛恒岳

编写人员：

吕珊珊	申林虎	刘瑞霞	张　渝	杜永杰	谢　旭
徐宝双	姚亚亚	张童舟	裴　哲	赵　伟	郭　冲
刘兴宇	陈昱文	刘建强	温丽丹	张　勇	潘若林
王　峰	王　文	郑立波	刘福利	丛培源	肖明武
欧应辉	黄财杰	孟东辉	曾　方	腾　虎	梁泰臣
张义昆	于栓根	张玉海	宋道霞	崔　铮	白志忠
李连波	李达宁	叶梦泽	杨秀秀	付海燕	齐丽香
蔡　芳	张凤玉	庞灵玲	曹养闻	王佳林	杜　健

前　言

安全专项方案是指施工单位在编制施工组织（总）设计的基础上，针对危险性较大的分部分项工程单独编制的安全技术措施文件。这不仅仅能够从管理上、措施上、技术上、物资上、应急救援上充分保障危险性较大的分部分项工程安全、圆满完成，避免发生作业人员群死群伤或造成重大不良社会影响。同时，通过专项方案的编制、审查、审批、论证、实施、验收等过程，让管理层、监督层、操作层及广大员工充分认识危险源，防范各种危险，在安全思想意识上进一步提高到新的水准。

应《危险性较大的分部分项工程安全管理办法》（建质［2009］87号）之规定，北京土木建筑学会组建了《建筑施工安全技术资料系列丛书》编写委员会，依据现行国家现行行业规范标准，如《建筑施工安全检查标准》（JGJ59－2011）、《建筑基坑支护技术规程》（JGJ 120－2012）、《建筑施工模板安全技术规范》（JGJ 162－2008）等，编写了《建筑施工安全技术资料手册》系列丛书。

本分册《建筑工程施工安全专项方案编制与实例》一书整体分为三大部分：

首先对建筑工程中危险源及危险性较大工程辨识、危险性较大工程安全专项方案的编制、危险性较大工程安全专项方案的专家论证；之后着重讲解了危险性较大工程安全专项施工方案的编制，其中包括深基坑支护及降水工程、模板及支承体系工程、脚手架工程、起重吊装及安装拆卸工程、拆除爆破工程的安全专项施工方案编制；最后本书对之前未涉及到的危险性较大工程，如建筑幕墙、钢结构吊装、预应力工程、人工挖扩孔桩等的安全专项施工方案实例，以及提供了部分建筑工程施工安全应急预案的范例。

本书重点突出了它的实用性、可操作性和指导性，是建筑业项目技术负责人、安全员及现场施工人员必备的工具书。

由于编者水平所限，疏漏之处在所难免，恳请广大读者批评指正。希望广大读者发现问题并及时联系我们，以便本书下一步的修订和完善。

编　者

2015 年 11 月

目　录

第1章 危险源及危险性较大工程辨识

1.1 危险源概念及其辨识

1.1.1 危险源及其分类

1. 危险源

现行国家标准《职业健康安全管理体系要求》(GB/T 28001—2011)中对危险源的定义为:可能导致伤害和(或)健康损害的根源、状态或行为,或其组合。也就是说,危险源是可能导致事故发生的潜在的不安全因素。从造成伤害、损失和破坏的本质上分析,可归结为能量、有害物质的存在和能量、有害物质的失控这两大方面,即能量的意外释放。

《安全生产法》与《危险化学品重大危险源辨识》(GB 18218—2009)中,将重大危险源定义为:长期地或者临时地生产、搬运、使用或者储存危险物品,且危险物品的数量等于或者超过临界量的单元(包括场所和设施)。危险物品是指易燃易爆物品、危险化学品、放射性物品等能够危及人身安全和财产安全的物品。临界量是指国家法律、法规、标准规定的一种或一类特定危险物品的数量。实质也是指能量源、能量或有害物质的意外释放。但这种定义只适用于易燃易爆、有毒类化学物质,它的局限性较大,不适用于建筑业、水利工程和核设施等领域。

综上所述,建筑业危险源可定义为:在建筑施工活动中,可能导致施工现场及周围社区内人员伤害或疾病、财产损失、工作环境破坏等意外的潜在不安全因素。建筑业重大危险源可定义为:具有潜在的重大事故隐患,可能造成人员群死群伤、火灾、爆炸、重大机械设备损坏以及造成重大不良社会影响的分部分项工程的施工活动及设备、设施、场所、危险品等。

2. 危险源的分类

根据危险源在事故发生、发展过程中的作用,安全科学理论把危险源划分为第一类危险源和第二类危险源两大类。

根据能量意外释放理论,能量或有害物质的意外释放是事故发生的物理本质。于是,把生产过程中存在的、可能发生意外释放的能量(包括能量载体)以及有害物质称为第一类危险源。《建设工程安全生产管理条例》第二十六条规定的基坑支护与降水工程、土方开挖工程、模板工程等七个方面的危险性较大的分部分项工程属于第一类重大危险源。导致能量或有害物质约束或限制措施破坏或失效的各种不安全因素称为第二类危险源。第二类危险源主要包括人的因素、物的因素和环境因素。

(1)人的因素:分为不安全行为和失误。不安全行为一般指明显违反安全操作规程的行为,这种行为往往直接导致事故发生。如故意绕开漏电开关接通电源而发生触电事故。人失误是指人的行为结果偏离了预定的标准。如误合电源开关使检修中的线路或电器设备带电。不安全行为、失误可能直接破坏对第一类危险源的控制,造成能量或有害物质的意外释放,也可能造成物的不安全状态，进而导致事故发生。如发生人货两用电梯超载运行造成钢丝绳断裂或传动齿轮损坏，进而发生高处坠落事故。

（2）物的因素：可以概括为物的不安全状态和物的故障（或失效）。物的不安全状态（通常称为隐患），是指机械设备、物质等明显不符合安全要求的状态。如没有超载限制或起升高度限位安全装置的塔吊设备。物的故障（或失效）是指机械设备、零部件等由于性能低下而不能实现预定功能的现象。如塔吊设备超载限制或起升高度限位安全装置失效，造成钢丝绳断裂、重物坠落。物的不安全状态和物的故障（或失效）可能直接使约束、限制能量或有害物质的措施失效而发生事故。

（3）环境因素：主要指系统运行的环境，包括施工生产作业的温度、湿度、噪声、振动、照明和通风换气等物理环境，以及企业和社会的软环境。不良的物理环境会引起物的因素或人的因素问题。

一起事故的发生是两类危险源共同作用的结果。第一类危险源是事故发生的能量主体，决定事故后果的严重程度；第二类危险源是第一类危险源造成事故的必要条件，决定事故发生的可能性。两类危险源相互关联，相互依存。第一类危险源的存在是第二类危险源出现的前提，第二类危险源的出现是第一类危险源导致事故的必要条件。因此危险源辨识的首要任务是辨识第一类危险源，在此基础上再辨识第二类危险源。

1.1.2 危险源辨识

危险源辨识就是识别危险源的存在并确定其特性的过程。危险源存在于确定的系统中，不同的系统范围，危险源的区域也不同。在危险源辨识中，首先应了解危险源所在的系统。对于施工企业系统，每个项目部就是一个危险源区域。对于一单位工程施工过程，分部分项工程就是危险源分析区域。危险源辨识方法通常可分为对照法和系统安全分析法两大类。

（1）对照法：与有关的规范、标准、规程和以往的经验教训相对照辨识危险源，是一种基于经验的方法，优点是操作简单、易行，缺点是重点不突出，容易遗漏。适用于有以往经验可供借鉴的情况。

常用的对照法包括：询问交谈法、安全检查表法、现场观察法、经验分析评价法、查阅相关记录法和查阅外部信息法等。

（2）系统安全分析法：系统安全分析法是从安全角度进行的系统分析，通过揭示系统中可能导致系统故障或事故的各种因素及其相互关联来辨识系统中危险源。系统安全分析法经常被用来辨识可能带来严重事故后果的危险源，也可用于辨识没有前人经验活动系统的危险源。系统越复杂，越需要利用系统安全分析方法来辨识危险源。常用的系统安全分析法有：危险与可操作性研究、工作任务分析、事件树分析和故障树分析等。此方法应用有一定难度，不易掌握，要求辨识人员素质较高。

1.2 危险性较大的分部分项工程辨识

1.2.1 危险性较大的分部分项工程范围

1. 基坑支护、降水工程

开挖深度超过 3m（含 3m）或虽未超过 3m 但地质条件和周边环境复杂的基坑（槽）支护、降水工程。

2. 土方开挖工程

开挖深度超过 3m（含 3m）的基坑（槽）的土方开挖工程。

3. 模板工程及支撑体系

（1）各类工具式模板工程：包括大模板、滑模、爬模、飞模等工程。

（2）混凝土模板支撑工程：搭设高度 5m 及以上；搭设跨度 10m 及以上；施工总荷载 $10kN/m^2$ 及以上；集中线荷载 15kN/m 及以上；高度大于支撑水平投影宽度且相对独立无联系构件的混凝土模板支撑工程。

（3）承重支撑体系：用于钢结构安装等满堂支撑体系。

4. 起重吊装及安装拆卸工程

（1）采用非常规起重设备、方法，且单件起吊重量在 10kN 及以上的起重吊装工程。

（2）采用起重机械进行安装的工程。

（3）起重机械设备自身的安装、拆卸。

5. 脚手架工程

（1）搭设高度 24m 及以上的落地式钢管脚手架工程。

（2）附着式整体和分片提升脚手架工程。

（3）悬挑式脚手架工程。

（4）吊篮脚手架工程。

（5）自制卸料平台、移动操作平台工程。

（6）新型及异形脚手架工程。

6. 拆除、爆破工程

（1）建筑物、构筑物拆除工程。

（2）采用爆破拆除的工程。

7. 其他

（1）建筑幕墙安装工程。

（2）钢结构、网架和索膜结构安装工程。

（3）人工挖扩孔桩工程。

（4）地下暗挖、顶管及水下作业工程。

（5）预应力工程。

（6）采用新技术、新工艺、新材料、新设备及尚无相关技术标准的危险性较大的分部分项工程。

1.2.2 超过一定规模的危险性较大的分部分项工程范围

1．深基坑工程

（1）开挖深度超过 5m（含 5m）的基坑（槽）的土方开挖、支护、降水工程。

（2）开挖深度虽未超过 5m，但地质条件、周围环境和地下管线复杂，或影响毗邻建（构）筑物安全的基坑（槽）的土方开挖、支护、降水工程。

2．模板工程及支撑体系

（1）工具式模板工程：包括滑模、爬模、飞模工程。

（2）混凝土模板支撑工程：搭设高度 8m 及以上；搭设跨度 18m 及以上；施工总荷载 15kN/m^2 及以上；集中线荷载 20kN/m 及以上。

（3）承重支撑体系：用于钢结构安装等满堂支撑体系，承受单点集中荷载 700kg 以上。

3．起重吊装及安装拆卸工程

（1）采用非常规起重设备、方法，且单件起吊重量在 100kN 及以上的起重吊装工程。

（2）起重量 300kN 及以上的起重设备安装工程；高度 200m 及以上内爬起重设备的拆除工程。

4．脚手架工程

（1）搭设高度 50m 及以上落地式钢管脚手架工程。

（2）提升高度 150m 及以上附着式整体和分片提升脚手架工程。

（3）架体高度 20m 及以上悬挑式脚手架工程。

5．拆除、爆破工程

（1）采用爆破拆除的工程。

（2）码头、桥梁、高架、烟囱、水塔或拆除中容易引起有毒有害气（液）体或粉尘扩散、易燃易爆事故发生的特殊建（构）筑物的拆除工程。

（3）可能影响行人、交通、电力设施、通信设施或其他建（构）筑物安全的拆除工程。

（4）文物保护建筑、优秀历史建筑或历史文化风貌区控制范围的拆除工程。

6．其他

（1）施工高度 50m 及以上的建筑幕墙安装工程。

（2）跨度大于 36m 及以上的钢结构安装工程；跨度大于 60m 及以上的网架和索膜结构安装工程。

（3）开挖深度超过 16m 的人工挖孔桩工程。

（4）地下暗挖工程、顶管工程、水下作业工程。

（5）采用新技术、新工艺、新材料、新设备及尚无相关技术标准的危险性较大的分部分项工程。

1.2.3 危险性较大分部分项工程辨识方法

由于分部分项工程属于较大级别的安全系统，辨识方法不必过于复杂，可采用经验分析评价法进行直观、简便地辨识。

根据危险性较大分部分项工程定义，确定经验分析评价法原则如下：

（1）施工作业区域施工人员数在 3 人以上，可能会发生群死群伤事故。

（2）可能发生经济损失 1000 万元以上事故。

（3）如发生事故，可能对周边社区环境产生重大影响，如周边建（构）筑物产生严重开裂或倾斜，煤气管道破裂泄漏煤气，周边人员发生群死群伤等事故。

（4）本行业该分部分项工程出现较大事故的频次较多。

（5）有可能造成重大不良社会影响。

（6）本企业或本地区发生过类似的重大事故。

只要满足上述原则之一，就可评价为危险性较大的工程。

第2章 危险性较大工程安全专项方案的编制

2.1 危险性较大工程安全专项方案

危险性较大的分部分项工程安全专项施工方案（简称"安全专项方案"），是指施工单位在编制施工组织（总）设计的基础上，针对危险性较大的分部分项工程单独编制的安全技术措施文件。

危险性较大工程安全专项方案应包括下列主要内容：

（1）工程概况；

（2）编制依据；

（3）工程特点分析与危险源辨识及采取相应措施；

（4）设计计算和施工图；

（5）主要施工方法及质量安全管理措施；

（6）验收要求；

（7）监控方案；

（8）重大危险源应急预案。

2.2 工程概况

1. 工程概况的内容

工程概况应包括工程主要情况、设计简介和工程施工条件等。

（1）分部（分项）工程或专项工程名称、工程地质、建设单位、设计单位、监理单位、质量监督单位、施工总包、主要分包等基本情况。

（2）工程的施工范围。

（3）建筑设计概况，结构设计概况，专业设计概况，工程的难点等。设计简介应主要介绍施工范围内的工程设计内容和相关要求。包括平面组成、层数、建筑面积、抗震设防程度、混凝土等级、砌体要求、主要工程实物量和内外装修情况等。

（4）建设地点的特征。包括工程所在地位置、地形、工程与水文地质条件、不同深度的土质分析、冻结时间与冻层厚度、地下水位、水质、气温、冬雨期起止时间、主导风向、风力等。

（5）施工条件。应重点说明与分部（分项）工程或专项工程相关的内容。水、电、道路、场地等情况；建筑场地四周环境、材料、构件、加工品的供应和加工能力；施工单位的建筑机械和运输工具可供本工程项目使用的程度，施工技术和管理水平等。

2．工程概况的附图

（1）周边环境条件图。主要说明周围建筑物与拟建建筑的尺寸关系、标高、周围道路、电源、水源、雨污水管道及走向、围墙位置等；城市市政管网系统工程等。

（2）工程平面图。可以看到建筑物的尺寸、功能及维护结构等，是合理布置施工平面的要素。

（3）工程结构剖面图，以此了解工程结构高度、楼层结构高度、楼层标高、基础高度及地板厚度等，是施工的依据。

2.3 编制依据

（1）与工程建设有关的法律、法规和文件。

1）国家法律：建筑法、招投标法、合同法、环境保护法、城市规划法、行政诉讼法、城市房地产管理法、水污染防治法、节约能源法、土地管理法、环境噪声污染防治法、产品质量法、担保法、仲裁法、大气污染防治法等。

2）行政法规：化学危险物品安全管理条例、特别重大事故和调查程序暂行规定、城市拆迁管理条例、中华人民共和国测量标志保护条例、企业职工伤亡事故报告和处理规定、城市房地产开发经营管理条例、建设项目环境管理保护条例、建设工程质量管理条例、建设工程勘察设计管理条例、国务院关于特大安全事故行政追究的规定等。

3）部门规章：建筑安全生产监督管理条例、建筑工程施工现场管理规定、工程建设国家标准管理办法、房屋建筑工程质量保修办法、实施工程建设强制性标准监督规定、建设领域推广新技术管理规定、建设工程勘察质量管理规定、建筑工程质量检测管理办法等。

（2）国家现行有关标准和技术经济指标（主要指各地方的建筑工程概预算定额和相关规定）。

（3）工程所在地区行政主管部门的批准文件，建设单位对施工的要求。

（4）工程施工合同或招标投标文件。

（5）工程设计文件。

（6）工程施工范围内的现场条件，工程地质及水文地质、气象等自然条件。

（7）与工程有关的资源供应情况。

（8）施工企业的生产能力、机具设备状况、技术水平等。

2.4 方案的选型

危险性较大的安全专项施工方案的选型应当把安全性、可靠性摆在第一位，但是也不能为了强调安全，不考虑经济性、效率等其他重要因素，片面追求安全、盲目选择安全保守的施工方案。为科学合理地选择施工工艺，必须根据下列原则进行方案的选型比较：

①熟悉了解各种不同施工工艺的使用条件、适用范围；

②熟悉了解各种不同施工工艺的经济性；

③熟悉了解各种不同施工工艺的施工效率，施工过程的复杂程度。

在对工程进行详细分析的基础上，结合本工程特点对各种不同施工工艺的安全可靠性、适用条件、经济性、施工周期进行比较。在安全性、经济性、施工工期等方面进行多方案比较，在确保安全的前提下找到性价比较高的施工工艺。

2.5 危险性较大工程验收

1. 危险性较大工程验收的概念

（1）材料验收

危险性较大分部分项工程中凡牵涉到工程结构安全的主要材料的验收，包括产品合格证及各类抽检报告的核验。

（2）隐蔽工程验收

危险性较大的各分部分项工程凡是上道工序将被下道工序隐蔽前，均必须进行隐蔽工程验收。

（3）分段验收

面积较大或工程量较大的危险性较大分部分项工程，也可按工程的伸缩变形缝或现场实际情况划分区段进行分段验收。

（4）总体验收

危险性较大工程各分部分项工程完成后的总体验收。

2. 危险性较大工程验收的责任主体

危险性较大工程验收的责任主体：施工单位（含分包单位）、监理单位。

危险性较大工程验收的相关责任方：设计单位、勘察单位、建设单位等。

危险性较大工程验收的监管方：安全监管机构。

参加验收人员：

施工单位：公司安全生产负责人、施工单位项目经理、项目技术负责人、专项方案的编制人员、项目施工员、项目部安全员等有关人员。

监理单位：总监理工程师、安全专业监理工程师。

设计单位：项目负责人、设计工程师。

勘察单位：项目负责人、岩土工程师。

建设单位：项目负责人、分管安全工程师等。

政府安全监督机构：项目安全监督员。

3．危险性较大工程验收的依据

（1）与危险性较大工程有关的国家安全规范、技术标准。

（2）危险性较大工程的有关图纸、工程技术资料。

（3）危险性较大工程安全专项方案

危险性较大工程安全专项方案在正式施工前，也必须通过审核、批准或论证。

①施工单位项目技术人员按有关规定及图纸编制危险性较大专项施工方案。

②施工单位工程技术职能部门审核专项方案。

③施工单位技术负责人批准专项方案。

④危险性较大专项方案送监理单位审核。

⑤按有关规定报建设主管部门，组织专家对专项方案进行论证。

4．危险性较大工程验收的内容

（1）是否存在方案变更及变更后的方案是否按规定进行了批准、确认。

（2）所用的施工设备和设施是否进行了进场报验和验收。

（3）是否按专项方案组织施工，并和专项方案保持一致。

（4）是否按专项方案设置了监控点和配置了监测设备。

（5）各项参数的偏差是否按专项方案设计要求控制在允许范围内。

（6）高大模板支撑系统验收内容：

①高大模板支撑系统搭设前，应由项目负责人组织对需要处理或加固的地基、基础进行验收。

②高大模板支撑系统结构的材料应按规定进行验收、抽检和检测，并保留记录资料。

③现场应对承重杆件及连接件等材料的出场证明材料、检测记录进行复核，并对其表面观感、重量等物理指标进行抽检。

④对承重杆件的抽检数量不得低于搭设用量的 30% ，发现质量不符合标准和情况严重的，要进行 100% 的检验，并随机抽取 1%（由监理见证取样）的材料送法定专业检测机构进行检测。

⑤采用钢管扣件搭设高大模板支撑系统，还应对扣件螺栓的紧固力矩进行抽查，抽查数量应符合《建筑施工扣件式钢管脚手架安全技术规范》JGJ 130 的规定，对梁底扣件应进行 100% 检查。

⑥高大模板支撑系统应在搭设完成后，由项目负责人组织验收，验收人员应包括施工单位（公司）和项目部两级技术、施工人员，监理单位的总监和专业监理工程师。验收合格，经施工单位项目技术负责人及项目总监理工程师签字后，方可进入后续工序的施工。验收表格详见表 2-1 、表 2-2 。

表 2-1 表模板工程安全技术要求和验收表

施工单位：　　　　　　　　　工程名称：

验收部位：

序号	验收项目	技术要求	验收结果
1	支撑系统	支撑系统材料的规格、尺寸、接头方法、间距及剪刀撑设置均应符合施工方案要求	
2	立杆稳定	立杆底部应有垫板，立杆间距不大于 2m，按高度不超过 2m 设置纵、横水平支撑，支撑系统两端应设置剪刀撑	
3	施工荷载	模板上材料应堆放均匀，荷载不得超过施工方案的规定	
4	模板存放	各种模板上材料堆放整齐，高度不宜超过 2m，大模板存放要有防倾斜措施	
5	支拆模板	支拆模板时，2m 以上高处作业必须有可靠的立足点，并有相应的安全防护措施；拆除模板时应设置临时警戒线并有专人监护，不得留有未拆除的悬空模板	
6	混凝土强度	模板拆除前必须有混凝土强度报告，强度达到规定要求后方可进行拆模	
7	运输道路	在模板上运输混凝土必须要有专用运输通道，运输通道应平整牢固	
8	作业环境	模板作业的预留孔洞和临边应进行安全防护，垂直作业应采取上下隔离措施	
验收结论意见		验收人员	项目经理： 技术负责人： 施工员： 安全员： 验收日期：

表 2-2 模板支架搭设分项检查验收表

项目名称										最大荷载	
搭设单位				高度			跨度				
搭设班组							班组长				
操作人员持证人数							证书符合性				
专项方案编审程序符合性				技术交底情况					安全交底情况		
钢管扣件	进场前质量验收情况										
	材质、规格与反感的符合性										
	使用前质量检测情况										
	外观质量检查情况										

检查内容		允许偏差	方案要求	实际质量情况					符合性		
立杆间距	梁底	+30mm									
	板底	+30mm									
步距		+50mm									
立杆垂直度		≤0.75% 且≥60mm									
扣件拧紧		40～65N·m									
立杆基础											
扫地杆设置											
拉节点设置											
立杆搭接方式											
纵、横向水平杆设置											
剪刀撑	垂直纵、横向										
	水平（高度＞4m）										
其他											

施工单位检查结论	结论：	检查日期：	年 月 日
	检查人员：	项目技术负责人：	项目经理：
监理单位验收结论	结论：	检查日期：	年 月 日
	检查人员：	项目技术负责人：	项目经理：

（7）深基坑支护验收内容。深基坑支护应对影响结构安全的下列相关因素进行分项验收：

①桩、锚杆、土钉、水泥土墙的桩深、孔深、桩径、孔径、间距、钢筋、水泥、混凝土等主要参数、主要材料在施工过程中进行监控、验收，每进入下一道工序必须根据设计图纸及规范进行验收。

②在土方开挖前，由监理、施工总包单位、支护结构施工单位、设计单位对支护结构共同组织验收。

③总包单位在土方开挖前进行支护结构验收后，必须对基坑施工的安全工作进行统一管理、协调。各分包单位、监测单位必须在总包单位的统一协调管理下，按专项方案的要求继续对深基坑的安全施工进行监测管理，直到基坑基础施工完毕，土方回填后，施工总包单位按有关规定向当地建设行政主管部门办理相关手续。

（8）悬挑脚手架的验收内容：

①悬挑脚手架的主要受力材料（型钢、钢管、钢丝绳、钢管扣件等）在施工过程中应按国家规范进行监控、验收。

②悬挑脚手架主要受力构件的施工安装质量是否按照设计方案实施，尤其是钢管的步距、纵距、横距、连墙件布置，型钢、钢丝绳、吊环、卡环的安装间距及质量是否符合设计及相关规范的要求，其施工过程中，由监理、施工单位共同组织验收。

③悬挑脚手架的纵、横向平面剪刀撑、安全网的搭设安装是否满足设计方案及规范的构造要求，在施工过程中及脚手架搭设完成后均必须由监理单位、施工单位组织进行验收，验收合格方能投入使用。

2.6　危险性较大工程的监控

1. 危险性较大工程安全监控体系

危险性较大工程安全监管体制基本模式是：坚持"安全第一、预防为主、综合治理"的方针，根据现行建筑安全法律法规，按照分级监管原则，依据安全管理体系要求，建立起政府统一领导、部门依法监管、参建各方（建设、设计、勘察、监理、施工）全面负责、群众参与监督、劳动者遵章守纪、社会广泛支持的危险性较大工程安全监管体系，图 2-1 所示为建筑工程危险性较大工程的安全层级监管模式示意图。

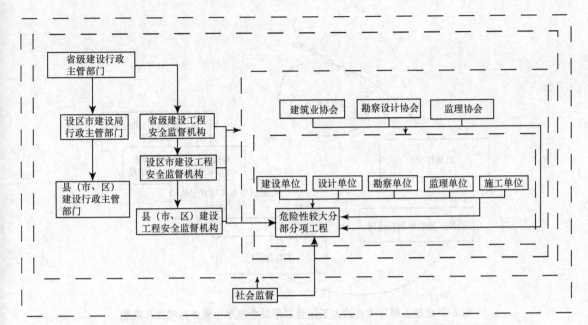

图 2-1　建筑工程危险性较大工程的安全层级监管模式示意图

现对建筑工程危险性较大工程的安全层级监管模式示意图进行简单诠释，便于大家能达到一致的理解。

（1）从示意图中可以看出，企业、行业、政府、社会等在示意图中均有实线箭头指向实线方框图"危险性较大工程"，即他们监管的对象都是危险性较大工程。

（2）示意图中最里面的一个虚线方框表示企业（即参建各方）对危险性较大工程的安全监管体系。参建各方既履行各自职责直接对危险性较大工程进行监管，又对参建方之间的履行职责的规范和行为进行相互监督。

（3）示意图中从里向外至第二个虚线方框表示行业协会对其协会的企业监控，以及对危险性较大工程的层级监管体系。

（4）示意图中从里向外至第三个虚线方框表示各级建设行政主管部门及建设工程安全监管机构对行业协会、参建各方履行职责行为的监控，以及对危险性较大工程的层级监管体系。

（5）示意图中从里向外至最外一个虚线方框表示社会各界对各级建设行政主管部门及建设工程安全监管机构、行业协会、参建各方的履行职责的行为和危险性较大工程实施状况的监控体系。

2．危险性较大工程安全监控体系的建立

通过对全国有关省、市对危险性较大工程监管实施情况的调研，我们提出了建立建筑工程危险性较大工程全过程安全技术监管体系模式（图 2-3）。按照危险性较大工程全过程安全技术监管体系模式的运行要求，建立和保持危险性较大工程安全监管体系，实现对危险性较大工程全过程进行全面、科学、合理和分级监管。

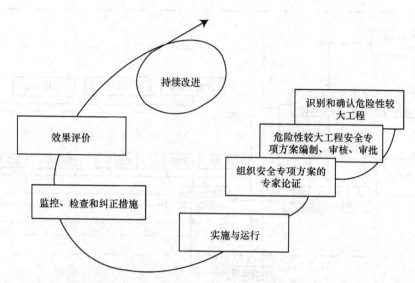

图 2-2 建筑工程危险性较大工程全过程安全技术监管体系模式示意图

3. 各责任主体危险性较大工程安全监控组织机构

（1）建设单位危险性较大工程安全监控组织机构

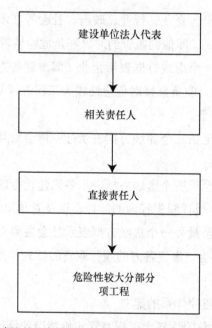

图 2-3 建设单位危险性较大工程安全监控组织机构示意图

（2）施工单位危险性较大工程安全监控组织机构

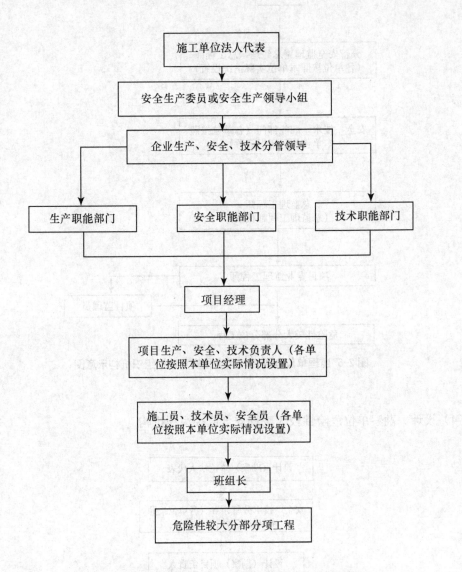

图 2-4 施工单位危险性较大工程安全监控组织机构示意图

（3）监理单位危险性较大工程安全监控组织机构

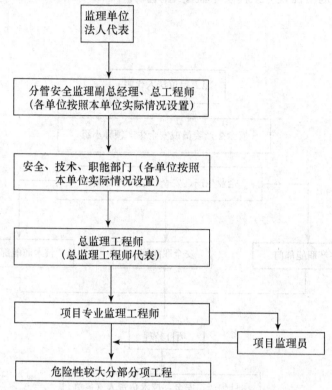

图 2-5 监理单位危险性较大工程安全监控组织机构示意图

（4）设计、勘察单位危险性较大工程安全监控组织机构

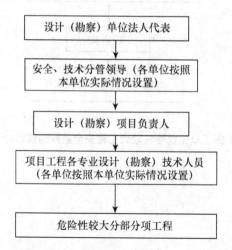

图 2-6 设计单位、勘察单位危险性较大工程安全监控组织机构

（5）政府及监督机构危险性较大工程安全监控组织机构

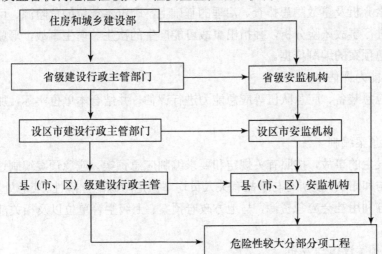

图 2-7 政府及监督机构危险性较大工程安全监控组织机构示意图

2.7 危险性较大工程施工应急预案

2.7.1 应急预案编制准备与程序

1．编制准备

编制应急预案应做好以下准备工作：

（1）全面分析本单位危险因素、可能发生的事故类型及事故的危害程度；

（2）排查事故隐患的种类、数量和分布情况，并在隐患治理的基础上，预测可能发生的事故类型及其危害程度；

（3）确定事故危险源，进行风险评估；

（4）针对事故危险源和存在的问题，确定相应的防范措施；

（5）客观评价本单位应急能力；

（6）充分借鉴国内外同行业事故教训及应急工作经验。

2．编制程序

（1）应急预案编制工作组

结合本单位部门职能分工，成立以单位主要负责人为领导的应急预案编制工作组，明确编制任务、职责分工，制定工作计划。

（2）资料收集

收集应急预案编制所需的各种资料（相关法律法规、应急预案、技术标准、国内外同行业事故案例分析、本单位技术资料等）。

（3）危险源与风险分析

在危险因素分析及事故隐患排查、治理的基础上，确定本单位的危险源、可能发生事故的类型和后果，进行事故风险分析，并指出事故可能产生的次生、衍生事故，形成分析报告，分析结果作为应急预案的编制依据。

（4）应急能力评估

对本单位应急装备、应急队伍等应急能力进行评估，并结合本单位实际，加强应急能力建设。

（5）应急预案编制

针对可能发生的事故，按照有关规定和要求编制应急预案。应急预案编制过程中，应注重全体人员的参与和培训，使所有与事故有关人员均掌握危险源的危险性、应急处置方案和技能。应急预案应充分利用社会应急资源，与地方政府预案、上级主管单位以及相关部门的预案相衔接。

（6）应急预案评审与发布

应急预案编制完成后，应进行评审。评审由本单位主要负责人组织有关部门和人员进行。外部评审由上级主管部门或地方政府负责安全管理的部门组织审查。评审后，按规定报有关部门备案，并经生产经营单位主要负责人签署发布。

2.7.2 应急预案体系的构成

1. 应急预案体系

应急预案应形成体系，针对各级各类可能发生的事故和所有危险源制订专项应急预案和现场应急处置方案，并明确事前、事发、事中、事后的各个过程中相关部门和有关人员的职责。生产规模小、危险因素少的生产经营单位，综合应急预案和专项应急预案可以合并编写。

2. 综合应急预案

综合应急预案是从总体上阐述处理事故的应急方针、政策，应急组织结构及相关应急职责、应急行动、措施和保障等基本要求和程序，是应对各类事故的综合性文件。

3. 专项应急预案

专项应急预案是针对具体的事故类别（如煤矿瓦斯爆炸、危险化学品泄漏等事故）、危险源和应急保障而制定的计划或方案，是综合应急预案的组成部分，应按照综合应急预案的程序和要求组织制定，并作为综合应急预案的附件。专项应急预案应制定明确的救援程序和具体的应急救援措施。

4. 现场处置方案

现场处置方案是针对具体的装置、场所或设施、岗位所制定的应急处置措施。现场处置方案应具体、简单、针对性强。现场处置方案应根据风险评估及危险性控制措施逐一编制，做到事故相关人员应知应会，熟练掌握，并通过应急演练，做到迅速反应、正确处置。

2.7.3 综合应急预案的主要内容

1．总则

（1）编制目的

简述应急预案编制的目的、作用等。

（2）编制依据

简述应急预案编制所依据的法律法规、规章，以及有关行业管理规定、技术规范和标准等。

（3）适用范围

说明应急预案适用的区域范围，以及事故的类型、级别。

（4）应急预案体系

说明本单位应急预案体系的构成情况。

（5）应急工作原则

说明本单位应急工作的原则，内容应简明扼要、明确具体。

2．生产经营单位的危险性分析

（1）生产经营单位概况

主要包括单位地址、从业人数、隶属关系、主要原材料、主要产品、产量等内容，以及周边重大危险源、重要设施、目标、场所和周边布局情况。必要时，可附平面图进行说明。

（2）危险源与风险分析

主要阐述本单位存在的危险源及风险分析结果。

3．组织机构及职责

（1）应急组织体系

明确应急组织形式，构成单位或人员，并尽可能以结构图的形式表示出来。

（2）指挥机构及职责

明确应急救援指挥机构总指挥、副总指挥、各成员单位及其相应职责。应急救援指挥机构根据事故类型和应急工作需要，可以设置相应的应急救援工作小组，并明确各小组的工作任务及职责。

4．预防与预警

（1）危险源监控

明确本单位对危险源监测监控的方式、方法，以及采取的预防措施。

（2）预警行动

明确事故预警的条件、方式、方法和信息的发布程序。

（3）信息报告与处置

按照有关规定，明确事故及未遂伤亡事故信息报告与处置办法。

1）信息报告与通知

明确 24 小时应急值守电话、事故信息接收和通报程序。

2）信息上报

明确事故发生后向上级主管部门和地方人民政府报告事故信息的流程、内容和时限。

3）信息传递

明确事故发生后向有关部门或单位通报事故信息的方法和程序。

5．应急响应

（1）响应分级

针对事故危害程度、影响范围和单位控制事态的能力，将事故分为不同的等级。按照分级负责的原则，明确应急响应级别。

（2）响应程序

根据事故的大小和发展态势，明确应急指挥、应急行动、资源调配、应急避险、扩大应急等响应程序。

（3）应急结束

明确应急终止的条件。事故现场得以控制，环境符合有关标准，导致次生、衍生事故隐患消除后，经事故现场应急指挥机构批准后，现场应急结束。应急结束后，应明确：

1）事故情况上报事项；

2）需向事故调查处理小组移交的相关事项；

3）事故应急救援工作总结报告。

6．信息发布

明确事故信息发布的部门，发布原则。事故信息应由事故现场指挥部及时准确向新闻媒体通报事故信息。

7．后期处置

主要包括污染物处理、事故后果影响消除、生产秩序恢复、善后赔偿、抢险过程和应急救援能力评估及应急预案的修订等内容。

8．保障措施

（1）通信与信息保障

明确与应急工作相关联的单位或人员通信联系方式和方法，并提供备用方案。建立信息通信系统及维护方案，确保应急期间信息通畅。

（2）应急队伍保障

明确各类应急响应的人力资源，包括专业应急队伍、兼职应急队伍的组织与保障方案。

（3）应急物资装备保障

明确应急救援需要使用的应急物资和装备的类型、数量、性能、存放位置、管理责任人及其联系方式等内容。

（4）经费保障

明确应急专项经费来源、使用范围、数量和监督管理措施，保障应急状态时生产经营单位应急经费的及时到位。

（5）其他保障

根据本单位应急工作需求而确定的其他相关保障措施（如：交通运输保障、治安保障、技术保障、医疗保障、后勤保障等）。

9．培训与演练

（1）培训

明确对本单位人员开展的应急培训计划、方式和要求。如果预案涉及到社区和居民，要做好宣传教育和告知等工作。

（2）演练

明确应急演练的规模、方式、频次、范围、内容、组织、评估、总结等内容。

10．奖惩

明确事故应急救援工作中奖励和处罚的条件和内容。

11．附则

（1）术语和定义

对应急预案涉及的一些术语进行定义。

（2）应急预案备案

明确本应急预案的报备部门。

（3）维护和更新

明确应急预案维护和更新的基本要求，定期进行评审，实现可持续改进。

（4）制定与解释

明确应急预案负责制定与解释的部门。

（5）应急预案实施

明确应急预案实施的具体时间。

2.7.4 专项应急预案的主要内容

1．事故类型和危害程度分析

在危险源评估的基础上，对其可能发生的事故类型和可能发生的季节及其严重程度进行确定。

2．应急处置基本原则

明确处置安全生产事故应当遵循的基本原则。

3．组织机构及职责

（1）应急组织体系

明确应急组织形式，构成单位或人员，并尽可能以结构图的形式表示出来。

（2）指挥机构及职责

根据事故类型，明确应急救援指挥机构总指挥、副总指挥以及各成员单位或人员的具体职责。应急救援指挥机构可以设置相应的应急救援工作小组，明确各小组的工作任务及主要负责人职责。

4．预防与预警

（1）危险源监控

明确本单位对危险源监测监控的方式、方法，以及采取的预防措施。

（2）预警行动

明确具体事故预警的条件、方式、方法和信息的发布程序。

5．信息报告程序

主要包括：

（1）确定报警系统及程序；

（2）确定现场报警方式，如电话、警报器等；

（3）确定 24 小时与相关部门的通讯、联络方式；

（4）明确相互认可的通告、报警形式和内容；

（5）明确应急反应人员向外求援的方式。

6．应急处置

（1）响应分级

针对事故危害程度、影响范围和单位控制事态的能力，将事故分为不同的等级。按照分级负责的原则，明确应急响应级别。

（2）响应程序

根据事故的大小和发展态势，明确应急指挥、应急行动、资源调配、应急避险、扩大应急等响应程序。

（3）处置措施

针对本单位事故类别和可能发生的事故特点、危险性，制定的应急处置措施（如：煤矿瓦斯爆炸、冒顶片帮、火灾、透水等事故应急处置措施，危险化学品火灾、爆炸、中毒等事故应急处置措施）。

7．应急物资与装备保障

明确应急处置所需的物质与装备数量、管理和维护、正确使用等。

2.7.5　现场处置方案的主要内容

1．事故特征

（1）危险性分析，可能发生的事故类型；

（2）事故发生的区域、地点或装置的名称；

（3）事故可能发生的季节和造成的危害程度；

（4）事故前可能出现的征兆。

2．应急组织与职责

（1）基层单位应急自救组织形式及人员构成情况；

（2）应急自救组织机构、人员的具体职责，应同单位或车间、班组人员工作职责紧密结合，明确相关岗位和人员的应急工作职责。

3．应急处置

（1）事故应急处置程序。根据可能发生的事故类别及现场情况，明确事故报警、各项应急措施启动、应急救护人员的引导、事故扩大及同企业应急预案的衔接的程序。

（2）现场应急处置措施。针对可能发生的火灾、爆炸、危险化学品泄漏、坍塌、水患、机动车辆伤害等，从操作措施、工艺流程、现场处置、事故控制，人员救护、消防、现场恢复等方面制定明确的应急处置措施。

（3）报警电话及上级管理部门、相关应急救援单位联络方式和联系人员，事故报告的基本要求和内容。

4．注意事项

（1）佩戴个人防护器具方面的注意事项；

（2）使用抢险救援器材方面的注意事项；

（3）采取救援对策或措施方面的注意事项；

（4）现场自救和互救注意事项；

（5）现场应急处置能力确认和人员安全防护等事项；

（6）应急救援结束后的注意事项；

（7）其他需要特别警示的事项。

2.7.6 相关附件

1．有关应急部门、机构或人员的联系方式

列出应急工作中需要联系的部门、机构或人员的多种联系方式，并不断进行更新。

2．重要物资装备的名录或清单

列出应急预案涉及的重要物资和装备名称、型号、存放地点和联系电话等。

3．规范化格式文本

信息接收、处理、上报等规范化格式文本。

4．关键的路线、标识和图纸

（1）警报系统分布及覆盖范围；

（2）重要防护目标一览表、分布图；

（3）应急救援指挥位置及救援队伍行动路线；

（4）疏散路线、重要地点等标识；

（5）相关平面布置图纸、救援力量的分布图纸等。

5．相关应急预案名录

列出直接与本应急预案相关的或相衔接的应急预案名称。

6．有关协议或备忘录

与相关应急救援部门签订的应急支援协议或备忘录。

第3章 危险性较大工程安全专项方案的专家论证

3.1 危险性较大工程安全专项方案论证专家库的建立

1. 危险性较大工程安全专项方案论证专家库建立的要求

根据 2003 年国务院公布的《建设工程安全生产管理条例》第 26 条规定："……工程涉及深基坑、地下暗挖工程、高大模板工程的专项施工方案,施工单位还应当组织专家进行论证、审查。"按照住房和城乡建设部《危险性较大工程安全监督管理办法》,提出危险性较大工程安全专项方案论证专家库的建立要求:

（1）危险性较大工程安全专项方案论证专家库的建立应按照分级管理、监督、论证、审查的原则组建,分别由省、设区市设立两级专家库。

1）二级重大事故隐患和一级重大事故隐患的危险性较大工程安全专项方案的论证、审查,可由设区市专家库的专家组成。

2）特级重大事故隐患和周边环境、地质、结构复杂的一级重大事故隐患的危险性较大工程安全专项方案的审查,由省级专家库的专家组成。

（2）设区的市级以上建设主管部门应当按专业类别建立专家库或者委托有关行业协会组建专家库,各专业专家人数不少于 10 人。

2. 危险性较大工程安全专项方案论证专家库的监管

（1）省、设区市两级专家库的组建、管理、选取均分别由省级建设工程安全监督机构、设区市建筑安全监督站整合当地安全技术人才资源,组织设立。

（2）省、设区市以上建设主管部门应当根据本地区实际情况制定专家资格审查办法、专家库管理制度,并及时更新专家库。

（3）专家论证组成员应当从相对应专家库中选取,由 5 名以上符合相关专业要求的专家组成,与本项目相关的建设、施工、监理单位的专家不得参加。

3.2 危险性较大工程安全专项方案论证专家组的形成

1. 危险性较大工程安全专项方案论证专家的人选条件

根据《关于印发〈危险性较大的分部分项工程安全管理办法〉的通知》（建质 [2009]87 号）要求,各地城乡建设主管部应当按专业类别建立专家库。专家库的专业类别及专家数量应根据本地实际情况设置。专家名单应当予以公示。

专家库的专家应当具备以下条件:

（1）诚实守信，作风正派，学术严谨。

（2）从事专业工作 15 年以上或具有丰富的专业经验。

（3）具有高级专业技术职称。

2．危险性较大工程安全专项方案论证专家组的职责

（1）审查专项施工方案内容是否完整、可行。

（2）审查专项施工方案计算书和验算依据是否符合有关标准、规范。

（3）审查安全施工的基本条件是否满足现场实际情况。

（4）审查专项施工方案审核程序是否规范。

专项施工方案经论证审查后，专家组应当形成一致意见，提交论证审查报告，专家组所有成员签字。

3.3 危险性较大工程安全专项方案的综合分析与评价

危险性较大工程安全专项方案在论证时要对方案就下列内容进行综合分析与评价。

1．危险性较大工程安全专项方案论证的要求

（1）危险源辨识的充分性

危险性较大工程安全专项方案的首要内容是对工程的危险源辨识是否充分。如不能找出真正的主要危险源，则不可能在方案中制定出针对性的安全措施，则安全专项方案就可能成为一纸空文。所以专家论证首先要对专项方案的工程危险源辨识是否全面、充分，是否有针对性作出分析、评价。

（2）风险评价的适宜性

风险评价的适宜性，即专项方案针对危险源制定的安全技术方案、选取的工艺、技术是否有针对性，是否有效。故专家论证有必要对专项方案选取的工艺、技术措施的适宜性进行分析，并作出评价是否适宜，是否有针对性。

（3）安全专项方案的安全性和可靠性

安全专项方案尽管在危险源辨识和安全技术措施方面能满足相关要求，但并不能完全说明该方案就一定是安全可靠的。因为安全管理工作不仅仅是辨识危险源、制定相应技术措施，还必须在施工过程中进行贯彻实施。在实施过程中要进行有效的全过程的监控管理，方能确保安全。故专家论证还要审查专项方案中的相关技术参数、构造要求、设备选型、数量是否正确，是否满足计算及规范要求，是否针对性地编制全过程的监控方案、应急预案、救援预案，以及监控方案、应急预案、救援预案是否有针对性，是否有效，对专项方案的安全性和可靠性作出分析评价。

（4）安全专项方案可实施的价值

同一道工序可以选择多个不同的施工工艺。如深基坑支护，有地下连续墙、排桩、锚杆、土钉、水泥土墙等多种选择，并且它们之间还能相互组合成各种复合式支护结构。高支模体系的支模架方式同样可以有多种选择。安全专项方案可实施的价值就是指在保证安全可靠的基础

上对方案的优化，即经济性。故专家论证对专项方案在保证安全可靠的基础上也可对其经济性作出评价。

2．危险性较大工程安全专项方案论证的意见

（1）危险性较大工程安全专项方案论证专家组意见首先要一致。针对该专项方案能否通过首先要有一个定性的结论。

（2）如该专项方案不能通过，针对哪些方面存在不足，提出具体书面意见，供施工单位重新编制作为参考依据。

（3）该专项方案基本能通过，但具体某些方面要进行修改、补充提出具体书面意见，供施工单位进行修改，补充完善。

第4章 深基坑支护及降水工程
安全专项施工方案

4.1 深基坑支护及降水工程安全专项方案的编制

4.1.1 工程概况及编制依据

1. 工程概况

（1）基坑所处位置、基坑规模、基坑安全等级及现场勘查及环境调查结果、支护结构形式及相应附图。

（2）工程地质与水文地质条件，包含对基坑工程施工安全的不利因素分析。

2. 编制依据

（1）《建筑地基处理技术规范》JGJ79

（2）《建筑施工土石方工程安全技术规范》JGJ180

（3）《建筑基坑支护技术规程》JGJ120

（4）《建筑基坑工程监测技术规范》GB50497

（5）建（构）筑物设计文件、地质报告

（6）地下管线、周边建筑物等情况调查报告

（7）本工程施工组织总设计及相关文件

4.1.2 深基坑支护及降水工程危险源辨识

1. 与挡土结构有关的事故

（1）挡土结构施工不良。

（2）挡土结构渗漏水严重，致使挡土结构后面土体流失。

（3）挡土结构异常变形。

（4）地面超载引起挡土板结构上侧压力过大。

（5）各阶段挖土超挖引起挡土结构上侧压力过大。

（6）未进行支护与土体整体稳定和抗滑移验算或验算错误，导致挡土结构整体垮塌。这类问题常见于放坡角度过大；验算时土的抗剪强度取值偏高或勘察报告有误、土层不均匀或软弱面与坡面倾向相同；验算不够但寄希望于安全储备或经验，强行取得合同或屈从于总包单位的要求等。

（7）对雨水、周边排水等地表水造成的侧压力增加考虑不足，导致挡土结构垮塌。

2. 与锚杆体系有关的事故

（1）勘察、设计上的不当造成事故。

（2）施工不良造成的事故。

　3．与支撑体系有关的事故

（1）设计不当造成事故。

（2）施工不良造成的事故。

　4．与地下水治理不当有关的事故

（1）发生在挡土结构上的事故。

（2）发生在挡土底部的事故。

（3）发生在基坑周边的事故。

（4）未对井点降水进行整体流量均匀性控制，地下水位降低过大、过快导致已有临近建筑物沉降、开裂等事故。

　5．与管理不当有关的事故

（1）放坡开挖时坡度过陡，土坡可能丧失其稳定性。

（2）基坑周围过多堆放荷载，引起边坡失稳。

（3）挖土施工速度过快，改变了原土层的平衡状态，易造成滑坡。

（4）基坑周围停放重型机械，使支护荷载增大，引起边坡失稳破坏。

（5）附近基坑施工对基坑支护的影响引起围护结构破坏。

（6）基坑暴露时间过长，坑底回弹增大从而影响支护结构稳定性。

4.1.3　深基坑支护及降水工程安全保障措施

　1．基本要求

（1）基坑开挖完毕后，应组织验收，经验收合格并进行安全使用与维护技术交底后，方可使用。基坑使用与维护过程中应按施工安全专项方案要求落实安全措施。

（2）基坑使用与维护中进行工序移交时，应办理移交签字手续。

（3）应进行基坑安全使用与维护技术培训，定期开展应急处置演练。

（4）基坑使用中应针对暴雨、冰雹、台风等灾害天气，及时对基坑安全进行现场检查。

（5）主体结构施工过程中，不应损坏基坑支护结构。当需改变支护结构工作状态时，应经设计单位复核。

　2．使用过程中的安全措施

（1）基坑工程应按设计要求进行地面硬化，并在周边设置防水围挡和防护栏杆。对膨胀性土及冻土的坡面和坡顶3m以内应采取防水及防冻措施。

（2）基坑周边使用荷载不应超过设计限值。

（3）在基坑周边破裂面以内不宜建造临时设施；必须建造时应经设计复核，并应采取保护措施。

（4）雨期施工时，应有防洪、防暴雨措施及排水备用材料和设备。

（5）基坑临边、临空位置及周边危险部位，应设置明显的安全警示标识，并应安装可靠围挡和防护。

（6）基坑内应设置作业人员上下坡道或爬梯，数量不应少于2个。作业位置的安全通道应畅通。

（7）基坑使用过程中施工栈桥的设置应符合下列规定：

1）施工栈桥及立柱桩应根据基坑周边环境条件、基坑形状、支撑布置、施工方法等进行专项设计，立柱桩的设计间距应满足坑内小型挖土机械的移动和操作时的安全要求。

2）专项设计应提交设计单位进行复核。

3）使用中应按设计要求控制施工荷载。

（8）当基坑周边地面产生裂缝时，应采取灌浆措施封闭裂缝。对于膨胀土基坑工程，应分析裂缝产生原因，及时反馈设计处理。

3．基坑维护安全措施

（1）使用单位应有专人对基坑安全进行定期巡查，雨期应增加巡查次数，并应作好记录；发现异常情况应立即报告建设、设计、监理等单位。

（2）基坑工程使用与维护期间，对基坑影响范围内可能出现的交通荷载或大于 35kPa 的振动荷载，应评估其对基坑工程安全的影响。

（3）降水系统维护应符合下列规定：

1）定时巡视降排水系统的运行情况，及时发现和处理系统运行的故障和隐患。

2）应采取措施保护降水系统，严禁损害降水井。

3）在更换水泵时应先量测井深，确定水泵埋置深度。

4）备用发电机应处于准备发动状态，并宜安装自动切换系统，当发生停电时，应及时切换电源，缩短停止抽水时间。

5）发现喷水、涌砂，应立即查明原因，采取措施及时处理。

6）冬期降水应采取防冻措施。

（4）降水井点的拔除或封井除应满足设计要求外，应在基础及已施工部分结构的自重大于水浮力、已进行基坑回填的条件下进行，所留孔洞应用砂或土填塞，并可根据要求采用填砂注浆或混凝土封填；对地基有隔水要求时，地面下 2m 可用黏土填塞密实。

（5）基坑围护结构出现损伤时，应编制加固修复方案并及时组织实施。

（6）基坑使用与维护期间，遇有相邻基坑开挖施工时，应做好协调工作，防止相邻基坑开挖造成的安全损害。

（7）邻近建（构）筑物、市政管线出现渗漏损伤时，应立即采取措施，阻止渗漏并应进行加固修复，排除危险源。

（8）对预计超过设计使用年限的基坑工程应提前进行安全评估和设计复核，当设计复核不满足安全指标要求时，应及时进行加固处理。

（9）基坑应及时按设计要求进行回填，当回填质量可能影响坑外建筑物或管线沉降、裂缝等发展变化时，应采用砂、砂石料回填并注浆处理，必要时可采用低强度等级混凝土回填密实。

4.1.4 深基坑工程安全响应应急预案

1．应急预案编制原则

坚持" 安全第一，预防为主 "、" 保护人员安全优先，保护环境优先 "的方针，贯彻" 常备不懈、统一指挥、高效协调、持续改进 " 的原则。更好地适应法律和经济活动的要求；给企业员工的工作和施工场区周围居民提供更好更安全的环境；保证各种应急资源处于良好的备战状态；指导应急行动按计划有序地进行；防止因应急行动组织不力或现场救援工作的无序和混乱而延误事故的应急救援；有效地避免或降低人员伤亡和财产损失；帮助实现应急行动的快速、有序、高效；充分体现应急救援的"应急精神"。

2．深基坑工程应急预案编制

（1）应通过组织演练检验和评价应急预案的适用性和可操作性。

（2）基坑工程发生险情时，应采取下列应急措施：

1）基坑变形超过报警值时，应调整分层、分段土方开挖等施工方案，并宜采取坑内回填反压后增加临时支撑、锚杆等。

2）周围地表或建筑物变形速率急剧加大，基坑有失稳趋势时，宜采取卸载、局部或全部回填反压，待稳定后再进行加固处理。

3）坑底隆起变形过大时，应采取坑内加载反压、调整分区、分步开挖、及时浇筑快硬混凝土垫层等措施。

4）坑外地下水位下降速率过快引起周边建筑物与地下管线沉降速率超过警戒值，应调整抽水速度减缓地下水位下降速度或采用回灌措施。

5）围护结构渗水、流土，可采用坑内引流、封堵或坑外快速注浆的方式进行堵漏；情况严重时应立即回填，再进行处理。

6）开挖底面出现流砂、管涌时，应立即停止挖土施工，根据情况采取回填、降水法降低水头差、设置反滤层封堵流土点等方式进行处理。

（3）基坑工程施工引起邻近建筑物开裂及倾斜事故时，应根据具体情况采取下列处置措施：

1）立即停止基坑开挖，回填反压。

2）增设锚杆或支撑。

3）采取回灌、降水等措施调整降深。

4）在建筑物基础周围采用注浆加固土体。

5）制订建筑物的纠偏方案并组织实施。

6）情况紧急时应及时疏散人员。

（4）基坑工程引起邻近地下管线破裂，应采取下列应急措施：

1）立即关闭危险管道阀门，采取措施防止产生火灾、爆炸、冲刷、渗流破坏等安全事故。

2）停止基坑开挖，回填反压、基坑侧壁卸载。

3）及时加固、修复或更换破裂管线。

（5）基坑工程变形监测数据超过报警值，或出现基坑、周边建（构）筑、管线失稳破坏征兆时，应立即停止施工作业，撤离人员，待险情排除后方可恢复施工。

3 深基坑工程应急响应

（1）应急响应应根据应急预案采取抢险准备、信息报告、应急启动和应急终止四个程序统一执行。

（2）应急响应前的抢险准备，应包括下列内容：

1）应急响应需要的人员、设备、物资准备。

2）增加基坑变形监测手段与频次的措施。

3）储备截水堵漏的必要器材。

4）清理应急通道。

（3）当基坑工程发生险情时，应立即启动应急响应，并向上级和有关部门报告以下信息：

1）险情发生的时间、地点。

2）险情的基本情况及抢救措施。

3）险情的伤亡及抢救情况。

（4）基坑工程施工与使用中，应针对下列情况启动安全应急响应：

1）基坑支护结构水平位移或周围建（构）筑物、周边道路（地面）出现裂缝、沉降、地下管线不均匀沉降或支护结构构件内力等指标超过限值时。

2）建筑物裂缝超过限值或土体分层竖向位移或地表裂缝宽度突然超过报警值时。

3）施工过程出现大量涌水、涌砂时。

4）基坑底部隆起变形超过报警值时。

5）基坑施工过程遭遇大雨或暴雨天气，出现大量积水时。

6）基坑降水设备发生突发性停电或设备损坏造成地下水位升高时。

7）基坑施工过程因各种原因导致人身伤亡事故出现时。

8）遭受自然灾害、事故或其他突发事件影响的基坑。

9）其他有特殊情况可能影响安全的基坑。

（5）应急终止应满足下列要求：

1）引起事故的危险源已经消除或险情得到有效控制。

2）应急救援行动已完全转化为社会公共救援。

3）局面已无法控制和挽救，场内相关人员已全部撤离。

4）应急总指挥根据事故的发展状态认为终止的。

5）事故已经在上级主管部门结案。

（6）应急终止后，应针对事故发生及抢险救援经过、事故原因分析、事故造成的后果、应急预案效果及评估情况提出书面报告，并应按有关程序上报。

4.2 深基坑支护及降水工程施工安全技术

4.2.1 深基坑支护结构施工

1. 基本要求

（1）基坑工程施工前应根据设计文件，结合现场条件和周边环境保护要求、气候等情况，编制支护结构施工方案。临水基坑施工方案应根据波浪、潮位等对施工的影响进行编制，并应符合防汛主管部门的相关规定。

（2）基坑支护结构施工应与降水、开挖相互协调，各工况和工序应符合设计要求。

（3）基坑支护结构施工与拆除不应影响主体结构、邻近地下设施与周围建（构）筑物等的正常使用，必要时应采取减少不利影响的措施。

（4）支护结构施工前应进行试验性施工，并应评估施工工艺和各项参数对基坑及周边环境的影响程度；应根据试验结果调整参数、工法或反馈修改设计方案。

（5）支护结构施工和开挖过程中，应对支护结构自身、已施工的主体结构和邻近道路、市政管线、地下设施、周围建（构）筑物等进行施工监测，施工单位应采用信息施工法配合设计单位采用动态设计法，及时调整施工方法及预防风险措施，并可通过采用设置隔离桩、加固既有建筑地基基础、反压与配合降水纠偏等技术措施，控制邻近建（构）筑物产生过大的不均匀沉降。

（6）施工现场道路布置、材料堆放、车辆行走路线等应符合设计荷载控制要求；当设置施工栈桥时，应按设计文件编制施工栈桥的施工、使用及保护方案。

（7）当遇有可能产生相互影响的邻近工程进行桩基施工、基坑开挖、边坡工程、盾构顶进、爆破等施工作业时，应确定相互间合理的施工顺序和方法，必要时应采取措施减少相互影响。

（8）遇有雷雨、6级以上大风等恶劣天气时，应暂停施工，并应对现场的人员、设备、材料等采取相应的保护措施。

2．土钉墙支护

（1）土钉墙支护施工应配合土石方开挖和降水工程施工等进行，并应符合下列规定：

1）分层开挖厚度应与土钉竖向间距协调同步，逐层开挖并施工土钉，严禁超挖。

2）开挖后应及时封闭临空面，完成土钉墙支护；在易产生局部失稳的土层中，土钉上下排距较大时，宜将开挖分为二层并应控制开挖分层厚度，及时喷射混凝土底层。

3）上一层土钉墙施工完成后，应按设计要求或间隔不小于48h后开挖下一层土方。

4）施工期间坡顶应按超载值设计要求控制施工荷载。

5）严禁土方开挖设备碰撞上部已施工土钉，严禁振动源振动土钉侧壁。

6）对环境调查结果显示基坑侧壁地下管线存在渗漏或存在地表水补给的工程，应反馈修改设计，提高土钉墙设计安全度，必要时应调整支护结构方案。

（2）土钉施工应符合下列规定：

1）干作业法施工时，应先降低地下水位，严禁在地下水位以下成孔施工。

2）当成孔过程中遇有障碍物或成孔困难需调整孔位及土钉长度时，应对土钉承载力及支护结构安全度进行复核计算，根据复核计算结果调整设计。

3）对灵敏度较高的粉土、粉质黏土及可能产生液化的土体，严禁采用振动法施工土钉。

4）设有水泥土截水帷幕的土钉支护结构，土钉成孔过程中应采取措施防止土体流失。

5）土钉应采用孔底注浆施工，严禁采用孔口重力式注浆。对空隙较大的土层，应采用较小的水灰比，并应采取二次注浆方法。

6）膨胀土土钉注浆材料宜采用水泥砂浆，并应采用水泥浆二次注浆技术。

（3）喷射混凝土施工应符合下列规定：

1）作业人员应佩戴防尘口罩、防护眼镜等防护用具，并应避免直接接触液体速凝剂，接触后应立即用清水冲洗；非施工人员不得进入喷射混凝土的作业区，施工中喷嘴前严禁站人。

2）喷射混凝土施工中应检查输料管、接头的情况，当有磨损、击穿或松脱时应及时处理。

3）喷射混凝土作业中如发生输料管路堵塞或爆裂时，必须依次停止投料、送水和供风。

（4）冬期在没有可靠保温措施条件时不得施工土钉墙。

（5）施工过程中应对产生的地面裂缝进行观测和分析，及时反馈设计，并应采取相应措施控制裂缝的发展。

3．重力式水泥土墙

（1）重力式水泥土墙应通过试验性施工，并应通过调整搅拌桩机的提升（下沉）速度、喷浆量以及喷浆、喷气压力等施工参数，减小对周边环境的影响。施工完成后应检测墙体连续性及强度。

（2）水泥土搅拌桩机运行过程中，其下部严禁站立非工作人员；桩机移动过程中非工作人员不得在其周围活动，移动路线上不应有障碍物。

（3）重力式水泥土墙施工遇有河塘、洼地时，应抽水和清淤，并应采用素土回填夯实。在暗浜区域水泥土搅拌桩应适当提高水泥掺量。

（4）钢管、钢筋或竹筋的插入应在水泥土搅拌桩成桩后及时完成，插入位置和深度应符合设计要求。

（5）施工时因故停浆，应在恢复喷浆前，将搅拌机头提升或下沉 0.5m 后喷浆搅拌施工。

（6）水泥土搅拌桩搭接施工的间隔时间不宜大于 24h；当超过 24h 时，搭接施工时应放慢搅拌速度。若无法搭接或搭接不良，应作冷缝记录，在搭接处采取补救措施。

4．地下连续墙

（1）地下连续墙成槽施工应符合下列规定：

1）地下连续墙成槽前应设置钢筋混凝土导墙及施工道路。导墙养护期间，重型机械设备不应在导墙附近作业或停留。

2）地下连续墙成槽前应进行槽壁稳定性验算。

3）对位于暗河区、扰动土区、浅部砂性土中的槽段或邻近建筑物保护要求较高时，宜在连续墙施工前对槽壁进行加固。

4）地下连续墙单元槽段成槽施工宜采用跳幅间隔的施工顺序。

5）在保护设施不齐全、监管人不到位的情况下，严禁人员下槽、孔内清理障碍物。

（2）地下连续墙成槽泥浆制备应符合下列规定：

1）护壁泥浆使用前应根据材料和地质条件进行试配，并进行室内性能试验，泥浆配合比宜按现场试验确定。

2）泥浆的供应及处理系统应满足泥浆使用量的要求，槽内泥浆面不应低于导墙面 0.3m，同时槽内泥浆面应高于地下水位 0.5m 以上。

（3）槽段接头施工应符合下列规定：

1）成槽结束后应对相邻槽段的混凝土端面进行清刷，刷至底部，清除接头处的泥沙，确保单元槽段接头部位的抗渗性能。

2）槽段接头应满足混凝土浇筑压力对其强度和刚度的要求，安放时，应紧贴槽段垂直缓慢沉放至槽底。遇到阻碍时，槽段接头应在清除障碍后入槽。

3）周边环境保护要求高时，宜在地下连续墙接头处增加防水措施。

（4）地下连续墙钢筋笼吊装应符合下列规定：

1）吊装所选用的吊车应满足吊装高度及起重量的要求，主吊和副吊应根据计算确定。钢筋笼吊点布置应根据吊装工艺通过计算确定，并应进行整体起吊安全验算，按计算结果配置吊具、吊点加固钢筋、吊筋等。

2）吊装前必须对钢筋笼进行全面检查，防止有剩余的钢筋断头、焊接接头等遗留在钢筋笼上。

3）采用双机抬吊作业时，应统一指挥，动作应配合协调，载荷应分配合理。

4）起重机械起吊钢筋笼时应先稍离地面试吊，确认钢筋笼已挂牢，钢筋笼刚度、焊接强度等满足要求时，再继续起吊。

5）起重机械在吊钢筋笼行走时，载荷不得超过允许起重量的 70%，钢筋笼离地不得大于 500mm，并应栓好拉绳，缓慢行驶。

（5）预制墙段的堆放和运输应符合下列规定：

1）预制墙段应达到设计强度 100%后方可运输及吊放。

2）堆放场地应平整、坚实、排水通畅。垫块宜放置在吊点处，底层垫块面积应满足墙段自重对地基荷载的有效扩散。预制墙段叠放层数不宜超过 3 层，上下层垫块应放置在同一直线上。

3）运输叠放层数不宜超过 2 层。墙段装车后应采用紧绳器与车板固定，钢丝绳与墙段阳角接触处应有护角措施。异形截面墙段运输时应有可靠的支撑措施。

（6）预制墙段的安放应符合下列规定：

1）预制墙段应验收合格，待槽段完成并验槽合格后方可安放入槽段内。

2）安放顺序为先转角槽段后直线槽段，安放闭合位置宜设置在直线槽段上。

3）相邻槽段应连续成槽，幅间接头宜采用现浇接头。

4）吊放时应在导墙上安装导向架；起吊吊点应按设计要求或经计算确定，起吊过程中所产生的内力应满足设计要求；起吊回直过程中应防止预制墙段根部拖行或着力过大。

（7）起重机械及吊装机具进场前应进行检验，施工前应进行调试，施工中应定期检验和维护。

（8）成槽机、履带吊应在平坦坚实的路面上作业、行走和停放。外露传动系统应有防护罩，转盘方向轴应设有安全警告牌。成槽机、起重机工作时，回转半径内不应有障碍物，吊臂下严禁站人。

5．灌注桩排桩围护墙

（1）干作业挖孔桩施工可采用人工或机械洛阳铲等施工方案。当采用人工挖孔方法时应符合工程所在地关于人工挖孔桩安全规定，并应采取下列措：

1）孔内必须设置应急软爬梯供人员上下，不得使用麻绳和尼龙绳吊挂或脚踏井壁凸缘上下；使用的电葫芦、吊笼等应安全可靠，并应配有自动卡紧保险装置；电葫芦宜采用按钮式开关，使用前必须检验其安全起吊能力。

2）每日开工前必须检测井下的有毒有害气体，并应有相应的安全防范措施；当桩孔开挖深度超过 10m 时，应有专门向井下送风的装备，风量不宜少于 25L/s。

3）孔口周边必须设置护栏，护栏高度不应小于 0.8m。

4）施工过程中孔中无作业和作业完毕后，应及时在孔口加盖盖板；

5）挖出的土石方应及时运离孔口，不得堆放在孔口周边 1m 范围内，机动车辆的通行不得对井壁的安全造成影响。

6）施工现场的一切电源、电路的安装和拆除必须符合现行行业标准《施工现场临时用电安全技术规范》JGJ46 的规定。

（2）钻机施工应符合下列规定：

1）作业前应对钻机进行检查，各部件验收合格后方能使用。

2）钻头和钻杆连接螺纹应良好，钻头焊接应牢固，不得有裂纹。

3）钻机钻架基础应夯实、整平，地基承载力应满足，作业范围内地下应无管线及其他地下障碍物，作业现场与架空输电线路的安全距离应符合规定。

4）钻进中，应随时观察钻机的运转情况，当发生异响、吊索具破损、漏气、漏渣以及其他不正常情况时，应立即停机检查，排除故障后，方可继续施工。

5）当桩孔净间距过小或采用多台钻机同时施工时，相邻桩应间隔施工，当无特别措施时完成浇筑混凝土的桩与邻桩间距不应小于 4 倍桩径，或间隔施工时间宜大于 36h。

6）泥浆护壁成孔时发生斜孔、塌孔或沿护筒周围冒浆以及地面沉陷等情况应停止钻进，采取措施处理后方可继续施工。

7）当采用空气吸泥时，其喷浆口应遮挡，并应固定管端。

（3）冲击成孔施工前以及过程中应检查钢丝绳、卡扣及转向装置，冲击施工时应控制钢丝绳放松量。

（4）当非均匀配筋的钢筋笼吊放安装时，应有方向辨别措施确保钢筋笼的安放方向与设计方向一致。

（5）混凝土浇筑完毕后，应及时在桩孔位置回填土方或加盖盖板。

（6）遇有湿陷性土层、地下水位较低、既有建筑物距离基坑较近时，不宜采用泥浆护壁的工艺施工灌注桩。当需采用泥浆护壁工艺时，应采用优质低失水量泥浆、控制孔内水位等措施减少和避免对相邻建（构）筑物产生影响。

（7）基坑土方开挖过程中，宜采用喷射混凝土等方法对灌注排桩的桩间土体进行加固，防止土体掉落对人员、机具造成损害。

6. 板桩围护墙

（1）钢板桩堆放场地应平整坚实，组合钢板桩堆高不宜超过 3 层。板桩施工作业区内应无高压线路，作业区应有明显标志或围栏。桩锤在施打过程中，监视距离不宜小于 5m。

（2）桩机设备组装时，应对各紧固件进行检查，在紧固件未拧紧前不得进行配重安装。组装完毕后，应对整机进行试运转，确认各传动机构、齿轮箱、防护罩等良好，各部件连接牢靠。

（3）桩机作业应符合下列规定：

1）严禁吊桩、吊锤、回转或行走等动作同时进行。

2）当打桩机带锤行走时，应将桩锤放至最低位。打桩机在吊有桩和锤的情况下，操作人员不得离开岗位。

3）当采用振动桩锤作业时，悬挂振动桩锤的起重机，其吊钩上必须有防松脱的保护装置，振动桩锤悬挂钢架的耳环上应加装保险钢丝绳。

4）插桩过程中，应及时校正桩的垂直度。后续桩与先打桩间的钢板桩锁扣使用前应进行套锁检查。当桩入土 3m 以上时，严禁用打桩机行走或回转动作来纠正桩的垂直度。

5）当停机时间较长时，应将桩锤落下垫好。

6）检修时不得悬吊桩锤。

7）作业后应将打桩机停放在坚实平整的地面上，将桩锤落下垫实，并应切断动力电源。

（4）当板桩围护墙基坑有邻近建（构）筑物及地下管线时，应采用静力压桩法施工，并应根据环境状况控制压桩施工速率。当静力压桩作业时，应有统一指挥，压桩人员和吊装人员应密切联系，相互配合。

（5）板桩围护施工过程中，应加强周边地下水位以及孔隙水压力的监测。

7．型钢水泥土搅拌墙

（1）施工现场应先进行场地平整，清除搅拌桩施工区域的表层硬物和地下障碍物。现场道路的承载能力应满足桩机和起重机平稳行走的要求。

（2）对于硬质土层成桩困难时，应调整施工速度或采取先行钻孔跳打方式。

（3）对环境保护要求高的基坑工程，宜选择挤土量小的搅拌机头，并应通过试成桩及其监测结果调整施工参数。

（4）型钢堆放场地应平整坚实、场地无积水，地基承载力应满足堆放要求。

（5）型钢吊装过程中，型钢不得拖地；起重机械回转半径内不应有障碍物，吊臂下严禁站人。

（6）型钢的插入应符合下列规定：

1）型钢宜依靠自重插入，当自重插入有困难时可采取辅助措施。严禁采用多次重复起吊型钢并松钩下落的插入方法。

2）前后插入的型钢应可靠连接。

3）当采用振动锤插入时，应通过环境监测检验其适用性。

（7）型钢的拔除与回收应符合下列规定：

1）型钢拔除应采取跳拔方式，并宜采用液压千斤顶配以吊车进行，拔除前水泥土搅拌墙与主体结构地下室外墙之间的空隙必须回填密实，拔出时应对周边环境进行监测，拔出后应对型钢留下的空隙进行注浆填充。

2）当基坑内外水头不平衡时，不宜拔除型钢；如拔除型钢，应采取相应的截水措施。

3）周边环境条件复杂、环境保护要求高、拔除对环境影响较大时，型钢不应回收。

4）回收型钢施工，应编制包括浆液配比、注浆工艺、拔除顺序等内容的施工安全方案。

（8）采用渠式切割水泥土连续墙技术施工型钢水泥土搅拌墙应符合下列规定：

1）成墙施工时，应保持不小于 2.0m/h 的搅拌推进速度。

2）成墙施工结束后，切割箱应及时进入挖掘养生作业区或拔出。

3）施工过程中，必须配置备用发电机组，保障连续作业。

4）应控制切割箱的拔出速度，拔出切割箱过程中，浆液注入量应与拔出切割箱的体积相等，混合泥浆液面不得下降。

5）水泥土未达到设计强度前，沟槽两侧应设置防护栏杆及警示标志。

8．沉井

（1）基坑周边存在既有建（构）筑物、管线或环境保护要求严格时，不宜采用沉井施工工法。

（2）沉井的制作与施工应符合下列规定：

1）搭设外排脚手架应与模板脱开。

2）刃脚混凝土达到设计强度，方可进行后续施工。

3）沉井挖土下沉应分层、均匀、对称进行，并应根据现场施工情况采取止沉或助沉措施，沉井下沉应平稳。下沉过程中应采取信息施工法及时纠偏。

4）沉井不排水下沉时，井内水位不得低于井外水位；流动性土层开挖时，应保持井内水位高出井外水位不少于 1m。

5）沉井施工中挖出的土方宜外运。当现场条件许可在附近堆放时，堆放地距井壁边的距离不应小于沉井下沉深度的 2 倍，且不应影响现场的交通、排水及后续施工。

（3）当作业人员从常压环境进人高压环境或从高压环境回到常压环境时，均应符合相关程序与规定。

9．内支撑

（1）支撑系统的施工与拆除，应按先撑后挖、先托后拆的顺序，拆除顺序应与支护结构的设计工况相一致，并应结合现场支护结构内力与变形的监测结果进行。

（2）支撑体系上不应堆放材料或运行施工机械；当需利用支撑结构兼做施工平台或栈桥时，应进行专门设计。

（3）基坑开挖过程中应对基坑开挖形成的立柱进行监测，并应根据监测数据调整施工方案。

（4）支撑底模应具有一定的强度、刚度和稳定性，混凝土垫层不得用作底模。

（5）钢支撑吊装就位时，吊车及钢支撑下方严禁人员人内，现场应做好防下坠措施。钢支撑吊装过程中应缓慢移动，操作人员应监视周围环境，避免钢支撑刮碰坑壁、冠梁、上部钢支撑等。起吊钢支撑应先进行试吊，检查起重机的稳定性、制动的可靠性、钢支撑的平衡性、绑扎的牢固性，确认无误后，方可起吊。当起重机出现倾覆迹象时，应快速使钢支撑落回基座。

（6）钢支撑预应力施加应符合下列规定：

1）支撑安装完毕后，应及时检查各节点的连接状况，经确认符合要求后方可均匀、对称、分级施加预压力。

2）预应力施加过程中应检查支撑连接节点，必要时应对支撑节点进行加固；预应力施加完毕、额定压力稳定后应锁定。

3）钢支撑使用过程应定期进行预应力监测，必要时应对预应力损失进行补偿；在周边环境保护要求较高时，宜采用钢支撑预应力自动补偿系统。

（7）立柱及立柱桩施工应符合下列规定：

1）立柱桩施工前应对其单桩承载力进行验算，竖向荷载应按最不利工况取值，立柱在基坑开挖阶段应计入支撑与立柱的自重、支撑构件上的施工荷载等。

2）立柱与支撑可采用铰接连接。在节点处应根据承受的荷载大小，通过计算设置抗剪钢筋或钢牛腿等抗剪措施。立柱穿过主体结构底板以及支撑结构穿越主体结构地下室外墙的部位应采取止水构造措施。

3）钢立柱周边的桩孔应采用砂石均匀回填密实。

（8）支撑拆除施工应符合下列规定：

1）拆除支撑施工前，必须对施工作业人员进行安全技术交底，施工中应加强安全检查。

2）拆撑作业施工范围严禁非操作人员人内，切割焊和吊运过程中工作区严禁人内，拆除的零部件严禁随意抛落。当钢筋混凝土支撑采用爆破拆除施工时，现场应划定危险区域，并应设置警戒线和相关的安全标志，警戒范围内不得有人员逗留，并应派专人监管。

3）支撑拆除时应设置安全可靠的防护措施和作业空间，当需利用永久结构底板或楼板作为支撑拆除平台时，应采取有效的加固及保护措施，并应征得主体结构设计单位同意。

4）换撑工况应满足设计工况要求，支撑应在梁板柱结构及换撑结构达到设计要求的强度后对称拆除。

5）支撑拆除施工过程中应加强对支撑轴力和支护结构位移的监测，变化较大时，应加密监测，并应及时统计、分析上报，必要时应停止施工加强支撑。

6）栈桥拆除施工过程中，栈桥上严禁堆载，并应限制施工机械超载，合理制定拆除的顺序，应根据支护结构变形情况调整拆除长度，确保栈桥剩余部分结构的稳定性。

7）钢支撑可采用人工拆除和机械拆除。钢支撑拆除时应避免瞬间预加应力释放过大而导致支护结构局部变形、开裂，并应采用分步卸载钢支撑预应力的方法对其进行拆除。

（9）爆破拆除施工应符合下列规定：

1）钢筋混凝土支撑爆破应根据周围环境作业条件、爆破规模，应按现行国家标准《爆破安全规程》GB6722分级，采取相应的安全技术措施。

2）爆破拆除钢筋混凝土支撑应进行安全评估，并应经当地有关部门审核批准后实施。

3）应根据支撑结构特点制定爆破拆除顺序，爆破孔宜在钢筋混凝土支撑施工时预留。

4）支撑与围护结构或主体结构相连的区域应先行切断，在爆破支撑顶面和底部应加设防护层。

（10）当采用人工拆除作业时，作业人员应站在稳定的结构或脚手架上操作，支撑构件应采取有效的防下坠控制措施，对切断两端的支撑拆除的构件应有安全的放置场所。

（11）机械拆除施工应符合下列规定：

1）应按施工组织设计选定的机械设备及吊装方案进行施工，严禁超载作业或任意扩大拆除范围。

2）作业中机械不得同时回转、行走。

3）对尺寸或自重较大的构件或材料，必须采用起重机具及时下放。

4）拆卸下来的各种材料应及时清理，分类堆放在指定场所。

5）供机械设备使用和堆放拆卸下来的各种材料的场地地基承载力应满足要求。

10．土层锚杆

（1）当锚杆穿过的地层附近有地下管线或地下构筑物时，应查明其位置、尺寸、走向、类型、使用状况等情况后，方可进行锚杆施工。

（2）锚杆施工前宜通过试验性施工，确定锚杆设计参数和施工工艺的合理性，并应评估对环境的影响。

（3）锚孔钻进作业时，应保持钻机及作业平台稳定可靠，除钻机操作人员还应有不少于 1 人协助作业。高处作业时，作业平台应设置封闭防护设施，作业人员应佩戴防护用品。注浆施工时相关操作人员必须佩戴防护眼镜。

（4）锚杆钻机应安设安全可靠的反力装置。在有地下承压水地层钻进时，孔口必须设置可靠的防喷装置，当发生漏水、涌砂时，应及时封闭孔口。

（5）注浆管路连接应牢固可靠，保证畅通，防止塞泵、塞管。注浆施工过程中，应在现场加强巡视，对注浆管路应采取保护措施。

（6）锚杆注浆时注浆罐内应保持一定数量的浆料防止罐体放空、伤人。处理管路堵塞前，应消除灌内压力。

（7）预应力锚杆张拉施工应符合下列规定：

1）预应力锚杆张拉作业前应检查高压油泵与千斤顶之间的连接件，连接件必须完好、紧固。张拉设备应可靠，作业前必须在张拉端设置有效的防护措施。

2）锚杆钢筋或钢绞线应连接牢固，严禁在张拉时发生脱扣现象。

3）张拉过程中，孔口前方严禁站人，操作人员应站在千斤顶侧面操作。

4）张拉施工时，其下方严禁进行其他操作；严禁采用敲击方法调整施力装置，不得在锚杆端部悬挂重物或碰撞锚具。

（8）锚杆试验时，计量仪表连接必须牢固可靠，前方和下方严禁站人。

（9）锚杆锁定应控制相邻锚杆张拉锁定引起的预应力损失，当锚杆出现锚头松弛、脱落、锚具失效等情况时，应及时进行修复并对其进行再次张拉锁定。

（10）当锚杆承载力检测结果不满足设计要求时，应将检测结果提交设计复核，并提出补救措施。

11．逆作法

（1）逆作法施工应采取安全控制措施，应根据柱网轴线、环境及施工方案要求设置通风口及地下通风、换气、照明和用电设备。

（2）逆作法通风排气应符合下列规定：

1）在浇筑地下室各层楼板时，挖土行进路线应预先留设通风口，随地下挖土工作面的推进，通风口露出部位应及时安装通风及排气设施。地下室空气成分应符合国家有关安全卫生标准。

2）在楼板结构水平构件上留设的临时施工洞口位置宜上下对齐，应满足施工及自然通风等要求。

3）风机表面应保持清洁，进出风口不得有杂物，应定期清除风机及管道内的灰尘等杂物。

4）风管应敷设牢固、平顺，接头应严密、不漏风，且不应妨碍运输、影响挖土及结构施工，并应配有专人负责检查、养护。

5）地下室施工时应采用送风作业，采用鼓风法从地面向地下送风到工作面，鼓风功率不应小于 lkW/1000m^3。

（3）逆作法照明及电力设施应符合下列规定：

1）当逆作法施工中自然采光不满足施工要求时，应编制照明用电专项方案。

2）地下室应根据施工方案及相关规范要求装置足够的照明设备及电力插座。

3）逆作法地下室施工应设一般照明、局部照明和混合照明。在一个工作场所内，不得仅设局部照明。

（4）逆作法施工应符合下列规定：

1）闲置取土口、楼梯孔洞及交通要道应搭设防护措施，且宜采取有效的防雨措施。

2）施工时应保护施工洞口结构的插筋、接驳器等预埋件。

3）宜采用专门的大型自动提土设备垂直运输土石方，当运输轨道设置在主体结构上时，应对结构承载力进行验算，并应征得设计单位同意。

4）当逆作梁板混凝土强度达到设计强度等级的 90%及以上，并经设计单位许可后，方可进行下层土石方的开挖，必要时应加入早强剂或提高混凝土强度等级。

5）主体结构施工未完成前，临时柱承载力应经计算确定。

6）梁板下土方开挖应在混凝土的强度达到设计要求后进行，土方开挖过程中不得破坏主体结构及围护结构。挖出的土方应及时运走，严禁堆放在楼板上及基坑周边。

（5）施工栈桥的设置应符合下列规定：

1）施工栈桥及立柱桩应根据基坑周边环境条件、基坑形状、支撑布置、施工方法等进行专项设计，立柱桩的设计间距应满足坑内小型挖土机械的移动和操作的安全要求。

2）专项设计应提交设计单位进行复核。

3）使用中应按设计要求控制施工荷载。

（6）地下水平结构施工模板、支架应符合下列规定：

1）主体结构水平构件宜采用木模或钢模，模板支撑地基承载力与变形应满足设计要求。

2）模板体系承载力、刚度和稳定性，应能可靠承受浇筑混凝土的重量、侧压力及施工荷载。

（7）逆作法上下同步施工的工程必须采用信息施工法，并应对竖向支承桩、柱、转换梁等关键部位的内力和变形提出有针对性的施工监测方案、报警机制和应急预案。

12．坑内土体加固

（1）当安全等级为一级的基坑工程进行坑内土体加固时，应先进行基坑围护施工，再进行坑内土体加固施工。

（2）降水加固可适用于砂土、粉性土，降水加固不得对周边环境产生影响。降水期间应对坑内、坑外地下水位及邻近建筑物、地下管线进行监测。

（3）当采用水泥土搅拌桩进行土体加固时，在加固深度范围以上的土层被扰动区应采用低掺量水泥回掺处理。

（4）高压喷射注浆法进行坑内土体加固施工应符合下列规定：

1）施工前应对现场环境和地下埋设物的位置情况进行调查，确定高压喷射注浆的施工工艺并选择合理的机具。

2）可根据情况在水泥浆液中加入速凝剂、悬浮剂等，掺和料与外加剂的种类及掺量应通过试验确定。

　　3）应采用分区、分段、间隔施工，相邻两桩施工间隔时间不应小于 48h，先后施工的两桩间距应为 4m～6m。

　　4）可采用复喷施工技术措施保障加固效果，复喷施工应先喷一遍清水再喷一遍或两遍水泥浆。

　　5）当采用三重管或多重管施工工艺时，应对孔隙水压力进行监测，并应根据监测结果调整施工参数、施工位置和施工速度。

4.2.2　地下水与地表水控制

　　1．基本要求

　　（1）地下水和地表水控制应根据设计文件、基坑开挖场地工程地质、水文地质条件及基坑周边环境条件编制施工组织设计或施工方案。

　　（2）降排水施工方案应包含各种泵的扬程、功率，排水管路尺寸、材料、路线，水箱位置、尺寸，电力配置等。降排水系统应保证水流排入市政管网或排水渠道，应采取措施防止抽排出的水倒灌流入基坑。

　　（3）当采用设计的降水方法不满足设计要求时，或基坑内坡道或通道等无法按降水设计方案实施时，应反馈设计单位调整设计，制定补救措施。

　　（4）当基坑内出现临时局部深挖时，可采取集水明排、盲沟等技术措施，并应与整体降水系统有效结合。

　　（5）抽水应采取措施控制出水含砂量。含砂量控制，应满足设计要求，并应满足有关规范要求。

　　（6）当支护结构或地基处理施工时，应采取措施防止打桩、注浆等施工行为造成管井、点井的失效。

　　（7）当坑底下部的承压水影响到基坑安全时，应采取坑底土体加固或降低承压水头等治理措施。

　　（8）应进行中长期天气预报资料收集，编制晴雨表，根据天气预报实时调整施工进度。降雨前应对已开挖未进行支护的侧壁采用覆盖措施，并应配备设备及时排除基坑内积水。

　　（9）当因地下水或地表水控制原因引起基坑周边建（构）筑物或地下管线产生超限沉降时，应查找原因并采取有效控制措施。

　　（10）基坑降水期间应根据施工组织设计配备发电机组，并应进行相应的供电切换演练。

　　（11）井点的拔除或封井方案应满足设计要求，并应在施工组织设计中体现。

　　（12）在粉性土及砂土中施工水泥土截水帷幕，宜采用适合的添加剂，降低截水帷幕渗透系数，并应对帷幕渗透系数进行检验，当检验结果不满足设计要求时，应进行设计复核。

　　（13）截水帷幕与灌注桩间不应存在间隙，当环境保护设计要求较高时，应在灌注桩与截水帷幕之间采取注浆加固等措施。

　　（14）所有运行系统的电力电缆的拆接必须由专业人员负责，井管、水泵的安装应采用起重设备。

2. 排水与降水

（1）排水沟和集水井宜布置于地下结构外侧，距坡脚不宜小于 0.5m。单级放坡基坑的降水井宜设置在坡顶，多级放坡基坑的降水井宜设置于坡顶、放坡平台。

（2）排水沟、集水井设计应符合下列规定：

1）排水沟深度、宽度、坡度应根据基坑涌水量计算确定，排水沟底宽不宜小于 300mm。

2）集水井大小和数量应根据基坑涌水量和渗漏水量、积水水量确定，且直径（或宽度）不宜小于 0.6m，底面应比排水沟沟底深 0.5m，间距不宜大于 30m。集水井壁应有防护结构，并应设置碎石滤水层、泵端纱网。

3）当基坑开挖深度超过地下水位后，排水沟与集水井的深度应随开挖深度加深，并应及时将集水井中的水排出基坑。

（3）排水沟或集水井的排水量计算应满足式（4-1）要求：

$$V \geqslant 1.5Q \tag{4-1}$$

式中：V——排水量（m^3/d）；

Q——基坑涌水量（m^3/d），按降水设计计算或根据工程经验确定。

（4）当降水管井采用钻、冲孔法施工时，应符合下列规定：

1）应采取措施防止机具突然倾倒或钻具下落造成人员伤亡或设备损坏。

2）施工前先查明井位附近地下构筑物及地下电缆、水、煤气管道的情况，并应采取相应防护措施。

3）钻机转动部分应有安全防护装置。

4）在架空输电线附近施工，应按安全操作规程的有关规定进行，钻架与高压线之间应有可靠的安全距离。

5）夜间施工应有足够的照明设备，对钻机操作台、传动及转盘等危险部位和主要通道不应留有黑影。

（5）降水系统运行应符合下列规定：

1）降水系统应进行试运行，试运行之前应测定各井口和地面标高、静止水位，检查抽水设备、抽水与排水系统；试运行抽水控制时间为 1d，并应检查出水质量和出水量。

2）轻型井点降水系统运行应符合下列规定：

①总管与真空泵接好后应开动真空泵开始试抽水，检查泵的工作状态；

②真空泵的真空度应达到 0.08MPa 及以上；

③正式抽水宜在预抽水 15d 后进行；

④应及时作好降水记录。

3）管井降水抽水运行应符合下列规定：

①正式抽水宜在预抽水 3d 后进行；

②坑内降水井宜在基坑开挖 20d 前开始运行；

③应加盖保护深井井口；车辆行驶道路上的降水井，应加盖市政承重井盖，排水通道宜采用暗沟或暗管。

4）真空降水管井抽水运行应符合下列规定：

①井点使用时抽水应连续，不得停泵，并应配备能自动切换的电源；

②当降水过程中出现长时间抽浑水或出现清后又浑情况时，应立即检查纠正；

③应采取措施防止漏气，真空度应控制在-0.03MPa～-0.06MPa；当真空度达不到要求时，应检查管道漏气情况并及时修复；

④当井点管淤塞太多，严重影响降水效果时，应逐个用高压水反复冲洗井点管或拔出重新埋设；

⑤应根据工程经验和运行条件、泵的质量情况等配备一定数量的备用射流泵；对使用的射流泵应进行日常保养与检查，发现不正常应及时更换。

（6）降水运行阶段应有专人值班，应对降排水系统进行定期或不定期巡察，防止停电或其他因素影响降排水系统正常运行。

（7）降水井随基坑开挖深度需切除时，对继续运行的降水井应去除井管四周地面下 lm 的滤料层，并应采用黏土封井后再运行。

3．截水帷幕

（1）水泥土截水帷幕施工应符合下列规定：

1）应保证施工桩径，并确保相邻桩搭接要求，当采用高压喷射注浆法作为局部截水帷幕时，应采用复喷工艺，喷浆下沉或提升速度不应大于 100mm/min。

2）应采取措施减少二重管、三重管高压喷射注浆施工对基坑周围建筑物及管线沉降变形的影响，必要时应调整帷幕桩墙设计。

（2）注浆法帷幕施工应符合下列规定：

1）注浆帷幕施工前应进行现场注浆试验，试验孔的布置应选取具代表性的地段，并应在土层中采用钻孔取芯结合注水试验检验截水防渗效果。

2）注浆管上拔时宜采用拔管机。

3）当土层存在动水或土层较软弱时，可采用双液注浆法来控制浆液的渗流范围，两种浆液混合后在管内的时间应小于浆液的凝固时间。

（3）三轴水泥土搅拌桩截水帷幕施工应符合下列规定：

1）应采用套接孔法施工，相邻桩的搭接时间间隔不宜大于 24h。

2）当帷幕墙前设置混凝土排桩时，宜先施工截水帷幕，后施工灌注排桩。

3）当采用多排三轴水泥土搅拌桩内套挡土桩墙方案时，应控制三轴搅拌桩施工对基坑周边环境的影响。

（4）钢板桩截水帷幕施工应符合下列规定：

1）应评估钢板桩施工对周围环境的影响。

2）在拔除钢板桩前应先用振动锤振动钢板桩，拔除后的桩孔应采用注浆回填。

3）钢板桩打入与拔除时应对周边环境进行监测。

（5）兼作截水帷幕的钻孔咬合桩施工应符合下列规定：

1）宜采用软切割全套管钻机施工。

2）砂土中的全套管钻孔咬合桩施工，应根据产生管涌的不同情况，采取相应的克服砂土管涌的技术措施，并应随时观察孔内地下水和穿越砂层的动态，按少取土多压进的原则操作，确保套管超前。

3）套管底口应始终保持超前于开挖面 2.5m 以上；当遇套管底无法超前时，可向套管内注水来平衡第一序列桩混凝土的压力，阻止管涌发生。

（6）冻结法截水帷幕施工应符合下列规定：

1）冻结孔施工应具备可靠稳定的电源和预备电源。

2）冻结管接头强度应满足拔管和冻结壁变形作用要求，冻结管下入地层后应进行试压。

3）冻结站安装应进行管路密封性试验，并应采取措施保证冻结站的冷却效率；正式运转后不得无故停止或减少供冷。

4）施工过程应采取措施减小成孔引起土层沉降，及时监测倾斜。

5）开挖前应对冻结壁的形成进行检测分析，并对冻结运转参数进行评估；检验合格以及施工准备工作就绪后应进行试开挖判定，具备开挖条件后可进行正式开挖。

6）开挖过程应维持地层的温度稳定，并应对冻结壁进行位移和温度监测。

7）冻结壁解冻过程中应对土层和周边环境进行连续监测，必要时应对地层采取补偿注浆等措施；冻结壁全部融化后应继续监测直到沉降达到控制要求。

8）冻结工作结束后，应对遗留在地层中的冻结管进行填充和封孔，并应保留记录。

9）冻结站拆除时应回收盐水，不得随意排放。

（7）截水帷幕质量控制和保护应符合下列规定：

1）截水帷幕深度应满足设计要求。

2）截水帷幕的平面位置、垂直度偏差应符合设计要求。

3）截水帷幕水泥掺入量和桩体质量应满足设计要求。

4）帷幕的养护龄期应满足设计要求。

5）支护结构变形量应满足设计要求。

6 严禁土方开挖和运输破坏截水帷幕。

（8）截水措施失效时，可采用下列处理措施：

1）设置导流水管。

2）采用遇水膨胀材料或压密注浆、聚氨酯注浆等方法堵漏。

3）快硬早强混凝土浇筑护墙。

4）在基坑外壁增设高压旋喷或水泥土搅拌桩截水帷幕。

5）增设坑内降水和排水设施。

4．回灌

（1）宜根据场地地质条件和降深控制要求，按表 4-1 选择回灌方法。

表 4-1 地下水回灌方法

条件 回灌方法	土质类别	渗透系数 （m/d）	回灌方式
管井	填土、粉土、砂土、碎石土、裂缝基岩	0.1～20.0	异层回灌
砂井	砂土、碎石土	——	异层回灌
砂沟	砂土、碎石土	——	同层回灌
大口井	填土、粉土、砂土、碎石土	——	异层回灌
渗坑	砂土、碎石土	——	同层回灌

（2）应根据降水布置、出水量、现场条件建立回灌系统，回灌点应布置在被保护建筑与降水井之间，并应通过现场试验确定回灌量和回灌工艺。

（3）回灌注水量应保持稳定，在贮水箱进出口处应设置滤网，回灌水的水头高度可根据回灌水量进行调整，严禁超灌引起湿陷事故。

（4）回灌砂井中的砂宜选用不均匀系数为 3～5 的纯净中粗砂，含泥量不宜大于 3%，灌砂量不少于井孔体积的 95%。

（5）回灌水水质不得低于原地下水水质标准，回灌不应造成区域性地下水质污染。

（6）回灌管路产生堵塞时，应根据产生堵塞的原因，采取连续反冲洗方法、间歇停泵反冲洗与压力灌水相结合的方法进行处理。

5. 环境影响预测与预防

（1）降水引起的基坑周边环境影响预测宜包括下列内容：

1）地面沉降、塌陷。

2）建（构）筑物、地下管线开裂、位移、沉降、变形。

3）产生流砂、流土、管渗、潜蚀等。

（2）可根据调查或实测资料、工程经验预测和判断降水对基坑周边环境影响；可根据建筑物结构形式、荷载大小、地基条件采用现行国家标准《建筑地基基础设计规范》GB50007 规定的分层总和法，或采用单向固结法按式（4-2）估算降水引起的建筑物或地面沉降量：

$$S = \psi_w \sum_{i=1}^{n} \frac{\Delta \sigma'_{zi} \Delta h_i}{E_{si}} \qquad (4-2)$$

式中：S——降水引起的建筑物基础或地面的沉降量（m）；

ψ_w——沉降计算经验系数，应根据地区工程经验取值；无经验时，对软土地层，宜取 ψ_w=1.0～1.2，对一般地层可取 0.6～1.0，对当量模量大于 10MPa 的土层、复合土层可取 0.4～0.6，对密实砂层可取 0.2～0.4；

$\Delta \sigma'_{zi}$——降水引起的地面下第 i 土层中点处的有效应力增量（kPa）；对黏性土，应取降水结束时土的有效应力增量；

Δh_i——第 i 层土的厚度（m）；

E_{si}——按实际应力段确定的第 i 层土的压缩模量（kPa）；对采用地基处理的复合土层应按现行行业标准《建筑地基处理技术规范》JGJ79 规定的方法取值。

（3）减少基坑降水对周边环境影响的措施应符合下列规定：

1）应检测帷幕截水效果，对渗漏点进行处理。

2）滤水管外宜包两层60目井底布，外填砾料应保证设计厚度和质量，抽水含砂量应符合有关规范要求。

3）应通过调整降水井数量、间距或水泵设置深度，控制降水影响范围，在保证地下水位降深达到要求时减少抽水量。

4）应限定单井出水流量，防止地下水流速过快带动细砂涌入井内，造成地基土渗流破坏。

5）开始降水时水泵启动，应根据与保护对象的距离按先远后近的原则间隔进行；结束降水时关闭水泵，应按先近后远的顺序原则间隔进行。

4.2.3　土石方开挖

1．基本要求

（1）土石方开挖前应对围护结构和降水效果进行检查，满足设计要求后方可开挖，开挖中应对临时开挖侧壁的稳定性进行验算。

（2）基坑开挖除应满足设计工况要求按分层、分段、限时、限高和均衡、对称开挖的方法进行外，尚应符合下列规定：

1）当挖土机械、运输车辆等直接进入基坑进行施工作业时，应采取措施保证坡道稳定，坡道坡度不应大于1∶7，坡道宽度应满足行车要求。

2）基坑周边、放坡平台的施工荷载应按设计要求进行控制。

3）基坑开挖的土方不应在邻近建筑及基坑周边影响范围内堆放，当需堆放时应进行承载力和相关稳定性验算。

4）邻近基坑边的局部深坑宜在大面积垫层完成后开挖。

5）挖土机械不得碰撞工程桩、围护墙、支撑、立柱和立柱桩、降水井管、监测点等。

6）当基坑开挖深度范围内有地下水时，应采取有效的降水与排水措施，地下水宜在每层土方开挖面以下800mm～1000mm。

（3）基坑开挖过程中，当基坑周边相邻工程进行桩基、基坑支护、土方开挖、爆破等施工作业时，应根据相互之间的施工影响，采取可靠的安全技术措施。

（4）基坑开挖应采用信息施工法，根据基坑周边环境等监测数据，及时调整开挖的施工顺序和施工方法。

（5）在土石方开挖施工过程中，当发现有毒有害液体、气体、固体时，应立即停止作业，进行现场保护，并应报有关部门处理后方可继续施工。

（6）土石方爆破应符合现行行业标准《建筑施工土石方工程安全技术规范》JGJ180的规定。

2．无内支撑的基坑开挖

（1）放坡开挖的基坑，边坡表面护坡应符合下列规定：

1）坡面可采用钢丝网水泥砂浆或现浇钢筋混凝土覆盖，现浇混凝土可采用钢板网喷射混凝土，护坡面层的厚度不应小于50mm、混凝土强度等级不宜低于C20，配筋应根据计算确定，混凝土面层应采用短土钉固定。

2）护坡面层宜扩展至坡顶和坡脚一定的距离，坡顶可与施工道路相连，坡脚可与垫层相连。

3）护坡坡面应设置泄水孔，间距应根据设计确定。当无设计要求时，可采用 1.5m～3.0m。

4）当进行分级放坡开挖时，在上一级基坑坡面处理完成之前，严禁下一级基坑坡面土方开挖。

（2）放坡开挖基坑的坡顶和坡脚应设置截水明沟、集水井。

（3）采用土钉或复合土钉墙支护的基坑开挖施工应符合下列规定：

1）截水帷幕、微型桩的强度和龄期应达到设计要求后方可进行土方开挖。

2）基坑开挖应与土钉施工分层交替进行，并应缩短无支护暴露时间。

3）面积较大的基坑可采用岛式开挖方式，应先挖除距基坑边 8m～10m 的土方，再挖除基坑中部的土方。

4）采用分层分段方式进行土方开挖，每层土方开挖的底标高应低于相应土钉位置，距离宜为 200mm～500mm，每层分段长度不应大于 30m。

5）应在土钉承载力或龄期达到设计要求后开挖下一层土方。

（4）采用锚杆支护的基坑开挖施工应符合下列规定：

1）面层或排桩、微型桩、截水帷幕的强度和龄期应达到设计要求后方可进行土方开挖。

2）基坑开挖应与锚杆施工分层交替进行，并应缩短无支护暴露时间。

3）锚杆承载力、龄期达到设计要求后方可进行下一层土方开挖。

4）预应力锚杆应经试验检测合格后方可进行下一层土方开挖，并应对预应力进行监测。

（5）采用水泥土重力式围护墙的基坑开挖施工应符合下列规定：

1）水泥土重力式围护墙的强度、龄期应达到设计要求后方可进行土方开挖。

2）面积较大的基坑宜采用盆式开挖方式，盆边留土平台宽度不宜小于 8m。

3）土方开挖至坑底后应及时浇筑垫层，围护墙无垫层暴露长度不宜大于 25m。

3．有内支撑的基坑开挖

（1）基坑开挖应按先撑后挖、限时、对称、分层、分区等的开挖的方法确定开挖顺序，严禁超挖，应减小基坑无支撑暴露开挖时间和空间。混凝土支撑应在达到设计要求的强度后，进行下层土方开挖；钢支撑应在质量验收并按设计要求施加预应力后，进行下层土方开挖。

（2）挖土机械不应停留在水平支撑上方进行挖土作业，当在支撑上部行走时，应在支撑上方回填不少于 300mm 厚的土层，并应采取铺设路基箱等措施。

（3）立柱桩周边 300mm 土层及塔吊基础下钢格构柱周边 300mm 土层应采用人工挖除，格构柱内土方宜采用人工清除。

（4）采用逆作法、盖挖法进行暗挖施工应符合下列规定：

1）基坑土方开挖和结构工程施工的方法和顺序应满足设计工况要求。

2）基坑土方分层、分段、分块开挖后，应按施工方案的要求限时完成水平支撑结构施工。

3）当狭长形基坑暗挖时，宜采用分层分段开挖方法，分段长度不宜大于 25m。

4）面积较大的基坑应采用盆式开挖方式，盆式开挖的取土口位置与基坑边的距离不宜小于 8m。

5) 基坑暗挖作业应根据结构预留洞口的位置、间距、大小增设强制通风设施。

6) 基坑暗挖作业应设置足够的照明设施,照明设施应根据挖土过程配置。

7) 逆作法施工,梁板底模应采用模板支撑系统,模板支撑下的地基承载力应满足要求。

4. 土石方开挖与爆破

(1) 岛式土方开挖应符合下列规定:

1) 边部土方的开挖范围应根据支撑布置形式、围护墙变形控制等因素确定。边部土方应采用分段开挖的方法,应减小围护墙无支撑或无垫层暴露时间。

2) 中部岛状土体的各级放坡和总放坡应验算稳定性。

3) 中部岛状土体的开挖应均衡对称进行。

(2) 盆式土方开挖应符合下列规定:

1) 中部土方的开挖范围应根据支撑形式、围护墙变形控制、坑边土体加固等因素确定;中部有支撑时应先完成中部支撑,再开挖盆边土方。

2) 盆边开挖形成的临时放坡应进行稳定性验算。

3) 盆边土体应分块对称开挖,分块大小应根据支撑平面布置确定,应限时完成支撑。

4) 软土地基盆式开挖的坡面可采取降水、支护、土体加固等措施。

(3) 狭长形基坑的土方开挖应符合下列规定:

1) 采用钢支撑的狭长形基坑可采用纵向斜面分层分段开挖的方法,斜面应设置多级放坡;各阶段形成的放坡和纵向总坡的稳定性应满足现行行业标准《建筑基坑支护技术规程》JGJ120的规定。

2) 每层每段开挖和支撑形成的时间应符合设计要求。

3) 分层分段开挖至坑底时,应限时施工垫层。

(4) 冻胀土基坑采用爆破法开挖时应符合下列规定:

1) 当冻土爆破开挖深度大于 1.0m 时,应采取分层开挖,分层厚度可根据钻爆机具性能及人员操作难度确定。

2) 为缩短基坑暴露时间,对浅小基坑,应根据施工机械、人员、钻爆机具的配置情况,采取一次全断面开挖,并及时进行基础施工;对深大基坑,应采取分段开挖、分段进行基础施工。

(5) 土石方开挖爆破工程应由具有相应爆破资质和安全生产许可证的企业承担。爆破作业人员应取得有关部门颁发的资格证书,并应持证上岗。爆破工程作业现场应由具有相应资格的技术人员负责指导施工。

(6) 爆破参数应根据工程类比法或通过现场试炮确定。

(7) 当采用爆破法施工时,应采取合理的爆破施工工艺以减小对周边环境的影响。当坡体顶部边缘有建筑物或岩体抗拉强度较低时,坡体的上部宜采用锚杆支护控制岩体开挖后的卸荷裂隙。有锚杆支护的爆破开挖,应采取防止锚杆应力松弛措施。

4.2.4 特殊性土基坑工程

1. 基本要求

(1) 特殊性土深基坑工程施工应根据气候条件、地基的胀缩等级、场地的工程地质及水文地质条件以及支护结构类型，结合工程经验和施工条件，因地制宜采取安全技术措施。

（2）土方开挖前，应完成地表水系导引措施，并应按设计要求完成基坑四周坡顶防渗层、截流沟施工；使用过程中，应对排水和防护措施进行定期检查和记录，排水应通畅，施工期间各类地表水不得进入工作面。

（3）形成的开挖面符合设计要求后，应立即进行后续施工作业，并应采取措施避免开挖面长时间暴露。边开挖、边支护施工的膨胀土、冻胀土基坑工程，应对设计开挖面进行及时保护。气温降到 0°C 前，应对有可能冻裂的浅表水管采取保温措施。

（4）特殊性土深基坑工程应按信息施工法要求进行设计、施工和监测。除采用仪器设备进行监测外，还应采用人工巡视重点检查膨胀土胀缩、冻胀土冻胀、软土侧壁挤出和地表裂缝、异常变形、渗漏等情况。

（5）湿陷性黄土基坑工程，除符合本规范外，尚应符合现行行业标准《湿陷性黄土地区建筑基坑工程安全技术规程》JGJ167 的相关规定。

2. 膨胀岩土基坑工程

（1）膨胀岩土基坑工程施工阶段应根据现场情况的变化进行稳定性验算。稳定验算应根据岩土含水量变化和膨胀岩土的胀缩力对土的抗剪强度指标进行折减；有软弱夹层及层状膨胀岩土，应按最不利的滑动面验算稳定性；存在胀缩裂缝和地裂缝时，应进行沿裂缝滑动的稳定性验算。

（2）膨胀土中维护结构施工宜选择干作业方法，支护锚杆注浆材料宜先采用水泥砂浆，后采用水泥浆二次注浆技术。

（3）当施工过程中发现实际揭露的膨胀土分布情况、土体膨胀特性与勘察结果存在较大差别，或遇雨淋、泡水、失水干裂等情况时，应及时反馈设计，并应采取处理措施。

（4）膨胀土基坑开挖应符合下列规定：

1）土方开挖应按从上到下分层分段依次进行，开挖应与坡面防护分级跟进作业，本级边坡开挖完成后，应及时进行边坡防护处理，在上一级边坡处理完成之前，严禁下一级边坡开挖。

2）开挖过程中，必须采取有效防护措施减少大气环境对侧壁土体含水量的影响。

3）应分层、分段开挖，分段长度不应大于 30m。

4）土方开挖应按设计开挖轮廓线预留保护层，保护层厚度应根据不同基坑段的地质条件确定，弱膨胀土预留保护层厚度不应小于 300mm，中强膨胀土预留保护层厚度不应小于 500mm；中强膨胀土基坑底部坡脚处宜预留土墩。

（5）基坑侧壁和底面的防护应符合下列规定：

1）完成保护层开挖后，应立即采取防雨淋、防土体蒸发失水的临时防护措施。

2）侧壁临时防护可采用防雨布覆盖，坑底防护宜选择迅速施工垫层等方式。

（6）开挖施工过程中的地质编录与施工记录应符合下列规定：

1）开挖过程中，应对开挖揭露的地层情况、岩性、地下水、膨胀性等情况进行记录，发现与勘察报告差异较大时，应及时通知监理、勘察及设计人员，研究处置措施。

2）按设计要求开挖到设计轮廓后，应对开挖面进行地质编录。

3）当开挖过程中基坑发生局部变形超限或坍塌时，应对变形体或坍塌体进行专项记录。

（7）膨胀土基坑工程地表水处理应符合下列规定：

1）开挖前，应根据现场地形及汇水条件、基坑四周地面水系情况，按设计要求做好地表水导引及坡顶截排水方案。

2）坡顶应设置硬化防渗层，保护范围应延伸到坡顶纵截水沟外侧，坡顶不得有积水。

3）坡顶截水沟应进行铺砌及防渗漏处理，截水沟应结合地形条件分段布置向坑外排放的排水通道，排水通道之间应排水通畅。

4）在分级开挖过程中，应采取措施减少地表水和地下水对开挖施工的影响。

3．受冻融影响的基坑工程

（1）可能发生冻胀的基坑宜采用内支撑或逆作法施工。

（2）可能发生冻胀的基坑工程，应对冻胀力进行设计验算。

（3）对基坑侧壁为冻胀土、强冻胀土、特强冻胀土的基坑工程，应采用保温措施。冬期施工时宜搭设暖棚；冬期不施工的，可采取覆盖保温或局部搭设暖棚。

（4）可能发生冻胀的基坑使用锚拉支护时，应增大锚杆截面面积，提高杆材抗拉能力，防止锚杆出现断裂破坏。

（5）对相邻建（构）筑物有保护要求和支护结构有严格变形要求的工程，在冻土融化阶段，应加强土体沉降、结构变形和锚杆拉力的监测。当锚杆产生应力松弛、拉力下降时，应重新张拉至设计要求。

（6）冰和冻土融化时，应防止渗漏水形成的冰柱、冰溜和冻土掉落伤人。

（7）受冻融影响的基坑，应及时回填。

4．软土基坑工程

（1）对高灵敏度软土基坑，施工和使用过程中，应采取措施减少临近交通道路或其他扰动源对土的扰动。

（2）基坑开挖时应对软土的触变性和流动性采取措施，当采用排桩保护时，必须进行桩间土的保护，防止软土侧向挤出。当周边有建（构）筑物时，宜设置截水帷幕保护桩间土。

（3）软土基坑围护结构施工，应采取合适的施工方法，减少对软土的扰动，控制地层位移对周边环境的影响。

（4）紧邻建（构）筑物的软土基坑开挖前宜进行土体加固，并应进行加固效果检测，达到设计要求后方可开挖。

（5）在基坑内进行工程桩施工应符合下列规定：

1）桩顶上部应预留一定厚度的土层，严禁在临近基坑底部形成空孔，必要时对被动区或坑脚土体进行预加固。

2）应减少对基坑底部土体的扰动。

3）应缩短临近基坑侧壁工程桩混凝土的凝固时间。

4）应采用分区隔排、间隔施工，减少对土的集中扰动。

5）应控制钻进和施工速度，防止剪切液化的发生。

4.2.5 质量要求

（1）由于基坑要性程度高，设计要求严格，施工程序复杂，因此，在施工过程中，应切实做好各方面的协调工作，尤其是要咨询本地建委以及各方面的专家，群策群力，确保工程的安全。

（2）施工队伍要编制规范的施工组织设计，采用信息化施工，施工过程中，应由具有监测资质的单位进行监测方案的设计工作。

（3）根据《建筑基坑支护技术规程》（JGJ120—2012）规定，钻孔灌注桩的施工要求如下：桩位偏差，轴线和垂直轴线方向均不宜超过 100mm，垂直度偏差不宜大于 1.0 %；桩底沉渣厚度不宜超过 200mm；当用作承重结构时，桩底沉渣按《建筑桩基技术规范 》JGJ94 要求执行；桩宜采取隔桩施工，并应在灌注混凝土 24h 后进行邻桩成孔施工；冠梁施工前，应将支护桩桩顶浮浆凿除清理干净，桩顶以上出露的钢筋长度应达到设计要求。

（4）应注意挖土机械不得损坏支护结构，基坑四周及支撑梁严禁堆土或堆载，不得在桩墙顶部、压顶板上碾压。

（5）围护桩及旋喷桩施工应合理进行渣浆排放，做到文明施工。

（6）锚杆施工严格按规范、规程进行，先成孔、清孔，再安装锚杆，然后对锚杆注浆。

成孔须达到孔深偏差±50mm，孔径偏差±50mm，孔距偏差±10mm，成孔倾角偏差±5%。锚杆的试验数量为总数的 1% ，且不少于 3 根，试验要求达到有关锚杆验收标准。

（7）设计未标注说明之处，均严格按现行有关规范规程要求进行。

4.2.6 深基坑支护及降水工程检查与监测技术

1．基本要求

（1）基坑工程施工应对原材料质量、施工机械、施工工艺、施工参数等进行检查。

（2）基坑土方开挖前，应复核设计条件，对已经施工的围护结构质量进行检查，检查合格后方可进行土方开挖。

（3）基坑土方开挖及地下结构施工过程中，每个工序施工结束后，应对该工序的施工质量进行检查；检查发现的质量问题应进行整改，整改合格后方可进入下道施工工序。

（4）施工现场平面、竖向布置应与支护设计要求一致，布置的变更应经设计认可。

（5）基坑施工过程除应按现行国家标准《建筑基坑工程监测技术规范》GB50497 的规定进行专业监测外，施工方应同时编制包括下列内容的施工监测方案并实施：

1）工程概况。

2）监测依据和项目。

3）监测人员配备。

4）监测方法、精度和主要仪器设备。

5）测点布置与保护。

6）监测频率、监测报警值。

7）异常情况下的处理措施。

8）数据处理和信息反馈。

（6）应根据环境调查结果，分析评估基坑周边环境的变形敏感度，宜根据基坑支护设计单位提出的各个施工阶段变形设计值和报警值，在基坑工程施工前对周边敏感的建筑物及管线设施采取加固措施。

（7）施工过程中，应根据第三方专业监测和施工监测结果，及时分析评估基坑的安全状况，对可能危及基坑安全的质量问题，应采取补救措施。

（8）监测标志应稳固、明显，位置应避开障碍物，便于观测；对监测点应有专人负责保护，监测过程应有工作人员的安全保护措施。

（9）当遇到连续降雨等不利天气状况时，监测工作不得中断；并应同时采取措施确保监测工作的安全。

2．检查

（1）基坑工程施工质量检查应包括下列内容：

1）原材料表观质量。

2）围护结构施工质量。

3）现场施工场地布置。

4）土方开挖及地下结构施工工况。

5）降水、排水质量。

6）回填土质量。

7）其他需要检查质量的内容。

（2）围护结构施工质量检查应包括施工过程中原材料质量检查和施工过程检查、施工完成后的检查；施工过程应主要检查施工机械的性能、施工工艺及施工参数的合理性，施工完成后的质量检查应按相关技术标准及设计要求进行，主要内容及方法应符合表 4-2 的规定。

（3）安全等级为一级的基坑工程设置封闭的截水帷幕时，开挖前应通过坑内预降水措施检查帷幕截水效果。

（4）施工现场平面、竖向布置检查应包括下列内容：

1）出土坡道、出土口位置。

2）堆载位置及堆载大小。

3）重车行驶区域。

4）大型施工机械停靠点。

5）塔吊位置。

（5）土方开挖及支护结构施工工况检查应包括下列内容：

1）各工况的基坑开挖深度。

2）坑内各部位土方高差及过渡段坡率。

3）内支撑、土钉、锚杆等的施工及养护时间。

4）土方开挖的竖向分层及平面分块。

5）拆撑之前的换撑措施。

（6）混凝土内支撑在混凝土浇筑前，应对支架、模板等进行检查。

（7）降排水系统质量检查应包括下列内容：

表 4-2 围护结构质量检查的主要内容及方法

质量项目与基坑安全等级			检查内容	检查方法
支护结构	一级	排桩	混凝土强度、桩位偏差、桩长、桩身完整性	1．混凝土或水泥土强度可检查取芯报告； 2．排桩完整性可查桩身低应变动测报告； 3．地下连续墙墙身完整性可通过预埋声测管检查； 4．锚杆和土钉的抗拔力查现场抗拔试验报告，锚杆与腰梁的连接节点可采用目测结合人工扭力扳手； 5．几何参数，如桩径、桩距等用直尺量； 6．标高由水准仪测量，桩长可通过取芯检查； 7．坡度、中间平台宽度用直尺量测； 8．其余可根据具体情况确定
		型钢水泥土搅拌墙	桩位偏差、桩长、水泥土强度、型钢长度及焊接质量	
		地下连续墙	墙深、混凝土强度、墙身完整性、接头渗水	
		锚杆	锚杆抗拔力、平面及竖向位置、锚杆与腰梁连接节点、腰梁与后靠结构之间的结合程度	
		土钉墙	放坡坡度、土钉抗拔力、土钉平面及竖向位置、土钉与喷射混凝土面层连接节点	
	二级	排桩	混凝土强度、桩身完整性	
		型钢水泥土搅拌墙	水泥土强度、型钢长度及焊接质量	
		地下连续墙	混凝土强度、接头渗水	
		锚杆	锚杆抗拔力、平面及竖向位置、锚杆与腰梁连接节点、腰梁与后靠结构之间的结合程度	
		土钉墙	放坡坡度、土钉抗拔力、土钉平面及竖向位置、土钉与喷射混凝土面层连接节点	
截水帷幕	一级	水泥搅拌墙	桩长、成桩状况、渗透性能	
		高压旋喷搅拌墙		
		咬合桩墙	桩长、桩径、桩间搭接量	
	二级	水泥搅拌墙	成桩状况、渗透性能	
		高压旋喷搅拌墙		
		咬合桩墙	桩间搭接量	
地基加固	一级	水泥土桩	顶标高、底标高、水泥土强度	
		压密注浆		
	二级	水泥土桩	顶标高、水泥土强度	
		压密注浆		
支撑	一级和二级	混凝土支撑	混凝土强度、截面尺寸、平直度等	
		钢支撑	支撑与腰梁连接节点、腰梁与后靠结构之间的密合程度等	
		竖向立柱	平面位置、顶标高、垂直度等	

1）地表排水沟、集水井、地面硬化情况。

2）坑内外井点位置。

3）降水系统运行状况。

4）坑内临时排水措施。

5）外排通道的可靠性。

（8）基坑回填后应检查回填土密实度。

3．施工监测

（1）施工监测应采用仪器监测与巡视相结合的方法。用于监测的仪器应按测量仪器有关要求定期标定。

（2）基坑施工和使用中应采取多种方式进行安全监测，对有特殊要求或安全等级为一级的基坑工程，应根据基坑现场施工作业计划制定基坑施工安全监测应急预案。

（3）施工监测应包括下列主要内容：

1）基坑周边地面沉降。

2）周边重要建筑沉降。

3）周边建筑物、地面裂缝。

4）支护结构裂缝。

5）坑内外地下水位。

6）地下管线渗漏情况。

7）安全等级为一级的基坑工程施工监测尚应包含下列主要内容：

①围护墙或临时开挖边坡面顶部水平位移；

②围护墙或临时开挖边坡面顶部竖向位移；

③坑底隆起；

④支护结构与主体结构相结合时，主体结构的相关监测。

（4）基坑工程施工过程中每天应有专人进行巡视检查，巡视检查应符合下列规定：

1）支护结构，应包含下列内容：

①冠梁、腰梁、支撑裂缝及开展情况；

②围护墙、支撑、立柱变形情况；

③截水帷幕开裂、渗漏情况；

④墙后土体裂缝、沉陷或滑移情况；

⑤基坑涌土、流砂、管涌情况。

2）施工工况，应包含下列内容：

①土质条件与勘察报告的一致性情况；

②基坑开挖分段长度、分层厚度、临时边坡、支锚设置与设计要求的符合情况；

③场地地表水、地下水排放状况，基坑降水、回灌设施的运转情况；

④基坑周边超载与设计要求的符合情况。

3）周边环境，应包含下列内容：

①周边管道破损、渗漏情况；

②周边建筑开裂、裂缝发展情况；

③周边道路开裂、沉陷情况；

④邻近基坑及建筑的施工状况；

⑤周边公众反映。

4）监测设施，应包含下列内容：

①基准点、监测点完好状况；

②监测元件的完好和保护情况；

③影响观测工作的障碍物情况。

（5）巡视检查宜以目视为主，可辅以锤、钎、量尺、放大镜等工具以及摄像、摄影等手段进行，并应作好巡视记录。如发现异常情况和危险情况，应对照仪器监测数据进行综合分析。

4.3 深基坑支护及降水工程安全专项施工方案实例

实例一 ××工程深基坑工程安全专项方案

一、编制依据

（一）相关文件

序号	相关文件内容	备注
1	××研发中心项目基坑支护图纸及图纸会审	/
2	××研发中心项目《岩土工程勘察报告》	/

（二）施工技术规范、规程、标准

类别	规范、规程、标准及办法名称	编号
国家标准	《建筑地基与基础工程施工质量验收规范》	GB50202-2002
	《建筑地基基础设计规范》	GB5007-2011
	《建筑基坑工程监测技术规范》	GB50497-2009
	《工程测量规范》	GB50026-2007
行业标准	《建筑基坑支护技术规程》	JGJ120-2012
	《地基与基础工程施工工艺标准》	JQB-017-2004
	《建筑与市政降水工程技术规范》	JGJ/T111-98
行业标准	《建筑机械使用安全技术规程》	JGJ33-2001
	《施工现场临时用电安全技术规范》	JGJ46-2005

二、工程概况

(一) 工程概述

××研发中心项目位于××市××区××镇, 南邻××公路、西邻××路及××路。包含综合楼、研发楼、地下能源站等 10 个单体工程, 总用地面积 142000 平米, 总建设面积 184900 平米, 地上建设面积 164755 平米, 地下建筑面积 20145 平米, 建筑占地面积 63900 平米, 为框架结构 (含部分框剪)。场地北侧、西侧分布有河流, 场地内有大面积的暗浜及暗塘分布, 地质情况较复杂。本工程自然地坪+3.000m, 1 号楼综合楼开挖深度 5.05m, 3 号楼研发楼开挖深度 5.1m, 10号楼地下能源站开挖深度 6.7～7.3m, 另有局部电梯井。综合楼、研发楼、地下能源站基坑安全等级 3 级, 基坑环境保护等级 3 级, 开挖深度较大。本工程拟采用二轴水泥土搅拌桩、五轴水泥土搅拌桩、钻孔灌注桩、钢筋混凝土围檩作为基坑围护, 围护结构施工完成后同时配以轻型井点降水井及深井降水井辅助有支护土方开挖。

(二) 自然条件

1. 地形地貌

场地较为平整, 绝对标高在+3.000m 左右, 地貌类型属长江三角洲泻湖沼泽平原 I-1 区。

2. 地基土的构成与特征

根据野外钻探、原位测试及室内土工试验资料分析, 场地地基土按成因类型、形成时代、工程性质并参照上海市《岩土工程勘察规范》(DGJ08-37-2012) 附录 A 自上而下可分为 8 层。本工程钻孔灌注桩最深达-14.700m, 场地地基土只涉及到第⑥1 层暗绿～灰绿色粉质粘土, 层底标高-4.78～-20.49m。

实例一表 1　层底标高

序号	土层平均厚度 (m)	土名称	层底标高
1	1.73	第①层杂填土	+2.25～-0.87m
2	1.46	第②层灰黄～青灰色粉质粘土	+0.96～-0.10m
3	5.84	第③$_1$层灰色淤泥质粉质粘土	-1.75～-8.37m
4	4.73m	第③$_2$层灰色粘质粉土	-3.81～-12.48m
5	7.05m	第③$_3$层灰色淤泥质粉质粘土	-7.44～-20.47m
6	2.79m	第⑥$_1$层暗绿～灰绿粉质粘土	-4.78～-20.49

3. 地基土的物理力学性质

(1) 地基承载力设计值 fd 按上海市《地基基础设计规范》(DGJ08-11-2010) 第 5.2.3 条有关公式估算, 估算假设条件: 条形基础, 基础宽度 b 为 1.5m, 基础埋深 d 为 1.0m, 地下水位埋深 0.5m，并结合静力触探及工程实际经验等方法综合确定。

（2）地基承载力特征值 fak，按照国家标准《建筑地基基础设计规范》（GB50007-2011）第 5.2.3 条由原位测试并结合工程实践经验等方法综合确定，结果见下表：

实例一表 2 地基承载力一览表

层号	静探（MPa）	直剪固快（峰值）		重度	土试计算值	建议值
		CK（KPa）	ΦK（度）	γ（KN/m³）	f_d（KPa）	f_d（KPa）f_{ak}（KPa）
②	0.55	20	19.5	18.5	88	70	70
③$_1$	0.38	14	19.0	17.8	69	50	50
③$_2$	1.85	6	30.5	18.4	88	100	100
③$_3$	0.59	13	17.5	17.6	64	65	65
⑥$_1$	1.92	39	20.0	19.5	144	120	120

注：1. 上表中的 f_d 未考虑软弱下卧层影响，仅作为评价土层工程特性之用；设计时应根据实际基础形状、尺寸、埋深并考虑软弱下卧层强度影响进行计算，并同时满足承载能力极限状态和正常使用极限状态。

2. f_{ak} 未经变形验算。

（3）静力触探成果

静力触探成果见××研发中心研发岩土工程勘察报告（详勘）《静力触探分层参数表》及《静力触探测试成果图表》。

4. 场地水文地质条件

（1）地下水

浅部地下水为孔隙潜水，其主要赋存在第①～③层地基土中。

场地内静止地下水埋深一般为 0.90～1.90m，相当于标高+1.13～+2.41m。

地下水位变化主要受大气降水、地面蒸发及地表逐流控制。

上海潜水水位埋深，一般离地表面约 0.30～1.50m，受降雨、潮汛、地表水的影响有所变化，年平均水位埋深一般为 0.50～0.70m。

设计时地下水埋深值可根据设计项目不同，从不利因素和安全角度考虑，高水位埋深值取室外设计地坪下 0.50m，低水位埋深值取室外设计地坪下 1.50m。

（2）土层渗透性

各土层渗透系数建议值详见《××研发中心项目岩土工程勘察报告》表 10。

（3）地下水、地基土对混凝土的腐蚀性

据调查场地周围无污染源，根据水质分析报告及上海《地基基础设计规范》DGJ08-11-2010 有关条款及经验认定，在Ⅲ类环境中，地下水对混凝土有微腐蚀性，在长期浸水的状态下对混凝土中的钢筋有微腐蚀性，在干湿交替的状态下对混凝土中的钢筋有弱腐蚀性；对钢结构有弱腐蚀性。

本场地地下水位较高，地基土在地下水位之下基本呈饱和状态，场地及周围无地下水污染源，根据上海市类似工程经验，地基土对混凝土有微腐蚀性。

水、土对建筑材料腐蚀的防护，应符合现行国家标准《工业建筑防腐蚀设计规范》GB50046的规定。

5．不良地质现象

（1）经勘察，拟建场地分布多条对本工程有影响的暗浜、暗塘，其分布范围详见《勘察点平面布置图》；暗浜地段填土分布较厚，第②层灰黄～青灰色粉质粘土在暗浜地段缺失，暗塘地段分布较薄、局部缺失；填土主要由粘性土组成，含碎石等杂质，最厚为4.00m，相应标高为-0.87m；为本场地的不良地质现象。

暗浜、暗塘分布状况详见《勘察点平面布置图》及有关《工程地质剖面图》。

（2）外业勘察时，在拟建航空技术管理区域与宿舍楼之间、10#航空机务维修工厂二的东南角发现有已经施工的工程桩，据了解，其桩长约30米左右；工程桩的大致分布范围详见《勘察点平面布置图》。

（3）根据场地土层分布状况分析，场地有古河道分布，古河道平面摆动范围广泛。受古河道切割作用影响，第⑥1层及以上土层均有不同程度的缺失。

6．场地地震效应

（1）场地抗震设计基本条件

根据××研发中心施工图纸，场地的抗震设防烈度为7度，设计基本地震加速度为0.10g，所属的设计地震分组为第一组。场地土类型属软弱土、场地类别属Ⅳ类。

（2）液化判别

本场地为不液化场地。

（3）抗震有利、不利地段划分

经地质勘察，拟建场地有地下障碍物、古河道及大面积暗浜、暗塘分布，故本场地为抗震不利地段。

（三）重点、难点及解决方法

1．重点：本工程基坑降水面积大，西侧、北侧临近河流，现场无排水管网，基坑降水无法正常排水。

2．解决方法：结合东航技术研发中心项目现场临水施工方案，根据现场实际情况制定专项排水措施，现场降水设置集水井经沉淀池排入现场临水管道内，最终排入室外管网内。

（四）基坑降水概况

根据本场地的水文地质条件及工程设计要求、基坑开挖深度，本工程拟采用轻型井点降水及真空深井降水相结合的方法来达到本次降水的目的，对于基坑开挖深度在6m以内的部位采用轻型井点降水，开挖深度大于6m的部位采用真空深井降水，即综合楼（1号楼）及航空理论技术研发楼（3号楼）基坑采用轻型井点降水，地下能源站采用真空深井降水，具体位置详见《降水井平面布置图》。

（五）工作量概况

工作内容		单位	数量	部位
轻型井点降水	L=6.5	组	49	1#、3#楼
深井降水	L=12	口	12	10#楼

三、施工准备

（一）技术准备

1. 施工前，施工技术管理人员必须认真审图，将施工图中存在的问题及时纳入自审记录中，通过图纸会审予以解决，并做好施工前的其它技术准备工作；

2. 积极参与包括业主、监理、设计、地质等各方参加的技术交底和协调会议，提出施工过程中需要解决的问题和需要澄清的问题，确保施工顺利进行；

3. 对所有施工人员进行施工前的安全教育和技术交底，宣布有关规章制度；

4. 做好施工现场"四通一平"工作。按照设计文件要求和有利于文明施工、安全生产的原则，做好场地的平整工作；

5. 测量人员做好现场抽水井定位放线工作，完善各项交接手续。根据测绘单位给定的性坐标和高程控制点，按照建筑总平面图要求，确定降水井的深度。

（二）施工用电准备

业主提供4台变压器供现场，本工程采用三级配电二级保护的原则进行临时配电系统设计，能够满足土方支护阶段的用电负荷，具体见临电施工方案。

（三）施工队伍准备

选派技术成熟、专业作业、组织严密、战斗力强且有丰富同类工程施工经验的专业队伍。借助集团公司固定的劳务基地，劳动力可随时调配，满足本工程的施工需要。

（四）施工机械准备

实例一表3 施工主要机械配备表

序号	设备名称	规格型号	数量	设备能力
1	成井钻机	ATG-200	1 台	37KW
2	泥浆泵	3PNL	2 台	22KW
3	86泵		1 台	7.5KW
4	电焊机	ZXF	1 台	5.5KW
5	空压机	ZV	1 台	7.5KW
6	潜水泵	QDX3-25-0.75	15 台	0.75KW/台
7	真空泵	JSJ—60型	50 台	5.5KW/台
8	测绳	100m	2 根	

注：以上机械为降水施工常用机械，在实际施工运营过程中，根据现场情况以及物资配备情况，部分设备可能产生差异；以上表格仅供初步配备参考。

（五）劳动力组织

实例一表 4　劳动组织计划表

岗位		定员	主要职责范围
机修班	焊工	1人	负责维修、保养和修理各种机具，协助设备安装。
	电工	1人	负责维护、保养和修理各种电器设备，负责各种电器线路。
钻井队	机长	1人	服从项目统一安排，认真组织本机施工，对本机的安全、质量和效率负责。
	班长	1人	及时完成机长安排的工作，对本班的安全、质量和效率负责。
	钻工	2人	服从班长的安排，负责钻机移位、成孔、下井管、填砾和洗井工作。
降水班	班长	1人	全面负责降水运行的现场工作。
	普工	8人	降水。
合计		15人	

四、施工部署

（一）现场组织机构设置

本工程将由项目经理统一指挥、组织协调全面工作，并对本工程质量、安全、工期、成本全面负责。项目经理具有多年同类工程经历，项目部下设总工室、成本室、安全室、工程室、技术室等，配备专职安全员、施工员、技术员、质量员、经营及试验专业人员。

项目经理部按照原则组织施工，各个作业队根据工程需要进场、撤场，在工期安排上服从项目经理部统一安排，在技术质量上接受项目经理部领导。成立以项目经理为组长的降水施工生产领导小组及应急预案实施小组，指导现场施工工作、保证土方支护正常有序施工。

实例一表 5　小组成员主要职责

序号	姓名	专业或职务	组内职务	主要职责
1	×××	项目经理	组长	对整个工程的负责，并协调甲方、监理、各分包单位之间的关系
2	×××	项目总工	副组长	负责组织实施基坑降水技术施工方案的制定与审核
3	×××	工程经理	副组长	负责组织方案的实施，负责现场施工各部门、各工序之间的调度协调，与各级政府部门的工作联系；保障现场后勤供应；主持应急预案的实施工作
4	×××	安全总监	副组长	全面负责施工过程中安全工作，监督检查，保证施工过程中的安全目标实现
5	×××	水电工程师	组员	负责施工过程中临水临电设施的安装、检查，保证施工过程中的施工目标实现
6	×××	材料主任	组员	施工期间材料供应保障
7	×××、×××	工长	组员	负责基坑降水阶段施工安排组织及应急工作
8	×××、×××	技术员	组员	负责基坑降水阶段各项交底的落实
9	×××、×××	测量员	组员	负责基坑降水阶段测量放线工作
10	×××、×××	安全员	组员	负责施工过程中安全检查

各施工队以施工队经理为组长、队长为副组长随时待命，

白天值班办公室：工程经理室（×××）

夜间值班办公室：工程室（×××、×××）

（二）管理目标

1. 质量目标

质量标准：合格，满足基坑降水要求。

2. 工期目标

根据现场实际情况，本基坑轻井点施工数量较多，所以必须有 4-5 个班组同时施工，计划每日完成 8 组，7 天完成所有的轻型井点布设工作。轻型井点必须在基坑开挖前进行预抽水 15 天，满足基坑土方开挖条件。

五、降水施工方法

（一）降水井及排水管道布置

根据本工程拟建场地工程地质、水文地质资料，××研发中心围护施工蓝图及周边环境情况，我司对 1、3 号楼采用轻型井点降水，共布置 49 套，对 1 号楼落深坑及 10 号楼采用深井降水，共计 12 口。水位降深至坑底以下 0.5m～1.0m。

轻型井点降水排水系统采用有组织排水方式，沿基坑周圈布置 6 口 1000×1000×800（深）集水井，通过水泵将地下水软管引流至集水井内，由集水井向沉淀池预埋 Φ300mm 波纹管，波纹管顶标高埋入土层内 200mm，统一按 0.5% 找坡排至沉淀池，经三级沉淀后排至市政管网（详见附图）。深井降水排水采用软管连接，集中抽取，排至沉淀池。沉淀池内水三级沉淀后经场内集水井排至市政管网。现场拟布设 3 个三级沉淀池，分别布置在 1 号楼基坑西南侧、1 号楼基坑东北侧、1 号楼基坑西北侧，3 个沉淀池至场内集水井约埋设波纹管共约 350m，沉淀池距现场临时排水沟总约 200m，累计埋设波纹管 550m。每级沉淀池 2500×2000×1500（深），墙厚 120mm，表面及底面水泥砂浆抹灰压光，集水井做法同沉淀池做法。示意图如下：

示意图　图（略）

降水施工从 2014 年 7 月 20 日开始，首先进行轻型井点降水施工，即 1、3 号楼降水井施工，历时 15 天，即 2014 年 8 月 4 日完成轻型井点降水井成井工作。深井降水施工从 2014 年 9 月 1 日开始至 2014 年 9 月 14 日完成，历时 14 天。降水井成型示意图如下：

示意图　图（略）

（二）降水井设计

1. 降水设计

（1）轻型井点布设为：根据设计要求，本工程共布设轻型井点 49 组，各组间的间距为 12m～15m，井点各支管的间距为 1.5m，井点的插入深度为开挖面以下 1.5m，井点的布设，根据土方开挖先后顺序进行井点降水的施工。

（2）深井的布设：根据设计要求，本工程共布设真空深井 12 口，真空深井的深度确定如下：

根据经验公式估算，降水井深度按下式确定：

$$H = H_1 + h + JL + l$$

式中：H——井点管埋设深度，m；

H_1——井点管埋至基坑底面的距离，m，本工程以开挖深度 6.8m 为例；

h——基坑底面至降低后的地下水位距离，一般取 h＝0.5～2m，本工程取 1m；

J——水力梯度，环形井点系统 J＝1/8～1/10，单排井点系统 J＝1/4～1/5，本工程取 1/9；

L——井点管至基坑中心的水平距离，m，本工程取 9m；

l——过滤器工作部分长度和沉淀管的长度，m，本工程分别取 2m 和 1m。

则：

H＝6.80＋1＋9/9＋3＝11.80m

根据施工规范及制作井管工艺要求，井管深度取 12.00m，由于本基坑开挖深度不一致，所以各井的深度也不相同，每口井必须根据所在部位开挖的深度单独计算。

2. 基坑降水井由内向外进行倒水排水，直至导入基坑四周降水井后，再抽入基坑外围排水沟内，再流入沉淀池内沉淀，最后排入市政污水管网内。

（三）降水施工工艺

1. 轻型井点降水

（1）工艺流程

井点安装→井点管埋设→冲洗管井→管路安装→检查管路→试抽及检查→降水运行→拆除及封井

（2）施工工艺

1）井点安装：

根据建设单位提供的测量控制点，测量放线确定井点位置，然后在井位先挖一个小土坑，深大约 500mm，以便于冲击孔时集水、埋管时灌砂，并用水沟将小坑与集水坑连接，以便排泄多余水。

2）用绞车将简易井架移到井点位置，将套管水枪对准井点位置，启动高压水泵，水压控制在 0.4～0.8MPa，在水枪高压水射流冲击下套管开始下沉，并不断地升降套管与水枪。一般含砂的粘土，按经验，套管落距在 1000mm 之内，在射水与套管冲切作用下，大约 10～15min 时间之内，井点管可下沉 10m 左右，若遇到较厚的纯粘土时，沉管时间要延长，此时可增加高压水泵的压力，以达到加速沉管的速度。冲击孔的成孔直径应达到 300～500mm，保证管壁与井点管之间有一定间隙，以便于填充砂石，冲孔深度应比滤管设计安置深度低 500mm 以上，以防止冲击套管提升拔出时部分土塌落，并使滤管底部存有足够的砂石。凿孔冲击管上下移动时应保持垂直，使井点管水井壁保持垂直，若在凿孔时遇到较大的石块和砖块，会出现倾斜现象，此时也应尽量保持上下一致。井孔冲击成型后，应拔出冲击管，通过单滑轮，用绳索提起井点将管插入井孔，井点管的上端应用木塞塞住，以防砂石或其他杂物进入井内，在井点管与孔壁之间填灌砂石滤层。

砂石滤层的填充高度，至少要超过滤管顶以上 1000～1800mm，一般应填至原地下水位线以上，以保证土层水流上下畅通。

井点填砂后，井口以下 1.0～1.5m 用粘土封口压实，防止漏气而降低降水效果。

3）冲击井管

将 ϕ 15～30mm 的胶管插入井点管底部进行注水清洗，直到流出清水为止。应逐根进行清洗，避免出现"死井"。

4）管路安装

首先沿井点管线外侧，铺设集水毛管，并用胶垫螺栓把干管连接起来，主胶管与主管连接好，再用铅丝绑好，防止管路不严漏气而降低整个管路的真空度。主管路的流水坡度按坡向泵房 5‰的坡度并用砖将主干管垫好。并随时检查是否有地面塌陷，随时垫砖或填土，使不至于影响整条管线。

5）试抽与检查

检查管路检查集水—下管与井点管连接的胶管的各个接头在试抽水时是否有漏气现象，发现这种情况应重新连接或用油腻子堵塞，重新拧紧法兰盘螺栓和胶管的铅丝，直至不漏气为止。在正式运转抽水之前必须进行试抽，以检查抽水设备运转是否正常，管路是否存在漏气现象。在水泵进水管上安装一个真空表，在水泵的出水管上安装一个压力表。为了观测降水深度，是否达到施工组织设计所要求的降水深度，在基坑内设置 3 个观测井点，以便于通过观测井点测量水位，并描绘出降水曲线。在试抽时，应检查整个管网的真空度，应达到 550mmHg73.33kPa 方可正式投入抽水。

6）降水运行

当抽水设备运转一切正常后，整个抽水管路无漏气现象，可以投入正常抽水作业。

开机 7d 后将形成地下降水漏斗，并趋向稳定。

7）拆除及封井

承台混凝土浇筑完毕，经养护拆除模板后方可拆除井点降水系统，拆除时先拆除橡胶软管及总管，井点管的拆除采用挖掘机拔出，井点管拆除后采用瓜子片或粗砂回填密实。

2．深井降水

（1）工艺流程

测放井位→埋设护口管→安装钻机→钻进成孔→清孔换浆→下井管→填砾料→井口封闭→安泵试抽

（2）施工工艺

1）测放井位：根据降水井井位平面布置图测放桩位，当布设的井点受地面障碍物或施工条件影响时，现场作适当调整。

2）埋设护口管：护口管底口埋入原土中，管外用粘性土填密，护口管上口高出地面 0.1m 左右。

3）安装钻机：机台安装稳固水平，钻头钻尖，转盘中心，与井位中心三点成一线。

4）钻进成孔：降水井开孔直径为 ϕ650mm，开孔时必须轻压慢转，以保证孔钻进的垂直度，成孔施工采用孔内自然造浆，钻进过程中泥浆比重控制在 1.15～1.20，当提升钻具或停工时，孔内必须压满泥浆，以防止孔壁坍塌。

5）清孔换浆，钻孔钻进至设计标高后，在提钻前将钻杆提至离孔底 0.5m 进行冲孔，清除孔内杂物，同时将孔内泥浆密度逐步调至 1.10，孔底沉淤厚度小于 30cm，返出的泥浆内不含泥块为止。

6）下井管：管子进场后，检查过滤器的缝隙是否符合设计要求，下管前必须测量孔深，孔深符合设计要求后，开始下井管。下井管时必须扶正井管，以保证滤水管能居中，井管焊接要牢固，垂直，下到设计深度后，井口固定居中。

7）填砾料：填砾料前在井管内下入钻杆至孔底0.30m左右，井管上口要加闷头密封，从钻杆内泵送泥浆进行边冲孔边逐步调浆使孔内的泥浆从滤水管向外由井管与孔壁的环状间隙内返浆，使孔内的泥浆密度逐步调到1.10，然后按照井的构造设计填入砾料，并随填随测填砾料的高度，直至砾料填至预定位置，直至砾料填至预定位置为止。

8）井口封闭：为防止泥浆及地表污水从管外流入井内，在地表以下围填2.0m厚的优质粘性土或采用水泥浆封孔。

9）安泵试抽：每口深井配备一台潜水泵，成井施工结束后，在降水井内及时下入潜水泵，安设排水管道及电缆，电缆与管道系统在设置时要注意避免在抽水过程中不被挖掘机，吊车等碾压，碰撞损坏。因此现场要在这些设备上进行标识。抽水与排水系统安装完毕后进行试抽水。

3．降水运行及停止时间

（1）试运行

试运行前准确测定各井口和地面高，静止水位，然后开始试运行，以检查抽水设备，抽水与排水系统能否满足降水要求。在降水井的成井施工阶段要边施工边抽水，即完成一口投入运行一口，力争在基坑开挖前，将基坑内地下水降到基坑底开挖面以下1.0m深，抽水过程中经常用测绳测量水位，水位降到设计深度后，即暂停抽水，观测井内的水位恢复情况。

（2）降水运行

在降水井，水泵，管路安装完毕正常抽水情况下，以自流水为主，必要时加真空。降水三周并且观测井中水位达到一定深度以后方可进行土方开挖，在土方开挖的同时，继续进行降水，保证水位始终开挖土层以下。降水井抽水时，潜水泵的抽水间隔时间自短至长，降水井的每次抽水后，应立即停泵，对于出水量较大的井每天开泵抽水的次数相应要增多。

降水运行过程中，现场实行24小时值班制，值班人员做好各井的水位观测工作，认真做好各项质量记录，做到准确齐全。对降水运行的记录，及时分析整理，绘制各种必要的图表，以合理指导降水工作，提高降水运行的效果，降水运行记录每天提交一份，对停抽的井及时测量水位，每天1～2次。

（3）降水运行的注意事项

做好基坑内的明排水准备工作，以备基坑开挖时遇降雨能及时将基坑内的结水抽干。

降水运行阶段要经常检查泵的工作状态，一旦发现不正常时及时调泵并修复。

保证电源供给，如遇电网停电，须提前两个小时通知降水施工人员，以便及时采取措施，保证降水效果。

在挖土过程中，必须派人工看守，以防挖机碰坏井管导致废井或降低抽水效果。

开挖后如部分基坑含水量较高，采取增打轻型井点及时进行降水。

（4）降水停止时间

根据图纸要求，考虑到现场水文地质条件、雨季施工措施及施工荷载等诸多不利因素的影响，施工时采取必要的施工措施。对于地下室及其他基坑工程，必须考虑施工期间的抗浮措施。考虑到以上不利条件的影响，降水运行时间安排如下：

1）轻型井点降水（B、B1、B2、B3、C1、C2区）周期自轻型井点降水系统运行开始至该分区土方开挖时结束,基坑四周降水井自开始至主体结构封顶停止。预计总周期为 2014 年 7 月 20 日～2015 年 1 月 20 日。降水完成后将井管割除回收,井口用铁板封盖。

2) 深井降水 (D 区及 1#楼集水井位置) 周期自深井降水系统运行开始至 10 号楼地下室结构顶板封顶结束,预计周期为 2014 年 9 月 14 日～2014 年 11 月 22 日。

在基础筏板垫层施工前将滤水管从垫层顶标高以上部分割除,重新焊接钢管,钢管直径同原降水管相同,钢管长度伸出筏板表面 500mm。钢管上焊两道止水圈,第一道钢板止水环平齐混凝土垫层,第二道钢板止水环距离第一道 300mm,钢板止水环为 3mm 厚钢板,沿钢管焊接外扩 100mm。钢管埋入期间确保正常降水,待地下室结构施工完成,停止降水时,割除筏板以上钢管,采用 3mm 厚钢板封堵。

基坑开挖顺序图 (略)

实例一表 6　降水井分区停水时间表

序号	降水井位置	数量	预计成井时间	预计停止时间
1	B1 场区内	6 组	2014 年 7 月 20 日	2014 年 8 月 12 日
2	B2 场区内	6 组	2014 年 7 月 20 日	2014 年 8 月 19 日
3	B3 场区内	6 组	2014 年 7 月 20 日	2014 年 8 月 26 日
		深井 2 口	2014 年 7 月 20 日	2015 年 1 月 20 日
4	C1 场区内	7 组	2014 年 7 月 20 日	2014 年 9 月 3 日
5	C2 场区内	6 组	2014 年 7 月 20 日	2014 年 9 月 10 日
6	基坑四周	18 组	2014 年 7 月 20 日	2015 年 1 月 20 日
7	D 场区内	深井 10 口	2014 年 9 月 14 日	2014 年 11 月 22 日

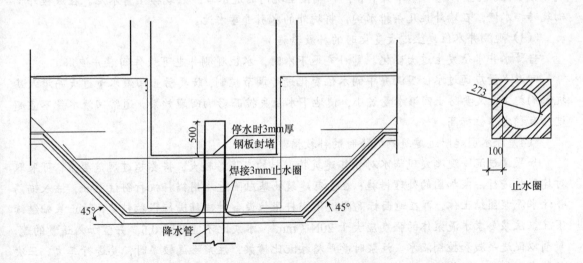

实例一图 1　集水井、深井降水细部处理方法深井降水细部处理

4．降水运行的注意事项

（1）做好基坑内的明排水准备工作，以备基坑开挖时遇降雨能及时将基坑内的结水抽干。基坑开挖过程中在基坑外侧设置由集水井排水沟组成的地表排水系统，避免坑外地表水流入基坑内；排水沟布置在坡肩0.5m以外，并设置可靠地防渗措施，防止由于土体位移引起排水沟开裂破坏，导致地表水渗入坑周土中。

（2）降水运行阶段要经常检查泵的工作状态，一旦发现不正常时及时调泵并修复。保证电源供给，如遇电网停电，须提前两个小时通知降水施工人员，以便及时采取措施，保证降水效果。

（3）在挖土过程中，必须派人工看守，以防挖机碰坏井管导致废井或降低抽水效果。开挖后如部分基坑含水量较高，采取增打轻型井点及时进行降水。

（4）降水降水周期直至土方开挖结束，垫层铺好后为止，然后垫层以上井管割除回收。

5．降水施工中可能存在的问题及处理方法

（1）雨季预防措施：如基坑在雨季开挖施工，需有3台大功率、高扬程水泵备用。当基坑有大量积水时启动抽水泵，把积水抽出基坑。

（2）基坑发生流沙、涌水的预防措施：

1）护：抢修土体，在流砂严重的地段按1∶0.33坡度向砂中打入钢筋骨架钢丝网护坡，然后贴着钢丝网打入竹杆，间距500mm，随挖土深度的增加和水位的降低加深钢丝网，在不影响施工进度的前提下，为进一步采取措施赢得了宝贵的时间。

2）排：当基坑的涌水量比较大，而且每天24h不间断地进水，为有效地进行基坑排水，在基坑底部四周各建一集水坑，采用钢筋笼骨架钢丝网进行固护，将大功率污水泵放入钢筋笼内抽水。根据涌水量的大小来决定工作水泵的功率、数量，来保证基坑开挖正常施工。

3）引：当基坑开挖至设计坑底标高时，在砂层区域铺设100~200mm的道渣，道渣内铺设4根D=50的塑料滤水管作引水管，一端接至坑内的进水口，一端接至蓄水池。在底板外侧砌筑砖挡水墙，在墙外挑几条排水沟，将坑外的水引进蓄水池。

（3）观测井水位发生过大变化时的补救措施

当降水井水位发生过大变化。需补充地下水时，水位观测井也可兼作回灌井使用。

回灌水量应通过水位观测井中的水位变化进行调节控制，既要防止回灌水量过大而渗入基坑影响施工，又要防止回灌水量过小，使地下水位失控而影响回灌效果。通常回灌水量不宜超过原有稳定水位标高。

（4）降水引起附近建筑物沉降时的补救措施：

如果通过沉降观测发现降水对相邻建筑物引起的沉降量较大，将要超过规范要求，可采取对建筑物进行注浆加固的处理措施：在已有建筑物基础附近采用锚杆机打斜注浆孔，插入锚筋并注水泥浆固结土体，再在地面标高附近用锚杆张拉设备对锚筋进行张拉锁定，防止基础继续下沉。注浆要求水泥浆体的强度应大于20N/mm^2，水灰比不宜超过0.5，并宜加入适量的速凝剂以促进早凝和控制泌水。注浆时要严格按配比搅浆，注浆渗漏较多时，要进行二次、三次补浆直到注满。注浆管应插入基础底，浆液从基础底开始向地面灌填，当浆液从基础底充满至自然地面时，还需进行多次加压（压力为3MPa），一般不少于2次，保证浆液挤满基础。

六、主要管理措施

(一) 质量管理措施

1. 质量目标

工程质量标准：本工程质量合格。

2. 质量管理组织机构

质量保证体系如下图：

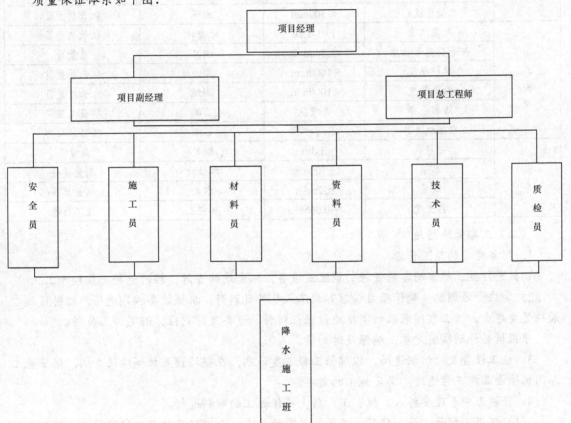

实例一图2 质量保证体系

3. 工程质量保证措施

为确保工程质量自始至终处于受控状态，要严格执行国家及现行的有关质量责任制管理规定制度、质量控制的标准管理和程序文件严格进行质量管理，把责任落实到人，确保工程质量一次成优。

4. 质量验收标准

(1) 井深的弯曲度：井身应圆正，井的顶角及方位角不能突变，井斜不超过1度。

(2) 井管的安装误差：井管应安装在井的中心，上口保持水平。井管与井深的尺寸偏差不得超过全长的±2‰，过滤管安装上下偏差不得超过30mm。

(3) 井的含砂量：抽水稳定后，降压井水含砂量不得超过1/10000（体积比）。

(4) 井出水量：单井出水量基本稳定，计算井损失小于4m。

实例一表7 成井施工控制表

序号	检验项目	质量标准	检查方法	分包责任人
成孔阶段	井位	<500mm	经纬仪、钢尺	测量员
	孔深（mm）	±500mm	测绳、钻杆	机长质量员
	垂直度	1%	水平尺	机长质量员
	井径	>500mm	测量钻头	质量员
	泥浆比重	1.15-1.20	比重计	机长质量员
	沉渣厚度:	≤300mm	测绳	机长质量员
成井阶段	泥浆比重	1.05-1.10	比重计	机长质量员
	井管及滤管长度	±500mm	钢尺	质量员
	填砂厚度	+1000mm	测绳	机长质量员
	粘土厚度	+1000mm	测绳	机长质量员
	活塞洗井	井喷状	目测	项目工程师
	空压机洗井	水清砂尽	目测	项目工程师
抽水	安装泵	±3m	钢尺	质量员
	水位	±200mm	水位计	测量员等
	流量	±2m³/h	水表	测量员等
	真空度	>-0.06MPa	真空表	施工员等

（二）工期保障措施

1. 配备充足的施工资源

积极进行施工所需的各种资源的调配及准备，以充足的资源，按时进场，按期开工。

2. 加快资源调配，确保项目经理部施工人员早日到岗，机械设备按期进场，临时设施以最快速度建成。施工期间采取切实措施，保证材料、设备及时到位，避免停工待料。

根据材料计划提前定货，确保及时到货。

3. 施工设备及时组织进场，以确保工程进度计划，在现场设置机械维修车间，保障施工期间机械设备能正常运行，满足施工的需要。

4. 在施工中合理安排人、机、工、料，确保施工的顺利进行。

（1）根据工程量、施工程序、工艺、工期的要求，合理配足技术过硬的作业人员和相适应的设备，确保资源充足，使人、机、料有效结合，力保施工的顺利进行。

（2）作好施工准备，把好技术关，合理安排每道工序间的施工顺序。

（3）把好施工质量关，避免发生质量事故而影响工期。

（4）加强设备的日常维修保养工作，与零配件供应商保持密切联系，尽量减少机械设备故障的影响，确保降水正常。

（三）安全、文明施工管理措施

1. 安全保证体系

安全生产管理必须坚持"安全第一，预防为主，综合治理"的方针，项目经理部进场后，和各专业分部一起建立健全安全保证体系，落实责任制，并将各种管理制度上墙公示。

2. 现场安全防护管理

（1）机械钻孔施工安全防护

1）钻孔机械安装就位时基础必须稳固，钻机等机械工作时旋转半径内严禁站人；

2）钻孔时对准桩位，先钻杆向下，钻头接触地面，再使钻杆转动，不得晃动钻杆；

3）钻孔时如遇卡钻，应立即停止下钻，未查明原因前，不得强行启动；

（2）现场用电安全防护

1）所有的电气工作都必须由合格的有经验的电工进行。电器开关箱、柜应该锁好，以防未经许可的人员起动；

2）操作者应经常检查所用的设备和电路，所用的电器设备都应有可靠的接地和接零保护；

3）现场临时用电设备的设置、安装、防护、使用、操作、维修及维修人员都必须符合 JGJ46－2005《施工现场临时用电安全技术规范》要求。

（3）机械设备安全和防护

1）所用的施工机械设备在使用前都应经专业工程师检测，并确认处于安全工作状态，检测结果要存档；

2）机械设备的操作手操作设备时，都必须严格遵守操作规程，做到持证上岗；

3）机械设备上使用的钢丝绳，应定期进行检查、保养。经检查对已达到报废的钢丝绳时应及时报废更换，安装新钢丝绳应符合要求。

（4）现场安全及注意事项

①降水用的每只配电箱应做好重复接地，且必须放在箱架上。

②维修线路时应切断电源，不得带电作业，并挂出警示标志。

③维修水泵时应在切断三级箱的漏电保护器后进行，专人监护电力线路和控制电器设备。

④清除水泵内的污物时，应先切断电源，专人监护配电箱。

⑤降水期间，降水井井口应做井盖，以防人员坠落和异物进入井内，影响降水。

⑥在基坑内的所有降水用电线路应设套管，防止硬物损伤后漏电。沿基坑四周布置的线路可以沿防护栏杆架空设置，但是应做好防护栏杆的接地保护，防止触漏电的发生。

（四）现场文明施工、环境保护管理措施

1. 文明施工管理目标

（1）确保获得上海市安全文明示范工地，市级"绿色施工文明安全工地"。

1）施工现场场界噪声：

昼间<75dB，夜间<55dB。

2）扬尘控制：

现场目视无扬尘。

现场主要运输道路硬化率达到 100%。

3）污水排放：

生活污水中的 COD 达标（COD=300mg/L）。

4）废弃物管理：

分类管理，合理处置各类废弃物，有毒有害物回收率 100%。

2. 环境保护管理目标

严格按照建设部颁布的《绿色施工导则》执行，工程建设全过程实施"绿色施工"。

3．文明施工、环境保护管理体系

我们的文明施工目标为争创××市文明样板工地。在施工过程中严格按照××市创建文明安全工地的标准和要求进行文明安全施工管理，督促全体工作人员自觉遵纪守法和做好文明施工。

4．环境保护管理措施

（1）大气污染防治

1）施工现场设立专门的废弃物临时贮存场地，废弃物应分类存放，对有可能造成二次污染的废弃物必须单独贮存、设置安全防范措施且有醒目标识。所有废弃物将被送到许可的再生工厂。

施工垃圾搭设封闭式垃圾道或采用容器吊运到地面，杜绝将施工垃圾随意凌空抛撒。在垃圾道出口处搭设挡板，现场不得堆积大量垃圾，垃圾要及时清运，清运时要洒水，防止扬尘。

2）雨季施工期间，在施工现场出口处设车辆清洗冲刷台，车辆清理和冲洗干净后方可出现场，运输车驶出要保持车身清洁，混凝土罐车每次出场前应清洗下料斗。

清扫施工现场时，要先将路面、地面进行喷洒湿润后再进行清扫，以免清扫时扬尘。

当风力超过三级以上时，每天早、中、晚至少各洒水一次，洒水降尘应配备洒水装置并指定专人负责。

（五）现场消防安全管理措施

1．消防安全管理目标

强化消防工作管理，实现杜绝火灾事故，避免火警事故的目标。

2．消防安全措施

（1）机电设备

1）机械操作，要束紧袖口，女工发辫要挽入帽内。

2）机械和动力机的机座必须稳固，转动的危险部位要安设防护装置，工作前必须检查机械、仪表、工具等，确认完好方可使用。

3）电气设备和线路必须绝缘良好，电线不得与金属物绑在一起，各种电动机必须按规定接零接地，并设置单一开关，遇有临时停电或停工休息时，必须拉闸加锁。

4）施工机械和电器设备不得带病运转和超负荷作业，发现不正常情况应停机检查，不得在运转中修理。

5）电气、仪表、管道和设备试运转，应严格按照单项安全技术规定进行，运转时不得擦洗和修理，严禁将头手伸入机械行程范围内。

实例二 ××工程深基坑监测安全专项方案

一、工程综述

（一）工程概况

拟建场地位于××市××区××南路，××地铁站东侧约30m处，建筑用地面积为9000m²。由车库、人防、办公、商业楼等组成，地上15层，地下4层，框架结构，筏板基础。楼座基坑平面尺寸见平面图，形状为长方形，基坑开挖总面积约6000m²，基坑周长约320m。基坑东西长约80米，南北宽约60米，开挖深度为19.30m～20.70m，属于一级基坑。

（二）工程地质条件

场地地貌位置属永定河冲洪平原。地面标高在 73.36～73.73m，（绝对标高）之间。

根据野外钻探、原位测试及室内土工试验成果的综合分析，本次勘探深度范围内的松散地层划分为人工填土层、一般第四纪冲洪积层。

①粘质粉土素填土，①1 杂填土；②新近沉积粉质粘土；③卵石，③1 粗砂；④粘土；⑤粉砂；⑥全风化砂岩；⑦强风化粉砂岩。

（三）水文地质条件

本次现场勘察期间在 35m 深度内没有发现地下水。

二、监测目的与原则

（一）工程特点

由于开挖深度较大，基坑周边环境复杂。

基坑体量大、施工周期较长，对周边环境产生的影响大。

（二）监测目的

本工程基坑埋深较深，安全问题应引起高度的重视，通过监测及时分析反馈监测结果，掌握基坑围护结构及周边环境的情况，确保基坑及周边环境的安全。在基坑工程施工及地下结构施工期间，应对基坑围护结构受力和变形、周边重要道路等保护对象进行系统的监测，为避免基坑工程施工对工程周边环境及基坑围护本身的危害，采用先进、可靠的仪器及有效的监测方法，对基坑围护体系和周围环境的变形情况进行监控，通过监测，可以及时掌握基坑开挖及施工过程中围护结构的实际状态及周边环境的变化情况，做到及时预报，为基坑边坡和周围环境的安全与稳定提供监控数据，防患于未然，通过监测数据与设计参数的对比，可以分析设计的正确性与合理性，为工程动态化设计和信息化施工提供所需的数据，从而使工程处于受控状态，确保基坑及周边环境的安全。

（三）监测方案编制原则

●以基坑围护及周边环境安全为主，为获取满足安全监控需要的数据实行信息化施工。

●突出重点、兼顾全面，统一规划，逐步实施。结合工程结构特点、地质条件布设监测点和布置监测频率。

●技术先进，经济合理。根据现场实际情况选择最为合适的先进方法和仪器。

●仪器设备实用、可靠。仪器设备满足观测精度和长期稳定性的要求，并力求简单、可靠、使用方便。

●监测项目要互相协调和同步。

●监测信息应及时反馈。监测资料要及时采集、处理，并反馈到设计单位、施工单位、监理单位和建设单位，用以改进设计、指导施工，及时发挥监测应有的作用。

三、监测方案编制依据

1. 甲方提供的××交通枢纽商务区 I 地块项目土方、护坡工程施工组织设计方案
2. 《建筑基坑工程监测技术规范》（GB50497-2009）
3. 《建筑变形测量规范》（JGJ8-2007）

4.《国家一、二等水准测量规范》（GB/T12897-2006）

5.《工程测量规范》（GB50026—2007）

6.《建筑地基基础设计规范》（GB50007-2011）

7.《北京地区建筑地基基础勘察设计规范》（DBJ11-501-2009）

8.《岩土工程勘察规范》（GB50021-2001）

9.《建筑基坑支护技术规程》（JGJ120-2012）

10.其他相关的规范、规程和规定。

四、监测内容及监测周期

（一）监测内容

由于本工程为一级基坑，本方案确定监测内容设定如下：

1.周边环境变形监测

●周边道路及管线沉降观测（主要包括苹果园南路）

2.围护结构变形监测

●护坡桩顶部、土钉墙墙顶水平位移监测

●护坡桩顶部、土钉墙墙顶竖向位移监测

●锚杆（索）拉力监测

●桩体深层水平位移

（二）监测点布设数量

本工程各监测项目监测点数量如实例二表1所示。

实例二表1　各监测项目监测点数量

序号	监测项目	测点数量	备注
1	护坡桩顶、土钉墙顶水平位移监测	24个	
2	护坡桩顶、土钉墙顶竖向位移监测	24个	
3	周边道路（管线）沉降观测	5个	
4	锚杆（索）拉力监测	18个	2×4+2×5
5	桩体深层水平位移	4个（84米）	21×4

（三）监测周期

本工程基坑监测自基坑开挖至肥槽回填土完成后结束所有现场基坑监测工作，预计总监测周期为8个月。

五、水平位移观测

根据相关规范，本工程水平位移观测包括护坡桩顶部、土钉墙墙顶水平位移观测。

本工程以基坑纵横轴方向为基础建立独立的平面坐标系统，采用极坐标法进行水平位移观测。

（一）平面基准控制测量

为便于水平位移监测，在基坑周边相对稳定处埋设 2 个工作基点，工作点埋设采用强制对中观测墩方式（见图 1），同时在基坑回弹和建筑压力影响区域以外稳定的区域，选择与工作点通视的地方布设平面基准点 6 个，每个工作点分别对应 3 个基准点，每次观测前采用后方交会法对工作基点坐标进行测定，则所有观测点都可消除因工作基点可能发生位移的影响。见图实例 2-1：固定观测墩标石。

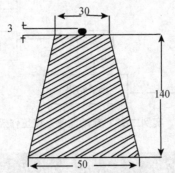

实例二图 1　水平位移基准点埋设示意图（单位：cm）

（二）技术路线

本基坑水平位移监测采用 TCA2003 自动监测系统进行，TCA2003 自动监测系统由 TCA2003 测量机器人、工作点、基准点、目标点组成，是基于一台测量机器人的有合作目标（照准棱镜）的变形监测系统。工作点、基准点、目标点三者之间的关系如实例二图 2 所示。

监测前先进行工作点的校核，工作点的校核采用后方交会的方式（仪器架设在工作点上，分别观测与之对应的基准点（三个以上），通过观测基准点来校正工作点的坐标）；待工作点校正完以后，采用极坐标方法对目标点进行测量，观测时选用全站仪内置多测回测角程序进行自动观测，TCA2003 自动观测流程如下图实例二图 3。

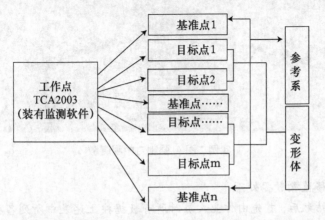

实例二图 2　工作点、基准点、目标点三者之间的关系

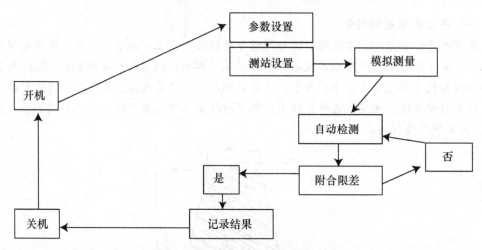

实例二图 3　自动监测系统工作流程

实例二图 4　强制对中观测墩

（三）水平位移监测数据处理

每次监测外业结束后，首先由作业人员对所有数据按上述表中所列各项技术要求自行检查，满足各项精度指标后送交作业班组检查、质量检查部门审核人专门审查，合格后采用校正后的工作基点重新校正监测点读数，最大限度的减少测量误差并编制成统一的成果资料。

六、竖向位移观测

本工程竖向位移观测包括：周边道路及管线沉降观测、护坡桩顶部、土钉墙墙顶竖向位移监测。本工程采用几何水准测量法进行观测。

（一）高程基准网的建立与检测

1. 高程基准点的布设与保护

本工程采用独立的高程系统。拟布设 3 高程基准点，为了更好的保护基准点，应将基准点埋设在隐蔽处，做好保护盖，监测时将保护盖打开，并设置警示标志。本工程在西北侧、东北侧、南侧各布设一个高程基准点。用普通混凝土浇筑顶头为半球地钢筋，钢筋长 70cm，露在外部约 1~2cm 用于水准测量。

2. 高程基准网观测技术要求本工程将 3 个高程基准点与工作基点构成二级环形闭合水准网，外业采用日产 TOPCONDL-101C 数字水准仪配条码铟钢水准尺、自动采集记录观测数据，按《建筑变形测量规范》中二级几何水准的技术要求进行观测，观测技术要求见实例二表 2 及实例二表 3：

实例二表 2 水准观测的视线长度、前后视距差和视线高度（m）

等级	视线长度	前后视距差	前后视距累积差	视线高度
特级	≤10	≤0.3	≤0.5	≥0.8
一级	≤30	≤0.7	≤1.0	≥0.5
二级	≤50	≤2.0	≤3.0	≥0.3
三级	≤75	≤5.0	≤8.0	≥0.2

实例二表3 水准观测技术要求

级别	观测点测站高差中误差（mm）	两次读数所测高差之差（mm）	往返较差及附合或环线闭合差（mm）	单程双测站所测高差之差（mm）	已测段高差之差（mm）	视线长度（m）	前后视距差（m）	前后视距累积差（m）	视线高度（m）
二级	±0.5	0.7	≤1.0	≤0.7	≤1.5	≤50	≤2.0	≤3.0	≥0.3

注：表中 n 为测站数

3. 水准网观测数据平差计算

基本水准网初始值观测连续进行两次，取两次观测高程平均值作为竖向位移监检测的起算依据。每次观测外业结束后，首先由作业人员对所有数据按上述表 3 中所列各项技术要求自行检查，满足各项精度指标后送交作业班组检查、质量检查部门审核人专门审查，合格后采用 NASEW 测量控制网平差软件对基本水准网进行严密平差。

4. 高程基准网的稳定性检测

为检验工作基点的稳定性，在本项目监测周期内采用以上相同的技术要求、观测仪器、观测方法与平差计算方法，检测频率为每 6 个月复测一次，并利用重新平差计算后的工作基准点高程成果参与计算各监测点的各期次高程值及竖向位移变形量。

（二）竖向位移监测点的布设与保护

1. 周边道路（含管线）沉降点的布设

对处于基坑施工影响范围内的道路设置适量的监测点，采用精密自动安平水准仪测量由于施工影响而引起的道路的沉降。

根据现场实际情况和规范的要求在周边道路上每隔 25 米布设 1 个沉降监测点，共 5 个监测点，编号为 G1～L5。

2. 基坑四周挡土墙顶竖向位移监测点布设 由于受现场施工场地限制，基坑护坡桩顶竖向位移监测点埋设与基坑四周挡土墙顶。在基坑四周挡土墙上每隔 15～20m 布设一个监测点，共布设竖向垂直位移监测点 24 个，监测点布设位置详见附图"基坑及周边环境竖向位移监测点平面布置示意图"。观测点采用直径 16mm 螺纹钢精密加工，长 150mm，并用混泥土将标志固定与挡土墙顶，标志埋设方式如下图。

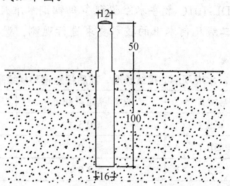

实例二图 5 基坑竖向位移监测点

3. 基坑周边环境监测点的保护

为了更好的保护监测点，将监测点埋设在相对隐蔽处，监测标志尽可能较少的裸露在外部。并做好警示标志以警示发现者。

（三）竖向位移监测方法及技术要求

本工程拟将高程基准点、工作基点与周边环境沉降监测点构成多环闭合水准网，外业采用日产 TOPCONDL-101C 数字水准仪配条码铟钢水准尺、自动采集记录观测数据，按《建筑变形测量规范》中二级几何水准的技术要求进行观测，观测技术要求见表 2 及表 3。

每次监测坚持遵循可比性原则，最大限度地消除系统误差，应符合下列要求：

（1）作业中经常对水准仪的 i 角及水准标尺的水准器进行检查；

（2）采用固定的测站点和立尺点，尽量采用相同的观测路线和观测方法；

（3）观测采用固定的仪器和标尺，尽量固定观测人员；

（4）每测段的测站数保持偶数；

（5）在大致相同观测条件下工作，在同一测站观测时，不得二次调焦；

（6）采用同一平差计算方法、执行规范规程的有关技术要求。

外业观测注意事项：

（1）开始作业前或改变作业环境时（如从室外迁至室内），须将仪器在作业场地架设 20 分钟后，方可进行观测；

（2）在雨雪、大风天气或成像剧烈跳动时，应停止观测；

（3）测站和立尺点的位置应避开有危险的地方，如塔吊附近、脚手架之下等，避开震动源，如空压机、卷扬机等；

（4）每次观测应附记施工进展情况和荷载增加情况等。

（四）沉降监测数据平差计算

每次监测外业结束后，首先由作业人员对所有数据按上述表 3 中所列各项技术要求自行检查，满足各项精度指标后送交作业班组检查、质量检查部门审核人专门审查，合格后采用 NASEW 测量控制网平差软件对沉降观测水准网进行严密平差，并根据每次平差后各点高程值计算沉降量，向下沉降为"—"，向上反弹为"+"。

七、锚杆应力量测

本项目基坑的锚杆应力损失情况，采用锚索测力计方法进行测量。

（一）锚杆应力监测点的布设

锚杆轴力监测点布设在每个支护段的重点部位，在开挖施工后，根据设计要求在施工断面布置多组锚杆（索）拉力监测断面，根据本工程 1-1 剖面 4 层及 3-3 剖面、5-5 剖面 5 层锚杆的施工特点，沿基坑东西两侧每 50～60 米一个断面沿主体基坑长边支撑体系东西两侧各 1 个断面，南北两侧各 1 个断面，共 4 个断面，尽量布设在基坑的中部，每个监测断面布设 4 个或 5 个测点，在同一竖直面内每支锚杆均应布设监测点，监测点选择在锚杆（索）端部。

（二）锚杆应力量测方法

本工程锚杆拉力量测采用锚杆内力监测采用振弦式锚杆测力计测量，仪器适应于国内外各种振弦式传感器的数据测读，并可同时测读温度。

（三）锚杆应力测力计的安装

在开挖施工后，在施工断面布置多组锚杆应力监测断面。测试锚杆（索）的安装要根据具体施工工艺及进度选定测试断面及数量，选定后需在技术人员的指导和施工单位的配合下进行安装。锚杆的安装孔根据设计中施工要求进行安装，以此来保证锚杆的受力状态与工程中同地质条件下的锚杆受力状态一致。当被测载荷作用在锚索测力计上，将引起弹性圆筒的变形并传递给振弦，转变成振弦应力的变化，从而改变振弦的振动频率。

电磁线圈激振钢弦并测量其振动频率，频率信号经电缆传输至振弦式度数仪上，即可测读出频率值，从而计算出作用在锚索测力计的载荷值。

为了尽量减少不均匀和偏心受力影响，设计时在锚索测力计的弹性圆筒周边内平均安装四套振弦系统，测量时与振弦读数仪连接就可直接测读四根振弦的频率平均值，从而达到精确测量。

根据结构设计要求，锚索计安装在锚杆（索）端部，安装时锚杆（索）应从锚索计中心穿过，如下图所示。

实例二图6 锚杆（索）拉力量测现场安装示意图

在安装锚索测力计时，必须始终保持千斤顶的孔中心与锚索计以及锚垫板的孔中心在一条轴线上，以便使锚索张拉均衡。锚索测力计与锚垫板应同心连接，为了使锚索测力计与钻孔同心，应在锚梁上人工焊接固定板，否则，锚索测力计在张拉过程中会产生滑移。

安装过程中应随时对锚索计进行监测，并从中间锚索开始向周围锚索逐步加载以免锚索计的偏心受力或过载。安装完成并初始值测量后，将传导线固定在基坑侧壁并设置保护套或保护箱，防止施工损坏。

（四）锚杆应力量测数据整理

振弦式锚杆测力的计算：

$$P=K\Delta f^2+B_k\Delta T$$

式中 P——被测锚索荷载值（KN）

K——仪器标定系数（kN/Hz^2）

f^2——锚索测力计四弦实时测量频率平方的平均值相对于基准平方值的平均值的变化量（Hz2）

B_k——锚索测力计的温度修正系数（kN/℃）

ΔT——锚索测力计的温度实时测量值相对于基准值的变化量（℃）

Δf^2——（△1+△2+△3）/3

八、桩体深层水平位移监测

（一）深层水平位移监测点的布设

本次监测考虑到该支护段施工时间间隔较长，测斜管埋设后存在被破坏的因素，按水平距离间隔50～60米布设一个监测点，共布设4个监测点。具体位置见附图，编号为CX1～CX4。

（二）测斜管埋设

测斜管埋设在护坡桩中，根据"支护剖面图"，测斜管底部与支护桩底相平，顶部高出冠梁

15cm～20cm，测斜管长度约为 20 米，并在顶部埋设钢套管加以保护。埋设方法：如下图所示，待被测护坡桩钢筋笼成形后，按照钢筋笼的长度接好带十字导槽的测斜管，对准测斜管导槽的方向（一对与坑内方向成 90°，另一对与坑内方向平行），再将测斜管牢固地绑扎在钢筋笼上，测斜管上部加 1.5m 左右长度的钢套管，以免在破桩时损坏测斜管，下钢筋笼时，保持测斜管位于迎土侧，浇筑前向管内加注清水，完成后盖上保护盖。待混凝土冠梁浇注后开挖前进行初始读数的测读工作，初读数取两次测读平均值。

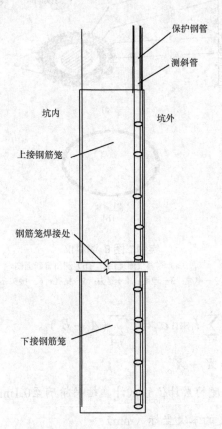

实例二图 7 测斜管埋设位置图

　　浇筑前向管内加注清水，完成后盖上保护盖。待混凝土冠梁浇注后开挖前进行初始读数的测读工作，初读数取两次测读平均值。

（三）深层水平位移观测方法

　　护坡桩桩体深层水平位移采用测斜仪测斜法测量。测斜仪使用前要进行严格标定，在基坑开挖前一周开始观测，并重复观测 3 次作为初始值。

　　测量时将测斜仪探头沿测斜管导槽放入管中，滑到管底后向上拉线读数，每隔 0.5 米读一次数并做好记录，测出测斜仪与竖直线之间的倾角变化，计算不同深度的水平位移量。测试原理见下图：

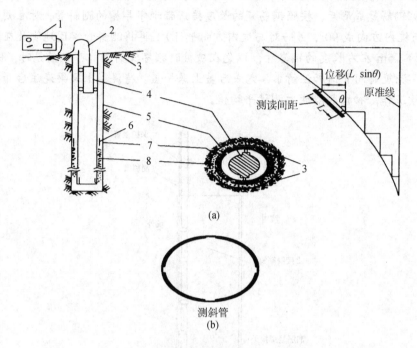

实例二图8 测斜仪

（a）测斜仪原理图； （b）测斜管断面图

1—测读设备；2—电缆；3—地面；4—测头；5—钻孔；6—接头；7—导管；8—回填

计算公式：
$$X_i = \sum_{j-1}^{i} L\sin\alpha_j = C\sum_{j-1}^{i}(A_j - B_j)$$

$$\Delta X_i = X_i - X_{io}$$

式中：ΔX_i——为i深度的累计位移（计算结果精确至0.1mm）

X_i——为i深度的本次坐标（mm）

X_{io}——为i深度的初始坐标（mm）

A_j——为仪器在0°方向的读数

B_j——为仪器在180°方向的读数

C——为探头的标定系数

L——为探头的长度（mm）

α_j——为倾角

九、监测仪器及其选型

本工程仪器配备如下：

实例二表 4　监测仪器及其选型

	仪器名称	型号	产地	数量	用途
拟投入仪器设备	精密电子水准仪	DL-502	日本拓普康公司	2台	数据采集
	全站仪	LEICAT1200	瑞士	1台	数据采集
	全站仪	LEICATS30	瑞士	1台	数据采集
	精密铟钢条码尺	DL-502配套	日本拓普康公司	2对	数据采集
	锚索内力监测系统	ZGP-1	天津中勘科技	1套	锚索内力
	测斜仪	CX-3C	武汉	1套	深层位移
	钻机	30型		1台	标志埋设
	小型汽油发电机	YAMAHAEF2600	上海伊誉实业	1台	标志埋设
	电锤	GBH5-38X	德国BOSCH公司	2台	标志埋设
	绘图仪	HP-430	日本惠普	1台	成果打印
	打印机	HP1020	日本惠普	2台	成果打印
	微机	联想5700	联想	4台	数据处理
	平差系统	NASEW98	清华山维公司	1套	数据处理

十、监测频率

监测频率布置的基本原则是必须在确保基坑安全的前提下,从实际出发,根据设计的要求,结合本工程的特点,综合基坑开挖顺序、被保护对象的位置及特性,自始至终要与施工的进度相结合,满足施工工况的要求,在"全面、准确、及时"的原则下安排频率以及监测进程,尽可能建立起一个完整的监测预警系统。

当监测数据达到报警范围,或若遇到特殊情况,如暴雨、台风或大潮汛等恶劣天气以及其它意外工程事件,应适当加密观测、不间断的跟

踪监测。参照《建筑基坑工程技术规范》(YB9258-97)有关规定和基坑设计要求,根据施工进展,及时埋设监测元件,合理安排监测频率,总工期暂定 8 个月,共观测 80 次;当变形量较小时,可适当降低监测频率,基坑变形监测具体监测频率如下:

基坑开挖期间,基坑开挖深度 h:h≤5m,1 次/3 天;5m<h≤10m,1 次/2 天;10m<h≤15m,1 次/天。

基坑基础底板浇筑完成后:1～7 天,2 次/天;7～15 天,1 次/天;15～30 天,1 次/3 天;30 天以后,1 次/周;经分析基本稳定后至基坑回填完成,1 次/月。

当变形量较小时基坑周边环境监测频率可适当降低。

十一、监测报警及异常情况下的监测措施

(一) 变形监测预警值

根据甲方提供的基坑支护方案,结合规范要求,本基坑监测变形预警值机控制值设置如下:

实例二表5　基坑监测变形预警值机控制值

序号	监测项目	累计值（mm）			变化速率（mm/d）
		预警值	报警值	控制值	
1	顶水平位移监测	21	25	30	2～3
2	桩顶竖向位移监测	21	25	40	3～5
3	周边地下管线沉降观测	10	20	30	1～3
4	周边道路沉降观测	21	30	35	2～3
5	锚杆（索）拉力监测	0.6F	0.7F	F	
6	桩体深层水平位移	30	45	50	2～3

注：F为构件承载能力设计值

各项监测的报警指标经设计方、建设方、总包方、监理单位和各管线及邻房的管理单位等各方根据工程的具体情况协商确定，详细报警指标应于监测工作开始前书面通知我方。

（二）报警机制及加密观测

在监测过程中发现数据达到变形预警值控制指标或呈现规律性的增大倾向时，需1小时内向监理、建设单位主管工程师报告。

在基坑监测过程中，当出现下列情况之一时，必须立即向委托单位及监理进行危险报警，以便委托单位对基坑支护结构和周边环境中的保护对象采取应急措施，同时加密观测。

（1）监测数据达到监测报警值；

（2）基坑支护结构或周边土体的位移值突然明显增大或基坑出现流沙、管涌、隆起、陷落或较严重的渗漏等；

（3）周边建筑、周边地面出现较严重的突发裂缝或危害结构的变形裂缝；

（4）根据施工经验判断，出现其他必须进行危险报警的情况。

除发生以上情况及时报警外，如出现下列情况之一，委托单位应及时与监测单位、监理单位协商，调整监测方案，提高监测频率。

（1）监测数据变化较大或速率加快；

（2）存在勘察未发现的不良地质；

（3）超深、超长开挖或未及时加撑等违反设计工况施工；

（4）基坑及周边大量积水、长时间连续降雨、周边管线出现泄漏等；

（5）基坑附近地面荷载突然增大或超过设计限值。

若监测数据达到监测报警值，应第一时间报告监理单位、施工单位和建设单位。另外对超出警戒值的点位单独加大观测密度，另全天候观测措施是本基坑支护工程应急方案内容之一，以保证基坑安全和工程顺利的进行。

十二、信息反馈

本公司实行项目负责管理制度。公司委派具有丰富经验的监测人员担任工程技术负责人。监测工作严格按照监测合同和实施方案进行，并依据《建筑基坑工程技术规范》（YB9258-97）《地下铁道工程施工及验收规范》（GB50299-1999）《地基基础设计规范》等相关标准执行。当测试数据（累计或日变化量）临近或超过报警值时，即加频监测，监测数据以日报表形式提交有关各方，并向有关部门预警，以便采取相应技术措施确保工程质量和周围环境的安全。

（一）监测过程成果资料提交的时间和流程

1. 当发现异常变形监测成果或最大差异沉降量达到变形预报警值控制指标或呈现出规律性的增大倾向时，则立即启动本工程应急方案。

2. 根据甲方拟定的门急诊综合楼监测成果资料上报流程，我方每天对监测成果资料进行整理完善，确保监测数据的真实性、准确性，采用日报反馈方式，并于下午 18：00 点前对当天监测成果资料同时向监理、建设单位主管工程师上报，具体成果资料格式由监理统一制定。

3. 最后一次观测完成后一个月内提交完整的技术报告。

（二）技术报告书的内容

（1）技术报告书（文字说明部分）；

（2）平面基准点、高程基准点及工作基点平面布置示意图；

（3）基坑及周围环境变形监测点平面布置示意图；

（4）水平位移监测成果表、竖向位移监测成果表；

（5）基坑水平位移矢量图；

（6）水平位移量—观测时间曲线图（最大、最小、平均位移量曲线图）；

（7）沉降量—观测时间曲线图（最大、最小、平均沉降曲线图）。

十三、技术保障措施

（一）测试方法

（1）在具体测试中固定测试人员，以尽可能减少人为误差；

（2）在具体测试中固定测试仪器，以尽可能减少仪器本身的系统误差；

（3）在具体测试中固定时间按基本相同的路线，以减少温度、湿度造成的误差；

（4）在具体测试中用相同的测试方法进行测试，以减少不同方法间的系统误差。

（二）测试仪器

（1）测试仪器在投入使用以前，均应由法定计量单位进行校验，经检验合格并在有效期内方可使用；

（2）在每天的测试之前均应对所使用的仪器进行自检，并详细记录自检情况，使用完毕后记录仪器运转情况；

（3）使用过程中若发生仪器异常的情况，除立即对仪器进行维修或调换外，同时对该仪器当天测试的数据进行重新测试。

（三）监测元件

（1）各类监测元件均应有详细的出厂标定记录并得到法定计量单位的认可，有效期应满足工程需要；

（2）各类监测元件在埋设前均应再次进行测试，经检验合格方可进行埋设，埋设完成以后立即检查元件工作是否正常，如有异常应立即进行重新埋设。

（四）监测点保护

（1）对测量工作中使用的基准点、工作点、监测点用醒目标志进行标识的同时，对现场作业的工人进行宣传，尽量避免人为沉降和偏移，对变化异常的测点除进行复测外，若发现已遭破坏，应立即进行重新埋设；

（2）在围檩制作过程中，应对埋设在围护墙体内的监测元件进行巡视；

（3）在基坑开挖过程中，对布设有监测元件的部位用醒目标志进行标识。

（五）数据处理

（1）使用论证通过的专业软件对数据进行处理；

（2）数据处理以后汇成报告必须经过专项测试人员自检，现场测试负责校核，各项测试人员互检后，方可敲章送出；

（3）测试数据发生异常后，应及时与项目审核人、审定人联系，共同协商解决。

十四、质量和服务的承诺

本项目质量目标：优，并承诺做到以下要求：

（1）认真贯彻执行我公司 ISO9001 质量保证体系文件。

（2）对参与本工程的人员进行详细技术和质量交底，明确各监测人员职责。

（3）主动配合业主和总包在施工过程中各方面的协调工作，处理好各相关单位和人员的关系。

（4）服务于全过程，及时做好各类质量信息的收集、汇总、分析和反馈。认真完成本项目由于设计与施工变更等原因而增加的工作量，并保证要求和工作质量不变。

十五、现场安全巡视方案

（一）现场安全巡视工作内容

实例二表 6　现场安全巡视工作内容

分类	巡视检查内容	分类	巡视检查内容
自然条件	气温	周边环境	管道破损、泄漏情况
	雨量		周边建筑裂缝
	风级		周边道路（地面）裂缝、沉陷
	水位		邻近施工情况
支护结构	支护结构成型质量		其他
	冠梁、围檩裂缝	监测设施	基准点、测点完好情况
	墙后土体沉陷、裂缝及滑移		监测元件完好情况
	基坑涌土、流沙、管涌		观测工作条件
	其他		
施工工况	土质情况		
	基坑开挖分段长度及分层厚度		
	地表水、地下水情况		
	基坑降水、回灌设施运转情况		
	基坑周边地面堆载情况		
	其他		

（二）现场安全巡视频率

每次现场监测工作实施时同时进行现场安全巡视，在施工影响期内确保每监测一次巡视一次，遇特殊情况时应加密巡视频率。在项目安全监测周期内的项目，依照安全监测周期频率实施监测，遇特殊情况时应加密巡视频率。

（三）现场安全巡视方案

1. 安全巡视准备工作

（1）岗前安全教育：依照本方案安全实施方案，由现场安全巡视员进行岗前安全教育，落实安全细则；

（2）仪器设备：实地测试用于巡视的主要仪器设备，检校辅助设备；

（3）风险工程调研：实地踏勘，掌握风险工程总体情况，收集沿线风险工程的资料；

（4）充分听取建设单位、设计单位及风险工程负责人等的意见和建议：

（5）编制巡视计划，落实实施办法。

2. 工程自身巡视

（1）首次巡视应在基坑开挖前或降水施工前进行，主要针对基坑周边道路、地面。

（2）首次巡视的工作重点：主要调查地面及道路表面状况。

（3）首次巡视的工作要点：对地面裂缝、隆陷等异常部位做测量标识，记录裂缝、隆陷的位置、形态，测量并对裂缝记录宽度。对现场状况进行影像资料存档、备查。

（4）日常巡视应依照巡视计划表进行，主要针对开挖面土质情况、支护结构体系状况及基坑周边环境等。

（5）日常巡视的工作要点：在巡视过程中，对现场施工中发生的异常状况要及时通报，做好记录并对现场状况进行影像资料存档、备查。

3. 周边环境巡视

（1）建构筑物巡视

建构筑物的首次巡视应在施工前进行，主要针对列入巡视范围的建构筑物。

1）首次巡视的工作重点：查看建构筑物承重墙体、地下室渗水开工前的状况。

2）首次巡视的工作要点：对建构筑物承重墙体开裂、剥落部位做测量标识，记录其位置、形态，测量并对裂缝记录宽度；对地下室的渗水状况进行记录，对渗水位置加以标识；对重要位置的现场状况进行影像资料存档、备查。

3）建构筑物的日常巡视应依照巡视计划表进行，主要针对建构筑物开裂、剥落，地下室渗水等。

4）日常巡视的工作要点：在巡视过程中，对现场施工中发生的异常状况要及时通报，做好记录并对重要位置的现场状况进行影像资料存档、备查。

（2）道路（地面）巡视

1）道路（地面）的首次巡视应在施工前进行，主要针对基坑周边的道路及地面。

2）首次巡视的工作重点：调查基坑周边道路（地面）现有状况，记录受损及开裂情况，对重要位置的现场状况进行影像资料存档、备查。

3）首次巡视的工作要点：有裂缝及异常位置做好标识，记录裂缝的位置、形态，测量并记录裂缝的宽度；对重要位置的现场状况进行影像资料存档、备查。

4）道路（地面）的日常巡视应依照巡视计划表进行，主要针对地面开裂、地面沉陷、隆起及地面冒浆和泡沫等。

5）日常巡视的工作要点：在巡视过程中，发现新增地面裂缝或原测裂缝发展速率快、地面隆陷等异常情况及时通报，做好记录并对现场状况进行影像资料存档、备查。

十六、项目管理及人员配备

由于监测工作是一个技术综合性强、涉及知识面广的技术活动，要求从事该项工作人员不仅具备岩土工程、工程测量、建筑结构、结构力学、仪器仪表等知识，还要熟悉施工技术、施工流程。本公司是一个具多年岩土工程、结构设计、施工经验的实力单位，有能力做好本次监测工作。本监测实行项目负责管理责任制，设监测项目部，质量管理技术管理严格执行事先指导、中间检查、成品校审制。

事先指导——进场前进行技术交底，明确技术要求。

中间检查——执行各工序质量签收反馈制度，以保证监测数据的真实可靠。

成品校审——测试报表执行校对、审核、复审的三级审校制，确保最终成品优良。

为确保监测工作顺利进行，加强施工与质量管理，成立项目部。

现场设监测负责人一名，全权负责本工程的运作，配备一个测试项目组计4人、一个测量项目组计4人。具体管理框图如下图所示：

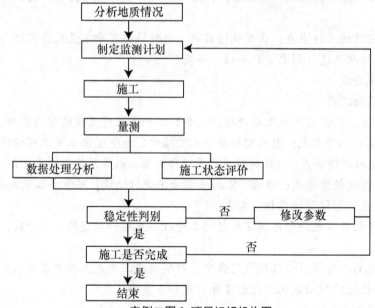

实例二图9 项目组织机构图

为了保证变形观测项目顺利完成，拟派有丰富变形监测经验的工程师、高级工程师任该项目技术负责人、审核人和审定人。

十七、与业主、监理及施工单位协调配合

虽然变形观测仅仅是本工程项目建设中的一小部分工作，但它贯穿着工程施工的全过程，

为施工运营提供变形数据。我们将站在工程全局的高度，积极主动高效的为业主服务，及时提供准确可靠的观测数据，协助业主解决工程实施过程中遇到的有关问题，与业主建立良好的相互信任、相互支持和相互理解的关系，保证工程优质、高效、安全、文明地竣工。

在施测过程中，严格按照经业主、监理确认的"技术方案"组织实施，在做好自身工序质量管理和质量控制等工作外，服从监理单位的监督和协调。监理单位应及时告知测量单位施工进展情况及与变形观测密切相关的信息（如施工进展、荷载量、施工中出现的异常情况等）。

施工单位应为测量单位提供工作上的便利条件（如用电、用水等），同时做好基准点、观测点的保护工作，尽力避免观测标志被建筑材料堆埋。

双方需多加强联系，协商解决未尽事宜。

十八、安全与文明施测

强化安全文明生产管理，通过组织落实，责任到人。本项目的技术负责人是安全文明生产管理的责任人。我们将贯彻"安全第一，预防为主"的安全生产工作方针，将安全文明生产纳入施测过程中，严防安全事故发生，杜绝不文明施测行为出现，为此需要做好以下几点工作：

（1）安全责任人需全面了解施工现场安全管理的有关要求，并对需要进入施工现场观测的人员进行安全教育或安全交底；

（2）进入施工现场的观测人员必须佩戴安全帽和相关的安全防护用品，接受安全工程师的督导；

（3）埋设观测标志需临时用电，接电时，必须经同意在电气专业人员帮助下才可接用；

（4）进出施工现场应遵守各种安全文明施工和环境保护的规章制度，文明礼貌；

（5）在施工现场，不该动的不碰，不允许去的地方不去，听从施工现场管理人员的指挥。

实例三　××工程深基坑支护安全专项施工方案

一、编制依据

实例三表 1　编制依据表

序号		文件名称	编号
1	图纸	××科技园××区二期0303-04地块住宅混合公建项目设计图纸	
2	勘察报告	《××科技园××区二期0303-04地块住宅混合公建项目岩土工程勘察报告》	
3	施组	××科技园××区二期0303-04地块住宅混合公建项目施工组织设计	
4	国标	《工程测量规范》	GB50026-2007
		《建筑地基基础工程施工质量验收规范》	GB50202-2002
		《混凝土外加剂应用技术规范》	GB50119-2013
		《建筑工程施工质量检验统一标准》	GB50300-2013
		《混凝土强度检验评定标准》	GB50107-2010

续表

序号		文件名称	编号
4	国标	《混凝土结构工程施工质量验收规范》	GB50204-2002（2011版）
		《混凝土结构设计规范》	GB50010-2010
		《土方及爆破工程施工及验收规范》	GB50201-2012
		《建筑基坑工程监测技术规范》	GB50497-2009
5	行标	《建筑施工安全检查标准》	JGJ59-2011
		《建筑机械使用安全技术规程》	JGJ33-2012
		《施工现场临时用电安全技术规范》	JGJ46-2005
		《建筑基坑支护技术规程》	JGJ120-2012
		《建筑地基处理技术规范》	JGJ79-2012
		《钢筋焊接及验收规程》	JGJ18-2012
		《建筑桩基技术规范》	JGJ94-2008
6	地标	《建筑基坑支护技术规程》	DB11/489-2007
		《建筑工程资料管理规程》	DB11/T695-2009
		《预拌混凝土质量管理规程》	DBJ11/385-2006
		《建筑结构长城杯工程质量评审标准》	DBJ/T01-69-2003
7	法规	《北京市建设工程施工现场管理办法》《北京市建设工程施工现场管理办法》	北京市人民政府令【第247号】【第247号】
8	其他	《危险性较大的分部分项工程安全管理办法》	建质【2009】87号
		《中铁建设集团有限公司施工现场危险作业管理办法》	中铁建设集团有限公司中铁建设集团有限公司
		《文明安全施工样板集》	
		《关键工序施工作业管理办法》	
		《质量、环境、职业安全健康和工程建设施工企业质量管理规范管理体系管理手册及程序文件汇编》	

二、工程概况

（一）项目概况

实例三表 2　项目概况表

工程名称	××科技园××区二期0303-04地块住宅混合公建项目
工程地址	××市××区××镇××路
建设单位	中国铁建房地产集团有限公司北京金达世纪房地产开发有限公司
设计单位	中铁第五勘察设计院集团有限公司
监理单位	北京铁城建设监理有限责任公司
质量要求	合格，且各项施工方案及标准满足中铁房地产发布的工程质量标准化要求。本标段有一座单体结构施工质量获得"结构长城杯"，其他单体要求结构施工质量达到北京市"结构长城杯"标准

（二）项目设计概况

1. 建筑设计概况

实例三表 3　建筑设计概况表

序号	项目	内容			
1	建筑功能	住宅			
2	建筑等级	多层建筑和一类、二类高层建筑，抗震设防烈度为8度			
3	建筑规模	总建筑面积	75515.8m²	2标段		
					地上部分	地下部分
				4#楼	8415.13m²	496.50m²
				6#楼	8415.13m²	496.50m²
		总地上建筑面积	47750.84m²	S-8#	897.41m²	436.16m²
				3标段		
					地上部分	地下部分
				1#楼	6323.89m²	1350.1m²
				2#楼	8552.81m²	1761.0m²
		总地下建筑面积	27795.96m²	3#楼	6513.66m²	1120.1m²
				5#楼	8552.81m²	1461.0m²
				2#地下车库A段	80m²	20643.44m²
		层数	地下部分	4#、6#、S-8#	1层	
				5#、2#车库A段	2层	
				1#、2#、3#	2层	
			地上部分	2#车库A段	1层	
				S-8#	2层	
				1#、2#、3#、5#	11层	
				4#、6#	17层	
4	檐高	4#、6#	49.9m			
		1#、2#、3#、5#	32.8m			

2．结构设计概况

实例三表4 结构设计概况表

序号	项目	内容	
1	结构形式	框架-剪力墙	
2	地基基础设计	乙级	
3	基础形式	筏板基础	
4	抗震设防烈度	8度	
5	设计使用年限	50年	
6	设计概况	结构抗震等级	
		二级	
7	混凝土结构的抗震等级	住宅楼及地下车库	框架梁抗震等级为二级，B3-3F为约束边缘构件，1F-2F底部部位加强
8	混凝土强度等级	C15、C20、C25、C30、C35、C30P6、C35P6、	
9	钢筋型号	HPB300级、HRB335级、HRB400级、HRB500级	

3．总体规划图纸

本工程位于××科技园××区二期0303-04地块。地块北邻××路，南邻××路南线，东邻××路及××路，西邻××东路。本地块共分4个标段，南北两个分区，本工程范围为2、3标段住宅楼及地下车库。

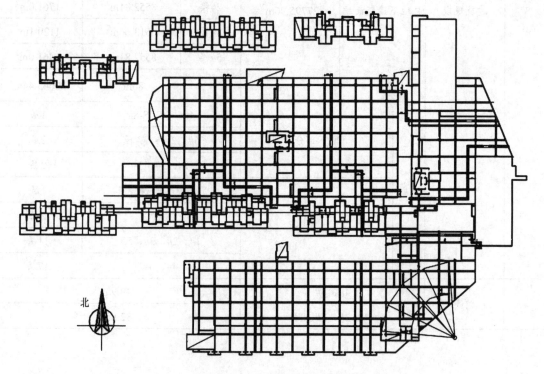

实例三图1 总平面规划图

（三）地形地貌

拟建场地原地面标高为 58.00m 左右，但经多年盗挖沙土或其它原因导致现现场地绝大部分位于坑中，并且较为崎岖。场地中分布有水坑和高差约 10m 的土丘。

（四）工程地质条件

1. 填土层（Q^{ml}）

杂填土①层：杂色，稍密，稍湿～湿，以砖块、生活垃圾为主，局部含大水泥块及卵石，以粘性土填充，填土年限小于 1 年。

粉质粘土素填土①$_1$层：褐黄色，稍密，稍湿～湿，以粉土为主，含少量垃圾。

卵石素填土①层：杂色，稍密，稍湿～湿，以卵石为主，含少量垃圾及细砂碎砖块等。

细砂素填土①$_3$层：杂色，稍密，稍湿～湿，以细砂为主，含卵石及少量垃圾，卵石含量约 30%。

2. 一般第四系冲洪积层（Q^{al+pl}）

卵石②层：杂色，稍密～中密，湿～饱和，亚圆形，卵石含量约 60%，一般粒径 4～7cm，最大粒径 20cm，偶见漂石，主要由细中砂充填，母岩成分为砂岩、砾岩，夹粉质粘土薄层。

细中砂②$_1$层：褐黄色，中密～密，饱和，含石英、云母、长石。

粉质粘土②$_2$层：褐黄色，可塑，稍湿，含氧化铁，含少量姜石。

粉质粘土③层：褐黄色，可塑，湿，含氧化铁，含少量姜石。

粘土③$_1$层：褐黄色，可塑，湿，含氧化铁。

粉质粉土③$_2$层：褐黄色，稍密，湿，含氧化铁。

重粉质粘土③$_3$层：褐黄色，可塑，湿，含氧化铁。

3. 一般第四系残坡积层（Q^{el+dl}）

重粉质粘土④层：褐红色，可塑，湿，含氧化铁。

粘土④$_1$层：褐红色，可塑，湿，含氧化铁，含少量姜石及砂粒。

粘质粉土④$_2$层：褐红色，稍密，湿，含氧化铁。

粉质粘土④$_3$层：褐红色，可塑，湿，含氧化铁，含少量姜石及砂粒。

4. 侏罗系（J_3）

全风化复成份砾岩⑤层：褐红、褐灰色，原岩结构基本破坏，岩芯呈砂土状。

强风化复成份砾岩⑥层：灰绿色，岩芯呈短柱及碎块状，节理裂隙很发育，钻进困难。

中风化复成份砾岩⑦层：灰绿色，显晶质结构，块状构造，岩芯呈短柱状、长柱状，一般节长 5～30cm，最大节长 40cm，节理裂隙较发育，钻进困难。

（五）水文地质条件

本次勘察钻探深度（23.0m）范围内观测到一层地下水，稳定水位标高 44.70m 左右。地下水类型为潜水，主要补给来源为大气降水和地下径流，主要排泄方式为蒸发及侧向径流。

三、施工安排

（一）基坑支护设计方案选择

（1）该基坑工程地层多为杂填土，且深浅不一，为进行针对性设计，对支护部位采取了相应的地层参数，分别进行了设计计算，最终确定出不同的支护形式工。

（2）因地层成因及成份差别很大，施工时应对施工工艺，进行相应调整，土钉无法成孔时，可采取打入式钢花管进行替代。

（二）方案设计

1. 剖面（12-12）设计

（1）开挖深度7.20m，基坑安全等级三级，侧壁重要性系数0.9。

（2）坡顶荷载20kN/m²，距离基坑上口2.0m。

实例三表5 剖面（12-12）施工参数一览表

层序	埋深（m）	孔径（mm）	土钉长度（m）	竖向间距（mm）	水平间距（mm）	配筋
1	1.60	110	4.80	1600	1500	C16
2	3.20	110	6.80	1600	1500	C16
3	4.80	110	3.80	1600	1500	C16
4	6.40	110	2.80	1600	1500	C16
构造措施						
（1）土钉墙坡比1：0.80，土钉倾角10°。 （2）注浆均采用P.O32.5水泥，水灰比0.45～0.5。 （3）钢筋网片采用钢筋Φ6.5@250×250mm绑扎，水平压筋1Φ14，与土钉端头焊接。 （4）喷射C20混凝土80mm厚，坡顶混凝土散水宽1.00m。						

2. 剖面（13-13）设计

（1）开挖深度10.0m，基坑安全等级三级，侧壁重要性系数0.9。

（2）坡顶荷载20kN/m²，距离基坑上口2.0m。

实例三表6 剖面（13-13）施工参数一览表

层序	埋深（m）	孔径（mm）	土钉长度（m）	竖向间距（mm）	水平间距（mm）	配筋
1	1.60	110	5.80	1600	1500	C16
2	3.20	110	5.80	1600	1500	C16
3	4.80	110	3.80	1600	1500	C16
4	6.40	110	2.80	1600	1500	C16
5	8.00	110	1.80	1600	1500	C16
6	9.50	110	1.20	1500	1500	C16
构造措施						
（1）土钉墙坡比1：1，土钉倾角10°。 （2）注浆均采用P.O32.5水泥，水灰比0.45～0.5。 （3）钢筋网片采用钢筋Φ6.5@250×250mm绑扎，水平压筋1Φ14，与土钉端头焊接。 （4）喷射C20混凝土80mm厚，坡顶混凝土散水宽1.00m。						

3. 剖面（15-15）设计

（1）开挖深度6.80m，基坑安全等级三级，侧壁重要性系数0.9。

（2）坡顶荷载 20kN/m^2，距离基坑上口 2.0m。

实例三表 7　剖面（15-15）施工参数一览表

层序	埋深（m）	孔径（mm）	土钉长度（m）	竖向间距（mm）	水平间距（mm）	配筋
1	1.50	110	4.80	1500	1500	C16
2	3.00	110	7.80	1500	1500	C16
3	4.50	110	6.80	1500	1500	C16
4	6.00	110	5.80	1500	1500	C16
构造措施						
（1）土钉墙坡比1：0.70，土钉倾角10°。 （2）注浆均采用P.O32.5水泥，水灰比0.45～0.5。 （3）钢筋网片采用钢筋Φ6.5@250×250mm绑扎，水平压筋1Φ14，与土钉端头焊接。 （4）喷射C20混凝土80mm厚，坡顶混凝土散水宽1.00m。						

4. 剖面（20-20）设计

（1）开挖深度 9.80m，基坑安全等级三级，侧壁重要性系数 0.9。

（2）坡顶荷载 20kN/m^2，距离基坑上口 2.0m。

实例三表 8　剖面（20-20）施工参数一览表

层序	埋深（m）	孔径（mm）	土钉长度（m）	竖向间距（mm）	水平间距（mm）	配筋
1	1.50	110	5.80	1500	1500	C16
2	3.00	110	7.80	1500	1500	C16
3	4.50	110	6.80	1500	1500	C16
4	6.00	110	5.80	1500	1500	C16
5	7.50	110	4.80	1500	1500	C16
6	9.00	110	3.80	1500	1500	C16
构造措施						
（1）土钉墙坡经比1：1，土钉倾角10° （2）注浆均采用P.O32.5水泥，水灰比0.45～0.5。 （3）钢筋网片采用钢筋Φ6.5@250×250mm绑扎，水平压筋1Φ14，与土钉端头焊接。 （4）喷射C20混凝土80mm厚，坡顶混凝土散水宽1.00m。						

5. 剖面（24-24）设计

（1）开挖深度 10.00m，基坑安全等级二级，侧壁重要性系数 1.0。

（2）坡顶荷载 20kN/m^2，距离基坑上口 2.0m。

实例三表 9 剖面（24-24）施工参数一览表

护坡桩	桩顶标高（m）		自然地面
	桩径（mm）		Φ800
	桩间距（m）		1.50
	桩长（m）		15.00（其中嵌固5.00m）
	配筋		纵筋16C18，箍筋C14@2000，绕筋Φ8@200
	混凝土等级		C25
锚杆	水平间距（mm）		1500
	入射角（度）		15
	锚孔直径（mm）		150
	标高（m）	第1道	桩顶下2.50
		第2道	桩顶下6.00
	锚筋配筋	第1道	2s（7Φ5）钢绞线
		第2道	2s（7Φ5）钢绞线
	长度（m）	第1道	自由段+锚固段=5.0+12.0=17.0
		第2道	自由段+锚固段=5.0+12.0=17.0
	轴力（KN）	第1道	标准值/锁定值=198/180
		第2道	标准值/锁定值=204/180
腰梁	工字钢		2根20B
帽梁	砼等级		C25
	配筋		主筋6C18，箍筋Φ8@200
	截面尺寸（m）		高×宽=0.6×0.9

桩间土处理：编扎钢丝网，上下间距每1.0m射钉固定在桩上，桩与桩之间击入0.8m长钢筋固定钢丝网片，喷射5cm厚C20豆石混凝土。

6. 网喷支护设计

（1）坡顶荷载 $20kN/m^2$，距离基坑上口 2.0m

（2）基坑安全等级三级，侧壁重要性系数 0.9。

（3）网喷支护剖面为：1-1、2-2、3-3、4-4、5-5、6-6、7-7、8-8、9-9、10-10、11-11、14-14、16-16、17-17、18-18、19-19、21-21、22-22、23-23。

（4）基坑开挖坡比分别见剖面图，钢丝网格间距为 250×250，采用 Φ6.5 钢筋"U"形卡固定，间距视坡面平整度确定，丁字钢筋插入土层 1.0 米，混凝土喷射厚度≥40mm。

7. 坡顶排水系统设计

（1）坡顶混凝土散水宽 1.0m，厚 60mm，挡水坎高 300mm，厚 120mm，两面抹水泥砂浆。

（2）向边坡土体打孔，深度 1.20m，纵横间距 1.20m 左右，孔径 w100mm，向孔内插入 w30mm 塑料管，长 1.20m，外露 0.4m，土体内管壁钻 w10mm 渗水孔，间距 100mm，管外包编织布；塑料管与孔壁之间填充干净的中粗砂或石屑。

（三）组织机构及人员分工

1. 组织机构图

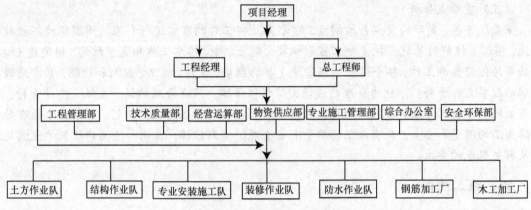

实例三图 2 项目组织机构图

2. 人员岗位职责

实例三表 10 人员岗位职责

序号	职务	姓名	职责
1	项目经理	×××	负责基坑支护施工的全面工作
2	总工	×××	负责基坑支护方案审核、交底以及基坑支护施工培训工作，质量、技术问题的处理工作；监督检查基坑支护方案的落实工作
3	工程经理	×××	负责项目部基坑支护施工生产组织实施落实工作
4	技术主任	×××	负责基坑支护方案的编制，负责技术方案的落实和实施工作；监督检查基坑支护方案的落实工作
5	安全主任	×××	负责项目部基坑支护施工安全生产工作
6	材料主任	×××	负责基坑支护施工材料供应工作
7	电气主管	×××	负责基坑支护施工临水、临电工作
8	技术员	×××、×××	负责基坑支护施工技术交底、材料计划
9	质检员	×××	负责基坑支护施工及原材料质量检查工作
10	试验员	×××	负责基坑支护施工材料复试工作
11	工长	×××、×××	具体落实现场生产工作
12	测量员	×××、×××	负责基坑支护施工放线、验线工作

（四）施工进度安排

横道图的编制程序：

（1）将构成整个工程的全部分项工程纵向排列填入表中；

（2）横轴表示可能利用的工期；

（3）分别计算所有分项工程施工所需要的时间；

（4）如果在工期内能完成整个工程，则将第（3）项所计算出来的各分项工程所需工期安排在图表上，编排出日程表。这个日程的分配是为了要在预定的工期内完成整个工程，对各分项工程的所需时间和施工日期进行试算分配。

详见附录。

（五）重难点分析

深基坑开挖、支护的重点是控制施工过程基坑内工作的正常进行和基坑周围环境不被破坏。因此，须认真抓好对基坑开挖支护工程影响较大的止、降、排水工作和支护结构、周边建（构）筑物等的位移监测工作，整个过程包括基坑支护的勘察、设计、施工、监测和检测，只有严谨、准确的勘察文件资料，才能为合理的设计文件提供保障，只有合理的设计图纸、文件资料，才能有效地指导施工方法、工艺的选择，只有采取针对性的较强的施工工艺、方法，才能有效地保障施工的质量和安全，只有施工的质量和安全能够得到保障，监测和检测的结果才能满足设计及有关规范的要求。

四、施工组织

（一）技术准备

1. 总体准备

（1）施工前，施工技术管理人员必须认真审图，将施工图中存在的问题及时纳入自审记录中，通过图纸会审予以解决，并做好施工前的其它技术准备工作。

（2）积极参与包括业主、监理、设计、地质等各方参加的技术交底和协调会议，提出施工过程中需要解决的问题和需要澄清的问题，确保施工顺利进行。

（3）服从公安、城管、环卫等政府部门的安排，认真处理好与周边单位的关系，减少外来干扰，把主要精力投入施工，决不能因外界矛盾而影响施工。

（4）对所有施工人员进行施工前的安全教育和技术交底，宣布有关规章制度。

（5）对邻近施工范围内已有建筑和地下管线进行检查核实，给出现状调查报告交有关单位存档，以便施工中保护地下管线并做为施工监测的原始对比资料；

对危险而又可以拆除的建筑物征得有关方面同意拆除，以确保施工安全和邻近建筑物及人身安全。

（6）做好施工现场"三通一平"工作。按照设计文件要求和有利文明施工、安全生产的原则，整个基坑顶地坪铺设15cm厚的混凝土硬地坪（支护桩后被地面硬化，可防止雨水等对桩后土层的浸泡和水土压力的增加）。

（7）搭设施工临时设施。确定设备设置位置，按顺序组织设备就位安装。

（8）对业主或设计单位提供的坐标和水准点进行复核，做好轴线控制桩位和半永久性水准点，作出放线测量报告并及时与建设方会签。

（9）机器设备进场要遵守北京市城管和交通部门的有关规定，注意陡坡、陷地和防止碰撞电杆和房屋等。

（二）现场条件准备

1. 施工用电

本工程施工区域临时施工用电从业主提供的位于场地配电间接出，分两路采用架空电线沿临时围墙接至施工区域，一路供施工用电，另一路供应现场辅助设施用电。并沿施工现场四周约每隔 20m 设一只固定配电箱。当电缆经过主要施工路口时，作 6m 高架空，同时设置投光灯，用于夜间施工照明。

2．施工用水

施工除厕所卫生、标养室试块养护用水外，主要用水是基坑支护结构施工用水，根据计算用水量约 5L/s；总用水量 Q=10L/s，则供水管径为：

D=4Q×1000/（πV）1/2=[（4×10×1000）/（3.14×1.5）]1/2=92mm。

式中 V—管网中的水流速度（一般取 1.2～1.5m/s）

护坡桩施工临时用水采用 Φ100 水源，分二路接出水管，一路为施工用水，另一路为辅助设施用水，用水管口径为 Φ50 组成供水网络，并在各用水部位留出水龙头。

（三）机具准备

械设备计划机械设备的调配直接影响工程工期、施工质量及现场的文明管理。本工程施工中，将根据工程进度的需要，优先调配和安排先进优良的机械设备，保证机械设备的完好率达到百分之百，以确保施工进度和施工质量。

实例三表 11　施工机械设备计划表

序号	机械设备名称	规格型号	数量	用途
1	挖掘机	EX-300	2台	挖掘土方
2	土方车	东风12T	15辆	土方运输
3	电焊机	BX-300	1台	钢筋笼加工
4	洛阳铲	5m	10把	土钉成孔
5	喷枪	50mm	3台	喷射混凝土

（四）材料准备

实例三表 12　材料准备一览表

序号	名称	规格	单位	工程量	成本类别
1	细石混凝土	C20	M³	7000	非实体
2	HPB300级钢筋	6.5	t	150	非实体
3	HPB400级钢筋	14	t	86	非实体
4	HPB400级钢筋	16	t	240	非实体

（五）劳动力准备

实例三表 13　施工人员计划表

分项工程	工种	人数	备注
土钉墙	钢筋工	6	兼土钉钢筋制作
	电焊工	2	兼土钉墙电焊施
	混凝土工	6	
	打孔注浆	10	
	喷枪手	2	
土方挖运	挖掘机手	3	
	卡车司机	20	

五、主要施工方法及技术措施

（一）土方施工工艺

1. 土方施工准备

（1）土方工程是影响工期的主线，各分项工程都要围绕这一主线组织施工。要抓好土方的连续突击作业，同时采用分区、分层、分步交叉流水作业。

（2）根据以上特点，，为支护创造工作面，本工程采用斗容量 2.0～3.0m³ 反铲挖土机，配备 15t～25t 自卸汽车，分区、分步施工。分区施工一是便于锚杆施工的流水作业，基坑内侧距边坡 10 米范围内为锚杆工作业区，10 米以外中心区为大面积挖土区。二是便于发挥机械性能，创造多机作业立体工作面。

（3）根据施工进度计划及土方运距，合理配置挖土机械及运输车辆。及时办理交通、城建、市政、市容、环卫等有关手续。

2. 土方施工方法

（1）各道工序严格按进度部位要求完工，及早为下一步腾出工作面。基坑中部为大面积土方开挖区。在开挖深度内，分层、分步布置挖土机械，两台挖土机上下、左右齐头并进，为保持多机作业工作面，充分利用空间和时间，如条件允许，拟采用昼、夜两班交替，以保持持续高产。

（2）本工程由于施工工序多，多道工序要同时施工，都需要土方施工配合，因此施工关键是土方运输；根据土方挖运量，合理安排 20～30 辆汽车作业，合理布置现场道路和出入口，做到四通八达，合理规划卸土场地，优化运土路线，安排好作业时间，做好车辆分流，减少道路拥挤。

（3）土方挖运分层标高根据各工序施工要求合理安排。在锚杆的工作区内，每层挖至相应锚杆下 500mm 处，进行锚杆施工；最后挖至距基底 300mm 处，进行人工清槽；

（4）土方收尾坡道处土方的施工采用长臂挖土机配合人工进行施工；

3. 土方施工要求

（1）该阶段土方及锚杆施工全面展开，工程量较大，工序多，机械设备多，是按期完成任务的决战阶段。要解决好工作面与日产量、工序间工作面相互制约的矛盾，各工序间需采用交叉流水作业。每个工作面都要采用定机械设备、定日产量、定工期等三定措施，确保工程顺利进行。

（2）本工程的施工关键是土方运输，因此要合理布置现场道路和出入口，合理规划卸土场地优化运土路线，安排好作业时间，做好车辆分流，减少道路拥挤，行车路线尽量用循环路。

（3）尽量采用反铲挖土，充分利用挖土半径，提高效率，抓紧时间，以尽快给支护施工创造方便条件。

（4）严格按开挖线进行开挖，严禁超挖，测量工作随时配合。

（5）清土与挖土应与其它工序紧密配合，不可超前或滞后。

（6）开挖前应作好沿途交通环卫工作，并交纳其费用，办理好证件，在取得有关部门的同意后，方可进行施工，以保证工程的顺利进行。

（7）挖掘机与运土车应走固定马道，并不得在基坑边停置。

4. 土方施工质量要求

（1）机挖土槽底预留 30cm 人工配合清槽，不得扰动老土。

（2）各层间标高允许偏差 ±150mm。

（3）挖土机严禁碰撞土钉、锚杆。

（4）测量员随时测量，保证基底标高和基坑线。

5．基底的保护

（1）保证基坑底的土层必须平整，无浮土垃圾。

（2）如有可能在基坑表面敷上石灰胶泥。

（二）土钉墙施工方案

1．施工工艺流程

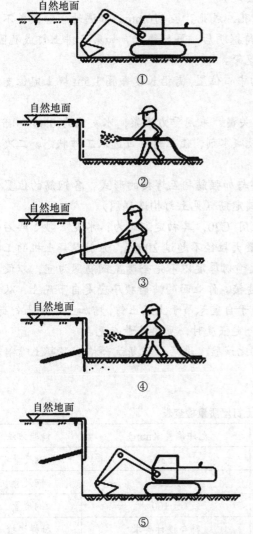

①第一步：

　按设计要求开挖工作面，修正边坡。

②第二步：

　为防止在掏土钉过程中出现局部塌方，先进行初喷，若土质较好，较省去此步工序。

③第三步：

　用洛阳铲或锚杆钻机钻孔，安设土钉（包括绑扎、注浆等）。

④第四步：

　绑扎钢筋网、留搭接筋、喷射第二混凝土。

⑤第五步：

　开挖第二层土方，按此循环，直到坑底标高。

实例三图 3　施工工艺流程

2．施工准备

（1）钢筋杆体加工场地应位于离土钉施工工作面较近处，面积为 25.0m×35.0m。

（2）水泥浆搅拌站布置（散装水泥必须罐装）设置移动式水泥浆搅拌站 1 个，随土钉施工工作面的变化而移动。

（3）主要机械设备进场电焊机、注浆泵等设备进场电源接设，调试。

3．主要施工方法

（1）修坡：基坑开挖用反铲式挖土机。预留 10～30cm 厚人工修坡，开挖深度在土钉孔位下 50cm，预留成孔工作面宽度 8m，确保边坡的立面和壁面的平整度。当遇有上层滞水影响时，要在坡面上每隔 1.0 米插放一个导流管，疏导上层滞水对坡面的作用。

（2）编扎钢筋网：钢筋保护层厚度不宜小于 20mm。修坡后按顺序编扎钢筋网，钢筋接头宜用焊接或帮扎，由于编网是随开挖分层进行的，因此，上下层的竖向钢筋搭接长度应大于 300mm，以保证钢筋网的整体性，有利于力的传递。

（3）成孔：本工程主要采用人工洛阳铲成孔，成孔直径 110mm。如遇地下管线或不明障碍物时，切勿强行施工，立即向项目部汇报，待探明后，再行施工。如第三排土钉成孔困难，可考虑采用锚杆冲击钻成孔或者将土钉替换成花管。

（4）土钉制作与安放：为了土钉定位于孔的中心位置，需沿长度每隔 1.5m 焊上定位支架，定位支架的高度要确保使钢筋能够居中。

（5）注浆：注浆质量是保证土钉抗拔力的关键。采用重力灌浆，水灰比为 0.45～0.5，并根据施工需要采加如适量速凝剂、早强剂及高效减水剂，使土钉早日进入工作状态。二次补浆宜在首次注浆终凝后 2～4h 内完成。

（6）土钉端部焊接：土钉均采用土钉端部与加强筋相互焊接的形式。各钢筋的位置由里向外是：钢筋网，水平垂直加强筋，土钉端头锁定筋（见土钉构造详图）。

（7）喷射混凝土：喷射混凝土强度等级采用 C20，其初定配比为：水泥∶砂∶碎石∶水＝1∶2∶2∶0.5（也可根据试验确定），碎石的最大粒径不超过 20mm，喷射混凝土机的工作压力为 0.3～0.4MPa。当采用两次喷射时，第一次喷射厚度以不完全覆盖钢筋网为宜，以便第二次施喷时有部分钢筋网与第二层喷射混凝土层连接。作业面的喷射顺序应是自下而上，从开挖层底部开始向上喷射，这样可防止喷射混凝土由于自重悬吊于上层土钉，增加上一层土钉荷载，尤其是当上层土钉注浆和喷射混凝土尚未达到一定强度时，更要尽量避免。

（8）混凝土喷射施工应委托试验室进行配比试验，进场材料复试合格。混凝土喷射材料采用称量器具称量后搅拌均匀。

4．质量标准

实例三表14　土钉墙质量检查表

项目	检查项目	允许偏差（mm）	检验方法
主控项目	土钉长度	±30	钢尺量
	孔径	±5	钢尺量
一般项目	土钉位置	±100	钢尺量
	浆体强度	符合设计要求	抽样送检
	注浆量	大于理论计算量	
	钢筋网块与块搭接长度	＞300	钢尺量
	钢筋网与坡面间隙	≥30	钢尺量
	土钉墙面层厚度	±10	钢尺量

5．注意事项及质量要求

（1）土钉成孔采用洛阳铲成孔，配置足够的数量（如遇成孔困难可考虑锚杆冲击钻成孔）。

（2）修坡时专人进行测量，确保不吃槽。喷射混凝土时，由专人检查钢筋网长及标志杆的安装。

（3）成孔前，应根据设计要求定出孔位并作出标记和编号，并记录施工实际参数。

（4）钢筋、水泥进场要有材质单、出厂合格证，并做复验，如果锚筋采取搭接焊，每批应按规范要求，做焊头抗拉强度试验。

（5）锚筋与中心支架点焊牢固，中心支架间距 1.5m 一个（详见土钉构造详图）。土钉钢筋的长度=设计长度（mm）+200mm。

（6）插入钢筋时，由专人检查，若插入深度不足，则继续取土成孔，插入钢筋时要将注浆管绑在距孔底 200mm 处。

（7）水泥浆体的强度应大于 $20N/mm^2$，水灰比不宜超过 0.5，并宜加入适量的速凝剂以促进早凝和控制泌水。注浆时要严格按配比搅浆，并随成孔随注浆，注浆渗漏较多时，要进行二次、三次补浆直到注满。

（8）锚筋制作长度误差不得大于 20mm，锚筋长度不够时，采取双面搭接焊，搭接长度不小于 100mm。

（9）喷射混凝土粗骨料最大粒径不大于 12mm，并通过外加剂来调节所需早强时间。

（10）在喷射第二次混凝土前，面层内的钢筋网应牢固固定在边壁上，并符合规定的保护层厚度要求。钢筋网片可用插入土中的钢筋固定，在混凝土喷射下应不出现振动。

（11）为了保证施工时的喷射混凝土厚度达到规定值，可在边壁面上垂直打入短的钢筋段作为标志。当继续进行下部喷射混凝土作业时，应仔细清除施工缝结合面上的浮浆层。

（12）钢筋网横向搭接长度不少于一个网格边长，搭接焊则焊长不小于网筋直径的 10 倍。

（13）不得碰撞土钉头外露部分。

（14）要张拉的预应力锚杆必须等张拉完毕后方可下挖下一层土。

（15）土钉成孔后，立即下入杆体并注浆防止孔体坍塌。对于砂卵石中施工的锚杆要进行多次补浆，确保水泥浆充满整个孔内。

6．土钉墙施工应急措施

当土钉墙施工时遇有渗水严重，出现流砂时应采取如下措施：

（1）在正常工序施工前，先沿开挖面垂直击入钢管或注浆加固土体。

在护坡面渗水的地方及时插放泄水导管，其外端伸出支护面层，间距可视渗水情况而定，用以减轻水压力对边坡的影响。

（2）当监测点的水平位移变化较大时，根据情况加入预应力锚杆进行补强。

（3）土钉墙土钉施工中如遇原基础无法成孔时，可适当变更孔位，孔间距，加密土钉、拉地锚，顶花管等方式，若锚杆长度仍不能满足设计要求，应采用高压注浆。

（三）挖孔灌注桩施工工艺

1．工艺流程

测量放线、定桩位 → 开孔成孔作业（分节挖土和出土）→ 安装护壁模板、同时校核孔位 → 灌注混凝土护壁（C20）→ 拆模 → 重复作业至设计桩底标高 → 验孔 → 吊放钢筋笼 → 灌注桩身混凝土 → 验收

2．施工准备

（1）挖土设备：挖土用铁锹、铁钎、铁锤、风镐。

（2）出土机具：手摇辘轳和提土桶。

（3）通风机具：1.5kW 的鼓风机和空压机，配以直径 100mm 的塑料送风管，用于向桩孔内强制送入风量不小于 25L/s 的新鲜空气。

（4）护壁模板：采用钢结构半圆模板。

3．施工方法

（1）测量放线、定桩位

放出桩位中心线并进行复核，以桩孔中心为圆心，以桩的设计半径加护壁厚度为半径，画出桩的开挖轮廓线并撒白灰标示。

安装提升设备时，应使吊桶的粗绳中心与桩孔中心线一致，以作挖土时粗略控制中心线用，吊桶顶应进行钢筋加固，制作成三角架，防止吊桶摇晃。

（2）开孔成孔作业

挖土应分层进行，每层应先开挖中间部分后周边，并与护壁施工紧密配合，一般挖深 1.0m 为一个开挖节段。

挖进时，吊大线锤作中心控制用，用钢尺以地面上的基准点测量孔深，以保证桩位、垂直度和截面尺寸正确。

开挖时，应间隔开挖，严禁相邻两孔同时开挖。

（3）安装护壁模板

护壁模板高度为 1.0m，为成型模板，由 4 块组成。当一步挖深达 1.0m 时，应立即安装模板，然后对模板的上口直径和中心进行复核。

对于可能渗水，或进入易坍塌的砂卵石层时，应安放护壁钢筋：主筋为 Φ6.5 盘条，间距 200～300mm，两端 60mm 做弯钩，插入下节护壁长度应大于 10mm，上下主筋应搭接，以防止护壁因自重而断裂。

（4）灌注护壁混凝土

护壁混凝土采用现场搅拌。护壁厚度不小于 100mm。混凝土强度等级不低于 C20，混凝土拆模强度不低于 1～3MPa，每挖一节，施工一节。

首节护壁应高出地面 150～200mm，以防目前雨季雨水灌入孔中。

（5）桩孔护壁施工图：

图（略）

（6）拆模

拆模时间一般大于 24h，必要时可提高混凝土强度等级，或加入适量速凝剂，以缩短拆模时间，但拆模时间仍不得小于 12h。

（7）验孔

在成孔过程中应注意观察地层变化情况，及地下水情况，及时做好记录。

成孔至设计深度后，由测量人员校核孔径、孔深等参数是否符合设计要求。

（8）吊放钢筋笼

钢筋笼安放要对准孔位，扶稳、缓慢下放，避免碰撞孔壁，到位后立即固定。钢筋笼起吊时，应两点起吊，防止钢筋笼发生变形。钢筋笼安放完毕后应加查确认笼顶标高，应注意南侧汽车坡道外侧处人工挖孔桩钢筋笼预埋 Φ150 mm、壁厚 20 mm 的钢管，以便以后锚杆机施工预埋位置应准确，应与土体保持 15～20 度角，并在钢管四周进行钢筋焊接固定，防止钢管松动、变形。钢管应预留在装位中心处，下钢筋笼时，施工人员应进行钢筋笼位置、标高及钢管角度的定位，确保预埋钢管位置准确，施工时钢管内应填充苯板或海绵，以防止混凝土灌注时混凝土进入预埋钢管。

（9）灌注混凝土

钢筋笼安放无误后，即灌注混凝土，成孔到灌注混凝土的间隔时间不宜小于2d。

应注意控制最后一次混凝土的灌注量，超灌高度宜控制在 20～30cm，灌注至预埋钢管时，混凝土应轻放，防止混凝土冲击预埋钢管，导致预埋钢管位移、变形。

4．雨季施工

（1）做好现场排水，保证挖孔部位比大面场地高 20～30cm。

（2）孔口比挖孔地面高 15～20cm，防止雨水倒灌进入孔中。

（3）面应对挖孔过程中使用的供电线路即机具进行全面检查，做好施工机具的防雨、防淹措施。

5．质量标准

实例三表 15 人工挖孔钢灌注桩实测项目允许偏差

项目	检查项目	允许偏差（mm）	检验方法
主控项目	钢筋笼主筋间距	±10	钢尺量
	钢筋笼长度	±100	钢尺量
	桩中心	±100	拉线、尺量
	孔深	+300	重锤
	混凝土强度	符合设计要求	试件报告
一般项目	钢筋笼箍筋间距	±20	钢尺量
	钢筋笼直径	±10	钢尺量
	钢筋材质	符合设计要求	抽样送检
	桩径（不含护壁厚度）	+50	钢尺量
	垂直度	≤0.5%	吊线锤量
	桩顶标高	+30，-50	钢尺量
	混凝土坍落度	160～220	坍落度仪
	混凝土充盈系数	>1	检查灌注量

6. 成品保护

(1) 进行护坡桩施工时，应注意保护好现场的轴向桩和高程桩。

(2) 灌注混凝土前应加盖孔口盖对成孔进行保护，并做好标记，防止杂物落入孔内。

(3) 保护好已成型的钢筋笼，防止扭曲、松动和变形，钢筋笼吊入桩孔时，不要碰坏孔壁。

7. 应注意的质量问题

(1) 挖土过程中，每挖完一步，应复核孔位中心及护壁与桩中心的相对关系是否正确，随时校正偏差，以防桩中心位置、桩身垂直度和桩径偏差过大。

(2) 每一步挖孔结束后，应立即支模施工混凝土护壁，以免坍孔。

(3) 钢筋笼制作应在专用平台上进行，钢筋交叉点应焊接牢固，吊放时防止变形、扭曲。

(4) 人工护壁混凝土现场搅拌，为保证搅拌质量，应在施工前做配比试验，施工时按配合比要求，采用计量工具称重，搅拌机搅拌，保证搅拌均匀，要做到现搅现浇。

(5) 成孔开挖后，如发现钢筋笼预埋钢管位置不满足锚杆机作业条件，可采用钻孔机在护坡桩适当位置重新开孔，以保证锚杆机正常作业。

(6) 做好工人下井前的气体检测工作及通风工作。工人每日下井前要向井内放入小白鼠等检查有无有害气体，并对孔内通风不小于 10 分钟方许进入作业。

8. 安全环保措施

(1) 现场管理人员应向施工人员仔细交待挖孔桩处的地质情况和地下水情况，提出可能出现的问题和应急处理措施。要有充分的思想准备和备有充足的应急措施所用的材料、机械。要制定安全措施，并要经常检查和落实。

(2) 孔下作业不得超过 2 人，作业时应戴安全帽。孔下作业人员和孔上人员要有联络信号。地面孔周围不得摆放铁锤、锄头、石头和铁棒等坠落伤人的物品。每工作 1h，井下人员和地面人员进行交换。

(3) 井下人员应注意观察孔壁变化情况。如发现塌落或护壁裂纹现象应及时采取支撑措施。如有险情，应及时发出联络信号，以便迅速撤离。并尽快采取有效措施排除险情。

(4) 地面人员应注意孔下发出的联络信号，反应灵敏快捷。经常检查支架、滑轮、绳索是否牢固。下吊时要挂牢，提上的土石要倒干净，卸在孔口 1m 以外。

(5) 施工中抽水、照明、通风等所配电气设备应一机一闸一漏电保护器，供电线路要用三蕊橡皮线，电线要架空，不得拖拽在地上。并经常检查电线和漏电保护器是否完好。

(6) 当天挖孔当天浇注护壁。人离开施工现场要把孔口盖好，必要时要设立明显警戒标志。

(7) 由于土层中可能有腐殖质或邻域腐殖质产生的气体逸散到孔中，因此，要预防孔内有害气体的侵害。施工人员和检查人员下孔前 30min 把孔盖打开，如有异常气味应及时报告有关部门，排除有害气体后方可作业。挖深超过 10.0m 时，应向孔中通风，每次下孔前 10min 向孔中通风，然后人员再下孔作业。

(8) 每天至少通风 2 次，孔下作业人员如果感到呼吸不畅也要及时通风。

(9) 成孔时有少量渗水、一般采用吊运土、水方法，如渗水量大，可先挖小坑，用潜水泵排水，并加强支护。

（10）施工现场应指定专人定时洒水降尘。

9. 应急措施

（1）挖孔过程中，因有毒气体中毒，应立即从孔中抢救出来，并送医院进行治疗。

（2）开挖过程中，如遇电缆、光缆等，应立即停止开挖。如不慎遭电击，立即送医院治疗。

（3）挖孔过程中，孔中随时准备软梯或者爬绳，以备孔内人员逃生。

（4）挖孔过程中挖到老的人防，用铁锹或风镐，破除人防顶板，通风换气，然后破除底板，在顶板和底板之间的空洞用砖砌好，形成桩的护壁。如人防中有水，可先用抽水泵抽水，然后再进行开挖。

10. 钢筋笼制作

（1）进场钢筋规格应符合设计要求，并附有厂家的材质证明，现场取样送试验室进行原材试验及焊接接头检验。

（2）钢筋笼规格及配筋严格按照设计图纸进行制作加工。钢筋加工前进行除锈、调直。钢筋严格按设计图纸下料，主筋按设计要求配置，加强筋用特制绞盘缠绕环状，焊接成型，箍筋用螺旋箍按间距要求缠绕在钢筋笼骨架上。

（3）钢筋笼制作允许偏差

实例三表 16 钢筋笼制作允许偏差表

项次	项目	允许偏差（mm）
1	主筋间距	±10
2	箍筋间距或螺旋筋间距	±20
3	钢筋笼直径	±10
4	钢筋笼长度	±100
5	主筋保护层	±20

（4）钢筋笼制作完毕，质检员填写《隐蔽工程检查记录》，并请总包方、监理方检查验收。验收合格后，马上进行吊装。

11. 桩间土施工

（1）护坡桩之间用挂网喷混凝土进行保护，喷射混凝土，强度等级 C20，喷射厚度 50±10mm。

（2）桩间土要求清到距离护坡桩外边线约 150～200mm 的位置，用镐头及铁锹把桩间土削平整，然后挂 30mm×60mm，直径 1mm 的钢板网，钢板网可以采用以下方法固定在护坡桩上：

（3）用 Φ8 的膨胀螺栓固定在护坡桩上，竖向间距 1.0m，同时在两桩间打"U"形卡（Φ8 钢筋），长 500mm，宽 200～300mm。

（4）用射钉枪固定在护坡桩上，竖向间距为 1.0m，同时在两桩间打"U"型卡，然后喷 40～60mm 厚的混凝土。

（5）土层中含水量丰富的部位，需留置好泄水管，以便把滞水有效的疏导出来，防止地下水的水压力对支护结构产生不利影响。

（6）遇土质较差时，土层开挖深度作相应减小，要避免土体未支护就发生坍塌现象。对桩间的浮土要清净，如桩间有局部坍塌现象发生，则需用喷射砼进行填补。

（7）钢筋网固定采用桩间打入土钉锚固及与在桩身上打入的膨胀栓焊接的方式，在遇有土质较差的土层，适当加大桩间土钉的密度。

（8）在遇有水土层时，喷射砼面层根据情况设置相应的排水孔，避免桩间土由于地下水浸泡而发生坍塌。

六、质量保证措施

（一）质量管理措施

1. 质量保证体系

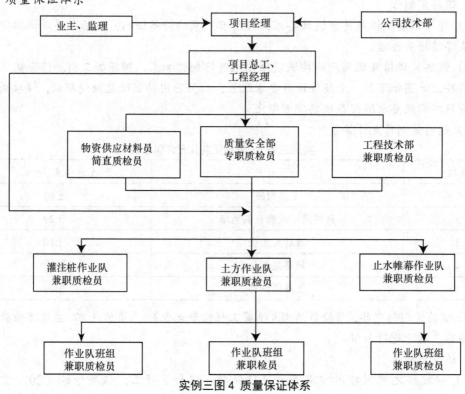

实例三图4 质量保证体系

2. 质量保证措施

（1）为确保本工程质量目标的实现，我公司对所有参加工程项目施工人员，尤其是管理人员加强质量意识、质量目标的教育宣传，牢固树立"质量第一"的意识，围绕质量工作目标，形成科学的网络化管理模式，并层层分解到各个施工环节及日常工作实务管理中去。据此，特制定以下质量保证实施措施：本工程的基本技术要求必须符合中华人民共和国现行有效版本的标准规范、法规和本合同文件内规定的工程规范、施工图纸、技术要求及有关说明。按合同图纸，施工总说明，技术要求，图纸交底会审纪要，设计变更通知单和国家现行的（施工及技术验收规范）进行施工，作好自检工作，确保为优良工程。并按合同要求，负责编制及向业主方提交"设计图"及"设计说明"，以及其它业主方在合理时间内要求之所有文件、电脑文件并按北京市档案馆要求编制所需份数的竣工资料。严格按质量保证体系有关程序文件执行，全面开展质量管理意识教育，把质量看成是提高企业信誉和经济效益的重要手段，牢固树立对工程质量负责、贯彻生产必须抓质量的原则，把工程质量作为考核干部和队伍的一项重要指标。

（2）进入现场后及时做好业主提供的有关水准点、坐标轴线控制点的复核、验收接受及保护工作，并做好有关书面资料的收集整理归档，为下道工序的施工提供可靠的技术保证。

（3）在展开工程施工前，对接收的施工图纸，由项目工程师组织项目部全体技术管理人员认真学习阅读图纸，了解设计意图和关键部位的质量要求和施工措施，并认真参加设计图纸交底。由项目经理负责施工组织设计的会稿、编制工作，拟定各分项工程质量保证措施，落实质量交底的制度，列出监控部位及监控要点。做好测量放线，按甲方交给的基线测定开挖线，并经甲方复核确认无误后，方可进行施工。

（4）现场项目部根据项目质量保证计划的要求，制订一个更具体的质量控制体系，明确每道工序的事前交底，中间验收及最后验收环节的要求，严格执行质量三级验收制度，及时尽早发现问题及时整改，防患于未然，确保工程中每个分项直至每个工序环节的施工质量，来保证最终的工程质量目标。在加强作业队自检、互检和专检的基础上，公司技术设计部和质量管理部还要定期对工程进行联合检查。

（5）为确保创优工程的目标，对基坑围护和土方施工队伍的选择，必须从公司范围内调配具有同类型同规模工程施工经验的施工队伍进场施工，同时对于项目部管理人员的配备方面，配备具有多年现场工作经验的管理人员管理施工质量，施工过程中加强过程工序控制，从提高队伍素质及加强管理水平等方面，确保创优目标的实现。

（6）加强施工现场质量管理机构设置工作，各级管理人员都必须对本岗位的质量要求明确了解，从管理体制上保证工程的施工质量。对施工中易发生的质量通病，采取有针对性的措施，严格进行监督检查。坚持按图纸施工，工程设计变更一律以设计单位书面通知为准，任何口头通知无效。工程洽商问题在办好签证后再施工，不得擅自施工。

（7）工程施工过程中，必须加强计量工作和工程施工资料的整理归档工作，在抓好工程施工的硬件的同时，必须抓好软件的管理工作，从而保证工程的施工质量。

（8）建立三级验收及分部分项质量评定制度

1）各分部分项工程施工过程中，各分管工种负责人必须督促班组做好自检工作，确保当天问题当天整改完毕。

2）分项工程施工完毕后，各分管工种负责人必须及时组织班组进行分项工程质量评定工作，并填写分项工程质量评定表交项目经理确认，最终评定表由专职质量员核定。

3）由项目经理部项目经理每月应组织一次各施工班组之间的质量互检，并进行质量讲评。

（9）施工中承包单位根据业主方的要求，随时提供关于工程质量的技术资料，如材料、设备出厂合格证、实验报告等的影印件，材料代用必须经过业主方审核同意并签证。

（10）凡隐蔽工程，经自检后，应填制确切的隐蔽记录（即范围、数量、质量），凭表在48 小时前通知业主方和监理检查，业主方和监理接通知后，在适当时间内组织质检，符合涉及要求在验收记录签字后，才能进行下一道工序的施工。

（11）按监理要求，技术、质检员分期呈报工程报验单及有关质检资料，对监理提出的质量问题及时传达到施工班组，并监督班组进行整改。施工质量不符合设计要求，要立即停工。

（12）工程竣工时，向业主方提交全部原始资料、竣工图及报告两套，业主应及时组织验收。经验收达到国家建筑施工规格及验收规范，相关政府质检部门检查、备案、确认质量合格和优良，和合同要求的质量等级后，则根据业主方发出的竣工证书内指定的日期为实际竣工日期。

（13）原材料质量控制措施

1）加强材料的质量控制，凡工程需用的成品、半成品、构配件及设备等严格按质量标准采购，各类施工材料到现场后必须由项目经理和项目工程师组织有关人员进行抽样检查，发现问题及时书面通知项目部，并与供货商联系，经项目部批准后进行退货。

2）合理组织材料供应和材料使用并做好储运、保管工作，在材料进场后应安排适当的堆放场地及仓贮用房，指定专人妥善保管，并协助做好原材料的二次复试取样、送样工作。

3）对于施工主材应加强取样工作，对每批进场水泥必须取样进行安定性及强度等物理试验，钢筋原材料必须取样进行拉伸、抗弯等物理试验；对混凝土及砂浆的粗细骨料必须进行取样分析，所有原材料均须取得合格的试验证明方可投入使用，坚决不在工程中使用不合格材料。

4）所有材料供应部门必须提供所有所供产品的合格证，按规程要求必须的抽样复试工作，质量管理人员对提供产品进行抽查监督，凡不符合质量标准、无合格证明的的产品一律不准使用，并采取必要的封存措施，及时退场。

（二）技术资料管理措施

1．资料编制依据

（1）施工方案与施工图纸。

（2）国家相关规范、规程及工艺标准。

2．资料管理保证措施

（1）现场所有技术、试验、材料等资料，必须按规定收集整理。

（2）对各种施工技术资料均要妥善保管，防止丢失或损坏。

（3）技术资料的质量和齐全度必须符合建委规定。

（4）技术资料整理由主任工程师主持，技术员和资料员具体负责。

（5）砂浆（或灰浆）、混凝土使用前七天向试验室书面申请配比，并按要求送样，申请单填写齐全、字迹公正。

（6）试验人员应按要求对施工所用材料进行取样送检，取样要认真，单据填写内容正确、字迹清楚。

（7）质量管理人员应认真填写各种表格，真实反映施工情况，及时进行整理。

（8）全部施工资料汇集成册，认真装订。

七、安全文明施工保证措施

（一）安全管理措施

建立以项目经理为首的有专职安全员及各专业工长、施工班组长等人员参加的安全领导小组，负责施工现场安全及文明生产的管理，监督和协调工作。

贯彻"安全第一，预防为主"的方针，现场安全领导小组应定期组织现场安全文明生产检查，发现问题及时整改。建立安全现场保卫小组，落实防盗措施，并由公司安全质量部协助项目组搞好治安、消防及保卫工作。

1．安全防护

（1）各种施工、操作人员须经安全培训，不得无证上岗，各种作业人员应配带相应的安全防护用具和劳保用品。严禁操作人员违章作业，管理人员违章指挥。

（2）施工中所用机械、电气设备必须达到国家安全防护标准，自制设备、设施通过安全检验及性能检验合格后方可使用。

（3）加强施工的监控测量，及时反馈量测信息，依照量测结果情况，及时调整支护，确保施工安全及地面建筑物的安全。

（4）基坑开挖时，四周距坑边 3.0m 内不允许出现超过设计地面堆载，以免引起边坡的过大位移。

（5）支护结构顶外地面应做防水面层处理，做排水坡面或排水沟。

2．临时用电

（1）施工人员应掌握安全用电知识和设备性能，用电人员各自保护好设备的负荷线、地线和开关，发现问题及时找电工解决，严禁非专业人员操作电器设备。

（2）电缆、高压胶管等应架空设置，钻机行走时，要有人提起电缆高压胶管同行。不能架起的绝缘电缆和高压胶管通过道路时，一定要采取保护措施。

（3）所有电器设备及金属外壳或构架均应按规定设置接零及接地保护。

（4）施工现场所有用电设备，必须装有漏电保护装置。

（5）现场内各用电设备，尤其是电焊、电器设备、电动工具，其装设使用应符合规范要求，维修保管专人负责。

（6）电气焊人员应经专业安全技术教育，考试合格持证上岗。

（7）现场焊割作业必须执行用火证制度，切实做到用火有措施，灭火有准备。

（二）工期保证措施

1．组织机构

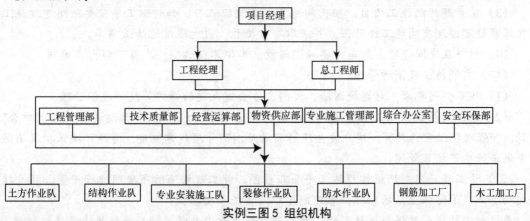

实例三图 5 组织机构

2．工期保证措施

（1）严格进行工期计划控制，以土钉墙及土方挖运两项工期控制线将总工期分解为小段工期，落实到班组和每道工序，实行工期责任制，小段工期未完成下段要弥补。

（2）根据施工总包方施工总计划与施工流水段的划分，在土方与支护交叉施工时，正确均衡施工工程量使两工序间形成良性流水作业，提高施工效率，实现工期承诺。

（3）作好施工人员、机械设备及材料计划，并根据工程实际进度提前组织进场。保证人员各工种调配得当；材料质量合格，性能达到设计要求；设备完好率100%。

（4）提前对工人进行作业与质量培训；严格执行"三检"制度，质检员跟班作业，将质量问题解决在施工过程中，保证工程验收一次性通过。提前通知监理工程师进行工程验收，防止因不能及时验收影响下一步施工，保证施工工序连接的连续性。

（5）建立快速反应小组，对于施工中遇到的突发事件时，立即与监理工程师进行沟通，并及时制定处理方案报监理批准，同时组织相应人力与机械，力争不而拖延工期。

（三）环境保护措施

1．防止扬尘污染措施

（1）现场出入口设清洗井，专门对运土车轮胎进行出场前清洗。

（2）施工现场定时洒水，使地（路）面保持湿润，小风不飞土，大风无扬尘。

（3）砂石等易飞扬的颗粒状材料应进行严密覆盖，以免扬砂。运土车要轮胎清洗干净，不带泥砂出场，车箱密封良好，不遗洒。

2．防止水源污染措施

（1）施工作业产生的污水必须经过沉淀处理后方可排入市政污水管道，严禁污水流出施工场区，造成环境污染。

（2）现场污管道要与饮用水管道保持一定距离，与饮用水管道交叉时要有防止渗漏措施。

3．防止噪音污染措施

（1）严格遵守《建筑施工场界环境噪声排放标准》GB12523-2011规定的降噪限值，现场随时测试噪音值，发现超标及时采取降噪措施。

（2）施工机械尽量采用低噪音系列产品，及时对机械进行保养维修，不带病运转，最大限度地降低机械噪声。

（3）噪声超标的施工项目，按夜间施工规定组织施工。如特殊工序需要夜间连续施工，需按国家规定办理夜间施工许可证，并采取有效措施，最大限度地降低噪声。

（4）材料在夜间进场，卸车时要轻搬轻放，车辆不得鸣笛，人员不得大声喊叫。

（四）文明施工及消防管理

（1）按照公司要求，对现场围墙、大门、办公室及现场标牌等统一规范管理。

（2）施工现场成立以工程经理为主的消防环保领导小组，按照"预防为主，防消结合"的方针，加强对职工宣传教育，建立健全现场环保及消防管理规章制度，遵照环境保护及消防工作条例进行生产场容管理。

（3）施工现场内应严格按照施工平面布置图、施工现场消防布置图进行布置，并悬挂安全文明生产、消防保卫，场容环保管理制度牌及施工平面图板；

严格制定执行成品保护措施，施工现场严禁发生打架斗殴，酒后操作等违章违纪现象。

（4）设专人对现场24小时进行清理，水泥和其它易飞扬的细颗粒散体材料，应安排在库内或严密遮盖，外运土方时要防止遗洒、飞扬，卸运时应采取有效措施，减少扬尘；施工生产的垃圾杂物应及时清理集中堆放，及时装袋运出场外，油漆、涂料的使用存放应有防止跑、冒、滴、漏措施，防止污染场容环境。

（5）现场消防工作应以防为主，防消结合，为保证消防安全，施工现场内严禁吸烟，使用气压焊、气割设备时，氧气、乙炔瓶及明火间距要满足安全要求，并有专人监护。

（6）电气设备及线路要经常检查，防止发生因线路材料老化等原因引起带电起火；易燃易爆等危险品应在通风良好的专门仓库存放，保持安全距离并远离火源。

（7）现场内按消防布置图配置足够的灭火器材，设专用消火栓，消防器材及设备均不得损坏或挪作他用，保持现场道路畅通并满足消防道路的要求。

（8）合理安排工序，作到文明施工不扰民。

（五）雨季施工管理措施

1. 雨季施工技术措施

（1）对已经施工的基坑边坡支护结构，在雨季应每天进行位移的监测并组织检查。

（2）基坑周围由总包单位砌筑挡水墙，要求高出地面 30cm，避免地面水流入基坑，冲刷边坡。基坑内做排水沟及集水井，装设水泵，专人值班负责抽水，保证排水畅通。

（3）施工现场道路应平坦、坚实，路面铺防雨防滑材料。

（4）构件堆放场地保持平整密实，下部首层垫木放宽厚一些，以防雨后地面下沉，损坏构件。

（5）施工现场各类机械，工作每天班后、公休、节假日应停放在较高的安全地带且距基坑边坡较远的安全位置，避开高压线，以防水淹、塌方倾翻、雷击、触电等损坏机械。

（6）使用的水泥应入库或垫高码跺，上搭防雨棚，不得水浸和雨淋。

（7）砂浆（水泥浆）搅拌器上方要有简易防雨棚，防止搅拌时突降暴雨进入池中影响水灰比。

（8）现场机电设备应有防雨设施，机电设备要有接地、接零安全装置，并定期检查，发现问题及时处理。

（9）现场施工测量仪器，测量时用伞遮挡，防止暴晒或雨淋，用完后及时装箱放在室内通风、干燥处保存。

（10）预应力锚杆施工面设排水系统避免积水，以便雨后能迅速复工。

（11）预应力锚杆施工，保证成孔一根，灌注一根，不得集中一起灌注，遇大雨时及时对刚完成的边坡进行防护、苫盖，防止雨水冲刷边坡，对局部冲刷的边坡及时进行补喷。

2. 雨季地面排水措施

（1）根据雨季基坑排水措施对场地排水系统进行疏浚，以保证水流畅通，不积水；

（2）对于场内主要道路应碾压坚实，及时清扫，保证通行顺畅；

（3）建立预警机制，收集天气变化资料，防患于未然。

3. 雨季用电安全措施

（1）机电设备的电闸箱要采取防雨防风保护措施，并安装接地保护装置；

（2）机动电闸箱要有雨季防护措施；

4. 雨季设施安全防护

（1）临时设施检修：对现场临时设施，如工人宿舍、办公室、食堂、仓库等应进行全面检查，对危险建筑物应进行全面维修加固或拆除。

（2）对原材料及半成品场地应采取制作水泥地面，并要垫高码放。

八、施工监测

（一）监测目的

（1）为在基坑开挖及地下结构施工期间，确保基坑、周边建筑物、构筑物、道路、地下管线安全，做到隐患早发现、早分析、早处理。

（2）为信息化施工提供依据。

（3）为以后类似工程的设计和施工提供参考。

（二）监测项目

（1）巡视检查

检查时限：自基坑开挖至基础肥槽回填完毕。

检查频率：每天一次，遇降雨等特殊情况在情况发生后及时检查。

（2）仪器监测

实例三表 17 仪器监测表

序号	监测项目	监测部位	基坑等级	监测频率	变形值（mm）	
					控制值	预警值
1		12-12剖面	三级		43	30
2	土钉墙水平位移	13-13剖面	三级	开挖期间1次/d	60	45
3		15-15剖面	三级	稳定后1次/3d	41	28
4		20-20剖面	三级		58	42
5	竖向位移	地面沉降观测			30	20

（三）监测点布置

（1）基准点布置：在基坑外不被触动且通视好的的地方设置基准点，共设置 4 个，分别在基坑 4 个方向。基准点设置后要进行保护，并定期进行校核。

（2）观测点布置：护坡桩观测点设在桩顶冠梁中心线上，土钉墙观测点设在基坑上口开挖线外不大于 0.5 米的位置。观测点间距不宜超过 20.0m，并采取妥善措施加以保护。土钉墙共设置 22 个观测点，护坡桩设置 3 个观测点。

（四）监测与报警

当出现下列情况之一时，必须立即进行危险报警，并应对支护结构和周边环境中的保护对象采取应急措施

（1）监测数据达到监测报警值的累计值。

（2）基坑支护结构或周边土体的位移值突然明显增大或基坑出现流沙、管涌、隆起、陷落或较严重的渗漏等。

（3）基坑支护结构的支撑或锚杆体系出现过大变形、压屈、断裂、松弛或拔出的迹象。

（4）基坑周边即有建（构）筑物、地面及地下管线埋置处，突发性出现明显裂缝或变形迹象。

（5）周边管线突然明显增长或出现裂缝、渗漏等。

（6）根据工程经验，出现其他必须进行危险报警的情况。

九、应急预案

(一) 应急预案方针

坚持"安全第一、预防为主"、"保护人员安全优先、保护环境优先"的方针,贯彻"常备不懈、统一指挥、高效协调、持续改进"的原则。更好地适应法律和经济活动的要求;给企业员工的工作和施工场区周围居民提供更好更安全的环境;保证各种应急资源处于良好的备战状态;指导应急行动按计划有序地进行;防止因应急行动组织不力或现场救援工作的无序和混乱而延误事故的应急救援;有效地避免或降低人员伤亡和财产损失;帮助实现应急行动的快速、有序、高效;充分体现应急救援的"应急精神"。

(二) 应急工作部署

(1) 成立以项目经理为第一责任人的施工现场应急指挥领导小组,主要由工程、技术、材料、质量、安全等人员组成。

(2) 应急指挥领导小组及组织系统要保证工程信息传递畅通,掌握气象及现场预防措施等资料,确保发生紧急情况时信息传递畅通及时。

(3) 应急指挥领导小组及组织系统要做好处理事故和紧急情况的准备,制定应急预案,分工明确,职责到人,保证能够及时有效地实施,将损失减到最小程度,并迅速上报相关部门。

(4) 对施工现场人员进行应急抢险思想教育,做到思想重视,措施得当。

把应急预案的准备和实施做得认真、扎实,真正解决问题,有备无患。

(5) 成立现场抢救突击队,及时解决处理突发事件和紧急情况,要做到人员落实,责任明确,动作迅速,措施得力,并坚持主动控制、预防为主,全面安排好应急抢险工作。

(6) 将方案编制、措施落实、人员教育、料具供应、应急抢险等具体职责落实到主控及相关部门,并明确责任人。

(三) 项目部救援组织机构职责

实例三表 18 项目部救援组织机构职责

序号	岗位	姓名	职务	职责
1	组长	×××	项目经理	负责主持救援实施的全面工作
2		×××	工程经理	负责应急救援组织工作
3	副组长	×××	书记	负责协调社会外部工作
4		×××	总工程师	负责技术救援方案的制定
5	组员	××× ×××	工长	负责事故处置时生产系统的调度工作,救援人员的组织工作,事故现场通讯联系和对外联系
6	组员	×××	技术员	协助总工制定相应的应急处理技术方案措施并监督实施。
7	组员	××× ×××	安全员	协助工程经理做好事故报警、情况通报、上报及事故调查处理工作,总结事故教训和应急救援经验;监督检查各施工单位生产安全事故应急救援预案的制定及生产过程中的各种事故隐患,发现问题及时令其整改
8	组员	×××	材料主任	负责抢险救援物资设施设备的供应、准备、调配和运输,以及事故现场所需转运的物资运输、存放工作

*应急救援组织指挥小组办公地点设在项目部工程室。

（四）事故处理流程图

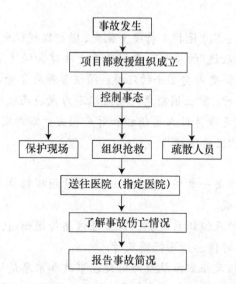

实例三图6 生产安全事故应急救援程序流程图

（五）应急流程

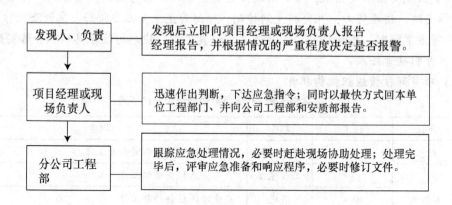

实例三图7 施工现场紧急情况处理流程图

（六）应急救援工作程序

（1）当事故发生时小组成员立即向组长汇报，由组长立即上报公司，必要时向当地政府相关部门，以取得政府部门的帮助。

（2）由应急救援领导小组，组织项目部全体员工投入事故应急救援抢险工作中去，尽快控制险情蔓延，并配合、协助事故的处理调查工作。

（3）事故发生时，组长或其他成员不在现场时，由在现场的其他组员作为临时现场救援负责人负责现场的救援指挥安排。

（4）项目部指定贾晓晴负责事故信息的收集、统计、审核和上报工作，并严格遵守事故报告的真实性和时效性。

（七）救援方法

（1）高空坠落应急救援方法：

1）现场只有 1 人时应大声呼救；2 人以上时，应有 1 人或多人去打"120"急救电话及马上报告应急救救援领导小组抢救。

2）仔细观察伤员的神志是否清醒、是否昏迷、休克等现象，并尽可能了解伤员落地的身体着地部位，和着地部位的具体情况。

3）如果是头部着地，同时伴有呕吐、昏迷等症状，很可能是颅脑损伤，应该迅速送医院抢救。如发现伤者耳朵、鼻子有血液流出，千万不能用手帕棉花或纱布去堵塞，以免造成颅内压增高或诱发细菌感染，会危及伤员的生命安全。

4）如果伤员腰、背、肩部先着地，有可能造成脊柱骨折，下肢瘫痪，这时不能随意翻动，搬动是要三个人同时同一方向将伤员平直抬于木板上，不能扭转脊柱，运送时要平稳，否则会加重伤情。

（2）物体打击应急救援方法：

当物体打击伤害发生时，应尽快将伤员转移到安全地点进行包扎、止血、固定伤肢，应急以后及时送医院治疗。

1）止血：根据出血种类，采用加压包止血法、指压止血法、堵塞止血法和止血带止血法等。

2）对伤口包扎：以保护伤口、减少感染，压迫止血、固定骨折、扶托伤肢，减少伤痛。

3）对于头部受伤的伤员，首先应仔细观察伤员的神志是否清醒，是否昏迷、休克等，如果有呕吐、昏迷等症状，应迅速送医院抢救，如果发现伤员耳朵、鼻子有血液流出，千万不能用手巾棉花或纱布堵塞，因为这样可能造成颅内压增高或诱发细菌感染，会危及伤员的生命安全。

4）如果是轻伤，在工地简单处理后，再到医院检查；如果是重任，应迅速送医院拯救。

（八）预备应急救援工具如下表：

实例三表 19　预备应急救援工具表

序号	器材或设备	数量	主要用途
1	切割机	1台	清除障碍物
2	药箱	2个	用于抢救伤员
3	担架	2个	用于抢救伤员
4	支架	若干	支撑加固
5	模板、木方	若干	支撑加固
6	止血急救包	4个	用于抢救伤员

续表

序号	器材或设备	数量	主要用途
7	手电筒	6个	用于停电时照明救援
8	应急灯	6个	用于停电时照明救援
9	爬梯	3樘	用于人员疏散
10	对讲机	8台	联系指挥求援
11	绝缘鞋	10双	用于救援
12	绝缘手套	10双	用于救援
13	安全带	10条	用于救援
14	安全帽	10顶	用于救援

十、设计计算书

（一）剖面（12-12）设计计算

验算项目：

[验算简图]

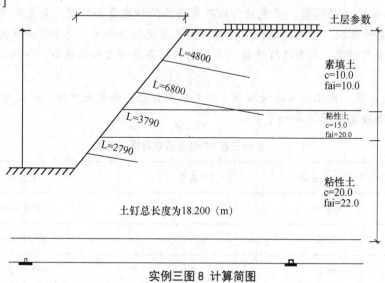

实例三图 8 计算简图

[验算条件]

[基本参数]

实例三表 20　基本参数表

所依据的规程或方法:《建筑基坑支护技术规程》JGJ120-2012
基坑深度: 7.200 (m)
基坑内地下水深度: 12.000 (m)
基坑外地下水深度: 12.000 (m)
基坑侧壁重要性系数: 0.900
土钉荷载分项系数: 1.250
土钉抗拔安全系数: 1.400
整体滑动分项系数: 1.300

[坡线参数]

坡线段数 1

实例三表 21　坡线参数表

序号	水平投影 (m)	竖向投影 (m)	倾角 (°)
1	5.768	7.200	51.3

[土层参数]

土层层数 3

实例三表 22　土层参数表

层号	土类名称	层厚 (m)	重度 (kN/m³)	浮重度 (kN/m³)	粘聚力 (kPa)	内摩擦角 (度)	与锚固体摩阻力与土钉摩阻力 (kPa)	水土 (kP)
1	素填土 4.200	19.0	---	10.0	10.0	20.0	25.0	---
2	粘性土 1.400	19.0	---	15.0	20.0	55.0	80.0	---
3	粘性土 5.200	18.0	---	20.0	22.0	120.0	80.0	---

[超载参数]

超载数 1

实例三表 23　超载参数表

序号	超载类型	超载值 (kN/m)	作用深度 (m)	作用宽度 (m)	距坑边线距离 (m)	形式	长度 (m)
1	局部均布	20.000	0.000	5.000	2.000	条形	

[土钉参数]

实例三表 24　土钉参数表

土钉道数 4						
序号	水平间距 (m)	垂直间距 (m)	入射角度 (度)	钻孔直径 (mm)	长度 (m)	配筋
1	1.500	1.600	10.0	110	4.800	1E16
2	1.500	1.600	10.0	110	6.800	1E16
3	1.500	1.600	10.0	110	3.800	1E16
4	1.500	1.600	10.0	110	2.800	1E16

[花管参数]

　　基坑内侧花管排数 0

　　基坑外侧花管排数 0

[锚杆参数]

　　锚杆道数 0

[坑内土不加固]

[验算结果]

实例三表25　局部抗拉验算结果

								安全系数	
[局部抗拉验算结果]									
工况	开挖深度（m）	破裂（度）	支锚号	支锚长度（m）	受拉荷载标准 N_{kj}（kN）	抗拔承载力标准值 R_{kj}（kN）	抗拉承载力标准值 R_{kj}（kN）	抗拔	抗拉
	2.100	30.7	0						
	3.700	30.7	1	4.800	18.6	28.9	80.4	1.554	4.323
	5.300	31.7	1	4.800	10.4	20.8	80.4	1.996	7.718
			2	6.800	43.7	66.8	80.4	1.529	1.540
	6.900	32.8	1	4.800	9.7	14.1	80.4	1.447	8.276
			2	6.800	38.3	59.4	80.4	1.553	2.102
			3	3.800	49.3	70.3	80.4	1.426	1.631
	7.200	33.0	1	4.800	9.6	15.8	80.4	1.646	8.364
			2	6.800	37.9	58.1	80.4	1.534	2.124
			3	3.800	30.4	65.8	80.4	2.167	2.649
			4	2.800	23.9	64.3	80.4	2.696	3.371

[内部稳定验算结果]

实例三表26　内部稳定验算结果

工况号	安全系数	圆心坐标 x（m）	圆心坐标 y（m）	半径（m）
1	1.457	5.037	9.838	4.832
2	1.329	3.500	10.655	7.188
3	1.305	-2.210	16.221	14.799
4	1.442	-6.897	24.777	24.578
5	1.336	-5.517	18.208	19.025

[喷射混凝土面层计算]

[计算参数]

实例三表27　喷射混凝土面层计算参数

厚度：80（mm）
混凝土强度等级：C20
配筋计算as：30（mm）
水平配筋：d6@250
竖向配筋：d6@250
配筋计算as：30
荷载分项系数：1.200

[计算结果]

实例三表28　喷射混凝土面层计算结果

编号	深度范围		荷载值（kPa）	轴向	M（kN.m）	As（mm²）	实配 As（mm²）
1	0.00	1.60	0.6	x	0.057	160.0（构造）	141.4
				Y	0.049	160.0（构造）	141.4
2	1.60	3.20	18.4	x	1.744	160.0（构造）	141.4
				y	1.504	160.0（构造）	141.4
3	3.20	4.80	33.9	x	3.220	257.1	141.4
				y	2.776	219.2	141.4
4	4.80	6.40	31.3	x	2.967	235.3	141.4
				y	2.559	200.9	141.4
5	6.40	7.20	37.5	x	0.475	160.0（构造）	141.4
				y	2.200	171.2	141.4

[抗隆起验算]

　　1）从支护底部开始，逐层验算抗隆起稳定性，结果如下：

　　支护底部，验算抗隆起：

　　Ks=3.084≥1.400，抗隆起稳定性满足。

[抗管涌验算]

　　地下水位在基坑底面以下，不做管涌计算

[抗承压水（突涌）验算]

$$K_y=P_{cz}/P_{wy}$$

　　式中 P_{cz}——基坑开挖面以下至承压水层顶板间覆盖土的自重压力（kN/m²）；

　　　　P_{wy}——承压水层的水头压力（kN/m²）；

　　　　K_{ty}——抗承压水头（突涌）稳定性安全系数，规范要求取大于1.100。

　　　　K_{ty}=36.00/30.00=1.20>=1.10

　　基坑底部土抗承压水头稳定！

（二）剖面（13-13）设计计算

　　--

　　验算项目：

　　--

[验算简图]

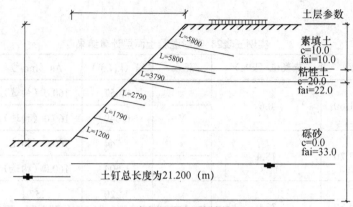

实例三图9 验算简图

[验算条件]

[基本参数]

实例三表29 剖面（13-13）基本参数

所依据的规程或方法：《建筑基坑支护技术规程》JGJ120-2012
基坑深度：10.000（m）
基坑内地下水深度：13.000（m）
基坑外地下水深度：12.000（m）
基坑侧壁重要性系数：0.900
土钉荷载分项系数：1.250
土钉抗拔安全系数：1.400
整体滑动分项系数：1.300

[坡线参数]

坡线段数1

实例三表30 坡线参数

序号	水平投影（m）	竖向投影（m）	倾角（°）
1	10.000	10.000	45.0

[土层参数]

土层层数3

实例三表31 土层参数

层号	土类名称	层厚（m）	重度（kN/m³）	浮重度（kN/m³）	粘聚力（kPa）	内摩擦角（度）	与锚固体摩阻力与土钉摩阻力（kPa）	水土（kPa）
1	素填土 3.800	19.0	---	10.0	10.0	20.0	25.0	
2	粘性土 1.100	19.0	---	20.0	22.0	55.0	50.0	
3	砾砂 10.100	12.0	8.0	0.0	33.0	90.0	80.0	分算

[超载参数]

超载数1

实例三表32 超载参数

序号	超载类型	超载值（kN/m）	作用深度（m）	作用宽度（m）	距坑边线距离（m）	形式	长度（m）
1	局部均布	20.000	0.000	5.000	2.000		

[土钉参数]

土钉道数6

实例三表33 土钉参数

序号	水平间距（m）	垂直间距（m）	入射角度（度）	钻孔直径（mm）	长度（m）	配筋
1	1.500	1.600	10.0	110	5.800	1E16
2	1.500	1.600	10.0	110	5.800	1E16
3	1.500	1.600	10.0	110	3.800	1E16
4	1.500	1.600	10.0	110	2.800	1E16
5	1.500	1.600	10.0	110	1.800	1E16
6	1.500	1.500	10.0	110	1.200	1E16

[花管参数]

    基坑内侧花管排数 0

    基坑外侧花管排数 0

[锚杆参数]

锚杆道数 0

[坑内土不加固]

[验算结果]

[局部抗拉验算结果]

实例三表34 局部抗拉验算结果

工况	开挖深度（m）	破裂角（度）	支锚号	支锚长度（m）	受拉荷载标准值 N_{kj}（kN）	抗拔承载力标准值 R_{kj}（kN）	抗拉承载力标准值 R_{kj}（kN）	安全系数 抗拔	安全系数 抗拉
	2.100	27.5	0						
	3.700	27.5	1	5.800	26.2	37.4	80.4	1.427	3.069
	5.300	29.6	1	5.800	10.5	31.3	80.4	2.969	7.629
			2	5.800	40.0	59.7	80.4	1.493	2.010
	6.900	31.8	1	5.800	8.5	27.9	80.4	3.278	9.449
			2	5.800	30.3	54.9	80.4	1.813	2.657
			3	3.800	51.7	76.9	80.4	1.489	1.557
	8.500	33.1	1	5.800	7.3	24.8	80.4	3.401	11.034
			2	5.800	25.9	50.9	80.4	1.964	3.103
			3	3.800	18.6	61.6	80.4	3.311	4.322
			4	2.800	37.1	52.7	80.4	1.420	2.167

续表

工况	开挖深度	破裂角	支锚号	支锚长度	受拉荷载标准值	抗拔承载力标准值	抗拉承载力标准值	安全系数	
	10.000	34.0	1	5.800	6.5	22.0	80.4	3.375	12.340
			2	5.800	23.2	47.6	80.4	2.054	3.470
			3	3.800	16.6	49.4	80.4	2.966	4.833
			4	2.800	23.5	38.9	80.4	1.652	3.420
			5	1.800	21.8	38.3	80.4	1.757	3.688
	10.000	34.0	1	5.800	6.5	22.0	80.4	3.375	12.340
			2	5.800	23.2	47.6	80.4	2.054	3.470
			3	3.800	16.6	49.4	80.4	2.966	4.833
			4	2.800	23.5	38.9	80.4	1.652	3.420
			5	1.800	20.8	32.3	80.4	1.553	3.864
			6	1.200	14.0	27.8	80.4	1.991	5.757

[内部稳定验算结果]

实例三表35　内部稳定验算结果

工况号	安全系数	圆心坐标 x（m）	圆心坐标 y（m）	半径（m）
1	1.517	9.579	12.725	5.109
2	1.322	7.362	14.503	8.272
3	1.324	3.618	16.829	12.177
4	1.351	-4.178	11.378	11.023
5	1.331	-5.778	9.778	11.023
6	1.351	-7.278	8.278	11.023
7	3.410	-7.278	8.278	11.023

[喷射混凝土面层计算]

[计算参数]

实例三表36　喷射混凝土面层计算参数

厚度：80（mm）
混凝土强度等级：C20
配筋计算as：30（mm）
水平配筋：　　d6@250
竖向配筋：　　d6@250
配筋计算as：30
荷载分项系数：　　1.200

[计算结果]

实例三表37　喷射混凝土面层计算结果

编号	深度范围		荷载值（kPa）	轴向	M（kN.m）	As（mm²）	实配 As（mm²）
1	0.00	1.60	0.6	x	0.057	160.0（构造）	141.4
				y	0.049	160.0（构造）	141.4
2	1.60	3.20	18.4	x	1.744	160.0（构造）	141.4
				y	1.504	160.0（构造）	141.4
3	3.20	4.80	21.2	x	2.007	160.0（构造）	141.4
				y	1.731	160.0（构造）	141.4
4	4.80	6.40	35.0	x	3.318	265.6	141.4
				y	2.861	226.3	141.4
5	6.40	8.00	42.7	x	4.049	330.7	141.4
				y	3.492	280.9	141.4
6	8.00	9.50	49.3	x	4.080	333.5	141.4
				y	4.080	333.5	141.4
7	9.50	10.00	53.5	x	0.000	160.0（构造）	141.4
				y	1.673	160.0（构造）	141.4

[抗隆起验算]

1）从支护底部开始，逐层验算抗隆起稳定性，结果如下：

支护底部，验算抗隆起：

K_s=0.000<1.4，抗隆起稳定性不满足。

[抗管涌验算]

地下水位在基坑底面以下，不做管涌计算

[抗承压水（突涌）验算]

$$K_y = P_{cz}/P_{wy}$$

式中 P_{cz}——基坑开挖面以下至承压水层顶板间覆盖土的自重压力（kN/m²）；

P_{wy}——承压水层的水头压力（kN/m²）；

K_{ty}——抗承压水头（突涌）稳定性安全系数，规范要求取大于1.100。

K_{ty}=24.00/30.00=0.80<1.10

基坑底部土抗承压水头不稳定！

（三）剖面（15-15）设计计算

验算项目：

[验算简图]

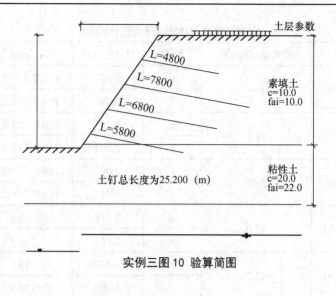

实例三图 10　验算简图

[验算条件]

- -

[基本参数]

实例三表 38　剖面（15-15）基本参数

所依据的规程或方法：《建筑基坑支护技术规程》JGJ120-2012
基坑深度：6.800（m）
基坑内地下水深度：13.000（m）
基坑外地下水深度：12.000（m）
基坑侧壁重要性系数：0.900
土钉荷载分项系数：1.250
土钉抗拔安全系数：1.400
整体滑动分项系数：1.300

[坡线参数]

坡线段数 1

实例三表 39　坡线参数

序号	水平投影（m）	竖向投影（m）	倾角（°）
1	4.761	6.800	55.0

[土层参数]

土层层数 2

实例三表40 土层参数

层号	土类名称	层厚(m)	重度(kN/m³)	浮重度(kN/m³)	粘聚力(kPa)	内摩擦角(度)	与锚固体摩阻力与土钉摩阻力(kPa)	水土(kPa)
1	素填土 6.600	19.0	---	10.0	10.0	20.0	25.0	---
2	粘性土 3.600	19.0	---	20.0	22.0	55.0	50.0	---

[超载参数]

超载数1

实例三表41 超载参数

序号	超载类型	超载值(kN/m)	作用深度(m)	作用宽度(m)	距坑边线距离(m)	形式	长度(m)
1	局部均布	20.000	0.000	5.000	2.000		

[土钉参数]

实例三表42 土钉参数

土钉道数 4						
序号	水平间距(m)	垂直间距(m)	入射角度(度)	钻孔直径(mm)	长度(m)	配筋
1	1.500	1.500	10.0	110	4.800	1E16
2	1.500	1.500	10.0	110	7.800	1E16
3	1.500	1.500	10.0	110	6.800	1E16
4	1.500	1.500	10.0	110	5.800	1E16

[花管参数]

　　基坑内侧花管排数 0

　　基坑外侧花管排数 0

[锚杆参数]

　　锚杆道数 0

[坑内土不加固]

[验算结果]

实例三表43 局部抗拉验算结果

								[局部抗拉验算结果]	
工况	开挖深度(m)	破裂角(度)	支锚号	支锚长度(m)	受拉荷载标准值 N_{kj}(kN)	抗拔承载力标准值 R_{kj}(kN)	抗拉承载力标准值 R_{kj}(kN)	安全系数	
								抗拔	抗拉
	2.000	32.5	0						
	3.500	32.5	1	4.800	18.9	29.5	80.4	1.561	4.254
	5.000	32.5	1	4.800	9.1	20.6	80.4	2.267	8.866
			2	7.800	39.2	55.4	80.4	1.413	2.051

续表

	6.500	32.5	1	4.800	9.1	13.6	80.4	1.495	8.866
			2	7.800	31.8	46.5	80.4	1.462	2.528
			3	6.800	32.8	46.8	80.4	1.418	2.451
	6.800	32.7	1	4.800	9.0	13.8	80.4	1.5338	8.942
			2	7.800	31.5	44.9	80.4	1.425	2.552
			3	6.800	32.4	46.2	80.4	1.426	2.481
			4	5.800	41.8	65.6	80.4	1.569	1.923

[内部稳定验算结果]

实例三表44 内部稳定验算结果

工况号	安全系数	圆心坐标 x（m）	圆心坐标 y（m）	半径（m）
1	1.470	4.375	9.514	4.822
2	1.337	2.287	10.233	6.933
3	1.339	0.692	9.996	8.216
4	1.320	-1.145	11.657	11.437
5	1.341	-2.456	13.177	13.234

[喷射混凝土面层计算]

[计算参数]

实例三表45 喷射混凝土层计算参数

厚度：80（mm）
混凝土强度等级：C20
配筋计算a_s：30（mm）
水平配筋： d6@250
竖向配筋： d6@250
配筋计算a_s：30
荷载分项系数： 1.200

[计算结果]

实例三表46 喷射混凝土层计算结果

编号	深度范围		荷载值（kPa）	轴向	M（kN.m）	As（mm²）	实配 As（mm²）
1	0.00	1.50	0.3	x	0.027	160.0（构造）	141.4
				y	0.027	160.0（构造）	141.4
2	1.50	3.00	16.0	x	1.323	160.0（构造）	141.4
				y	1.323	160.0（构造）	141.4
3	3.00	4.50	40.1	x	3.317	265.5	141.4
				y	3.317	265.5	141.4
4	4.50	6.00	64.1	x	5.311	450.5	141.4
				y	5.311	450.5	141.4
5	6.00	6.80	70.5	x	0.894	160.0（构造）	141.4
				y	4.135	338.5	141.4

[抗隆起验算]

1）从支护底部开始，逐层验算抗隆起稳定性，结果如下：

支护底部，验算抗隆起：

Ks=3.138≥1.400，抗隆起稳定性满足。

[抗管涌验算]

地下水位在基坑底面以下，不做管涌计算

[抗承压水（突涌）验算]

$$K_y=P_{cz}/P_{wy}$$

式中 P_{cz}——基坑开挖面以下至承压水层顶板间覆盖土的自重压力（kN/m²）；

P_{wy}——承压水层的水头压力（kN/m²）；

K_{ty}——抗承压水头（突涌）稳定性安全系数，规范要求取大于1.100。

K_{ty}=38.00/30.00=1.26>=1.10

基坑底部土抗承压水头稳定!

（四）剖面（20-20）设计计算

验算项目：

[验算简图]

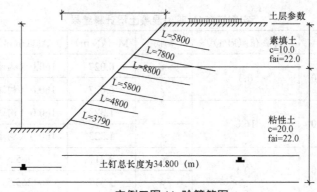

实例三图 11　验算简图

[验算条件]

[基本参数]

实例三表 47　剖面（20-20）基本参数

所依据的规程或方法：《建筑基坑支护技术规程》JGJ120-2012
基坑深度：9.800（m）
基坑内地下水深度：13.000（m）
基坑外地下水深度：12.000（m）
基坑侧壁重要性系数：0.900
土钉荷载分项系数：1.250
土钉抗拔安全系数：1.400
整体滑动分项系数：1.300

[坡线参数]

坡线段数1

实例三表48　坡线参数

序号	水平投影（m）	竖向投影（m）	倾角（°）
1	9.800	9.800	45.0

[土层参数]

土层层数 2

实例三表 49　土层参数

层号	土类名称	层厚（m）	重度（kN/m³）	浮重度（kN/m³）	粘聚力（kPa）	内摩擦角（度）	与锚固体摩阻力与土钉摩阻力（kPa）	水土（kPa）
1	素填土 4.100	19.0	---	10.0	10.0	20.0	25.0	---
2	粘性土 10.600	19.0	8.0	20.0	22.0	55.0	50.0	---

[超载参数]

超载数 1

实例三表 50 超载参数

序号	超载类型	超载值（kN/m）	作用深度（m）	作用宽度（m）	距坑边线距离（m）	形式	长度（m）
1	局部均布	20.000	0.000	5.000	2.000		

[土钉参数]

土钉道数6

实例三表51 土钉参数

序号	水平间距（m）	垂直间距（m）	入射角度（度）	钻孔直径（mm）	长度（m）	配筋
1	1.500	1.500	10.0	110	5.800	1E16
2	1.500	1.500	10.0	110	7.800	1E16
3	1.500	1.500	10.0	110	6.800	1E16
4	1.500	1.500	10.0	110	5.800	1E16
5	1.500	1.500	10.0	110	4.800	1E16
6	1.500	1.500	10.0	110	3.800	1E16

[花管参数]

基坑内侧花管排数 0

基坑外侧花管排数 0

[锚杆参数]

锚杆道数 0

[坑内土不加固]

[验算结果]

[局部抗拉验算结果]

实例三表 52 局部抗拉验算结果

工况	开挖深度（m）	破裂角（度）	支锚号	支锚长度（m）	受拉荷载标准值 N_{kj} (kN)	抗拔承载力标准值 R_{kj} (kN)	抗拉承载力标准值 R_{kj} (kN)	安全系数 抗拔	安全系数 抗拉
1	2.000	27.5	0						
2	3.500	27.5	1	5.800	23.9	38.0	80.4	1.590	3.364
3	5.000	28.6	1	5.800	9.0	30.7	80.4	3.421	8.955
3			2	7.800	48.5	69.0	80.4	1.423	1.658
4	6.50	29.7	1	5.800	8.1	24.9	80.4	3.063	9.890
4			2	7.800	37.6	62.4	80.4	1.660	2.140
4			3	6.800	54.3	97.3	80.4	1.794	1.482
5	8.000	30.4	1	5.800	7.6	19.3	80.4	2.535	10.568
5			2	7.800	35.2	56.3	80.4	1.602	2.287
5			3	6.800	25.3	84.3	80.4	3.338	3.185
5			4	5.800	57.5	81.3	80.4	1.409	1.398

续表

工况	开挖深度 (m)	破裂角 (度)	支锚号	支锚长度 (m)	受拉荷载标准值 N_{ki} (kN)	抗拔承载力标准值 R_{ki} (kN)	抗拉承载力标准值 R_{ki} (kN)	安全系数 抗拔	安全系数 抗拉
6	9.500	30.9	1	5.800	7.3	13.8	80.4	1.898	11.082
			2	7.800	33.5	50.5	80.4	1.506	2.398
			3	6.800	24.1	72.1	80.4	2.993	3.339
			4	5.800	25.3	68.4	80.4	2.701	3.174
			5	4.800	46.2	64.8	80.4	1.403	1.740
	9.800	31.0	1	5.800	7.2	12.7	80.4	1.761	11.170
			2	7.800	33.3	49.4	80.4	1.484	2.417
			3	6.800	23.9	69.7	80.4	2.917	3.366
			4	5.800	25.1	65.9	80.4	2.624	3.200
			5	4.800	30.4	62.2	80.4	2.048	2.648
			6	3.800	31.4	58.4	80.4	1.863	2.563

[内部稳定验算结果]

实例三表53 内部稳定验算结果

工况号	安全系数	圆心坐标 x (m)	圆心坐标 y (m)	半径 (m)
1	1.613	9.535	12.595	5.099
2	1.306	7.564	12.522	6.349
3	1.689	-0.790	28.218	23.435
4	1.589	-0.357	22.047	19.100
5	1.442	-0.610	20.278	18.635
6	1.334	-2.246	19.117	18.988
7	1.307	-2.345	19.969	20.106

[喷射混凝土面层计算]

[计算参数]

实例三表54 喷射混凝土面层计算参数

厚度：80（mm）	
混凝土强度等级：C20	
配筋计算 a_s：30（mm）	
水平配筋： d6@250	
竖向配筋： d6@250	
配筋计算 a_s：30	
荷载分项系数： 1.200	

[计算结果]

实例三表55 喷射混凝土面层计算结果

编号	深度范围		荷载值（kPa）	轴向	M（kN.m）	As（mm²）	实配As（mm²）
1	0.00	1.50	0.3	x	0.027	160.0（构造）	141.4
				y	0.027	160.0（构造）	141.4
2	1.50	3.00	16.0	x	1.323	160.0（构造）	141.4
				y	1.323	160.0（构造）	141.4
3	3.00	4.50	30.3	x	2.508	196.6	141.4
				y	2.508	196.6	141.4
4	4.50	6.00	22.1	x	1.828	160.0（构造）	141.4
				y	1.828	160.0（构造）	141.4
5	6.00	7.50	37.6	x	3.117	248.2	141.4
				y	3.117	248.2	141.4
6	7.50	9.00	53.2	x	4.405	363.5	141.4
				y	4.405	363.5	141.4
7	9.00	9.80	65.1	x	0.825	160.0（构造）	141.4
				y	3.820	310.0	141.4

[抗隆起验算]

1）从支护底部开始，逐层验算抗隆起稳定性，结果如下：

支护底部，验算抗隆起：

Ks=2.368≥1.400，抗隆起稳定性满足。

[抗管涌验算]

地下水位在基坑底面以下，不做管涌计算

[抗承压水（突涌）验算]

$K_y=P_{cz}/P_{wy}$

式中 P_{cz}————基坑开挖面以下至承压水层顶板间覆盖土的自重压力（kN/m²）；

P_{wy}————承压水层的水头压力（kN/m²）；

K_{ty}————抗承压水头（突涌）稳定性安全系数，规范要求取大于1.100。

K_{ty}=38.00/30.00=1.26>=1.10

基坑底部土抗承压水头稳定！

（五）剖面（24-24）设计计算

[支护方案]

排桩支护

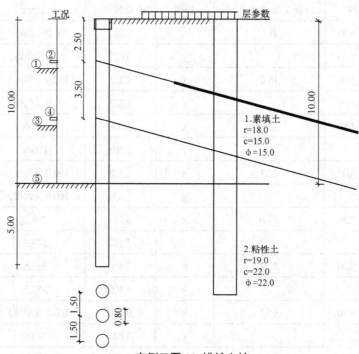

实例三图12 排桩支护

[基本信息]

实例三表56 剖面（24-24）基本信息

规范与规程	《建筑基坑支护技术规程》JGJ120-2012
内力计算方法	增量法
基坑等级	二级
基坑侧壁重要性系数γ_0	1.00
基坑深度H（m）	10.000
嵌固深度（m）	5.000
桩顶标高（m）	0.000
桩材料类型	钢筋混凝土
混凝土强度等级	C25
桩截面类型	圆形
└桩直径（m）	0.800
桩间距（m）	1.500
有无冠梁	有
├冠梁宽度（m）	0.900

规范与规程	《建筑基坑支护技术规程》JGJ120-2012
┌冠梁高度（m）	0.600
└水平侧向刚度（MN/m）	0.227
放坡级数	0
超载个数	1
支护结构上的水平集中力	0

[超载信息]

实例三表57　超载信息表

超载序号	类型	超载值（kPa，kN/m）	作用深度（m）	作用宽度（m）	距坑边距（m）	形式	长度（m）
1	▼▼▼▼▼	20.000	0.000	6.000	2.000	条形	---

[土层信息]

实例三表58　土层信息表

土层数	2	坑内加固土	否
内侧降水最终深度（m）	20.000	外侧水位深度（m）	20.000
内侧水位是否随开挖过程变化	否	内侧水位距开挖面距离（m）	---
弹性计算方法按土层指定	╳	弹性法计算方法	m 法
基坑外侧土压力计算方法	主动		

[土层参数]

实例三表59　土层参数表1

层号	土类名称	层厚（m）	重度（kN/m³）	浮重度（kN/m³）	粘聚力（kPa）	内摩擦角（度）
1	素填土	10.00	18.0	---	15.00	15.00
2	粘性土	8.00	19.0	---	22.00	25.00

实例三表60　土层参数表2

层号	与锚固体摩擦阻力（kPa）	粘聚力水下（Pa）	内摩擦角水下（度）	水土	计算方法	m，c，K值	抗剪强度（kPa）
1	40.0	---	---	---	m 法	4.50	---
2	55.0	---	---	---	m 法	15.25	---

[支锚信息]

实例三表61 支锚信息表A

支锚道号	支锚类型	水平间距（m）	竖向间距（m）	入射角（°）	总长（m）	锚固段长度（m）
1	锚索	1.500	2.500	15.00	17.00	12.00
2	锚索	1.500	3.500	15.00	17.00	12.00

实例三表62 支锚信息表B

支锚道号	预加力（kN）	支锚刚度（MN/m）	锚固体直径（mm）	工况号	锚固力调整系数	材料抗力（kN）	材料抗力调整系数
1	50.00	9.47	150	2	1.00	520.80	1.00
2	100.00	9.47	150	4	1.00	520.80	1.00

[土压力模型及系数调整]

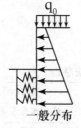 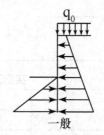

一般分布　　　　　　　一般

实例三图13 弹性法土压力模型：经典法土压力模型

实例三表63 土压力系数调整表

层号	土类名称	水土	水压力调整系数	外侧土压力调整系数1	外侧土压力调整系数2	内侧土压力调整系数	内侧土压力最大值（kPa）
1	素填土	合算	1.000	1.000	1.000	1.000	10000.000
2	粘性土	分算	1.000	1.000	1.000	1.000	10000.000

[工况信息]

实例三表64 工况信息表

工况号	工况类型	深度（m）	支锚道号
1	开挖	3.000	---
2	加撑	---	1.锚索
3	开挖	6.500	---
4	加撑	---	2.锚索
5	开挖	10.000	---

[结构计算]

  各工况:

工况1--开挖(3.00m)

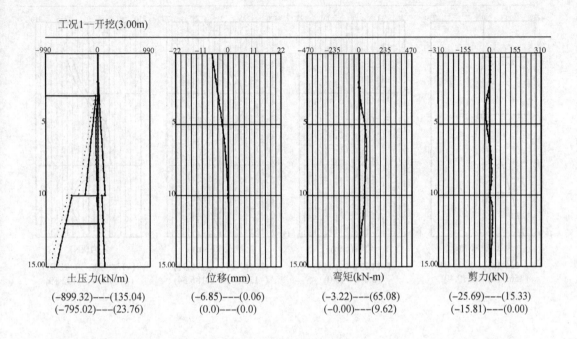

土压力(kN/m)	位移(mm)	弯矩(kN-m)	剪力(kN)
(−899.32)---(135.04)	(−6.85)---(0.06)	(−3.22)---(65.08)	(−25.69)---(15.33)
(−795.02)---(23.76)	(0.0)---(0.0)	(−0.00)---(9.62)	(−15.81)---(0.00)

工况2--加撑1(2.50m)

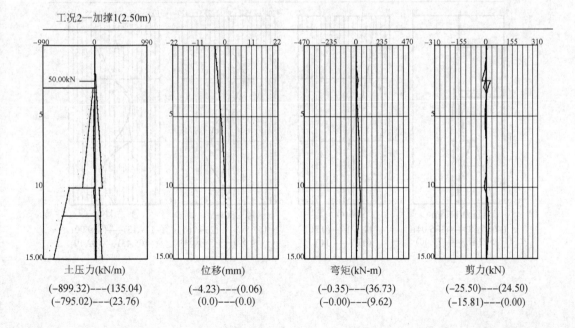

土压力(kN/m)	位移(mm)	弯矩(kN-m)	剪力(kN)
(−899.32)---(135.04)	(−4.23)---(0.06)	(−0.35)---(36.73)	(−25.50)---(24.50)
(−795.02)---(23.76)	(0.0)---(0.0)	(−0.00)---(9.62)	(−15.81)---(0.00)

工况3--开挖(6.50m)

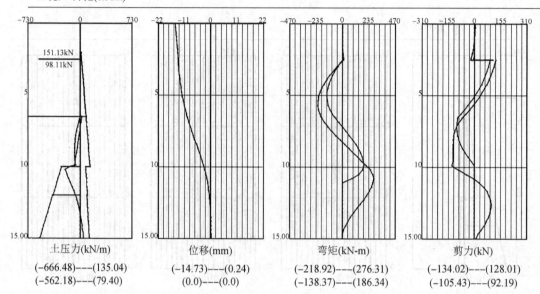

土压力(kN/m)	位移(mm)	弯矩(kN-m)	剪力(kN)
(−666.48)---(135.04)	(−14.73)---(0.24)	(−218.92)---(276.31)	(−134.02)---(128.01)
(−562.18)---(79.40)	(0.0)---(0.0)	(−138.37)---(186.34)	(−105.43)---(92.19)

工况4--加撑2(6.00m)

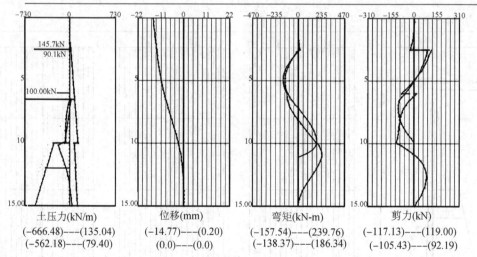

土压力(kN/m)	位移(mm)	弯矩(kN-m)	剪力(kN)
(−666.48)---(135.04)	(−14.77)---(0.20)	(−157.54)---(239.76)	(−117.13)---(119.00)
(−562.18)---(79.40)	(0.0)---(0.0)	(−138.37)---(186.34)	(−105.43)---(92.19)

工况5--开挖(10.00m)

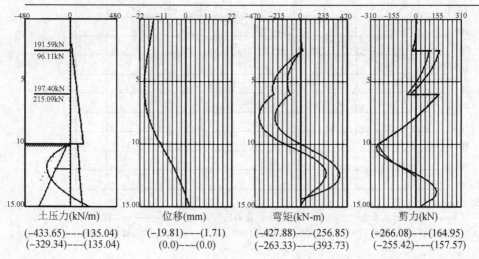

土压力(kN/m)　　位移(mm)　　弯矩(kN-m)　　剪力(kN)

(−433.65)---(135.04)　(−19.81)---(1.71)　(−427.88)---(256.85)　(−266.08)---(164.95)

(−329.34)---(135.04)　(0.0)---(0.0)　(−263.33)---(393.73)　(−255.42)---(157.57)

内力位移包络图：

工况5--开挖(10.00m)　　　　　　　　　　包 络 图

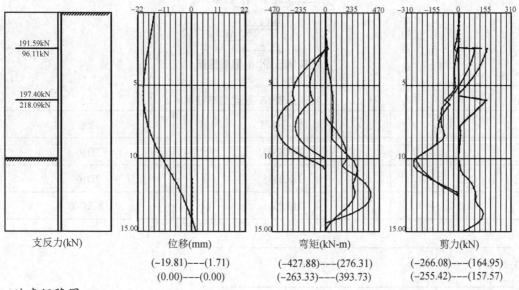

支反力(kN)　　位移(mm)　　弯矩(kN-m)　　剪力(kN)

　　　　(−19.81)---(1.71)　(−427.88)---(276.31)　(−266.08)---(164.95)

　　　　(0.00)---(0.00)　(−263.33)---(393.73)　(−255.42)---(157.57)

地表沉降图：

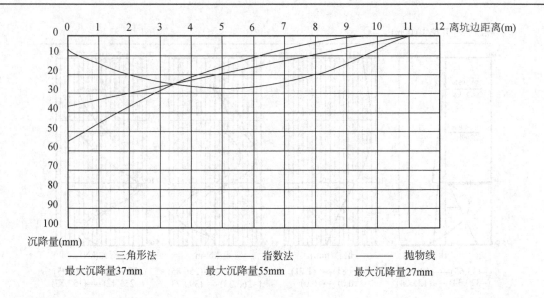

沉降量(mm)

　　—— 三角形法　　　　　　—— 指数法　　　　　　—— 抛物线
　最大沉降量37mm　　　　最大沉降量55mm　　　　最大沉降量27mm

[冠梁选筋结果]

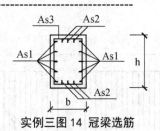

实例三图 14　冠梁选筋

实例三表 65　冠梁选筋结果

	钢筋级别	选筋
As1	HRB335	3D16
As2	HRB335	3D16
As3	HRB335	D8@200

[截面计算]

钢筋类型对应关系：
d-HPB300，D-HRB335，E-HRB400，F-RRB400，G-HRB500，P-HRBF335，Q-HRBF400，R-HRBF500
[截面参数]

实例三表 66 截面参数

桩是否均匀配筋	是
混凝土保护层厚度（mm）	50
桩的纵筋级别	HRB400
桩的螺旋箍筋级别	HPB300
桩的螺旋箍筋间距（mm）	200
弯矩折减系数	0.80
剪力折减系数	1.00
荷载分项系数	1.25
配筋分段数	一段
各分段长度（m）	15.00

[内力取值]

实例三表67 内力取值表1

段号	内力类型	弹性法计算值	经典法计算值	内力设计值	内力实用值
	基坑内侧最大弯矩（kN.m）	427.88	263.33	427.88	427.88
1	基坑外侧最大弯矩（kN.m）	276.31	393.73	276.31	276.31
	最大剪力（kN）	266.08	255.42	332.61	332.61

实例三表68 内力取值表2

段号	选筋类型	级别	钢筋实配值	实配[计算]面积（mm² 或 mm²/m）
1	纵筋	HRB400	16E18	4072[3826]
	箍筋	HPB300	d8@200	503[503]
	加强箍筋	HRB335	D14@2000	154

[锚杆计算]

[锚杆参数]

实例三表69 锚杆参数

锚杆钢筋级别	HRB400
锚索材料强度设计值（MPa）	1320.000
锚索材料强度标准值（MPa）	1860.000
锚索采用钢绞线种类	1×7

续表

锚杆材料弹性模量（×10⁵MPa）	2.000
锚索材料弹性模量（×10⁵MPa）	1.950
注浆体弹性模量（×10⁴MPa）	3.000
锚杆抗拔安全系数	1.600
锚杆荷载分项系数	1.250

[锚杆水平方向内力]

实例三表70　锚杆水平方向内力取值表

支锚道号	最大内力弹性法（kN）	最大内力经典法（kN）	内力实用标准值（kN）	内力实用设计值（kN）
1	191.59	98.11	191.59	239.49
2	197.40	218.09	197.40	246.75

[锚杆轴向内力]

实例三表71　锚杆轴向内力取值表

支锚道号	最大内力弹性法（kN）	最大内力经典法（kN）	内力实用标准值（kN）	内力实用设计值（kN）
1	198.35	101.57	198.35	247.94
2	204.37	225.79	204.37	255.46

[锚杆自由段长度计算简图]

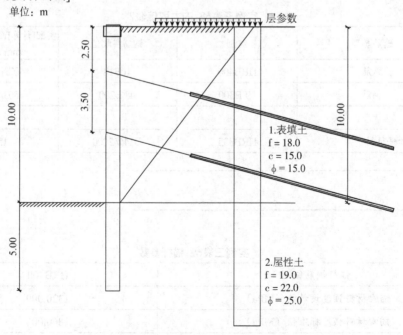

实例三图15　锚杆自由段长度计算简图

实例三表72 锚杆自由段长度计算

支锚道号	支锚类型	钢筋或钢绞线配筋	自由段长度实用值（m）	锚固段长度实用值（m）	实配[计算]面积（mm2）	锚杆刚度（MN/m）
1	锚索	2s15.2	5.0	12.0	280.0[187.8]	9.47
2	锚索	2s15.2	5.0	12.0	280.0[193.5]	9.47

[整体稳定验算]

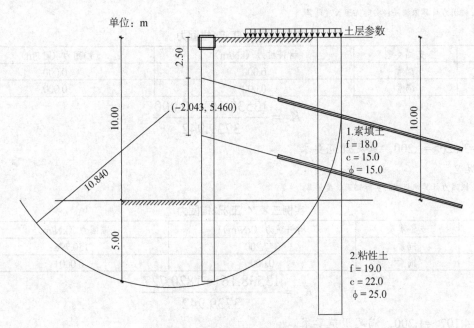

实例三图 16 整体稳定验算简图

计算方法：瑞典条分法

应力状态：总应力法

条分法中的土条宽度：0.40m

滑裂面数据

整体稳定安全系数 K_s=1.856

圆弧半径（m）R=10.840

圆心坐标 X（m）X=-2.043

圆心坐标 Y（m）Y=5.460

[抗倾覆稳定性验算]

抗倾覆安全系数：

$$K_s = \frac{M_p}{M_\alpha}$$

M_p——被动土压力及支点力对桩底的抗倾覆弯矩，对于内支撑支点力由内支撑抗压力决定；对于锚杆或锚索，支点力为锚杆或锚索的锚固力和抗拉力的较小值。

M_α——主动土压力对桩底的倾覆弯矩。

注意：锚固力计算依据锚杆实际锚固长度计算。

工况1：

注意：锚固力计算依据锚杆实际锚固长度计算。

实例三表73 工况1锚固力

序号	支锚类型	材料抗力（kN/m）	锚固力（kN/m）
1	锚索	0.000	0.000
2	锚索	0.000	0.000

$$K_s = \frac{13538.161 + 0.000}{3739.942}$$

K_s=3.620>=1.200，满足规范要求。

工况2：

注意：锚固力计算依据锚杆实际锚固长度计算。

实例三表74 工况2锚固力

序号	支锚类型	材料抗力（kN/m）	锚固力（kN/m）
1	锚索	347.200	150.796
2	锚索	0.000	0.000

$$K_s = \frac{13538.161 + 1820.727}{3739.942}$$

K_s=4.107>=1.200，满足规范要求。

工况3：

注意：锚固力计算依据锚杆实际锚固长度计算。

实例三表75 工况3锚固力

序号	支锚类型	材料抗力（kN/m）	锚固力（kN/m）
1	锚索	347.200	150.796
2	锚索	0.000	0.000

$$K_s = \frac{5857.316 + 1820.727}{3739.942}$$

K_s=2.053>=1.200，满足规范要求。

工况4：

注意：锚固力计算依据锚杆实际锚固长度计算。

实例三表76 工况4锚固力

序号	支锚类型	材料抗力（kN/m）	锚固力（kN/m）
1	锚索	347.200	150.796
2	锚索	347.200	158.078

$$K_s = \frac{5857.316 + 3794.952}{3739.942}$$

K_s=2.420>=1.200，满足规范要求。

工况 5：

注意：锚固力计算依据锚杆实际锚固长度计算。

实例三表 77　工况 5 锚固力

序号	支锚类型	材料抗力（kN/m）	锚固力（kN/m）
1	锚索	347.200	150.796
2	锚索	347.200	158.078

$$K_s = \frac{1838.679 + 3794.952}{3739.942}$$

K_s=1.346>=1.200，满足规范要求。

安全系数最小的工况号：工况 5。

最小安全 K_s=1.346>=1.200，满足规范要求。

[嵌固深度计算]

嵌固深度计算过程：

按《建筑基坑支护技术规程》JGJ120-2012 圆弧滑动简单条分法计算嵌固深度：

圆心（-2.821，8.098），半径=10.004m，对应的安全系数 K_s=1.370≥1.300

嵌固深度计算值 h_0=1.500m

嵌固深度采用值 ld=5.000m

当前嵌固深度为：1.500m。

依据《建筑基坑支护技术规程》JGJ120-2012，

多点支撑结构嵌固深度 ld 不宜小于 0.2h。

嵌固深度取为：2.000m。

[嵌固段基坑内侧土反力验算]

工况 1：

P_s=149.332≤E_p=5258.168，土反力满足要求。

工况 2：

P_s=124.182≤E_p=5258.168，土反力满足要求。

工况 3：

P_s=504.549≤E_p=3046.094，土反力满足要求。

工况 4：

P_s=464.135≤E_p=3046.094，土反力满足要求。

工况5：

P_s=609.910≤E_p=1395.798，土反力满足要求。

式中：

P_s为作用在挡土构件嵌固段上的基坑内侧土反力合力（kN）；

E_p为作用在挡土构件嵌固段上的被动土压力合力（kN）。

（六）剖面（7-7）设计计算

[支护方案]

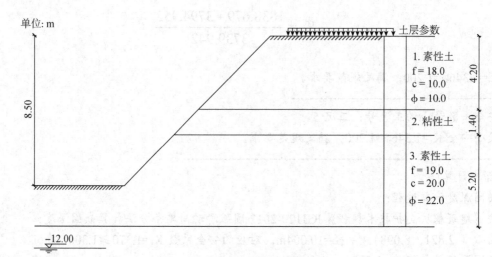

实例三图17 天然放坡支护

[基本信息]

实例三表78　剖面（7-7）基本信息

规范与规程	《建筑基坑支护技术规程》JGJ120-2012
基坑等级	三级
基坑侧壁重要性系数γ0	0.90
基坑深度H（m）	6.600
放坡级数	1
超载个数	1

[放坡信息]

实例三表 79 放坡信息

坡号	台宽（m）	坡高（m）	坡度系数
1	1.000	6.600	0.700

[超载信息]

实例三表 80 超载信息

超载序号	类型	超载值（kPa, kN/m）	作用深度（m）	作用宽度（m）	距坑边距（m）	形式	长度（m）
1	▼▼▼▼▼	20.000	0.000	6.000	6.620	条形	---

[土层信息]

实例三表 81 土层信息

土层数	3	坑内加固土	否
内侧降水最终深度（m）	12.000	外侧水位深度（m）	20.000

[土层参数]

实例三表 82 土层参数

层号	土类名称	层厚（m）	重度（kN/m³）	浮重度（kN/m³）	粘聚力（kPa）	内摩擦角（度）	与锚固体摩擦阻力（kPa）	粘聚力水下（kPa）	内摩擦角水下（度）
1	素填土	4.20	18.0	---	10.00	10.00	30.0	---	---
2	粘性土	1.40	19.0	---	15.00	20.00	55.0	---	---
3	粘性土	5.20	19.0	---	20.00	22.00	55.0	---	---

[设计结果]

[整体稳定验算]

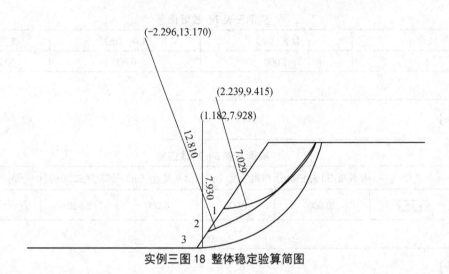

实例三图 18 整体稳定验算简图

天然放坡计算条件：

计算方法：Bishop 法

应力状态：总应力法

基坑底面以下的截止计算深度：0.00m

基坑底面以下滑裂面搜索步长：5.00m

条分法中的土条宽度：0.40m

实例三表 83 天然放坡计算结果

道号	整体稳定安全系数	半径 R（m）	圆心坐标 Xc（m）	圆心坐标 Yc（m）
1	1.205	7.029	2.239	9.415
2	1.222	12.810	-2.296	13.170
3	1.201	7.930	1.182	7.928

（七）剖面（8-8）设计计算

[支护方案]

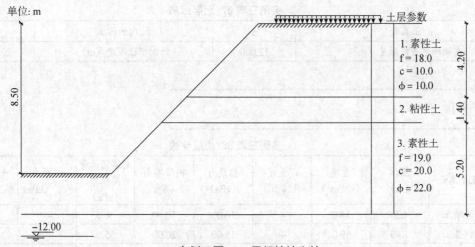

实例三图 19　天然放坡支护

实例三表 84　剖面（8-8）基本信息

规范与规程	《建筑基坑支护技术规程》JGJ120-2012
基坑等级	三级
基坑侧壁重要性系数γ_0	0.90
基坑深度H（m）	8.500
放坡级数	1
超载个数	1

[放坡信息]

实例三表 85　放坡信息

坡号	台宽（m）	坡高（m）	坡度系数
1	1.000	8.500	1.000

[超载信息]

实例三表 86　超载信息

超载序号	类型	超载值（kPa, kN/m）	作用深度（m）	作用宽度（m）	距坑边距（m）	形式	长度（m）
1	▼▼▼▼▼	20.000	0.000	6.000	10.500	条形	---

[土层信息]

实例三表 87　土层信息

土层数	3	坑内加固土	否
内侧降水最终深度（m）	12.000	外侧水位深度（m）	20.000

- -

[土层参数]

- -

实例三表 88　土层参数

层号	土类名称	层厚（m）	重度（kN/m³）	浮重度（kN/m³）	粘聚力（kPa）	内摩擦角（度）	与锚固体摩擦阻力（kPa）	粘聚力水下（kPa）	内摩擦角水下（度）
1	素填土	4.20	18.0	---	10.00	10.00	30.0	---	---
2	粘性土	1.40	19.0	---	15.00	20.00	55.0	---	---
3	粘性土	5.20	19.0	---	20.00	22.00	55.0	---	---

- -

[设计结果]

- -

- -

[整体稳定验算]

- -

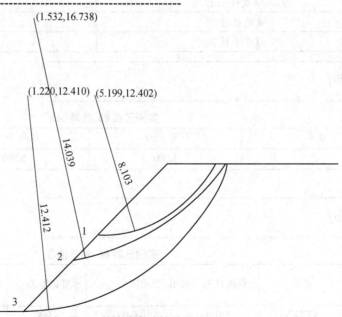

实例三图 20　整体稳定验算简图

天然放坡计算条件：

计算方法：Bishop 法

应力状态：总应力法

基坑底面以下的截止计算深度：0.00m

基坑底面以下滑裂面搜索步长：5.00m

条分法中的土条宽度：0.40m

实例三表 89 天然放坡计算结果

道号	整体稳定安全系数	半径R（m）	圆心坐标Xc（m）	圆心坐标Yc（m）
1	1.229	8.103	5.199	12.402
2	1.247	14.039	1.532	16.738
3	1.222	12.412	1.220	12.410

（八）剖面（12-12）设计计算

[支护方案]

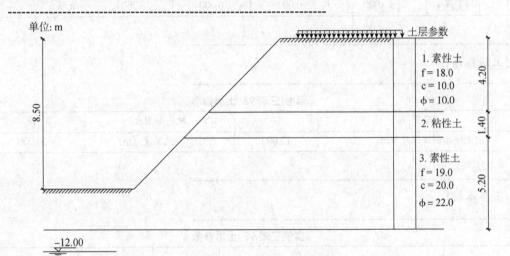

实例三图 21 天然放坡支护

[基本信息]

实例三表 90 剖面（12-12）基本信息

规范与规程	《建筑基坑支护技术规程》JGJ120-2012
基坑等级	三级
基坑侧壁重要性系数γ0	0.90
基坑深度H（m）	7.200
放坡级数	1
超载个数	1

[放坡信息]

实例三表 91　剖面（12-12）放坡信息

坡号	台宽（m）	坡高（m）	坡度系数
1	1.000	7.200	0.800

[超载信息]

实例三表 92　超载信息

超载序号	类型	超载值（kPa，kN/m）	作用深度（m）	作用宽度（m）	距坑边距（m）	形式	长度（m）
1	▼▼▼▼▼	20.000	0.000	6.000	7.760	条形	---

[土层信息]

实例三表 93　土层信息

土层数	3	坑内加固土	否
内侧降水最终深度（m）	12.000	外侧水位深度（m）	20.000

[土层参数]

实例三表 93　土层参数

层号	土类名称	层厚（m）	重度（kN/m³）	浮重度（kN/m³）	粘聚力（kPa）	内摩擦角（度）	与锚固体摩擦阻力（kPa）	粘聚力水下（kPa）	内摩擦角水下（度）
1	素填土	4.20	18.0	---	10.00	10.00	30.0	---	---
2	粘性土	1.40	19.0	---	15.00	20.00	55.0	---	---
3	粘性土	5.20	19.0	---	20.00	22.00	55.0	---	---

[设计结果]

[整体稳定验算]

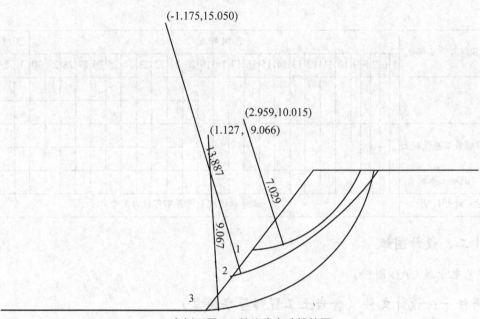

实例三图 22 整体稳定验算简图

天然放坡计算条件：

计算方法：Bishop 法

应力状态：总应力法

基坑底面以下的截止计算深度：0.00m

基坑底面以下滑裂面搜索步长：5.00m

条分法中的土条宽度：0.40m

实例三表 94 天然放坡计算结果

道号	整体稳定安全系数	半径 R（m）	圆心坐标 X_c（m）	圆心坐标 Y_c（m）
1	1.207	7.029	2.959	10.015
2	1.230	13.887	-1.175	15.050
3	1.249	9.067	1.127	9.066

十一、施工进度计划

实例三表 95 ××土方支护施工进度计划表

序号	日期名称及部位	2014 年 6 月																									2014 年 7 月				
		5	6	7	8	9	10	11	12	13	14	15	16	17	18	19	20	21	22	23	24	25	26	27	28	29	30	1	2	3	4	5
1	初喷混凝土																															
2	锚杆钻机钻孔																															
3	安装钢筋网片																															
4	安装土钉																															

续表

序号	日期名称及部位	2014 年 6 月																									2014 年 7 月				
		5	6	7	8	9	10	11	12	13	14	15	16	17	18	19	20	21	22	23	24	25	26	27	28	29	30	1	2	3	4	5
5	注浆																															
6	喷射第二遍混凝土																															
	混凝土养护																															
备注：计划说明		未考虑极端天气等不可抗力因素。																														

十二、设计图纸

详见电子版 CAD 附件。

附件一：设计文件（含岩土工程师签字盖章）

（略）

附件二：危险性较大的分部分项工程专家论证报告

（略）

第5章 模板、支承体系工程安全专项施工方案

5.1 模板、支承体系工程安全专项方案编制

5.1.1 工程概况及编制依据

1. 编制依据

（1）《建筑工程安全生产管理条例》

（2）《钢结构设计规范》GB50017

（3）《组合钢模板技术规范》GB50214

（4）《冷弯薄壁型钢结构技术规范》GB50018

（5）《滑动模板工程技术规范》GB50113

（6）《建筑结构荷载规范》GB50009

（7）《建筑施工模板安全技术规范》

（8）本工程施工组织总设计及相关文件

2. 工程概况

1）总体概况，简要介绍工程的工程名称、工程地址、建设单位、设计单位、监理单位、质量监督站、工程总包单位、合同范围、合同工期、质量目标等。

2）重点说明危险性较大的分部分项工程的建筑概况、结构概况。

3）方案编制范围，详细说明工程中属于或超过一定规模危险性较大分部分项工程范围内构件的参数，包括支撑高度、梁不同宽度不同高度截面尺寸等，如果是工程中一部分，应明确其具体部位。

4）绘制属于或超过一定规模危险性较大的分部分项工程范围内施工平面布置图、剖面图。

5.1.2 模板、支承体系工程危险源辨识

1. 模板支架的地基与基础主要包括以下重大危险源要素：

（1）回填土没压实或压实不到位

（2）回填土地基上未浇筑砼层或未设置垫板

回填土地基上没有浇筑砼层或未设置垫板，导致立杆在集中荷载作用下地基承载力不满足要求，造成支架立杆下沉，产生砼结构质量问题或支架倒塌等安全事故。

（3）支架立杆不直接落地

不按规范搭设支架，在孔洞、高低跨等位置支架立杆不直接落地，通过扣件与水平杆或其他立杆连接转换，使支架的荷载分布发生变化，产生较大的偏心荷载或弯矩，最终因连接件（扣

件）破坏或水平杆挠度过大而导致支架失稳破坏。

（4）持力层结构不加固直接搭设模板支架

多、高层结构连续施工时，施工层下面结构的模板架全部拆除，或者将模板支架支设在悬臂结构上，对下部持力层结构承载未进行验算或验算不合格且不进行加固就进行支架、钢筋及砼施工，导致结构挠度增加、开裂、裂缝增加甚至支架倒坍。

2．模板支架立杆、水平杆排布主要包括以下重大危险源要素：

（1）方案中立杆、水平杆排布与实际结构不符。

（2）现场搭设的立杆、水平杆排布与方案不符。

3．梁、板下构造节点主要包括以下重大危险源要素：

（1）方案中的结构构件不齐全。

（2）方案中的构造节点不齐全。

（3）构造节点缺乏可操作性。

（4）现场不按方案搭设。

4．模板支架构造措施主要包括以下重大危险源要素：

（1）剪刀撑设置缺乏针对性或未设置竖向、水平剪刀撑。

（2）拉结点设置缺乏针对性。

（3）现场施工构造措施不符合方案和规范要求。

（4）门架与钢管扣件架的构造协调措施不到位。

5．钢管、扣件、门架、可调托撑等支架搭设材料主要包括以下重大危险源要素：

（1）钢管、扣件、可调托撑、门式架进场未检验或检验不合格使用。

（2）扣件拧紧力矩达不到规范的要求。

扣件的拧紧程度对扣件转动刚度有很大影响。拧紧程度高，承载能力加强。工程中实测到的扣件拧紧力矩大部分在 20N·m～40N·m 之间，达不到规范要求的 40N·m～65N·m，大大降低了节点承载能力。施工单位和监理单位也疏于检查，造成混凝土浇筑时扣件下滑，支架整体性不够，导致支架坍塌事故。

6．柱、墙垂直模板主要包括以下重大危险源要素：

（1）柱、墙水平拉结件（对销螺杆）未经计算，设置数量偏少，或构造节点设置不合理。

（2）柱、墙（桥墩）未设置拉结固定或拉结固定点偏少。

7．模板支架使用主要包括以下重大危险源要素：

（1）模板支架超载使用，模板支架上集中堆放钢筋、模板等材料。

（2）模板支架悬挂起重设备，混凝土泵送管支设在模板支架上。

8．其他危险源辨识

1）人员素质低，导致操作失误，产生人员伤害事故。

2）机械设备陈旧、故障等原因导致安全事故。

3）材料不合格导致的事故。

4）地震、台风、洪水等自然灾害导致的事故。

5）现场管理不善导致的各类安全事故，如在高支模施工中经常发生高空坠落、失火、触电等安全事故。

5.1.3 模板、支承体系工程施工安全保障措施

1. 模板安装、拆除安全技术措施

（1）模板的安装和拆除必须按模板的施工方案进行，严禁任意变动。

（2）作业人员必须正确使用防护用品，衣装整齐。

（3）高处作业时模板配件及其工具应放在工具袋内，不得插在腰间或堆放在脚手架上、操作平台上。

（4）模板安装及拆除时，周围要设安全网或脚手架和加设防护栏杆。

（5）对于悬臂结构，拆模时应从悬臂端向支座端依次进行。

（6）组装模板时，不得将柱子钢筋骨架代替临时支撑；禁止利用拉杆、支撑攀登上下；安装柱模板时，应随时支撑固定，防止倾覆。

（7）模板的支柱纵横向水平、剪刀撑的布置，按照设计确定，剪刀撑间距不宜大于 6m。

（8）模板拆除时、应有专人指挥和切实可靠的安全措施，并在下面标出作业区，严禁非操作人员进入作业区。操作人员应收好安全带，禁止在模板的横杆上操作，拆下的模板应集中吊运，并多点捆牢，不准向下乱扔。

（9）模板上架设的电线和使用的电动工具，应采用"一机、一箱、一闸、一漏"的安全保护措施。

（10）模板应按工序安装和铺设，支撑不得使用腐朽、扭裂的材料。支撑、拉杆不得连接在架子或其他不稳定的物体上。

（11）浇筑混凝土过程中要经常检查，如有变形、松动等要及时加固和整修。

（12）通道处的剪刀撑应设在 1.8m 高以上，以免碰撞松动。模板和拉杆没有固定以前，不得进行下道工序。

（13）拆模板，应经技术负责人按同条件养护试块强度检查，确认混凝土已达到拆模强度时，方可拆除。并应按结构程序分段，实行控制作业。

（14）拆模应采用长撬棍，操作人员站在侧面，模板下落或侧倒处不得进行操作和通行。严禁大面积撬落和拉倒模板。拆除承重模板时，必要时应先设立临时支撑，防止突然整块蹾落。

（15）拆下的模板应随时清运走，如不能及时运走要及时堆放，并起掉钉子。

（16）装拆模板时，上下应有人接应，随拆随运转，并应把活动部件固定牢靠，严禁堆放在脚手板上和抛掷。

（17）高处作业时，操作人员应挂上安全带。

2. 预防坍塌事故的技术措施

（1）模板作业前，按设计单位要求，根据施工工艺、作业条件及周边环境编制施工方案，单位负责人审批签字，项目经理组织有关部门验收，经验收合格签字后，方可作业。

（2）模板作业时，对模板支撑宜采用钢支撑材料作支撑立柱，不得使用严重锈蚀、变形、断裂、脱焊、螺栓松动的钢支撑材料作立杆。支撑立柱基础应牢固，并按设计计算严格控制模板支撑系统的沉降量。支撑立柱基础为泥土地面时，应采取排水措施，并加设满足支撑承载力要求的垫板后，方可用以支撑立柱。斜支撑和立柱应牢固拉接，形成整体。

（3）模板作业时，指定专人指挥、监护，出现位移时，必须立即停止施工，将作业人员

撤离作业现场，待险情排除后，方可作业。

（4）楼面、屋面堆放模板时，严格控制数量、重量，防止超载。堆放数量较多时，应进行荷载计算，并对楼面、屋面进行加固。

（5）装钉楼面模板，在下班时对已铺好而来不及钉牢的定型模板或散板等要拿起稳妥堆放，以防坍塌事故发生。

（6）安装外围柱模板、梁、板模板，应先搭设脚手架，并挂好安全网，脚手架搭设高度要高于施工作业面至少 1.2m。

（7）拆模间歇时，应将已活动的模板、拉杆、支撑等固定牢固，严防突然掉落、倒塌伤人。

3．预防高空坠落事故安全技术措施

（1）高支模工程应按相关规定编制施工方案，经分公司技术负责人、公司技术部及分管技术的总工审批签字；高支模安装完毕后，需经质安部、技术部等有关部门验收，验收合格后，方可绑扎钢筋等下道工序的施工作业。支、拆模板时应保证作业人员有可靠立足点，作业面应按规定设置安全防护设施。模板及其支撑体系的施工荷载应均匀堆置，并不得超过设计计算要求。

（2）所有高处作业人员应学习高处作业安全知识及安全操作规程，工人上岗前应依据有关规定接受专门的安全技术交底，并办好签字手续。特种高处作业人员应持证上岗。采用新工艺、新技术、新材料和新设备的，应按规定对作业人员进行相关安全技术交底。

（3）高处作业人员应经过体检，合格后方可上岗。对身体不适或上岗前喝过酒的工人不准上岗作业。施工现场项目部应为作业人员提供合格的安全帽、安全带等必备的安全防护用具，作业人员应按规定正确佩戴和使用。

（4）安全带使用前必须经过检查合格。安全带的系扣点应就高不就低，扣环应悬挂在腰部的上方，并要注意带子不能与锋利或毛刺的地方接触，以防摩擦割断。

（5）项目部应按类别，有针对性地将各类安全警示标志悬挂于施工现场各相应部位。

（6）已支好模板的楼层四周必须用临时护栏围好，护栏要牢固可靠，护栏高度不低于 1.2m，然后在护栏上再铺一层密目式安全网。

（7）高处作业前，应由项目分管负责人组织有关部门对安全防护设施进行验收，经验收合格签字后，方可作业。安全防护设施应做到定型化、工具化。需要临时拆除或变动安全设施的，应经项目分管负责人审批签字，并组织有关部门验收，经验收合格签字后，方可实施。

4．预防机械伤害的安全技术措施

（1）各种机械的操作全面贯彻执行《建筑机械使用安全技术规程》JGJ33-2012，遵守各项管理规章制度和管理细则，确保特殊岗位人员持有效证件上岗。

（2）正确使用机械，应按机械设备技术性能的要求正确使用，缺少安全装置或安全装置已失效的机械设备不准使用。新购置的或大修后的机械设备执行《建筑机械走合期使用规定》。

（3）安全装置不准随意调整和拆除，这些装置有自动控制机构、力矩限制器、各种行程限位开关等，严禁用限位装置代替操纵机构。

（4）测试与试运转。新购或经过大修、改装和拆卸后重新安装的机械设备，必须按原厂说明的要求和《建筑机械技术试验规程》的规定进行测试和试运转。

（5）维修保养遵守管理体系的相关要求，所有机械设备要切实做到班前、班后的例行保养和定期保养。对漏保、失修或超载带病运转机械设备，应禁止使用。

（6）不得超载起重，起重机械必须按规定的起重性能作业，不得超载荷和起吊不明重量的物件，做到慢起、慢落。

5．触电的预防措施

（1）认真贯彻执行《施工现场临时用电安全技术规范》JGJ46-2005 的相关操作要求。

（2）电工属特种作业人员，应遵守《特种作业人员安全技术考核管理规则》中的各项规定。

（3）对经常带电设备，应保证防止意外情况下的接触。对偶然带电的设备，应采用保护接地和保护接零，并安装漏电断路器等。

（4）上岗作业前必须按规定穿戴好防护用具，否则不准进入现场作业。

（5）加强设备维护，非专业人员不得维修电气设备，设备漏电保护设施应完备。

（6）严格按照电气标准化施工，杜绝私接、乱接线路等违章作业现象。

（7）电工应定期对临时配电线路进行检查，发现电线电缆有破损时，要及时修补或更换，防止漏电触电事故。

6．火灾的预防措施

（1）项目部应加强现场火源的管理，严格动火审批制度。在食堂、仓库、材料堆场、木工制作场地等重点部位应设立明显的"严禁烟火"等防火、防爆标志。

（2）易燃、易爆物品应专人负责管理，并建立台帐资料。

（3）氧气瓶、乙炔发生器等受压易爆器具，要按规定放置在安全场所，严加保管，严禁曝晒和碰撞。

（4）氧、气焊场所应远离料库、宿舍；施工现场应禁止在具有火灾、爆炸危险的场所动用明火，因特殊情况需动用明火作业的，应根据动火级别按规定办理审批手续。并应在动火证上注明动火的地点、时间、动火人、现场监护人、批准人和防火措施等内容。

（5）施工现场还应设置固定的吸烟室，杜绝游烟现象。

（6）根据要求，建筑物每层楼梯口、脚手架每排上下通道处应配置不少于一个灭火器，并派专人对灭火器进行定期检查和保养。

5.1.4 模板、支承体系工程检查与验收

（1）材料检验与验收，首先应检查租赁单位的营业执照、资质证明、生产许可证，材料的产品合格证、质量检测报告，其次明确钢管、扣件、安全网等重要材料使用标准，对材料进行进场检查与验收。

（2）架体搭设过程中和使用前的检查与验收，施工过程中项目部及施工班组应派专职人员进行安全、质量检查，模板及支撑施工完毕后，由项目负责人组织，项目技术负责人、安全部、工程部、技术部、质检部等相关部门负责人共同进行验收，验收合格后报请监理验收，监理验收合格并签字后方可进行下道工序施工。遇以下情况均要对模板支架重新进行检查验收，如五级以上大风之后、遇较大雨之后、停工超过一个月恢复使用前等。

5.1.5 模板、支承体系工程施工应急预案

为提高安全事故的应急救援能力，最大限度地减少事故损失，保护人民生命安全和国家、集体财产，维护社会稳定，根据有关法律、法规的规定及公司的要求，制定本预案。

编制依据：

《中华人民共和国安全生产法》

《中华人民共和建筑法》

《建设工程安全生产管理条例》

1．机构设置

为对可能发生的事故能够快速反应、求援，项目部成立应急求援成立事故指挥机构，设立现场指挥部，指挥长由项目经理担任，赶赴事故现场。

指挥部由项目经理、项目副经理、项目总工、项目安全总监组成，负责应急救援工作的指挥、协调。下设工作组，工作组由安全环境部、办公室等部门及事发单位负责人和相关人员负责。

2．紧急事故处理流程

施工现场发生事故后，立即将事故发生地点、时间等事故的基本情况和有关信息上报公司领导：

（1）公司工会主席：（联系电话：××××）

（2）公司安全总监：（联系电话：××××）

应急人员联系方式：

（1）项目经理：（联系电话：××××）

（2）项目安全总监：（联系电话：××××）

（3）项目安全主管：（联系电话：××××）

应急电话：火警——119；匪警——110；交通事故——122；

急救——120；××市人民医院——××××

重大事故发生后，组织险救护工作的同时，对事故现场实行严格的保护，防止与重大事故有关的残骸、物品、文件等被随意挪动或丢失，需要移动现场物件的，应作出标志，绘制现场简图并写出书面记录，妥善保存现场重要的痕迹、物证。

3．机构职责与分工

机构职责：

（1）负责制定事故预防工作相关部门人员的应急救援工作职责。

（2）负责突发事故的预防措施和各类应急救援实施的准备工作，统一对人员、材料物资等资源的调配。

（3）进行有针对性的应急救援应变演习，有计划区分任务，明确责任。

（4）当发生紧急情况时，立即报告公司应急救援领导小组并及时采取救援工作，尽快控制险情蔓延，必要时，报告当地部门，取得政府及相关部门的帮助。

应急救援小组职责：

（1）指挥长：亲临现场，听取汇报，做出指示决策。

（2）指挥部成员：协助指挥长提出建议，了解、汇总事故的发生情况，做好事故上报、情况通报和事故处理工作。根据领导指示、决策，做好上情下达，协调有关工作事宜，代表指挥部对外发布有关信息。

成员：×××、×××

（3）现场处理组：主要任务是传达贯彻领导指示，报告事故处理情况，协调有关单位负责救援工作，完成领导交给的各项任务。

成员：×××、×××

（4）专业抢救组：主要任务是对事故进行现场救治，如吊机、灭火、打捞、工程拆除、关闭有毒有害气源或泄露源等。

负责人：×××、×××

（5）警戒维护组：负责设置警戒区域，维护现场秩序，疏通道路，组织危险区人员撤离，劝说围观群众离开事故现场。

成员：×××、×××

（6）医疗救护组：开设现场救护所，负责受伤、中毒人员的救护，保证救治药品和救护器材的供应。

成员：×××、×××

（7）交通运输组：运送现场急需物资、装备、药品等，疏散现场人员。

成员：×××、×××

（8）后勤保障组：负责指挥人员和抢救人员的现场食宿安排，保障抢险救援物资的供应，协助处理伤员的救护工作。

成员：×××、×××

（9）善后处理组：负责对死难、受伤人员家属的安抚、慰问工作，做好群众的思想稳定工作，妥善处理好善后事宜，消除各种不安全、不稳定因素。

成员：×××、×××

（10）机动预备组：由指挥长临时确定、调动、使用。

成员：×××、×××

4．事故调查处理

（1）事故调查处理实行"四不放过"原则：即在调查处理事故时，必须坚持事故原因分析不清不放过；事故责任者和群众没有受到教育不放过；事故责任者没有受到严肃处理不放过；没有采取切实可行的防范措施不放过。

（2）事故调查组，由事故发生单位、项目安全环境部、项目工会等部门派员组成，必要时聘请专家技术人员参与。

（3）事故调查的工作程序，调查组人员要在做好事故救援、现场保护的基础上，尽早开展事故现场勘察工作，做好事故目击证人和有关当事人的询问笔录，确保掌握事故的真实性，主动配合上级调查组做好查处工作，在最短的时间内形成事故调查报告。

（4）事故处理按照《国务院关于重特大安全事故行政责任追究的规定》第十九条规定，

在调查报告递交之日起 30 日内，对有关责任人员作出处理决定。

（5）其它事项

1）本预案只适用于人为过失造成责任事故和自然灾害事故，一般不适用于破坏事故等。

2）项目经理、项目副经理为重大安全事故抢险工作的第一、第二责任人。

3）凡接到抢险紧急通知后，行动迟缓、措施不力，致使事故蔓延、扩大的，要追究有关单位、人员的行政责任。造成严重后果的，要依法追究刑事责任。

5.2 模板、支承体系工程施工安全技术

5.2.1 模板工程设计计算

1．基本规定

（1）模板及其支架的设计应根据工程结构形式、荷载大小、地基土类别、施工设备和材料等条件进行。

（2）模板及其支架的设计应符合下列规定：

1）应具有足够的承载能力、刚度和稳定性，应能可靠地承受新浇混凝土的自重、侧压力和施工过程中所产生的荷载及风荷载。

2）构造应简单，装拆方便，便于钢筋的绑扎、安装和混凝土的浇筑、养护。

3）混凝土梁的施工应采用从跨中向两端对称进行分层浇筑，每层厚度不得大 400mm。

4）当验算模板及其支架在自重和风荷载作用下的抗倾覆稳定性时，应符合相应材质结构设计规范的规定。

（3）模板设计应包括下列内容：

1）根据混凝土的施工工艺和季节性施工措施，确定其构造和所承受的荷载；

2）绘制配板设计图、支撑设计布置图、细部构造和异形模板大样图；

3）按模板承受荷载的最不利组合对模板进行验算；

4）制定模板安装及拆除的程序和方法；

5）编制模板及配件的规格、数量汇总表和周转使用计划；

6）编制模板施工安全、防火技术措施及设计、施工说明书。

（4）模板中的钢构件设计应符合现行国家标准《钢结构设计规范》GB50017 和《冷弯薄壁型钢结构技术规范》GB50018 的规定，其截面塑性发展系数应取 1.0。组合钢模板、大模板、滑升模板等的设计尚应符合现行国家标准《组合钢模板技术规范》GB50214 和《滑动模板工程技术规范》GB50113 的相应规定。

（5）模板中的木构件设计应符合现行国家标准《木结构设计规范》GB50005 的规定，其中受压立杆应满足计算要求，且其梢径不得小于 80mm。

（6）模板结构构件的长细比应符合下列规定：

1）受压构件长细比：支架立柱及桁架，不应大于 150；拉条、缀条、斜撑等连系构件，不应大于 200；

2）受拉构件长细比：钢杆件，不应大于 350；木杆件，不应大于 250。

（7）用扣件式钢管脚手架作支架立柱时，应符合下列规定：

1）连接扣件和钢管立杆底座应符合现行国家标准《钢管脚手架扣件》GB15831 的规定；

2）承重的支架柱，其荷载应直接作用于立杆的轴线上，严禁承受偏心荷载，并应按单立杆轴心受压计算；钢管的初始弯曲率不得大于 1/1000，其壁厚应按实际检查结果计算；

3）当露天支架立柱为群柱架时，高宽比不应大于 5；当高宽比大于 5 时，必须加设抛撑或缆风绳，保证宽度方向的稳定。

（8）用门式钢管脚手架作支架立柱时，应符合下列规定：

1）几种门架混合使用时，必须取支承力最小的门架作为设计依据；

2）荷载宜直接作用在门架两边立杆的轴线上，必要时可设横梁将荷载传于两立杆顶端，且应按单榀门架进行承力计算；

3）门架结构在相邻两榀之间应设工具式交叉支撑，使用的交叉支撑线刚度必须满足下式要求：

$$\frac{I_b}{L_b} \geqslant 0.03 \frac{I}{h_0} \tag{5-1}$$

式中：I_b——刀撑的截面惯性矩；

L_b——剪刀撑的压曲长度；

I——门架的截面惯性矩；

h_0——门架立杆高度。

4）当门架使用可调支座时，调节螺杆伸出长度不得大于 150mm；

5）当露天门架支架立柱为群柱架时，高宽比不应大于 5；当高宽比大于 5 时，必须使用缆风绳，保证宽度方向的稳定。

（9）遇有下列情况时，水平支承梁的设计应采取防倾倒措施，不得取消或改动销紧装置的作用，且应符合下列规定：

1）水平支承如倾斜或由倾斜的托板支承以及偏心荷载情况存在时；

2）梁由多杆件组成；

3）当梁的高宽比大于 2.5 时，水平支承梁的底面严禁支承在 50mm 宽的单托板面上；

4）水平支承梁的高宽比大于 2.5 时，应避免承受集中荷载。

（10）当采用卷扬机和钢丝绳牵拉进行爬模设计时，其支承架和锚固装置的设计能力，应为总牵引力的 3～5 倍。

（11）烟囱、水塔和其他高大构筑物的模板工程，应根据其特点进行专项设计，制定专项施工安全措施。

2. 荷载

（1）荷载标准值

1）永久荷载标准值应符合下列规定：

①模板及其支架自重标准值（G_{1k}）应根据模板设计图纸计算确定。肋形或无梁楼板模板自重标准值应按表 5-1 采用。

表 5-1 楼板模板自重标准值（kN/m²）

模板构件的名称	木模板	定型组合钢模板
平板的模板及小梁	0.30	0.50
楼板模板（其中包括梁的模板）	0.50	0.75
楼板模板及其支架（楼层高度为4m以下）	0.75	1.10

注：除钢、木外，其他材质模板重量见附录 1 中的附表。

②新浇筑混凝土自重标准值（G_{2k}），对普通混凝土可采用 24kN/m³，其他混凝土可根据实际重力密度或按附录 1 中附表确定。

③钢筋自重标准值（G_{3k}）应根据工程设计图确定。对一般梁板结构每立方米钢筋混凝土的钢筋自重标准值：楼板可取 1.1kN；梁可取 1.5kN。

④当采用内部振捣器时，新浇筑的混凝土作用于模板的侧压力标准值（G_{4k}），可按下列公式计算，并取其中的较小值：

$$F=0.22\gamma_c t_0 \beta_1 \beta_2 \tag{5-2}$$
$$F=\gamma_c H \tag{5-3}$$

式中：F——新浇混凝土对模板的侧压力计算值（kN/m²）；

γ_c——混凝土的重力密度（kN/m³）；

V——混凝土的浇筑速度（m/h）；

t_0——新浇混凝土的初凝时间（h），可按试验确定；当缺乏试验资料时，可采用 $t_0=200/$（$T+15$）（T 为混凝土的温度℃）；

β_1——外加剂影响修正系数；不掺外加剂时取 1.0，掺具有缓凝作用的外加剂时取 1.2；

β_2——混凝土坍落度影响修正系数；当坍落度小于 30mm 时，取 0.85；坍落度为 50～90mm 时，取 1.00；坍落度为 110～150mm 时，取 1.15；

H——混凝土侧压力计算位置处至新浇混凝土顶面的总高度（m）；混凝土侧压力的计算分布图形如图 5-1 所示，图中 $h=F/\gamma_c$，h 为有效压头高度。

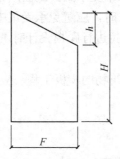

图 5-1 混凝土侧压力计算分布图形

2）可变荷载标准值应符合下列规定：

①施工人员及设备荷载标准值（Q_{1k}），当计算模板和直接支承模板的小梁时，均布活荷载可取 2.5kN/m²，再用集中荷载 2.5kN 进行验算，比较两者所得的弯矩值取其大值；当计算直接

支承小梁的主梁时,均布活荷载标准值可取 1.5kN/m²; 当计算支架立柱及其他支承结构构件时, 均布活荷载标准值可取 1.0kN/m²。

注:1.对大型浇筑设备,如上料平台、混凝土输送泵等按实际情况计算;采用布料机上料进行浇筑混凝土时, 活荷载标准值取 4kN/m²。

2.混凝土堆积高度超过 100mm 以上者按实际高度计算。

3.模板单块宽度小于 150mm 时,集中荷载可分布于相邻的 2 块板面上。

②振捣混凝土时产生的荷载标准值(Q_{2k}),对水平面模板可采用 2kN/m²,对垂直面模板可采用 4kN/m²,且作用范围在新浇筑混凝土侧压力的有效压头高度之内。

③倾倒混凝土时,对垂直面模板产生的水平荷载标准值(Q_{3k})可按表 5-2 采用。

表 5-2 倾倒混凝土时产生的水平荷载标准值 (kN/m²)

向模板内供料方法	水平荷载
溜槽、串筒或导管	2
容量小于 0.2m³ 的运输器具	2
容量为 0.2~0.8m³ 的运输器具	4
容量大于 0.8m³ 的运输器具	6

注:作用范围在有效压头高度以内。

3)风荷载标准值应按现行国家标准《建筑结构荷载规范》GB50009 中的规定计算,其中基本风压值应按 n=10 年的规定采用,并取风振系数 β_z=1。

(2)荷载设计值

1)计算模板及支架结构或构件的强度、稳定性和连接强度时,应采用荷载设计值(荷载标准值乘以荷载分项系数)。

2)计算正常使用极限状态的变形时,应采用荷载标准值。

3)荷载分项系数应按表 5-3 采用。

表 5-3 荷载分项系数

荷载类别	分项系数
模板及支架自重标准值	永久荷载的分项系数: (1)当其效应对结构不利时:对由可变荷载效应控制的组合,应取 1.2;对由永久荷载效应控制的组合,应取 1.35。 (2)当其效应对结构有利时:一般情况应取 1;对结构的倾覆滑移验算,应取 0.9。
新浇混凝土自重标准值	
钢筋自重标准值	
新浇混凝土对模板的侧压力标准值	
施工人员及施工设备荷载标准值	可变荷载的分项系数: 一般情况下应取 1.4; 对于标准值大于 4kN/的活荷载应取 1.3。
振捣混凝土时产生的荷载标准值	
倾倒混凝土时产生的荷载标准值	
风荷载	1.4

4)钢面板及支架作用荷载设计值可乘以系数 0.95 进行折减。当采用冷弯薄壁型钢时,其荷载设计值不应折减。

(3)荷载组合

1)按极限状态设计时,其荷载组合应符合下列规定:

①对于承载能力极限状态，应按荷载效应的基本组合采用，并应采用下列设计表达式进行模板设计：

$$r_0 S \leqslant R \tag{5-4}$$

式中：r_0——结构重要性系数，其值按 0.9 采用；

  S——荷载效应组合的设计值；

  R——结构构件抗力的设计值，应按各有关建筑结构设计规范的规定确定。对于基本组合，荷载效应组合的设计值 S 应从下列组合值中取最不利值确定：

a．由可变荷载效应控制的组合：

$$S = \gamma_G \sum_{i=1}^{n} G_{iK} + \gamma_{Q1} Q_{iK} \tag{5-5}$$

$$S = \gamma_G \sum_{i=1}^{n} G_{iK} + 0.9 \sum_{i=1}^{n} \gamma_{Q1} Q_{iK} \tag{5-6}$$

式中：γ_G——永久荷载分项系数，应按表 3-3 采用；

  γ_{Qi}——第 i 个可变荷载的分项系数，其中 γ_{Q1} 为可变荷载 Q_1 的分项系数，应按表 2-3 采用；

  G_{ik}——按各永久荷载标准值 G_k 计算的荷载效应值；

  Q_{ik}——按可变荷载标准值计算的荷载效应值，其中 Q_{ik} 为诸可变荷载效应中起控制作用者；

  N——参与组合的可变荷载数。

b．由永久荷载效应控制的组合：

$$S = \gamma_G G_{ik} + \sum_{i=1}^{n} \gamma_{Qi} \Psi_{ei} Q_{iK} \tag{5-7}$$

式中：ψ_{ci}——可变荷载 Q_i 的组合值系数，当按《建筑施工模板安全技术规范》JGJ162-2008 中规定的各可变荷载采用时，其组合值系数可为 0.7。

注：1.基本组合中的设计值仅适用于荷载与荷载效应为线性的情况；

  2.当对 Qik 无明显判断时，轮次以各可变荷载效应为 Qik，选其中最不利的荷载效应组合；

  3.当考虑以竖向的永久荷载效应控制的组合时，参与组合的可变荷载仅限于竖向荷载。

②对于正常使用极限状态应采用标准组合，并应按下列设计表达式进行设计：

$$S \leqslant C \tag{5-8}$$

式中：C——结构或结构构件达到正常使用要求的规定限值，参见本条第 4 款"变形值规定"。

对于标准组合，荷载效应组合设计值 S 应按下式采用：

$$s = \sum_{i-1}^{n} G_{ik} \tag{5-9}$$

2）参与计算模板及其支架荷载效应组合的各项荷载的标准值组合应符合表 5-4 的规定。

表 5-4 模板及其支架荷载效应组合的各项荷载标准值组合

	项目	参与组合的荷载类别	
		计算承载能力	验算挠度
1	平板和薄壳的模板及支架	$G_{1k}+ G_{2k}+ G_{3k}+ G_{1k}$	$G_{1k}+ G_{2k}+ G_{3k}$
2	梁和拱模板的底板及支架	$G_{1k}+ G_{2k}+ G_{3k}+ G_{2k}$	$G_{1k}+ G_{2k}+ G_{3k}$
3	梁、拱、柱（边长不大于300mm）、墙（厚度不大于100mm）的侧面模板	$G_{4k}+ G_{2k}$	G_{4k}
4	大体积结构、柱（边长大于300mm）、墙（厚度大于100mm）的侧面模板	$G_{4k}+ G_{3k}$	G_{4k}

注：验算挠度应采用荷载标准值；计算承载能力应采用荷载设计值。

3）爬模结构的设计荷载值及其组合应符合下列规定：

①模板结构设计荷载应包括：

侧向荷载：新浇混凝土侧向荷载和风荷载。当为工作状态时按 6 级风计算；非工作状态偶遇最大风力时，应采用临时固定措施；

竖向荷载：模板结构自重，机具、设备按实计算，施工人员按 $1.0kN/m^2$ 采用；

混凝土对模板的上托力：当模板的倾角小于 45°时，取 3～5kN/m^2；当模板的倾角大于或等于 45°时，取 5～12kN/m^2；

新浇混凝土与模板的粘结力：按 $0.5kN/m^2$ 采用，但确定混凝土与模板间摩擦力时，两者间的摩擦系数取 0.4～0.5；

模板结构与滑轨的摩擦力：滚轮与轨道间的摩擦系数取 0.05，滑块与轨道间的摩擦系数取 0.15～0.50。

②模板结构荷载组合应符合下列规定：

计算支承架的荷载组合：处于工作状态时，应为竖向荷载加迎墙面风荷载；处于非工作状态时，仅考虑风荷载；计算附墙架的荷载组合：处于工作状态时，应为竖向荷载加背墙面风荷载；处于非工作状态时，仅考虑风荷载。

4）液压滑动模板结构的荷载设计值及其组合应符合下列规定：

①模板结构设计荷载类别应按表 5-5 采用。

②计算滑模结构构件的荷载设计值组合应按表 5-6 采用。

（4）变形值规定

1）当验算模板及其支架的刚度时，其最大变形值不得超过下列容许值：

①对结构表面外露的模板，为模板构件计算跨度的 1/400；

②对结构表面隐蔽的模板，为模板构件计算跨度的 1/250；

③支架的压缩变形或弹性挠度，为相应的结构计算跨度的 1/1000。

2）组合钢模板结构或其构配件的最大变形值不得超过表 5-7 的规定。

表 5-5 液压滑动模板荷载类别

编号	设计荷载名称	荷载种类	分项系数	备注
（1）	模板结构自重	恒荷载	1.2	按工程设计图计算确定其值
（2）	操作平台上施工荷载（人员、工具和堆料）：设计平台铺板及檩条 2.5kN/设计平台桁架 1.5kN/设计围圈及提升 1.0kN/计算支承杆数量1.0kN/	活荷载	1.4	若平台上放置手推车、吊罐、液压控制柜、电气焊设备、垂直运输、井架等特殊设备应按实计算荷载值
（3）	振捣混凝土侧压力：沿周长方向每米取集中荷载5～6kN	恒荷载	1.2	按浇灌高度为800mm左右考虑的侧压力分布情况，集中荷载的合力作用点为混凝土浇灌高度的2/5处
（4）	模板与混凝土的摩阻力钢模板取1.5～3.0kN/	活荷载	1.4	—
（5）	倾倒混凝土时模板承受的冲击力，按作用于模板侧面的水平集中荷载为：2.0kN	活荷载	1.4	按用溜槽、串筒或0.2的运输工具向模板内倾倒时考虑
（6）	操作平台上垂直运输荷载及制动时的刹车力：平台上垂直运输的额定附加荷载（包括起重量及柔性滑道的张紧力）均应按实计算；垂直运输设备刹车制动力按下式计算：$W = (\frac{A}{g}+1)Q = kQ$	活荷载	1.4	W——刹车时产生的荷载（N）；A——刹车时的制动减速度（m/s²），一般取g值的1～2倍g；G——重力加速度（9.8m/s²）；Q——料罐总重（N）；K——动荷载系数，在2～3之间取用
（7）	风荷载	活荷载	1.4	按《建筑结构荷载规范》GB50009的规定采用，其中风压基本值n=10年采用，其抗倾倒系数不应小于1.15

表 5-6 计算滑模结构构件的荷载设计值组合

结构计算项目	荷载组合	
	计算承载能力	验算挠度
支撑杆计算	（1）＋（2）＋（4）〉取二式中（1）＋（2）＋（6）较大值	—
模板面计算	（3）＋（5）	（3）
围圈计算	（1）＋（3）＋（5）	（1）＋（3）＋（4）
提升架计算	（1）＋（2）＋（3）＋（4）＋（5）＋（6）	（1）＋（2）＋（3）＋（4）＋（6）
操作平台结构计算	（1）＋（2）＋（6）	（1）＋（2）＋（6）

注：1. 风荷载设计值参与活荷载设计值组合时，其组合后的效应值应乘 0.9 的组合系数；
   2. 计算承载能力时应取荷载设计值；验算挠度时应取荷载标准值。

表 5-7 组合钢模板及构配件的容许变形值（mm）

部件名称	容许变形值
刚模板的面板	≤1.5
单块钢模面板	≤1.5
钢愣	L/500 或 ≤3.0
柱筋	B/500 或 ≤3.0
桁架、钢模板结构体系	L/1000
支撑系统累计	≤4.0

注：L 为计算跨度，B 为柱宽。

3）液压滑模装置的部件，其最大变形值不得超过下列容许值：

①在使用荷载下，两个提升架之间围圈的垂直与水平方向的变形值均不得大于其计算跨度的 1/500；

②在使用荷载下，提升架立柱的侧向水平变形值不得大于 2mm；

③支承杆的弯曲度不得大于 $L/500$。

4）爬模及其部件的最大变形值不得超过下列容许值：

①爬模应采用大模板；

②爬架立柱的安装变形值不得大于爬架立柱高度的 1/1000；

③爬模结构的主梁，根据重要程度的不同，其最大变形值不得超过计算跨度的 1/500～1/800；

④支点间轨道变形值不得大于 2mm。

3 现浇混凝土模板计算

（1）面板设计计算

面板可按简支跨计算，应验算跨中和悬臂端的最不利抗弯强度和挠度，并应符合下列规定：

1）抗弯强度计算

①钢面板抗弯强度应按下式计算：

$$N = \frac{M_{max}}{W_n} \leqslant f \tag{5-10}$$

式中：M_{max}——最不利弯矩设计值，取均布荷载与集中荷载分别作用时计算结果的大值；

　　　W_n——净截面抵抗矩按表 5-8 或表 5-9 查取；

　　　f——钢材的抗弯强度设计值，应按附录 2 的表 2.1.1-1 或表 2.2.1-1 的规定采用。

②木面板抗弯强度应按下式计算：

$$m = \frac{M_{max}}{W_m} \leqslant f_m \tag{5-11}$$

式中：W_m——木板毛截面抵抗矩；

　　　f_m——木材抗弯强度设计值，按附录 2 表 2.3.1-3～表 2.3.1-5 的规定采用。

表 5-8 组合钢模板 2.3mm 厚面板力学性能

模板宽度 （mm）	截面积 A（m）	中性轴位置 y_0（mm）	X 轴截面惯 性矩 I_x（c）	截面最小抵 抗矩 W_x（c）	截面简图
300	1080 （978）	11.1 （10.0）	27.91 （26.39）	6.36 （5.86）	
250	965 （863）	12.3 （11.1）	26.62 （25.38）	6.23 （5.78）	
200	702 （639）	10.6 9.5	17.63 （16.62）	3.97 （3.65）	
150	587 （524）	12.5 （11.3）	16.40 （15.64）	3.86 （3.58）	
100	472 （409）	15.3 （14.2）	14.54 （14.11）	3.66 （3.46）	

注：1.括号内数据为净截面；
2.表中各种宽度的模板，其长度规格有：1.5m、1.2m、0.9m、0.75m、0.6m 和 0.45m；高度全为 55mm。

③胶合板面板抗弯强度应按下式计算：

$$\sigma_j = \frac{M_{\max}}{W_j} \leqslant f_{jm}$$

(5-12)

式中：W_j——胶合板毛截面抵抗矩；

f_{jm}——胶合板的抗弯强度设计值，应按附录 2 的表 2.5.1～表 2.5.3 采用。

表 5-9 组合钢模板 2.5mm 厚面板力学性能

模板宽度 （mm）	截面积A（m）	中性轴位置 （mm）	X 轴截面惯 性矩 I_x（c）	截面最小抵 抗矩 W_x（c）	截面简图
300	114.4 （104.0）	10.7 （9.6）	28.59 （26.97）	6.45 （5.94）	
250	101.9 （91.5）	11.9 （10.7）	27.33 （25.98）	6.34 （5.86）	
200	76.3 （69.4）	10.7 （9.6）	19.06 （17.98）	4.3 （3.96）	
150	63.8 （56.9）	12.6 （11.4）	17.71 （16.91）	4.18 （3.88）	
100	51.3 （44.4）	15.3 （14.3）	15.72 （15.25）	3.96 （3.75）	

注：1.括号内数据为净截面；
2.表中各种宽度的模板，其长度规格有：1.5m、1.2m、0.9m、0.75m、0.6m 和 0.45m；高度全为 55mm。

2）挠度应按下列公式进行验算：

$$v = \frac{5q_g L^4}{384EI_x} \leqslant [v] \tag{5-13}$$

$$v = \frac{5q_g L^4}{384EI_x} + \frac{PL^3}{48EI_x} \leqslant [v] \tag{5-14}$$

式中：q_g——恒荷载均布线荷载标准值；

P——集中荷载标准值；

E——弹性模量；

I_x——截面惯性矩；

L——面板计算跨度；

$[v]$——容许挠度。

（2）支承楞梁设计计算

支承楞梁计算时，次楞一般为 2 跨以上连续楞梁，可按附录 3 计算，当跨度不等时，应按不等跨连续楞梁或悬臂楞梁设计；主楞可根据实际情况按连续梁、简支梁或悬臂梁设计；同时次、主楞梁均应进行最不利抗弯强度与挠度计算，并应符合下列规定：

1）次、主楞梁抗弯强度计算

①次、主钢楞梁抗弯强度应按下式计算：

$$\sigma = \frac{M_{max}}{W} \leqslant f \tag{5-15}$$

式中：M_{max}——最不利弯矩设计值。应从均布荷载产生的弯矩设计值 M_1、均布荷载与集中荷载产生的弯矩设计值 M_2 和悬臂端产生的弯矩设计值 M_3 三者中，选取计算结果较大者；

W——截面抵抗矩，按表 5-10 查用；

f——钢材抗弯强度设计值，按附录 2 的表 2.1.1-1 或表 2.2.1-1 采用。

②次、主铝合金楞梁抗弯强度应按下式计算：

$$\sigma = \frac{M_{max}}{W} \leqslant f_{cm} \tag{5-16}$$

式中：f_{cm}——铝合金抗弯强度设计值，按附录 2 表 2.4.1 采用。

③次、主木楞梁抗弯强度应按下式计算：

$$\sigma = \frac{M_{max}}{W} \leqslant f_m \tag{5-17}$$

式中：f_m——木材抗弯强度设计值，按附录 2 的表 2.3.1-3、表 2.3.1-4 及表 2.3.1-5 的规定采用。

④次、主钢桁架梁计算应按下列步骤进行：

a. 钢桁架应优先选用角钢、扁钢和圆钢筋制成；

b. 正确确定计算简图（见图 5-2～图 5-4）；

表 5-10 各种型钢钢楞和木楞力学性能

	规格（mm）	截面积 A（m）	重量（N/m）	截面惯性矩 I_x（c）	截面最小抵抗矩 W_x（c）
扁钢	−70×5	350	27.5	14.29	4.08
角钢	∟75×25×3.0	291	22.8	17.17	3.76
	∟80×35×3.0	330	25.9	22.49	4.17
钢管	Φ48×3.0	424	33.3	10.78	4.49
	Φ48×3.5	489	38.4	12.19	5.08
	Φ51×3.5	522	41.0	14.81	5.81
矩形钢管	□60×40×2.5	457	35.9	21.88	7.29
	□80×40×2.0	452	35.5	37.13	9.28
	□100×50×3.0	864	67.8	112.12	22.42
薄壁冷弯槽钢	[80×40×3.0	450	35.3	43.92	10.98
	[100×50×3.0	570	44.7	88.52	12.20
内卷边精钢	[80×40×15×3.0	508	39.9	48.92	12.23
	[100×50×20×30	658	51.6	100.28	20.06
精钢	[80×43×5.0	1024	80.4	101.30	25.30
矩形木楞	50×100	5000	30.0	416.67	83.33
	60×90	5400	32.4	364.50	81.00
	80×80	6400	38.4	341.33	85.33
	100×100	10000	60.0	833.33	166.67

c. 分析和准确求出节点集中荷载 P 值；

d. 求解桁架各杆件的内力；

e. 选择截面并应按下列公式核验杆件内力：

拉杆：
$$\frac{N}{A} \leqslant f \tag{5-18}$$

压杆：
$$\frac{N}{\varphi A} \leqslant f \tag{5-19}$$

式中：N——轴向拉力或轴心压力；

A——杆件截面面积；

$\varPhi$——轴心受压杆件稳定系数。根据长细比（λ）值查本附录 4，其中 l 为杆件计算跨度，i 为杆件回转半径；

f——钢材抗拉、抗压强度设计值。按附录 2 表 2.1.1-1 或表 2.2.1-1 采用。

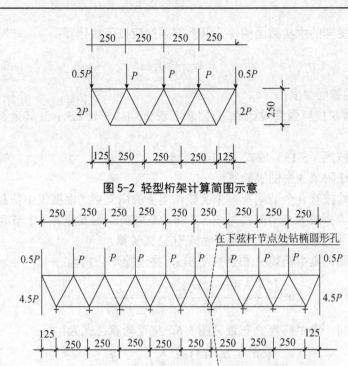

图 5-2 轻型桁架计算简图示意

图 5-3 曲面可变桁架计算简图示意

2）次、主楞梁抗剪强度计算

①在主平面内受弯的钢实腹构件，其抗剪强度应按下式计算：

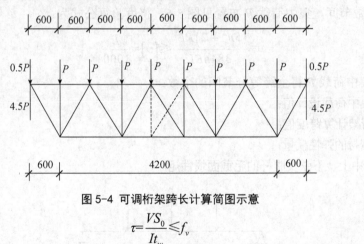

图 5-4 可调桁架跨长计算简图示意

$$\tau = \frac{VS_0}{It_w} \leqslant f_v \tag{5-20}$$

式中：V——计算截面沿腹板平面作用的剪力设计值；

S_0——计算剪力应力处以上毛截面对中和轴的面积矩；

I——毛截面惯性矩；

t_w——腹板厚度；

f_v——钢材的抗剪强度设计值，查附录 2 表 2.1.1-1 和表 2.2.1-1。

②在主平面内受弯的木实截面构件，其抗剪强度应按下式计算：

$$\tau = \frac{VS_0}{Ib} \leqslant f_v \qquad (5-21)$$

式中：b——构件的截面宽度；

　　f_v——木材顺纹抗剪强度设计值。查附录 2 表 2.3.1-3～表 2.3.1-5；其余符号同式（5-20）。

3）挠度计算

①简支楞梁应按式（5-13）或式（5-14）验算。

②连续楞梁应按附录 3 中的表验算。

③桁架可近似地按有 n 个节间在集中荷载作用下的简支梁（根据集中荷载布置的不同，分为集中荷载将全跨等分成 n 个节间，见图 5-5 和边集中荷载距支座各 1/2 节间，中间部分等分成 n-1 个节间，见图（5-6）考虑，采用下列简化公式验算：

当 n 为奇数节间，集中荷载 P 布置见图 5-5，挠度验算公式为：

$$\upsilon = \frac{\left(5n^4 - 4n^2 - 1\right)PL^3}{384n^3EI} \leqslant [\upsilon] = \frac{L}{1000} \qquad (5-22)$$

当 n 为奇数节间，集中荷载 P 布置见图 5-6，挠度验算公式为：

$$\upsilon = \frac{\left(5n^4 + 2n^2 + 1\right)PL^3}{384n^3EI} \leqslant [\upsilon] = \frac{L}{1000} \qquad (5-23)$$

当 n 为偶数节间，集中荷载 P 布置见图 5-6，挠度验算公式为：

$$\upsilon = \frac{\left(5n^2 - 4\right)PL^3}{384nEI} \leqslant [\upsilon] = \frac{L}{1000} \qquad (5-24)$$

当 n 为偶数节间，集中荷载 P 布置见图 5-5，挠度验算公式为：

$$\upsilon = \frac{\left(5n^2 + 2\right)PL^3}{384nEI} \leqslant [\upsilon] = \frac{L}{1000} \qquad (5-25)$$

式中：n——集中荷载 P 将全跨等分节间的个数；

　　P——集中荷载设计值；

　　L——桁架计算跨度值；

　　E——钢材的弹性模量；

　　I——跨中上、下弦及腹杆的毛截面惯性矩。

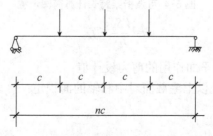

图 5-5 桁架节点集中荷载布置图（全跨等分）

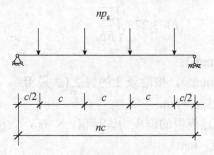

图 5-6 桁架节点集中荷载布置图（中间等分）

（3）模板对拉螺栓强度计算

对拉螺栓应确保内、外侧模能满足设计要求的强度、刚度和整体性。对拉螺栓强度应按下列公式计算：

$$N = abF_s \tag{5-26}$$

$$N_t^b = A_n f_t^b \tag{5-27}$$

$$N_t^b > N \tag{5-28}$$

式中：N——对拉螺栓最大轴力设计值；

　N_t^b——对拉螺栓轴向拉力设计值，按表 5-11 采用；

　　a——对拉螺栓横向间距；

　　b——对拉螺栓竖向间距；

　F_s——新浇混凝土作用于模板上的侧压力、振捣混凝土对垂直模板产生的水平荷载或倾倒混凝土时作用于模板上的侧压力设计值：

$F_s = 0.95（r_G F + r_Q Q_{3k}）$ 或 $F_s = 0.95（r_G G_{4k} + r_Q Q_{3k}）$；其中 0.95 为荷载值折减系数；

　A_n——对拉螺栓净截面面积，按表 5-11 采用；

　f_t^b——螺栓的抗拉强度设计值，按附录 2 表 2.1.1-4 采用。

表 5-11 对拉螺栓轴向拉力设计值（kN）

螺栓直径 （mm）	螺栓内径 （mm）	净截面面积 （m）	重量 （N/m）	轴向拉力设计值 （kN）
M12	9.85	76	8.9	12.9
M14	11.55	105	12.1	17.8
M16	13.55	144	15.8	24.5
M18	14.93	174	20.0	29.6
M20	16.93	225	24.6	38.2
M22	18.93	282	29.6	47.9

（4）柱箍设计计算

柱箍应采用扁钢、角钢、槽钢和木楞制成，其受力状态应为拉弯杆件，柱箍计算（图 5-7）应符合下列规定：

1）柱箍间距应按下列各式的计算结果取其小值：

①柱模为钢面板时的柱箍间距应按下式计算：

$$l_1 \leqslant 3.276 \sqrt[4]{\frac{EI}{Fb}}$$

（5-29）

式中：l_1——柱箍纵向间距（mm）；

E——钢材弹性模量（N/mm²），按附录 2 的表 2.1.3 采用；

I——柱模板一块板的惯性矩（mm⁴）；

F——新浇混凝土作用于柱模板的侧压力设计值（N/mm²），按式（5-2）或式（5-3）计算；

b——柱模板一块板的宽度（mm）。

②柱模为木面板时的柱箍间距应按下式计算：

$$l_1 \leqslant 0.783 \sqrt[3]{\frac{EI}{Fb}}$$

（5-30）

式中：E——柱木面板的弹性模量（N/mm²），按附录 2 的表 2.3.1-3～表 2.3.1-5 采用；

I——柱木面板的惯性矩（mm⁴）；

b——柱木面板一块的宽度（mm）。

③柱箍间距还应按下式计算：

$$l_1 \leqslant \sqrt{\frac{8Wf\,(\text{或}f_m)}{F_s b}}$$

（5-31）

式中：W——钢或木面板的抵抗矩；

f——钢材抗弯强度设计值，按附录 2 表 2.1.1-1 和表 2.2.1-1 采用；

f_m——木材抗弯强度设计值，按附录 2 表 2.3.1-3～表 2.3.1-5 采用。

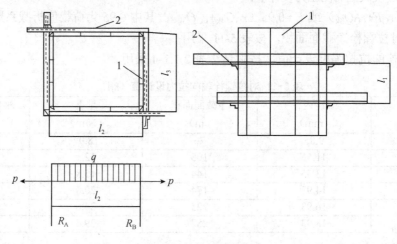

图 5-7 柱箍计算简图

1—钢模板；2—柱箍

2）柱箍强度应按拉弯杆件采用下列公式计算；当计算结果不满足本式要求时，应减小柱箍间距或加大柱箍截面尺寸：

$$\frac{N}{A_n} + \frac{M_X}{W_{nx}} \leqslant f\,\text{或}f_m$$

（5-32）

其中

$$N = \frac{q l_3}{2} \tag{5-33}$$

$$q = F_s l_1 \tag{5-34}$$

$$M_x = \frac{q l_2^2}{8} = \frac{F_s l_1 l_2^2}{8} \tag{5-35}$$

式中：N——柱箍轴向拉力设计值；

　　q——沿柱箍跨向垂直线荷载设计值；

　　A_n——柱箍净截面面积；

　　M_x——柱箍承受的弯矩设计值；

　W_{nx}——柱箍截面抵抗矩；

　　l_1——柱箍的间距；

　　l_2——长边柱箍的计算跨度；

　　l_3——短边柱箍的计算跨度。

3）挠度计算应按式（5-13）进行验算。

（5）木、钢立柱垂直荷载

木、钢立柱应承受模板结构的垂直荷载，其计算应符合下列规定：

1）木立柱计算

　　①强度计算：

$$\sigma_c = \frac{N}{A_n} \leqslant f_c \tag{5-36}$$

　　②稳定性计算：

$$\frac{N}{\varphi A_o} \leqslant f_c \tag{5-37}$$

式中：N——轴心压力设计值（N）；

　　A_n——木立柱受压杆件的净截面面积（mm^2）；

　　f_c——木材顺纹抗压强度设计值（N/mm^2），按附录 2 表 2.3.1-3～表 2.3.1-5 及 2.3.3 条采用；

　　A_0——木立柱跨中毛截面面积（mm^2），当无缺口时，$A_0=A$；

　　$\varPhi$——轴心受压杆件稳定系数，按下列各式计算：

当树种强度等级为 TC17、TC15 及 TB20 时：

$$\lambda \leqslant 75 \quad \varphi = \frac{1}{1 + \left(\dfrac{\lambda}{80} \right)^2} \tag{5-38}$$

$$\lambda > 75 \quad \varphi = \frac{3000}{\lambda^2} \tag{5-39}$$

当树种强度等级为 TC13、TC11、TB17 及 TB15 时：

$$\lambda \leqslant 91 \quad \varphi = \frac{1}{1 + \left(\dfrac{\lambda}{65}\right)^2} \tag{5-40}$$

$$\lambda > 91 \quad \varphi = \frac{2800}{\lambda^2} \tag{5-41}$$

$$\lambda = \frac{L_0}{i} \tag{5-42}$$

$$\lambda = \sqrt{\frac{I}{A}} \tag{5-43}$$

式中：λ——长细比；

L_0——木立柱受压杆件的计算长度，按两端铰接计算 $L_0 = L$（mm），L 为单根木立柱的实际长度；

i——木立柱受压杆件的回转半径（mm）；

I——受压杆件毛截面惯性矩（mm^4）；

A——杆件毛截面面积（mm^2）。

2）工具式钢管立柱（图 5-8 和图 5-9）计算

①CH 型和 YJ 型工具式钢管支柱的规格和力学性能应符合表 5-12 和表 5-13 的规定。

表 5-12 CH、YJ 型钢管支柱规格

型号 项目	CH			YJ		
	CH-65	CH-75	CH-90	YJ-18	YJ-22	YJ-27
最小使用长度（mm）	1812	2212	2712	1820	2220	2720
最大使用长度（mm）	3062	3462	3962	3090	3490	3990
调节范围（mm）	1250	1250	1250	1270	1270	1270
螺旋调节范围（mm）	170	170	170	70	70	70
容许荷载最小长度时（kN）	20	20	20	20	20	20
容许荷载最大长度时（kN）	15	15	12	15	15	12
重量（kN）	0.124	0.132	0.148	0.1387	0.1499	0.1639

注：下套管长度应大于钢管总长的 1/2 以上。

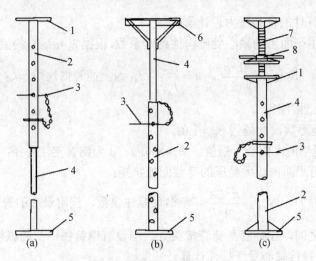

图 5-8 钢管立柱类型（一）

1—顶板；2—套管；3—插销；4—插管；5—底板；6—琵琶撑；7—螺栓；8-转盘

表 5-13 CH、YJ 型钢管支柱力学性能

项目		直径（mm）		壁厚（mm）	截面面积（m）	惯性矩 I（m）	回转半径 i（mm）
		外径	内径				
CH	插管	48.6	43.8	2.4	348	93200	16.4
	套管	60.5	55.7	2.4	438	185100	20.6
YJ	插管	48	43	2.5	357	92800	16.1
	套管	60	55.4	2.3	417	173800	20.4

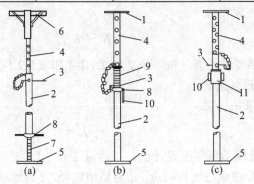

图 5-9 钢管立柱类型（二）

1—顶板；2—套管；3—插销；4—插管；5—底板；6—琵琶撑；7—螺栓；8—转盘；9—螺管；10—手柄；
11—螺旋套；（b）—CH 型；（c）—YJ 型

②工具式钢管立柱受压稳定性计算：

a. 立柱应考虑插管与套管之间因松动而产生的偏心（按偏半个钢管直径计算），应按下式的压弯杆件计算：

$$\frac{N}{\varphi_x A}+\frac{\beta_{mx}M_x}{W_{1X}\left(1-0.8\dfrac{N}{N_{EX}}\right)}\leqslant f$$

$$(5-44)$$

式中：N——所计算杆件的轴心压力设计值；

Φ_x——弯矩作用平面内的轴心受压构件稳定系数，根据 $\lambda_x=\mu L_0/i_2$ 的值和钢材屈服强度(f_y)，按附录4的附表采用，其中 $\mu=\sqrt{\dfrac{1+n}{2}}$，$n=\dfrac{I_{X2}}{I_{X1}}$，$I_{x1}$ 为上插管惯性矩，I_{x2} 为下套管惯性矩；

$\quad A$——钢管毛截面面积；

β_{mx}——等效弯矩系数，此处为 $\beta_{mx}=1.0$；

M_x——弯矩作用平面内偏心弯矩值，$M_x=N×d/2$，d 为钢管支柱外径；

Wl_x——弯矩作用平面内较大受压的毛截面抵抗矩；

N_{EX}——欧拉临界力，$N_{EX}=\dfrac{\pi^2 EA}{\lambda_x^2}$，$E$ 钢管弹性模量，按附录2的表2.1.3采用。

b．立柱上下端之间，在插管与套管接头处，当设有钢管扣件式的纵横向水平拉条时，应取其最大步距按两端铰接轴心受压杆件计算。

轴心受压杆件应按下式计算：

$$\frac{N}{\varphi A}\leqslant f$$

（5-45）

式中：N——轴心压力设计值；

$\quad \Phi$——轴心受压稳定系数（取截面两主轴稳定系数中的较小者），并根据构件长细比和钢材屈服强度（f_y）按附录4的附表采用；

$\quad A$——轴心受压杆件毛截面面积；

$\quad f$——钢材抗压强度设计值，按附录2表2.1.1-1和表2.2.1-1采用。

③插销抗剪计算：

$$N\leqslant 2A_n f_v^b$$

（5-46）

式中：N——钢插销抗剪强度设计值，按附录2表2.1.1-4和表2.2.1-3采用；

$\quad A_n$——钢插销的净截面面积。

④插销处钢管壁端面承压计算：

$$N\leqslant f_c^b A_c^b$$

（5-47）

式中：N——插销孔处管壁端承压强度设计值，按附录2表2.1.1-1和表2.2.1-3采用；

$\quad A_c$——两个插销孔处管壁承压面积$=2dt$，d 为插销直径，t 为管壁厚度。

3）扣件式钢管立柱计算

①用对接扣件连接的钢管立柱应按单杆轴心受压构件计算，其计算应符合公式（5-45），公式中计算长度采用纵横向水平拉杆的最大步距，最大步距不得大于 1.8m，步距相同时应采用底层步距；

②室外露天支模组合风荷载时，立柱计算应符合下式要求：

$$\frac{N_w}{\varphi A}+\frac{M_w}{W}\leqslant f$$

（5-48）

$$N_W = 0.9 \times (1.2 \sum_{i=1}^{n} N_{Gik} + 0.9 \times 1.4 \sum_{i=1}^{n} N_{Qik}) \tag{5-49}$$

$$M_W = \frac{0.9^2 \times 1.4 \omega_k l_a h^2}{10} \tag{5-50}$$

式中：$\sum_{i=1}^{n} N_{Gik}$ ——各恒载标准值对立杆产生的轴向力之和；

$\sum_{i=1}^{n} N_{Qik}$ ——各活荷载标准值对立杆产生的轴向力之和，另加 M_w/l_b 的值；

w_k ——风荷载标准值，按《建筑施工模板安全技术规范》JGJ162-2008 第 4.1.3 条规定计算；

h ——纵横水平拉杆的计算步距；

l_a ——立柱迎风面的间距；

l_b ——与迎风面垂直方向的立柱间距。

4）门形钢管立柱的轴力应作用于两端主立杆的顶端，不得承受偏心荷载。门形立柱的稳定性应按下列公式计算：

$$\frac{N}{\varphi A_0} \leqslant kf \tag{5-51}$$

其中不考虑风荷载作用时，轴向力设计值 N 应按下式计算：

$$N = 0.9 \times \left[1.2(N_{Gk}H_0 + \sum_{i=1}^{n} N_{Gik}) + 1.4 N_{Q1k} \right] \tag{5-52}$$

当露天支模考虑风荷载时，轴向力设计值 N 应按下列公式计算取其大值：

$$N = 0.9 \times \left[1.2(N_{Gk}H_0 + \sum_{i=1}^{n} N_{Gik}) + 0.9 \times 1.4(N_{Q1k} + \frac{2M_w}{b}) \right] \tag{5-53}$$

$$N = 9 \times \left[1.35(N_{Gk}H_0 + \sum_{i=1}^{n} N_{Gik}) + 1.4(0.7N_{Q1k} + 0.6 \times \frac{2M_w}{b}) \right] \tag{5-54}$$

$$M_w = \frac{q_W h^2}{10} \tag{5-55}$$

$$i = \sqrt{\frac{I}{A_1}} \tag{5-56}$$

$$I = I_0 + I_1 \frac{h_1}{h_0} \tag{5-57}$$

式中：N ——作用于一榀门型支柱的轴向力设计值；

N_{Gk} ——每米高度门架及配件、水平加固杆及纵横扫地杆、剪刀撑自重产生的轴向力标准值；

$\sum_{i=1}^{n} N_{Gik}$

——一榀门架范围内所作用的模板、钢筋及新浇混凝土的各种恒载轴向力标准值总和；

N_{Q1k}——一榀门架范围内所作用的振捣混凝土时的活荷载标准值；

　H_0——以米为单位的门型支柱的总高度值；

　M_w——风荷载产生的弯矩标准值；

　q_w——风线荷载标准值；

　h——垂直门架平面的水平加固杆的底层步距；

　A_0——一榀门架两边立杆的毛截面面积，$A_0=2A$；

　k——调整系数，可调底座调节螺栓伸出长度不超过 200mm 时，取 1.0；伸出长度为 300mm，取 0.9；超过 300mm，取 0.8；

　f——钢管强度设计值，按附录 2 表 2.1.1-1 和表 2.2.1-1 采用。

　Φ——门型支柱立杆的稳定系数，按 $\lambda=k_0h_0/i$ 查附录 4 的附表采用；门架立柱换算截面回转半径 i，可按表 3-14 采用，也可按式（5-56）和式（5-57）计算；

　k_0——长度修正系数。门型模板支柱高度 $H_0\leq30m$ 时，$k_0=1.13$；$H_0=31\sim45m$ 时，$k_0=1.17$；$H_0=46\sim60m$ 时，$k_0=1.22$；

　h_0——门型架高度，按表 5-14 采用；

　h_1——门型架加强杆的高度，按表 5-14 采用；

　A_1——门架一边立杆的毛截面面积，按表 5-14 采用；

　I_0——门架一边立杆的毛截面惯性矩，按表 5-14 采用；

　I_1——门架一边加强杆的毛截面惯性矩，按表 5-14 采用。

表 5-14　门型脚手架支柱钢管规格、尺寸和截面几何特性

门型架图示	钢管规格（mm）	截面积（mm²）	截面抵抗矩（mm³）	惯性矩（mm⁴）	回转半径（mm）
	Φ48×3.5	489	5080	121900	15.78
	Φ42.7×2.4	304	2900	61900	14.30
	Φ42×2.5	310	2830	60800	14.00
	Φ34×2.2	220	1640	27900	11.30
	Φ27.2×1.9	151	890	12200	9.00
1—立杆；2—立杆加强杆；3—横杆；4—横杆加强杆	Φ26.8×2.5	191	1060	14200	8.60

门架代号		MF1219	
门型架几何尺寸（mm）		80	100
		1930	1900
	b	1219	1200
		750	800
		1536	1550
杆件外径壁厚（mm）	1	Φ42.0×2.5	Φ48.0×3.5
	2	Φ26.8×2.5	Φ26.8×3.5
	3	Φ42.0×2.5	Φ48.0×3.5
	4	Φ26.8×2.5	Φ26.8×2.5

注：1.表中门架代号应符合国家现行标准《门式钢管脚手架》JG13 的规定；
　　2.当采用的门架集合尺寸及杆件规格与本表不符合时应按实际计算。

（6）立柱底地基承载力计算

立柱底地基承载力应按下列公式计算：

$$P = \frac{N}{A} \leqslant m_f f_{ak} \tag{5-58}$$

式中：p——立柱底垫木的底面平均压力；

N——上部立柱传至垫木顶面的轴向力设计值；

A——垫木底面面积；

f_{ak}——地基土承载力设计值，应按现行国家标准《建筑地基基础设计规范》GB50007 的规定或工程地质报告提供的数据采用；

m_f——立柱垫木地基土承载力折减系数，应按表 5-15 采用。

表 5-15 地基土承载力折减系数（mf）

地基土类别	折减系数	
	支承在原土上时	支承在回填土上时
碎石土、砂土、多年填积土	0.8	0.4
粉土、黏土	0.9	0.5
岩石、混凝土	1.0	——

注：1.立柱基础应有良好的排水措施，支安垫木前应适当洒水将原土表面夯实夯平；

2.回填土应分层夯实，其各类回填土的干重度应达到所要求的密实度。

（7）验算

框架和剪力墙的模板、钢筋全部安装完毕后，应验算在本地区规定的风压作用下，整个模板系统的稳定性。其验算方法应将要求的风力与模板系统、钢筋的自重乘以相应荷载分项系数后，求其合力作用线不得超过背风面的柱脚或墙底脚的外边。

4．爬模计算

（1）爬模应由模板、支承架、附墙架和爬升动力设备等组成（见图 5-10）。

（2）爬模模板应分别按混凝土浇筑阶段和爬升阶段验算。

（3）爬模的支承架应按偏心受压格构式构件计算，应进行整体强度验算、整体稳定性验算、单肢稳定性验算和缀条验算。计算方法应按现行国家标准《钢结构设计规范》GB50017 的有关规定进行。

（4）附墙架各杆件应按支承架和构造要求选用，强度和稳定性都能满足要求，可不必进行验算。

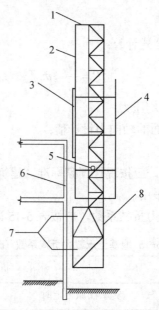

图 5-10 爬模组成
1—爬模的支承架；2—爬模用爬杆；3—大模板；4—脚手架；5—爬升爬架用的千斤顶；
6—钢筋混凝土外墙；7—附墙连接螺栓；8—附墙架

（5）附墙架与钢筋混凝土外墙的穿墙螺栓连接验算应符合下列规定：

1）4 个及以上穿墙螺栓应预先采用钢套管准确留出孔洞。固定附墙架时，应将螺栓预拧紧，将附墙架压紧在墙面上。

2）计算简图见图 5-11。

图中符号：

w——作用在模板上的风荷载，风向背离墙面；

l_1——风荷载与上排固定附墙架螺栓的距离；

l_2——两排固定附墙架螺栓的间距；

Q_1——模板传来的荷载，离开墙面 e_1；

Q_2——支承架传来的荷载，离开墙面 e_2；

R_A——固定附墙架的上排螺栓拉力；

R_B——固定附墙架的下排螺栓拉力；

R——垂直反力。

3）应按一个螺栓的剪、拉强度及综合公式小于 1 的验算，还应验算附墙架靠墙肢轴力对螺栓产生的抗弯强度计算。

4）螺栓孔壁局部承压应按下列公式计算（图 5-12）

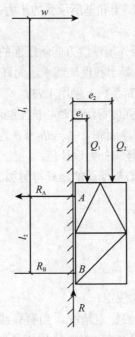

图 5-11 附墙架与墙连接螺栓计算简图

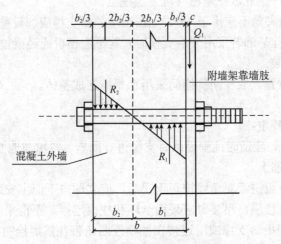

图 5-12 螺栓孔混凝土承压计算

$$
\begin{cases}
4R_2b - Q_i(2b_1 + 3c) = 0 \\
R_1 - R_2 - Q_i = 0 \\
R_1(b - b_1) - R_2b_1 = 0 \\
F_i = 1.5\beta f_c A_m \\
F_i > R_1 \text{ 或 } R_2
\end{cases}
$$

$$(5-59)$$
$$(5-60)$$
$$(5-61)$$

式中：R_1、R_2——一个螺栓预留孔混凝土孔壁所承受的压力；

　　　　　b——混凝土外墙的厚度；

　　　b_1、b_2——孔壁压力 R_1、R_2 沿外墙厚度方向承压面的长度；

　　　　　F_i——一个螺栓预留孔混凝土孔壁局部承压允许设计值；

　　　　　β——混凝土局部承压提高系数，采用 1.73；

　　　　　f_c——按实测所得混凝土强度等级的轴心抗压强度设计值；

　　　　A_m——一个螺栓局部承压净面积，$A_m = db_1$（d 为螺栓直径，有套管时为套管外径）；

　　　　　Q_i——一个螺栓所承受的竖向外力设计值；

　　　　　c——附墙架靠墙肢的形心与墙面的距离再另加 3mm 离外墙边的空隙。

5.2.2　模板构造与安装

1. 普通模板构造与安装

（1）基础及地下工程模板

基础及地下工程模板应符合下列规定：

1）地面以下支模应先检查土壁的稳定情况，当有裂纹及塌方危险迹象时，应采取安全防范措施后，方可下人作业。当深度超过 2m 时，操作人员应设梯上下。

2）距基槽（坑）上口边缘 1m 内不得堆放模板。向基槽（坑）内运料应使用起重机、溜槽或绳索；运下的模板严禁立放在基槽（坑）土壁上。

3）斜支撑与侧模的夹角不应小于 45°，支在土壁的斜支撑应加设垫板，底部的对角楔木应与斜支撑连牢。高大长脖基础若采用分层支模时，其下层模板应经就位校正并支撑稳固后，方可进行上一层模板的安装。

4）在有斜支撑的位置，应在两侧模间采用水平撑连成整体。

（2）柱模板

柱模板应符合下列规定：

1）现场拼装柱模时，应适时地安设临时支撑进行固定，斜撑与地面的倾角宜为 60°，严禁将大片模板系在柱子钢筋上。

2）待四片柱模就位组拼经对角线校正无误后，应立即自下而上安装柱箍。

3）若为整体预组合柱模，吊装时应采用卡环和柱模连接，不得采用钢筋钩代替。

4）柱模校正（用四根斜支撑或用连接在柱模顶四角带花篮螺栓的揽风绳，底端与楼板钢筋拉环固定进行校正）后，应采用斜撑或水平撑进行四周支撑，以确保整体稳定。当高度超过 4m 时，应群体或成列同时支模，并应将支撑连成一体，形成整体框架体系。当需单根支模时，柱宽大于 500mm 应每边在同一标高上设置不得少于 2 根斜撑或水平撑。斜撑与地面的夹角宜为 45°～60°，下端尚应有防滑移的措施。

5）角柱模板的支撑，除满足上款要求外，还应在里侧设置能承受拉力和压力的斜撑。

（3）墙模板

墙模板应符合下列规定：

1）当采用散拼定型模板支模时，应自下而上进行，必须在下一层模板全部紧固后，方可进行上一层安装。当下层不能独立安设支撑件时，应采取临时固定措施。

2）当采用预拼装的大块墙模板进行支模安装时，严禁同时起吊 2 块模板，并应边就位、边校正、边连接，固定后方可摘钩。

3）安装电梯井内墙模前，必须在板底下 200mm 处牢固地满铺一层脚手板。

4）模板未安装对拉螺栓前，板面应向后倾一定角度。

5）当钢楞长度需接长时，接头处应增加相同数量和不小于原规格的钢楞，其搭接长度不得小于墙模板宽或高的 15%～20%。

6）拼接时的 U 形卡应正反交替安装，间距不得大于 300mm；2 块模板对接接缝处的 U 形卡应满装。

7）对拉螺栓与墙模板应垂直，松紧应一致，墙厚尺寸应正确。

8）墙模板内外支撑必须坚固、可靠，应确保模板的整体稳定。当墙模板外面无法设置支撑时，应在里面设置能承受拉力和压力的支撑。多排并列且间距不大的墙模板，当其与支撑互成一体时，应采取措施，防止灌筑混凝土时引起临近模板变形。

（4）独立梁和整体楼盖梁结构模板

独立梁和整体楼盖梁结构模板应符合下列规定：

1）安装独立梁模板时应设安全操作平台，并严禁操作人员站在独立梁底模或柱模支架上操作及上下通行。

2）底模与横楞应拉结好，横楞与支架、立柱应连接牢固。

3）安装梁侧模时，应边安装边与底模连接，当侧模高度多于 2 块时，应采取临时固定措施。

4）起拱应在侧模内外楞连固前进行。

5）单片预组合梁模，钢楞与板面的拉结应按设计规定制作，并应按设计吊点试吊无误后，方可正式吊运安装，侧模与支架支撑稳定后方准摘钩。

（5）楼板或平台板模板

楼板或平台板模板应符合下列规定：

1）当预组合模板采用桁架支模时，桁架与支点的连接应固定牢靠，桁架支承应采用平直通长的型钢或木方。

2）当预组合模板块较大时，应加钢楞后方可吊运。当组合模板为错缝拼配时，板下横楞应均匀布置，并应在模板端穿插销。

3）单块模就位安装，必须待支架搭设稳固、板下横楞与支架连接牢固后进行。

4）U 形卡应按设计规定安装。

（6）其他结构模板应符合下列规定：

1）安装圈梁、阳台、雨篷及挑檐等模板时，其支撑应独立设置，不得支搭在施工脚手架上。

2）安装悬挑结构模板时，应搭设脚手架或悬挑工作台，并应设置防护栏杆和安全网。作业处的下方不得有人通行或停留。

3）烟囱、水塔及其他高大构筑物的模板，应编制专项施工设计和安全技术措施，并应详细地向操作人员进行交底后方可安装。

4）在危险部位进行作业时，操作人员应系好安全带。

2. 爬升模板构造与安装

（1）进入施工现场的爬升模板系统中的大模板、爬升支架、爬升设备、脚手架及附件等，应按施工组织设计及有关图纸验收，合格后方可使用。

（2）爬升模板安装时，应统一指挥，设置警戒区与通信设施，做好原始记录。并应符合下列规定：

1）检查工程结构上预埋螺栓孔的直径和位置，并应符合图纸要求。

2）爬升模板的安装顺序应为底座、立柱、爬升设备、大模板、模板外侧吊脚手架。

（3）施工过程中爬升大模板及支架时，应符合下列规定：

1）爬升前，应检查爬升设备的位置、牢固程度、吊钩及连接杆件等，确认无误后，拆除相邻大模板及脚手架间的连接杆件，使各个爬升模板单元彻底分开。

2）爬升时，应先收紧千斤钢丝绳，吊住大模板或支架，然后拆卸穿墙螺栓，并检查再无任何连接，卡环和安全钩无问题，调整好大模板或支架的重心，保持垂直，开始爬升。爬升时，作业人员应站在固定件上，不得站在爬升件上爬升，爬升过程中应防止晃动与扭转。

3）每个单元的爬升不宜中途交接班，不得隔夜再继续爬升。每单元爬升完毕应及时固定。

4）大模板爬升时，新浇混凝土的强度不应低于 $1.2N/mm^2$。支架爬升时的附墙架穿墙螺栓受力处的新浇混凝土强度应达到 $10N/mm^2$ 以上。

5）爬升设备每次使用前均应检查，液压设备应由专人操作。

（4）作业人员应背工具袋，以便存放工具和拆下的零件，防止物件跌落。且严禁高空向下抛物。

（5）每次爬升组合安装好的爬升模板、金属件应涂刷防锈漆，板面应涂刷脱模剂。

（6）爬模的外附脚手架或悬挂脚手架应满铺脚手板，脚手架外侧应设防护栏杆和安全网。爬架底部亦应满铺脚手板和设置安全网。

（7）每步脚手架间应设置爬梯，作业人员应由爬梯上下，进入爬架应在爬架内上下，严禁攀爬模板、脚手架和爬架外侧。

（8）脚手架上不应堆放材料，脚手架上的垃圾应及时清除。如需临时堆放少量材料或机具，必须及时取走，且不得超过设计荷载的规定。

（9）所有螺栓孔均应安装螺栓，螺栓应采用 $50\sim60N\cdot m$ 的扭矩紧固。一般每爬升一次应全数检查一次。

3. 飞模构造与安装

（1）飞模的制作组装必须按设计图进行。运到施工现场后，应按设计要求检查合格后方可使用安装。安装前应进行一次试压和试吊，检验确认各部件无隐患。对利用组合钢模板、门式脚手架、钢管脚手架组装的飞模，所用的材料、部件应符合现行国家标准《组合钢模板技术规范》GB50214、《冷弯薄壁型钢结构技术规范》GB50018 以及其他专业技术规范的要求。凡属采用铝合金型材、木或竹塑胶合板组装的飞模，所用材料及部件应符合有关专业标准的要求。

（2）飞模起吊时，应在吊离地面 0.5m 后停下，待飞模完全平衡后再起吊。吊装应使用安全卡环，不得使用吊钩。

（3）飞模就位后，应立即在外侧设置防护栏，其高度不得小于 1.2m，外侧应另加设安全网，同时应设置楼层护栏。并应准确、牢固地搭设出模操作平台。外挑出模操作平台一般分为两种情况，一为框架结构时，可直接在飞模两端或一端的建筑物外直接搭设出模操作平台。二，因剪力墙或其他构件的障碍，使飞模不能从飞模两端的建筑物外一边或两边搭设出模平台，此时飞模就必须在预定出口处搭设出模操作平台，而将所有飞模都陆续推至一个或两个平台，然后再用吊车吊走。

（4）当梁、板混凝土强度达到设计强度的 75%时方可拆模，先拆柱、梁模板（包括支架立柱）。然后松动飞模顶部和底部的调节螺栓，使台面下降至梁底以下 100mm。此时转运的具体准备工作为：对双肢柱管架式飞模应用撬棍将飞模撬起，在飞模底部木垫板下垫入 $\Phi50$ 钢管滚杠，每块垫板不少于 4 根。对钢管组合式飞模应将升降运输车推至飞模水平支撑下部合适位置，退出支垫木楔，拔出立柱伸缝腿插销，同时下降升降运输车，使飞模脱模并降低到离梁底 50mm。对门式架飞模在留下的 4 个底托处，安装 4 个升降装置，并放好地滚轮，开动升降机构，使飞模降落在地滚轮上。对支腿桁架式飞模在每榀桁架下放置 3 个地滚轮，操纵升降机构，使飞模同步下降，面板脱离混凝土，飞模落在地滚轮上。另外下面的信号工一般负责飞模推出、控制地滚轮、挂捆安全绳和挂钩、拆除安全网及起吊；上面的信号工一般负责平衡吊具的调整，指挥飞模就位和摘钩。当飞模在不同楼层转运时，上下层的信号人员应分工明确、统一指挥、统一信号，并应采用步话机联络。

（5）当飞模转运采用地滚轮推出时，前滚轮应高出后滚轮 10～20mm，并应将飞模重心标画在旁侧，严禁外侧吊点在未挂钩前将飞模向外倾斜。

（6）飞模外推时，必须用多根安全绳一端牢固栓在飞模两侧，另一端围绕在飞模两侧建筑物的可靠部位上，并应设专人掌握；缓慢推出飞模，并松放安全绳，飞模外端吊点的钢丝绳应逐渐收紧，待内外端吊钩挂牢后再转运起吊。

（7）在飞模上操作的挂钩作业人员应穿防滑鞋，且应系好安全带，并应挂在上层的预埋铁环上。

（8）吊运时，飞模上不得站人和存放自由物料，操作电动平衡吊具的作业人员应站在楼面上，并不得斜拉歪吊。

（9）飞模出模时，下层应设安全网，且飞模每运转一次后应检查各部件的损坏情况，同时应对所有的连接螺栓重新进行紧固。

5.2.3　模板支撑体系构造

1. 扣件式钢管支架体系构造
（1）满堂支撑架步距与立杆间距不宜超过附录 5 表 5-2～表 5-5 规定的上限值，立杆伸出顶层水平杆中心线至支撑点的长度 a 不应超过 0.5m。满堂支撑架搭设高度不宜超过 30m。

（2）满堂支撑架立杆搭设符合下列规定：
1）每根立杆底部应设置底座或垫板。当脚手架搭设在永久性建筑结构混凝土基面时，立杆下底座或垫板可根据情况不设置。
2）脚手架必须设置纵、横向扫地杆。纵向扫地杆应采用直角扣件固定在距钢管底端不大于 200mm 处的立杆上。横向扫地杆亦应采用直角扣件固定在紧靠纵向扫地杆下方的立杆上。

3）立杆基础不在同一高度上时，必须将高处的纵向扫地杆向低处延长两跨与立杆固定，高低差不应大于 1m。靠边坡上方的立杆轴线到边坡的距离不应小于 500mm（图 5-13）。

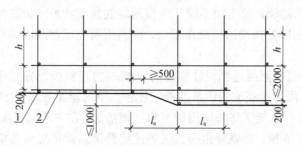

图 5-13　纵、横向扫地杆构造
1—横向扫地杆；2—纵向扫地杆

4）脚手架立杆的对接、搭接应符合下列规定：

①当立杆采用对接接长时，立杆的对接扣件应交错布置，两根相邻立杆的接头不应设置在同步内，同步内隔一根立杆的两个相隔接头在高度方向错开的距离不宜小于 500mm；各接头中心至主节点的距离不宜大于步距的 1/3；

②当立杆采用搭接接长时，搭接长度不应小于 1m，并应采用不少于 2 个旋转扣件固定。端部扣件盖板的边缘至杆端距离不应小于 100mm。

（3）满堂支撑架纵向水平杆接长应采用对接扣件连接或搭接。并应符合下列规定：

1）两根相邻纵向水平杆的接头不宜设置在同步或同跨内；不同步或不同跨两个相邻接头在水平方向错开的距离不应小于 500mm；各接头中心至最近主节点的距离不应大于纵距的 1/3（图 5-14）；

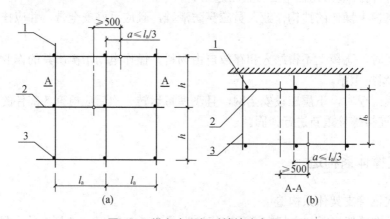

图 5-14　纵向水平杆对接接头布置
（a）接头不在同步内（立面）；（b）接头不在同跨内（平面）
1—立杆；2—纵向水平杆；3—横向水平杆

2）搭接长度不应小于 1m，应等间距设置 3 个旋转扣件固定，端部扣件盖板边缘至搭接纵向水平杆杆端的距离不应小于 100mm；

（4）满堂支撑架应根据架体的类型设置剪刀撑，并应符合下列规定：

1）普通型：

①在架体外侧周边及内部纵、横向每 5m～8m，应由底至顶设置连续竖向剪刀撑，剪刀撑宽度应为 5m～8m（图 5-15）。

②在竖向剪刀撑顶部交点平面应设置连续水平剪刀撑。当支撑高度超过 8m，或施工总荷载大于 15kN/m²，或集中线荷载大于 20kN/m 的支撑架，扫地杆的设置层应设置水平剪刀撑。水平剪刀撑至架体底平面距离与水平剪刀撑间距不宜超过 8m（图 5-15）。

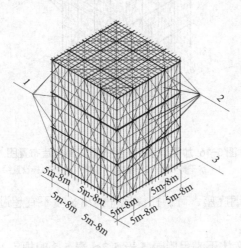

图 5-15 普通型水平、竖向剪刀撑布置图
1—水平剪刀撑；2—竖向剪刀撑；3—扫地杆设置层

2）加强型：

①当立杆纵、横间距为 0.9m×0.9m～1.2m×1.2m 时，在架体外侧周边及内部纵、横向每 4 跨（且不大于 5m），应由底至顶设置连续竖向剪刀撑，剪刀撑宽度应为 4 跨。

②当立杆纵、横间距为 0.6m×0.6m～0.9m×0.9m（含 0.6m×0.6m，0.9m×0.9m）时，在架体外侧周边及内部纵、横向每 5 跨（且不小于 3m），应由底至顶设置连续竖向剪刀撑，剪刀撑宽度应为 5 跨。

③当立杆纵、横间距为 0.4m×0.4m～0.6m×0.6m（含 0.4m×0.4m）时，在架体外侧周边及内部纵、横向每 3m～3.2m 应由底至顶设置连续竖向剪刀撑，剪刀撑宽度应为 3m～3.2m。

④在竖向剪刀撑顶部交点平面应设置水平剪刀撑，扫地杆的设置层水平剪刀撑的设置应符合第（4）款第 1）项第②目的要求，水平剪刀撑至架体底平面距离与水平剪刀撑间距不宜超过 6m，剪刀撑宽度应为 3m～5m（图 5-16）。

（5）竖向剪刀撑斜杆与地面的倾角应为 45°～60°，水平剪刀撑与支架纵（或横）向夹角应为 45°～60°，剪刀撑斜杆的接长应符合第 2）款第④项的要求。

（6）剪刀撑应用旋转扣件固定在与之相交的水平杆或立杆上，旋转扣件中心线至主节点的距离不宜大于 150mm。

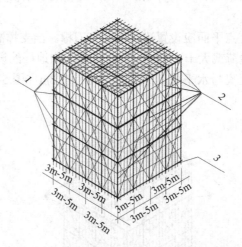

图 5-16 加强型水平、竖向剪刀撑构造布置图
1—水平剪刀撑；2—竖向剪刀撑；3—扫地杆设置层

（7）满堂支撑架的可调底座、可调托撑螺杆伸出长度不宜超过 300mm，插入立杆内的长度不得小于 150mm。

（8）当满堂支撑架高宽比不满足附录 5 表 5-2～表 5-5 的规定（高宽比大于 2 或 2.5）时，满堂支撑架应在支架的四周和中部与结构柱进行刚性连接，连墙件水平间距应为 6m～9m，竖向间距应为 2m～3m。在无结构柱部位应采取预埋钢管等措施与建筑结构进行刚性连接，在有空间部位，满堂支撑架宜超出顶部加载区投影范围向外延伸布置（2～3）跨。支撑架高宽比不应大于 3。

2. 门式钢管支架体系构造

（1）门架的跨距与间距应根据支架的高度、荷载由计算和构造要求确定，门架的跨距不宜超过 1.5m，门架的净间距不宜超过 1.2m。

（2）模板支架的高宽比不应大于 4，搭设高度不宜超过 24m。

（3）模板支架宜设置托座和托梁，托梁应具有足够的抗弯强度和刚度。模板支架宜采用调节架、可调托座调整高度，可调托座调节螺杆的高度不宜超过 300mm。底座和托座与门架立杆轴线的偏差不应大于 2.0mm。

（4）用于支承梁模板的门架，可采用平行或垂直于梁轴线的布置方式（图 5-17）。

（5）当梁的模板支架高度较高或荷载较大时，门架可采用复式（重叠）的布置方式（图 5-18）。

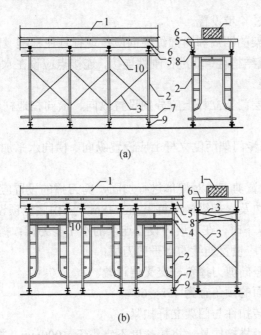

(a)

(b)

图 5-17 梁模板支架的布置方式（一）

（a）门架垂直于梁轴线布置；（b）门架平行于梁轴线布置

1—混凝土梁；2—门架；3—交叉支撑；4—调节架；5—托梁；6—小楞；7—扫地杆；8—可调托座；9—可调底座；10—水平加固杆

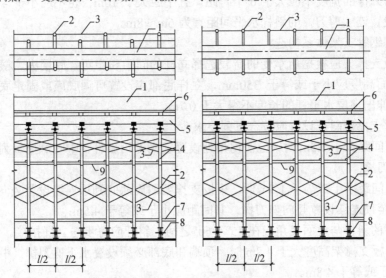

图 5-18 梁模板支架的布置方式（二）

1—混凝土梁；2—门架；3—交叉支撑；4—调节架；5—托梁；6—小楞；7—扫地杆；8—可调底座；9—水平加固杆

（6）梁板类结构的模板支架，应分别设计。板支架跨距（或间距）宜是梁支架跨距（或间距）的倍数，梁下横向水平加固杆应伸入板支架内不少于 2 根门架立杆，并应与板下门架立杆扣紧。

（7）对高宽比大于 2 的满堂脚手架，宜设置缆风绳或连墙件等有效措施防止架体倾覆，缆风绳或连墙件设置宜符合下列规定：

1）在架体端部及外侧周边水平间距不宜超过 10m 设置；宜与竖向剪刀撑位置对应设置；

2）竖向间距不宜超过 4 步设置。

（8）模板支架在支架的四周和内部纵横向应按现行行业标准《建筑施工模板安全技术规范》JGJ162 的规定与建筑结构柱、墙进行刚性连接，连接点应设在水平剪刀撑或水平加固杆设置层，并应与水平杆连接。

（9）模板支架的底层门架立杆上应分别设置纵向、横向扫地杆，并应采用扣件与门架立杆扣紧。

（10）模板支架在每步门架两侧立杆上应设置纵向、横向水平加固杆，并应采用扣件与门架立杆扣紧。

（11）模板支架应设置剪刀撑对架体进行加固，剪刀撑的设置应符合下列要求：

1）在支架的外侧周边及内部纵横向每隔 6m～8m，应由底至顶设置连续竖向剪刀撑；

2）搭设高度 8m 及以下时，在顶层应设置连续的水平剪刀撑；搭设高度超过 8m 时，在顶层和竖向每隔 4 步及以下应设置连续的水平剪刀撑；

3）水平剪刀撑宜在竖向剪刀撑斜杆交叉层设置。

4）剪刀撑斜杆与地面的倾角宜为 45°～60°；

5）剪刀撑应采用旋转扣件与门架立杆扣紧；

6）剪刀撑斜杆应采用搭接接长，搭接长度不宜小于 1000mm，搭接处应采用 3 个及以上旋转扣件扣紧；

7）每道剪刀撑的宽度不应大于 6 个跨距，且不应大于 10m；也不应小于 4 个跨距，且不应小于 6m。设置连续剪刀撑的斜杆水平间距宜为 6m～8m。

3．碗扣式钢管支架体系构造

（1）模板支撑架应根据所承受的荷载选择立杆的间距和步距，底层纵、横向水平杆作为扫地杆，距地面高度应小于或等于 350mm，立杆底部应设置可调底座或固定底座；立杆上端包括可调螺杆伸出顶层水平杆的长度不得大于 0.7m。

（2）模板支撑架斜杆设置应符合下列要求：

1）当立杆间距大于 1.5m 时，应在拐角处设置通高专用斜杆，中间每排每列应设置通高八字形斜杆或剪刀撑；

2）当立杆间距小于或等于 1.5m 时，模板支撑架四周从底到顶连续设置竖向剪刀撑；中间纵、横向由底至顶连续设置竖向剪刀撑，其间距应小于或等于 4.5m；

3）剪刀撑的斜杆与地面夹角应在 45°～60°之间，斜杆应每步与立杆扣接。

（3）当模板支撑架高度大于 4.8m 时，顶端和底部必须设置水平剪刀撑，中间水平剪刀撑设置间距应小于或等于 4.8m。

（4）当模板支撑架周围有主体结构时，应设置连墙件。

（5）模板支撑架高宽比应小于或等于 2；当高宽比大于 2 时可采取扩大下部架体尺寸或采取其他构造措施。

（6）模板下方应放置次楞（梁）与主楞（梁），次楞（梁）与主楞（梁）应按受弯杆件设计计算。支架立杆上端应采用 U 形托撑，支撑应在主楞（梁）底部。

4．承插型盘扣式钢管支架体系构造

（1）模板支架搭设高度不宜超过 24m；当超过 24m 时，应另行专门设计。

（2）模板支架应根据施工方案计算得出的立杆排架尺寸选用定长的水平杆，并应根据支撑高度组合套插的立杆段、可调托座和可调底座。

（3）模板支架的斜杆或剪刀撑设置应符合下列要求：

1）当搭设高度不超过 8m 的满堂模板支架时，步距不宜超过 1.5m，支架架体四周外立面向内的第一跨每层均应设置竖向斜杆，架体整体底层以及顶层均应设置竖向斜杆，并应在架体内部区域每隔 5 跨由底至顶纵、横向均设置竖向斜杆（图 5-19）或采用扣件钢管搭设的剪刀撑（图 5-20）。当满堂模板支架的架体高度不超过 4 个步距时，可不设置顶层水平斜杆；当架体高度超过 4 个步距时，应设置顶层水平斜杆或扣件钢管水平剪刀撑。

2）当搭设高度超过 8m 的模板支架时，竖向斜杆应满布设置，水平杆的步距不得大于 1.5m，沿高度每隔 4～6 个标准步距应设置水平层斜杆或扣件钢管剪刀撑（图 5-21）。周边有结构物时，宜与周边结构形成可靠拉结。

3）当模板支架搭设成无侧向拉结的独立塔状支架时，架体每个侧面每步距均应设竖向斜杆。当有防扭转要求时，在顶层及每隔 3～4 个步距应增设水平层斜杆或钢管水平剪刀撑（图 5-22）。

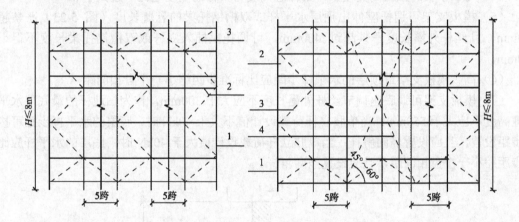

图 5-19 满堂架高度不大于 8m 斜杆设置立面图　　图 5-20 满堂架高度不大于 8m 剪刀撑设置立面图

1—立杆；2—水平杆；3—斜杆；4—扣件钢管剪刀撑

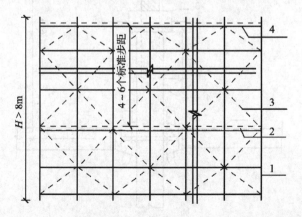

图 5-21 满堂架高度大于 8m 水平斜杆设置立面图

1—立杆；2—水平杆；3—斜杆；4—水平层斜杆或扣件钢管剪刀撑

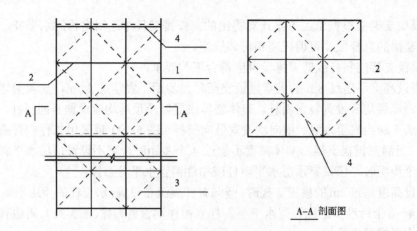

A-A 剖面图

图 5-22 无侧向拉结塔状支模架
1—立杆；2—水平杆；3—斜杆；4—水平层斜杆

（4）对长条状的独立高支模架，架体总高度与架体的宽度之比不宜大于 3。

（5）模板支架可调托座伸出顶层水平杆或双槽钢托梁的悬臂长度（图 5-23）严禁超过 650mm，且丝杆外露长度严禁超过 400mm，可调托座插入立杆或双槽钢托梁长度不得小于 150mm。

（6）高大模板支架最顶层的水平杆步距应比标准步距缩小一个盘扣间距。

（7）模板支架可调底座调节丝杆外露长度不应大于 300mm，作为扫地杆的最底层水平杆离地高度不应大于 550mm。当单肢立杆荷载设计值不大于 40kN 时，底层的水平杆步距可按标准步距设置，且应设置竖向斜杆；当单肢立杆荷载设计值大于 40kN 时，底层的水平杆应比标准步距缩小一个盘扣间距，且应设置竖向斜杆。

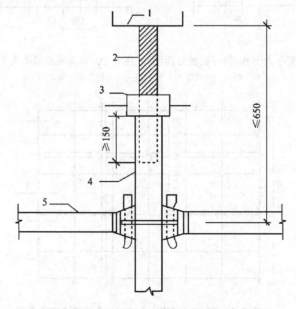

图 5-23 带可调托座伸出顶层水平杆的悬臂长度
1—可调托座；2—螺杆；3—调节螺母；4—立杆；5—水平杆

（8）模板支架宜与周围已建成的结构进行可靠连接。

（9）当模板支架体内设置与单肢水平杆同宽的人行通道时，可间隔抽除第一层水平杆和斜杆形成施工人员进出通道，与通道正交的两侧立杆间应设置竖向斜杆；当模板支架体内设置与单肢水平杆不同宽人行通道时，应在通道上部架设支撑横梁（图 5-24），横梁应按跨度和荷载确定。通道两侧支撑梁的立杆间距应根据计算设置，通道周围的模板支架应连成整体。洞口顶部应铺设封闭的防护板，两侧应设置安全网。通行机动车的洞口，必须设置安全警示和防撞设施。

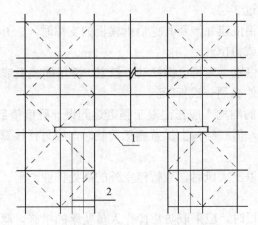

图 5-24 模板支架人行通道设置图
1—支撑横梁；2—立杆加密

5.2.4 模板拆除

1. 一般规定

（1）模板的拆除措施应经技术主管部门或负责人批准，拆除模板的时间可按现行国家标准《混凝土结构工程施工质量验收规范》GB50204 的有关规定执行。冬期施工的拆模，应符合专门规定。

（2）当混凝土未达到规定强度或已达到设计规定强度，需提前拆模或承受部分超设计荷载时，必须经过计算和技术主管确认其强度能足够承受此荷载后，方可拆除。

（3）在承重焊接钢筋骨架作配筋的结构中，承受混凝土重量的模板，应在混凝土达到设计强度的 25% 后方可拆除承重模板。当在已拆除模板的结构上加置荷载时，应另行核算。

（4）大体积混凝土的拆模时间除应满足混凝土强度要求外，还应使混凝土内外温差降低到 25℃ 以下时方可拆模。否则应采取有效措施防止产生温度裂缝。

（5）后张预应力混凝土结构的侧模宜在施加预应力前拆除，底模应在施加预应力后拆除。当设计有规定时，应按规定执行。

（6）拆模前应检查所使用的工具有效和可靠，扳手等工具必须装入工具袋或系挂在身上，并应检查拆模场所范围内的安全措施。

（7）模板的拆除工作应设专人指挥。作业区应设围栏，其内不得有其他工种作业，并应设专人负责监护。拆下的模板、零配件严禁抛掷。

（8）拆模的顺序和方法应按模板的设计规定进行。当设计无规定时，可采取先支的后拆、后支的先拆、先拆非承重模板、后拆承重模板，并应从上而下进行拆除。拆下的模板不得抛扔，应按指定地点堆放。

（9）多人同时操作时，应明确分工、统一信号或行动，应具有足够的操作面，人员应站在安全处。

（10）高处拆除模板时，应符合有关高处作业的规定。严禁使用大锤和撬棍，操作层上临时拆下的模板堆放不能超过 3 层。

（11）在提前拆除互相搭连并涉及其他后拆模板的支撑时，应补设临时支撑。拆模时，应逐块拆卸，不得成片撬落或拉倒。

（12）拆模如遇中途停歇，应将已拆松动、悬空、浮吊的模板或支架进行临时支撑牢固或相互连接稳固。对活动部件必须一次拆除。

（13）已拆除了模板的结构，应在混凝土强度达到设计强度值后方可承受全部设计荷载。若在未达到设计强度以前，需在结构上加置施工荷载时，应另行核算，强度不足时，应加设临时支撑。

（14）遇 6 级或 6 级以上大风时，应暂停室外的高处作业。雨、雪、霜后应先清扫施工现场，方可进行工作。

（15）拆除有洞口模板时，应采取防止操作人员坠落的措施。洞口模板拆除后，应按国家现行标准《建筑施工高处作业安全技术规范》JGJ80 的有关规定及时进行防护。

2．支架立柱拆除

（1）当拆除钢楞、木楞、钢桁架时，应在其下面临时搭设防护支架，使所拆楞梁及桁架先落在临时防护支架上。

（2）当立柱的水平拉杆超出 2 层时，应首先拆除 2 层以上的拉杆。当拆除最后一道水平拉杆时，应和拆除立柱同时进行。

（3）当拆除 4～8m 跨度的梁下立柱时，应先从跨中开始，对称地分别向两端拆除。拆除时，严禁采用连梁底板向旁侧一片拉倒的拆除方法。

（4）对于多层楼板模板的立柱，当上层及以上楼板正在浇筑混凝土时，下层楼板立柱的拆除，应根据下层楼板结构混凝土强度的实际情况，经过计算确定。

（5）拆除平台、楼板下的立柱时，作业人员应站在安全处。

（6）对已拆下的钢楞、木楞、桁架、立柱及其他零配件应及时运到指定地点。对有芯钢管立柱运出前应先将芯管抽出或用销卡固定。

3．普通模板拆除

（1）拆除条形基础、杯形基础、独立基础或设备基础的模板时，应符合下列规定：

1）拆除前应先检查基槽（坑）土壁的安全状况，发现有松软、龟裂等不安全因素时，应在采取安全防范措施后，方可进行作业。

2）模板和支撑杆件等应随拆随运，不得在离槽（坑）上口边缘 1m 以内堆放。

3）拆除模板时，施工人员必须站在安全地方。应先拆内外木楞、再拆木面板；钢模板应先拆钩头螺栓和内外钢楞，后拆 U 形卡和 L 形插销，拆下的钢模板应妥善传递或用绳钩放置地面，不得抛掷。拆下的小型零配件应装入工具袋内或小型箱笼内，不得随处乱扔。

（2）拆除柱模应符合下列规定：

1）柱模拆除应分别采用分散拆和分片拆 2 种方法。分散拆除的顺序应为：

拆除拉杆或斜撑、自上而下拆除柱箍或横楞、拆除竖楞，自上而下拆除配件及模板、运走分类堆放、清理、拔钉、钢模维修、刷防锈油或脱模剂、入库备用。

分片拆除的顺序应为：

拆除全部支撑系统、自上而下拆除柱箍及横楞、拆掉柱角 U 形卡、分 2 片或 4 片拆除模板、原地清理、刷防锈油或脱模剂、分片运至新支模地点备用。

2）柱子拆下的模板及配件不得向地面抛掷。

（3）拆除墙模应符合下列规定：

1）墙模分散拆除顺序应为：

拆除斜撑或斜拉杆、自上而下拆除外楞及对拉螺栓、分层自上而下拆除木楞或钢楞及零配件和模板、运走分类堆放、拔钉清理或清理检修后刷防锈油或脱模剂、入库备用。

2）预组拼大块墙模拆除顺序应为：

拆除全部支撑系统、拆卸大块墙模接缝处的连接型钢及零配件、拧去固定埋设件的螺栓及大部分对拉螺栓、挂上吊装绳扣并略拉紧吊绳后，拧下剩余对拉螺栓，用方木均匀敲击大块墙模立楞及钢模板，使其脱离墙体，用撬棍轻轻外撬大块墙模板使全部脱离，指挥起吊、运走、清理、刷防锈油或脱模剂备用。

3）拆除每一大块墙模的最后 2 个对拉螺栓后，作业人员应撤离大模板下侧，以后的操作均应在上部进行。个别大块模板拆除后产生局部变形者应及时整修好。

4）大块模板起吊时，速度要慢，应保持垂直，严禁模板碰撞墙体。

（4）拆除梁、板模板应符合下列规定：

1）梁、板模板应先拆梁侧模，再拆板底模，最后拆除梁底模，并应分段分片进行，严禁成片撬落或成片拉拆。

2）拆除时，作业人员应站在安全的地方进行操作，严禁站在已拆或松动的模板上进行拆除作业。

3）拆除模板时，严禁用铁棍或铁锤乱砸，已拆下的模板应妥善传递或用绳钩放至地面。

4）严禁作业人员站在悬臂结构边缘敲拆下面的底模。

5）待分片、分段的模板全部拆除后，方允许将模板、支架、零配件等按指定地点运出堆放，并进行拔钉、清理、整修、刷防锈油或脱模剂，入库备用。

4．特殊模板拆除

（1）对于拱、薄壳、圆穹屋顶和跨度大于 8m 的梁式结构，应按设计规定的程序和方式从中心沿环圈对称向外或从跨中对称向两边均匀放松模板支架立柱。

（2）拆除圆形屋顶、筒仓下漏斗模板时，应从结构中心处的支架立柱开始，按同心圆层次对称地拆向结构的周边。

（3）拆除带有拉杆拱的模板时，应在拆除前先将拉杆拉紧。以避免脱模后无水平拉杆来平衡拱的水平推力，导致上弦拱的混凝土断裂垮塌。

5．爬升模板拆除

（1）拆除爬模应有拆除方案，且应由技术负责人签署意见，应向有关人员进行安全技术交底后，方可实施拆除。

（2）拆除时应先清除脚手架上的垃圾杂物，并应设置警戒区由专人监护。

（3）拆除时应设专人指挥，严禁交叉作业。拆除顺序应为：悬挂脚手架和模板、爬升设备、爬升支架。

1）拆除悬挂脚手架和模板的顺序及方法如下：

①应自下而上拆除悬挂脚手架和安全措施；

②拆除分块模板间的拼接件；

③用起重机或其他起吊设备吊住分块模板，并收紧起重索；

④拆除模板爬升设备，使模板和爬架脱开；

⑤将模板吊离墙面和爬架，并吊放至地面；

⑥拆除过程中，操作人员必须站在爬架上，严禁站在被拆除的分块模板上。

2）支架柱和附墙架的拆除应采用起重机或其他垂直运输机械进行，并符合以下的顺序和方法：

①用绳索捆绑爬架，用吊钩吊住绳索，在建筑物内拆除附墙螺栓，如要进入爬架内拆除时，应用绳索拉住爬架，防止晃动。

②若螺栓已拆除，必须待人离开爬架后方准将爬架吊放至地面进行拆卸。

③已拆除的物件应及时清理、整修和保养，并运至指定地点备用。

④遇5级以上大风应停止拆除作业。

6．飞模拆除

（1）脱模时，梁、板混凝土强度等级不得小于设计强度的75%，或符合《混凝土结构工程施工质量验收规范》GB50204 的规定后方可拆模。

（2）飞模的拆除顺序、行走路线和运到下一个支模地点的位置，均应按飞模设计的有关规定进行。

飞模脱模转移应根据双支柱管架式飞模、钢管组合式飞模、门式架飞模、铝桁架式飞模、跨越式钢管桁架式飞模和悬架式飞模等各类型的特点作出规定执行。飞模推移至楼层口外约1.2m 时（重心仍处于楼层支点里面），将4根吊索与飞模吊耳扣牢，然后使安装在吊车主钩下的两只倒链收紧，先使靠外两根吊索受力，使外端处于略高于内的状态，随着主吊钩上升，外端倒链逐渐放松，里端倒链逐渐收紧，使飞模一直保持平衡状态外移。

（3）拆除时应先用千斤顶顶住下部水平连接管，再拆去木楔或砖墩（或拔出钢套管连接螺栓，提起钢套管）。推入可任意转向的四轮台车，松千斤顶使飞模落在台车上，随后推运至主楼板外侧搭设的平台上，用塔吊吊至上层重复使用。若不需重复使用时，应按普通模板的方法拆除。

（4）飞模拆除必须有专人统一指挥，飞模尾部应绑安全绳，安全绳的另一端应套在坚固的建筑结构上，且在推运时应徐徐放松。

（5）飞模推出后，楼层外边缘应立即绑好护身栏。

5.3 模板、支承体系工程安全专项施工方案实例

实例一 ××工程高大模板支设工程安全专项方案

一、编制依据

类别	序号	内容	编号
图纸	1	××施工图纸	
施工文件	2	××施工组织设计	
	3	××《模板施工方案》	
国标	4	《混凝土结构工程施工质量验收规范》	GB50204-2002（2011年版）
	5	《混凝土结构工程施工规范》	GB50666-2011
	6	《建筑工程施工质量验收统一标准》	GB50300-2013
	7	《钢管脚手架扣件》	GB15831-2006
行标	8	《建筑施工扣件式钢管脚手架安全技术规范》	JGJ130-2011
	9	《建筑施工碗扣式钢管脚手架安全技术规范》	JGJ166-2008
	10	《建筑施工模板安全技术规范》	JGJ162-2008
	11	《建筑施工高处作业安全技术规范》	JGJ80-91
地标	12	《混凝土结构工程施工质量验收规程》	DBJ01-82-2005
	13	《钢管脚手架、模板支架安全选用技术规程》	DB11/T583-2008
	14	《北京市建筑工程施工安全操作规程》	DBJ01-62-2002
上级地方政府文件	15	《建设工程安全生产管理条例》	国务院第393号令
	16	《生产安全事故应急预案管理办法》	国家安全生产监督管理总局令第17号
	17	《危险性较大的分部分项工程安全管理办法》	建质[2009]87号
	18	《建设工程高大模板支撑系统施工安全监督管理导则》	建质[2009]254号
	19	《北京市实施<危险性较大的分部分项工程安全管理办法>规定》	京建施[2009]841号
	20	《关于加强施工用钢管、扣件使用管理的通知》	京建材[2006]72号

二、工程概况

（一）项目概况

实例一表1 项目概况表

工程名称	××
工程地址	××市××区××地块
建设单位	百度在线网络技术（北京）有限公司
设计单位	北京建筑科学研究院
监理单位	北京鸿厦基建工程监理有限公司
施工单位	中铁建设集团有限公司
质量要求	北京市结构长城杯金杯、建筑长城杯金杯；鲁班奖

实例一表2 建筑概况表

1	建筑面积	总建筑面积	142800m² （中铁施工面积）		
		地下面积	65100m²	地上面积	77700m²
2	层数	地下	3层	地上	7层
3	结构形式	基础类型	筏板基础		
		结构类型	框架-剪力墙		
4	结构断面尺寸（mm）	基础底板厚度	600、800、1200、1300		
		外墙厚度	350、400、500、650		
		内墙厚度	200、300、350、400、500		
		柱断面	700h700、800h800、900h900、1000h1000、1500h1600、Φ700、Φ800、Φ900、Φ1000 等		
		梁断面	500h800、500h900、600h900、700h900、1000h500、1100h700、800h2000 等		
		楼板厚度	350、300、250、220、200、180、150、120		
5	楼梯结构形式	梁式楼梯、板式楼梯			
6	坡道结构形式	钢筋混凝土结构			

（二）模板及支撑体系设计概况

1. 本工程模板支撑架高度18.00m、22.20m、26.30m。

（1）楼板厚度120mm；

（2）框架梁截面500×700mm，次梁300×600mm；

结论：本工程为搭设高度≥16m以上重大高危模板支撑体系，搭设跨度7.6m。

2. 支撑体系的选择

实例一表3 结构设计情况表

编号		①	②	③
位置		1F～5F2-3/P-Q 轴	1F～6F2-3/N-P 轴	1F～7F2-3/M-N 轴
支撑标高		-0.1～17.9m	-0.1～22.1m	-0.1～26.3m
支撑高度		18m	22.2m	26.4m
长度 h 宽度		8.4h4.2m		
最大梁尺寸		500h700		
板厚		120mm		
最大梁跨度		7.6m		
最大板跨度		3.8m		
高度	板	17.88m	22.08m	26.28m
	梁	17.3m	21.5m	25.7m

本工程高大模板施工楼板及梁底支撑采用钢管扣件式支撑架体系。

实例一表 4 支撑体系设计情况见下表

编号		①	②	③
位置		1F～5F2-3/P-Q 轴	1F～6F2-3/N-P 轴	1F～7F2-3/M-N 轴
立杆纵距	板		0.9m	
	梁		0.9m	
立杆横距	板		1.1m	
	梁		0.2m	
梁底立杆	梁		2	
穿梁螺杆	梁		1	
步距	板		1.2m	
	梁		1.2m	
连墙件（间距）			2.4m	
竖向钢管组合	板	6+6+5.5	6h3+3.7	6h4+1.9
	梁	6+6+4.9	6h3+3.1	6h4+1.3
U 托外露	板	130	130	130
	梁	100	150	150
架体基础			首层结构楼板	

梁、板模板采用 15mm 木胶板。楼板主龙骨采用 100×100mm 方木，次龙骨采用 50×100mm 方木，次龙骨间距不大于 250mm。梁次龙骨采用 50×100mm 方木，梁侧龙骨间距不大于 250mm，梁底龙骨间距不大于 200mm；梁侧使用双钢管固定背楞，间距 450～500mm，并用 A14 螺栓对拉；梁底小横杆使用钢管和扣件锁在梁两侧支撑立杆上，梁底立杆托梁使用 100×100mm 方木，立杆和小横杆纵距见平面图，立杆底部垫 50mm 厚通长脚手板。楼板、梁支撑与结构墙柱设置连墙件，连墙件与结构刚性连接，水平间距 6m，竖向间距≤3m。

3. 施工特点、重点和难点

（1）高大模板支撑高度超高是本工程的特点。

（2）确保高支模稳定，安全，无事故，是本工程的重点；

（3）保证高大模板多层楼板连续支撑立杆的中心传力和架体的变形观测是本工程的难点。

三、施工安排

（一）组织管理机构及职责

1. 针对本工程结构施工要求质量高、工期紧的特点，项目部为了更好地满足工程质量和进度的要求，从而做到合理有序安排施工及明确人员职责，项目部进行管理人员的编制：项目经理为总负责，其他人员在总工和技术主管的带领下，技术管理部模板专业负责人根据本工程的特点结合现场要求编制施工方案和技术交底，并抓施工现场技术交底落实问题，由项目工程经理和工长按进度计划进行工程的人机料协调和调度，质检员对施工质量进行全面控制，模板工程施工由四川森茂队与四川永筑队承担，其中模板支撑搭设必须由专业架子工搭设。组织管理机构如下图。

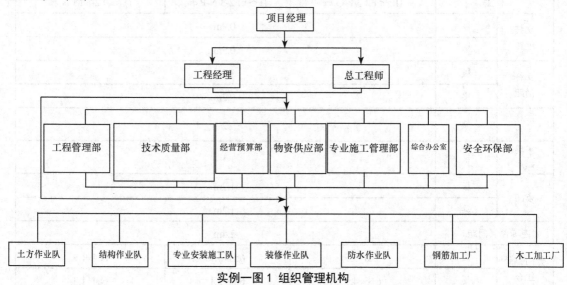

实例一图1 组织管理机构

实例一表5 组织管理结构职责表

序号	职务	姓名	负责内容
1	项目经理	×××	项目总负责、总协调。
2	总工程师	×××	对工程施工技术进行全面指导和监督。负责分项施工方案的总体框架的确定。
3	工程经理	×××	负责落实由项目部下达的生产计划任务，协调项目与劳务之间的工作安排。
4	土建主管	×××	制定详细的施工方案并负责该项施工全过程的技术指导与监督，检查方案、交底的执行情况。
5	土建技术员	××× ×××	负责技术交底，对现场施工人员进行技术指导。负责编制材料计划、机械等计划的编制，通知供应混凝土，现场协调，检查，及时向土建技术负责人汇报施工中存在的问题。
6	水暖主管	×××	根据工程施工情况，合理安排水电人员，保障施工用水、用电。
7	电气主管	×××	
8	土建质检员	××× ×××	负责检查、发现现场施工过程中出现的质量问题，监督相关问题的整改，并上报项目技术室，填写施工质量情况及相关资料。
9	测量主管	×××	负责轴线、标高控制及支撑体系观测。
10	土建工长	××× ×××	按照工程经理的安排，落实进度、技术方面的要求，负责组织现场的工人的施工内容，并跟班作业。
11	安全主任	×××	安全文明施工指挥、交底、检查、验收
12	材料主任	×××	负责材料的进场与现场管理，保证进场材料合格。
13	试验员	××× ×××	根据试验方案和规范要求，做好试块、取样等工作，及时送检，为现场施工提供数据，保证拆模、保温、养护工作顺利进行。
14	资料主管	×××	负责相关技术资料的收集，整理工作。

（二）劳动力组织

本工程主体劳务队为四川永筑队、四川森茂队。

四川永筑队负责人

项目经理：×××------负责整个施工现场的施工指导。

木工工长：×××------负责整个模板施工的落实指导。

根据施工进度和工程量，模板施工约需要 150 人，包括模板加工、安装、搭架子、拆模、模板清理等工种。

（三）施工进度计划

实例一表 6 施工进度计划表

部位	预计施工开始时间	预计施工结束时间
1F～5F，2-3/P-Q 轴	2014.5.30	2014.6.10
1F～6F，2-3/N-P 轴	2014.6.12	2014.6.22
1F～7F，2-3/M-N 轴	2014.6.25	2014.7.5

四、施工准备

（一）技术准备

（1）熟悉审查图纸：在施工前，项目组织项目有关人员及劳务队负责人对施工图纸进行详细审查，并对一些关键尺寸做到心中有数。

（2）顶板模板和墙体模板体系资料收集：从拿到施工图后，结合本工程的特点、难点及工期的要求，项目部积极组织人员研究各部分模板配置，以及针对各种模板配置进行质量、成本、工期等综合分析；并组织人员进行参观考察。

（二）材料准备

（1）Φ48 钢管（壁厚达到 3.0 以上）

（2）脚手板、方木、木胶合板、安全平网、密目绿网、U 托。

（3）工具准备：扳手、安全带等。

（4）材料备料表

实例一表 7 材料备料表

序号	名称	规格	单位	数量	进场时间
1	多层板	1220×2440×15mm	张	200	随施工进度
2	多层板	1220×2440×12mm	张	500	随施工进度
3	钢管	6m	根	32000	随施工进度
4	钢管	5m	根	6000	随施工进度
5	钢管	4m	根	6000	随施工进度
6	钢管	3.5m	根	4000	随施工进度

续表

序号	名称	规格	单位	数量	进场时间
7	钢管	3m	根	4000	随施工进度
8	钢管	2.5m	根	4000	随施工进度
9	钢管	2m	根	4000	随施工进度
10	钢管	1.5m	根	8000	随施工进度
11	U托	0.6m	个	5000	随施工进度
12	方木	100h100mm	m³	150	随施工进度
13	方木	50h100mm	m³	350	随施工进度
14	十字扣件		个	40000	随施工进度
15	旋转扣件		个	6000	随施工进度
16	对接扣件		个	13000	随施工进度
17	密目网	阻燃 1.5m×6m	m²	4000	随施工进度
18	安全平网	1.5m×6m	m²	6000	随施工进度

注：进场所有材料必须按照《建筑施工扣件式钢管脚手架安全技术规范》JGJ130-2011 要求进行检测，要求复试的材料，必须进行复试，复试合格后方可使用。

现场使用的钢管、扣件已进行试验检测，复试结果合格。

（三）机具准备

塔吊、模板加工工具：平刨 4 台、压刨 4 台、圆盘锯 4 台、手锯 50 把、手电钻 4 台、手提电刨 12 台。

五、主要施工方法及工艺

（一）搭设参数

钢管扣件式支撑架水平杆最底端横杆距地 200mm，立杆上端伸出顶部水平杆中心线至模板支撑点长度不大于 400mm。，若现场操作时不满足，立杆顶板增设一道水平拉杆。

采用竖向和横向连续剪刀撑进行加固，1F～5F，2-3/P-Q 轴设置三道水平兜网，第一道在支撑上部，第二道、第三道向下间距 6m 设置；1F～6F，2-3/N-P 轴设置四道水平兜网，第一道在支撑上部，第二道、第三道、第四道位置同 1F～5F，2-3/P-Q 轴水平兜网位置；1F～7F，2-3/M-N 轴设置四道水平兜网，第一道在支撑上部，第二道、第三道、第四道向下间距 6m 设置；梁的支撑和板的支撑形成一个整体。

（二）搭设流程

测量放线→铺垫脚手板→搭设立杆、横杆→设置剪刀撑→搭设板底立杆、横杆→设置剪刀撑→连接梁底和顶板钢管→铺设梁底主次龙骨→搭设梁底模板、柱头模板→绑梁钢筋→安装梁帮模板→铺设顶板主次龙骨→顶板木胶合板→绑顶板钢筋→加设连墙件→检查、验收架体→浇筑顶板混凝土

（三）架体基础

1. 根据架体搭设平面图弹出立杆位置线，基础在结构上时，基础下铺 50 厚通长脚手板，平行于墙面放置，位置准确、铺放平稳、不得悬空。本次高大模板基础在地下一层结构顶板上，在搭设高大模板支撑体系前，下层楼板模板支撑体系不得拆除。

2. 从搭设开始到混凝土浇筑完成都要对架体进行监测，每隔 15m 在立杆上设置一个观测点。架体搭设完成后监测一次，钢筋工程完成后监测一次，混凝土浇筑过程全程对架体的沉降、位移和变形进行观测（大雨和大风天气后增加一次），如果发现架体沉降和位移超过预警值，立即组织人员疏散，并对架体采取加固措施。

（四）顶部自由端支设要求

结构梁下立杆纵距沿梁轴线方向布置，立杆横距以梁底中心线为中心两侧对称布置，且最外侧立杆距梁侧边距离不得大于 400mm。

钢管架架体自由端高度不大于 400mm，采用 U 托支顶，其丝杆外径不得小于 36mm，伸出长度不得超过 200mm。

顶板支模的跨度大于 4m 时，应按要求起拱（由四周向中间部分起拱，四周不起），4～6m 起拱 6mm，6～8m 起拱 8mm，>8m 起拱 10mm。

模板支架搭设时梁下横向水平杆应伸入梁两侧板的模板支架内不少于两根立杆，并与立杆扣接。

（五）钢管扣件架体搭设要求

架体具体节点严格按照规范要求进行搭设。相邻立杆和水平杆接头必须错开，例如 6m+6m 立杆可使用 3m+6m+3m 配合错开接头搭设。

1. 立杆接长必须采用对接，相邻接头位置错开 500mm 以上，并且接头位置距离横杆不大于 400mm。

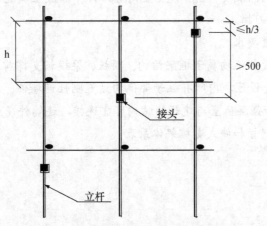

实例一图 2 立杆接头示意

2．上下层和左右相邻的水平杆接头位置错开不小于500mm，且接头位置距离立杆不大于300mm。

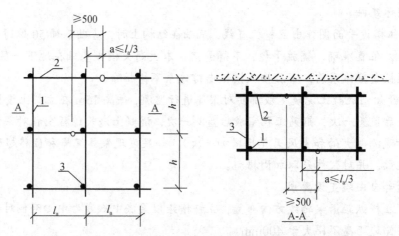

实例一图3　接头不在同步内（立面）接头不在同跨内（平面）

1—立杆；2—纵向水平杆；3—横向水平杆

3．横纵向设置扫地杆，扫地杆钢管中心距离地面不大于200mm。

4．螺栓拧紧力矩控制在40～65N·m之间。

5．对接扣件开口应朝上或者朝内。

6．各杆件端头伸出扣件盖板边缘的长度不应小于100mm。

7．连墙件、剪刀撑应随架体同步搭设。

8．主节点部位的直角扣件、旋转扣件的中心点间距不大于150mm。

（六）剪刀撑的设置要求

模板支架四边与中间间隔5～8m设置竖向剪刀撑，由底至顶连续设置；从顶层开始向下每隔4～5步设置水平剪刀撑。

（七）连墙件的设置要求

本工程高大模板支设部位均属于框架结构，顶板、梁模板支撑前，框架柱已拆模，框架柱四角用木胶板保护，在支设区域内所有柱子部位均设置刚性连墙件，本工程中模板支撑高度按照≥8m设置，在水平加强层位置与建筑物结构可靠连接。连墙件高度见：本工程高大模板施工楼板及梁底支撑采用钢管扣件式支撑架体系表。

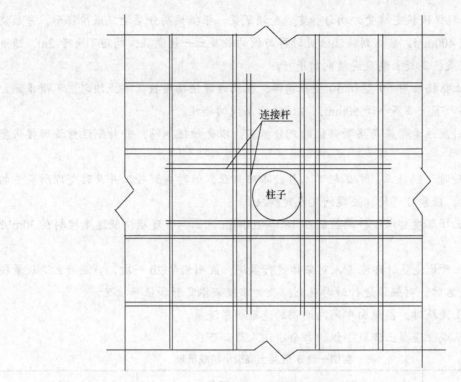

实例一图 4 中柱圆柱的连接方式

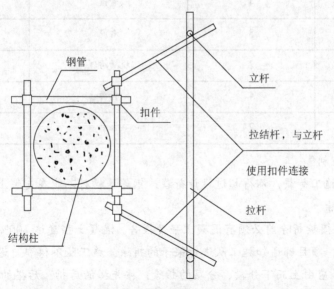

实例一图 5 圆形边柱的连接方式

（八）混凝土浇筑

1. 混凝土浇注的要求

（1）本工程高支模区域混凝土采用汽车泵浇筑。梁板同时浇筑，总体顺序从中间往周边均匀进行浇注，确保顶板支撑受力均匀稳定。先浇筑梁，根据梁高分层浇筑成阶梯形，每层浇筑高度不得超过 400mm。当达到板底位置时再与板的混凝土一起浇筑，间距不大于 2m，随着阶梯不断延伸，梁板混凝土浇筑连续向前进行。

（2）混凝土振捣采用 50 型和 30 型振捣棒，振捣时应快插慢拔，插点均匀，不得遗漏。振捣上一层应插入下一层不小于 50mm，以消除两层间的接楼。

（3）振捣时应注意梁底与梁帮部位的充分振实，以免触碰钢筋，并特别注意端部接头密集处。

（4）浇筑砼时，钢筋工、木工施工人员应跟班作业，随时提醒砼工并及时整理所负责的工作，管理人员，应紧盯现场，发现问题及时解决。

（5）混凝土塌落度要求搅拌站控制在 180～200mm 范围内；现场浇筑速度控制在 30m³/h 以内。

（6）混凝土开始浇筑时即派专人对架体进行监测，监测频率 2h 一次，当混凝土浇筑量接近总量的 80% 左右时，对架体进行时时观测，及时掌握架体变形和位移状况。

（7）混凝土浇筑时，按照由中间向两侧的浇筑顺序浇筑。

（8）施工队成立混凝土浇筑小组，每个小组人员如下：

实例一表 8 混凝土浇筑小组成员表

工种	人数	工种	人数
振捣手	4	看模	3
找平	8	看筋	2
放料	2	现场清理	4
养护	4	指挥	2
临水	2	临电	2

2．施工荷载控制

严格控制实际施工荷载，不得超过设计荷载，钢筋等材料不能在支架上方堆放。

（九）模板拆除

1．拆除程序：模板拆除前必须有混凝土强度报告，混凝土强度达 100% 后方可拆模。项目部申请监理同意后，项目部通知施工队进行架子的拆除，施工队不得私自进行架子的拆除。

2．拆除架子，应由上而下分段、分层的拆除，按先搭的后拆，后搭的先拆的原则，并按一步一清原则依次进行，要严禁上下同时进行拆除作业。先拆护横向钢管，再依次拆剪刀撑的上部扣件和接杆。拆除全部剪刀撑、抛撑以前，必须搭设临时加固斜支撑，预防架体倾倒。连墙件待其上部杆件拆除完毕后（伸上来的立杆除外）方可松开拆去。

3．拆除钢管扣件架杆件，必须由 2～3 人协同操作，拆纵向水平杆时，应由站在中间的人向下传递，拆下的杆配件必须以安全的方式运出和吊下，严禁向下抛掷。

4．钢管支架拆除时应划分作业区，周围设绳绑围拦或竖立警戒标志；工作面应设专人指挥，拆除作业区的周围及进出口处，必须派专人看护，严禁非作业区人员进入危险区域，拆除大片架子应加临时围栏。作业区内电线及其他设备有妨碍时，应事先与有关部门联系拆除、转移或加防护。

5．拆除全部过程中，应指派 1 名责任心强、技术水平高的安全员担任指挥和监护，负责人每天拆除前必须到项目安全室，填写危险作业旁站记录，并负责任拆除撤料和监护操作人员的作业。

6．拆除时要统一指挥，上下呼应，动作协调，当解开与另一人有关的结扣时，应先通知对方，以防坠落。拆除架子时拆除过程中，凡已经松开连接的配件必须及时拆除运走，避免误扶、误靠已松脱的连接杆件。

7．拆架子的高处作业人员应戴安全帽，系安全带，穿防滑鞋方允许上架作业。

8．连墙杆应随拆除进度逐层拆除。

9．在拆除钢管架过程中，不应中途换人，如必须换人时，应将拆除情况交待清楚后方可离开。

（十）季节性施工措施

雨季施工措施：

（1）××地区夏季天气气候特征是炎热和多雨，因此施工阶段必须考虑雨期施工措施。

（2）雨天使用的模板拆除后应放平，以免变形，木模板拆除后及时清理，刷脱模剂，大雨后应重新刷一遍。

（3）木模板拼装后应尽快进行混凝土浇筑，防止模板遇雨水变形和模板积水；若模板拼装后未能及时浇筑混凝土，又被雨水淋过，则浇筑混凝土前应重新检查模板加固和支撑情况，必要时重新加固。

（4）模板存放处、支撑架范围内必须保证排水畅通、无积水，防止浸泡模板及支撑架。

（5）在高大模板支撑外围，距最外排立杆外 3～5m 处，设置集水坑，集水坑间距不大于10m，每个集水坑处配置一台抽水泵。

冬季施工措施：

本工程高大模板工程不涉及冬季施工。

六、模板及支撑构配件的检查与验收

检查与验收，项目专业工程师及项目安全员对进场材料，技术资料进行检查，合格后方可使用。搭设完成后由项目总工组织相关单位严格按照 JGJ130-2011 进行验收，合格后填写《钢管扣件式支撑体系验收表》AQ-C5-1。

（一）构配件进场的检查与验收

实例一表 9 构配件进场检查与验收表

项目	要求	抽检数量	检查方法
技术资料	营业执照、资质证明、生产许可证、产品合格证、质量检测报告、相关合同要件。	—	检查资料
钢管	钢管表面应平直光滑，不得有裂缝、结疤、分层、错位、硬弯、毛刺、压痕、深的划道及严重锈蚀等缺陷，严禁打孔；钢管外壁使用前必须涂刷防锈漆，钢管内壁宜涂刷防锈漆。	全数	目测
钢管外径及壁厚	外径48mm；壁厚大于等于3mm	3%	游标卡尺测量
扣件	不允许有裂缝、变形、滑丝的螺栓存在；扣件与钢管接触部位不应有氧化皮；活动部位应能灵活转动，旋转扣件两旋转面间隙应小于1mm；扣件表面应进行防锈处理。	全数	目测
底座及可调托丝杆	可调底座及可调托撑丝杆与螺母捏合长度不得少于4-5扣，丝杆直径不小于36mm，插入立杆内的长度不得小于150mm。	3%	钢板尺测量
脚手板	木脚手板不得有通透疖疤、扭曲变形、劈裂等影响安全使用的缺陷，严禁使用含有标皮的、腐朽的木脚手板。	全数	目测

（二）钢管支架的检查与验收

1.在搭设之前对基础进行检查，保证架体有稳定的基础；

2.在搭设过程中进行检查，搭设达到设计高度后检查验收；

3.在浇筑混凝土前，对架体进行全面检查，保证立杆的稳定性；

（1）钢管扣件式脚手架搭设完后，应检查钢管搭设高度、U托外露长度及模板起拱高度。

实例一表 10 螺栓拧紧扭、力矩检查表

部位	安装扣件数量	抽查个数	扭力矩值范围	检验方法	允许不合格数
1	20000	332			33
2	31000	500	40～65N·m	随机抽取，力矩扳手测扭力矩	50
3	45000	750			75

（2）钢管架使用过程中，应定期进行检查：杆件的设置和连接，连墙件、支撑；地基是否积水，底座是否松动，立杆是否悬空；扣件螺栓是否松动；安全防护措施是否符合要求；是否超载。

（三）架子搭设检查项

实例一表 11 架子搭设检查项

序号	项目		技术要求	允许偏差	检验方法	备注
1	专项施工方案		按权限进行审批	——	检查资料	——
2	基础及楼面	承载力	满足设计要求	——	应有设计计算书	要有验收记录
		底座或垫块	不晃动、滑动	——	观察	
3	立杆垂直度		——	≤36mm	经纬仪或吊线和卷尺	
4	杆件间距	步距	——	±20mm	钢板尺	
		纵距	——	±50mm		
		横距	——	±20mm		
5	剪刀撑		按规范要求设置	——	钢板尺	

七、安全施工管理措施

1. 项目安全员要积极监督检查逐级安全责任制的贯彻和执行情况，定期组织安全工作大检查。

2. 施工前项目技术人员必须对所有钢管架搭设的工人进行安全交底，并对安全知识进行考核，不合格者严禁上岗。钢管架必须由经过安全技术教育的架子工承担，做到持证上岗。同时做好教育记录和安全施工技术交底。

3. 作业人员必须身体健康，定期体检，持证上岗。现场施工人员必须按规定佩带工作证，戴好安全帽。工作期间不得饮酒、吸烟，要严格遵守工地的各项规章制度。

4. 在钢管架搭设和拆除过程中，下方禁止停留闲杂人员。

5. 搭拆钢管架时，工人必须戴好安全帽，佩带好安全带，工具及零配件要放在工具袋内，穿防滑鞋工作，袖口、裤口要扎紧。

6. 六级（含六级）以上大风、高温、大雨、大雾等恶劣天气，应停止作业。

7. 拆卸钢管架时应分层拆卸。拆除过程中，凡已经松开连接的配件必须及时拆除运走，避免误扶、误靠已松脱的连接杆件。拆下的杆配件必须以安全的方式运出和吊下，严禁向下抛掷。严禁搭设和拆除架子的交叉作业。

8. 架子现场监测与监控

（1）项目部、班组日常进行安全检查，所有安全检查记录必须形成书面材料。

每周周五下午由安全室、技术室、工程室同监理一同进行专项检查。

（2）日常检查、巡查重点部位如下：

1）杆件的设置和连接、支撑、剪刀撑等构件是否符合要求。

2）基础是否有积水，底座是否松动，立杆是否符合要求。

3）连接件是否松动。

4）架体的沉降、垂直度的偏差是否符合规范要求。

5）施工过程中是否有超载的现象。

6）安全防护措施是否符合规范要求。

7）架子体和架子杆件是否有变形的现象。

（3）架子在承受六级大风或大暴雨后必须进行全面检查。

八、监测

1. 监测项目包括：模板沉降、位移和变形。

2. 监测频率：在架子搭设和钢筋施工期间，监测频率 1 次/天，在混凝土浇筑过程中应全程监测。

3. 监测的方法与工具：立杆的垂直度监测用经纬仪或吊线和卷尺，立杆间距用钢板尺，纵向水平杆高差用水平仪或水平尺，主节点处各扣件中心点相互距离用钢板尺，同步立杆上两个相隔对接扣件的高差用钢卷尺，立杆上对接扣件至主节点的距离用钢卷尺，纵向水平杆上的对接扣件至主节点的距离用钢卷尺，扣件螺栓拧紧扭力矩用扭力扳手，剪刀撑斜杆与地面的倾角用角尺，脚手板外伸长度的检测用卷尺，钢管两端面切斜偏差用塞尺、拐角尺，外表面锈蚀程度用游标卡尺，弯曲用钢板尺。

板沉降监测做法为：在板上立 800mm 高 Φ12 钢筋，钢筋上用红油漆做出结构+500mm 标记，使用水准仪观察并作好记录。

2-3/K-Q 轴支撑监测点

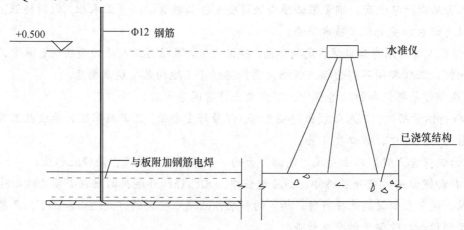

实例一图 6　顶板沉降观测做法

九、应急预案

（一）危险源与风险分析

实例一表 12　危险源与风险分析表

序号	作业活动	重大危险源及其产生原因	可能导致的事故	危险级别	控制计划
1		钢管架设计保险系数不够	变形或倒塌致人伤亡	5	制定目标、指标及管理方案
2	高大模板支撑工程	钢管架搭设未按要求设置剪力撑或其他连接件	变形或倒塌致人伤亡	5	制定运行控制程序
3		钢管横杆与钢管立杆连接不牢固	变形或倒塌致人伤亡	5	为加强现场监督检查

（二）安全事故应急预案

组织机构及职责

由项目部成立应急响应指挥部，负责指挥及协调工作。

组长：×××

副组长：×××××××××

成员：×××、×××、×××、×××、×××、×××、×××、×××、×××、×××

通讯联系：医院急救中心：120 火警：119 匪警：110

1. 项目部应急救援领导小组主要职责：

（1）负责制定、修订和完善项目部应急救援预案；审核并监督检查下属各施工单位应急救援预案的制定完善和执行情况。

（2）监督检查下属各施工单位组建应急救援专业队伍并纳入项目统一管理。

（3）负责组织抢险组、救援组、医护组的实际训练等工作。

（4）负责建立通信与报警系统，储备抢险、救援、救护方面的装备和物资。

（5）负责督促做好事故的预防工作和安全措施的定期检查工作。

（6）发生事故时，发布和解除应急救援命令和信号。

（7）向上级部门、当地政府和友邻单位通报事故的情况。

（8）必要时向当地政府和有关单位发出紧急救援请求。

（9）负责事故调查和善后的组织工作。

（10）负责协助上级部门总结事故的经验教训和应急救援预案实施情况。

2．项目部应急救援领导小组指挥人员职责分工：

组长：负责主持实施中的全面工作。

副组长：负责应急救援协调指挥工作。

组员：（根据具体设置进行分工）

1）工程室：负责事故处置时生产系统的调度工作，救援人员的组织工作，事故现场通讯联系和对外联系，监督检查下属各单位生产安全事故应急救援预案中所涉及的应急救援专业队伍人员、人员职责分工、通讯网建立健全情况，负责救援队员的实际培训工作，发现问题及时令其整改。负责工程抢险、抢修工作的现场指挥；车辆设施设备的调度工作；监督检查下属各施工单位生产安全事故应急救援预案中所涉及的应急救援车辆准备情况，确保各类救援机械设备始终处于良好状态，发现问题及时令其整改，负责现场排险、抢修队员的实际培训工作。

2）技术室：负责事故现场及有毒有害物质扩散区域内的监测和处理工作，制定相应的应急处理技术方案措施并监督其实施。

3）安全室：协助领导小组做好事故报警，情况通报、上报及事故调查处理工作，总结事故教训和应急救援经验；监督检查下属各单位生产安全事故应急救援预案的制定及生产过程中的各种事故隐患，发现问题及时令其整改。

4）材料室：负责抢险救援物资设施设备的供应、准备、调配和运输，以及事故现场所需转运的物资运输、存放工作。

5）综合室：负责现场医疗救护指挥及伤亡、中毒人员分类抢救和护送转院及有关生活必需品的供应工作；监督检查下属各施工单位生产安全事故应急救援预案中所涉及的现场医疗设施设备的准备情况，负责现场医护队员的实际培训工作，发现问题及时令其整改。负责灭火、警戒、治安保卫、疏散、道路管制工作；协助总公司与政府部门做好事故调查及善后处理工作；监督检查下属各施工单位生产安全事故应急救援预案中所涉及的灭火、警戒、治安保卫、疏散、道路管制工作所需的物资、人员到位情况及生产过程中的各种消防治安隐患，发现问题及时令其整改。

6）项目部所属施工单位负责人、分包队：负责制定、修订和完善本单位的应急救援预案，落实应急救援预案实施中的全面工作，一旦发生生产安全事故立即按应急救援程序进行现场救援，当接到项目部应急救援组织领导小组的指令时要无条件的服从，合理指挥。

附 设计计算书

1F～7F，2-3/M-N 轴高 26.28m 板模板计算

计算参数：

钢管强度为 205.0N/mm²，钢管强度折减系数取 1.00。

模板支架搭设高度为 26.3m，立杆的纵距 b=0.90m，立杆的横距 l=1.10m，立杆的步距 h=1.20m。

面板厚度 12mm，剪切强度 1.4N/mm²，抗弯强度 31.0N/mm²，弹性模量 6000.0N/mm²。

木方 40×90mm，间距 200mm，木方剪切强度 1.7N/mm²，抗弯强度 17.0N/mm²，弹性模量 10000.0N/mm²。

梁顶托采用 90×90mm 木方。

模板自重 0.30kN/m²，混凝土钢筋自重 25.10kN/m³。

施工均布荷载标准值 2.50kN/m²。

扣件计算折减系数取 0.80。

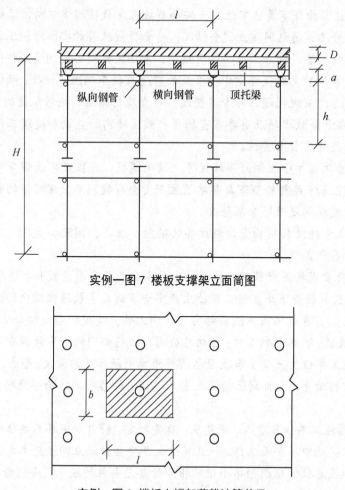

实例一图 7 楼板支撑架立面简图

实例一图 8 楼板支撑架荷载计算单元

按照扣件新规范中规定并参照模板规范，确定荷载组合分项系数如下：

由可变荷载效应控制的组合 $S=1.2\times(25.10\times0.12+0.30)+1.40\times2.50=7.474\text{kN/m}^2$

由永久荷载效应控制的组合 $S=1.35\times25.10\times0.12+0.7\times1.40\times2.50=6.516\text{kN/m}^2$

由于可变荷载效应控制的组合 S 最大，永久荷载分项系数取 1.2，可变荷载分项系数取 1.40

采用的钢管类型为 Φ48×3.0。

钢管惯性矩计算采用 $I=\pi(D^4-d^4)/64$，抵抗距计算采用 $W=\pi(D^4-d^4)/32D$。

1．模板面板计算

面板为受弯结构，需要验算其抗弯强度和刚度。模板面板的按照三跨连续梁计算。

静荷载标准值 $q_1=25.100\times0.120\times0.900+0.300\times0.900=2.981\text{kN/m}$

活荷载标准值 $q_2=(0.000+2.500)\times0.900=2.250\text{kN/m}$

面板的截面惯性矩 I 和截面抵抗矩 W 分别为：

本算例中，截面惯性矩 I 和截面抵抗矩 W 分别为：

$W=90.00\times1.20\times1.20/6=21.60\text{cm}^3$；

$I=90.00\times1.20\times1.20\times1.20/12=12.96\text{cm}^4$；

（1）抗弯强度计算

$$f=M/W<[f]$$

其中 f——面板的抗弯强度计算值（N/mm²）；

M——面板的最大弯距（N.mm）；

W——面板的净截面抵抗矩；

$[f]$——面板的抗弯强度设计值，取 31.00N/mm²；

$M=0.100ql^2$

其中 q——荷载设计值（kN/m）；

经计算得到 $M=0.100\times(1.20\times2.981+1.40\times2.250)\times0.200\times0.200=0.027\text{kN.m}$

经计算得到面板抗弯强度计算值 $f=0.027\times1000\times1000/21600=1.246\text{N/mm}^2$

面板的抗弯强度验算 $f<[f]$，满足要求！

（2）抗剪计算

$$T=3Q/2bh<[T]$$

其中最大剪力 $Q=0.600\times(1.20\times2.981+1.4\times2.250)\times0.200=0.807\text{kN}$

截面抗剪强度计算值 $T=3\times807.0/(2\times900.000\times12.000)=0.112\text{N/mm}^2$

截面抗剪强度设计值 $[T]=1.40\text{N/mm}^2$

面板抗剪强度验算 $T<[T]$，满足要求！

（3）挠度计算

$v=0.677ql^4/100EI<[v]=l/250$

面板最大挠度计算值 $v=0.677\times2.981\times200^4/(100\times6000\times129600)=0.042\text{mm}$

面板的最大挠度小于 200.0/250，满足要求！

2．模板支撑木方的计算

木方按照均布荷载计算。

（1）荷载的计算

1）钢筋混凝土板自重（kN/m）：

q_{11}=25.100×0.120×0.200=0.602kN/m

2）模板的自重线荷载（kN/m）：

q_{12}=0.300×0.200=0.060kN/m

3）活荷载为施工荷载标准值与振捣混凝土时产生的荷载（kN/m）：

经计算得到，活荷载标准值 q_2=（2.500+0.000）×0.200=0.500kN/m

静荷载 q_1=1.20×0.602+1.20×0.060=0.795kN/m

活荷载 q_2=1.40×0.500=0.700kN/m

计算单元内的木方集中力为（0.700+0.795）×0.900=1.346kN

（2）木方的计算

按照三跨连续梁计算，计算公式如下：

均布荷载 q=1.345/0.900=1.495kN/m

最大弯矩 M=$0.1ql^2$=0.1×1.50×0.90×0.90=0.121kN.m

最大剪力 Q=0.6×0.900×1.495=0.807kN

最大支座力 N=1.1×0.900×1.495=1.480kN

木方的截面力学参数为本算例中，截面惯性矩 I 和截面抵抗矩 W 分别为：

W=4.00×9.00×9.00/6=54.00cm^3；

I=4.00×9.00×9.00×9.00/12=243.00cm^4；

1）木方抗弯强度计算

抗弯计算强度 f=M/W=0.121×106/54000.0=2.24N/mm^2

木方的抗弯计算强度小于17.0N/mm^2，满足要求！

2）木方抗剪计算

最大剪力的计算公式如下：

$$Q=0.6ql$$

截面抗剪强度必须满足：

$$T=3Q/2bh<[T]$$

截面抗剪强度计算值 T=3×807/（2×40×90）=0.336N/mm^2

截面抗剪强度设计值[T]=1.70N/mm^2

木方的抗剪强度计算满足要求！

3）木方挠度计算

挠度计算按照规范要求采用静荷载标准值，均布荷载通过变形受力计算的最大支座力除以木方计算跨度（即木方下小横杆间距）得到 q=0.662kN/m 最大变形：

v=$0.677ql^4$/100EI=0.677×0.662×900.0^4/（100×10000.00×2430000.0）=0.121mm

木方的最大挠度小于900.0/250，满足要求！

3．托梁的计算

托梁按照集中与均布荷载下多跨连续梁计算。

集中荷载取木方的支座力 P=1.480kN

均布荷载取托梁的自重 q=0.078kN/m。

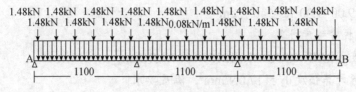

实例一图 9 托梁计算简图

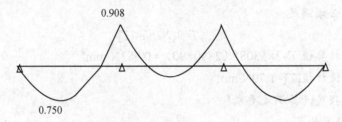

实例一图 10 托梁弯矩图（kN·m）

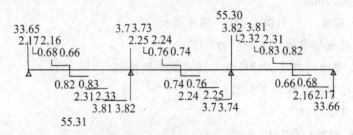

实例一图 11 托梁剪力图（kN）

变形的计算按照规范要求采用静荷载标准值，受力图与计算结果如下：

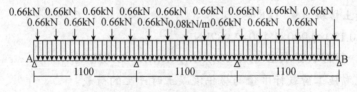

实例一图 12 托梁变形计算受力图

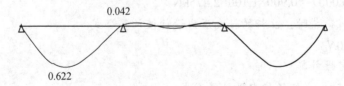

实例一图 13 托梁变形图（mm）

经过计算得到最大弯矩 $M=0.908$kN.m

经过计算得到最大支座 $F=9.051$kN

经过计算得到最大变形 $V=0.622$mm

顶托梁的截面力学参数为

本算例中，截面惯性矩 I 和截面抵抗矩 W 分别为：

$W=9.00 \times 9.00 \times 9.00/6=121.50 \text{cm}^3$；

$I=9.00 \times 9.00 \times 9.00 \times 9.00/12=546.75 \text{cm}^4$；

（1）顶托梁抗弯强度计算

抗弯计算强度 $f=M/W=0.908 \times 106/121500.0=7.47 \text{N/mm}^2$

顶托梁的抗弯计算强度小于 17.0N/mm^2，满足要求！

（2）顶托梁抗剪计算

截面抗剪强度必须满足：

$$T=3Q/2bh<[T]$$

截面抗剪强度计算值 $T=3 \times 5308/（2 \times 90 \times 90）=0.983 \text{N/mm}^2$

截面抗剪强度设计值 $[T]=1.70 \text{N/mm}^2$

顶托梁的抗剪强度计算满足要求！

（3）顶托梁挠度计算

最大变形 $v=0.622 \text{mm}$

顶托梁的最大挠度小于 1100.0/250，满足要求！

4. 模板支架荷载标准值（立杆轴力）

作用于模板支架的荷载包括静荷载、活荷载和风荷载。

（1）静荷载标准值包括以下内容：

1）脚手架的自重（kN）：

$N_{G1}=0.156 \times 26.300=4.104 \text{kN}$

2）模板的自重（kN）：

$N_{G2}=0.300 \times 0.900 \times 1.100=0.297 \text{kN}$

3）钢筋混凝土楼板自重（kN）：

$N_{G3}=25.100 \times 0.120 \times 0.900 \times 1.100=2.982 \text{kN}$

经计算得到，静荷载标准值 $N_G=（N_{G1}+N_{G2}+N_{G3}）=7.382 \text{kN}$。

（2）活荷载为施工荷载标准值与振捣混凝土时产生的荷载。

经计算得到，活荷载标准值

$N_Q=（2.500+0.000）\times 0.900 \times 1.100=2.475 \text{kN}$

（3）不考虑风荷载时，立杆的轴向压力设计值计算公式

$N=1.20N_G+1.40N_Q$

5. 立杆的稳定性计算

不考虑风荷载时，立杆的稳定性计算公式

$$\sigma = N/(\phi A) \leq [f]$$

其中 N——立杆的轴心压力设计值，$N=12.324 \text{kN}$

Φ——轴心受压立杆的稳定系数，由长细比 l_0/i 查表得到；

i——计算立杆的截面回转半径（cm）；$i=1.60$

A——立杆净截面面积（cm^2）；$A=4.24$

W——立杆净截面抵抗矩（cm^3）；W=4.49

σ——钢管立杆抗压强度计算值（N/mm^2）；

[f]——钢管立杆抗压强度设计值，[f]=205.00N/mm^2；

l_0——计算长度（m）；

参照《扣件式规范》2011，由公式计算

顶部立杆段：$l_0=ku_1(h+2a)$（1）

非顶部立杆段：$l_0=ku_2h$（2）

k——计算长度附加系数，按照表 5.4.6 取值为 1.291，当允许长细比验算时 k 取 1；

u_1，u_2——计算长度系数，参照《扣件式规范》附录 C 表；

a——立杆上端伸出顶层横杆中心线至模板支撑点的长度；a=0.50m；

顶部立杆段：a=0.2m 时，u_1=1.685，l_0=3.481m；

λ=3481/16.0=218.215

允许长细比 λ=169.028<210 长细比验算满足要求！

Φ=0.153

σ=7718/（0.153×423.9）=118.741N/mm^2

a=0.5m 时，u_1=1.269，l_0=3.604m；

λ=3604/16.0=225.970

允许长细比 λ=175.035<210 长细比验算满足要求！

Φ=0.144

σ=7718/（0.144×423.9）=126.535N/mm^2

依据规范做承载力插值计算 a=0.500 时，σ=126.535N/mm^2，立杆的稳定性计算 σ<[f]，满足要求！

非顶部立杆段：u_2=2.247，l_0=3.481m；

λ=3481/16.0=218.248

允许长细比 λ=169.054<210 长细比验算满足要求！

Φ=0.153

σ=12324/（0.153×423.9）=189.603N/mm^2，立杆的稳定性计算 σ<[f]，满足要求！

考虑风荷载时，立杆的稳定性计算公式为：

风荷载设计值产生的立杆段弯矩 M_W 计算公式

$M_W=0.9×1.4W_kl_ah^2/10$

其中 W_k——风荷载标准值（kN/m^2）；

W_k=0.300×1.250×0.600=0.225kN/m^2

h——立杆的步距，1.20m；

l_a——立杆迎风面的间距，0.90m；

l_b——与迎风面垂直方向的立杆间距，1.10m；

风荷载产生的弯矩 Mw=0.9×1.4×0.225×0.900×1.200×1.200/10=0.037kN.m；

N_w——考虑风荷载时，立杆的轴心压力最大值；

顶部立杆：

N_w=1.200×3.544+1.400×2.475+0.9×1.400×0.037/1.100=7.760kN

非顶部立杆：

N_w=1.200×7.382+1.400×2.475+0.9×1.400×0.037/1.100=12.366kN

顶部立杆段：a=0.2m 时，u_1=1.685，l_0=3.481m；

λ=3481/16.0=218.215

允许长细比 λ=169.028<210 长细比验算满足要求！

Φ=0.153

σ=7760/（0.153×423.9）+37000/4491=127.570N/mm^2

a=0.5m 时，u_1=1.269，l_0=3.604m；

λ=3604/16.0=225.970

允许长细比 λ=175.035<210 长细比验算满足要求！

Φ=0.144

σ=7760/（0.144×423.9）+37000/4491=135.406N/mm^2

依据规范做承载力插值计算 a=0.500 时，σ=135.406N/mm^2，立杆的稳定性计算 σ<[f]，满足要求！

非顶部立杆段：u_2=2.247，l_0=3.481m；

λ=3481/16.0=218.248

允许长细比 λ=169.054<210 长细比验算满足要求！

Φ=0.153

σ=12366/（0.153×423.9）+37000/4491=198.431N/mm^2，立杆的稳定性计算 σ<[f]，满足要求！

钢管楼板模板支架计算满足要求！

1F～7F，2-3/M-N 轴 500x700mm 梁支撑架计算

计算参数：

钢管强度为 205.0N/mm^2，钢管强度折减系数取 1.00。

模板支架搭设高度为 25.7m，梁截面 B×D=500mm×700mm，立杆的纵距（跨度方向）l=0.90m，立杆的步距 h=1.20m，梁底增加 2 道承重立杆。

面板厚度 15mm，剪切强度 1.4N/mm^2，抗弯强度 31.0N/mm^2，弹性模量 11500.0N/mm^2。

木方 40×90mm，剪切强度 1.7N/mm^2，抗弯强度 17.0N/mm^2，弹性模量 10000.0N/mm^2。

梁底支撑顶托梁长度 1.20m。

梁顶托采用 90×90mm 木方。

梁底承重杆按照布置间距 500，200mm 计算。

模板自重 0.50kN/m^2，混凝土钢筋自重 25.50kN/m^3。

倾倒混凝土荷载标准值 2.00kN/m^2，施工均布荷载标准值 3.00kN/m^2。

扣件计算折减系数取 0.80。

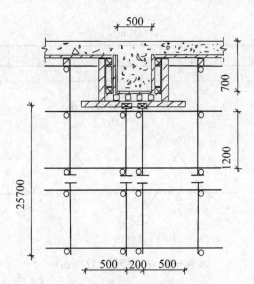

实例一图 14 梁模板支撑架立面简图

按照模板规范 4.3.1 条规定确定荷载组合分项系数如下：

由可变荷载效应控制的组合 $S=1.2×$（$25.50×0.70+0.50$）$+1.40×2.00=24.820kN/m^2$

由永久荷载效应控制的组合 $S=1.35×25.50×0.70+0.7×1.40×2.00=26.058kN/m^2$

由于永久荷载效应控制的组合 S 最大，永久荷载分项系数取 1.35，可变荷载分项系数取 $0.7×1.40=0.98$

采用的钢管类型为 $\Phi48×3.0$。

钢管惯性矩计算采用 $I=\pi（D^4-d^4）/64$，抵抗距计算采用 $W=\pi（D^4-d^4）/32D$。

一、模板面板计算

面板为受弯结构，需要验算其抗弯强度和刚度。模板面板的按照多跨连续梁计算。

作用荷载包括梁与模板自重荷载，施工活荷载等。

1. 荷载的计算：

（1）钢筋混凝土梁自重（kN/m）：

$q_1=25.500×0.700×0.900=16.065kN/m$

（2）模板的自重线荷载（kN/m）：

$q_2=0.500×0.900×$（$2×0.700+0.500$）$/0.500=1.710kN/m$

（3）活荷载为施工荷载标准值与振捣混凝土时产生的荷载（kN）：

经计算得到，活荷载标准值 $P_1=$（$3.000+2.000$）$×0.500×0.900=2.250kN$

均布荷载 $q=1.35×16.065+1.35×1.710=23.996kN/m$

集中荷载 $P=0.98×2.250=2.205kN$

面板的截面惯性矩 I 和截面抵抗矩 W 分别为：

本算例中，截面惯性矩 I 和截面抵抗矩 W 分别为：

$W=90.00×1.50×1.50/6=33.75cm^3$；

$I=90.00×1.50×1.50×1.50/12=25.31cm^4$；

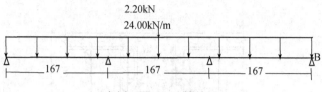

实例一图15　计算简图

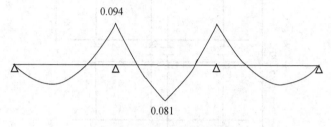

实例一图16 弯矩图（kN·m）

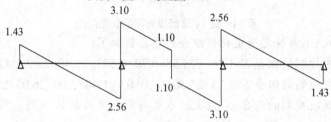

实例一图17 剪力图（kN）

变形的计算按照规范要求采用静荷载标准值，受力图与计算结果如下：

实例一图18 变形计算受力图

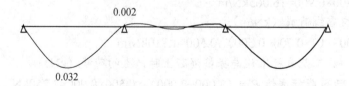

实例一图19 变形图（mm）

经过计算得到从左到右各支座力分别为

N_1=1.434kN

N_2=5.667kN

N_3=5.667kN

N_4=1.434kN

最大弯矩 M=0.094kN.m

最大变形 V=0.032mm

（1）抗弯强度计算

经计算得到面板抗弯强度计算值 $f=M/W=0.094×1000×1000/33750=2.785\text{N/mm}^2$

面板的抗弯强度设计值[f]，取 31.00N/mm²；面板的抗弯强度验算 $f<[f]$，满足要求！

（2）抗剪计算

截面抗剪强度计算值 $T=3Q/2bh=3×3102.0/（2×900.000×15.000）=0.345\text{N/mm}^2$

截面抗剪强度设计值[T]=1.40N/mm² 面板抗剪强度验算 $T<[T]$，满足要求！

（3）挠度计算

面板最大挠度计算值 $v=0.032\text{mm}$

面板的最大挠度小于 166.7/250，满足要求！

二、梁底支撑木方的计算

梁底木方计算

按照三跨连续梁计算，计算公式如下：

均布荷载 $q=5.667/0.900=6.297\text{kN/m}$

最大弯矩 $M=0.1ql^2=0.1×6.30×0.90×0.90=0.510\text{kN.m}$

最大剪力 $Q=0.6×0.900×6.297=3.400\text{kN}$

最大支座力 $N=1.1×0.900×6.297=6.234\text{kN}$

木方的截面力学参数为

本算例中，截面惯性矩 I 和截面抵抗矩 W 分别为：

$W=4.00×9.00×9.00/6=54.00\text{cm}^3$；

$I=4.00×9.00×9.00×9.00/12=243.00\text{cm}^4$；

（1）木方抗弯强度计算

抗弯计算强度 $f=M/W=0.510×106/54000.0=9.45\text{N/mm}^2$

木方的抗弯计算强度小于 17.0N/mm²，满足要求！

（2）木方抗剪计算

最大剪力的计算公式如下：

$$Q=0.6ql$$

截面抗剪强度必须满足：

$$T=3Q/2bh<[T]$$

截面抗剪强度计算值 $T=3×3400/（2×40×90）=1.417\text{N/mm}^2$

截面抗剪强度设计值[T]=1.70N/mm²

木方的抗剪强度计算满足要求！

（3）木方挠度计算

挠度计算按照规范要求采用静荷载标准值，均布荷载通过变形受力计算的最大支座力除以木方计算跨度（即木方下小横杆间距）得到 $q=3.621\text{kN/m}$

最大变形：

$v=0.677ql^4/100\text{EI}=0.677×3.621×900.0^4/（100×10000.00×2430000.0）=0.662\text{mm}$

木方的最大挠度小于 900.0/250，满足要求！

三、托梁的计算

托梁按照集中与均布荷载下多跨连续梁计算。

均布荷载取托梁的自重 $q=0.087kN/m$。

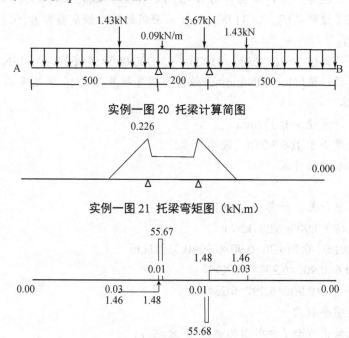

实例一图 20　托梁计算简图

实例一图 21　托梁弯矩图（kN.m）

实例一图 22 托梁剪力图（kN）

变形的计算按照规范要求采用静荷载标准值，受力图与计算结果如下：

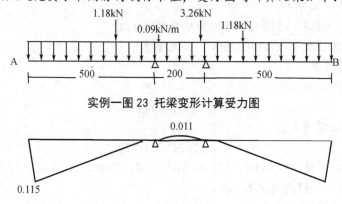

实例一图 23　托梁变形计算受力图

实例一图 24　托梁变形图（mm）

经过计算得到最大弯矩 $M=0.226kN.m$

经过计算得到最大支座 $F=7.154kN$

经过计算得到最大变形 $V=0.115mm$

顶托梁的截面力学参数为

本算例中，截面惯性矩 I 和截面抵抗矩 W 分别为：

$W=9.00×9.00×9.00/6=121.50cm^3$；

I=9.00×9.00×9.00×9.00/12=546.75cm^4；

（1）顶托梁抗弯强度计算

抗弯计算强度 f=M/W=0.226×10^6/121500.0=1.86N/mm^2

顶托梁的抗弯计算强度小于 17.0N/mm^2，满足要求！

（2）顶托梁抗剪计算

截面抗剪强度必须满足：

$$T=3Q/2bh<[T]$$

截面抗剪强度计算值 T=3×5675/（2×90×90）=1.051N/mm^2

截面抗剪强度设计值[T]=1.70N/mm^2 顶托梁的抗剪强度计算满足要求！

（3）顶托梁挠度计算

最大变形 v=0.115mm

顶托梁的最大挠度小于 500.0/250，满足要求！

三、立杆的稳定性计算

不考虑风荷载时，立杆的稳定性计算公式

其中 N——立杆的轴心压力设计值，它包括：

横杆的最大支座反力 N_1=7.15kN（已经包括组合系数）

脚手架钢管的自重 N_2=1.35×4.006=5.408kN

顶部立杆段，脚手架钢管的自重 N_2=1.35×0.265=0.358kN

非顶部立杆段 N=7.154+5.408=12.562kN

顶部立杆段 N=7.154+0.358=7.512kN

Φ——轴心受压立杆的稳定系数，由长细比 l_0/i 查表得到；

i——计算立杆的截面回转半径（cm）；i=1.60

A——立杆净截面面积（cm^2）；A=4.24

W——立杆净截面抵抗矩（cm^3）；W=4.49

σ——钢管立杆抗压强度计算值（N/mm^2）；

[f]——钢管立杆抗压强度设计值，[f]=205.00N/mm^2；

l_0——计算长度（m）；

参照《扣件式规范》2011，由公式计算

顶部立杆段：$l_0=ku_1$（$h+2a$）　　　　（1）

非顶部立杆段：$l_0=ku_2h$　　　　（2）

k——计算长度附加系数，按照表 5.4.6 取值为 1.291,当允许长细比验算时 k 取 1;u_1,u_2——计算长度系数，参照《扣件式规范》附录 C 表；

a——立杆上端伸出顶层横杆中心线至模板支撑点的长度；a=0.50m；

顶部立杆段：a=0.2m 时，u_1=1.685,l_0=3.481m；

λ=3481/16.0=218.215

允许长细比 λ=169.028<210 长细比验算满足要求！

Φ=0.153

σ=7512/（0.153×423.9）=115.569N/mm^2

a=0.5m 时，u_1=1.269，l_0=3.604m;

λ=3604/16.0=225.970

允许长细比 λ=175.035<210 长细比验算满足要求！

Φ=0.144

σ=7512/（0.144×423.9）=123.155N/mm^2

依据规范做承载力插值计算 a=0.500 时，σ=123.155N/mm^2，立杆的稳定性计算 σ<[f]，满足要求！

非顶部立杆段：u_2=2.128，l_0=3.297m;

λ=3297/16.0=206.690

允许长细比 λ=160.101<210 长细比验算满足要求！

Φ=0.171

σ=12562/（0.171×423.9）=173.633N/mm^2，立杆的稳定性计算 σ<[f]，满足要求！

考虑风荷载时，立杆的稳定性计算公式为：

风荷载设计值产生的立杆段弯矩 M_W 依据扣件脚手架规范计算公式 5.2.9

M_W=0.9×1.4W$_k$lah^2/10

其中 W$_k$——风荷载标准值（kN/m^2）；

W_k=u_z×u_s×w_0=0.300×1.250×0.600=0.225kN/m^2

h——立杆的步距，1.20m;

l_a——立杆迎风面的间距，1.20m;

l_b——与迎风面垂直方向的立杆间距，0.90m;

风荷载产生的弯矩 M_w=0.9×1.4×0.225×1.200×1.200×1.200/10=0.049kN.m;

N_w——考虑风荷载时，立杆的轴心压力最大值；

顶部立杆 N_w=7.154+1.350×0.265+0.9×0.980×0.049/0.900=7.560kN

非顶部立杆 N_w=7.154+1.350×4.006+0.9×0.980×0.049/0.900=12.610kN

顶部立杆段：a=0.2m 时，u_1=1.685，l_0=3.481m;

λ=3481/16.0=218.215

允许长细比 λ=169.028<210 长细比验算满足要求！

Φ=0.153

σ=7560/（0.153×423.9）+49000/4491=127.216N/mm^2

a=0.5m 时，u_1=1.269，l_0=3.604m;

λ=3604/16.0=225.970

允许长细比 λ=175.035<210 长细比验算满足要求！

Φ=0.144

σ=7560/（0.144×423.9）+49000/4491=134.850N/mm^2

依据规范做承载力插值计算 a=0.500 时，σ=134.850N/mm^2，立杆的稳定性计算 σ<[f]，满足要求！

非顶部立杆段：u_2=2.128，l_0=3.297m;

λ=3297/16.0=206.690

允许长细比 λ=160.101<210 长细比验算满足要求！

$\Phi=0.171$

$\sigma=12610/（0.171\times423.9）+49000/4491=185.205\mathrm{N/mm^2}$，立杆的稳定性计算 $\sigma<[f]$，满足要求！

模板支撑架计算满足要求！

1F～7F，2-3/M-N 轴 300×600mm 梁支撑架计算

计算参数：

钢管强度为 205.0N/mm²，钢管强度折减系数取 1.00。

模板支架搭设高度为 25.8m，

梁截面 B×D=300mm×600mm，立杆的纵距（跨度方向）l=0.90m，立杆的步距 h=1.20m，梁底增加 1 道承重立杆。

面板厚度 15mm，剪切强度 1.4N/mm²，抗弯强度 30.0N/mm²，弹性模量 11500.0N/mm²。

木方 40×90mm，剪切强度 1.7N/mm²，抗弯强度 17.0N/mm²，弹性模量 10000.0N/mm²。

梁两侧立杆间距 1.00m。

梁底按照均匀布置承重杆 3 根计算。

模板自重 0.50kN/m²，混凝土钢筋自重 25.50kN/m³。

倾倒混凝土荷载标准值 2.00kN/m²，施工均布荷载标准值 3.00kN/m²。

扣件计算折减系数取 0.80。

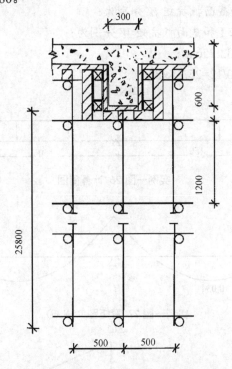

实例一图 25 梁模板支撑架立面简图

按照模板规范 4.3.1 条规定确定荷载组合分项系数如下：

由可变荷载效应控制的组合 S=1.2×（25.50×0.60+0.50）+1.40×2.00=21.760kN/m²

由永久荷载效应控制的组合 S=1.35×25.50×0.60+0.7×1.40×2.00=22.615kN/m²

由于永久荷载效应控制的组合 S 最大，永久荷载分项系数取 1.35，可变荷载分项系数取 0.7×1.40=0.98

采用的钢管类型为 $\Phi48×3.0$。

钢管惯性矩计算采用 $I=\pi(D^4-d^4)/64$，抵抗距计算采用 $W=\pi(D^4-d^4)/32D$。

一、模板面板计算

面板为受弯结构，需要验算其抗弯强度和刚度。模板面板的按照多跨连续梁计算。

作用荷载包括梁与模板自重荷载，施工活荷载等。

1. 荷载的计算：

（1）钢筋混凝土梁自重（kN/m）：

q_1=25.500×0.600×0.900=13.770kN/m

（2）模板的自重线荷载（kN/m）：

q_2=0.500×0.900×（2×0.600+0.300）/0.300=2.250kN/m

（3）活荷载为施工荷载标准值与振捣混凝土时产生的荷载（kN）：

经计算得到，活荷载标准值 P_1=（3.000+2.000）×0.300×0.900=1.350kN

均布荷载 q=1.35×13.770+1.35×2.250=21.627kN/m

集中荷载 P=0.98×1.350=1.323kN

面板的截面惯性矩 I 和截面抵抗矩 W 分别为：

本算例中，截面惯性矩 I 和截面抵抗矩 W 分别为：

W=90.00×1.50×1.50/6=33.75cm^3；

I=90.00×1.50×1.50×1.50/12=25.31cm^4；

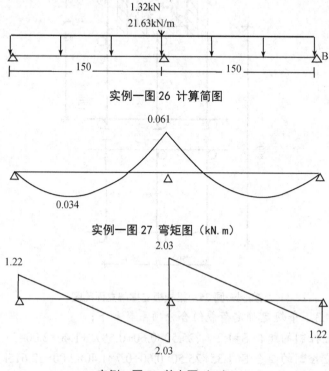

实例一图 26 计算简图

实例一图 27 弯矩图（kN.m）

实例一图 28 剪力图（kN）

变形的计算按照规范要求采用静荷载标准值，受力图与计算结果如下：

实例一图 29　变形计算受力图

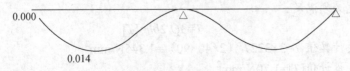

实例一图 30　变形图（mm）

经过计算得到从左到右各支座力分别为

N_1=1.217kN

N_2=5.378kN

N_3=1.217kN

最大弯矩 M=0.060kN.m

最大变形 V=0.015mm

（1）抗弯强度计算

经计算得到面板抗弯强度计算值 $f=M/W=0.060×1000×1000/33750=1.778N/mm^2$

面板的抗弯强度设计值[f]，取 30.00N/mm^2；

面板的抗弯强度验算 $f<[f]$，满足要求！

（2）抗剪计算

截面抗剪强度计算值 $T=3Q/2bh=3×2027.0/（2×900.000×15.000）=0.225N/mm^2$

截面抗剪强度设计值[T]=1.40N/mm^2

面板抗剪强度验算 $T<[T]$，满足要求！

（3）挠度计算

面板最大挠度计算值 v=0.015mm

面板的最大挠度小于 150.0/250，满足要求！

二、梁底支撑木方的计算

梁底木方计算

按照三跨连续梁计算，计算公式如下：

均布荷载 q=5.378/0.900=5.976kN/m

最大弯矩 $M=0.1ql^2=0.1×5.98×0.90×0.90=0.484kN.m$

最大剪力 Q=0.6×0.900×5.976=3.227kN

最大支座力 N=1.1×0.900×5.976=5.916kN

木方的截面力学参数为

本算例中，截面惯性矩 I 和截面抵抗矩 W 分别为：

W=4.00×9.00×9.00/6=54.00cm^3；

I=4.00×9.00×9.00×9.00/12=243.00cm^4；

（1）木方抗弯强度计算

抗弯计算强度 $f=M/W=0.484×106/54000.0=8.96\text{N/mm}^2$

木方的抗弯计算强度小于 17.0N/mm^2，满足要求！

（2）木方抗剪计算

最大剪力的计算公式如下：

$$Q=0.6ql$$

截面抗剪强度必须满足：

$$T=3Q/2bh<[T]$$

截面抗剪强度计算值 $T=3×3227/（2×40×90）=1.345\text{N/mm}^2$

截面抗剪强度设计值 $[T]=1.70\text{N/mm}^2$

木方的抗剪强度计算满足要求！

（3）木方挠度计算

挠度计算按照规范要求采用静荷载标准值，均布荷载通过变形受力计算的最大支座力除以木方计算跨度（即木方下小横杆间距）得到 $q=3.338\text{kN/m}$

最大变形：

$v=0.677ql^4/100\text{EI}=0.677×3.338×900.0^4/（100×10000.00×2430000.0）=0.610\text{mm}$

木方的最大挠度小于 $900.0/250$，满足要求！

三、梁底支撑钢管计算

（一）梁底支撑横向钢管计算

横向支撑钢管按照集中荷载作用下的连续梁计算。

集中荷载 P 取木方支撑传递力。

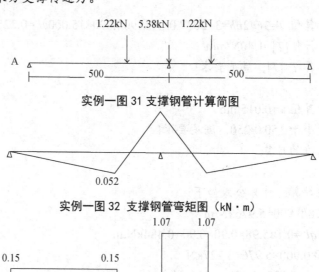

实例一图 31 支撑钢管计算简图

实例一图 32 支撑钢管弯矩图（kN·m）

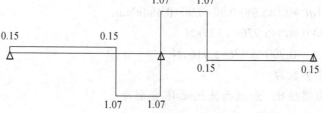

实例一图 33 支撑钢管剪力图（kN）

变形的计算按照规范要求采用静荷载标准值，受力图与计算结果如下：

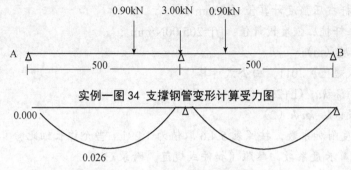

实例一图 34 支撑钢管变形计算受力图

实例一图 35 支撑钢管变形图（mm）

经过连续梁的计算得到

最大弯矩 M_{max}=0.109kN.m

最大变形 v_{max}=0.027mm

最大支座力 Q_{max}=7.515kN

抗弯计算强度 $f=M/W$=0.109×10⁶/4491.0=24.18N/mm²

支撑钢管的抗弯计算强度小于设计强度，满足要求！

支撑钢管的最大挠度小于 500.0/150 与 10mm，满足要求！

（二）梁底支撑纵向钢管计算

梁底支撑纵向钢管只起构造作用，无需要计算。

四、扣件抗滑移的计算

纵向或横向水平杆与立杆连接时，扣件的抗滑承载力按照下式计算：

$$R \leqslant R_c$$

其中 R_c——扣件抗滑承载力设计值，单扣件取 6.40kN，双扣件取 9.60kN；

R——纵向或横向水平杆传给立杆的竖向作用力设计值；

计算中 R 取最大支座反力，R=7.52kN

单扣件抗滑承载力的设计计算不满足要求，故采用双扣件，满足抗滑承载力要求！

五、立杆的稳定性计算

不考虑风荷载时，立杆的稳定性计算公式

其中 N——立杆的轴心压力设计值，它包括：

横杆的最大支座反力 N_1=7.52kN（已经包括组合系数）

脚手架钢管的自重 N_2=1.35×3.784=5.108kN

顶部立杆段，脚手架钢管的自重 N_2=1.35×0.249=0.337kN

非顶部立杆段 N=7.515+5.108=12.624kN

顶部立杆段 N=7.515+0.337=7.852kN

Φ——轴心受压立杆的稳定系数，由长细比 l_0/i 查表得到；

i——计算立杆的截面回转半径（cm）；i=1.60

A——立杆净截面面积（cm²）；A=4.24

W——立杆净截面抵抗矩（cm^3）；$W=4.49$

σ——钢管立杆抗压强度计算值（N/mm^2）；

$[f]$——钢管立杆抗压强度设计值，$[f]=205.00N/mm^2$；

l_0——计算长度（m）；

参照《扣件式规范》2011，由公式计算

顶部立杆段：$l_0=ku_1$（h+2a）（1）

非顶部立杆段：$l_0=ku_2h$（2）

k——计算长度附加系数，按照表5.4.6取值为1.291，当允许长细比验算时 k 取 1；

u_1，u_2——计算长度系数，参照《扣件式规范》附录C表；

a——立杆上端伸出顶层横杆中心线至模板支撑点的长度；$a=0.50m$；

顶部立杆段：$a=0.2m$ 时，$u_1=1.636$，$l_0=3.379m$；

$\lambda=3379/16.0=211.870$

允许长细比$\lambda=164.113<210$ 长细比验算满足要求！

$\Phi=0.163$

$\sigma=7852/$（0.163×423.9）$=113.874N/mm^2$

$a=0.5m$ 时，$u_1=1.233$，$l_0=3.502m$；

$\lambda=3502/16.0=219.559$

允许长细比$\lambda=170.069<210$ 长细比验算满足要求！

$\Phi=0.152$

$\sigma=7852/$（0.152×423.9）$=121.865N/mm^2$

依据规范做承载力插值计算 $a=0.500$ 时，$\sigma=121.865N/mm^2$，立杆的稳定性计算 $\sigma<[f]$，满足要求！

非顶部立杆段：$u_2=2.128$，$l0=3.297m$；

$\lambda=3297/16.0=206.690$

允许长细比$\lambda=160.101<210$ 长细比验算满足要求！

$\Phi=0.171$

$\sigma=12624/$（0.171×423.9）$=174.494N/mm^2$，

立杆的稳定性计算 $\sigma<[f]$，满足要求！

考虑风荷载时，立杆的稳定性计算公式为：

风荷载设计值产生的立杆段弯矩 M_W 依据扣件脚手架规范计算公式 5.2.9

$M_W=0.9\times1.4W_kl_ah^2/10$

其中 W_k——风荷载标准值（kN/m^2）；

$W_k=u_z\times u_s\times w_0=0.300\times1.250\times0.600=0.225kN/m^2$

h——立杆的步距，1.20m；

l_a——立杆迎风面的间距，1.00m；

l_b——与迎风面垂直方向的立杆间距，0.90m；

风荷载产生的弯矩 $Mw=0.9\times1.4\times0.225\times1.000\times1.200\times1.200/10=0.041kN.m$；

N_w——考虑风荷载时，立杆的轴心压力最大值；

顶部立杆 $Nw=7.515+1.350\times0.249+0.9\times0.980\times0.041/0.900=7.892kN$

非顶部立杆 N_w=7.515+1.350×3.784+0.9×0.980×0.041/0.900=12.664kN

顶部立杆段：a=0.2m 时，u_1=1.636，l_0=3.379m；

λ=3379/16.0=211.870

允许长细比 λ=164.113<210 长细比验算满足要求！

Φ=0.163

σ=7892/（0.163×423.9）+41000/4491=123.544N/mm^2

a=0.5m 时，u_1=1.233，l_0=3.502m；

λ=3502/16.0=219.559

允许长细比 λ=170.069<210 长细比验算满足要求！

Φ=0.152

σ=7892/（0.152×423.9）+41000/4491=131.576N/mm^2

依据规范做承载力插值计算 a=0.500 时，σ=131.576N/mm^2，立杆的稳定性计算 σ<[f]，满足要求！

非顶部立杆段：u_2=2.128，l_0=3.297m；

λ=3297/16.0=206.690

允许长细比 λ=160.101<210 长细比验算满足要求！

Φ=0.171

σ=12664/（0.171×423.9）+41000/4491=184.137N/mm^2，立杆的稳定性计算 σ<[f]，满足要求！

模板支撑架计算满足要求！

其它计算

300×600、500×700mm 截面梁侧模计算在本工程《模板施工方案》中已做计算，符合安全要求，本方案中不再赘述。

实例二　××工程高大模板支撑安全专项方案

一、编制依据

类别	主要规范名称	编号
图纸	××住宅建设项目活动中心	
施组	××住宅建设项目活动中心施工组织设计	
国标、行标	《混凝土结构工程施工质量验收规范》	GB50204（2011 年版）
	《混凝土结构工程施工规范》	GB50666-2011
	《建筑工程施工质量验收统一标准》	GB50300-2013
	《钢管脚手架扣件》	GB15831-2006
	《建筑施工扣件式钢管脚手架安全技术规范》	JGJ130-2011
	《建筑施工碗扣式钢管脚手架安全技术规范》	JGJ166-2008
	《建筑施工高处作业安全技术规范》	JGJ80-91
	《建筑施工模板安全技术规范》	JGJ162-2008
	《建筑施工临时支撑结构技术规范》	JGJ300-2013

续表

类别	主要规范名称	编号
地标	《混凝土结构工程施工质量验收规程》	DBJ01-82-2005
	《钢管脚手架、模板支架安全选用技术规程》	DB11/T583-2008
	《北京市建筑工程施工安全操作规程》	DBJ01-62-2002
	《建筑结构长城杯工程质量评审标准》	DB11/T1074-2014
其他	《建设工程安全生产管理条例》	国务院第393号令
	《生产安全事故应急预案管理办法》	国家安全生产监督管理总局令第17号
	《危险性较大的分部分项工程安全管理办法》	建质[2009]87号
	《建设工程高大模板支撑系统施工安全监督管理导则》	建质[2009]254号
	《北京市实施<危险性较大的分部分项工程安全管理办法>规定》	京建施[2009]841号
	《关于加强施工用钢管、扣件使用管理的通知》	京建材[2006]72号

二、工程概况

(一) 工程简介

实例二表1 工程简介

序号	项目	内容	
1	工程名称	××住宅建设项目	
2	建设单位	××住宅建设服务中心	
3	设计单位	××建筑设计研究院有限公司	
4	监理单位	××工程建设监理公司	
5	总监	×××	联系电话
6	总承包单位	××建设集团有限公司	
7	项目经理	×××	联系电话
8	总工程师	×××	联系电话
9	质量标准	合同要求为合格。	

(二) 活动中心设计概况

实例二表2 活动中心设计概况

序号	项目	内容			
1	建筑面积	总建筑面积	5584.7m²	地下部分	5499.18m²
				地上部分	85.52m²
2	建筑层高	地下一层: 5.030m; 地下二层: 4.200m; 地下三层: 4.920m			
3	建筑檐高	5.050m			
4	结构形式	框架结构			
5	基础形式	桩基+防水板			
6	建筑结构安全等级	二级			
7	建筑抗震设防类别	丙类			

（三）高大模板支撑架概况

1．本工程高支模概况如下：

实例二表 3　高支模概况

编号	游泳池			攀岩区	
	板①	板②	框架梁	板③	框架梁
部位层数	地下二～地下一层	地下二～地下一层	地下一层	地下三～地下一层	地下三～地下一层
标高（m）	-12.300～-1.10	-10.330～-1.100	-12.300～-1.100	-14.530～-1.10	-14.530～-1.100
部位平面轴线位置	3-25/B-K	A-B、K-M/1-26、1-3、24-26/B-K	2-25/A-M	6-11/R-P	7/P-R、10/P-R
高度（m）	10.950m	8.980m	7.13～9.00m	13.180m	12.780m
构件截面尺寸	250mm	250mm	600mm×2100mm、2200mm	250mm	400mm×600mm
超限类型	搭设高度≥8m	搭设高度≥8m	高度、集中线荷载	搭设高度≥8m	搭设高度≥8m

2．支撑体系的选择

本工程选择扣件式钢管支撑架作为高大模板支撑体系。

实例二表 4　支承体系选择列表

编号	游泳池			攀岩区	
	板①	板②	框架梁	板③	框架梁
位置	3-25/B-K	A-B、K-M/1-26、1-3、24-26/B-K	2-25/A-M	6-11/R-P	7/P-R、10/P-R
立杆纵距	900mm	900mm	400mm	900mm	600mm
立杆横距	900mm	900mm	400mm	900mm	900mm
梁底承重立杆	/	/	4	/	2
步距	1200mm	1200mm	400mm	1200mm	600mm
连墙件间距	竖向间距2.4m，水平间距2.4m				
穿墙螺杆	/	/	6	/	3
竖向钢管立杆组合	5.8+2.8+2	5.8+2.8	5.8+1、5.8+3	5.8+4+3	5.8+3.8+2.8
U托外露	115mm	145mm	95mm、65mm	145mm	145mm
竖向剪刀撑	在架体外侧四周及内部纵、横向每四跨由底至顶连续设置竖向剪刀撑，剪刀撑夹角45-60°				
水平剪刀撑	在架体底部、顶部及竖向四跨设置连续剪刀撑，剪刀撑夹角45-60°				
架体基础	地下三层顶板	地下三层顶板	地下三层顶板	基础底板	基础底板

实例二表5 框架梁模板表

框架梁	600×2200、600×2100 选取截面最大的梁进行验算	1、底模 ①面板：采用15mm厚木质胶合板； ②底模次龙骨：40×90方木，设7道。 ③底模主龙骨：90×90方木，垂直梁方向布置，沿梁长方向间距400mm设置；梁下再设置四道钢管顶撑顶至梁底，沿梁长方向间距400mm设置，最外侧立杆距梁侧边距离为：150mm。 ④底模立杆、横杆：均采用规格（Φ48.3×3.0）的钢管，梁两侧立杆间距400布置，顺梁方向400布置。 2、侧模： ①面板：采用15mm厚木质胶合板； ②次龙骨：40×90方木，按沿梁高方向间距（中距）200mm布置； ③在竖向梁底以上500mm起步并竖向间距900mm用斜钢管+u托固定；水平间距900mm，斜撑直接顶在双钢管背楞上； ④侧模主龙骨均采用Φ48.3×3.6双钢管，沿梁长方向间距不大于450mm设置。
	对拉螺栓	采用Φ16对拉螺栓；第一道对拉螺栓距离梁底及梁端150mm其余竖向间距为450mm，横向对拉螺栓间距为450mm，以保证梁体侧模的稳定性。
	模板预拱度设置	按设计要求2‰起拱。起拱值为10cm

板模板采用15mm木胶板。楼板主龙骨采用90×90mm方木，次龙骨采用50×70mm钢木龙骨，次龙骨中距不大于250mm。梁次龙骨采用40×90mm方木，梁侧龙骨中距不大于200mm，梁底龙骨中距不大于150mm；梁侧使用双钢管固定背楞，间距450mm，并用A16螺栓对拉；梁底小横杆使用钢管和扣件锁在梁两侧支撑立杆上，梁底立杆托梁90×90mm方木，立杆和小横杆纵距见平面图，立杆底部垫40×90mm方木。

楼板、梁支撑与结构墙柱设置连墙件，连墙件与结构对顶连接。

（四）施工重点及难点

实例二表6 施工重点及难点一览表

事项	重难点
超限类型	地下泳池支撑超高、跨度超大、荷载超重是本工程的特点
屋面框架梁的截面尺寸	本工程地下泳池屋面框架梁截面尺寸600×2100（2200），砼浇筑时框架梁截面尺寸控制及预应力筋成品保护难度大
架体变形观测	监测项目、监测频率及监测人的落实

三、施工安排

（一）组织管理机构及职责

1. 针对本工程结构施工要求质量高、工期紧的特点，项目部为了更好地满足工程质量和进度的要求，从而做到合理有序安排施工及明确人员职责，项目部进行管理人员的编制：项目经理为总负责，其他人员在总工和技术主管的带领下，技术管理部模板专业负责人根据本工程的特点结合现场要求编制施工方案和技术交底，并抓施工现场技术交底落实问题，由项目工程经理和工长按进度计划进行工程的人机料协调和调度，质检员对施工质量进行全面控制，模板工程施工由平山天元承担，其中模板支撑搭设必须由专业架子工搭设。

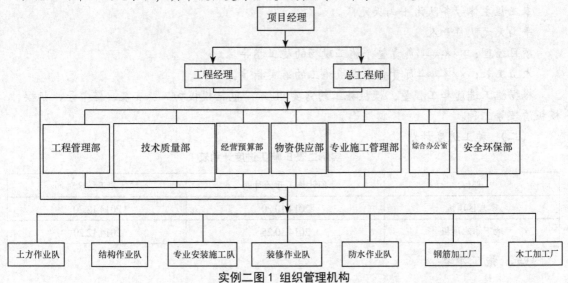

实例二图 1　组织管理机构

实例二表 7　项目人员安排表

序号	职务	姓名	负责内容
1	项目经理	×××	项目总负责、总协调。
2	总工	×××	对工程施工技术进行全面指导和监督。负责分项施工方案的总体框架的确定。
3	工程经理	×××	负责落实由项目部下达的生产计划任务，协调项目与劳务之间的工作安排。
4	安全总监	×××	安全文明施工指挥、交底、检查、验收。
4	土建主管	×××	制定详细的施工方案并负责该项施工全过程的技术指导与监督，检查方案、交底的执行情况。
5	土建技术员	×××	负责技术交底，对现场施工人员进行技术指导。负责编制材料计划、机械等计划的编制，通知供应混凝土，现场协调，检查，及时向土建技术负责人汇报施工中存在的问题。
6	水暖主管	×××	根据工程施工情况，合理安排水电人员，保障施工用水、用电。
7	电气主管	×××	
8	土建质检员	刘飞	负责检查、发现现场施工过程中出现的质量问题，监督相关问题的整改，并上报项目技术室，填写施工质量情况及相关资料。
9	测量主管	×××	负责轴线、标高控制及支撑体系观测。
10	土建工长	×××	按照工程经理的安排，落实进度、技术方面的要求，负责组织现场的工人的施工内容，并跟班作业。
11	安全员	××× ×××	安全文明施工指挥、交底、检查、验收。
12	材料主任	×××	负责材料的进场与现场管理，保证进场材料合格。
13	试验员	×××	根据试验方案和规范要求，做好试块、取样等工作，及时送检，为现场施工提供数据，保证拆模、保温、养护工作顺利进行。
14	资料员	×××	负责相关技术资料的收集、整理工作。

（二）劳动力组织

本工程主体劳务队为平山天元队。

平山天元队负责人

项目经理：×××——负责整个施工现场的施工指导。

木工工长：×××——负责整个模板施工的落实指导。

根据施工进度和工程量，模板施工约需要40人，包括模板加工、安装、搭架子、拆模、模板清理等工种。

（二）施工进度计划

实例二表8　施工进度计划表

部位	预计施工开始时间	预计施工结束时间
攀岩区顶板	2014.10.20	2014.12.20
地下泳池顶板	2014.10.25	2014.12.20

四、施工准备

（一）技术准备

1．熟悉审查图纸：在施工前，项目组织项目有关人员及劳务队负责人对施工图纸进行详细审查，并对一些关键尺寸做到心中有数。

2．顶板模板和墙体模板体系资料收集：从拿到施工图后，结合本工程的特点、难点及工期的要求，项目部积极组织人员研究各部分模板配置，以及针对各种模板配置进行质量、成本、工期等综合分析；并组织人员进行参观考察。

（二）材料准备

1．Φ48钢管（壁厚3.0）

2．脚手板、方木、木胶合板、安全平网、密目绿网、U托。

3．工具准备：扳手、安全带等。

4．材料备料表

实例二表9　材料备料表

序号	名称	规格	单位	数量	进场时间
1	多层板	1220×2440×15mm	张	3000	随施工进度
2	钢管	5.8m	根	4100	随施工进度
3	钢管	3.8m	根	1120	随施工进度
4	钢管	2.8m	根	626	随施工进度
5	钢管	2m	根	2100	随施工进度
6	钢管	1m	根	7160	随施工进度
7	U托	0.6m	个	7000	随施工进度
8	方木	100×100mm	m³	110	随施工进度
9	方木	50×100mm	m³	80	随施工进度

续表

序号	名称	规格	单位	数量	进场时间
10	钢木龙骨	50×70mm	根	8900	随施工进度
11	十字卡	/	个	8300	随施工进度
12	接头卡	/	个	3100	随施工进度
13	转卡	/	个	2000	随施工进度

注：进场所有材料必须按照《建筑施工扣件式钢管脚手架安全技术规范》JGJ130-2011 要求进行检测，要求复试的材料，必须进行复试，复试合格后方可使用。现场使用的钢管、扣件已进行试验检测，复试结果合格。

（三）机具准备

塔吊 1 台、模板加工工具：平刨 4 台、压刨 4 台、圆盘锯 4 台、手锯 50 把、手电钻 4 台、手提电刨 12 台。

五、主要施工方法及工艺

（一）搭设参数

钢管扣件式支撑架纵向扫地杆最底端距地 200mm，立杆上端伸出顶部水平杆中心线至模板支撑点长度不大于 400mm。若现场操作时不满足，立杆顶板增设一道水平拉杆。

采用竖向和横向连续剪刀撑进行加固，并且设置两道水平兜网；支撑上部设一道水平兜网，第二道设置在 4m 高位置；梁的支撑和板的支撑形成一个整体。

（二）搭设流程

测量放线→铺垫脚手板→搭设立杆、横杆→设置剪刀撑→搭设板底立杆、横杆→设置剪刀撑→连接梁底和顶板钢管→铺设梁底主次龙骨→搭设梁底模板→绑梁钢筋→安装梁帮模板→铺设顶板主次龙骨→顶板木胶合板→绑顶板钢筋→加设连墙件→检查、验收架体→浇筑顶板混凝土

（三）架体基础

（1）根据架体搭设平面图弹出立杆位置线，基础在结构上时，基础下铺 50 厚通长脚手板，平行于墙面放置，位置准确、铺放平稳、不得悬空。地下泳池架体基础在地下三层结构顶板上，攀岩区架体基础在基础底板上。

（2）从搭设开始到混凝土浇筑完成都要对架体进行监测，每隔 15m 在立杆上设置一个观测点，搭设过程每天两次、混凝土浇筑过程全程对架体的沉降、位移和变形进行观测（大雨和大风天气后增加一次），如果发现架体沉降和位移超过预警值，立即组织人员疏散，并对架体采取加固措施。

（四）顶部自由端支设要求

结构梁下立杆纵距沿梁轴线方向布置，立杆横距以梁底中心线为中心两侧对称布置，且最外侧立杆距梁侧边距离不得大于 400mm。

钢管架架体自由端高度不大于 400mm，采用 U 托支顶，其丝杆外径不得小于 36mm，伸出长度不得超过 200mm。

顶板支模的跨度大于 4m 时，应按要求起拱（由四周向中间部分起拱，四周不起），4～6m 起拱 6mm，6～8m 起拱 8mm，＞8m 起拱 10mm。

模板支架搭设时梁下横向水平杆应伸入梁两侧板的模板支架内不少于两根立杆，并与立杆扣接。

（五）钢管扣件架体搭设要求

架体具体节点严格按照规范要求进行搭设。相邻立杆和水平杆接头必须错开，例如 6m+6m 立杆可使用 3m+6m+3m 配合错开接头搭设。

1. 立杆接长必须采用对接，相邻接头位置错开 500mm 以上，并且接头位置距离横杆不大于 400mm。

2. 上下层和左右相邻的水平杆接头位置错开不小于 500mm，且接头位置距离立杆不大于 300mm。

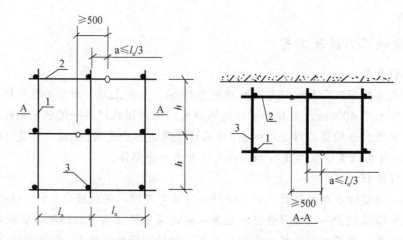

实例二图 2　接头不在同步内（立面）　　　实例二图 3　接头不在间胯内（平面）

1—立杆；2—纵向水平杆；3—横向水平杆

3. 横纵向设置扫地杆，扫地杆钢管中心距离地面不大于 200mm。

4. 螺栓拧紧力矩控制在 40～65N·m 之间。

5. 对接扣件开口应朝上或者朝内。

6. 各杆件端头伸出扣件盖板边缘的长度不应小于 100mm。

7. 连墙件、剪刀撑应随架体同步搭设。

8. 主节点部位的直角扣件、旋转扣件的中心点间距不大于 150mm。

（六）剪刀撑的设置要求

竖向剪刀撑：在架体外侧周边及内部纵向每四米由底至顶连续设置竖向剪刀撑，剪刀撑宽度为 4 跨。

水平剪刀撑：在架体底部、顶部及竖向四跨设置连续剪刀撑。

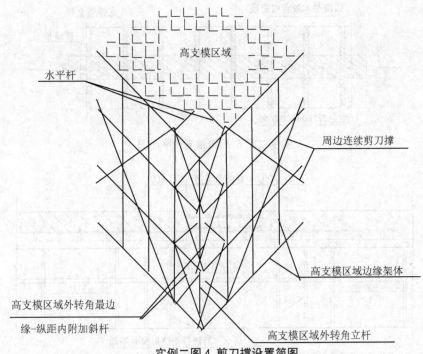

实例二图 4 剪刀撑设置简图

（七）连墙件的设置要求

本工程高大模板支设部位均属于框架结构，顶板、梁模板支撑前，框架柱已拆模，框架柱四角用木胶板保护，在支设区域内所有柱子部位均设置刚性连墙件，本工程中模板支撑高度按照≥8m 设置，在水平加强层位置与建筑物结构可靠连接。在高大模板泳池区域：东、西、南侧因全部为结构外墙故连墙件采用钢管+U 托+方木与结构对顶连接，钢管深入架体内不少于两跨。竖向间距 2.4m，水平间距 2.4m。连墙件高度见：本工程高大模板施工楼板及梁底支撑采用钢管扣件式支撑架体系表。

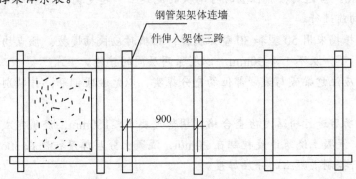

实例二图 5 中柱的连接方式

（八）后浇带处顶板、梁模板施工

后浇带处顶板、梁模板支撑体详见下图。后浇带两侧的顶板、梁结构施工的同时将后浇带处的顶板、梁模板也支设起来，用快易收口网进行隔断。后浇带两侧的顶板、梁混凝土达到拆模条件时，后浇带两侧 4 排立杆暂不拆除，待后浇带混凝土浇筑完成达到拆模条件后再行拆除。

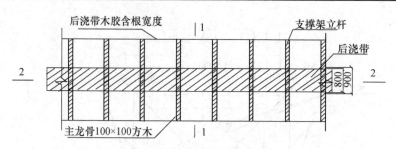

实例二图6 后浇带支设平面图

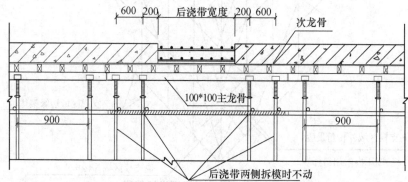

说明：高支模施工范围的后浇带在高支模板施工时后浇带独立支撑横杆和与后浇带两侧横杆连通的横杆同时支设，与后浇带两侧横杆连通的横杆待高支模板施工完成后拆除，用于后浇带独立支撑的横杆待后浇带浇筑完成达到强度后拆除。

实例二图7 后浇带支设立面图

（九）混凝土浇筑

1. 混凝土浇注的要求

（1）本工程混凝土浇筑时，采用汽车泵。梁板应同时浇筑，总体顺序从中间往周边均匀进行浇注，确保顶板支撑受力均匀稳定。先浇筑梁，根据梁高分层浇筑成阶梯形，每层浇筑高度不得超过300mm。当达到板底位置时再与板的混凝土一起浇筑，随着阶梯不断延伸，梁板混凝土浇筑连续向前进行。

（2）混凝土振捣采用50型和30型振捣棒，振捣时应快插慢拔，插点均匀，不得遗漏。振捣上一层应插入下一层不小于50mm，以消除两层间的接槎。

（3）振捣时应注意梁底与梁帮部位的充分振实，以免触碰钢筋，并特别注意端部接头密集处。

（4）凝土进场后进行坍落度检查合格，坍落度要求≤180mm，浇筑完成60%后放缓浇筑速度。梁施工时，混凝土浇筑速度控制在20m/h，混凝土分层厚度控制在30cm，分层浇筑时要制作分层标尺杆控制混凝土的分层厚度。

（5）浇筑砼时，钢筋工、木工施工人员应跟班作业，随时提醒砼工并及时整理所负责的工作，管理人员，应紧盯现场，发现问题及时解决。

（6）混凝土浇筑时应派专人对架体进行监测。

（7）施工队成立混凝土浇筑小组，每个小组人员如下：

实例二表 10　混凝土浇筑小组成员表

工种	人数	工种	人数
振捣手	4	看模	3
找平	8	看筋	2
放料	2	现场清理	4
养护	4	指挥	2
临水	2	临电	2

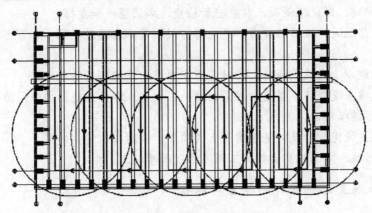

实例二图 8　1-26/A-M 轴地下泳池顶板混凝土浇筑线路图

（十）模板拆除

1. 拆除程序：模板拆除前必须有混凝土强度报告，混凝土强度达 100%，梁模板拆除预应力张拉完毕混凝土强度达 100%后方可拆模。项目部申请监理同意后，项目部通知施工队进行架子的拆除。施工队不得私自进行架子的拆除。

2. 拆除架子，应由上而下分段、分层的拆除，按先搭的后拆，后搭的先拆的原则，并按一步一清原则依次进行，要严禁上下同时进行拆除作业。先拆护横向钢管，再依次拆剪刀撑的上部扣件和接杆。拆除全部剪刀撑、抛撑以前，必须搭设临时加固斜支撑，预防架体倾倒。连墙件待其上部杆件拆除完毕后（伸上来的立杆除外）方可松开拆去。

3. 拆除碗扣架件架杆件，必须由 2～3 人协同操作，拆纵向水平杆时，应由站在中间的人向下传递，拆下的杆配件必须以安全的方式运出和吊下，严禁向下抛掷。

4. 钢管支架拆除时应划分作业区，周围设绳绑围栏或竖立警戒标志；工作面应设专人指挥，拆除作业区的周围及进出口处，必须派专人看护，严禁非作业区人员进入危险区域，拆除大片架子应加临时围栏。作业区内电线及其他设备有妨碍时，应事先与有关部门联系拆除、转移或加防护。

5. 拆除全部过程中，应指派 1 名责任心强、技术水平高的安全员担任指挥和监护，负责人每天拆除前必须到项目安全室，填写危险作业旁站记录，并负责任拆除撤料和监护操作人员的作业。

6. 拆除时要统一指挥，上下呼应，动作协调，当解开与另一人有关的结扣时，应先通知对方，以防坠落。拆除架子时拆除过程中，凡已经松开连接的配件必须及时拆除运走，避免误扶、误靠已松脱的连接杆件。

7．拆架子的高处作业人员应戴安全帽，系安全带，穿防滑鞋方允许上架作业。

8．连墙杆应随拆除进度逐层拆除。

9．在拆除钢管架过程中，不应中途换人，如必须换人时，应将拆除情况交待清楚后方可离开。

（十一）季节性施工措施

冬季施工措施：

（1）雨雪天使用的木模板拆下后应放平，以免变形。模板拆下后及时清理，刷脱模剂，大雨大雪过后应重新刷一遍。

（2）模板拼装后尽快浇筑混凝土，防止模板遇雨变形。若模板拼装后不能及时浇筑混凝土，又被雨雪淋过，则浇筑混凝土前应重新检查、加固模板和支撑。

（3）模板落地时，地面应坚实，并支撑牢固。基础应随时观察，如有下陷或变形，应立即处理。

（4）遇六级以上大风大雨后，应对支撑架体重新进行检查验收。

（5）高大模板支撑体系搭设期间遇到大雨、大雪立即停止现场作业，待雨雪停后并清扫完毕积雪后方可继续搭设。

（6）顶板支设完毕后及时清理模板上的积雪，以防工人滑倒摔伤。

雨季施工措施：本工程高大模板工程不涉及雨季施工。

六、模板及支撑构配件的检查与验收

检查与验收：项目专业工程师及项目安全员对进场材料，技术资料进行检查，合格后方可使用。搭设完成后由项目总工组织相关单位严格按照 JGJ130-2011 进行验收，合格后填写《钢管扣件式支撑体系验收表》AQ-C5-1。

（一）构配件进场的检查与验收

实例二表 11　构配件进场的检查与验收表

项目	要求	抽检数量	检查方法
技术资料	营业执照、资质证明、生产许可证、产品合格证、质量合格证、性能检测报告。	—	检查资料
钢管	钢管表面应平直光滑，不得有裂缝、结疤、分层、错位、硬弯、毛刺、压痕、深的划道及严重锈蚀等缺陷，严禁打孔；钢管外壁使用前必须涂刷防锈漆，钢管内壁宜涂刷防锈漆。	全数	目测
钢管外径及壁厚	符合相关规范要求	3%	游标卡尺测量
扣件	有生产许可证、产品质量合格证、质量检测报告、复试报告。	---	检查资料
扣件	不允许有裂缝、变形、滑丝的螺栓存在；扣件与钢管接触部位不应有氧化皮；活动部位能应灵活转动，旋转扣件两旋转面间隙应小于1mm；扣件表面应进行防锈处理。	全数	目测
扣件	扣件螺栓拧紧扭力矩值不应小于40N.m，且不应大于65N.m	见下表	扭力扳手
底座及可调托丝杆	可调底座及可调托撑丝杆与螺母捏合长度不得少于4-5扣，丝杆直径不小于36mm，插入立杆内的长度不得少于150mm。	3%	钢板尺测量
脚手板	材质应符合现行国家标准《木结构设计规范》GB5005中级材质的规定；木脚手板不得有通透疖疤、扭曲变形、劈裂等影响安全使用的缺陷，严禁使用含有标皮的、腐朽的木脚手板。	全数	目测
脚手板	木脚手板的宽度不应小于200mm，厚度不应小于50mm，板厚允许偏差-2mm	3%	钢板尺

（二）钢管支架的检查与验收

1. 在搭设之前对基础进行检查，保证架体有稳定的基础；

2. 每搭设完 4 步后进行检查，搭设达到设计高度后检查验收；

3. 在浇筑混凝土前，对架体进行全面检查，保证立杆的稳定性；

（1）碗扣件式脚手架搭设完后，应检查钢管搭设高度、U 托外露长度及模板起拱高度。

实例二表 12 螺栓拧紧扭力矩进行检查表

部位	检查项目	安装数量	抽查个数	扭力矩值范围	检验方法	允许不合格数
地下泳池	连接立杆与纵横向水平杆及剪刀撑的扣件；接长立杆、纵向水平杆	3100	50	40～65N·m	随机抽取，力矩扳手测扭力矩	5
	连接横向水平杆与纵向水平杆的扣件（非主节点）	1300	50			10
攀岩区	连接立杆与纵横向水平杆及剪刀撑的扣件；接长立杆、纵向水平杆	1500	50	40～65N·m	随机抽取，力矩扳手测扭力矩	5
	连接横向水平杆与纵向水平杆的扣件（非主节点）	800	32			10

（2）钢管架使用过程中，应定期进行检查：杆件的设置和连接，连墙件、支撑；地基是否积水，底座是否松动，立杆是否悬空；扣件螺栓是否松动；安全防护措施是否符合要求；是否超载。

（三）架子搭设检查项

实例二表 13 架子搭设检查项

序号	项目		技术要求	允许偏差	检验方法	备注
1	专项施工方案		按权限进行审批	——	检查资料	——
2	基础及楼面	承载力	满足设计要求	——	应有设计计算书	要有验收记录
		底座或垫块	不晃动、滑动		观察	
3	立杆垂直度		——	≤36mm	经纬仪或吊线和卷尺	
4	杆件间距	步距	——	±20mm	钢板尺	
		纵距	——	±50mm		
		横距	——	±20mm		
5	剪刀撑		按规范要求设置		钢板尺	——

七、安全施工管理措施

1. 项目安全员要积极监督检查逐级安全责任制的贯彻和执行情况，定期组织安全工作大检查。

2．施工前项目技术人员必须对所有钢管架搭设的工人进行安全交底，并对安全知识进行考核，不合格者严禁上岗。钢管架必须由经过安全技术教育的架子工承担，做到持证上岗。同时做好教育记录和安全施工技术交底。

3．作业人员必须身体健康，定期体检，持证上岗。现场施工人员必须按规定佩带工作证，戴好安全帽。工作期间不得饮酒、吸烟，要严格遵守工地的各项规章制度。

4．在钢管架搭设和拆除过程中，下方禁止停留闲杂人员。

5．搭拆钢管架时，工人必须戴好安全帽，佩带好安全带，工具及零配件要放在工具袋内，穿防滑鞋工作，袖口、裤口要扎紧。

6．六级（含六级）以上大风、高温、大雨、大雾等恶劣天气，应停止作业。

7．拆卸钢管架时应分层拆卸。拆除过程中，凡已经松开连接的配件必须及时拆除运走，避免误扶、误靠已松脱的连接杆件。拆下的杆配件必须以安全的方式运出和吊下，严禁向下抛掷。严禁搭设和拆除架子的交叉作业。

8．架子现场监测与监控

（1）项目部、班组日常进行安全检查，所有安全检查记录必须形成书面材料。每周周五下午由安全室、技术室、工程室同监理一同进行专项检查。

（2）日常检查、巡查重点部位如下：

1）杆件的设置和连接、支撑、剪刀撑等构件是否符合要求。

2）基础是否有积水，底座是否松动，立杆是否符合要求。

3）连接件是否松动。

4）架体的沉降、垂直度的偏差是否符合规范要求。

5）施工过程中是否有超载的现象。

6）安全防护措施是否符合规范要求。

7）架子体和架子杆件是否有变形的现象。

（3）架子在承受六级大风或大暴雨后必须进行全面检查。

（4）监测项目包括：模板沉降、位移和变形

（5）监测频率：在架子搭设期间，监测频率不得少于2次/天，在混凝土浇筑过程中应全程监测。

（6）监测的方法与工具：立杆的垂直度监测用经纬仪或吊线和卷尺，立杆间距用钢板尺，纵向水平杆高差用水平仪或水平尺，主节点处各扣件中心点相互距离用钢板尺，同步立杆上两个相隔对接扣件的高差用钢卷尺，立杆上对接扣件至主节点的距离用钢卷尺，纵向水平杆上的对接扣件至主节点的距离用钢卷尺，扣件螺栓拧紧扭力矩用扭力扳手，剪刀撑斜杆与地面的倾角用角尺，脚手板外伸长度的检测用卷尺，钢管两端面切斜偏差用塞尺、拐角尺，外表面锈蚀程度用游标卡尺，弯曲用钢板尺。

水平位移监测采用在每一排梁下钢管及每一排跨中板下钢管上、中、下四方向挂白线，四方向白线距立杆间距均为10mm。混凝土浇筑过程中，用肉眼观察立杆是否碰线。

梁、板沉降监测做法为：在梁、板上立800mm高Φ12钢筋，钢筋上用红油漆做出结构+500mm标记，使用水准仪观察并作好记录。

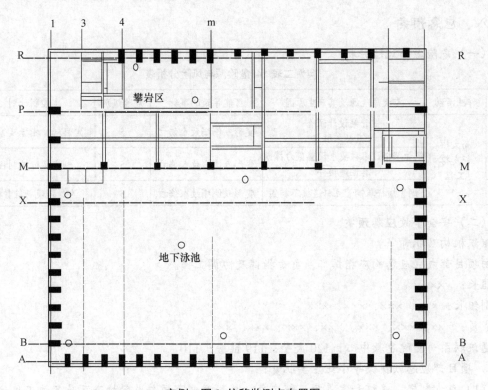

实例二图9 位移监测点布置图

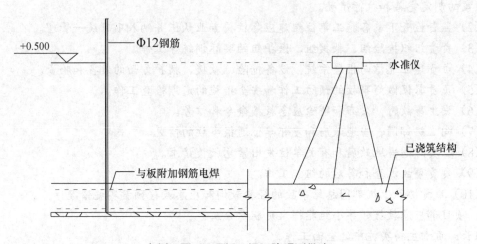

实例二图10 顶板、梁沉降观测做法

（7）当出现下列情况之一时，应立即启动安全应急预案：

1）监测数据达到报警值时

2）支撑结构的荷载突然发生意外变化时

3）周边场地出现突然较大沉降或严重开裂的异常变化时

（8）监测报警值：水平位移量限值：H/300=9/300=30mm

八、应急预案

（一）危险源与风险分析

实例二表14　危险源与风险分析表

序号	作业活动	重大危险源及其产生原因	可能导致的事故	危险级别	控制计划
1	高大模板支撑工程	钢管架设计保险系数不够	变形或倒塌致人伤亡	5	制定目标、指标及管理方案
2		钢管架搭设未按要求设置剪力撑或其他连接件	变形或倒塌致人伤亡	5	制定运行控制程序
3		钢管横杆与钢管立杆连接不牢固	变形或倒塌致人伤亡	5	为加强现场监督检查

（二）安全事故应急预案

组织机构及职责

由项目部成立应急响应指挥部，负责指挥及协调工作。

组长：×××

副组长：×××、×××、×××、×××

成员：×××、×××、×××、×××、×××、×××、×××

通讯联系：医院急救中心：120　火警：119　匪警：110

1. 项目部应急救援领导小组主要职责：

（1）负责制定、修订和完善项目部应急救援预案；审核并监督检查下属各施工单位应急救援预案的制定完善和执行情况。

（2）监督检查下属各施工单位组建应急救援专业队伍并纳入项目统一管理。

（3）负责组织抢险组、救援组、医护组的实际训练等工作。

（4）负责建立通信与报警系统，储备抢险、救援、救护方面的装备和物资。

（5）负责督促做好事故的预防工作和安全措施的定期检查工作。

（6）发生事故时，发布和解除应急救援命令和信号。

（7）向上级部门、当地政府和友邻单位通报事故的情况。

（8）必要时向当地政府和有关单位发出紧急救援请求。

（9）负责事故调查和善后的组织工作。

（10）负责协助上级部门总结事故的经验教训和应急救援预案实施情况。

2. 项目部应急救援领导小组指挥人员职责分工：

组长：负责主持实施中的全面工作。

副组长：负责应急救援协调指挥工作。

组员：（根据具体设置进行分工）

（1）工程室：负责事故处置时生产系统的调度工作，救援人员的组织工作，事故现场通讯联系和对外联系，监督检查下属各单位生产安全事故应急救援预案中所涉及的应急救援专业队伍人员、人员职责分工、通讯网建立健全情况，负责救援队员的实际培训工作，发现问题及时令其整改。负责工程抢险、抢修工作的现场指挥；车辆设施设备的调度工作；监督检查下属各施工单位生产安全事故应急救援预案中所涉及的应急救援车辆准备情况，确保各类救援机械设备始终处于良好状态，发现问题及时令其整改，负责现场排险、抢修队员的实际培训工作。

（2）技术室：负责事故现场及有毒有害物质扩散区域内的监测和处理工作，制定相应的应急处理技术方案措施并监督其实施。

（3）安全室：协助领导小组做好事故报警，情况通报、上报及事故调查处理工作，总结事故教训和应急救援经验；监督检查下属各单位生产安全事故应急救援预案的制定及生产过程中的各种事故隐患，发现问题及时令其整改。

（4）材料室：负责抢险救援物资设施设备的供应、准备、调配和运输，以及事故现场所需转运的物资运输、存放工作。

（5）综合室：负责现场医疗救护指挥及伤亡、中毒人员分类抢救和护送转院及有关生活必需品的供应工作；监督检查下属各施工单位生产安全事故应急救援预案中所涉及的现场医疗设施设备的准备情况，负责现场医护队员的实际培训工作，发现问题及时令其整改。负责灭火、警戒、治安保卫、疏散、道路管制工作；协助总公司与政府部门做好事故调查及善后处理工作；监督检查下属各施工单位生产安全事故应急救援预案中所涉及的灭火、警戒、治安保卫、疏散、道路管制工作所需的物资、人员到位情况及生产过程中的各种消防治安隐患，发现问题及时令其整改。

（6）项目部所属施工单位负责人、分包队：负责制定、修订和完善本单位的应急救援预案，落实应急救援预案实施中的全面工作，一旦发生生产安全事故立即按应急救援程序进行现场救援，当接到项目部应急救援组织领导小组的指令时要无条件的服从，合理指挥。

本工程至最近医院路线图，起点为本工程施工地点，终点为××医院，医院急救电话为××××××。

附　方案设计计算书

扣件钢管楼板模板支架计算书

依据规范：（加 JGJ300-2013）

《建筑施工扣件式钢管脚手架安全技术规范》JGJ130-2011

《建筑施工模板安全技术规范》JGJ162-2008

《建筑结构荷载规范》GB50009-2012

《钢结构设计规范》GB50017-2003

《混凝土结构设计规范》GB50010-2010

《建筑地基基础设计规范》GB50007-2011

《建筑施工木脚手架安全技术规范》JGJ164-2008

计算参数：

钢管强度为 $205.0N/mm^2$，钢管强度折减系数取 1.00。

模板支架搭设高度为 13.2m，立杆的纵距 b=0.90m，立杆的横距 l=0.90m，立杆的步距 h=1.20m。

面板厚度 15mm，剪切强度 $1.4N/mm^2$，抗弯强度 $15.0N/mm^2$，弹性模量 $6000.0N/mm^2$。

木方 50×70mm，间距 200mm，木方剪切强度 $1.3N/mm^2$，抗弯强度 $15.0N/mm^2$，弹性模量 $9000.0N/mm^2$。

梁顶托采用 90×90mm 木方。

模板自重 0.35kN/m²，混凝土钢筋自重 25.10kN/m³。

倾倒混凝土荷载标准值 2.00kN/m²，施工均布荷载标准值 1.00kN/m²。

扣件计算折减系数取 1.00。

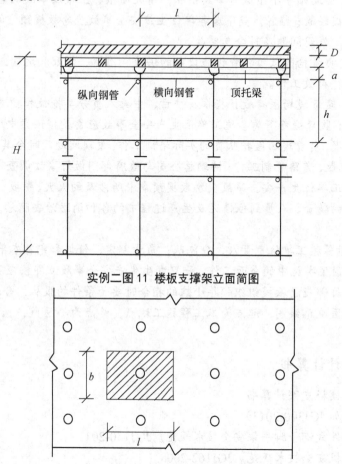

实例二图 11　楼板支撑架立面简图

实例二图 12　楼板支撑架荷载计算单元

按照扣件新规范中规定并参照模板规范，确定荷载组合分项系数如下：

由可变荷载效应控制的组合

$S=1.2×（25.10×0.25+0.35）+1.40×1.00=9.350kN/m²$

由永久荷载效应控制的组合

$S=1.35×25.10×0.25+0.7×1.40×1.00=9.451kN/m²$

由于永久荷载效应控制的组合 S 最大，永久荷载分项系数取 1.35，可变荷载分项系数取 0.7×1.40=0.98

采用的钢管类型为 $\Phi48×3.0$。

钢管惯性矩计算采用 $I=\pi（D^4-d^4）/64$，抵抗距计算采用 $W=\pi（D^4-d^4）/32D$。

一、模板面板计算

面板为受弯结构，需要验算其抗弯强度和刚度。模板面板的按照三跨连续梁计算。

静荷载标准值

$q_1=25.100×0.250×0.900+0.350×0.900=5.963$kN/m

活荷载标准值

$q_2=$（2.000+1.000）×0.900=2.700kN/m

面板的截面惯性矩 I 和截面抵抗矩 W 分别为：

本算例中，截面惯性矩 I 和截面抵抗矩 W 分别为：

截面抵抗矩 $W=bh^2/6=90.00×1.50×1.50/6=33.75$cm³；

截面惯性矩 $I=bh^3/12=90.00×1.50×1.50×1.50/12=25.31$cm⁴；

式中：b 为板截面宽度，h 为板截面高度。

（1）抗弯强度计算

$$f=M/W<[f]$$

其中 f——面板的抗弯强度计算值（N/mm²）；

　　　M——面板的最大弯距（N.mm）；

　　　W——面板的净截面抵抗矩；

　　　[f]——面板的抗弯强度设计值，取 15.00N/mm²；

　　　　　$M=0.100ql^2$

其中 q——荷载设计值（kN/m）；

经计算得到 $M=0.100×$（1.35×5.963+0.98×2.700）×0.200×0.200=0.043kN.m

经计算得到面板抗弯强度计算值

$f=0.043×1000×1000/33750=1.268$N/mm²

面板的抗弯强度验算 $f<[f]$，满足要求！

（2）抗剪计算

$$T=3Q/2bh<[T]$$

其中最大剪力

$Q=0.600×$（1.35×5.963+1.0×2.700）×0.200=1.283kN

截面抗剪强度计算值

$T=3×1283.0/$（2×900.000×15.000）=0.143N/mm²

截面抗剪强度设计值[T]=1.40N/mm²

面板抗剪强度验算 $T<[T]$，满足要求！

（3）挠度计算

$v=0.677ql^4/100EI<[v]=l/250$

面板最大挠度计算值

$v=0.677×5.963×2004/$（100×6000×253125）=0.043mm

面板的最大挠度小于 200.0/250，满足要求！

二、模板支撑木方的计算

木方按照均布荷载计算。

1. 荷载的计算

（1）钢筋混凝土板自重（kN/m）：

q_{11}=25.100×0.250×0.200=1.255kN/m

（2）模板的自重线荷载（kN/m）：

q_{12}=0.350×0.200=0.070kN/m

（3）活荷载为施工荷载标准值与振捣混凝土时产生的荷载（kN/m）：

经计算得到，活荷载标准值

q_2=（1.000+2.000）×0.200=0.600kN/m

静荷载 q_1=1.35×1.255+1.35×0.070=1.789kN/m

活荷载 q_2=0.98×0.600=0.588kN/m

计算单元内的木方集中力为（0.588+1.789）×0.900=2.139kN

2. 木方的计算

按照三跨连续梁计算，计算公式如下：

均布荷载 $q=P/l$=2.139/0.900=2.377kN/m

最大弯矩 $M=0.1ql^2$=0.1×2.38×0.90×0.90=0.193kN.m

最大剪力 $Q=0.6ql$=0.6×0.900×2.377=1.283kN

最大支座力 $N=1.1ql$=1.1×0.900×2.377=2.353kN

木方的截面力学参数为

本算例中，截面惯性矩 I 和截面抵抗矩 W 分别为：

截面抵抗矩 $W=bh^2/6$=5.00×7.00×7.00/6=40.83cm³；

截面惯性矩 $I=bh^3/12$=5.00×7.00×7.00×7.00/12=142.92cm4；

式中：b 为板截面宽度，h 为板截面高度。

（1）木方抗弯强度计算

抗弯计算强度 $f=M/W$=0.193×106/40833.3=4.72N/mm² 木方的抗弯计算强度小于15.0N/mm²，满足要求！

（2）木方抗剪计算

最大剪力的计算公式如下：

$$Q=0.6ql$$

截面抗剪强度必须满足：

$$T=3Q/2bh<[T]$$

截面抗剪强度计算值 T=3×1283/（2×50×70）=0.550N/mm²

截面抗剪强度设计值[T]=1.30N/mm²

木方的抗剪强度计算满足要求！

（3）木方挠度计算

挠度计算按照规范要求采用静荷载标准值，

均布荷载通过变形受力计算的最大支座力除以木方计算跨度（即木方下小横杆间距）

得到 q=1.325kN/m

最大变形 $v=0.677ql^4/100EI$=0.677×1.325×900.0⁴/（100×9000.00×1429167.0）=0.458mm

木方的最大挠度小于900.0/250，满足要求！

三、托梁的计算

托梁按照集中与均布荷载下多跨连续梁计算。

集中荷载取木方的支座力 $P=2.353$kN

均布荷载取托梁的自重 $q=0.087$kN/m。

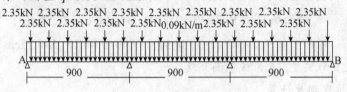

实例二图 13　托梁计算简图

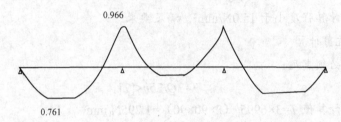

实例二图 14　托梁弯矩图（kN·m）

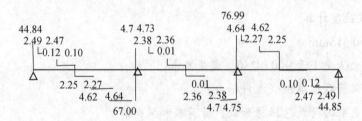

实例二图 15　托梁剪力图（kN）

变形的计算按照规范要求采用静荷载标准值，受力图与计算结果如下：

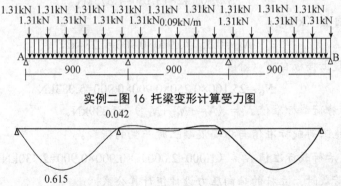

实例二图 16　托梁变形计算受力图

实例二图 17　托梁变形图（mm）

经过计算得到最大弯矩 $M=0.965$kN.m

经过计算得到最大支座 $F=11.740$kN

经过计算得到最大变形 V=0.615mm

顶托梁的截面力学参数为

本算例中，截面惯性矩 I 和截面抵抗矩 W 分别为：

$$截面抵抗矩\ W=bh^2/6=9.00×9.00×9.00/6=121.50cm^3；$$

$$截面惯性矩\ I=bh^3/12=9.00×9.00×9.00×9.00/12=546.75cm^4；$$

式中：b 为板截面宽度，h 为板截面高度。

（1）顶托梁抗弯强度计算

$$抗弯计算强度\ f=M/W=0.965×10^6/121500.0=7.94N/mm^2$$

顶托梁的抗弯计算强度小于 15.0N/mm²，满足要求！

（2）顶托梁抗剪计算

截面抗剪强度必须满足：

$$T=3Q/2bh<[T]$$

截面抗剪强度计算值 T=3×6995/（2×90×90）=1.295N/mm²

截面抗剪强度设计值[T]=1.30N/mm²

顶托梁的抗剪强度计算满足要求！

（3）顶托梁挠度计算

最大变形 v=0.615mm

顶托梁的最大挠度小于 900.0/250，满足要求！

四、模板支架荷载标准值（立杆轴力）

作用于模板支架的荷载包括静荷载、活荷载和风荷载。

1．静荷载标准值包括以下内容：

（1）脚手架的自重（kN）：

$$N_{G1}=0.142×13.180=1.873kN$$

（2）模板的自重（kN）：

$$N_{G2}=0.350×0.900×0.900=0.284kN$$

（3）钢筋混凝土楼板自重（kN）：

$$N_{G3}=25.100×0.250×0.900×0.900=5.083kN$$

经计算得到，静荷载标准值 N_G=（N_{G1}+N_{G2}+N_{G3}）=7.239kN。

2．活荷载为施工荷载标准值与振捣混凝土时产生的荷载。

经计算得到，活荷载标准值 N_Q=（1.000+2.000）×0.900×0.900=2.430kN

3．不考虑风荷载时，立杆的轴向压力设计值计算公式

$$N=1.35N_G+0.98N_Q$$

五、立杆的稳定性计算

不考虑风荷载时，立杆的稳定性计算公式

其中　N——立杆的轴心压力设计值，$N=12.154kN$

　　　　Φ——轴心受压立杆的稳定系数，由长细比 l_0/i 查表得到；

　　　　i——计算立杆的截面回转半径（cm）；$i=1.60$

　　　　A——立杆净截面面积（cm²）；$A=4.24$

　　　　W——立杆净截面抵抗矩（cm³）；$W=4.49$

　　　　σ——钢管立杆抗压强度计算值（N/mm²）；

　　　$[f]$——钢管立杆抗压强度设计值，$[f]=205.00N/mm^2$；

　　　　l_0——计算长度（m）；

参照《扣件式规范》2011，由公式计算

顶部立杆段：　　$l_0=ku_1$（$h+2a$）（1）

非顶部立杆段：　$l_0=ku_2h$（2）

　k——计算长度附加系数，按照表 5.4.6 取值为 1.217，当允许长细比验算时 k 取 1；

u_1，u_2——计算长度系数，参照《扣件式规范》附录 C 表；

a——立杆上端伸出顶层横杆中心线至模板支撑点的长度；$a=0.40m$；

顶部立杆段：$a=0.2m$ 时，$u_1=1.719$，$l_0=3.347m$；

$\lambda=3347/16.0=209.858$

允许长细比 $\lambda=172.439<210$ 长细比验算满足要求！

$\Phi=0.166$

$\sigma=9933/$（0.166×423.9）$=141.156N/mm^2$

$a=0.5m$ 时，$u_1=1.301$，$l_0=3.483m$；

$\lambda=3483/16.0=218.389$

允许长细比 $\lambda=179.449<210$ 长细比验算满足要求！

$\Phi=0.153$

$\sigma=9933/$（0.153×423.9）$=152.817N/mm^2$

依据规范做承载力插值计算 $a=0.400$ 时，$\sigma=148.930N/mm^2$，立杆的稳定性计算 $\sigma<[f]$，满足要求！

非顶部立杆段：$u_2=2.292$，$l_0=3.347m$；

$\lambda=3347/16.0=209.858$

允许长细比 $\lambda=172.439<210$ 长细比验算满足要求！

$\Phi=0.166$

$\sigma=12154/$（0.166×423.9）$=172.728N/mm^2$，立杆的稳定性计算 $\sigma<[f]$，满足要求！

考虑风荷载时，立杆的稳定性计算公式为：

风荷载设计值产生的立杆段弯矩 M_W 计算公式

$$M_W=0.9\times1.4W_{kl_ah^2}/10$$

其中 W_k——风荷载标准值（kN/m²）；

$\qquad$ $W_k=0.300\times0.510\times1.088=0.166$kN/m²

$\qquad$ h——立杆的步距，1.20m；

$\qquad$ l_a——立杆迎风面的间距，0.90m；

$\qquad$ l_b——与迎风面垂直方向的立杆间距，0.90m；

$\qquad$ 风荷载产生的弯矩 $M_w=0.9\times1.4\times0.166\times0.900\times1.200\times1.200/10=0.027$kN.m；

$\qquad$ N_w——考虑风荷载时，立杆的轴心压力最大值；

顶部立杆 $N_w=1.350\times5.594+0.980\times2.430+0.9\times0.980\times0.027/0.900=9.959$kN

非顶部立杆 $N_w=1.350\times7.239+0.980\times2.430+0.9\times0.980\times0.027/0.900=12.181$kN

顶部立杆段：$a=0.2$m 时，$u_1=1.719$，$l_0=3.347$m；

$\lambda=3347/16.0=209.858$

允许长细比 $\lambda=172.439<210$ 长细比验算满足要求！

$\Phi=0.166$

$\sigma=9959/（0.166\times423.9）+27000/4491=147.588$N/mm²

$a=0.5$m 时，$u_1=1.301$，$l_0=3.483$m；

$\lambda=3483/16.0=218.389$

允许长细比 $\lambda=179.449<210$ 长细比验算满足要求！

$\Phi=0.153$

$\sigma=9959/（0.153\times423.9）+27000/4491=159.280$N/mm²

依据规范做承载力插值计算 $a=0.400$ 时，$\sigma=155.382$N/mm²，立杆的稳定性计算 $\sigma<[f]$，满足要求！

非顶部立杆段：$u_2=2.292$，$l_0=3.347$m；

$\lambda=3347/16.0=209.858$

允许长细比 $\lambda=172.439<210$ 长细比验算满足要求！

$\Phi=0.166$

$\sigma=12181/（0.166\times423.9）+27000/4491=179.160$N/mm²，立杆的稳定性计算 $\sigma<[f]$，满足要求！

模板承重架应尽量利用剪力墙或柱作为连接连墙件，否则存在安全隐患。

六、楼板强度的计算

1. 计算楼板强度说明

验算楼板强度时按照最不利考虑，楼板的跨度取 60.00m，楼板承受的荷载按照线均布考虑。

宽度范围内配筋 3 级钢筋，配筋面积 $A_s=675.0$mm²，$f_y=360.0$N/mm²。

板的截面尺寸为 $b\times h=900$mm×250mm，截面有效高度 $h_0=230$mm。

按照楼板每 10 天浇筑一层，所以需要验算 10 天、20 天、30 天…的承载能力是否满足荷载要求，其计算简图如下：

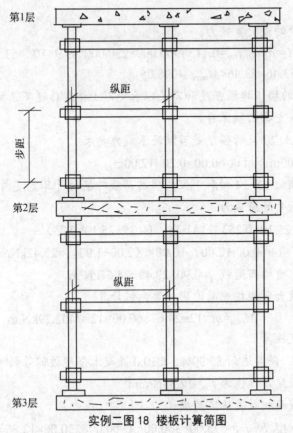

第1层

纵距

步距

第2层

纵距

第3层

实例二图 18 楼板计算简图

2. 计算楼板混凝土 10 天的强度是否满足承载力要求

楼板计算长边 60.00m，短边 60.00×0.20=12.00m，

楼板计算范围内摆放 67×14 排脚手架，将其荷载转换为计算宽度内均布荷载。

第 2 层楼板所需承受的荷载为

q=1×1.35×（0.35+25.10×0.25）+1×1.35×（1.87×67×14/60.00/12.00）+

0.98×（2.00+1.00）=15.18kN/m²

计算单元板带所承受均布荷载 q=0.90×15.18=13.66kN/m

板带所需承担的最大弯矩按照两边固接单向板计算

$$M_{max}=ql+/12=13.66×60.00^2/12=4098.05kN.m$$

按照混凝土的强度换算

得到 10 天后混凝土强度达到 69.10%，C30.0 混凝土强度近似等效为 C20.7。

混凝土弯曲抗压强度设计值为 f_{cm}=9.94N/mm²

则可以得到矩形截面相对受压区高度：

$$\xi=A_sf_y/bh_0f_{cm}=675.00×360.00/（900.00×230.00×9.94）=0.12$$

查表得到钢筋混凝土受弯构件正截面抗弯能力计算系数为

$α_s$=0.113

此层楼板所能承受的最大弯矩为：

$$M_1=α_sbh_0^2f_{cm}=0.113×900.000×230.000^2×9.9×10^{-6}=53.5kN.m$$

结论：由于$\sum M_i$=53.46=53.46<M_{max}=4098.05

所以第10天以后的楼板楼板强度和不足以承受以上楼层传递下来的荷载。

第2层以下的模板支撑必须保存。

3. 计算楼板混凝土20天的强度是否满足承载力要求

楼板计算长边60.00m，短边60.00×0.20=12.00m，

楼板计算范围内摆放67×14排脚手架，将其荷载转换为计算宽度内均布荷载。

第3层楼板所需承受的荷载为

q=1×1.35×（0.35+25.10×0.25）+1×1.35×（0.35+25.10×0.25）+

2×1.35×（1.87×67×14/60.00/12.00）+0.98×（2.00+1.00）=27.42kN/m²

计算单元板带所承受均布荷载 q=0.90×27.42=24.67kN/m

板带所需承担的最大弯矩按照两边固接单向板计算

$$M_{max}=ql^2/12=24.67×60.00^2/12=7402.29kN.m$$

按照混凝土的强度换算

得到20天后混凝土强度达到89.90%，C30.0混凝土强度近似等效为C27.0。

混凝土弯曲抗压强度设计值为f_{cm}=12.85N/mm²

则可以得到矩形截面相对受压区高度：

$$ξ=A_sf_y/bh_0f_{cm}=675.00×360.00/（900.00×230.00×12.85）=0.09$$

查表得到钢筋混凝土受弯构件正截面抗弯能力计算系数为

$α_s$=0.095

此层楼板所能承受的最大弯矩为：

$$M^2=α_sbh_0^2f_{cm}=0.095×900.000×230.000^2×12.8×10^{-6}=58.1kN.m$$

结论：由于$\sum M_i$=53.46+58.10=111.56<M_{max}=7402.29

所以第20天以后的楼板楼板强度和不足以承受以上楼层传递下来的荷载。

第3层以下的模板支撑必须保存。

4. 计算楼板混凝土30天的强度是否满足承载力要求

楼板计算长边60.00m，短边60.00×0.20=12.00m，

楼板计算范围内摆放67×14排脚手架，将其荷载转换为计算宽度内均布荷载。

第4层楼板所需承受的荷载为

q=1×1.35×（0.35+25.10×0.25）+2×1.35×（0.35+25.10×0.25）+

3×1.35×（1.87×67×14/60.00/12.00）+0.98×（2.00+1.00）=39.65kN/m²

计算单元板带所承受均布荷载 q=0.90×39.65=35.69kN/m

板带所需承担的最大弯矩按照两边固接单向板计算

$$M_{max}=ql^2/12=35.69\times60.00^2/12=10706.54\text{kN.m}$$

按照混凝土的强度换算

得到 30 天后混凝土强度达到 102.07%，C30.0 混凝土强度近似等效为 C30.6。

混凝土弯曲抗压强度设计值为 $f_{cm}=14.60\text{N/mm}^2$

则可以得到矩形截面相对受压区高度：

$$\xi=A_sf_y/bh_0f_{cm}=675.00\times360.00/（900.00\times230.00\times14.60）=0.08$$

查表得到钢筋混凝土受弯构件正截面抗弯能力计算系数为

$\alpha_s=0.077$

此层楼板所能承受的最大弯矩为：

$$M^3=\alpha_sbh_0^2f_{cm}=0.077\times900.000\times230.000^2\times14.6\times10^{-6}=53.5\text{kN.m}$$

结论：由于 $\sum M_i=53.46+58.10+53.52=165.07<M_{max}=10706.54$

所以第 30 天以后的楼板楼板强度和不足以承受以上楼层传递下来的荷载。

第 4 层以下的模板支撑必须保存。

5. 计算楼板混凝土 40 天的强度是否满足承载力要求

楼板计算长边 60.00m，短边 60.00×0.20=12.00m，

楼板计算范围内摆放 67×14 排脚手架，将其荷载转换为计算宽度内均布荷载。

第 5 层楼板所需承受的荷载为

$q=1\times1.35\times（0.35+25.10\times0.25）+3\times1.35\times（0.35+25.10\times0.25）+$

$4\times1.35\times（1.87\times67\times14/60.00/12.00）+0.98\times（2.00+1.00）=51.89\text{kN/m}^2$

计算单元板带所承受均布荷载 q=0.90×51.89=46.70kN/m

板带所需承担的最大弯矩按照两边固接单向板计算

$$M_{max}=ql^2/12=46.70\times60.00^2/12=14010.78\text{kN.m}$$

按照混凝土的强度换算

得到 40 天后混凝土强度达到 110.70%，C30.0 混凝土强度近似等效为 C33.2。

混凝土弯曲抗压强度设计值为 $f_{cm}=15.84\text{N/mm}^2$

则可以得到矩形截面相对受压区高度：

$$\xi=A_sf_y/bh_0f_{cm}=675.00\times360.00/（900.00\times230.00\times15.84）=0.07$$

查表得到钢筋混凝土受弯构件正截面抗弯能力计算系数为

$\alpha_s=0.077$

此层楼板所能承受的最大弯矩为：

$$M_4=\alpha_sbh_0^2f_{cm}=0.077\times900.000\times230.000^2\times15.8\times10\text{-}6=58.1\text{kN.m}$$

结论：由于 $\sum M_i=53.46+58.10+53.52+58.07=223.15<M_{max}=14010.78$

所以第 40 天以后的楼板楼板强度和不足以承受以上楼层传递下来的荷载。

第 5 层以下的模板支撑必须保存。

6. 计算楼板混凝土 50 天的强度是否满足承载力要求

楼板计算长边 60.00m，短边 60.00×0.20=12.00m，

楼板计算范围内摆放 67×14 排脚手架，将其荷载转换为计算宽度内均布荷载。

第 6 层楼板所需承受的荷载为

q=1×1.35×（0.35+25.10×0.25）+4×1.35×（0.35+25.10×0.25）+

5×1.35×（1.87×67×14/60.00/12.00）+0.98×（2.00+1.00）=64.13kN/m²

计算单元板带所承受均布荷载 q=0.90×64.13=57.72kN/m

板带所需承担的最大弯矩按照两边固接单向板计算

$$M_{max}=ql^2/12=57.72×60.00^2/12=17315.03kN.m$$

按照混凝土的强度换算

得到 50 天后混凝土强度达到 117.40%，C30.0 混凝土强度近似等效为 C35.2。

混凝土弯曲抗压强度设计值为 f_{cm}=16.81N/mm²

则可以得到矩形截面相对受压区高度：

$$\xi=A_sf_y/bh_0f_{cm}=675.00×360.00/（900.00×230.00×16.81）=0.07$$

查表得到钢筋混凝土受弯构件正截面抗弯能力计算系数为

α_s=0.067

此层楼板所能承受的最大弯矩为：

$$M_5=\alpha_sbh_0^2f_{cm}=0.067×900.000×230.000^2×16.8×10\text{-}6=53.6kN.m$$

结论：由于∑M_i=53.46+58.10+53.52+58.07+53.61=276.75<M_{max}=17315.03

所以第 50 天以后的楼板楼板强度和不足以承受以上楼层传递下来的荷载。

第 6 层以下的模板支撑必须保存。

7. 计算楼板混凝土 60 天的强度是否满足承载力要求

楼板计算长边 60.00m，短边 60.00×0.20=12.00m,

楼板计算范围内摆放 67×14 排脚手架，将其荷载转换为计算宽度内均布荷载。

第 7 层楼板所需承受的荷载为

q=1×1.35×（0.35+25.10×0.25）+5×1.35×（0.35+25.10×0.25）+

6×1.35×（1.87×67×14/60.00/12.00）+0.98×（2.00+1.00）=76.37kN/m²

计算单元板带所承受均布荷载 q=0.90×76.37=68.73kN/m

板带所需承担的最大弯矩按照两边固接单向板计算

$$M_{max}=ql^2/12=68.73×60.00^2/12=20619.28kN.m$$

按照混凝土的强度换算

得到 60 天后混凝土强度达到 122.87%，C30.0 混凝土强度近似等效为 C36.9。

混凝土弯曲抗压强度设计值为 f_{cm}=17.59N/mm²

则可以得到矩形截面相对受压区高度：

$$\xi=A_sf_y/bh_0f_{cm}=675.00×360.00/（900.00×230.00×17.59）=0.07$$

查表得到钢筋混凝土受弯构件正截面抗弯能力计算系数为

α_s=0.067

此层楼板所能承受的最大弯矩为：

$$M_6=\alpha_s bh_0^2 f_{cm}=0.067\times900.000\times230.000^2\times17.6\times10^{-6}=56.1kN.m$$

结论：由于 $\sum M_i=53.46+58.10+53.52+58.07+53.61+56.12=332.88<M_{max}=20619.28$

所以第 60 天以后的楼板楼板强度和不足以承受以上楼层传递下来的荷载。

第 7 层以下的模板支撑必须保存。

8. 计算楼板混凝土 70 天的强度是否满足承载力要求

楼板计算长边 60.00m，短边 60.00×0.20=12.00m，

楼板计算范围内摆放 67×14 排脚手架，将其荷载转换为计算宽度内均布荷载。

第 8 层楼板所需承受的荷载为

q=1×1.35×（0.35+25.10×0.25）+6×1.35×（0.35+25.10×0.25）+

7×1.35×（1.87×67×14/60.00/12.00）+0.98×（2.00+1.00）=88.61kN/m²

计算单元板带所承受均布荷载 q=0.90×88.61=79.75kN/m

板带所需承担的最大弯矩按照两边固接单向板计算

$$M=ql^2/12=79.75\times60.00^2/12=23923.52kN.m$$

按照混凝土的强度换算

得到 70 天后混凝土强度达到 127.50%，C30.0 混凝土强度近似等效为 C38.2。

混凝土弯曲抗压强度设计值为 f_{cm}=18.26N/mm²

则可以得到矩形截面相对受压区高度：

$$\xi=A_s f_y/bh_0 f_{cm}=675.00\times360.00/（900.00\times230.00\times18.26）=0.06$$

查表得到钢筋混凝土受弯构件正截面抗弯能力计算系数为

α_s=0.067

此层楼板所能承受的最大弯矩为：

$$M_7=\alpha_s bh_0^2 f_{cm}=0.067\times900.000\times230.000^2\times18.3\times10^{-6}=58.2kN.m$$

结论：由于 $\sum M_i=53.46+58.10+53.52+58.07+53.61+56.12+58.25=391.12<$
$M_{max}=23923.52$

所以第 70 天以后的楼板楼板强度和不足以承受以上楼层传递下来的荷载。

第 8 层以下的模板支撑必须保存。

钢管楼板模板支架计算满足要求！

梁木模板与支撑计算书

一、梁模板基本参数

梁截面宽度 B=600mm，

梁截面高度 H=2200mm，

H 方向对拉螺栓 5 道，对拉螺栓直径 16mm，

对拉螺栓在垂直于梁截面方向距离（即计算跨度）600mm。

梁模板使用的木方截面 40×90mm，

梁模板截面底部木方距离 80mm，梁模板截面侧面木方距离 200mm。

梁底模面板厚度 h=15mm，弹性模量 E=6000N/mm²，抗弯强度[f]=15N/mm²。

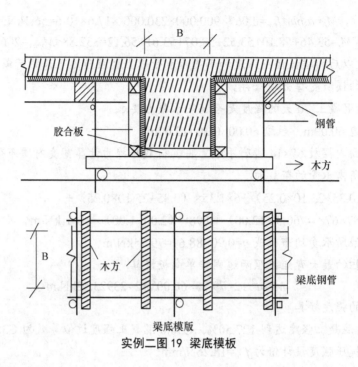

实例二图 19　梁底模板

二、梁模板荷载标准值计算

模板自重=0.350kN/m²；

钢筋自重=2.500kN/m³；

混凝土自重=24.000kN/m³；

施工荷载标准值=2.500kN/m²。

强度验算要考虑新浇混凝土侧压力和倾倒混凝土时产生的荷载设计值；挠度验算只考虑新浇混凝土侧压力产生荷载标准值。

新浇混凝土侧压力计算公式为下式中的较小值：

$$F=0.28\gamma_{co}\beta F=\gamma_c H$$

其中 γ_c——混凝土的重力密度，取 24.000kN/m³；

　　　　t——新浇混凝土的初凝时间，为 0 时（表示无资料）取 200/（T+15），取 5.714

　　　　T——混凝土的入模温度，取 20.000℃；

　　　　V——混凝土的浇筑速度，取 2.500m/h；

　　　　H——混凝土侧压力计算位置处至新浇混凝土顶面总高度，取 1.200m；

　　　　β——混凝土坍落度影响修正系数，取 0.850。

根据公式计算的新浇混凝土侧压力标准值 F_1=28.800kN/m²

考虑结构的重要性系数 0.90，实际计算中采用新浇混凝土侧压力标准值：

F_1=0.90×10.630=9.567kN/m²

考虑结构的重要性系数 0.90，倒混凝土时产生的荷载标准值：

F_2=0.90×4.000=3.600kN/m²。

三、梁模板底模计算

本算例中，截面惯性矩 I 和截面抵抗矩 W 分别为：

截面抵抗矩 $W=bh^2/6=60.00\times1.50\times1.50/6=22.50\text{cm}^3$；

截面惯性矩 $I=bh^3/12=60.00\times1.50\times1.50\times1.50/12=16.88\text{cm}^4$；

式中：b 为板截面宽度，h 为板截面高度。

梁底模板面板按照三跨度连续梁计算，计算简图如下

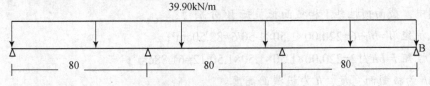

实例二图 20 梁底模面板计算简图

1. 抗弯强度计算

抗弯强度计算公式要求：$f=M/W<[f]$

其中 f——梁底模板的抗弯强度计算值（N/mm²）；

　　M——计算的最大弯矩（kN.m）；

　　q——作用在梁底模板的均布荷载（kN/m）；

$q=0.9\times1.2\times（0.35\times0.60+24.00\times0.60\times2.20+2.50\times0.60\times2.20）+0.9\times1.40\times2.50\times0.60=39.90\text{kN/m}$

最大弯矩计算公式如下：

$$M_{max}=-0.10ql^2$$

$M=-0.10\times39.895\times0.080^2=-0.026\text{kN.m}$

$f=0.026\times10^6/22500.0=1.135\text{N/mm}^2$

梁底模面板抗弯计算强度小于 15.00N/mm²，满足要求！

2. 抗剪计算

最大剪力的计算公式如下：

$$Q=0.6ql$$

截面抗剪强度必须满足：

$$T=3Q/2bh<[T]$$

其中最大剪力 $Q=0.6\times0.080\times39.895=1.915\text{kN}$

截面抗剪强度计算值 $T=3\times1915/（2\times600\times15）=0.319\text{N/mm}^2$

截面抗剪强度设计值$[T]=1.40\text{N/mm}^2$

面板的抗剪强度计算满足要求！

3. 挠度计算

最大挠度计算公式如下：

$$V_{max}=0.677$$

其中 $q=0.9\times（0.35\times0.60+24.00\times0.60\times2.20+2.50\times0.60\times2.20）=31.671\text{N/mm}$

三跨连续梁均布荷载作用下的最大挠度

$v=0.677ql^4/100EI=0.677\times31.671\times80.0^4/（100\times6000.00\times168750.0）=0.009\text{mm}$

梁底模板的挠度计算值：$v=0.009\text{mm}$，小于$[v]=80/250$，满足要求！

四、梁模板底木方计算

梁底木方的计算在脚手架梁底支撑计算中已经包含!

五、梁模板侧模计算

面板直接承受模板传递的荷载,应该按照均布荷载下的连续梁计算,计算如下

作用在梁侧模板的均布荷载 $q=(1.2×9.57+1.40×3.60)×2.20=36.345\text{N/mm}$

面板的截面惯性矩 I 和截面抵抗矩 W 分别为:

本算例中,截面惯性矩 I 和截面抵抗矩 W 分别为:

截面抵抗矩 $W=bh^2/6=220.00×1.50×1.50/6=82.50\text{cm}^3$;

截面惯性矩 $I=bh^3/12=220.00×1.50×1.50×1.50/12=61.88\text{cm}^4$;

式中:b 为板截面宽度,h 为板截面高度。

(1)抗弯强度计算

$$f=M/W<[f]$$

其中 f——面板的抗弯强度计算值(N/mm²);

    M——面板的最大弯距(N.mm);

    W——面板的净截面抵抗矩;

    $[f]$——面板的抗弯强度设计值,取 15.00N/mm²;

      $M=0.100ql^2$

其中 q——荷载设计值(kN/m);

经计算得到 $M=0.100×(1.20×21.047+1.40×7.920)×0.200×0.200=0.145\text{kN.m}$

经计算得到面板抗弯强度计算值 $f=0.145×1000×1000/82500=1.762\text{N/mm}^2$

面板的抗弯强度验算 $f<[f]$,满足要求!

(2)抗剪计算

$$T=3Q/2bh<[T]$$

其中最大剪力 $Q=0.600×(1.20×21.047+1.4×7.920)×0.200=4.361\text{kN}$

截面抗剪强度计算值 $T=3×4361.0/(2×2200.000×15.000)=0.198\text{N/mm}^2$

截面抗剪强度设计值 $[T]=1.40\text{N/mm}^2$

面板抗剪强度验算 $T<[T]$,满足要求!

(3)挠度计算

$v=0.677ql^4/100EI<[v]=l/250$

面板最大挠度计算值 $v=0.677×21.047×200^4/(100×6000×618750)=0.061\text{mm}$

面板的最大挠度小于 200.0/250,满足要求!

六、穿梁螺栓计算

计算公式:

$$N<[N]=fA$$

其中 N——穿梁螺栓所受的拉力;

    A——穿梁螺栓有效面积(mm²);

　　　f——穿梁螺栓的抗拉强度设计值，取 170N/mm²；

穿梁螺栓承受最大拉力 N=（1.2×9.57+1.40×3.60）×2.20×0.60/5=4.36kN

穿梁螺栓直径为 16mm；

穿梁螺栓有效直径为 13.6mm；

穿梁螺栓有效面积为 A=144.000mm²；

穿梁螺栓最大容许拉力值为 $[N]$=24.480kN；

穿梁螺栓承受拉力最大值为 N=4.361kN；

穿梁螺栓的布置距离为侧龙骨的计算间距 600mm。

每个截面布置 5 道穿梁螺栓。

穿梁螺栓强度满足要求！

七、梁支撑脚手架的计算

支撑条件采用钢管脚手架形式，参见楼板模板支架计算内容。

梁模板及支撑计算满足要求！

梁模板扣件钢管高支撑架计算书

依据规范：

《建筑施工扣件式钢管脚手架安全技术规范》JGJ130-2011

《建筑施工模板安全技术规范》JGJ162-2008

《建筑结构荷载规范》GB50009-2012

《钢结构设计规范》GB50017-2003

《混凝土结构设计规范》GB50010-2010

《建筑地基基础设计规范》GB50007-2011

《建筑施工木脚手架安全技术规范》JGJ164-2008

计算参数：

钢管强度为 205.0N/mm²，钢管强度折减系数取 1.00。

模板支架搭设高度为 9.0m，

梁截面 $B×D$=600mm×2200mm，立杆的纵距（跨度方向）l=0.40m，立杆的步距 h=0.50m，梁底增加 4 道承重立杆。

面板厚度 15mm，剪切强度 1.4N/mm²，抗弯强度 15.0N/mm²，弹性模量 6000.0N/mm²。

木方 40×90mm，剪切强度 1.3N/mm²，抗弯强度 15.0N/mm²，弹性模量 9000.0N/mm²。

梁底支撑顶托梁长度 1.20m。

顶托采用木方：100×100mm。

梁底按照均匀布置承重杆 4 根计算。

模板自重 0.35kN/m²，混凝土钢筋自重 25.50kN/m³。

倾倒混凝土荷载标准值 2.00kN/m²，施工均布荷载标准值 1.50kN/m²。

扣件计算折减系数取 1.00。

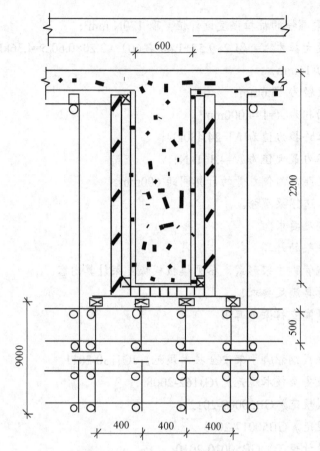

实例二图 21 梁模板支撑架立面简图

荷载组合分项系数如下：

由可变荷载效应控制的组合

$S=1.2\times(25.50\times2.20+0.35)+1.40\times2.00=70.540\text{kN/m}^2$

由永久荷载效应控制的组合

$S=1.35\times25.50\times2.20+0.7\times1.40\times2.00=77.695\text{kN/m}^2$

由于永久荷载效应控制的组合 S 最大，永久荷载分项系数取 1.35，可变荷载分项系数取 $0.7\times1.40=0.98$ 采用的钢管类型为 $\Phi48\times3.0$。

钢管惯性矩计算采用 $I=\pi(D^4-d^4)/64$，抵抗距计算采用 $W=\pi(D^4-d^4)/32D$。

一、模板面板计算

面板为受弯结构，需要验算其抗弯强度和刚度。模板面板的按照多跨连续梁计算。

作用荷载包括梁与模板自重荷载，施工活荷载等。

1. 荷载的计算：

（1）钢筋混凝土梁自重（kN/m）：

$$q_1=25.500\times2.200\times0.400=22.440\text{kN/m}$$

（2）模板的自重线荷载（kN/m）：

$$q_2=0.350\times0.400\times(2\times2.200+0.600)/0.600=1.167\text{kN/m}$$

（3）活荷载为施工荷载标准值与振捣混凝土时产生的荷载（kN）：

经计算得到，活荷载标准值 P_l=（1.500+2.000）×0.600×0.400=0.840kN

均布荷载 q=1.35×22.440+1.35×1.167=31.869kN/m

集中荷载 P=0.98×0.840=0.823kN

面板的截面惯性矩 I 和截面抵抗矩 W 分别为：

本算例中，截面惯性矩 I 和截面抵抗矩 W 分别为：

截面抵抗矩 $W=bh^2/6$=40.00×1.50×1.50/6=15.00cm³；

截面惯性矩 $I=bh^3/12$=40.00×1.50×1.50×1.50/12=11.25cm⁴；

式中：b 为板截面宽度，h 为板截面高度。

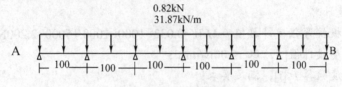

实例二图 22 计算简图

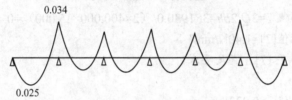

实例二图 23 弯矩图（kN.m）

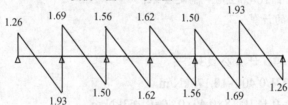

实例二图 24 剪力图（kN）

变形的计算按照规范要求采用静荷载标准值，受力图与计算结果如下：

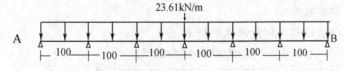

实例二图 25 变形计算受力图

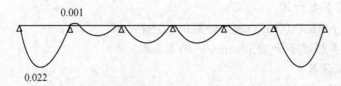

实例二图 26 变形图（mm）

经过计算得到从左到右各支座力分别为

N_1=1.256kN

N_2=3.616kN

N_3=3.064kN

N_4=4.071kN

N_5=3.064kN

N_6=3.616kN

N_7=1.256kN

最大弯矩 M=0.033kN.m

最大变形 V=0.022mm

（1）抗弯强度计算

经计算得到面板抗弯强度计算值 $f=M/W$=0.033×1000×1000/15000=2.200N/mm²

面板的抗弯强度设计值[f]，取 15.00N/mm²；

面板的抗弯强度验算 f<[f]，满足要求！

（2）抗剪计算

截面抗剪强度计算值 $T=3Q/2bh$=3×1930.0/（2×400.000×15.000）=0.483N/mm²

截面抗剪强度设计值[T]=1.40N/mm²

面板抗剪强度验算 T<[T]，满足要求！

（3）挠度计算

面板最大挠度计算值 v=0.022mm

面板的最大挠度小于 100.0/250，满足要求！

二、梁底支撑木方的计算

梁底木方计算

按照三跨连续梁计算，计算公式如下：

均布荷载 $q=P/l$=4.071/0.400=10.178kN/m

最大弯矩 $M=0.1ql^2$=0.1×10.18×0.40×0.40=0.163kN.m

最大剪力 $Q=0.6ql$=0.6×0.400×10.178=2.443kN

最大支座力 $N=1.1ql$=1.1×0.400×10.178=4.479kN

木方的截面力学参数为

本算例中，截面惯性矩 I 和截面抵抗矩 W 分别为：

截面抵抗矩 $W=bh^2/6$=4.00×9.00×9.00/6=54.00cm³；

截面惯性矩 $I=bh^3/12$=4.00×9.00×9.00×9.00/12=243.00cm⁴；

式中：b 为板截面宽度，h 为板截面高度。

（1）木方抗弯强度计算

抗弯计算强度 $f=M/W$=0.163×106/54000.0=3.02N/mm²

木方的抗弯计算强度小于 15.0N/mm²，满足要求！

（2）木方抗剪计算

最大剪力的计算公式如下：

$$Q=0.6ql$$

截面抗剪强度必须满足：

$$T=3Q/2bh<[T]$$

截面抗剪强度计算值 $T=3×2443/（2×40×90）=1.018N/mm^2$

截面抗剪强度设计值 $[T]=1.30N/mm$

木方的抗剪强度计算满足要求！

（3）木方挠度计算

挠度计算按照规范要求采用静荷载标准值，

均布荷载通过变形受力计算的最大支座力除以木方计算跨度（即木方下小横杆间距）

得到 $q=6.696kN/m$

最大变形 $v=0.677ql^4/100EI=0.677×6.696×400.0^4/（100×9000.00×2430000.0）=$
$0.053mm$

木方的最大挠度小于 400.0/250，满足要求！

三、托梁的计算

托梁按照集中与均布荷载下多跨连续梁计算。

均布荷载取托梁的自重 $q=0.087kN/m$。

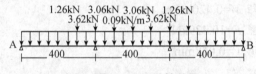

实例二图 27 托梁计算简图

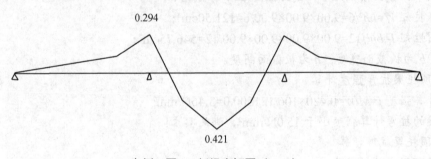

实例二图 28 托梁弯矩图（kN.m）

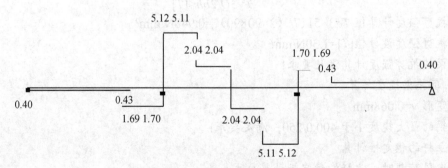

实例二图 29 托梁剪力图（kN）

变形的计算按照规范要求采用静荷载标准值，受力图与计算结果如下：

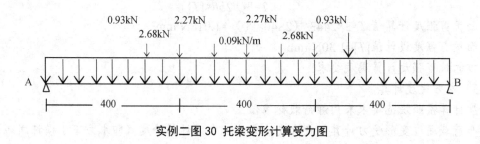

实例二图 30 托梁变形计算受力图

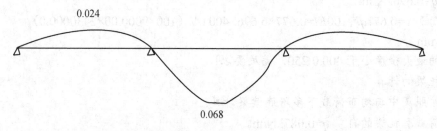

实例二图 31 托梁变形图（mm）

经过计算得到最大弯矩 M=0.420kN.m

经过计算得到最大支座 F=10.429kN

经过计算得到最大变形 V=0.068mm

顶托梁的截面力学参数为

本算例中，截面惯性矩 I 和截面抵抗矩 W 分别为：

截面抵抗矩 $W=bh^2/6=9.00×9.00×9.00/6=121.50$cm³；

截面惯性矩 $I=bh^3/12=9.00×9.00×9.00×9.00/12=546.75$cm⁴；

式中：b 为板截面宽度，h 为板截面高度。

（1）顶托梁抗弯强度计算

抗弯计算强度 $f=M/W=0.420×106/121500.0=3.46$N/mm²

顶托梁的抗弯计算强度小于 15.0N/mm²，满足要求！

（2）顶托梁抗剪计算

截面抗剪强度必须满足：

$$T=3Q/2bh<[T]$$

截面抗剪强度计算值 $T=3×5117/（2×90×90）=0.948$N/mm²

截面抗剪强度设计值$[T]$=1.30N/mm²

顶托梁的抗剪强度计算满足要求！

（3）顶托梁挠度计算

最大变形 v=0.068mm

顶托梁的最大挠度小于 400.0/250，满足要求！

四、立杆的稳定性计算

不考虑风荷载时，立杆的稳定性计算公式

其中 N——立杆的轴心压力设计值，它包括：

横杆的最大支座反力 N_1=10.43kN（已经包括组合系数）

脚手架钢管的自重 N_2=1.35×1.807=2.439kN

顶部立杆段，脚手架钢管的自重 N_2=1.35×0.161=0.217kN

非顶部立杆段 N=10.429+2.439=12.868kN

顶部立杆段 N=10.429+0.217=10.646kN

Φ——轴心受压立杆的稳定系数，由长细比 $l0/i$ 查表得到；

i——计算立杆的截面回转半径（cm）；i=1.60

A——立杆净截面面积（cm²）；A=4.24

W——立杆净截面抵抗矩（cm³）；W=4.49

σ——钢管立杆抗压强度计算值（N/mm²）；

$[f]$——钢管立杆抗压强度设计值，$[f]$=205.00N/mm²；

l_0——计算长度（m）；

参照《扣件式规范》2011，由公式计算

顶部立杆段：　　　　　$l_0=ku_1(h+2a)$　　　　（1）

非顶部立杆段：　　　　$l_0=ku_2h$　　　　　　（2）

k——计算长度附加系数，按照表 5.4.6 取值为 1.185，当允许长细比验算时 k 取 1；

u_1，u_2——计算长度系数，参照《扣件式规范》附录 C 表；

a——立杆上端伸出顶层横杆中心线至模板支撑点的长度；a=0.30m；

顶部立杆段：a=0.2m 时，u_1=2.622，l_0=2.796m；

λ=2796/16.0=175.321

允许长细比 λ=147.950<210 长细比验算满足要求！

Φ=0.233

σ=10646/（0.233×423.9）=107.891N/mm²

a=0.5m 时，u_1=1.699，l_0=3.020m；

λ=3020/16.0=189.340

允许长细比 λ=159.781<210 长细比验算满足要求！

Φ=0.201

σ=10646/（0.201×423.9）=124.948N/mm²

依据规范做承载力插值计算 a=0.300 时，σ=113.576N/mm²，立杆的稳定性计算 $\sigma<[f]$，满足要求！

非顶部立杆段：u_2=4.744，l_0=2.811m；

λ=2811/16.0=176.227

允许长细比 λ=148.715<210 长细比验算满足要求！

Φ=0.230

σ=12868/（0.230×423.9）=131.796N/mm²，立杆的稳定性计算 $\sigma<[f]$，满足要求！

考虑风荷载时，立杆的稳定性计算公式为：

风荷载设计值产生的立杆段弯矩 M_W 依据扣件脚手架规范计算公式 5.2.9

$M_W=0.9\times1.4W_kl_ah^2/10$

其中 W_k——风荷载标准值（kN/m²）；

$$W_k=u_z\times u_s\times w_0=0.300\times0.650\times0.905=0.176kN/m^2$$

h——立杆的步距，0.50m；

l_a——立杆迎风面的间距，1.20m；

l_b——与迎风面垂直方向的立杆间距，0.40m；

风荷载产生的弯矩 $M_w=0.9\times1.4\times0.176\times1.200\times0.500\times0.500/10=0.007kN.m$；

N_w——考虑风荷载时，立杆的轴心压力最大值；

顶部立杆

$$N_w=10.429+1.350\times0.161+0.9\times0.980\times0.007/0.400=10.661kN$$

非顶部立杆

$$N_w=10.429+1.350\times1.807+0.9\times0.980\times0.007/0.400=12.883kN$$

顶部立杆段：$a=0.2m$ 时，$u_1=2.622$，$l_0=2.796m$；

$\lambda=2796/16.0=175.321$

允许长细比 $\lambda=147.950<210$ 长细比验算满足要求！

$\Phi=0.233$

$\sigma=10661/（0.233\times423.9）+7000/4491=109.525N/mm^2$

$a=0.5m$ 时，$u_1=1.699$，$l_0=3.020m$；

$\lambda=3020/16.0=189.340$

允许长细比 $\lambda=159.781<210$ 长细比验算满足要求！

$\Phi=0.201$

$\sigma=10661/（0.201\times423.9）+7000/4491=126.606N/mm^2$

依据规范做承载力插值计算 $a=0.300$ 时，$\sigma=115.219N/mm^2$，立杆的稳定性计算 $\sigma<[f]$，满足要求！

非顶部立杆段：$u_2=4.744$，$l_0=2.811m$；

$\lambda=2811/16.0=176.227$

允许长细比 $\lambda=148.715<210$ 长细比验算满足要求！

$\Phi=0.230$

$\sigma=12883/（0.230\times423.9）+7000/4491=133.432N/mm^2$，立杆的稳定性计算 $\sigma<[f]$，满足要求！

模板承重架应尽量利用剪力墙或柱作为连接连墙件，否则存在安全隐患。

模板支撑架计算满足要求！

梁侧模板计算书

一、梁侧模板基本参数

计算断面宽度600mm，高度2200mm，两侧楼板厚度250mm。

模板面板采用普通胶合板。

内龙骨布置11道，内龙骨采用40×90mm木方。

外龙骨间距450mm，外龙骨采用双钢管48mm×3.0mm。

对拉螺栓布置4道，在断面内水平间距150+450+450+450mm，断面跨度方向间距450mm，直径16mm。

面板厚度 15mm，剪切强度 1.4N/mm²，抗弯强度 15.0N/mm²，弹性模量 6000.0N/mm²。
木方剪切强度 1.3N/mm²，抗弯强度 15.0N/mm²，弹性模量 9000.0N/mm²。

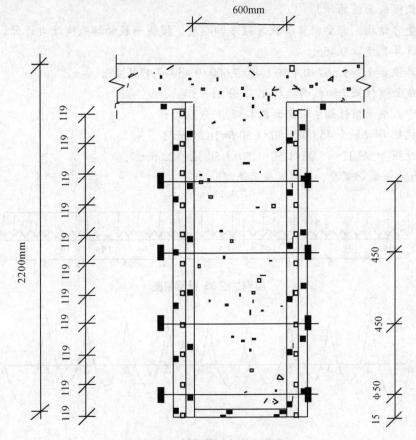

实例二图 32 模板组装示意图

二、梁侧模板荷载标准值计算

强度验算要考虑新浇混凝土侧压力和倾倒混凝土时产生的荷载设计值；挠度验算只考虑新浇混凝土侧压力产生荷载标准值。

新浇混凝土侧压力计算公式为下式中的较小值：

$$F=0.28\gamma_c t_o \beta F=\gamma_c H$$

其中 γ_c——混凝土的重力密度，取 24.000kN/m³；

    t——新浇混凝土的初凝时间，为 0 时（表示无资料）取 200/（T+15），取 1.000h；

    T——混凝土的入模温度，取 10.000℃；

    V——混凝土的浇筑速度，取 2.500m/h；

    H——混凝土侧压力计算位置处至新浇混凝土顶面总高度，取 1.200m；

    β——混凝土坍落度影响修正系数，取 1.000。

根据公式计算的新浇混凝土侧压力标准值 F_l=10.620kN/m²

考虑结构的重要性系数 0.90，实际计算中采用新浇混凝土侧压力标准值：

F_l=0.90×10.630=9.567kN/m²

考虑结构的重要性系数 0.90，倒混凝土时产生的荷载标准值：
F_2=0.90×4.000=3.600kN/m²。

三、梁侧模板面板的计算

面板为受弯结构，需要验算其抗弯强度和刚度。模板面板的按照连续梁计算。

面板的计算宽度取 0.45m。

荷载计算值 q=1.2×9.567×0.450+1.40×3.600×0.450=7.434kN/m

面板的截面惯性矩 I 和截面抵抗矩 W 分别为：

本算例中，截面惯性矩 I 和截面抵抗矩 W 分别为：

截面抵抗矩 $W=bh^2/6$=45.00×1.50×1.50/6=16.88cm³；

截面惯性矩 $I=bh^3/12$=45.00×1.50×1.50×1.50/12=12.66cm⁴；

式中：b 为板截面宽度，h 为板截面高度。

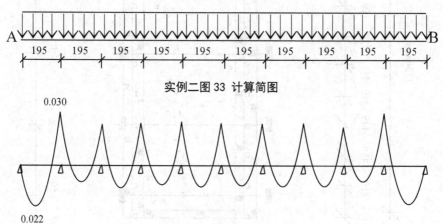

实例二图 33　计算简图

实例二图 34　弯矩图（kN.m）

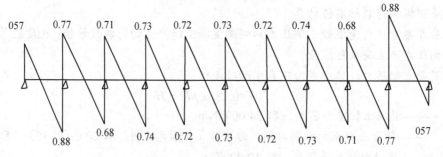

实例二图 35　剪力图（kN）

变形的计算按照规范要求采用静荷载标准值，受力图与计算结果如下：

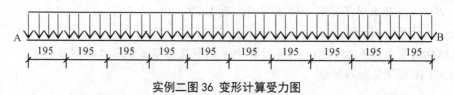

实例二图 36　变形计算受力图

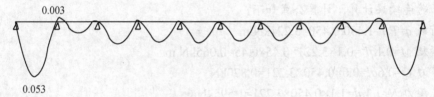

实例二图 37　变形图（mm）

经过计算得到从左到右各支座力分别为

N_1=0.572kN

N_2=1.644kN

N_3=1.398kN

N_4=1.464kN

N_5=1.446kN

N_6=1.452kN

N_7=1.446kN

N_8=1.464kN

N_9=1.398kN

N_{10}=1.644kN

N_{11}=0.572kN

最大弯矩 M=0.029kN.m

最大变形 V=0.053mm

（1）抗弯强度计算

经计算得到面板抗弯强度计算值 $f=M/W$=0.029×1000×1000/16875=1.719N/mm²

面板的抗弯强度设计值[f]，取 15.00N/mm²；

面板的抗弯强度验算 f<[f]，满足要求！

（2）抗剪计算

截面抗剪强度计算值 T=3Q/2bh=3×878.0/（2×450.000×15.000）=0.195N/mm²

截面抗剪强度设计值[T]=1.40N/mm²

面板抗剪强度验算 T<[T]，满足要求！

（3）挠度计算

面板最大挠度计算值 v=0.053mm

面板的最大挠度小于 195.0/250，满足要求！

四、梁侧模板内龙骨的计算

内龙骨直接承受模板传递的荷载，通常按照均布荷载连续梁计算。

内龙骨强度计算均布荷载 q=1.2×0.20×9.57+1.4×0.20×3.60=3.221kN/m

挠度计算荷载标准值 q=0.20×9.57=1.866kN/m

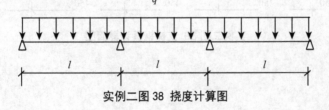

实例二图 38　挠度计算图

按照三跨连续梁计算，计算公式如下：

均布荷载 $q=P/l=1.450/0.450=3.221$ kN/m

最大弯矩 $M=0.1ql^2=0.1\times3.221\times0.45\times0.45=0.065$ kN.m

最大剪力 $Q=0.6ql=0.6\times0.450\times3.221=0.870$ kN

最大支座力 $N=1.1ql=1.1\times0.450\times3.221=1.595$ kN

截面力学参数为

本算例中，截面惯性矩 I 和截面抵抗矩 W 分别为：

截面抵抗矩 $W=bh^2/6=4.00\times9.00\times9.00/6=54.00$ cm³；

截面惯性矩 $I=bh^3/12=4.00\times9.00\times9.00\times9.00/12=243.00$ cm4；

式中：b 为板截面宽度，h 为板截面高度。

（1）抗弯强度计算

抗弯计算强度 $f=M/W=0.065\times10^6/54000.0=1.21$ N/mm²

抗弯计算强度小于 15.0N/mm²，满足要求！

（2）抗剪计算

最大剪力的计算公式如下：

$$Q=0.6ql$$

截面抗剪强度必须满足：

$$T=3Q/2bh<[T]$$

截面抗剪强度计算值 $T=3\times870/（2\times40\times90）=0.362$ N/mm²

截面抗剪强度设计值 $[T]=1.30$ N/mm²

抗剪强度计算满足要求！

（3）挠度计算

最大变形

$v=0.677ql^4/100EI=0.677\times1.866\times450.0^4/（100\times9000.00\times2430000.0）=0.024$ mm

最大挠度小于 450.0/250，满足要求！

五、梁侧模板外龙骨的计算

外龙骨承受内龙骨传递的荷载，按照集中荷载下连续梁计算。

外龙骨按照集中荷载作用下的连续梁计算。

集中荷载 P 取横向支撑钢管传递力。

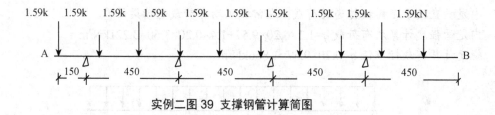

实例二图 39 支撑钢管计算简图

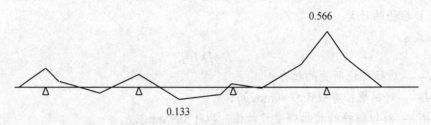

实例二图 40 支撑钢管弯矩图（kN·m）

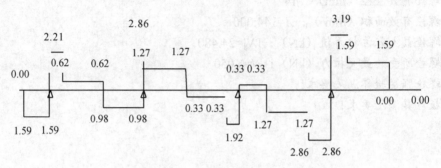

实例二图 41 支撑钢管剪力图（kN）

变形的计算按照规范要求采用静荷载标准值，受力图与计算结果如下：

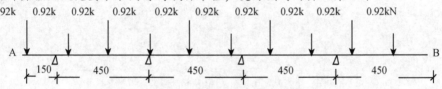

实例二图 42 支撑钢管变形计算受力图

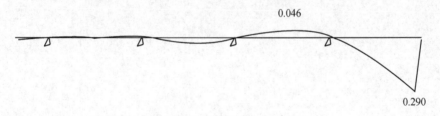

实例二图 43 支撑钢管变形图（mm）

经过连续梁的计算得到

最大弯矩 M_{max}=0.566kN.m

最大变形 v_{max}=0.290mm

最大支座力 Q_{max}=6.050kN

抗弯计算强度 $f=M/W$=0.566×10^6/8982.0=63.02N/mm²

支撑钢管的抗弯计算强度小于设计强度，满足要求！

支撑钢管的最大挠度小于 450.0/150 与 10mm，满足要求！

六、对拉螺栓的计算

计算公式：

$$N<[N]=fA$$

其中 N——对拉螺栓所受的拉力；

     A——对拉螺栓有效面积（mm²）；

     f——对拉螺栓的抗拉强度设计值，取 170N/mm²；

对拉螺栓的直径（mm）：16

对拉螺栓有效直径（mm）：14

对拉螺栓有效面积（mm²）：A=144.000

对拉螺栓最大容许拉力值（kN）：$[N]$=24.480

对拉螺栓所受的最大拉力（kN）：N=6.050

对拉螺栓强度验算满足要求！

侧模板计算满足要求！

第6章 脚手架工程安全专项施工方案

6.1 脚手架工程安全专项方案的编制

6.1.1 工程概况及编制依据

1. 工程概况

包括工程地址、建筑结构类型、建筑外形、建筑高度、建筑面积、建筑层高，建筑地上及地下层数、各参建单位等，脚手架搭设的时间及现场周边的情况等内容。要求绘制拟搭脚手架工程平面布置图。

（1）建筑物或构筑物的外围尺寸、总高及层高、结构及构件的截面尺寸、房屋的开间、进深，悬挑等特殊部位的尺寸等。

（2）落地架地基土质情况、地基耐力值；悬挑架卡环基座部位的梁板尺寸、配筋及混凝土强度等级；施工的作业条件、混凝土的浇筑、运输方法和环境等。

（3）脚手架类型、搭设总高度、材料规格、搭设尺寸（如纵横向钢管间距、步距等）、连墙件的间距、钢丝绳的间距、脚手架用途（如结构施工用、装修施工用、安全防护用）、施工荷载值（包括同时有几层作业层）等。

2. 编制依据

（1）《建筑施工扣件式钢管脚手架安全技术规范》JGJ 130—2011

（2）《建筑施工高处作业安全技术规范》JGJ 80— 91

（3）《建筑施工安全检查标准》JGJ 59—2011

（4）《钢管脚手架扣件》GB 15831—2006

（5）《钢结构设计规范》GB 50017—2003

（6）本工程施工组织总设计及相关文件

（7）本工程施工图纸

6.1.2 危险源分析与预防控制措施

（1）主要从脚手架的搭、拆及使用过程中分析脚手架可能产生危害的危险源，主要危险源及控制措施见表6-1。

（2）其他危险源辨识及处理措施

1）其他危险源

①人员素质低导致操作失误，产生人员伤害事故。

②地震、台风、洪水等自然灾害导致的事故。

③现场管理不善导致的各类安全事故，如高空坠落、失火、触电等安全事故。

表 6-1 主要危险源及控制措施

序号	作业活动	危害因素	可能导致的事故	控制措施
1	脚手架的搭设、拆除	无搭设、拆除方案	整体垮塌	编制施工方案,严格审批
2	脚手架的搭设	施工方案的受力计算不准	整体垮塌	严格审核,批准后使用
		承受悬挑架体的模板混凝土强度未达到设计要求的强度	整体垮塌	承受悬挑梁的楼板混凝土强度严格按照方案设计执行
3	脚手架的搭、拆	没有按照施工方案进行搭设或拆除	整体垮塌	加强验收,严格控制
4	脚手架搭设、使用	用于搭设的材料质量不符合标准要求	整体垮塌	选用合格材料,严把验收关
5	脚手架使用	主要受力杆件、构件被拆除	整体垮塌	按方案及交底操作并进行及时跟踪
		堆放的荷载超出允许要求	整体垮塌	限制堆载
6	脚手架拆除	拆除顺序不正确	整体垮塌	按方案及交底操作并进行及时跟踪
7	脚手架搭桥与使用	无安全防护措施,违章操作	高处坠落	增加安全防范措施,6m 层设置可靠水平安全网,并加强安全监管力度,杜绝习惯性违章
8	脚手架打拆	无安全防护措施,违章操作	物体打击	搞好安全技术交底及安全教育加强安全跟踪监管力度,危险作业区域设置警戒线,杜绝人员通行,杜绝习惯性违章

2)处理措施

① 加强操作人员、管理人员的培训管理、考核,严格执行国家有关持证上岗规定。

②根据工程实际情况制定各种防范坠落、触电、失火、突发自然灾害等常见安全事故的管理制度,并配备相应专职管理人员,在施工过程中进行监督管理,尽量将事故发生的概率降到最低。

6.1.3 脚手架工程检查与验收

1.验收组织机构

依据工程施工组织设计及相关规范的要求,由施工单位组织脚手架验收小组。验收小组由施工单位安全部安全管理人员、现场的技术负责人、安全员、架子班组长、监理工程师等相关专业人员组成,设置组长,明确验收人员。

2.材质要求

(1)钢管材质要求

1）脚手架钢管应采用现行国家标准《直缝电焊钢管》（GB/T13793）或《低压流体输送用焊接钢管》（GB/T3092）中规定的 3 号普通钢管，其质量应符合现行国家标准《碳素结构钢》（GB/T 700）中 Q235-A 级钢的规定。

2）脚手架钢管应分别符合《建筑施工扣件式钢管脚手架安全技术规范》（JGJ130-2011）第 8.1.1、8.1.2 条规定。钢管弯曲变形应符合《建筑施工扣件式钢管脚手架安全技术规范》（JGJ130-2001）表 8.1.5 序号 4 的规定。

（2）扣件材质要求

1）扣件式钢管脚手架应采用可锻铸铁制作扣件，其材质应符合现行国家标准《钢管脚手架扣件》（GB 15831）规定；采取其它材料制作的扣件，应经试验证明其质量符合该标准的规定后方可使用。

2）脚手架采用的扣件，在螺栓拧紧扭力矩达 65KN·m，不得破坏。

（3）脚手板材质要求

1）脚手板可采用木、竹材料制作，每块质量不宜大于 30kg。

2）《建筑施工扣件式钢管脚手架安全技术规范》（JGJ130-2001）第 8.1.4 条第一款规定：

3）竹脚手板宜采用由毛竹或楠木制作的竹串片板、竹笆板。

（4）连墙件材质要求

连墙件的材质应符合现行国家标准《碳素结构钢》（GB/T 700）中 Q235－A 级钢的规定。经检验合格的构配件应按品种、规格分类，堆放整齐、平稳，堆放场地不得有积水，并对数量进行核实。

（5）安全网材质要求

安全网材质应符合国家规范标准相关的规定。

3．脚手架的检查与验收

脚手架的检查与验收应严格按照《建筑施工扣件式钢管脚手架安全技术规范》（JGJ 130-2001）第 8 条检查与验收相关条款及《建筑施工安全检查标准》（JGJ 59-99）表 3.0.4-1 落地式外脚手架检查评分表，所列项目和施工方案要求的内容进行检查。填写验收记录单，并由施工单位主要负责人、安全员、监理签字后，方能交付使用。

6.1.4 预防监控措施和应急预案

1．预防监控措施

为了加强对建设工程施工安全的管理，防止发生脚手架系统坍塌事故，确保国家和人民生命财产的安全，特制定以下预防监控措施。

（1）成立监控组织机构

监控组织机构如下：

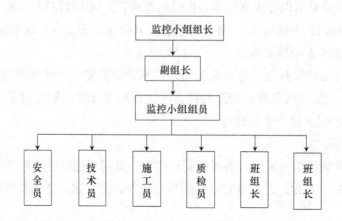

（2）监控人员与职责

监控小组组长：负责监控小组的组建和人员的安排；负责监控程序的制定，监督、检查监控程序的执行情况。

监控小组副组长：协助组长指定监控程序，协助组长监督、检查监控程序的执行情况。

监控小组成员：负责按监控程序对各自工作范围内危险源的监控。

（3）监控项目

1）是否有脚手架工程施工方案，方案是否经规定人员审定、审批、论证。

2）脚手架工程是否按方案施工。

3）脚手架：悬挑型钢梁、立杆、钢丝绳、卡环是确保脚手架空中稳定的关键杆件，为确保安全生产，脚手架工程必须具有足够的刚度、强度和稳定性，安装完毕后，由技术负责人按照设计要求对脚手架工程和材料规格、接头方法、间距及剪刀撑设置等进行详细检查。

4）脚手架施工前和拆除前，现场施工人员应向有关人员作安全技术交底，并培训操作人员，安全技术交底应具有时效性和针对性。

5）脚手架搭设人员必须是经过国家现行标准《特种作业人员安全技术考核管理规定》考核合格的专业架子工，上岗人员应定期体检，体检合格后发上岗证。

6）搭设脚手架的人员必须戴安全帽、系安全带、穿防滑鞋。

7）由项目技术负责人组织架子工长、安全员对使用架子的有关工种、班组长、工人骨干进行使用标准安全防护、日常检查维护的技术交底，让人人都知道，时刻注意遵守。

8）架子上的施工人数，堆放材料要按设计要求控制，不得将结构施工荷载传递到架子上，不得将短小模板、钢筋、扣件放在架上，更不能将室内建筑垃圾倒在架上，不准在架上另设悬挂物体，严禁向架上或架外抛掷物品。

9）架子在主体施工时可铺设三层脚手板，装饰时各层满铺，上下同时作业不得多于两步，安全网、脚手板要扎牢，不准随意拆动，如须拆动必须经技术负责人批准，由架子工负责处理。

10）架工及架上操作人员，每天上下班前要检查架子的支撑锚固点是否牢固，发现问题立即处理或报技术负责人解决。架上施工荷载要均匀布置，不得集中一边，单向偏位受力，并不得超过设计荷载。特别防止外墙、梁拆模时模板突然下落的冲击力，如须落在架上，要采取缓冲措施。

11）架上所用的扣件必须定期保养巡查，如有损坏应立即更换。架子的附墙支撑要绑扣在结构物可靠处，不得绑扣在模板支撑上或其他不牢固的位置上。

12）六级及以上大风或雷雨天气不准搭设或拆除外架，也不准在架上作业，其他按高层脚手架的操作规程执行。

（4）监控记录与汇报制度

1）监控记录表格样式见表 6-2 。

表 6-2 监控记录表

日期				
监控项目				
监控情况记录				
监控人员签字				

2）汇报制度：

①无异常：当监控无有异常时，应保持两小时一次的汇报周期，由现场安全员向监控负责人进行施工情况汇报，监控负责人应每隔四小时向项目经理汇报一次。

② 有异常：当监控有异常时，立即撤出所有作业人员。

现场安全员应立即向项目部应急救援领导小组组长汇报，同时，在一小时之内向公司领导、公司安全部和工程部汇报。项目部按公司提出的加固措施进行加固整改。

③事故：事故发生后，由现场安全员在第一时间向项目部应急救援领导小组汇报，同时由领导小组组长指挥，应急小组成员配合对伤员、财产进行抢救。

项目部在第一时间内汇报，报告法人代表、分管副总经理、公司安全部和工程部，报告内容为事故时间、事故大致事况、目前伤亡人数、应急处理办法。

当发生的事故需当地政府部门进行帮助处理时，项目部可直接向外报警，若发生的事故公司有能力在当时得到处理和阻止事态进一步发展时，应向公司有关上级部门上报。

2．应急救援预案

（1）目的

为了贯彻实施"安全第一，预防为主"的安全方针，危险性较大脚手架工程应根据"危险源识别与监控措施"，采取相应的预防措施及救援方案，提高整个项目部对事故的整体应急能力，确保发生意外事故时能有序地应急指挥，有效地保护员工。

（2）应急领导小组

危险性较大脚手架板工程施工前应成立专门的应急领导小组，来确保发生意外事故时能有序地应急指挥。

明确应急领导小组由组长、副组长、成员等构成。

组长 ：×××（电话）

副组长 ：×××（电话）

成员 ：×××（电话）

（3）应急领导小组职责

1）领导各单位应急小组的培训和演习工作，提高其应变能力。

2）当施工现场发生突发事件时，负责救险的人员、器材、车辆、通信联络和组织指挥协调。

3）负责配备好各种应急物资和消防器材、救生设备和其他应急设备。

4）发生事故要及时赶到现场组织指挥，控制事故的扩大和连续发生，并迅速向上级汇报。

5）负责组织抢险、疏散、救助及通信联络。

6）组织应急检查，保证现场道路畅通，对危险性大的施工项目应与当地医院取得联系，做好救护准备。

（4）应急反应预案

1）事故报告程序。

事故发生后，作业人员、班组长、现场负责人、项目部安全主管领导应逐级上报，并联络报警，组织急救。

2）事故报告。

事故发生后应逐级上报，一般为现场事故知情人员、作业队、班组安全员、施工单位专职安全员。发生重大事故（包括人员死亡、重伤及财产损失等严重事故）时，应立即向上级领导汇报，并在 24 小时内向上级领导主管部门提出书面报告。

3）现场事故应急处理。

危险性较大脚手架工程施工过程中可能发生的事故主要有：机具伤人、火灾事故、雷击触电事故、高温中暑、中毒窒息、高空坠落、物击伤人等事故。

①火灾事故应急处理：

a. 及时报警，组织扑救。当火灾发生时，当事人或周围发现者应立即拨打火警电 119，并说明火灾位置和简要情况。同时报告给值班人员和义务消防队进行扑救。

b. 集中力量控制火势。根据就地情况，利用周围消防设施对可燃物的性质、数量、火势、燃烧速度及范围作出正确判断，迅速进行灭火。

c. 消灭飞火。组织人力密切监视示燃尽飞火，防止造成新的火源。

d. 疏散物资。安排人力物力对没被损坏的物品进行疏散，减少损失，防止火势蔓延。

e. 注意人身安全。在扑救过程中，防止自身及周围人员的二次伤害。

f. 积极抢救被困人员。由熟悉情况的人员做向导，积极寻找失落遇难的人员。

g. 配合好消防人员，最终将火扑灭。

② 触电事故应急处理：

a. 立即切断电源。用干燥的木棒、竹竿等绝缘工具将电线挑开，放在适当位置，以防再次触电。

b. 伤员被救后应迅速观察其呼吸、心跳情况。必要时可采取人工呼吸、心脏挤压术。

c. 在处理电击时，还应注意有无其他损伤而做相应的处理。

d. 局部电击时，应对伤员进行早期清创清理，创面宜暴露，不宜包扎。由电击而发生内部组织坏死时，必须注射破伤风抗菌素。

③ 高温中暑的应急处理：

a．应迅速将中暑人员移至阴凉的地方。解开衣服，让其平卧，头部不要垫高。

b．降温：用凉水或 50% 酒精擦其全身，直到皮肤发红，血管扩张以促进散热。降温过程中必须加强护理，密切观察体温、血压和心脏情况。当体温降到 38°C 左右时，应立即停止降温，防止虚脱。

c．及时补充水分和无机盐。能饮水患者应鼓励其喝足凉水或其他饮料；不能饮水者应静脉补液，其中生理盐水约占一半。

d．及时处理呼吸、循环衰竭。

e．转院 ：医疗条件不完善时，应及时送往就近医院，进行抢救。

4）其他人身伤害事故处理。

当发生如高空坠落、被高空坠物击中、中毒窒息和机具伤人等而造成人身伤害时：

①向项目部汇报。

②应立即排除其他隐患，防止救援人员遭到伤害。

③积极进行伤员抢救。

④做好死亡者的善后工作，对其家属进行抚恤。

（5）应急培训和演练

应急反应组织和预案确定后，施工单位应急组长组织所有应急人员进行应急培训。

组长按照有关预案进行分项演练，对演练效果进行评价，根据评价结果进行完善。

在确认险情和事故处置妥当后，应急反应小组应进行现场拍照、绘图、收集证据，保留物证。经业主、监理单位同意后，清理现场，恢复生产。

单位领导将应急情况向现场项目部报告，组织事故的调查处理。

在事故处理后，将所有调查资料分别报送业主、监理单位和有关安全管理部门。

（6）应急通信联络

遇到紧急情况首先要向项目部汇报。项目部利用电话或传真向上级部门汇报，并采取相应救援措施。各施工班组应制订详细的应急反应计划，列明各工地及相关人员通信联系方式，并在施工现场的显要位置张贴，以便紧急情况下使用。

应急电话：现场值班电话为××××××××，公司电话为×××××××，救援部门电话为 999 和 120 。

6.2 脚手架工程施工安全技术

6.2.1 扣件式钢管脚手架安全技术

1．设计计算

（1）设计计算项目

1）脚手架的承载能力应按概率极限状态设计法的要求，采用分项系数设计表达式进行设计。可只进行下列设计计算：

①纵向、横向水平杆等受弯构件的强度和连接扣件的抗滑承载力计算；

②立杆的稳定性计算；

③连墙件的强度、稳定性和连接强度的计算；

④立杆地基承载力计算。

2）计算构件的强度、稳定性与连接强度时，应采用荷载效应基本组合的设计值。永久荷载分项系数应取 1.2，可变荷载分项系数应取 1.4。

（2）纵向、横向水平杆计算

1）纵向、横向水平杆的抗弯强度应按下式计算：

$$\sigma = \frac{M}{W} \leqslant f \qquad (6-1)$$

式中：σ——弯曲正应力；

　　　M——弯矩设计值（N·mm）；

　　　W——截面模量（mm³），应按附录 6 表 6-3 采用；

　　　f——钢材的抗弯强度设计值（N/mm²），应按表 6-3 采用。

表 6-3　钢材的强度设计值与弹性模量（N/mm2）

Q235 钢抗拉、抗压和抗弯强度设计值 f	205
弹性模量 E	2.06×10^5

2）纵向、横向水平杆弯矩设计值，应按下式计算：

$$M = 1.2 M_{Gk} + 1.4 \sum M_{Qk} \qquad (6-2)$$

式中：M_{Gk}——脚手板自重产生的弯矩标准值（kN·m）；

　　　M_{Qk}——施工荷载产生的弯矩标准值（kN·m）。

3）纵向、横向水平杆的挠度应符合下式规定：

$$v \leqslant [v] \qquad (6-3)$$

式中：v——挠度（mm）；

　　　$[v]$——容许挠度。

4）计算纵向、横向水平杆的内力与挠度时，纵向水平杆宜按三跨连续梁计算，计算跨度取立杆纵距 l_a；横向水平杆宜按简支梁计算，计算跨度 l_0 可按图 6-1 采用。

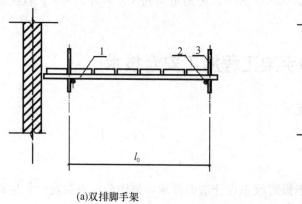
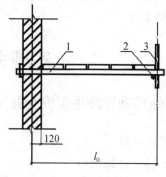

(a)双排脚手架　　　　　　　　　　　(b)单排脚手架

图 6-1　横向水平杆计算跨度

1—横向水平杆；2—纵向水平杆；3—立杆

5）纵向或横向水平杆与立杆连接时，其扣件的抗滑承载力应符合下式规定：

$$R \leqslant R_C \qquad (6-4)$$

式中：R——纵向或横向水平杆传给立杆的竖向作用力设计值；

R_C——扣件抗滑承载力设计值。

（3）立杆计算

1）立杆的稳定性应符合下列公式要求：

不组合风荷载时：

$$\frac{N}{\varphi_A} \leqslant f \qquad (6-5)$$

组合风荷载时：

$$\frac{N}{\varphi_A} + \frac{M_w}{W} \leqslant f \qquad (6-6)$$

式中：N——计算立杆段的轴向力设计值（N）；

$\varPhi$——轴心受压构件的稳定系数；

λ——长细比，$\lambda = \dfrac{l_0}{i}$；

l_0——计算长度（mm）；

i——截面回转半径（mm），可按附录 6 表 6-1 采用；

A——立杆的截面面积（mm^2），可按附录 6 表 6-1 采用；

M_W——计算立杆段由风荷载设计值产生的弯矩（N·mm）；

f——钢材的抗压强度设计值（N/mm^2），应按表 5-1 采用。

2）计算立杆段的轴向力设计值 N，应按下列公式计算：

不组合风荷载时：

$$N = 1.2\,(N_{G1k} + N_{G2k}) + 1.4 \sum N_{Qk} \qquad (6-7)$$

组合风荷载时：

$$N = 1.2\,(N_{G1k} + N_{G2k}) + 0.9 \times 1.4 \sum N_{Qk} \qquad (6-8)$$

式中：N_{G1k}——脚手架结构自重产生的轴向力标准值；

N_{G2k}——构配件自重产生的轴向力标准值；

$\sum N_{Qk}$——施工荷载产生的轴向力标准值总和，内、外立杆各按一纵距内施工荷载总和的 1/2 取值。

3）立杆计算长度 l_0 应按下式计算：

$$l_0 = k\mu h \qquad (6-9)$$

式中：k——立杆计算长度附加系数，其值取 1.155，当验算立杆允许长细比时，取 $k=1$；

μ——考虑单、双排脚手架整体稳定因素的单杆计算长度系数，应按表 6-4 采用；

h——步距。

表 6-4 单、双排在此处键入公式。表 6-4 脚手架立杆的计算长度系数 μ

类别	立杆横距	连墙件布置	
	（m）	二步三跨	三步三跨
双排架	1.05	1.50	1.70
	1.30	1.55	1.75
	1.55	1.60	1.80
单排架	≤1.50	1.80	2.00

4）由风荷载产生的立杆段弯矩设计值 M_w，可按下式计算：

$$M_w = 0.9 \times 1.4 M_{wk} = \frac{0.9 \times 1.4 w_k l_a h^2}{10} \tag{6-10}$$

式中：M_{wk}——风荷载产生的弯矩标准值（kN·m）；

w_k——风荷载标准值（kN/m²）；

l_a——立杆纵距（m）。

（4）连墙件计算

1）连墙件杆件的强度及稳定应满足下列公式的要求：

强度：

$$\sigma = \frac{N_l}{A_c} \leqslant 0.85f \tag{6-11}$$

稳定：

$$\frac{N_l}{\varphi A} \leqslant 0.85f \tag{6-12}$$

$$N_l = N_{lw} + N_o \tag{6-13}$$

式中：σ——连墙件应力值（N/mm²）；

A_c——连墙件的净截面面积（mm²）；

A——连墙件的毛截面面积（mm²）；

N_l——连墙件轴向力设计值（N）；

N_{lw}——风荷载产生的连墙件轴向力设计值；

N_o——连墙件约束脚手架平面外变形所产生的轴向力。单排架取 2kN，双排架取 3kN；

Φ——连墙件的稳定系数 6；

f——连墙件钢材的强度设计值（N/mm²），应按表 6-1 采用。

2）由风荷载产生的连墙件的轴向力设计值，应按下式计算：

$$N_{lw} = 1.4 \cdot w_k \cdot A_w \tag{6-14}$$

式中：A_w——单个连墙件所覆盖的脚手架外侧面的迎风面积。

3）连墙件与脚手架、连墙件与建筑结构连接的连接强度应按下式计算：

$$N_l \leqslant N_V \tag{6-15}$$

式中：N_V——连墙件与脚手架、连墙件与建筑结构连接的抗拉（压）承载力设计值，应根据相应规范规定计算。

4）当采用钢管扣件做连墙件时，扣件抗滑承载力的验算，应满足下式要求：

$$N_l \leqslant R_c \tag{6-16}$$

式中：R_c——扣件抗滑承载力设计值，一个直角扣件应取 8.0kN。

（5）立杆地基承载力计算

1）立杆基础底面的平均压力应满足下式的要求：

$$P_k = \frac{N_k}{A} \leqslant f_g \tag{6-17}$$

式中：P_k——立杆基础底面处的平均压力标准值（kPa）；

N_k——上部结构传至立杆基础顶面的轴向力标准值（kN）；

A——基础底面面积（m^2）；

f_g——地基承载力特征值（kPa）。

2）地基承载力特征值的取值应符合下列规定：

①当为天然地基时，应按地质勘察报告选用；当为回填土地基时，应对地质勘察报告提供的回填土地基承载力特征值乘以折减系数 0.4；

②由载荷试验或工程经验确定。

3）对搭设在楼面等建筑结构上的脚手架，应对支撑架体的建筑结构进行承载力验算，当不能满足承载力要求时应采取可靠的加固措施。

2．扣件式钢管脚手架构造

（1）水平杆

1）纵向水平杆的构造应符合下列规定：

①纵向水平杆宜设置在立杆内侧，其长度不宜小于 3 跨；

②纵向水平杆接长应采用对接扣件连接或搭接。并应符合下列规定：

a．两根相邻纵向水平杆的接头不宜设置在同步或同跨内；不同步或不同跨两个相邻接头在水平方向错开的距离不应小于 500mm；各接头中心至最近主节点的距离不应大于纵距的 1/3（图 6-2）；

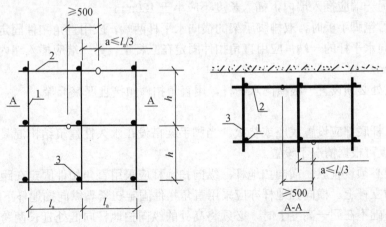

图 6-2 向水平杆对接接头布置

（a）接头不在同步内（立面）；（b）接头不在同跨内（平面）

1—立杆；2—纵向水平杆；3—横向水平杆

b．搭接长度不应小于 1m，应等间距设置 3 个旋转扣件固定，端部扣件盖板边缘至搭接纵向水平杆杆端的距离不应小于 100mm；

③当使用冲压钢脚手板、木脚手板、竹串片脚手板时，纵向水平杆应作为横向水平杆的支座，用直角扣件固定在立杆上；当使用竹笆脚手板时，纵向水平杆应采用直角扣件固定在横向水平杆上，并应等间距设置，间距不应大于 400mm（图 6-3）。

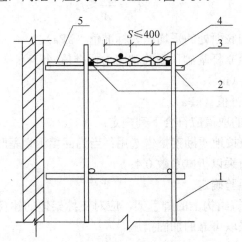

图 6-3 竹笆脚手板时纵向水平杆的构造
1—立杆；2—纵向水平杆；3—横向水平杆；4—竹笆脚手板；5—其他脚手板

2）横向水平杆的构造应符合下列规定：

①作业层上非主节点处的横向水平杆，宜根据支承脚手板的需要等间距设置，最大间距不应大于纵距的 1/2；

②当使用冲压钢脚手板、木脚手板、竹串片脚手板时，双排脚手架的横向水平杆两端均应采用直角扣件固定在纵向水平杆上；单排脚手架的横向水平杆的一端，应用直角扣件固定在纵向水平杆上，另一端应插入墙内，插入长度不应小于 180mm。

③当使用竹笆脚手板时，双排脚手架的横向水平杆两端，应用直角扣件固定在立杆上；单排脚手架的横向水平杆的一端，应用直角扣件固定在立杆上，另一端应插入墙内，插入长度亦不应小于 180mm。

3）主节点处必须设置一根横向水平杆，用直角扣件扣接且严禁拆除。

（2）立杆

1）每根立杆底部应设置底座或垫板。当脚手架搭设在永久性建筑结构混凝土基面时，立杆下底座或垫板可根据情况不设置。

2）脚手架必须设置纵、横向扫地杆。纵向扫地杆应采用直角扣件固定在距钢管底端不大于 200mm 处的立杆上。横向扫地杆亦应采用直角扣件固定在紧靠纵向扫地杆下方的立杆上。

3）立杆基础不在同一高度上时，必须将高处的纵向扫地杆向低处延长两跨与立杆固定，高低差不应大于 1m。靠边坡上方的立杆轴线到边坡的距离不应小于 500mm（图 6-4）。

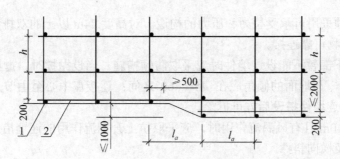

图 6-4 纵、横向扫地杆构造

1—横向扫地杆；2—纵向扫地杆

4）单、双排脚手架底层步距均不应大于 2m。

5）单排、双排与满堂脚手架立杆接长除顶层顶步外，其余各层各步接头必须采用对接扣件连接。

6）脚手架立杆的对接、搭接应符合下列规定：

①当立杆采用对接接长时，立杆的对接扣件应交错布置，两根相邻立杆的接头不应设置在同步内，同步内隔一根立杆的两个相隔接头在高度方向错开的距离不宜小于 500mm；各接头中心至主节点的距离不宜大于步距的 1/3；

②当立杆采用搭接接长时，搭接长度不应小于 1m，并应采用不少于 2 个旋转扣件固定。端部扣件盖板的边缘至杆端距离不应小于 100mm。

7）立杆顶端宜高出女儿墙上端 1m，宜高出檐口上端 1.5m。

（3）连墙件

1）脚手架连墙件设置的位置、数量应按专项施工方案确定。

2）脚手架连墙件数量的设置除应满足计算要求外，尚应符合表 6-5 的规定。

表 6-5 连墙件布置最大间距

搭设方法	高度	竖向间距（h）	水平间距 l_a	每根连墙件覆盖面积（m²）
双排落地	≤50m	$3h$	$3l_a$	≤40
双排悬挑	>50m	$2h$	$3l_a$	≤27
单排	≤24m	$3h$	$3l_a$	≤40

注：h—步距；l_a—纵距。

3）连墙件的布置应符合下列规定：

①应靠近主节点设置，偏离主节点的距离不应大于 300mm；

②应从底层第一步纵向水平杆处开始设置，当该处设置有困难时，应采用其他可靠措施固定；

③宜优先采用菱形布置，也可采用方形、矩形布置；

4）开口型脚手架的两端必须设置连墙件，连墙件的垂直间距不应大于建筑物的层高，并且不应大于 4m。

5）连墙件中的连墙杆或拉筋宜呈水平设置，当不能水平设置时，应向脚手架一端下斜连接。

6）连墙件必须采用可承受拉力和压力的构造。对高度 24m 以上的双排脚手架，必须采用刚性连墙件与建筑物可靠连接。

7）当脚手架下部暂不能设连墙件时应采取防倾措施。当设抛撑时，抛撑应采用通长杆件与脚手架可靠连接，与地面的倾角应在 45°～60°之间；连接点中心至主节点的距离不应大于 300mm。抛撑应在连墙件搭设后方可拆除。

8）架高超过 40m 且有风涡流作用时，应采取抗上升翻流作用的连墙措施。

（4）剪刀撑及横向斜撑

1）双排脚手架应设剪刀撑与横向斜撑，单排脚手架应设剪刀撑。

2）单、双排脚手架剪刀撑的设置应符合下列规定：

①每道剪刀撑跨越立杆的根数宜按表 6-6 的规定确定。每道剪刀撑宽度不应小于 4 跨，且不应小于 6m，斜杆与地面的倾角宜在 45°～60°之间；

表 6-6 剪刀撑跨越立杆的最多根数

剪刀撑斜杆与地面的倾角 α	45°	50°	60°
剪刀撑跨越立杆的最多根数 n	7	6	5

②剪刀撑斜杆的接长宜采用搭接或对接，搭接应符合 6.1.2 第 2 款第（6）项的规定；

③剪刀撑斜杆应用旋转扣件固定在与之相交的横向水平杆的伸出端或立杆上，旋转扣件中心线至主节点的距离不宜大于 150mm。

3）高度在 24m 及以上的双排脚手架应在外侧全立面连续设置剪刀撑；高度在 24m 以下的单、双排脚手架，均必须在外侧两端、转角及中间间隔不超过 15m 的立面上，各设置一道剪刀撑，并应由底至顶连续设置（图 6-5）。

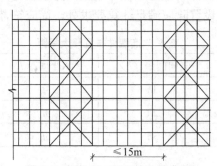

≤15m

图 6-5 高度 24m 以下剪刀撑布置

（5）脚手板

1）作业层脚手板应铺满、铺稳、铺实；

2）冲压钢脚手板、木脚手板、竹串片脚手板等，应设置在三根横向水平杆上。当脚手板长度小于 2m 时，可采用两根横向水平杆支承，但应将脚手板两端与其可靠固定，严防倾翻。脚手板的铺设应采用对接平铺或搭接铺设。脚手板对接平铺时，接头处必须设两根横向水平杆，脚手板外伸长应取 130～150mm，两块脚手板外伸长度的和不应大于 300mm（图 6-4）；脚手板搭接铺设时，接头应支在横向水平杆上，搭接长度应大于 200mm，其伸出横向水平杆的长度不应小于 100mm（图 6-6）。

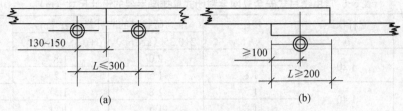

图 6-6 脚手板对接、搭接构造
（a）脚手板对接；（b）脚手板搭接

3）竹笆脚手板应按其主竹筋垂直于纵向水平杆方向铺设，且采用对接平铺，四个角应用直径 1.2mm 的镀锌钢丝固定在纵向水平杆上。

4）作业层端部脚手板探头长度应取 150mm，其板的两端均应固定于支承杆上。

（6）常用单双排脚手架尺寸

常用密目式安全网全封闭单、双排脚手架结构的设计尺寸，可按表 6-7、表 6-8 采用。

表 6-7 常用密目式安全立网全封闭式双排脚手架的设计尺寸（m）

连墙件设置	立杆横距 l_b	步距 h	下列荷载时的立杆纵距 l_a（m）				脚手架允许搭设高度 $[H]$
			2+0.35（kN/m²）	2+2+2×0.35（kN/m²）	3+0.35（kN/m²）	3+2+2×0.35（kN/m²）	
二步三跨	1.05	1.5	2.0	1.5	1.5	1.5	50
		1.8	1.8	1.5	1.5	1.5	32
	1.30	1.5	1.8	1.5	1.5	1.5	50
		1.8	1.8	1.2	1.5	1.2	30
	1.55	1.5	1.8	1.5	1.5	1.5	38
		1.8	1.8	1.2	1.5	1.2	22
三步三跨	1.05	1.5	2.0	1.5	1.5	1.5	43
		1.8	1.8	1.2	1.5	1.2	24
	1.30	1.5	1.8	1.5	1.5	1.2	30
		1.8	1.8	1.2	1.5	1.2	17

注：1. 表中所示 2+2+2×0.35（kN/m²），包括下列荷载：2+2（kN/m²）为二层装修作业层施工荷载标准值；2×0.35（kN/m²）为二层作业层脚手板自重荷载标准。

2. 作业层横向水平杆间距，应按不大于 $l_a/2$ 设置。

3. 地面粗糙度为 B 类，基本风压 w_0=0.4kN/m²。

表 6-8　常用密目式安全立网全封闭式单排脚手架的设计尺寸（m）

连墙件设置	立杆横距 l_b	步距 h	下列荷载时的立杆纵距 l_a（m）		脚手架允许搭设高度[H]
			2+0.35（kN/m²）	3+0.35（kN/m²）	
二步三跨	1.20	1.5	2.0	1.8	24
		1.8	1.5	1.2	24
	1.40	1.5	1.8	1.5	24
		1.8	1.5	1.2	24
三步三跨	1.20	1.5	2.0	1.8	24
		1.8	1.2	1.2	24
	1.40	1.5	1.8	1.5	24
		1.8	1.2	1.2	24

注：同表 5-5。

（7）门洞

1）单、双排脚手架门洞宜采用上升斜杆、平行弦杆桁架结构型式（图 6-7），斜杆与地面的倾角 α 应在 45°～60° 之间。门洞桁架的型式宜按下列要求确定：

①当步距（h）小于纵距（l_a）时，应采用 A 型；

②当步距（h）大于纵距（l_a）时，应采用 B 型，并应符合下列规定：

a．$h=1.8m$ 时，纵距不应大于 1.5m；

b．$h=2.0m$ 时，纵距不应大于 1.2m。

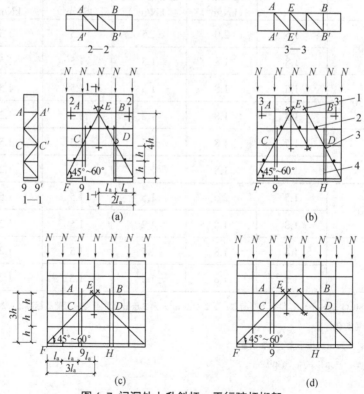

图 6-7　门洞处上升斜杆、平行弦杆桁架

（a）挑空一根立杆（A 型）；（b）挑空二根立杆（A）型；（c）挑空一根立杆（B 型）；（d）挑空二根立杆（B 型）

1—防滑扣件；2—增设的横向水平杆；3—副立杆；4-主立杆

2）单、双排脚手架门洞桁架的构造应符合下列规定：

①单排脚手架门洞处，应在平面桁架（图 6-7 中 ABCD）的每一节间设置一根斜腹杆；双排脚手架门洞处的空间桁架，除下弦平面外，应在其余 5 个平面内的图示节间设置一根斜腹杆（图 6-7 中 1-1、2-2、3-3 剖面）；

②斜腹杆宜采用旋转扣件固定在与之相交的横向水平杆的伸出端上，旋转扣件中心线至主节点的距离不宜大于 150mm。当斜腹杆在 1 跨内跨越 2 个步距（图 6-7A 型）时，宜在相交的纵向水平杆处，增设一根横向水平杆，将斜腹杆固定在其伸出端上；

③斜腹杆宜采用通长杆件，当必须接长使用时，宜采用对接扣件连接，也可采用搭接。

3）单排脚手架过窗洞时应增设立杆或增设一根纵向水平杆（图 6-8）。

4）门洞桁架下的两侧立杆应为双管立杆，副立杆高度应高于门洞口 1～2 步。

5）门洞桁架中伸出上下弦杆的杆件端头，均应增设一个防滑扣件（图 6-7），该扣件宜紧靠主节点处的扣件。

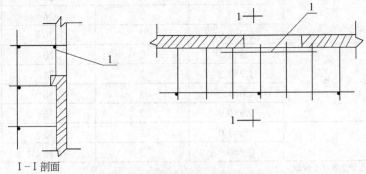

Ⅰ-Ⅰ剖面

图 6-8 单排脚手架过窗洞构造
1—增设的纵向水平杆

（8）斜道

1）人行并兼作材料运输的斜道的形式宜按下列要求确定：

①高度不大于 6m 的脚手架，宜采用一字形斜道；

②高度大于 6m 的脚手架，宜采用之字形斜道。

2）斜道的构造应符合下列规定：

①斜道宜附着外脚手架或建筑物设置；

②运料斜道宽度不宜小于 1.5m，坡度不应大于 1：6；人行斜道宽度不宜小于 1m，坡度不应大于 1：3；

③拐弯处应设置平台，其宽度不应小于斜道宽度；

④斜道两侧及平台外围均应设置栏杆及挡脚板。栏杆高度应为 1.2m，挡脚板高度不应小于 180mm；

⑤运料斜道两侧、平台外围和端部均应按 6.2.1 第 2 款（3）的规定设置连墙件；每两步应加设水平斜杆；应按 6.2.1 第 2 款（4）的规定设置剪刀撑和横向斜撑。

3）斜道脚手板构造应符合下列规定：

①脚手板横铺时，应在横向水平杆下增设纵向支托杆，纵向支托杆间距不应大于 500mm；

②脚手板顺铺时，接头宜采用搭接；下面的板头应压住上面的板头，板头的凸棱处宜采用三角木填顺；

③人行斜道和运料斜道的脚手板上应每隔 250～300mm 设置一根防滑木条,木条厚度宜为 20～30mm。

（9）满堂脚手架

1）常用敞开式满堂脚手架结构的设计尺寸,可按表 6-9 采用。

表 6-9 常用敞开式满堂脚手架结构的设计尺寸

序号	步距（m）	立杆间距（m）	支架高宽比不大于	下列施工荷载时最大允许高度（m）	
				2（kN/m²）	3（kN/m²）
1	1.7～1.8	1.2×1.2	2	17	9
2		1.0×1.0	2	30	24
3		0.9×0.9	2	36	36
4	1.5	1.3×1.3	2	18	9
5		1.2×1.2	2	23	16
6		1.0×1.0	2	36	31
7		0.9×0.9	2	36	36
8	1.2	1.3×1.3	2	20	13
9		1.2×1.2	2	24	19
10		1.0×1.0	2	36	32
11		0.9×0.9	2	36	36
12	0.9	1.0×1.0	2	36	33
13		0.9×0.9	2	36	36

注: 1.最少跨数应符合附录 7 表 7-1 规定。

2.脚手架自重标准值取 0.35kN/m²。

3.地面粗糙度为 B 类,基本风压 w_o=0.35kN/m²。

4.立杆间距不小于 1.2m×1.2m,施工荷载标准值不小于 3kN/m²,立杆上应增设防滑扣件,防滑扣件应安装牢固,且顶紧立杆与水平杆连接的扣件。

2）满堂脚手架立杆的构造应符合 6.2.1 第 2 款（2）的规定;立杆接长接头必须采用对接扣件连接。立杆对接扣件布置、水平杆的连接应符合 6.2.1 第 2 款（2）相关的规定,水平杆长度不宜小于 3 跨。

3）满堂脚手架应在架体外侧四周及内部纵、横向每 6m～8m 由底至顶设置连续竖向剪刀撑。当架体搭设高度在 8m 以下时,应在架顶部设置连续水平剪刀撑;当架体搭设高度在 8m 及以上时,应在架体底部、顶部及竖向间隔不超过 8m 分别设置连续水平剪刀撑。水平剪刀撑宜在竖向剪刀撑斜杆相交平面设置。剪刀撑宽度应为 6～8m。

4）剪刀撑应用旋转扣件固定在与之相交的水平杆或立杆上,旋转扣件中心线至主节点的距离不宜大于 150mm。

5）满堂脚手架的高宽比不宜大于 3,当高宽比大于 2 时,应在架体的外侧四周和内部水平间隔 6～9m,竖向间隔 4～6m 设置连墙件与建筑结构拉结,当无法设置连墙件时,应采取设置钢丝绳张拉固定等措施。

6）最少跨数为 2、3 跨的满堂脚手架,宜按 6.2.1 第 2 款（3）的规定设置连墙件。

7）当满堂脚手架局部承受集中荷载时,应按实际荷载计算并应局部加固。

8）满堂脚手架应设爬梯,爬梯踏步间距不得大于 300mm。

9）满堂脚手架操作层支撑脚手板的水平杆间距不应大于 1/2 跨距。

3. 扣件式钢管脚手架搭设

（1）脚手架搭设过程控制

1）单、双排脚手架必须配合施工进度搭设，一次搭设高度不应超过相邻连墙件以上两步；如果超过相邻连墙件以上两步，无法设置连墙件时，应采取撑拉固定等措施与建筑结构拉结。

2）脚手架剪刀撑与单、双排脚手架横向斜撑应随立杆、纵向和横向水平杆等同步搭设，不得滞后安装。

3）每搭完一步脚手架后，应按表 6-10 的规定校正步距、纵距、横距及立杆的垂直度。

表 6-10 脚手架搭设的技术要求、允许偏差与检验方法

项次	项目		技术要求	允许偏差 Δ（mm）	示意图	检查方法与工具
1	地基基础	表面	坚实平整	—	—	观察
		排水	不积水			
		垫板	不晃动			
		底座	不滑动			
			不沉降	-10		
2	单、双排与满堂脚手架立杆垂直度	最后验收立杆垂直度（20～50）m	—	±100		用经纬仪或吊线和卷尺

下列脚手架允许水平偏差（mm）

搭设中检查偏差的高度（m）	总高度		
	50m	40m	20m
H=2	±7	±7	±7
H=10	±20	±25	±50
H=20	±40	±50	±100
H=30	±60	±75	
H=40	±80	±100	
H=50	±100		

中间档次用插入法

| 3 | 满堂支撑架立杆垂直度 | 最后验收垂直度 30m | — | ±90 | — | 用经纬仪或吊线和卷尺 |

下列满堂支撑架允许水平偏差（mm）

搭设中检查偏差的高度（m）	总高度
	30m
H=2	±7
H=10	±30
H=20	±60
H=30	±90

中间档次用插入法

4	单双排、满堂脚手架间距	步距	—	±20	—	钢板尺
		纵距		±50		
		横距		±20		

续表

项次	项目		技术要求	允许偏差 Δ（mm）	示意图	检查方法与工具
5	满堂支撑架间距	步距 立杆间距	—	±20 ±30	—	钢板尺
6	纵向水平杆高差	一根杆的两端	—	±20		水平仪或水平尺
		同跨内两根纵向水平杆高差	—	±10		
7	剪刀撑斜杆与地面的倾角		45°～60°		—	角尺
8	脚手板外伸长度	对接	$a=(130\sim150)$ mm $l\leqslant300$mm	—		卷尺
		搭接	$a\geqslant100$mm $l\geqslant200$mm	—		卷尺
9	扣件安装	主节点处各扣件中心点相互距离	$a\leqslant150$mm	—		钢板尺
		同步立杆上两个相隔对接扣件的高差	$a\geqslant150$mm	—		钢卷尺
		立杆上的对接扣件至主节点的距离	$a\leqslant h/3$	—		
		纵向水平杆上的对接扣件至主节点的距离	$a\leqslant l_a/3$	—		钢卷尺
		扣件螺栓拧紧扭力矩	$(40\sim65)$ N·m	—	—	扭力板手

（3）底座、垫板安放

1）底座、垫板均应准确地放在定位线上；

2）垫板应采用长度不少于 2 跨、厚度不小于 50mm、宽度不小 200mm 的木垫板。

（4）立杆搭设

1）相邻立杆的对接连接应符合 6.2.1 第 2 款（2）的规定；

2）脚手架开始搭设立杆时，应每隔 6 跨设置一根抛撑，直至连墙件安装稳定后，方可根据情况拆除；

3）当架体搭设至有连墙件的主节点时，在搭设完该处的立杆、纵向水平杆、横向水平杆后，应立即设置连墙件。

（5）纵向、横向水平杆搭设

1）脚手架纵向水平杆的搭设应符合下列规定：

①脚手架纵向水平杆应随立杆按步搭设，并应采用直角扣件与立杆固定；

②纵向水平杆的搭设应符 6.2.1 的规定；

③在封闭型脚手架的同一步中，纵向水平杆应四周交圈设置，并应用直角扣件与内外角部立杆固定。

2）脚手架横向水平杆搭设应符合下列规定：

①搭设横向水平杆应符合 6.2.1 的规定；

②双排脚手架横向水平杆的靠墙一端至墙装饰面的距离不应大于 100mm；

③单排脚手架的横向水平杆不应设置在下列部位：

a. 设计上不允许留脚手眼的部位；

b. 过梁上与过梁两端成 600 角的三角形范围内及过梁净跨度 1/2 的高度范围内；

c. 宽度小于 1m 的窗间墙；

d. 梁或梁垫下及其两侧各 500mm 的范围内；

e. 砖砌体的门窗洞口两侧 200mm 和转角处 450mm 的范围内，其他砌体的门窗洞口两侧 300mm 和转角处 600mm 的范围内；

f. 墙体厚度小于或等于 180mm；

g. 独立或附墙砖柱，空斗砖墙、加气块墙等轻质墙体；

h. 砌筑砂浆强度等级小于或等于 M2.5 的砖墙。

（6）脚手架连墙件安装

1）连墙件的安装应随脚手架搭设同步进行，不得滞后安装；

2）当单、双排脚手架施工操作层高出相邻连墙件以上二步时，应采取确保脚手架稳定的临时拉结措施，直到上一层连墙件安装完毕后再根据情况拆除。

（7）扣件安装

1）扣件规格应与钢管外径相同；

2）螺栓拧紧扭力矩不应小于 40N·m，且不应大于 65N·m；

3）在主节点处固定横向水平杆、纵向水平杆、剪刀撑、横向斜撑等用的直角扣件、旋转扣件的中心点的相互距离不应大于 150mm；

4）对接扣件开口应朝上或朝内；

5）各杆件端头伸出扣件盖板边缘的长度不应小于 100mm。

（8）作业层、斜道的栏杆和挡脚板搭设

1）栏杆和挡脚板均应搭设在外立杆的内侧（图 6-9）；

2）上栏杆上皮高度应为 1.2m；

3）挡脚板高度不应小于 180mm；

4）中栏杆应居中设置。

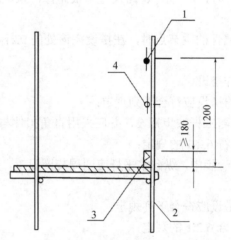

图 6-9 栏杆与挡脚板构造
1—上栏杆；2—外立杆；3—挡脚板；4—中栏杆

（9）脚手板铺设

1）脚手板应铺满、铺稳，离墙面的距离不应大于 150mm；

2）采用对接或搭接时均应符合第 6.2.1 第 2 款第（2）项 6）的规定；脚手板探头应用直径 3.2mm 的镀锌钢丝固定在支承杆件上；

3）在拐角、斜道平台口处的脚手板，应用镀锌钢丝固定在横向水平杆上，防止滑动。

4. 扣件式钢管脚手架拆除

1）脚手架拆除应按专项方案施工，拆除前应做好下列准备工作：

①应全面检查脚手架的扣件连接、连墙件、支撑体系等是否符合构造要求；

②应根据检查结果补充完善脚手架专项方案中的拆除顺序和措施，经审批后方可实施；

③拆除前应对施工人员进行交底；

④应清除脚手架上杂物及地面障碍物。

2）单、双排脚手架拆除作业必须由上而下逐层进行，严禁上下同时作业；连墙件必须随脚手架逐层拆除，严禁先将连墙件整层或数层拆除后再拆脚手架；分段拆除高差大于两步时，应增设连墙件加固。

3）当脚手架拆至下部最后一根长立杆的高度（约 6.5m）时，应先在适当位置搭设临时抛撑加固后，再拆除连墙件。当单、双排脚手架采取分段、分立面拆除时，对不拆除的脚手架两端，应先按第 6.2.1 第 2 款（3）条的有关规定设置连墙件和横向斜撑加固。

4）架体拆除作业应设专人指挥，当有多人同时操作时，应明确分工、统一行动，且应具有足够的操作面。

5）卸料时各构配件严禁抛掷至地面。

6）运至地面的构配件应及时检查、整修与保养，并应按品种、规格分别存放。

6.2.2　门式钢管脚手架安全技术

1．设计计算

（1）设计计算项目

门式脚手架与模板支架应进行下列设计计算：

1）门式脚手架：

①稳定性及搭设高度；

②脚手板的强度和刚度；

③连墙件的强度、稳定性和连接强度。

2）模板支架的稳定性；

3）门式脚手架与模板支架门架立杆的地基承载力验算；

4）满堂脚手架和模板支架必要时应进行抗倾覆验算。

（2）稳定性计算

门式脚手架的稳定性应按下式计算：

$$N \leqslant N^{\mathrm{d}} \tag{6-18}$$

式中：N——门式脚手架作用于一榀门架的轴向力设计值，应按式（6-19）、式（6-20）计算，并应取较大值；

N^{d}——一榀门架的稳定承载力设计值，应按（6-23）计算。

1）门式脚手架作用于一榀门架的轴向力设计值，应按下列公式计算：

①不组合风荷载时：

$$N = 1.2（N_{\mathrm{G1k}} + N_{\mathrm{G2k}}）H + 1.4 \sum N_{\mathrm{Qk}} \tag{6-19}$$

式中：N_{G1k}——每米高度架体构配件自重产生的轴向力标准值；

N_{G2k}——每米高度架体附件自重产生的轴向力标准值；

H——门式脚手架搭设高度；

$\sum N_{\mathrm{Qk}}$——作用于一榀门架的各层施工荷载标准值总和；

1.2、1.4——永久荷载与可变荷载的荷载分项系数。

②组合风荷载时：

$$N = 1.2（N_{\mathrm{G1k}} + N_{\mathrm{G2k}}）H + 0.9 \times 1.4 \left（\sum N_{\mathrm{Qk}} + \frac{2M_{\mathrm{wk}}}{b}\right） \tag{6-20}$$

$$M_{\mathrm{wk}} = \frac{q_{\mathrm{wk}} H_1^2}{10} \tag{6-21}$$

$$q_{\mathrm{wk}} = w_{\mathrm{k}} l \tag{6-22}$$

式中：M_{wk}——门式脚手架风荷载产生的弯矩标准值；

q_{wk}——风线荷载标准值；

　　H_1——连墙件竖向间距;

　　l——门架跨距;

　　b——门架宽度;

　　0.9——可变荷载的组合系数。

2）一榀门架的稳定承载力设计值应按下列公式计算:

$$N^{\mathrm{d}} = \varphi \cdot A \cdot f \tag{6-23}$$

$$i = \sqrt{\frac{I}{A_1}} \tag{6-24}$$

对于 MFl219、MFl017 门架:

$$I = I_0 + I_1 \frac{h_1}{h_0} \tag{6-25}$$

对于 MF0817 门架:

$$I = [A_1(\frac{A_2 b_2}{A_1 + A_2})^2 + A_2(\frac{A_1 b_2}{A_1 + A_2})^2] \times \frac{0.5 h_1}{h_0} \tag{6-26}$$

　　式中:φ——门架立杆的稳定系数。对于 MF1219、MF1017 门架:$\lambda = k h_0 / i$;对于 MF0817 门架:$\lambda = 3 k h_0 / i$;

　　k——调整系数,应按表 6-9 取值;

　　i——门架立杆换算截面回转半径（mm）;

　　I——门架立杆换算截面惯性矩（mm^4）;

　　h_0——门架高度（mm）;

　　h_1——门架立杆加强杆的高度（mm）;

I_0、A_1——分别为门架立杆的毛截面惯性矩和毛截面面积（mm^4、mm^2）;

I_1、A_2——分别为门架立杆加强杆的毛截面惯性矩和毛截面面积（mm^4、mm^2）;

　　b_2——门架立杆和立杆加强杆的中心距（mm）;

　　A——一榀门架立杆的毛截面面积（mm）,$A = 2 A_1$;

　　f——门架钢材的抗压强度设计值,应按表 6-3 取值。

表 6-11　调整系数 k

脚手架搭设高度（m）	≤30	>30 且 ≤45	>45 且 ≤55
k	1.13	1.17	1.22

　　（3）门式脚手架搭设高度计算

　　门式脚手架的搭设高度应按下列公式计算,并应取其计算结果的较小者:

　　不组合风荷载时:

$$H^{\mathrm{d}} = \frac{\varphi A f - 1.4 \sum N_{\mathrm{Qk}}}{1.2 (N_{\mathrm{G1k}} + N_{\mathrm{G2k}})} \tag{6-27}$$

　　组合风荷载时:

$$H_w^d = \frac{\varphi Af - 0.9 \times 1.4(\sum N_{Qk} + \frac{2M_{wk}}{b})}{1.2(N_{G1k} + N_{G2k})}$$ (6-28)

式中：H^d——不组合风荷载时脚手架搭设高度；

H_w^d——组合风荷载时脚手架搭设高度。

（4）连墙件计算

1）连墙件杆件的强度及稳定应满足下列公式的要求：

强度：

$$\sigma = \frac{N_l}{A_c} \leqslant 0.85f$$ (6-29)

稳定：

$$\frac{N_l}{\varphi A} \leqslant 0.85f$$ (6-30)

$$N_l = N_w + 3000 \text{（N）}$$ (6-31)

式中：σ——连墙件应力值（N/mm²）；

A_c——连墙件的净截面面积（mm²），带螺纹的连墙件应取有效截面面积；

A——连墙件的毛截面面积（mm²）；

N_l——风荷载及其他作用对连墙件产生的拉（压）轴向力设计值（N）；

N_w——风荷载作用于连墙件的拉（压）轴向力设计值（N），应按式（6-32）计算；

φ——连墙件的稳定系数；

f——连墙件钢材的抗压强度设计值，应按 7-1 取值。

2）风荷载作用于连墙件的水平力设计值应按下式计算：

$$N_w = 1.4w_k \cdot L_1 \cdot H_1$$ (6-32)

式中：L_1——连墙件水平间距；

H_1——连墙件竖向间距。

3）连墙件与脚手架、连墙件与建筑结构连接的连接强度应按下式计算：

$$N_l \leqslant N_v$$ (6-33)

式中：N_v——连墙件与脚手架、连墙件与建筑结构连接的抗拉（压）承载力设计值，应根据相应规范规定计算。

4）当采用钢管扣件做连墙件时，扣件抗滑承载力的验算，应满足下式要求：

$$N_l \leqslant R_c$$ (6-34)

式中：R_c——扣件抗滑承载力设计值，一个直角扣件应取 8.0kN。

（5）满堂脚手架计算

1）满堂脚手架的架体稳定性计算，应选取最不利处的门架为计算单元。门架计算单元选取应同时符合下列规定：

①当门架的跨距和间距相同时，应计算底层门架；

②当门架的跨距和间距不相同时，应计算跨距或间距增大部位的底层门架；

③当架体上有集中荷载作用时，尚应计算集中荷载作用范围内受力最大的门架。

2）满堂脚手架作用于一榀门架的轴向力设计值，应按所选取门架计算单元的负荷面积计算，并应符合下列规定：

①当不考虑风荷载作用时，应按下式计算：

$$N_j=1.2[（N_{G1k}+N_{G2k}）H+\sum_{i=3}^{n} N_{Gik}]+1.4\sum_{i=1}^{n} N_{Qik} \tag{6-35}$$

式中：N_j——满堂脚手架作用于一榀门架的轴向力设计值；

N_{G1k}、N_{G2k}——每米高度架体构配件、附件自重产生的轴向力标准值；

$\sum_{i=3}^{n} N_{Gik}$——满堂脚手架作用于一榀门架的除构配件和附件外的永久荷载标准值的总和；

$\sum_{i=1}^{n} N_{Gik}$——满堂脚手架作用于一榀门架的可变荷载标准值总和；

H——满堂脚手架的搭设高度。

②当考虑风荷载作用时，应按下列公式计算，并应取其较大值：

$$N_j=1.2[（N_{G1k}+N_{G2k}）H+\sum_{i=3}^{n} N_{Gik}]+0.9×1.4（\sum_{i=1}^{n} N_{Qik}+N_{wn}） \tag{6-36}$$

$$N_j=1.35[（N_{G1k}+N_{G2k}）H+\sum_{i=3}^{n} N_{Gik}]+1.4（0.7\sum_{i=1}^{n} N_{Qik}+0.6N_{wn}） \tag{6-37}$$

式中：N_{wn}——满堂脚手架一榀门架立杆风荷载作用的最大附加轴力标准值；

1.35——永久荷载分项系数；

0.7、0.6——可变荷载、风荷载组合系数。

3）满堂脚手架的稳定性验算，应满足下式要求：

$$\frac{N_j}{\varphi A}\leqslant f \tag{6-38}$$

（6）模板支架稳定性计算

1）模板支架设计计算时，应先确定计算单元，明确荷载传递路径，并应根据实际受力情况绘出计算简图。

2）模板支架设计可根据建筑结构和荷载变化确定门架的布置方式，并按门架的不同布置方式，应分别选取各自有代表性的最不利的门架为计算单元进行计算。

3）模板支架作用于一榀门架的轴向力设计值，应根据所选取门架计算单元的负荷面积计算，并应符合下列规定：

①不考虑风荷载作用时，应按下式计算：

$$N_j = 1.2[N_{G1k} + N_{G2k})H + \sum_{i=3}^{n} N_{Gik}]+1.4N_{Q1k} \tag{6-39}$$

式中：N_j——模板支架作用于一榀门架的轴向力设计值；

N_{G1k}、N_{G2k}——每米高度架体构配件、附件自重产生的轴向力标准值；

$\sum_{i=3}^{n} N_{Gik}$——模板支架作用于一榀门架的除构配件和附件外的永久荷载标准值的总和；

N_{Q1k}——作用于一榀门架的混凝土振捣可变荷载标准值；

注：当作用于一榀门架范围内其他可变荷载标准值大于混凝土振捣可变荷载标准值时，应另选取最大的可变荷载标准值为 N_{Q1k}。

H——模板支架的搭设高度；

1.4——风荷载分项系数。

②考虑风荷载作用时，应按下列公式计算，并应取其较大值：

$$N_j = 1.2[N_{G1k} + N_{G2k})H + \sum_{i=3}^{n} N_{Gik}] + 0.9 \times 1.4(N_{Q1k} + N_{wn}) \tag{6-40}$$

$$N_j = 1.35[N_{G1k} + N_{G2k})H + \sum_{i=3}^{n} N_{Gik}] + 1.4(0.7N_{Q1k} + 0.6N_{wn}) \tag{6-41}$$

式中：N_{wn}——模板支架一榀门架立杆风荷载作用的最大附加轴力标准值。

4）模板支架的稳定性验算，应满足下式要求：

$$\frac{N_j}{\varphi A} \leqslant f \tag{6-42}$$

（7）门架立杆地基承载力验算

1）门式脚手架与模板支架的门架立杆基础底面的平均压力，应满足下式要求：

$$P = \frac{N_k}{A_d} \leqslant f_a \tag{6-43}$$

式中：P——门架立杆基础底面的平均压力；

N_k——门式脚手架或模板支架作用于一榀门架的轴向力标准值；

A_d——一榀门架下底座底面面积；

f_a——修正后的地基承载力特征值，应按式（6-48）计算。

2）作用于一榀门架的轴向力标准值，应根据所取门架计算单元实际荷载按下列规定计算：

①门式脚手架作用于一榀门架的轴向力标准值，应按下列公式计算，并应取较大者：

不组合风荷载时：

$$N_k = (N_{G1k} + N_{G2k})H + \sum N_{Qk} \tag{6-44}$$

组合风荷载时：

$$N_k = (N_{G1k} + N_{G2k})H + 0.9(\sum N_{Qk} + \frac{2M_{wk}}{b}) \tag{6-45}$$

式中：N_k——门式脚手架作用于一榀门架的轴向力标准值。

②满堂脚手架作用于一榀门架的轴向力标准值，应按下式计算：

$$N_k = (N_{G1k} + N_{G2k})H + \sum_{i=3}^{n} N_{Gik} + \sum_{i=1}^{n} N_{Qik} + 0.6N_{wn} \tag{6-46}$$

式中：N_k——满堂脚手架作用于一榀门架的轴向力标准值。

③模板支架作用于一榀门架的轴向力标准值，应按下式计算：

$$N_k = (N_{G1k} + N_{G2k})H + \sum_{i=3}^{n} N_{Gik} + \sum_{i=1}^{n} N_{Qik} + 0.6N_{wn}$$

（6-47）

式中：N_k——模板支架作用于一榀门架的轴向力标准值；

$\sum_{i=1}^{n} N_{Qik}$——模板支架作用于一榀门架的可变荷载标准值总和。

3）修正后的地基承载力特征值应按下式计算：

$$f_a = k_c \cdot f_{ak}$$

（6-48）

式中：k_c——地基承载力修正系数，应按表 6-10 取值；

f_{ak}——地基承载力特征值，按现行国家标准《建筑地基基础设计规范》GB50007 的规定，可由载荷试验或其他原位测试、公式计算并结合工程实践经验等方法综合确定。

4）地基承载力修正系数 k_c，应按表 6-12 的规定取值。

表 6-12 地基承载力修正系数

地基土类别	修正系数（k_c）	
	原状土	分层回填夯实土
多年填积土	0.6	—
碎石土、砂土	0.8	0.4
粉土、黏土	0.7	0.5
岩石、混凝土	1.0	—

5）对搭设在地下室顶板、楼面等建筑结构上的门式脚手架或模板支架，应对支承架体的建筑结构进行承载力验算，当不能满足承载力要求时，应采取可靠的加固措施。

2.门式钢管脚手架构造

（1）门架与配件

1）门架

①门架应能配套使用，在不同组合情况下，均应保证连接方便、可靠，且应具有良好的互换性。不同型号的门架与配件严禁混合使用。

②上下榀门架立杆应在同一轴线位置上，门架立杆轴线的对接偏差不应大于 150mm。

③门式脚手架的内侧立杆离墙面净距不宜大于 150mm；当大于 150mm 时，应采取内设挑架板或其他隔离防护的安全措施。

④门式脚手架顶端栏杆宜高出女儿墙上端或檐口上端 1.5m。搭设时遇到有屋面挑檐的情况时，可采用承托搭设，设承托架的位置应设连墙件。

2）配件

①配件应与门架配套，并应与门架连接可靠。

②门式脚手架作业层应连续满铺与门架配套的挂扣式脚手板，并应有防止脚手板松动或脱落的措施。当脚手板上有孔洞时，孔洞的内切圆直径不应大于 25mm。

③可调底座和可调底座的调节螺杆直径不应小于 35mm，可调底座的调节螺杆伸出长度不应大于 200mm。

（2）架体加固

1）门式脚手架剪刀撑的设置必须符合下列规定：

①当门式脚手架搭设高度在 24m 及以下时，在脚手架的转角处、两端及中间间隔不超过 15m 的外侧立面必须各设置一道剪刀撑，并应由底至顶连续设置；

②当脚手架搭设高度超过 24m 时，在脚手架全外侧立面上必须设置连续剪刀撑；

③对于悬挑脚手架，在脚手架全外侧立面上必须设置连续剪刀撑。

2）剪刀撑的构造应符合下列规定（图 6-10）：

①剪刀撑斜杆与地面的倾角宜为 45°～60°；

②剪刀撑应采用旋转扣件与门架立杆扣紧；

③剪刀撑斜杆应采用搭接接长，搭接长度不宜小于 1000mm，搭接处应采用 3 个及以上旋转扣件扣紧；

④每道剪刀撑的宽度不应大于 6 个跨距，且不应大于 10m；也不应小于 4 个跨距，且不应小于 6m。设置连续剪刀撑的斜杆水平间距宜为 6m～8m。

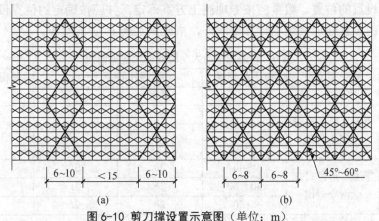

图 6-10 剪刀撑设置示意图（单位：m）

（a）脚手架搭设高度 24m 及以下；（b）超过 24m 时剪刀撑设置

3）门式脚手架应在门架两侧的立杆上设置纵向水平加固杆，并应采用扣件与门架立杆扣紧。水平加固杆设置应符合下列要求：

①在顶层、连墙件设置层必须设置；

②当脚手架每步铺设挂扣式脚手板时，至少每 4 步应设置一道，并宜在有连墙件的水平层设置；

③当脚手架搭设高度小于或等于 40m 时，至少每两步门架应设置一道；当脚手架搭设高度大于 40m 时，每步门架应设置一道；

④在脚手架的转角处、开口型脚手架端部的两个跨距内，每步门架应设置一道；

⑤悬挑脚手架每步门架应设置一道；

⑥在纵向水平加固杆设置层面上应连续设置。

4）门式脚手架的底层门架下端应设置纵、横向通长的扫地杆。纵向扫地杆应固定在距门架立杆底端不大于 200mm 处的门架立杆上，横向扫地杆宜固定在紧靠纵向扫地杆下方的门架立杆上。

（3）转角处门架构造

1）在建筑物的转角处，门式脚手架内、外两侧立杆上应按步设置水平连接杆、斜撑杆，将转角处的两榀门架连成一体（图 6-11）。

2）连接杆、斜撑杆应采用钢管，其规格应与水平加固杆相同。连接杆、斜撑杆应采用扣件与门架立杆及水平加固杆扣紧。

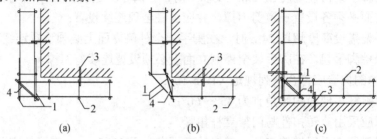

(a)   (b)   (c)

图 6-11 转角处脚手架连接

（a）、（b）阳角转角处脚手架连接；（c）阴角转角处脚手架连接；
1—连接杆；2—门架；3—连墙件；4—斜撑杆

（4）连墙件

1）连墙件设置的位置、数量应按专项施工方案确定，并应按确定的位置设置预埋件。

2）连墙件的设置除应满足的计算要求外，尚应满足表 6-13 的要求。

表 6-13 连墙件最大间距或最大覆盖面积

序号	脚手架搭设方式	脚手架高度（m）	连墙件间距（m）		每根连墙件覆盖面积（m²）
			竖向	水平向	
1	落地、密目式安全网全封闭	≤40	3h	3l	≤40
2					
3		>40	2h	3l	≤27
4	悬挑、密目式安全网全封闭	≤40	3h	3l	≤40
5		40～60	2h	3l	≤27
6		>60	2h	2l	≤20

注：1. 序号 4～6 为架体位于地面上高度；
    2. 按每根连墙件覆盖面积选择连墙件设置时，连墙件的竖向间距不应大于 6m；
    3. 表中 h 为步距；l 为跨距。

3）在门式脚手架的转角处或开口型脚手架端部，必须增设连墙件，连墙件的垂直间距不应大于建筑物的层高，且不应大于 4.0m。

4）连墙件应靠近门架的横杆设置，距门架横杆不宜大于 200mm。连墙件应固定在门架的立杆上。

5）连墙件宜水平设置，当不能水平设置时，与脚手架连接的一端，应低于与建筑结构连接的一端，连墙杆的坡度宜小于 1：3。

（5）通道口

1）门式脚手架通道口高度不宜大于 2 个门架高度，宽度不宜大于 1 个门架跨距。

2）门式脚手架通道口应采取加固措施，并应符合下列规定：

①当通道口宽度为一个门架跨距时，在通道口上方的内外侧应设置水平加固杆，水平加固杆应延伸至通道口两侧各一个门架跨距，并在两个上角内外侧应加设斜撑杆［图 6-12（a）］；

②当通道口宽为两个及以上跨距时，在通道口上方应设置经专门设计和制作的托架梁，并应加强两侧的门架立杆［图 6-12（b）］。

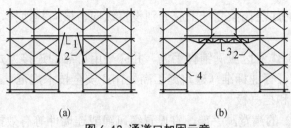

图 6-12　通道口加固示意

（a）通道口宽度为一个门架跨距；（b）两个及以上门架跨距加固示意

1—水平加固杆；2—斜撑杆；3—托架梁；4—加强杆

（6）斜梯

1）作业人员上下脚手架的斜梯应采用挂扣式钢梯，并宜采用"之"字形设置，一个梯段宜跨越两步或三步门架再行转折。

2）钢梯规格应与门架规格配套，并应与门架挂扣牢固。

3）钢梯应设栏杆扶手、挡脚板。

（7）满堂脚手架

1）满堂脚手架的门架跨距和间距应根据实际荷载计算确定，门架净间距不宜超过 1.2m。

2）满堂脚手架的高宽比不应大于 4，搭设高度不宜超过 30m。

3）满堂脚手架的构造设计，在门架立杆上宜设置底座和托梁，使门架立杆直接传递荷载。门架立杆上设置的托梁应具有足够的抗弯强度和刚度。

4）满堂脚手架在每步门架两侧立杆上应设置纵向、横向水平加固杆，并应采用扣件与门架立杆扣紧。

5）满堂脚手架的剪刀撑设置（图 6-13）应符合下列要求：

①搭设高度 12m 及以下时，在脚手架的周边应设置连续竖向剪刀撑；在脚手架的内部纵向、横向间隔不超过 8m 应设置一道竖向剪刀撑；在顶层应设置连续的水平剪刀撑；

②搭设高度超过 12m 时，在脚手架的周边和内部纵向、横向间隔不超过 8m 应设置连续竖向剪刀撑；在顶层和竖向每隔 4 步应设置连续的水平剪刀撑；

③竖向剪刀撑应由底至顶连续设置。

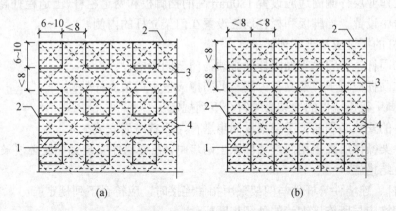

图 6-13　剪刀撑设置示意图（单位：m）

（a）搭设高度 12m 及以下时剪刀撑设置；（b）搭设高度超过 12m 时剪刀撑设置

1—竖向剪刀撑；2—周边竖向剪刀撑；3—门架；4—水平剪刀撑

6）在满堂脚手架的底层门架立杆上应分别设置纵向、横向扫地杆，并应采用扣件与门架立杆扣紧。

7）满堂脚手架顶部作业区应满铺脚手板，并应采用可靠的连接方式与门架横杆固定。操作平台上的孔洞应按现行行业标准《建筑施工高处作业安全技术规范》JGJ80 的规定防护。操作平台周边应设置栏杆和挡脚板。

8）对高宽比大于 2 的满堂脚手架，宜设置缆风绳或连墙件等有效措施防止架体倾覆，缆风绳或连墙件设置宜符合下列规定：

①在架体端部及外侧周边水平间距不宜超过 10m 设置；宜与竖向剪刀撑位置对应设置；

②竖向间距不宜超过 4 步设置。

9）满堂脚手架中间设置通道口时，通道口底层门架可不设垂直通道方向的水平加固杆和扫地杆，通道口上部两侧应设置斜撑杆，并应按现行行业标准《建筑施工高处作业安全技术规范》（JGJ80）的规定在通道口上部设置防护层。

3.门式钢管脚手架搭设

1）门式脚手架与模板支架的搭设程序应符合下列规定：

①门式脚手架的搭设应与施工进度同步，一次搭设高度不宜超过最上层连墙件两步，且自由高度不应大于 4m；

②满堂脚手架和模板支架应采用逐列、逐排和逐层的方法搭设；

③门架的组装应自一端向另一端延伸，应自下而上按步架设，并应逐层改变搭设方向；不应自两端相向搭设或自中间向两端搭设；

④每搭设完两步门架后，应校验门架的水平度及立杆的垂直度。

2）搭设门架及配件应符合下列要求：

①交叉支撑、脚手板应与门架同时安装；

②连接门架的锁臂、挂钩必须处于锁住状态；

③钢梯的设置应符合专项施工方案组装布置图的要求，底层钢梯底部应加设钢管并应采用扣件扣紧在门架立杆上；

④在施工作业层外侧周边应设置 180mm 高的挡脚板和两道栏杆，上道栏杆高度应为 1.2m，下道栏杆应居中设置。挡脚板和栏杆均应设置在门架立杆的内侧。

3）加固杆的搭设应符合下列要求：

①水平加固杆、剪刀撑等加固杆件必须与门架同步搭设；

②水平加固杆应设于门架立杆内侧，剪刀撑应设于门架立杆外侧。

4）门式脚手架连墙件的安装必须符合下列规定：

①连墙件的安装必须随脚手架搭设同步进行，严禁滞后安装；

②当脚手架操作层高出相邻连墙件以上两步时，在连墙件安装完毕前必须采用确保脚手架稳定的临时拉结措施。

5）加固杆、连墙件等杆件与门架采用扣件连接时，应符合下列规定：

①扣件规格应与所连接钢管的外径相匹配；

②扣件螺栓拧紧扭力矩值应为 40N·m～65N·m；

③杆件端头伸出扣件盖板边缘长度不应小于 100mm。

6）门式脚手架斜撑杆、托架梁及通道口两侧的门架立杆加强杆件应与门架同步搭设，严禁滞后安装。

7）满堂脚手架与模板支架的可调底座、可调托座宜采取防止砂浆、水泥浆等污物填塞螺纹的措施。

4.门式钢管脚手架拆除

1）架体的拆除应按拆除方案施工，并应在拆除前做好下列准备工作：

①应对将要拆除的架体进行拆除前的检查；

②根据拆除前的检查结果补充完善拆除方案；

③清除架体上的材料、杂物及作业面的障碍物。

2）拆除前应检查下列内容：

①门式脚手架在拆除前，应检查架体构造、连墙件设置、节点连接，当发现有连墙件、剪刀撑等加固杆件缺少、架体倾斜失稳或门架立杆悬空情况时，对架体应先行加固后再拆除。

②模板支架在拆除前，应检查架体各部位的连接构造、加固件的设置，应明确拆除顺序和拆除方法。

③在拆除作业前，对拆除作业场地及周围环境应进行检查，拆除作业区内应无障碍物，作业场地临近的输电线路等设施应采取防护措施。

3）拆除作业必须符合下列规定：

①架体的拆除应从上而下逐层进行，严禁上下同时作业。

②同一层的构配件和加固杆件必须按先上后下、先外后内的顺序进行拆除。

③连墙件必须随脚手架逐层拆除，严禁先将连墙件整层或数层拆除后再拆架体。拆除作业过程中，当架体的自由高度大于两步时，必须加设临时拉结。

4）连接门架的剪刀撑等加固杆件必须在拆卸该门架时拆除。

5）拆卸连接部件时，应先将止退装置旋转至开启位置，然后拆除，不得硬拉，严禁敲击。拆除作业中，严禁使用手锤等硬物击打、撬别。

6）当门式脚手架需分段拆除时，架体不拆除部分的两端应采取加固措施后再拆除。

7）门架与配件应采用机械或人工运至地面，严禁抛投。

8）拆卸的门架与配件、加固杆等不得集中堆放在未拆架体上，并应及时检查、整修与保养，并宜按品种、规格分别存放。

6.2.3 高处作业吊篮安全技术

1. 基本要求

（1）高处作业吊篮产品应符合现行国家标准《高处作业吊篮》GB19155 等国家标准的规定，并应有完整的图纸资料和工艺文件。

（2）与吊篮产品配套的钢丝绳、索具、电缆、安全绳等均应符合现行国家标准《一般用途钢丝绳》GB/T20118、《重要用途钢丝绳》GB8918、《钢丝绳用普通套环》GB/T5974.1、《压铸锌合金》GB/T13818、《钢丝绳夹》GB/T5976 的规定。

（3）高处作业吊篮用的提升机、安全锁应有独立标牌，并应标明产品型号、技术参数、出厂编号、出厂日期、标定期、制造单位。

（4）高处作业吊篮应附有产品合格证和使用说明书，应详细描述安装方法、作业注意事项。

（5）高处作业吊篮连接件和紧固件应符合下列规定：

1）当结构件采用螺栓连接时，螺栓应符合产品说明书的要求；当采用高强度螺栓连接时，其连接表面应清除灰尘、油漆、油迹和锈蚀，应使用力矩扳手或专用工具，并应按设计、装配技术要求拧紧；

2）当结构件采用销轴连接方式时，应使用生产厂家提供的产品。销轴规格必须符合原设计要求。销轴必须有防止脱落的锁定装置。

（6）安全绳应使用锦纶安全绳，并应符合现行国家标准《安全带》GB6095 的要求。

2．吊篮构造、安装与拆除

（1）构造

1）悬挂吊篮的支架支撑点处结构的承载能力，应大于所选择吊篮各工况的荷载最大值。

2）高处作业吊篮应由悬挂机构、吊篮平台、提升机构、防坠落机构、电气控制系统、钢丝绳和配套附件、连接件组成。

3）吊篮平台应能通过提升机构沿动力钢丝绳升降。

4）吊篮悬挂机构前后支架的间距，应能随建筑物外形变化进行调整。吊篮悬挂机构的安装，原则上应与吊篮工作面相垂直，但在转角、弧形等部位时，吊篮悬挂机构往往不能与吊篮工作面垂直，形成一定夹角，悬挂机构的抗倾覆力矩会随之发生变化，为保证抗倾覆力矩不降低，应调整前后支架间距。

（2）吊篮安装

1）作业准备

①安装作业前，应划定安全区域，并应排除作业障碍。

②高处作业吊篮组装前应确认结构件、紧固件已配套且完好，其规格型号和质量应符合设计要求。

③高处作业吊篮所用的构配件应是同一厂家的产品。

2）安全作业要求

①高处作业吊篮安装时应按专项施工方案，在专业人员的指导下实施。

②在建筑物屋面上进行悬挂机构的组装时，作业人员应与屋面边缘保持 2m 以上的距离。组装场地狭小时应采取防坠落措施。

③悬挂机构前支架严禁支撑在女儿墙上、女儿墙外或建筑物挑檐边缘。

④高处作业吊篮安装和使用时，在 10m 范围内如有高压输电线路，应按照现行行业标准《施工现场临时用电安全技术规范》JGJ46 的规定，采取隔离措施。

⑤安装时钢丝绳应沿建筑物立面缓慢下放至地面，不得抛掷。

3）机构安装

①悬挂机构宜采用刚性联结方式进行拉结固定。

②当使用两个以上的悬挂机构时，悬挂机构吊点水平间距与吊篮平台的吊点间距应相等，其误差不应大于 50mm。

③悬挂机构前支架应与支撑面保持垂直，脚轮不得受力。

④安装任何形式的悬挑结构，其施加于建筑物或构筑物支承处的作用力，均应符合建筑结构的承载能力，不得对建筑物和其他设施造成破坏和不良影响。

4）前梁外伸长度应符合高处作业吊篮使用说明书的规定。

5）悬挑横梁应前高后低，前后水平高差不应大于横梁长度的 2%。

6）配重件应稳定可靠地安放在配重架上，并应有防止随意移动的措施。严禁使用破损的配重件或其他替代物。配重件的重量应符合设计规定。

（3）吊篮拆除

1）高处作业吊篮拆除时应按照专项施工方案，并应在专业人员的指挥下实施。

2）拆除前应将吊篮平台下落至地面，并应将钢丝绳从提升机、安全锁中退出，切断总电源。

3）拆除支承悬挂机构时，应对作业人员和设备采取相应的安全措施。

4）拆卸分解后的构配件不得放置在建筑物边缘，应采取防止坠落的措施。零散物品应放置在容器中。不得将吊篮任何部件从屋顶处抛下。

3．吊篮使用安全

（1）安全绳

高处作业吊篮应设置作业人员专用的挂设安全带的安全绳及安全锁扣。安全绳应固定在建筑物可靠位置上不得与吊篮上任何部位有连接，并应符合下列规定：

1）安全绳应符合现行国家标准《安全带》GB6095 的要求，其直径应与安全锁扣的规格相一致；

2）安全绳不得有松散、断股、打结现象；

3）安全锁扣的配件应完好、齐全，规格和方向标识应清晰可辨。

4）使用离心触发式安全锁的吊篮在空中停留作业时，应将安全锁锁定在安全绳上；空中启动吊篮时，应先将吊篮提升使安全绳松弛后再开启安全锁。不得在安全绳受力时强行扳动安全锁开启手柄；不得将安全锁开启手柄固定于开启位置。

（2）人员要求

1）使用吊篮作业时，应排除影响吊篮正常运行的障碍。在吊篮下方可能造成坠落物伤害的范围，应设置安全隔离区和警告标志，人员或车辆不得停留、通行。

2）在吊篮内从事安装、维修等作业时，操作人员应佩戴工具袋。

3）吊篮内的作业人员不应超过 2 个。

4）吊篮正常工作时，人员应从地面进入吊篮内，不得从建筑物顶部、窗口等处或其他孔洞处出入吊篮。

5）在吊篮内的作业人员应佩戴安全帽，系安全带，并应将安全锁扣正确挂置在独立设置的安全绳上。

（3）吊篮内作业

1）吊篮平台内应保持荷载均衡，不得超载运行。

2）进行喷涂作业或使用腐蚀性液体进行清洗作业时，应对吊篮的提升机、安全锁、电气控制柜采取防污染保护措施。

3）在吊篮内进行电焊作业时，应对吊篮设备、钢丝绳、电缆采取保护措施。不得将电焊机放置在吊篮内；电焊缆线不得与吊篮任何部位接触；电焊钳不得搭挂在吊篮上。

4）当施工中发现吊篮设备故障和安全隐患时，应及时排除，对可能危及人身安全时，应停止作业，并应由专业人员进行维修。维修后的吊篮应重新进行检查验收，合格后方可使用。

（4）吊篮操作

1）吊篮宜安装防护棚，防止高处坠物造成作业人员伤害。

2）吊篮应安装上限位装置，宜安装下限位装置。

3）不得将吊篮作为垂直运输设备，不得采用吊篮运送物料。

4）吊篮做升降运行时，工作平台两端高差不得超过 150mm。

5）吊篮悬挂高度在 60m 及其以下的，宜选用长边不大于 7.5m 的吊篮平台；悬挂高度在 100m 及其以下的，宜选用长边不大于 5.5m 的吊篮平台；悬挂高度在 100m 以上的，宜选用不大于 2.5m 的吊篮平台。

6）悬挑结构平行移动时，应将吊篮平台降落至地面，并应使其钢丝绳处于松弛状态。

7）在高温、高湿等不良气候和环境条件下使用吊篮时，应采取相应的安全技术措施。

8）当吊篮施工遇有雨雪、大雾、风沙及 5 级以上大风等恶劣天气时，应停止作业，并应将吊篮平台停放至地面，应对钢丝绳、电缆进行绑扎固定。

9）下班后不得将吊篮停留在半空中，应将吊篮放至地面。人员离开吊篮、进行吊篮维修或每日收工后应将主电源切断，并应将电气柜中各开关置于断开位置并加锁。

6.2.4 悬挑式脚手架安全技术

1．设计计算

（1）设计计算项目

悬挑式脚手架及纵向承力钢梁应根据不同的构造形式进行设计计算，包括下列内容：

1）钢梁的抗弯强度、抗剪强度、整体稳定性和挠度。

2）吊拉构件的抗拉强度。

3）斜撑的抗压强度和稳定性。

4）悬挑式脚手架锚固件及其锚固连接的抗拉强度和抗剪强度。

5）悬挑式脚手架各节点的连接强度。

6）支承悬挑式脚手架的主体结构构件的承载力及支座局部承压验算。

（2）钢梁的承载力计算

1）在主平面内受弯的实腹构件，其抗弯强度可按下式计算：

$$\sigma = \frac{M_{max}}{W} \leqslant f$$

(6-49)

式中：M_{max}——钢梁计算截面最大弯矩设计值；

W——钢梁的截面模量；

f——钢材的抗弯强度设计值。

2）在主平面内受弯的实腹构件，抗剪强度可按下式计算：

$$\tau = \frac{V_{max}S}{It_w} \leqslant f_v \tag{6-50}$$

式中：V_{max}——计算截面沿腹板平面作用的最大剪力设计值；

S——计算剪应力处以上毛截面对中和轴的面积矩；

I——型钢毛截面惯性矩；

t_w——型钢腹板厚度；

f_v——钢材的抗剪强度设计值。

3）当钢梁同时承受较大的正应力和剪应力时，应按下式进行组合应力验算：

$$\sqrt{\sigma^2 + 3\tau^2} \leqslant \beta_1 f \tag{6-51}$$

$$\sigma = \frac{M}{I_n} y_1 \tag{6-52}$$

式中：σ、τ——腹板计算高度边缘同一点上同 时产生的正应力、剪应力，τ 按（6-50）式计算；

β_1——计算折算应力的强度设计增大系数，$\beta_1 = 1.1$；

I_n——净截面惯性矩；

y_1——计算点至型钢中和轴的距离。

（3）轴心受力构件计算

1）轴心受力构件强度可按下式计算：

$$\sigma = \frac{N}{A_n} \leqslant f \tag{6-53}$$

式中：N——计算截面轴力设计值；

A_n——有效净截面面积。

2）轴心受压构件的稳定性应按下式计算：

$$\sigma = \frac{N}{\varphi A} \leqslant f \tag{6-54}$$

式中：N——构件最大轴向力设计值；

φ——轴心受压稳定系数（取截面两主轴稳定系数中的较小者）；

A——计算截面面积。

（4）受弯构件计算

受弯构件的变形应按下式验算：

$$v \leqslant [v] \tag{6-55}$$

式中：v——悬挑钢梁受弯构件的挠度，按照荷载效应的标准组合进行计算；

　$[v]$——悬挑钢梁受弯构件的允许挠度值。

（5）U 形钢筋拉环或螺栓的强度计算

1）将型钢悬挑梁锚固在主体结构上的 U 形钢筋拉环或螺栓的强度应按下式计算：

$$\sigma = \frac{N_m}{A_1} \leqslant f_1$$

（6-56）

式中：σ——U 形钢筋拉环或螺栓应力值；

N_m——型钢悬挑梁锚固段压点 U 形钢筋拉环或螺栓拉力设计值；

A_1——U 形钢筋拉环净截面面积或螺栓的有效截面面积，一个钢筋拉环或一对螺栓按两个截面计算；

f_1——U 形钢筋拉环或螺栓抗拉强度设计值，应按《混凝土结构设计规范》GB50010 的规定取 f_1=50MPa。

2）当型钢悬挑梁锚固段压点处采用 2 个 U 形钢筋拉环或螺栓锚固连接时，其钢筋拉环或螺栓的承载能力应乘以 0.85 的折减系数。

2．悬挑式脚手架构造

（1）基本要求

1）型钢悬挑梁宜采用双轴对称截面的型钢。悬挑钢梁型号及锚固件应按设计确定，钢梁截面高度不应小于 160mm。悬挑梁尾端应在两处及以上固定于钢筋混凝土梁板结构上。锚固型钢悬挑梁的 U 型钢筋拉环或锚固螺栓直径不宜小于 16mm（图 6-14）。

2）用于锚固的 U 型钢筋拉环或螺栓应采用冷弯成型。U 型钢筋拉环、锚固螺栓与型钢间隙应用钢楔或硬木楔楔紧。

3）每个型钢悬挑梁外端宜设置钢丝绳或钢拉杆与上一层建筑结构斜拉结。钢丝绳、钢拉杆不参与悬挑钢梁受力计算；钢丝绳直径不应小于 14mm，钢丝绳卡不得少于 3 个，钢丝绳与建筑结构拉结的吊环应使用 HPB235 级钢筋，其直径不宜小于 20mm，吊环预埋锚固长度应符合现行国家标准《混凝土结构设计规范》GB50010 中钢筋锚固的规定（图 6-14）。

4）悬挑钢梁悬挑长度应按设计确定，悬挑钢梁悬挑长度一般情况下不超过 2m 能满足施工需要，但在工程结构局部有可能满足不了使用要求，局部悬挑长度不宜超过 3m，大悬挑另行专门设计及论证。固定段长度不应小于悬挑段长度的 1.25 倍。型钢悬挑梁固定端应采用 2 个（对）及以上 U 型钢筋拉环或锚固螺栓与建筑结构梁板固定，U 型钢筋拉环或锚固螺栓应预埋至混凝土梁、板底层钢筋位置，并应与混凝土梁、板底层钢筋焊接或绑扎牢固，其锚固长度应符合现行国家标准《混凝土结构设计规范》GB50010 中钢筋锚固的规定（图 6-15、图 6-16、图 6-17）。

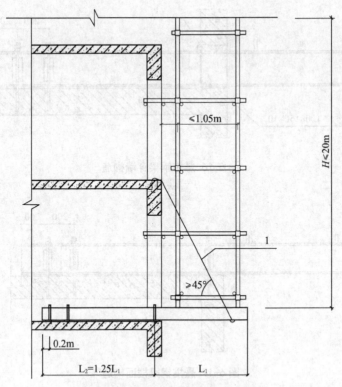

图 6-14　型钢悬挑脚手架构造

1—钢丝绳或钢拉杆

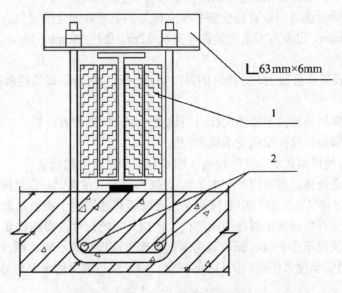

图 6-15　悬挑钢梁 U 型螺栓固定构造

1—木楔侧向楔紧；2—两根 1.5m 长直径 18mmHRB335 钢筋

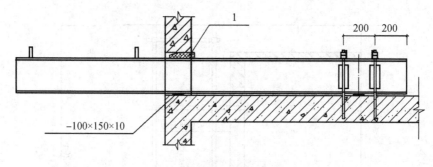

图 6-16 悬挑钢梁穿墙构造

1—木楔楔紧

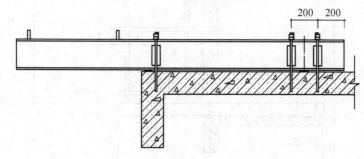

图 6-17 悬挑钢梁楼面构造

5）当型钢悬挑梁与建筑结构采用螺栓钢压板连接固定时，钢压板尺寸不应小于100mm×10mm（宽×厚）；当采用螺栓角钢压板连接时，角钢的规格不应小于63mm×63mm×6mm。

6）型钢悬挑梁悬挑端应设置能使脚手架立杆与钢梁可靠固定的定位点，定位点离悬挑梁端部不应小于100mm，定位点可采用竖直焊接长0.2m、直径25mm～30mm的钢筋或短管等方式。

7）锚固位置设置在楼板上时，楼板的厚度不宜小于120mm。如果楼板的厚度小于120mm应采取加固措施。

8）悬挑梁间距应按悬挑架架体立杆纵距设置，每一纵距设置一根。

（2）钢丝绳辅助吊拉挑梁式支承结构构造

钢丝绳辅助吊拉挑梁式承力架的构造（图6-18）应符合下列规定：

1）挑梁的构造及锚固方式应符合本条第1款的规定，在挑梁与钢丝绳的吊拉位置应焊接U形钢筋拉环或连接耳板。拉环应穿过钢梁上翼缘板焊接固定于腹板两侧，其直径应不小于16mm。连接耳板应焊接固定于翼缘中间部位，连接耳板的尺寸及焊缝长度 m 设计确定。

2）钢丝绳直径应不小于14mm，其两端连接部位应设置鸡心环，钢丝绳绳卡的设置应符合《建筑机械使用安全技术规程》JGJ33的规定。钢丝绳与钢梁的水平夹角应不小于45°。

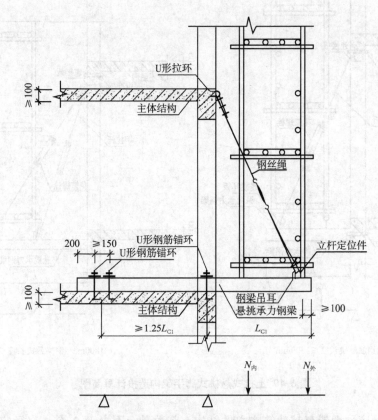

图 6-18　钢丝绳辅助吊拉挑梁式承力架构造及计算简图

（3）上拉式悬挑支承结构构造

上拉式悬挑式脚手架的构造（图 6-19）应符合下列规定：

1）当钢梁固定于建筑物楼而结构时，钢梁的构造及其锚固方式应满足本条第 1 款的规定；当钢梁铺固于建筑物主体结构外侧时，钢梁应采用锚固螺栓和钢垫板与主体结构连接。

2）钢筋拉杆直径应按计算确定，且不小于 16mm。钢筋拉杆两端和钢梁吊拉位置应焊接耳板，耳板厚度应不小于 8mm。钢梁上的耳板应设置在集中力作用位置附近。钢筋拉杆上端与建筑物主体结构连接位置应设置吊挂支座，吊挂支座应采用锚固螺栓与建筑物主体结构连接。钢筋拉杆与钢梁耳板以及吊挂支座宜采用高强螺栓连接。

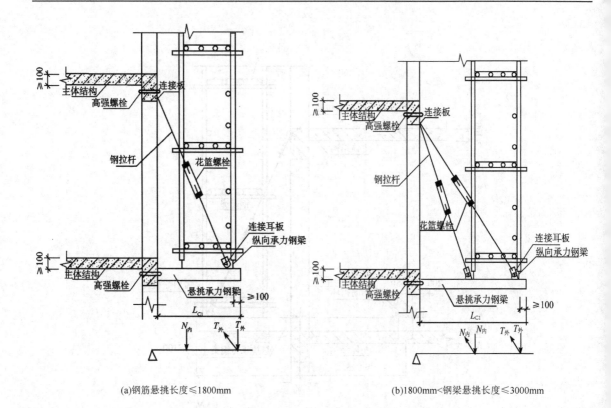

(a)钢筋悬挑长度≤1800mm　　　　(b)1800mm<钢梁悬挑长度≤3000mm

图 6-19 上拉式悬挑式脚手架构造投计算简图

3）锚固螺栓应预埋或穿越建筑物主体结构，其数量应不少于 2 个，直径应由设计确定；螺栓应设置双螺母，螺杆露出螺母应不少于 3 扣和 10mm。锚固螺栓穿越主体结构设置时应增设钢垫板，钢垫板尺寸应不小于 100mm×100mm×8mm。

4）钢梁悬挑长度小于等于 1800mm 时，宜设置 1 根钢筋拉杆；悬挑长度大于 1800mm 且小于等于 3000mm 时，宜设置内外 2 根钢筋拉杆。钢筋拉杆的水平夹角应不小于 45°。

（4）下撑式悬挑支承结构构造

下撑式悬挑式脚手架的构造（图 6-20）应符合下列规定：

1）悬挑式脚手架与主体结构宜采用工具式连接。当采用锚固螺栓连接时，应符合本条第 3 款的规定。

2）斜撑杆应具有保证平面内和平面外稳定的构造措施，水平夹角不应小于 45°。

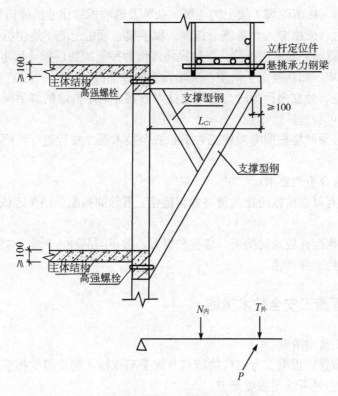

图 6-20 下撑式悬挑承力架构造及计算简图

3．悬挑式脚手架搭设

1）悬挑式钢管脚手架的安装搭设作业，必须明确专人统一指挥，严格按照专项施工方案和安全技术操作规程进行。作业过程中，应加强安全检查和质量验收，确保施工安全和安装质量。

2）安装搭设作业应有可靠措施，防止人员、物料坠落。

3）悬挑式脚手架、纵向承力钢梁应按设计的施工平面布置图准确就位、安装牢固。安装过程中，应随时检查构件型号、规格、安装位置的准确性、螺栓紧固情况及焊接质量。

4）脚手架搭设进度应符合下列规定：

①脚手架搭设必须配合施工进度进行，一次搭设高度不应超过相邻连墙件以上两步。

②脚手架搭设过程中，应及时安装连墙件或与主体结构临时拉结。

5）脚手架每搭设完一步，应按照规定及时校正步距、纵距、横距和立杆垂直度。

6）剪刀撑、横向斜撑应随立杆、纵向水平杆、横向水平杆等同步搭设。

4．悬挑式脚手架拆除

1）拆除作业前，应认真检查脚手架构造是否符合安全技术规定，并根据检查结果补充完善专项施工方案中拆除顺序和措施。经企业安全技术部门和监理工程师批准后方可实施。

2）拆除作业前，单位工程负责人应组织专项方案编制人员、安全员等按照专项施工方案和安全技术操作规程对拆除作业人员进行书面安全技术交底，并履行签字手续。

3）拆除作业前，应清除脚手架上的垃圾、杂物及影响拆卸作业的障碍物。

4）拆除作业时，应由专人负责统一指挥。脚手架必须由上而下逐层拆除，严禁上下同时作业。连墙件必须随脚手架逐层拆除，严禁先将连墙件整层或数层拆除后再拆脚手架。分段拆除高差不应大于两步，如高差大于两步，应增设连墙件加固。

5）当采取分段、分立面拆除时，应制定技术方案。对不拆除的脚手架两端必须采取可靠加固措施，然后方可实施拆除作业。

6）拆除作业必须严格按照专项施工方案和安全技术操作规程进行，严禁违章指挥、违章作业。

7）卸料时应符合下列要求：

①拆除作业应有可靠措施防止人员与物料坠落。拆除的构配件应传递或吊运至地面，严禁抛掷。

②运至地面的构配件应及时检查、修整和保养，按不同品种、规格分类存放。存放场地应干燥、通风，防止构配件锈蚀。

6.2.5　脚手架工程施工安全技术措施

1．脚手架施工技术措施

（1）脚手架布置应根据上方结构物特点及脚手架规格，初步拟定脚手架的布置形式，然后检算脚手架的受力是否满足强度要求。

（2）根据规范要求设置合理的剪力撑及横向连接杆件。

（3）对于跨河、跨路地段将严格检算其强度，跨路门洞必须设置好防止车辆撞击脚手架的保护措施。

（4）根据脚手架体积的大小设计避雷接地方案。

2．脚手架搭设安全管理措施

（1）搭设脚手架的门架、钢管、扣件的规格、性能及质量应符合现国家行业标准的规定，并应有出厂合格证明书及产品标志。施工前对门架、钢管、扣件进行检查，清除其损伤大、变形大、锈蚀严重的材料。

（2）脚手架搭设前，组织相应的技术管理、安全管理人员及作业班组人员进行安全交底，让每个人心中都了解施工中的注意事项，确保施工中的安全。脚手架搭设必须按照施工组织设计图纸搭设，不得改变支架结构。支架的水平连接杆件、剪力撑等必须按照图纸进行设置，图纸未明确时应参照相关规范进行搭设。支架搭设完毕或分段搭设完毕，应对脚手架工程的质量进行检查，经检查合格后方可交付使用。

（3）脚手架搭设人员必须是经过按现行国家标准《特种作业人员安全技术考核管理规则》考核合格的专业架子工。上岗人员要定期体检，合格者方可持证上岗。

（4）脚手架搭设时，所有操作人员必须佩带安全帽、系安全带、穿防滑鞋，高空作业衣着要灵便，禁止穿硬底和带钉易滑的鞋。安全带应挂在牢固的物体上，严禁在一个物体上拴多根安全带，同时安全带必须合格产品并定期检查，临边作业要设置好防护围栏和安全网；悬空作业应有可靠的防护措施。

（5）搭设过程中，脚手架上不准堆放零星杂物，如：扣件、螺丝、螺帽、短钢筋等，避免掉落造成人员伤害。小型工具应随手放入工具袋（套）内，上下传递物件禁止抛掷。高空作业不宜上下重叠，确需时在两层中间设置可靠的隔离设施。

（6）遇有恶劣气候（如风力在六级以上、大雾、暴雨等）影响施工安全时，应停止脚手架搭设或拆除工作，雨、雪天上架作业应有防滑措施，并应扫除积雪。

（7）用于高空作业的梯子不得缺档，不得垫高使用。梯子横档间距以 30cm 为宜。使用时上端要扎牢，下端应采取防滑措施。单面梯与地面夹角 60°～70° 度为宜，禁止二人同时在梯上作业。如需接长使用，应绑扎牢固。人字梯底脚要拉牢。在通道处使用梯子，应有人监护或设置围栏。

（8）脚手架应做好接地，避雷措施，特别是有电线路穿过支架时要做好防护措施，避免整个脚手架带电。

（9）在靠近居民区搭设脚手架，外侧必须有防止坠落物伤人的防护措施。

（10）不得在脚手架基础及其临近处进行挖掘作业。

（11）搭拆脚手架时，地面应设置围栏和警戒标志，派专人看守，严禁非操作人员入内。

3.脚手架拆除安全措施

（1）脚手架经单位工程负责人检查验证并确认不再需要时，方可拆除。拆除现场必须设置警戒区，张贴醒目的警戒标志。警戒区域严禁非工作人员通过或在脚手架下方施工。

（2）如遇强风、雨、雪等特殊天气，不应对脚手架进行拆除。晚上拆除脚手架时应配备足够的照明设备。

（3）脚手架的拆除应在统一指挥下，按后装先拆、先装后拆的顺序及下列安全作业的要求进行：

1）同一层的构配件和加固件应按先上后下、先外后里的顺序进行，最后拆除连墙件；

2）在拆除过程中，脚手架的自由悬臂高度不得超过两步，当必须超过两步时，应加设临时拉结；

3）连墙杆、通常水平杆和剪刀撑等，必须在脚手架拆卸到相关的门架时方可拆除；

4）工人必须站在临时设置的脚手板上进行拆卸作业，并按规定使用安全防护用品；

5）拆除工作中，严禁使用榔头等重物击打、撬挖，拆下的连接棒应放入袋内，锁臂应先传递到地面并放室内堆放；

6）拆装连接部件时，应先将锁座上的锁板与卡钩上的锁片旋转至开启位置，然后开始拆除，不得硬拉，严禁敲击；

7）拆下的钢管与配件，应成捆用机械吊运由井架传至地面，防止碰撞，严禁抛掷。

4. 高空作业安全措施

脚手架搭设、拆除施工属高空作业，施工时作业人员按下规程作业：

（1）非施工作业人员，不得进入施工现场，禁止在施工场地打闹。施工时，戴好安全帽。作业负责人要及时检查，及时进行安全教育，预防安全事故。超过 2m 高度必须佩戴安全带，安全帽及安全带必须定期检查，符合要求后方可使用。

（2）施工作业搭设的扶梯、工作台、脚手架、护身栏、安全网等，必须牢固可靠，并经验收合格后方可使用。上下楼梯必须符合规范要求，楼梯不能太陡，铺设木板时必须采取防滑措施，扶手高度不小于 1.2m，至少按 2 排布置，底排高度不大于 0.3m。超过 2m 以上的脚手架上如有施工作业时，四周必须设 1.2m 高的扶手拦杆和 18cm 高的挡脚板。

（3）架子工程应符合《建筑施工高处作业安全技术规范》（JGJ80-90）和《建筑安装工人安全技术操作规程》（1980.5.20）规定要求。

（4）人员上下通行要由斜道或扶梯上下，不准攀登模板、脚手架或绳索上下，作业时必须站在稳固的脚手板上，严禁站在钢管上，并作好"三宝"、"四口"等防护措施的管理。

（5）高空作业用的料具应放置稳妥、小型工具应随时放入工具袋，上下传递工具时，严禁抛掷。高处作业所用的物料，应堆放平稳，不得妨碍通道。高处拆下的物体、余料和废料，禁止向下抛掷。

（6）高处作业必须系安全带，安全带应挂在牢固的物件上，严禁在一个物件上拴挂几根安全带或一根安全绳上拴几个人；临边作业应设置防护围栏和安全网；悬空作业应有可靠的安全防护设施。

（7）设置在建筑结构上和直爬梯及登高攀件，必须牢固、可靠。

（8）梯脚底应坚实，梯子上端应有固定措施，人字梯铰链必须牢固；在同一架梯子上不得 2 人同时作业。

（9）高处作业不宜上下重叠。确需在高处上下重叠作业时，应在上下两层中间用密铺棚板隔离或采用其他隔离设施。

6.3 脚手架工程安全专项施工方案实例

实例一　××工程附着式脚手架工程安全专项方案

一、编制依据

序号	规范、规程及标准	编号
1	《建筑施工安全检查标准》	JGJ59-2011
2	《建筑施工工具式脚手架安全技术规范》	JGJ202-2010
3	《建筑施工扣件式脚手架安全技术规范》	JGJ130-2011
4	《建筑施工高处作业安全技术规范》	JGJ80-91
5	《钢结构设计规范》	GB50017-2003
6	《钢结构工程施工质量验收规范》	GB50205-2001
7	《建筑结构荷载规范》	GB50009-2001
8	《施工现场临时用电安全技术规范》	JGJ46-2005
9	《危险性较大的分部分项工程安全管理办法》	建质[2009]87 号
10	《桁架导轨式爬架安全技术操作规程》	
11	西安国际中心建筑和结构施工图纸	
12	西安国际中心施工组织设计	

二、工程概况

本 DK3 工程由两栋高层住宅（A05#、A06#楼）及一栋 9F 商业裙房组成，高层住宅楼为剪力墙结构，A05 楼为 35 层，A06 楼为 37 层，裙房紧邻 A05#楼，总层数为 9 层。A05、A06楼在标准层使用爬架，具体层高及架体种类见下表：

实例一表 1 层高及架体种类表

部位	结构类型	总层数	楼层	层高（m）	架体类型
A05#楼	剪力墙结构	35 层	2 层/3～9 层	3.8m/3.5m	挑架
			10 层～35 层	2.8m	爬架
A06#楼	剪力墙结构	37 层	2 层～37 层	2.8m	爬架

三、施工准备

（一）技术准备

（1）按规定的程序进行专项施工方案的编制、审核和审批。

（2）搭设前现场施工负责人应对甲、乙双方所提供材料进行质量检查。

（二）材料准备

准备架体部分的材料包括：钢管、扣件、安全网、脚手板、Φ50PVC 管（用于附墙预留孔）和 16mm^2 五芯主电缆（16×3+10×2，用于电源至控制柜），上述材料均应符合国家相关技术标准，材质性能要求如下：

（1）钢管的尺寸和表面质量应符合下列规定：爬架架体使用的钢管规格为 Φ48×2.8，应采用现行国家标准《低压流体输送用焊接钢管》（GB/T3092）中的 3 号普通钢管，其质量应符合现行国家标准《碳素结构钢》（GB/T700）中 Q235A 级钢的规定；新钢管应具有产品质量合格证和符合现行国家标准《金属拉伸试验方法》（GB/T228）有关规定的检验报告；钢管表面应平直，其平直度不得大于管长的 1/500；两端端面应平整，不得有斜口；并严禁使用有裂缝、表面分层硬伤（压扁、硬弯、深划痕）、毛刺和结疤等。

钢管在使用前应涂刷防锈漆。推荐使用涂桔黄色防锈油漆，既防锈又能使爬架外观效果良好。

（2）扣件质量应符合下列规定：钢管脚手架的连接扣件应采用可锻铸铁制作，其材质应符合现行国家标准《钢管脚手架扣件》（GB15831）的规定。并在螺栓拧紧的扭力矩达到 65N·m时，不得发生破坏。

扣件在使用前要清洗加机油。

（3）脚手板：脚手板采用钢、木、竹材料制作。其材质应符合下列规定：

冲压钢板脚手板，其材质应符合现行国家标准《碳素结构钢》（GB/T700）中 Q235A 级钢的规定。新脚手板应有产品质量合格证；新旧板面挠曲不得大于 12mm 和板面任一角翘起不得大于 5mm；不得有裂纹、开焊和硬弯。使用前应涂刷防锈漆。

木脚手板应采用杉木或松木制作，其材质应符合现行国家标准《木结构设计规范》（GBJ5）

中Ⅱ级材质的规定。木脚手板的宽度不宜小于200mm，厚度不应小于50mm，两端应各设直径为4mm的镀锌钢丝箍两道。腐朽的脚手板不得使用。

（4）A05、A06#楼爬架主要材料用量（除桁架架体外）见下表：

实例一表2　A05、A06#楼爬架主要材料用量

序号	材料名称	规格	数量	使用部位
1	钢管	6m	2000 根	大横杆、立杆、剪刀撑、腰杆
		4m	400 根	立杆、局部横杆、操作平台
		3m	200 根	局部横杆
		2m	400 根	局部横杆、操作平台
		1.5m	200 根	局部横杆
		1.2m	1800 根	小横杆、局部横杆
2	扣件	直角	12000 个	主节点
		对接	1500 个	钢管对接
		旋转	1000 个	剪刀撑
		4000×250×50mm	80 立方	防护
		ML1800×6000mm	6000m²	防护网
		大眼网	7800m²	防护网
		500×900mm	300m²	架体底部封闭防护

四、施工安排

（一）爬架使用范围

本DK3工程A05#楼从九层顶板、A06#楼从一层顶板开始搭设爬架。外围周边除塔吊附墙范围外，其余全部为爬架范围。爬架从相应楼层开始拼装，以下部落地架（6#楼）或挑架（5#楼）作为拼装平台。在爬架未牢固附墙之前，底部落地架不得拆除。爬架随施工进度逐层爬升，升至顶层结束，在高空拆除。

（二）工期要求

5#楼主体结构施工至十层时，爬架进场开始拼装；6#楼从二层开始拼装爬架。6#楼爬架预计9月20日进场，5#楼预计11月底进场爬架。架体随工程进度完成整体架体搭设、预埋、固定，架体随施工进度逐层分片爬升。5#爬架使用时间为270天，6#爬架租期为300天。

（三）劳动力组织

爬架施工由专业爬架公司进行施工，现场配备人员如下：

爬架公司工程主管 1 名负责同工地其他部门的总协调、安全检查总指挥以及现场施工技术落实;

工长、技术员 2 名负责现场爬架全过程操作、安全检查、现场人员的调度。

专业爬架班组长(持证上岗)1 名带领班组成员具体落实施工任务;

兼职安全员 2~3 名负责本班组施工过程中的安全警戒、检查;

专业安装爬架工人(持证上岗)10~15 名进行爬架安装,负责爬架的拼装、搭设、提升、下滑、拆除、围护工作。

(四)职责分工

为了保证爬架的使用安全,切实保证施工要求和进度要求,树立公司形象,项目部将在本项目配置施工经验丰富的现场技术指导人员。

实例一表 3 现场技术指导人员表

序号	姓名	岗位	职责
1	×××	项目经理	对爬架工程施工质量、工期、安全文明等方面全面负责
2	×××	项目总工	负责爬架技术质量管理,组织编制方案对现场管理、监督
3	×××	工程经理	负责爬架管理、施工进度、安全文明施工、协调等
4	×××	技术主任	负责爬架技术管理工作,负责专项方案交底、检查、验收
5	×××	安全主管	负责爬架验收、安全检查、整改及相关内业资料
6	×××	材料主任	负责爬架的进退场管理、检验、保管等工作
7	×××	电气主管	负责爬架施工临电管理

五、爬架施工方法

(一)平面设计

爬架根据主楼楼体设置若干个个提升点,随区分片,具体见下边所示:

实例一表 4 爬架提升点设置位置

DK3 楼号	爬架片段	提升点数/个	点位编号
A05#楼	西片段	17	1#~17#
	东片段	12	18#~29#
A06#楼	西片段	13	1#~13#
	东片段	13	13#~26#

爬架架体宽度 900mm,内侧立杆中心距离墙面 420mm。

（二）立面设计

爬架架体高度为 14.6m，步高 1.8m，架宽 0.9m。爬架底部比楼层平面低 0.3m。爬架共铺设四层脚手板，最底部脚手板须封闭严密，并在架体与墙体之间制作翻板，升降状态下将翻板翻起，使用状态下将翻板放下，以确保架体与结构之间的封闭。

立面图如下：

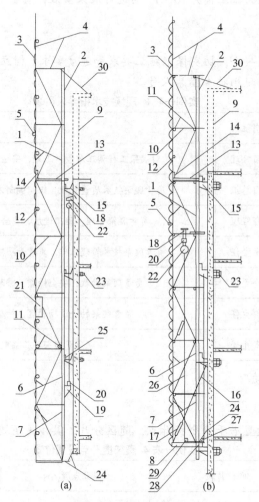

实例一图 1　爬架立面图

（三）桁架导轨式爬架主要技术性能参数

实例一表 5　桁架导轨式爬架主要技术性能参数

参数	指标	参数	指标
最大单元跨度	6.6m	脚手架离墙距离	0.3～2.5m
脚手架宽度	0.9～1.2m	脚手架步高	1.8m
最大施工荷载	$3×2KN/m^2$	单元自重	3～4t

续表

参数	指标	参数	指标
升降葫芦规格	10t×5m	升降速度	10cm/min
额定制动荷载	5t	制动最大滑移	80mm

（四）穿墙螺栓预留孔埋件的设计

预留孔埋件与临近钢筋绑扎固定，以确保预留件位置准确，预埋件的两端应用胶带纸封住，防止混凝土进入。

预埋件平面位置详见爬架平面布置图，预留孔洞示意图如下：

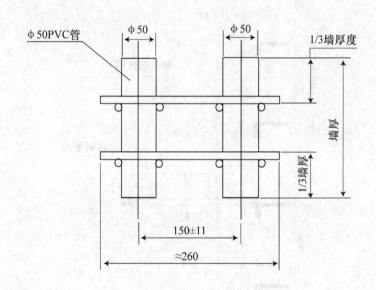

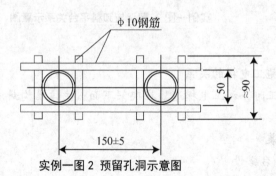

实例一图 2　预留孔洞示意图

（五）爬架与塔吊附臂关系的处理

塔吊附着处不搭设爬架，单独搭设钢管悬挑架进行防护。具体搭设要求详见《悬挑脚手架施工方案》

（六）卸料平台的处理

卸料平台安装时应完全与爬架架体分离，使用时直接受力在主体结构上，爬架升降时将卸料平台吊离，待爬架提升到位并加固完成投入使用后再重新安装好卸料平台。

爬架与卸料平台关系的示意图如下：

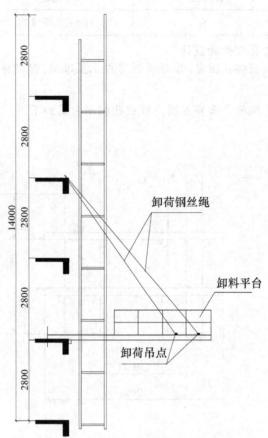

实例一图3 爬架与卸料平台关系示意图

（七）爬架与施工电梯的关系

在主体结构施工时，施工电梯追随在爬架下面；主体结构封顶后，施工电梯处的爬架拆除。

（八）爬架安装

1. 爬架组装平台搭设

在安装搭设爬架前，需先搭设组装平台。组装平台可利用标准层以下原有的双排脚手架，组装平台顶面为爬架初始安装楼层下返0.3m位置，具体要求如下：

（1）平台内排立杆距结构外沿0.3m，平台宽度1.6m。

（2）外排立杆高出平台面1.5m，作为防护拦杆。③平台应稳固，能承受3KN/m²的均布荷载。平台安装示意图如下：

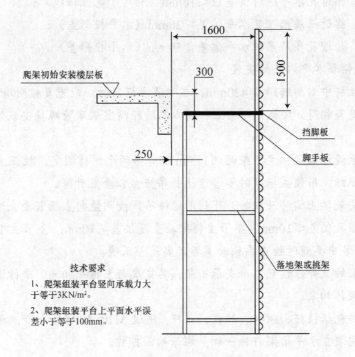

实例一图 4　平台安装示意图

2. 预埋件的埋设

对预埋件平面、竖向位置按提升点的位置逐点进行放线、固定、预埋，防止遗漏，预埋件按照设计方案的要求进行选用。

预埋件固定方法：预埋时应根据预埋件材质不同，选择与结构配筋点焊或绑扎，防止浇注时预埋件位置偏移。

PVC 管预埋件：利用 Φ50PVC 管作为预埋件，长度应比相应点位处墙体略厚，PVC 管要用铅丝与内部竖筋绑扎牢固，保证混凝土在浇注完成后 PVC 管处于正确位置。预埋件的埋设要求：

（1）要保证窗洞、边梁处的预埋件中心以下至少有 150mm 的混凝土厚度，以保证结构不被拉裂。

（2）有预埋件的部位，在混凝土震捣时采取必要措施，避免 PVC 管出现破损。

（3）预埋件两端须利用海绵、泡沫、锯末、胶带封堵，防止浇注时注入水泥浆。

（4）如果有预埋件超出精度要求，则必须用水钻重新打眼。

（5）如果梁内侧及其楼板底模拆除较晚，应在预埋件处使用便于提前拆除的小块模板，以免耽误穿墙螺栓安装，进而影响正常施工。

预埋件位置误差应符合如下要求：

同一预埋处，两孔水平偏差≤10mm；

同一预埋处，预留孔水平绝对偏差应≤10mm（相对于定位轴线）；

同一提升点，临近三层预埋孔水平偏差≤20mm（水平投影差）；

同一提升点，预埋孔多层累积水平偏差≤50mm（水平投影差）。

3. 竖向主框架和水平桁架的安装

主框架内排立杆中心离墙距离420mm。在安装主框架时，应先复核附墙点处结构尺寸和爬架平面布置图是否相符。主框架内排立杆中心离墙距离宜从穿墙螺栓安装处直接量取，以避免差错。

吊装主框架至设计位置，主框架两侧用6m钢管搭两个斜撑固定，校正主框架垂直度，并与建筑结构临时拉结。吊装主框架时要合理选择吊点，以垂直升降。

竖向主框架安装禁止偏移及扭转，可利用铅锤吊线检测竖向主框架垂直度偏差。主框架与对应穿墙螺栓预留孔偏差≤10mm，单节主框架垂直度偏差≤10mm，多节主框架垂直度累积偏差≤20mm。在安装中要随时检查导轨面离墙距离是否正确。

在竖向主框架的底部应设置水平支承桁架，其宽度与主框架相同，平行于墙面，其高度为1.8m，用于支撑架体构架。

水平桁架构件包括横杆、弦杆、斜杆、立杆，通过M20×40螺栓与节点板连接。螺栓由节点板插入，螺母安装在水平桁架杆件一侧，螺母确保拧紧。

水平桁架的组装要根据爬架平面布置图的水平模数进行选件组装，其水平模数间距也就是脚手架的立杆柱距。

桁架斜腹杆宜沿受拉方向布置。

未利用定型杆件连接的水平桁架，采用钢管扣件脚手架搭设，其上、下弦杆，斜杆搭设双钢管。

单根横杆水平偏差≤10mm、直线段的横杆累积水平偏差≤30mm；水平桁架内排架应平行于建筑物外墙，纵向垂直度≤50mm。

利用水平尺检测水平桁架水平及垂直，利用水管检测远距离跨度间水平，对不符合水平要求处，在中间框架、立杆下面加垫木方或先期使用可调托撑进行调整。

4. 架体的搭设

架体构架应设置在两竖向主框架之间，并以纵向水平杆与之相连，其立杆设置在水平支撑桁架的节点上，形成空间稳定结构，为施工作业提供防护和操作面的部分。架体构架宜采用扣件式钢管脚手架，其结构构造应符合《建筑施工扣件式钢管脚手架安全技术规范》（JBJ130）的规定。

（1）立杆搭设要求

立杆从水平桁架上部起搭，立杆接头除在顶层可采用搭接外，其余各接头必须采用对接扣件对接。

立杆钢管使用最大长度6.0m。初始搭设钢管脚手架时，应错头搭设，采用4m、6m钢管进行初始错头，保证对接接头不在一步内且接头距离主节点不超过1/3步高。

立杆上的对接扣件应交错布置,两根相临立杆的接头不应设置在同步内,同步内隔一根立杆的两相邻接头在高度方向错开的距离不宜小于 500mm,各接头中心至主节点的距离不宜大于步距的 1/3。

立杆搭接长度不小于 1000mm,且不应少于 2 个旋转扣件固定,端部扣件盖板的边缘至杆端距离不应小于 100mm。

立杆应垂直,垂直度偏差不大于 60mm;多根立杆应平行,平行度偏差不大于 100mm。脚手架每搭设两步,在窗洞处应与楼内支撑架或其它固定物拉结,确保脚手架稳定。

(2)纵向水平杆、横向水平杆搭设要求

纵向水平横杆宜设置于立杆内侧,其长度不应少于 3 跨,采用直角扣件与立杆扣接。纵向水平杆接长时宜采用对接扣件连接,也可采用搭接。对接扣件应交错分布,相邻两根纵向水平杆接头不应设置在同步、同跨内,不同步或不同跨两相邻接头在水平方向错开距离不应小于 500mm,各接头中心至最近主节点距离不宜大于柱距离 1/3。搭接长度不应小于 1000mm,应等间距设置三个旋转扣件固定,端部扣件盖板边缘至搭接纵向水平杆杆端的距离不应小于 100mm。

当使用竹脚手板时,纵向水平杆设置于横向水平杆下,用直角扣件与立杆连接。

每一主节点处必须设置一根横向水平杆,必须用直角扣件与立杆扣紧,其轴线偏离主节点的距离不应大于 150mm。

操作层上非主节点处的横向水平杆,宜根据支承脚手架的需要等间距设置,最大间距不应大于柱距的 1/2。

操作层上横向水平杆应伸向结构并距结构 200mm;外伸长度不宜大于 500mm。

操作层外排架距主节点 600mm 和 1200mm 高度处各搭设一根纵向水平横杆作为防护栏杆;在水平桁架顶部距主节点 300mm 高度处搭设一根纵向水平杆。

内外大横杆应水平、平行,某直线段水平偏差不大于 30mm。主节点小横杆必须设置,禁止漏装,用直角扣件连接。

(3)内外剪刀撑搭设

架体外立面必须沿全高设置剪刀撑,剪刀撑跨度不得大于 6.0m;其水平夹角为 45°~60°之间,并应将竖向主框架、水平支承桁架和架体连成一体;悬挑端应以竖向主框

架为中心成对设置对称斜拉杆,其水平夹角应不小于 45°。

剪刀撑斜杆接长宜采用搭接,搭接长度不小于 1000mm,采用 3 个旋转扣件,端部扣件盖板边缘具至杆端距离不应小于 100mm。

(4)架体分片端头"之"字形斜撑杆搭设

爬架架体端头应搭设斜撑杆,斜撑杆角度与剪刀撑角度相同,水平夹角 45°~60°之间。具体搭设方法见右图所示:

(5)扣件安装注意事项

扣件规定必须与钢管直径相同。

扣件螺栓拧紧扭力矩不小于40Nm且不大于65Nm。扣件安装时距主节点的距离不大于150mm。

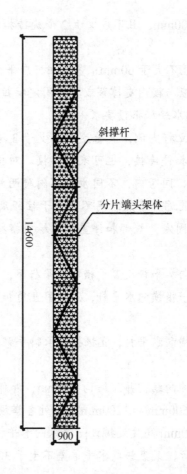

实例一图5 爬架分片端头斜撑杆示意图

对接扣件开口应朝上或朝内。

各杆件端头伸出扣件盖板边缘长度不应小于100mm。

（6）当架体遇到塔吊、施工电梯、物料平台需断开或开洞时，断开处应加设栏杆和封闭，开口处应有可靠的防止人员及物料坠落的措施。

5．附墙座和调节拉杆的安装

附墙座支承在建筑物上连接处混凝土的强度不得小于C15。

在3层顶板梁上预留孔处拆模后，立即安装第一道附墙座，附墙座背板必须满贴结构混凝土面。

附墙座应采用锚固螺栓与建筑物连接，受拉端的锚固螺栓不得少于二个。螺杆露出螺母应不少于3扣和10mm，垫板尺寸应由设计确定，且不得小于100mm×100mm×8mm。

第一道附墙座安装完毕后，立即安装定位座，可分担架体的部分竖向荷载。附墙座安装完毕后，主框架的临时拉结也应同时保留，直至爬架组装完成为止。

在第二道预留孔处拆模后，立即安装第二道附墙座，第二道附墙座安装完毕后，安装第一道和第二道附墙座之间的调节拉杆，并旋转调紧。调紧时应注意旋转方向。

在第三道预留孔处拆模后，立即安装第三道附墙座，第三道附墙座安装完毕后，安装第二道和第三道附墙座之间的调节拉杆，并旋转调紧。

6. 葫芦和控制系统的安装

使用电动环链葫芦时，应遵守产品使用说明书的规定。

葫芦使用前应检查、清洗，加机油、黄油，发现部件损坏应及时更换。

葫芦环链须定期用钢丝刷刷净砂浆等脏物，并加刷机油润滑。要采取防水、防尘措施。在葫芦悬挂处的同层脚手架上安置电动控制台，要搭一小房间加锁，防止无关人员进入，并能遮风避雨。

控制台应设漏电保护装置。

三相交流电源总线进控制台前应加设保险丝及电源总闸。

升降动力线必须用四芯（$4 \times 1mm^2$）胶软线，其中一芯接地；动力线沿途绑扎在钢管上时，须作绝缘处理。防止导线断路、短路。相位应正确一致，在工地总电源改动，及新电源柜安装时，应检查其相位是否同控制柜相位一致。

要避免升降动力线在升降中拉断。

所有葫芦接通电源后，必须保持正反转一致。

（九）爬架防护的搭设

爬架防护搭设示意图如下：

1. 防护总体要求

架体外侧必须使用阻燃密目安全网（$\geqslant 2000$ 目/$100cm^2$）围挡；密目安全网必须可靠固定在架体上。

架体底层的脚手板除应铺设严密外，还应具有可折起的翻板构造。作业层外侧应设置防护栏杆和180mm高的挡脚板。

作业层应设置固定牢靠的脚手板，其与结构之间的间距应满足《建筑施工扣件式钢管脚手架安全技术规范》的相关规定。

2. 安全网铺设

拆除爬架下面的组装平台一步后，立即设置双层兜底网，防止上面物料坠落。兜底网一端在外立面底步挡杆上绑扎，另一端经过架体底部后绑扎最内的纵向水平杆上。要求先扎密目绿网，后绑扎小眼白网，兜底网要求绷紧、拉平、扎牢。

脚手架搭设后立即搭设阻燃立网，立网沿脚手架外立杆内侧立面绷紧、平整，逐步铺设。在阴角处，可以利用钢筋或木条贴压。在安全网接头扎丝扎牢。

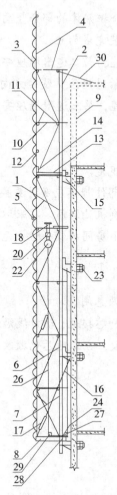

1—竖向主框架；2—导轨；
3—密目安全网；4—架体；
5—剪刀撑（45°～60°）；
6—立杆；7—水平支承桁
架；8—竖向主框架底部托
盘；9—正在施工层；
10—架体横向水平杆；
11—架体纵向水平杆；
12—防护栏杆；13—脚手
板；14—作业层挡脚板；
15—附墙支座（含导向、
防倾装置）；16—吊拉杆
（定位）；17—花篮螺栓；
18—升降上吊挂点；
19—升降下吊挂点；20—
荷载传感器；21—同步控
制装置；22—电动葫芦；
23—锚固螺栓；24—底部
脚手板及密封翻板；
25—定位装置；26—升降
钢丝绳；27—导向滑轮；
28—主框架底部托座与附
墙支座临时固定连接点；
29—升降滑轮；30—临时
拉结

实例一图6 爬架防护搭设示意图

3．脚手板铺设

结构施工时，脚手板操作层为三层；

底部应满铺脚手板，内侧与结构之间为可翻转的翻板。当爬架提升时，将翻板翻起；提升到位后，将翻板翻下，将爬架底部封闭严密。

架体最下一层采用冲压钢架板，架板底部刷涂红白相间防锈漆，既能防锈，又能架体升空后，保证架体的美观度。

上面操作层脚手板采用木脚手板，厚度不小于50mm，宽度不小于200mm，两端应各设直径为4mm的镀锌钢丝箍两道。

为了保证施工要求和架体提升要求离墙距离底层不大于200mm，另外两层不大于300mm，底层脚手板到结构利用翻板防护严密，上面两层脚手板端到结构兜挂大眼网，大眼网铺设必须牢固严密。

木脚手板铺设时可采用对接或搭接。对接平铺时，接头设置两根横向水平杆，脚手板外伸

130～150mm；脚手板搭接时，接头必须支承在横向水平杆上，搭接长度应大于 200mm，伸出横向水平杆长度不应小于 100mm；木脚手板接缝不大于 10mm、脚手架端头利用钢筋或铅丝固定于支撑杆件上。

在操作层外排架处，利用木板、胶合板等搭设挡脚板，其高度不应小于 150～200mm。（彩条腰带）挡脚板设置于外排架安全网外侧。挡脚板应垂直于脚手板、高度一致，对接缝设置于立杆处。利用铅 14# 以上铁丝与立杆固定。

4. 架体断片端头防护搭设

脚手板层搭接活动板，要求搭接板采用厚 18mm 的竹、木胶合板，背面钉三根长度 1.0m、截面尺寸 80×80mm 以上的木方，每一侧的搭接长度应大于 300mm。

每层断片处的搭设脚手板下面用大眼网挂满、铺严，防止落物、坠人击穿搭接板、加装警示栏杆。警示栏两侧的小横杆为 1400mm 的杆件，连接用旋转扣件，升降前拆开一侧的，警示栏旋转九十度，升降后恢复原状。

为防止升降和使用时断片处发生落物坠人事故，在断片处三层搭接板下方兜挂一道大眼网，长度为一个层高 H+1m，挂网应将系绳可靠绑扎在两侧架体的立杆上。

操作层断片处，距离 0.6m 和 1.2m 高处搭设两道防护拦杆，防护栏杆及小横杆距建筑物一端要小于 200mm；若保留通道，提升到位后马上封闭。

六、检查与验收

（1）爬架应在下列阶段进行检查与验收：

1）安装使用前；

2）提升或下降前；

3）提升、下降到位，投入使用前。

（2）爬架安装及使用前，应按要求进行检验，合格后方能使用。

（3）爬架提升、下降作业前应按要求进行检验，合格后方能实施提升或下降作业。

（4）防坠、防倾装置在爬架使用、提升和下降阶段均应进行检查，合格后，才能作业。

（5）爬架临时用电应符合《施工现场临时用电安全技术规范》（JGJ46-2005）的要求。

七、爬架的升降操作

（1）进行升降前的检查，并填写"附表三：桁架导轨式爬架升降前检查记录表"。

（2）爬架升降前障碍物检查

检查水平桁架是否与平台架有连接或障碍；检查结构支模木方与架体是否干涉；检查从结构伸出的钢管与架体是否干涉；解除脚手架与建筑物之间的拉结。

（3）预紧电动葫芦

按提升点逐个预紧，同一个人检查预紧程度要一致。

（4）爬架升降步骤

爬架操作人员各就各位，由爬架现场主管人员发布指令升降爬架。

　　爬架提升起200mm后，停止提升，对爬架进行检查，确认安全无误后，由架子班长发布指令继续升降爬架。

　　在爬架升降过程中，爬架操作人员，要巡视爬架的升降情况，发现异常情况，应及时吹口哨报警。

　　电控柜操作人员听到口哨声立即切断电源，停止升降爬架，并通知架子班长，等查明原因后，由架子班长重新发布升降爬架的指令。

　　爬架升降高度为楼层高，提升到位后，爬架现场主管人员发布停止提升指令。将翻板放下，并且固定好，保持架体底层与建物之间空隙全部封闭。

　　（5）除操作人员外，其他人员不得在脚手架上滞留。建筑物周围20米内严禁站人，并设专人监护。

　　（6）要加强升降过程中检查，主要内容有：

　　1）升降是否同步。当相邻两点行程高差大于30mm时，应停止升降，通过点控将架子调平。

　　2）架体是否出现明显变形。若变形明显，应停止升降，找出原因，进行处理。

　　3）检查葫芦运行是否正常，链条是否翻链，扭曲。

　　4）是否有影响升降的障碍物（升降前检查时就应该排除掉）。

　　（7）升降到位后，安装定位座，并使电动葫芦处于下降行程，直至定位座座实在附墙座上，　　　升降工作结束。

　　（8）进行升降后的检查，并填写"桁架导轨式爬架升降后加固检查记录表"。

　　（9）在下列情况下禁止进行升降作业：

　　①下雨、下雪、五级以上大风等不良气候条件下。

　　②视线不良时。

　　③分工、任务不明确时。

八、爬架的使用

　　（1）在爬架升降作业完毕，并填写"爬架升降后加固检查记录表"后方可使用。

　　（2）爬架允许有三个操作层同时作业，每层施工荷载不超过2KN/m^2。

　　（3）所有与爬架有牵连的其它设施（如物料平台等），在使用时应由建筑结构独立承担其引起的荷载。

　　（4）爬架不得施加集中荷载，不得施加动荷载。

　　（5）外墙模板不得以爬架作为加固支撑。

　　（6）禁止下列违章作业：利用爬架吊运物品；在爬架上推车；在爬架上拉结吊装缆绳；拆除爬架部件；起吊时碰撞扯动脚手架。

九、爬架的高空拆除

　　1. 爬架拆除是爬架使用中最后一个环节，要克服松一口气的想法，要思想上重视、管理上到位，现场应安排专人负责，统一指挥，杜绝各行其是。应分工明确，避免随心所欲。

2. 调紧加固定位支撑座，将脚手架连墙加固。

3. 在拆除前清除脚手架上的杂物、垃圾。

4. 拆除人员佩戴三宝，拆除区域设警戒线，无关人员不得进入。

5. 拆除顺序应遵循以下原则：

（1）先拆上后拆下、严禁上下同时拆。

（2）先拆外侧后拆内侧、严禁内外同时拆。

（3）先拆钢管后拆爬架升降设备。

（4）先拆两提升点中间后拆提升点。

6. 拆除一般按以下顺序：（开始拆除前：先拆除电气系统的部件。）

第一步：拆第三节主框架以上范围内脚手板、安全网、横杆、立杆、剪刀撑。

第二步：拆第三节主框架高度范围内脚手板、安全网、拆横杆、立杆、剪刀撑后，拆除第三节主框架；随后拆除最上一根横梁及与之相连的竖拉杆、斜拉杆、斜拉钢丝绳。

第三步：拆第二节主框架高度范围内脚手板、安全网、横杆、立杆、剪刀撑；随后拆除最下一根横梁及与之相连的制动轨、竖拉杆、斜拉杆（单独吊运到地面）；并在水平支承框架上层里外侧、下层里外侧用通长钢管加固，在中间横梁的上下处与第二主框架用钢管加固好，以防吊装时脱落。为分段（最多两个提升点）拆除起吊作准备。

第四步：在塔吊吊住水平桁架时，松开中间横梁与建筑结构连接的穿墙螺栓，用塔吊分段（最多两个提升点）吊至地面拆除。

7. 拆除中注意事项：

（1）拆除的物件应轻拿轻放，严禁抛扔。

（2）拆除的物件应随拆随运，避免堆至楼面，造成吊运困难。③拆除的物件及时清理、分类集中堆放。

十、爬架质量保证措施

具体的质量保证措施已散见于前面的各项条款中，在此对保证质量的关键要点强调如下：

（1）穿墙螺栓预留孔埋件：确保穿墙螺栓预留孔埋件位置准确。

1）预留孔水平绝对偏差应£10mm（相对于定位轴线）；

2）两预留孔水平相对偏差应£20mm（水平投影差）；

3）预留孔垂直偏差应£20mm（相对于梁底）。

（2）导轨（竖向主框架）垂直偏差不应大于5‰，且不应大于60mm。

（3）脚手架基本尺寸及注意事项：

1）立杆纵距≤1.50米，大横杆步距1.80米，架宽0.9米。

2）相邻大横杆接头应布置在不同立杆纵距内。

3）相邻立杆接头不得在同一步架内。

十一、爬架安全保证措施

安全保证措施已散见于前面的各项条款中，在此对有关爬架安全运行的关键要点整理强调如下，务必认真遵守：

（一）一般要求

施工人员应遵守现行《建筑施工高处作业安全技术规范》（JGJ80）、《建筑安装工人安全技术操作规程》（[80]建工劳字第24号）的有关规定。

施工用电应符合现行《施工现场临时用电安全技术规范》（JGJ46-2005）的要求。

采用扣件式脚手架搭设的架体构架，其搭设质量应符合《建筑施工扣件式钢管脚手架安全技术规范》（JBJ130）要求。

特殊工种必须具备高空作业的能力，上岗人员应定期体检，合格者方可上岗。上岗人员必需遵守现场各项安全管理规定和制度，高空作业时要戴好安全帽，系好安全带，衣着灵便，穿软底防滑鞋，做好个人劳保工作。

雨季来临前认真检查脚手架的防雷接地，对不符合处从速进行修补，避免遭受雷击。

全面认真地检查脚手架各扣件是否拧紧、各连墙杆件及横向斜撑是否加齐有效。凡有安全隐患的立即整。

检查上人马道防滑条，有遗漏的要补上，做好防滑措施。

大雨期间，不得进行脚手架的搭设和拆除；大雨、大风后应及时对脚手架进行检查修理，有安全隐患的整改合格后方可投入使用。

遇有雷雨天气，脚手架上人员必须立即离去以避免遭受雷击。

（二）爬架的安装

爬架必须按照专项施工方案组织施工。

爬架在首层安装前应设置安装平台，安装平台应有保障施工人员安全的防护设施，安装平台的水平精度和承载能力应满足架体安装的要求。

安装时应符合以下规定：

相邻竖向主框架的高差应不大于20mm；

竖向主框架和防倾导向装置的垂直偏差应不大于5‰和60mm；

预留穿墙螺栓孔和预埋件应垂直于建筑结构外表面，其中心误差应小于15mm。建筑结构混凝土强度应达到C15；

升降机构连接正确且牢固可靠。

全部附着固定结构的安装符合设计规定，严禁少装附着固定连接螺栓和使用不合格螺栓；

安全保险装置全部合格，安全防护设施齐备并符合设计要求、并应设置必要的消防设施；

电源、电缆及控制柜等的设置应符合施工现场临时用电规范JGJ46-2005的有关规定；升降动力设备工作正常；

不得随意减少、移动、拆除爬架的零部件。

（三）爬架的升降

爬架的升降操作必须遵守以下规定：

升降作业的程序规定和技术要求；

在进行升降作业时，外架上不得进行施工作业，无关人员不得滞留在脚手架上。操作人员不得停留在架体上；

架体上的荷载符合设计规定；

所有妨碍升降的障碍物已经拆除，施工荷载不得超过两层，每层为 0.5KN/m² ；所有影响升降作业的约束已经拆开；

各相邻提升点间的高差不得大于 30mm ，整体架最大升降差不得大于 80mm ；

升降作业过程中，必需统一指挥，分工明确，指令规范，并配备必要巡视人员。升、降指令只能由总指挥一人下达，但当有异常情况出现时，任何人均可立即发出停止指令；

采用环链葫芦作升降动力的，应严密监视其运行情况，及时发现、解决可能出现的翻链、绞链和其它影响正常运行的故障；

架体升降到位后，必须及时按使用状况要求进行附着固定。在没有完成架体固定工作前，施工人员不得擅自离岗或下班。

爬架架体升降到位固定后，应按升降到位后按规定进行检查，合格后方可使用；遇五级（含五级）以上大风和大雨、大雪、浓雾和雷雨等恶劣天气时，严禁进行升降作业。

升降控制台应专人进行操作，禁止闲杂人员进入。

（四）爬架的使用

爬架必须按照设计性能指标进行使用，不得随意扩大使用范围；架体上的施工荷载必须符合设计规定，严禁超载，严禁放置影响局部杆件安全的集中荷载；

架体内的建筑垃圾和杂物应及时清理干净。

爬架在使用过程中严禁进行下列作业：

利用架体吊运物料；

在架体上拉结吊装缆绳（索）；在架体上推车；

任意拆除结构件或松动连结件；

拆除或移动架体上的安全防护设施；利用架体支撑模板；

其它影响架体安全的作业。

物料平台应独立设置，不得与爬架各部位和各结构构件相连，其荷载应直接传递给建筑工程结构。施工中不得将钢筋、模板落在架子上。

滑轮、各导轮及所有螺纹均应定期润滑，确保使用时运动自如，装拆方便。在拆装时要随时检查构件焊缝状况、穿墙螺栓是否有裂纹及变形。

当爬架停用超过六个月时，应采取加固措施。

当爬架停用超过一个月或遇六级（含六级）以上大风后复工时，必须进行检查，合格后方可使用。

螺栓连接件、升降设备、防倾装置、防坠落装置、电控设备等应至少每月维护保养一次。

（五）爬架的拆除

爬架的拆除工作必须按专项施工方案及安全操作规程的有关要求进行。必须对拆除作业人员进行安全技术交底。

拆除时应有可靠的防止人员与物料坠落的措施，拆除的材料及设备严禁抛扔。

拆除作业必须在白天进行。遇五级（含五级）以上大风和大雨、大雪、浓雾和雷雨等恶劣天气时，严禁进行拆卸作业。

（六）防雷、防电和防火

脚手架防雷接地采用单独埋没接地或利用建筑物的防雷接地方式，接地电阻应小于 4 欧姆。脚手架上使用的竹木脚手板，安全网和其它堆放在脚手架上的易燃品，极易引起火灾，因而要及时清理外架上堆放的易燃品，并在脚手架一定部位设置灭火器材。此外要限制在脚手架上吸烟。

（七）劳保用品（三宝）要求

1. 安全网

（1）安全网的技术要求必须符合 CB5725—85 规定，方准进场使用。工程使用的安全网必须由公司认定的厂家供货。大孔安全网用做平网和兜网，其规格为绿色密目安全网 1.8m×6m，用作内挂立网。内挂绿色密目安全网使用有国家认证的生产厂家供货，安全网进场要做防火试验。

（2）安全网在存放使用中，不得受有机化学物质污染或与其他可能引起磨损的物品相混，当发现污染应进行冲洗，洗后自然干燥，使用中要防止电焊火花掉在网上。

（3）安全网拆除后要洗净捆好，放在通风、遮光、隔热的地方，禁止使用钩子搬运。杜绝火种来源，外架材料主要是金属，当电线直接绑扎在脚手架上时应有可靠的绝缘保护。

2. 安全帽

安全帽必须使用建设部认证的厂家供货，无合格证的安全帽禁止使用。工程使用的安全帽一律由公司统一提供，不准私购安全帽。

安全帽必须具有抗冲击、抗侧压力、绝缘、耐穿刺等性能，使用中必须正确佩戴，安全帽使用期为 2.5 年。

3. 安全带

采购安全带必须要有劳动保护主管部门认可合格的产品。

安全带使用 2 年后，根据使用情况，必须通过抽验合格方可使用。

安全带应高挂低用，注意防止摆动碰撞，不准将绳打结使用，也不准将钩直接挂在安全绳上使用，应挂在连接环上用，要选择在牢固构件上悬挂。

安全带上的各种部件不得任意拆掉，更新绳时要注意加绳套。

（八）防坠装置原理说明

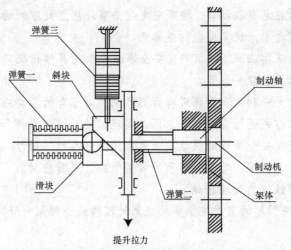

实例一图 7 爬架制动原理示意图

原理说明：

当爬架提升时，电动葫芦产生提升拉力向下拉动"斜块"，斜块向下运动并推动"滑块"向左运动，滑块压缩"弹簧一"并驱动"制动轴"向左运动，直到"制动轴"缩回，制动系统处于解锁状态。此时"弹簧二"被压缩，弹簧三被拉伸。

当提升钢丝绳或葫芦链条断裂时，向下的提升拉力消失，"斜块"被"弹簧三"拉起，"制动轴"在"弹簧二"的驱动下向右迅速弹回，"制动轴"穿入架体的制动孔中，将架体制动。

十二、应急预案

为加强对突发安全事故处理的综合指挥能力，提高紧急救援反应速度和协调水平，确保迅速有效地处理各类突发安全事故，将突发安全事故对人员、财产和环境造成的损失降至最小程度，最大限度地保障工人的生命财产安全，结合本工程的实际情况，制定本应急预案。

（一）应急预案适用范围

因质量缺陷而引起的突发安全事故：葫芦断链、爬架构配件焊缝开裂、破坏等。

因人为因素而引起的突发安全事故：高空坠物、触电、机械损伤、人员坠落、火灾等。因社会对抗和冲突而引发的突发安全事故：罢工、刑事案件等。

（二）应急救援指挥领导小组

由外爬架工程项目经理为组长，工程主管为副组长，安全负责人、现场技术员为组员。应急救援指挥领导小组的职责：

负责本单位应急预案的制定、修订和演练；

负责检查督促爬架工程的安全预防措施、安全管理、应急救援的各项工作；负责组织实施救援行动。

（三）实施原则

对突发安全事故的处理，由总包统一指挥协调，保证对突发安全事故的有效控制和快速处置。

将事前预防与事后应急有机结合，按照突发安全事故应急处理时的要求，把应急管理的各项工作落实在日常管理之中，提高安全防范水平。

严格执行国家有关法律法规，根据突发安全事故发生的具体情况实行预警，对突发安全事故的报告、控制实施依法管理和处置。

发生突发安全事故充分利用和发挥现有资源作用，对已有的各类应急指挥机构、人员、设备、物资、信息、工作方式进行资源整合，保证实现工地的统一指挥和调度。

建立预警和处置突发安全事故的快速反应机制，保证人力、物力、财力的储备，一旦出现危机，确保发现、报告、指挥、处置等环节的紧密衔接，及时应对。

（四）突发安全事故应急处理措施

（1）因质量缺陷而引起的突发安全事故应急处理措施：爬架升降时葫芦断链，造成爬架局部下坠时：

由于爬架有可靠的防坠装置，爬架最多下坠80mm。该突发安全事故发生后，所有电动葫芦立即停机。一部分操作人员立即加固该榀及与之相临的爬架，加固完成后再利用备用的电动葫芦更换断链的电动葫芦。电动葫芦安装就位后，调平爬架，然后才可进行爬架的升降作业。

预防措施：每次升降前对电动葫芦进行全面维护保养，检查提升环链的焊缝情况，发现异常，立即更换处理。

爬架构配件焊缝开裂、破坏等：

爬架使用中应定期进行外观检查。发现构配件焊缝开裂、破坏的，能立即更换的应该立即更换，不能更换的应加固并焊接牢固使之符合使用要求。

预防措施：爬架构配件进场前对构配件进行全面检查，合格后方可使用，爬架每次升降前后应该对爬架构配件进行全面的检查，发现不合格的构件应该立即更换或整修直到合格。

（2）因人为因素而引起的突发安全事故应急处理措施：

①人员坠落、高空坠物而造成的人员伤亡事故

首先将伤员立即送往医院或打医院120急救，并保护好现场，接受事故调查，同时上报公司安委会。事故处理必须按照"四不放过原则"来处理。

预防措施：每次升降前后对爬架的安全防护措施进行全面检查并专人负责，对爬架操作人员和其他工种进行相应的安全技术交底，促使相关操作人员依照施工安全操作规程施工。

②触电、机械损伤而造成的人员伤亡事故

当事人或发现人应立即切断电源、停机，来不及断电时可用绝缘体挑开电线，立即送往医院或打120急救，并保护好现场，接受事故调查，同时上报公司安委会。事故处理必须按照"四不放过原则"来处理。

预防措施：每次升降前后对电气的安全防护措施进行全面检查并专人负责，对爬架操作人员进行安全技术交底。

实例二 ××工程落地式钢管脚手架工程安全专项方案

一、编制依据

序号	资料名称	编号
1	《××工程 DK3 施工图纸》	
2	《××工程施工组织设计》	
3	国家、行业现行有关技术、荷载规范、规程标准及图集	
4	《建筑施工扣件式钢管脚手架安全技术规范》	JGJ130-2011
5	《钢管脚手架扣件》	GB15831

注：施工过程中如遇到国家规范、图集、标准更改，则工程要求也做相应更改

二、工程概况

本工程地下一层为车库，地上 A05#（35 层）、A06#（37 层）两栋高层住宅楼及 9 层的商业裙房，高层住宅楼为剪力墙结构，裙房为框架结构。

实例二表 1 各栋楼层高度列表

部位	层数	层高/m
6#楼（37 层）	-1/夹层	3.75/1.75
	1～37 层	2.8
5#楼（35 层）	-1/夹层/1 层	3.75/1.75/3.9
	2 层/3～9 层	3.8/3.5
	10～35 层	2.8
裙房（9 层）	-1/1 层	4.75/4.65
	2 层/3～9 层	3.8/3.5
车库（-1 层）	-1 层	3.75

三、施工准备

（一）技术准备

（1）仔细阅读并审核施工图，熟悉结构形状、尺寸，做出架体布置详图。

（2）根据工程进度情况及布置图，编制各种材料的备料计划、进场时间安排，确保脚手架及时搭设使用。

（二）材料准备

（1）钢管：Φ48×3.5mm 钢管材质为 $Q235$，符合《焊接钢管尺寸及单位长度重量（GB/T21835-2008）的规定。钢管使用前应先除锈再涂刷黄色防锈油漆，用于剪刀撑的钢管涂刷红白色相间防锈油漆。

（2）扣件：转向扣件、十字扣件、接头扣件等。扣件材料应符合《钢管脚手架扣件》（GB15831）

的规定。在螺栓拧紧扭力矩达 65N·m 时，不得发生破坏。

（3）脚手板：采用松木脚手板（4m×0.25m×0.05m），每块重量不大于 30kg，厚度不小于 50 mm，两端设置直径不小于 4mm 的镀锌钢丝箍两道。

（4）防护网：绿色密目安全网 1.8×6.0m（网目 3.5×3.5mm）。

（5）各种材料用量见下表：

实例二表 2 各种材料用量表

材料名称	材料规格	计划用量	备注
钢管（Φ48×3.5mm）	6m	1500 根	地下部分立杆或大横杆
	5m	500 根	A05 楼立杆
	4m	100 根	A06# 楼立杆
	3m	100 根	
	2m	100 根	
	1.5m	200 根	支撑点位横杆
	1.2m	2000 根	小横杆
扣件	直角扣件	7200 个	
	对接扣件	1000 个	水平大横杆对接接头
	转向扣件	200 个	剪刀撑
松木脚手板	4m×0.25m×0.05m	10m³	架底满铺
安全网	1.8×6m	2000m²	防护网

（三）现场准备

（1）材料准备充足。

（2）脚手架基础施工完毕并进行抄平。

（3）现场杂物已清除，排水畅通。

（四）施工组织流程

实例二表 3 施工组织流程表

工序安排	责任人	时间	主要内容	形成资料
施组交底	×××	开工前一个月完成	对现场布置、施工进度要求、质量要求、各项保证措施等进行说明	施工组织设计
方案优化	×××、×××	施工方案编制完成后，组织工程、技术、成本、材料、安全、测量、施工队等进行方案优化	符合图纸、图集规范、规程及公司等要求。内容按分公司《施工方案编制审核管理办法》要求编制	施工方案修改、优化记录
方案交底	×××、×××	施工方案在分项工程开工前三天完成编制和审批，并组织项目部全体人员进行方案传阅及交底	符合图纸、图集规范、规程及公司等要求。内容及方案优化意见等编制、审核、签章完	施工方案

工序安排	责任人	时间	主要内容	形成资料
技术交底及优化	×××、×××	技术交底在现场施工前五天完成编制及项目部传阅、优化，施工前三天完成审核和下发	依据施工规范、图纸、施工方案、技术交底管理方法、项目部优化意见等，完成编制下发	技术交底
班前交底	×××、×××	工人进场后至脚手架搭设前	对操作人员进行班前技术交底及安全教育，操作人员必须全部持证上岗，进入施工现场必须文明施工，服从管理	班前交底记录、班前安全教育记录
脚手架搭设	×××	根据工程进度进行脚手架搭设	严格按交底及规范要求搭设，杜绝违章作业，搭设完后工程、安全、技术、质检、测量等部门联合检查，验收合格后方可使用	检查验收记录
脚手架使用	×××	搭设完，经联合检查验收合格后	根据交底及规范，加强过程检查，杜绝违章作业，发现隐患及时排除	过程检查记录
脚手架使用	×××	脚手架使用完后	首先检查脚手架是否处于安全状态，各部位连墙杆件等是否齐全可靠，拆除严格按交底及规范要求操作	检查记录

四、施工安排

（一）施工部位及施工内容

主楼、车库及裙房根据现场施工情况，分阶段进行搭设，具体见下表：

实例二表 4　施工部位及施工内容一览表

施工阶段	搭设范围	架体种类	搭设日期	备注
基础施工阶段（±0.00以下）	A06#楼东侧、南侧	双排落地架，南侧及局部拐角为单排	7 月 15 日～7 月 25 日	A06#楼落地架搭设至 1 层顶板，2 层及以上搭设爬架；A05#楼落地架搭设至 1 层顶板，2～9
	A05#楼北侧、西侧	双排落地架，局部拐角为单排	7 月 25～8 月 5 日	
	车库南侧、西侧	双排落地架，南侧为单排	8 月 10 日～8 月 20 日	
	裙房	暂定为钢筋加工及料场	/	
	主楼（A06、A05#楼）一层外围	双排落地架	9 月 1 日～9 月 15 日	
	裙房基础外围（±0.00 以下）北侧、东侧	双排落地架	9 月 15 日～9 月 20 日	
	裙房一层外围北侧、东侧、南侧	双排落地架	10 月 15 日～10 月 20 日	

说明：分区施工过程中，高低落差部位搭设单排悬挑防护架。

（二）劳动力组织

项目部成立以项目经理为组长的领导小组，负责脚手架的搭设施工质量和进度。

实例二表5 管理人员岗位职责

序号	姓名	岗位	职责
1	×××	项目经理	对本方案施工质量、工期、安全文明等方面全面负责
2	王登科	项目总工	负责本方案技术质量管理，对质量进行控制、管理、监督
3	×××	工程经理	负责本方案现场管理、施工进度、安全文明施工、协调等
4	×××	成本经理	负责本方案的成本管理及合同、预决算工作
5	×××	技术主任	负责本方案技术管理工作，施工过程交底、检查、验收
6	×××	材料主任	负责本方案现场物资的采购、进退场管理、保管等工作
7	×××	安全主管	负责本方案安全、消防、保卫工作及相关内业资料
8	×××	工长	负责本方案施工现场质量、安全、进度协调
9	×××	土建技术员	负责本方案施工技术交底的下发、现场的质量检查及控制
10	×××	质检员	负责本方案质量检查、验收及相关内业资料
11	×××	测量主管	负责本方案测量放线、定位及标高控制

施工队成立以项目经理为组长的领导班子，成立专业班组，明确人员分工，各行其责。

五、施工方法

（一）施工流程

1．脚手架搭设

地基处理→放置纵向扫地杆→自角部起依次向两边竖立底（第1根）立杆，底端与纵向扫地杆扣接固定后，搭设横向扫地杆并与立杆固定（固定立杆底端前，应吊线确保立杆垂直），每边竖起3—4根立杆后，随即搭设第一步纵向横杆（与立杆扣接固定）、校正立杆垂直和横杆水平后，拧紧扣件螺栓，形成构架的起始段→按上一步要求依次向前延伸搭设，直至第一步架交圈完成，交圈后再全面检查一遍质量和地基情况，严格确保设计要求和质量→设置连墙件（或加抛撑）→按第一步架的作业程序和要求搭设第二步、第三步……→随搭设进程及时安装连墙件和剪刀撑→搭设作业层栏杆、挡脚板以及围护、封闭措施。

2．搭设方式

采取先搭设起始段，然后向两边延伸的方式。两组作业时可同时分别从对角开始。连墙件和剪刀撑应及时设置，不得滞后超过两步。

3．脚手架基础

立杆钢管下铺50mm厚、250mm宽的脚手板作为垫板。脚手板平行于基础放置。必须确保立杆位置准确、铺放平稳、不得悬空。

4．搭设必须配合施工进度搭设，一次搭设高度不应超过相邻连墙杆件以上两步；如果超过相邻连墙杆以上两步，无法设置连墙杆件时，应采取撑拉固定等措施与建筑结构拉结。

5．每搭设完一步脚手架后，应按验收质量标准进行检查、校正。

6．底座安放应符合下列规定：

（1）底座、垫板均应准确地放在定位线上；

（2）垫板应采用长度不少于2跨、厚度不小于50mm、宽度不小于200mm的木垫板，优先选用木脚手板。

7．立杆搭设应符合下列规定：

（1）脚手架开始搭设立杆时，应每隔 6 跨设置一根抛撑，直至连墙件安装稳定后，经专职安全员验收同意后，根据情况拆除；

（2）当架体搭设至有连墙件的主节点时，在搭设完该处的立杆、纵向水平杆、横向水平杆后，应立即设置连墙件。

8．纵向水平杆的搭设应符合下列规定：

（1）脚手架纵向水平杆应随立杆按步搭设，并应采用直角扣件与立杆固定；

（2）在封闭型脚手架的同一步中，纵向水平杆应四周交圈设置，并应用直角扣件与内外角部立杆固定。

9．脚手架连墙杆的安装应随脚手架搭设同步进行，不得滞后安装。

10．脚手架剪刀撑与横向斜杆应随立杆、纵向和横向水平杆等同步搭设，不得滞后安装。

11．脚手板的铺设应符合下列规定：

（1）脚手板应铺满、铺稳，离墙面的距离不应大于 150mm；

（2）脚手板探头应用直径 3.2mm 的镀锌钢丝固定在支撑杆件上；

（3）在拐角、斜道平台处的脚手板，应用镀锌钢丝固定在横向水平杆上，防止滑动。

（二）脚手架的搭设参数

立杆间距：1.5m；排距 0.9m；内侧步高 1.8m，外侧步高 0.9m；内排立杆距梁墙外皮距离：0.45m；小横杆端距墙面距离：0.30m；

拉结点或支撑点竖向间距不大于 3.6m，水平间距不大于 4.5m；纵向扫地杆距地高度 0.2m；每 15m 设置一道剪刀撑；

（三）基本构造

纵向水平杆：设置在立杆内侧，长度大于三跨。采用接头扣件连接时，接头扣件交错布置，两根相邻纵向水平杆的接头要设置在不同步或跨内，接头在水平方向错开的距离大于 500 mm，接头中心至最近的主节点的距离小于纵距的三分之一。见下实例二图 1：

纵向水平杆采用搭接连接时，搭接长度不小于 1m，等间距设置三个转向扣件固定，端部扣件盖板边缘至搭接纵向水平杆杆端的距离大于 100 mm。

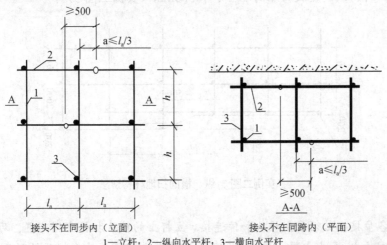

接头不在同步内（立面）　　　　接头不在同跨内（平面）

1—立杆；2—纵向水平杆；3—横向水平杆

实例二图 1　水平杆接头构造

连墙杆设置，连墙杆设置采用两步三跨，从底层第一步纵向水平杆处开始设置，每靠近主节点不大于300mm位置设置连墙杆，每个连墙杆覆盖面积不得大于40m²。

由于使用木脚手板，纵向水平杆作为横向水平杆的支座，用十字扣件固定在立杆上。

横向水平杆：主节点处必须设置一根横向水平杆，用十字扣件扣接，并且严禁拆除。主节点处的两个十字扣件的中心距小于150mm。

作业层上非主节点处的横向水平杆，根据支承脚手板的需要等间距设置，间距为500mm。

使用木脚手板，双排脚手架的横向水平杆两端均要采用十字扣件固定在纵向水平杆上。

木脚手板的设置：作业层脚手板要满铺、铺稳，离开墙面120～150mm。木脚手板设置在三根横向水平杆上。脚手板长度小于2m时，可采用两根横向水平杆支承，但两端要固定可靠，防止倾翻。

脚手板采用对接平铺。接头处必须设置两根横向水平杆，脚手板外伸长度130～150mm，两块脚手板的外伸长度之和不大于300mm。见下面示意图：

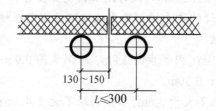

实例二图2　脚手板铺设要求

立杆：每根立杆底部都要设置垫板。

落地脚手架必须设置纵、横向扫地杆。纵向扫地杆用十字扣件固定在距底座上皮不大于200mm处的立杆上，横向扫地杆用十字扣件固定在紧靠纵向扫地杆下方的立杆上。脚手架立杆基础不在同一高度上时，必须将高处的纵向扫地杆向低处延长两跨与立杆固定，高低差不应大于1m。靠边坡上方的立杆轴线到边坡的距离不应小于500mm（实例二图3）。

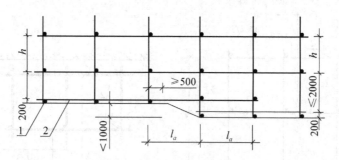

实例二图3　纵、横向扫地杆构造

立杆接长各步接头必须采用接头扣件连接。立杆上的接头扣件交错布置，两根相邻立杆的接头设置在不同步内，同步内隔一根立杆的两个相隔接头在高度方向错开的距离不小于500mm，接头中心至主节点的距离小于步距的三分之一。见实例二图4。

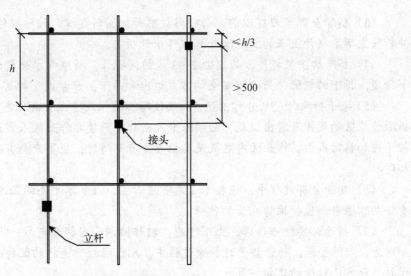

实例二图 4 立杆接头示意

剪刀撑：高度在 24m 以下的单、双排脚手架，均必须在外侧立面两端、转角及中间间隔不超过 15m 的立面上，各设置一道剪刀撑，并应由底至顶连续设置。

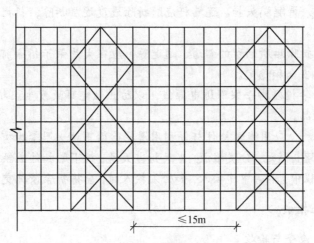

实例二图 5 剪刀撑布置图

（四）脚手架的拆除

（1）拆除前，应全面检查脚手架的扣件连接、连墙件、支撑体系等是否符合构造及交底要求；对施工人员进行交底，清除脚手架上的杂物及地面障碍物。

（2）拆除脚手架，应由上而下分段、分区、逐层进行，按与搭设相反的顺序，并按一步一清原则依次进行，严禁上下同时进行拆除作业。连墙件必须随脚手架逐层拆除，严禁先将连墙件整层或数层拆除后再拆脚手架；分段拆除高差大于两步时，应增设连墙件加固。先拆护身栏、脚手板和横向水平杆，再依次拆剪刀撑的上部扣件和接杆。

（3）拆除全部剪刀撑以前，必须搭设临时加固斜支撑，预防架倾倒。连墙件待其上部杆件拆除完毕后（伸上来的立杆除外）方可松开拆去。

（4）拆除脚手架杆件，必须由2～3人协同操作，拆纵向水平杆时，应由站在中间的人向下传递，拆下的杆配件必须以安全的方式运出和吊下，严禁向下抛掷。

（5）架子拆除时应划分作业区，周围设绳绑围拦或竖立警戒标志；工作面应设专人指挥，拆除作业区的周围及进出口处，必须派专人看护，严禁非作业区人员进入危险区域，拆除大片架子应加临时围拦。作业区内电线及其他设备有妨碍时，应事先与有关部门联系拆除、转移或加防护。

（6）拆除全部过程中，应指派1名责任心强、技术水平高的工人担任指挥和监护，并负责任拆除撤料和监护操作人员的作业。

（7）拆除时要统一指挥，上下呼应，动作协调，当解开与另一人有关的结扣时，应先通知对方，以防坠落。拆除架子时拆除过程中，凡已经松开连接的配件必须及时拆除运走，避免误扶、误靠已松脱的连接杆件。

（8）当脚手架拆至下部最后一根长立杆的高度时，应先在适当位置搭设临时抛撑加固后，再拆除连墙件。

（9）拆架子的高处作业人员应戴安全帽，系安全带，扎裹腿，穿软底鞋方允许上架作业。

（10）拆立杆要先抱住立杆再拆开最后两个扣，拆除大横杆、斜撑、剪刀撑时，应先拆中间扣，然后托住中间，再解端头扣。连墙杆应随拆除进度逐层拆除，拆抛撑前，应用临时撑支住，然后才能拆抛撑。

（11）大片架子拆除后所预留的斜道、通道等，应在大片架子拆除前先进行加固，以便拆除后能确保其完整、安全和稳定。

（12）拆除时严禁撞碰脚手架附近电源线，以防止触电事故发生。拆除时不得碰坏门窗、玻璃、外墙立管等物品。

（13）拆下的材料，应用绳索栓住杆件利用滑轮徐徐下运，严禁抛掷至地面，运至地面的材料应按指定地点，随拆随运，分类堆放，当天拆当天清，拆下的扣件或铁丝要集中回收处理。

（14）在拆架过程中，不得中途换人，如必须换人时，应将拆除情况交待清楚后方可离开。

六、质量保证措施

（一）构配件的检查与验收

（1）新钢管的检查：应有产品合格证和质量检验报告；钢管表面应平直光滑，不得有裂缝、结疤、分层、错位、硬弯、毛刺、压痕、深的划道等；钢管外径、壁厚、端面等偏差符合规范。

（2）旧钢管的检查：表面锈蚀深度、弯曲变形要符合规范规定。

（3）扣件的验收：扣件进入施工现场应检查产品合格证，并应进行抽样复试，技术性能应符合现行国家标准《钢管脚手架扣件》GB15831的规定；旧扣件有裂缝、变形严重的不得使用，出现滑丝的螺栓必须更换；新旧扣件均要进行防锈处理。

（4）脚手板的检查：宽度不小于20 cm，厚度不小于50 mm，腐朽的脚手板不得使用。

（二）脚手架的检查与验收

（1）脚手架及其基础检查验收的时间：基础完工后及脚手架搭设前；作业层上施加荷载前；达到设计高度后；遇有六级大风及大雨后；停用超过一个月。

（2）脚手架使用过程中，应定期进行检查：杆件的设置和连接，连墙件、支撑、门洞口处等的构造；地基是否积水，底座是否松动，立杆是否悬空；扣件螺栓是否松动；安全防护措施是否符合要求；是否超载。

（3）脚手架搭设检查项如下表。

实例二表 6　脚手架搭设及验收质量标准

项目		技术要求	容许偏差	检查方法
地基基础	表面	坚实平整	/	观察
	排水	无积水		
	垫板	不滑动		
	底座	不沉降	-10mm	
立杆垂直度	最后验收垂直度偏差 Hmax=82m	/	±100mm	经纬仪或吊线、卷尺
	搭设中检查		不同高度的容许值	
	H=2m		±7mm	
	H=10m		±50mm	
	H=20m		±75mm	
间距		步距	±20mm	钢板尺
		柱距	±50mm	
		排距	±20mm	
纵向水平杆高差		一根杆的两端	±20mm	水平仪或水平尺
		同跨内两根杆高差	±10mm	
双排脚手架横向水平杆外伸长度偏差		外伸 500 mm	—50	钢板尺
扣件安装		主节点处各扣件中心点距离	a≥500 mm	钢板尺
		同步立杆上两个相隔接头扣件的高差	a≥500 mm	
		立杆上的接头扣件至主节点的距离	a≤h/3	钢卷尺
		纵向水平杆上的接头扣件至主节点的距离	a≤h/3	
		扣件螺栓拧紧扭力矩 40～65N·m	/	扭力扳手
剪刀撑斜杆与地面倾角		45～60 度	/	角尺
脚手板外伸长度		对接 a=130～150 mm l≤300 mm	/	钢卷尺
		对接 a≥100 mm　l≥200 mm	/	

七、成品保护措施

（1）在外架施工时不得在楼板结构上乱仍钢管，不得破坏已完工程成品。

（2）在施工过程中不得随意拆除外架拉杆、横杆，有局部妨碍施工的部位必须经过安全员同意并另行加固后再行拆除。

（3）在施工时操作工人不得在架子上打闹、大声喧哗、敲打钢管。

（4）安全网悬挂整齐、美观、牢固。钢管涂刷的油漆颜色均匀、美观，采用红白相间油漆涂刷。

八、安全施工管理措施

（1）项目安全员要积极监督检查逐级安全责任制的贯彻和执行情况，定期组织安全工作大检查。

（2）外架施工前项目安全员必须对所有架子工人进行安全交底，并对安全知识进行考核，不合格者严禁上岗。脚手架安装、拆除人员必须是经考核合格的专业架子工，做到持证上岗。同时做好教育记录和安全施工技术交底。

（3）现场施工人员必须按规定佩带工作证，戴好安全帽。工作期间不得饮酒、吸烟，要严格遵守工地的各项规章制度。

（4）在脚手架搭设和拆除过程中，下面必须设警戒线，在警戒线以内，严禁人员施工、行走，外围有人指挥。

（5）钢管上严禁打孔。在脚手架使用过程中严禁拆除主节点处的纵、横向水平杆，纵、横向扫地杆及连墙杆。

（6）搭拆脚手架时，工人必须戴好安全帽，佩带好安全带，工具及零配件要放在工具袋内，穿防滑鞋工作，袖口、裤口要扎紧。

（7）六级（含六级）以上大风、高温、大雨、大雪、大雾等恶劣天气，应停止作业。雨雪后上架作业要采取防滑措施，并扫除积雪。

（8）脚手板要铺满、铺平，不得有探头板。作业层的挡板、防护栏杆及安全网不得缺失。严格控制施工荷载，确保较大的安全储备，同时施工荷载不大于 $2kN/m^2$（$200kg/m^2$）。严禁在脚手架上堆放材料、垃圾。

（9）搭设脚手架起步时应设临时抛撑，同时设一道随架子搭设高度提升的安全网。

（10）安全通道的出入口均用密目安全网防护严密，防护棚上满铺脚手板和密目安全网。

（11）拆卸脚手架时应分段、分区、逐层拆卸。钢丝绳必须在其上的全部可拆杆件都拆除后方可拆除。拆除过程中，凡已经松开连接的配件必须及时拆除运走，避免误扶、误靠已松脱的连接杆件。严禁搭设和拆除脚手架的交叉作业。

（12）须有良好的防电、避雷装置。

（13）架子搭设完毕需经验收合格后方可使用。

（14）不得将模板支架、缆风绳、混凝土泵管等固定在脚手架上。严禁悬挂起重设备。

（15）脚手架使用期间严禁拆除主节点处的纵、横向扫地杆、水平杆以及连墙件。

（16）脚手板应铺设牢靠、严实，并应用安全网双层兜底。施工层以下每隔10m应用安全网封闭。

九、文明和环保施工管理措施

（1）按照陕西省建设工程安全文明样板工地的标准施工，重点控制现场的布置、文明施工、污染等。

（2）保持场容整洁，材料分类码放整齐，拆下的钢管、卡子按照规格码放，有防雨防潮措施，各种机械使用维修保养定人定期检查，保持场地整洁。

（3）杆、架板、扣件运至现场后，如用起重机械提升就位，应有专人指挥，专人负责，放置在指定地点；如工人卸车摆放，应轻拿轻放，排列整齐，严禁打开车挡板后，任其由车上滚落到地下。

（4）施工时操作工人不得在架子上打闹、大声喧哗、敲打钢管严格控制噪音、粉尘以及光污染，夜间施工禁止大声喧哗。

（5）脚手架外侧钢管，钢管上的砼及时清理，按照规定涂刷油漆，不得乱涂乱画。

（6）保养卡子用的机油等材料不得乱放，更不得污染其它成品。

实例三 ××工程门式脚手架安全专项施工方案

一、编制依据

（一）施工组织设计

××工程施工组织设计。

（二）施工图纸

××工程施工图。

（二）施工规程、规范

名称	编号	类别
钢管脚手架扣件	GB15831-2006	国标
普通碳素结构钢	GBT/700-2006	国标
混凝土结构工程施工质量验收规范	GB50204-2002（2011 版）	国标
混凝土结构工程施工规范	GB50666-2011	国标
建筑施工安全检查标准	JGJ59-2011	行标
建筑施工门式钢管脚手架安全技术规范	JGJ128-2010	行业
建筑施工高处作业安全技术规范	JGJ80-91	行业
建筑施工扣件式钢管脚手架安全技术规范	JGJ130-2011	行业
施工现场临时用电安全技术规范	JGJ46－2005	行业
北京市建筑工程施工安全操作规程	DBJ01-62-2002	地标
建设工程施工现场安全防护、场容卫生及消防保卫标准	DB11/945-2012	地标
建筑施工拱构型门型脚手架安全技术标准	Q/YIC01-2003	企标

（三）其它

名称	编号
中华人民共和国建筑法	中华人民共和国主席令第 46 号
建设工程安全生产管理条例	国务院令第 393 号
危险性较大的分部分项工程安全管理办法	建质（2009）87 号
《北京市实施<危险性较大的分部分项工程安全管理办法>规定》	（京建施〔2009〕841 号）
建设工程施工现场管理办法	北京市政府令 72 号

二、脚手架搭设概况

本工程脚手架是为满足主体结构施工及外装修施工需要设计，脚手架采用封闭式脚手架搭设方案。由于肥槽来不及回填，故采用分段式悬挑。

6#楼：第一段在 2 层顶板部位设置悬挑三角托架，脚手架搭设到 14 层，脚手架搭设高度36.0m；第二段在 14 层顶板部位设置三角托架，脚手架搭设到楼顶，脚手架搭设高度34.8m。在 9 层和 20 层做钢丝绳卸荷。

8#楼：第一段在 3 层顶板设置悬挑三角托架，脚手架搭设到 14 层，脚手架搭设高度33.0m；第二段在 14 层顶板部位设置三角托架，脚手架搭设到楼顶，脚手架搭设高度31.7m。在 9 层和 20 层做钢丝绳卸荷。

9#楼：第一段9-3轴在 3 层顶板部位设置悬挑三角托架，其余部位在 4 层顶板设置悬挑三角托架，脚手架搭设到 14 层，脚手架搭设高度32.5m；第二段在 14 层顶板部位设置三角托架，脚手架搭设到楼顶，脚手架搭设高度31.4m。在 9 层和 20 层做钢丝绳卸荷。

10#楼：第一段10-P轴、10-1轴、10-11轴在 3 层顶板部位设置悬挑三角托架，其余部位在 4 层顶板设置悬挑三角托架，脚手架搭设到 14 层，脚手架搭设高度32.5m；第二段在 14 层顶板部位设置三角托架，脚手架搭设到楼顶，脚手架搭设高度31.4m。在 9 层和 20 层做钢丝绳卸荷。

施工荷载标准值：$Q_K = 2KN/m^2$

脚手架使用时间：2014 年 11 月 15 日-2015 年 10 月 15 日

三、施工安排

（一）外架方案设计

标准层外脚手架考虑主体结构和装修阶段共同使用，采用拱构型门式钢管脚手架。门式脚手架的跨距为 1.83m，步距1.70m，宽度为 0.8m。脚手架内排立杆距主体结构外边缘的距离为400mm。

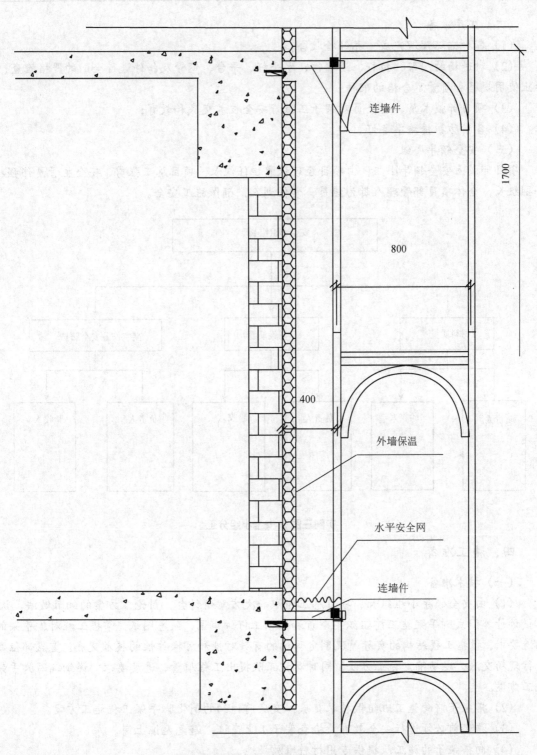

实例三图 1 脚手架与外墙间安全防护图示

说明：水平安全网设置在脚手架与外墙间，每 3 层结构设置一道

（二）工序准备

（1）各种锚环预埋完成，并经验收合格；

（2）对进场的门架、拉杆、连墙件、水平杆、平台、钢管及扣件进行全面的严格检查，禁止使用规格和质量不合格的配件；

（3）项目部技术员、安全员对架子工做好安全技术交底和教育；

（4）各种防护措施准备好。

（三）安全领导小组

项目部成立安全领导小组，由项目经理张鼐担任组长，项目总工张勇、安全主管夏伟强担任副组长，全体项目部管理人员为组员，责任到人，确保施工安全。

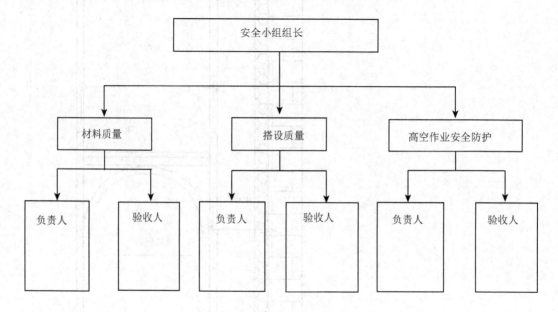

实例三图 2　安全小组分工

四、施工准备

（一）技术准备

（1）由安全领导小组组长、项目总工组织一次方案研讨会，讨论本方案的细节做法。认真设计计算门式脚手架施工前组织安全员和架子工仔细审图，熟悉图纸，掌握工程对脚手架的构造要求，根据工程结构的实际情况制定详细的有针对性和可操作性的技术交底。重点部位要进行现场交底，现场确定施工方法。同时对施工队提出工程质量、进度要求，详细编写脚手架施工方案。

（2）搭架子前向施工班组做技术交底，交底前详细的消化脚手架工程施工方案。

（3）施工前必须进行安全教育，检查架子工上岗证，避免无证上岗。

（4）向搭架子的施工队提供专用材料堆放场地。

（5）由于施工现场场地较小，仔细计算好所需材料的数量，随用随进场。尽量保证现场少堆放架子材料。

（6）门式脚手架材料进场后，现场仔细检查质量。质量要求如下：

门架立杆：弯曲（门架平面处）≤3mm，壁厚≥2.2mm，立杆尺寸变形±4mm，无锈蚀。

门架横杆：无弯曲，壁厚≥2.2mm，无锈蚀。

脚手板：无裂纹，脚手板纵向角铁和铺面扁铁焊接完好。

交叉杆和拉杆：弯曲≤3mm，端部插孔周边无裂纹，中部铆接状况良好，铆接和端部插孔部位无弯折损伤。

对不符合要求的材料集中码放并进行退货。

（二）人员准备

架子工 20 人，架子工长 2 名，安全巡查员 1 名，全部架子工均持证上岗。

（三）材料准备

（1）门式脚手架材料应有产品质量合格证，并进行进场检查验收。

（2）经检验合格的构配件应按品种、规格分类码放整齐，堆放场地不得有积水。

（3）主要材料计划表：

实例三表 1　主要材料计划表

序号	名称	规格	数量	单位	进场时间	备注
1	拱构型门架	1.83×1.75×0.8m	24900	个	11.20	
2	平台	挂扣式脚手板	23500	块	11.20	
3	交叉杆		23500	条	11.20	
4	水平杆		23500	条	11.20	
5	连墙件	Φ42	2220	条	11.20	
6	钢管	Φ42	2500	米	11.20	
7	扣件	42 旋转扣件	500	个	11.20	
		十字扣件	3800	个	11.20	
8	安全网	1.8m 宽	70000	m²	11.20	
9	膨胀螺栓	Φ12	2220	个	11.20	拉结件固定
10	膨胀螺栓	M16	1620	个	11.20	三角托架固定
11	钢筋地锚	Φ18	5	t	11.20	斜拉钢丝绳
12	三角托架	Z4513-4515	726	个	11.20	二道悬挑
13	三角托架	X45118	84	个	11.20	二道悬挑
14	钢丝绳	12.5	810	米	11.20	斜拉（6 米）
15	绳卡	Φ12.5	6480	个	11.20	

（四）节点工期安排

实例三表 2　节点工期安排表

楼号	6#	8#	9#	10#
首次悬挑	2014.11.30	2014.12.20	2014.11.20	2014.11.20
二次悬挑	2015.3.15	2015.4.5	2015.2.28	2015.2.28

五、主要施工方法和工艺

（一）外架形式及设计参数

1. 拱构型门架设计参数

拱构型门架构配件组成主要包括：拱构型门架、U 型扦销、挂扣式脚手板、安全栏杆、交叉支撑、连墙件、可调底座、纵横向水平杆、安全网等。上述构配件材质、规格必须符合企业标准相关规定。

2. 拱构型门架构造

拱构型门架由门架、挂扣式钢制脚踏板（兼水平杆作用）、交叉拉杆（密布式剪刀撑）、安全栏杆（兼挡脚杆作用）组成，并设置连墙件，使整个外排架与建筑物结合连为一体。

（1）架体搭设构造：跨距为 1.83m；步高为 1.70m；宽度为 0.8m。

（2）连墙件：随楼层高度隔跨设置，呈梅花形布置，采用刚性作法靠近横杆设置。

（3）门架：门架内排立杆距结构外沿净距取 400mm。上、下门架对接用销杆紧锁牢。

（4）脚手板：架体每层均满铺挂扣式脚手板，并扣紧横杆。

（5）水平架：架体每步架内设置挂扣式脚手板兼具水平架作用。

（6）封口杆及扫地杆：在距基础门架腿下端 200mm 处设封口杆和扫地杆。

（7）交叉支撑：在架体外侧每步、每跨距内设置一组。这样既保证了架体的整体性，又起到很好的防护作用；故不需要单独设置外剪刀撑。

（8）挡脚板或挡脚杆的设置：由于脚手架外侧设置有水平拉杆，水平拉杆距操作面 35cm，符合要求（20cm—40cm），起到挡脚杆的作用，故不须另设置挡脚板。

（9）安全网：门架外侧满挂绿色密目网。在脚手架内侧与结构间设置水平兜网，水平安全网按照竖向每 3 层设置一道。

（10）三角托架：长度 1300mm，靠墙边长 450mm；采用 L50mm×50mm×4 角钢焊接。

（11）卸荷钢丝绳：采用 Φ12.5 的钢丝绳，根据设计楼层位置按照每 3 跨设置一处。

3. 架体基础

三角托架在楼层顶板进行设置，规格为 Z4513/Z4515/X4518。三角托架上面设置 2 道[6.3 水平槽钢，开口向下与三角托架进行点焊。槽钢上面满铺脚手板或胶合板，作为门式脚手架的基座。每根门架立杆下面设置一个三角托架（偏差不超过 200mm）。

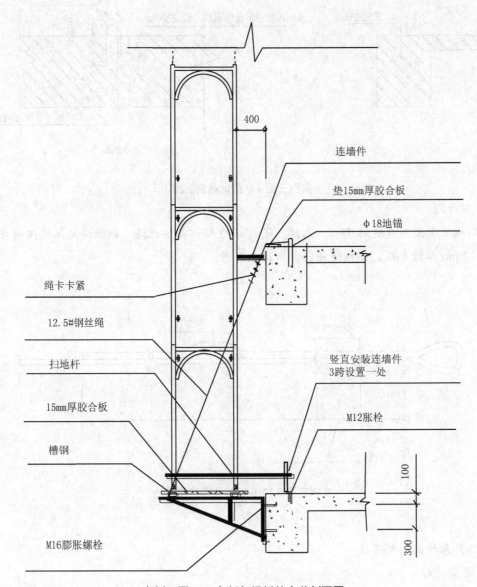

400

连墙件

垫15mm厚胶合板

φ18地锚

绳卡卡紧

12.5#钢丝绳

扫地杆

竖直安装连墙件
3跨设置一处

15mm厚胶合板

M12胀栓

槽钢

100

M16膨胀螺栓

300

实例三图 3　三角托架梁板处安装剖面图

4. 地锚做法

三角托架使用钢丝绳斜拉在上一楼层结构边梁上对应部位进行卸荷，且在上层结构边梁上对应部位混凝土浇筑前预埋地锚环，地锚环预埋方向与边梁平行放置。

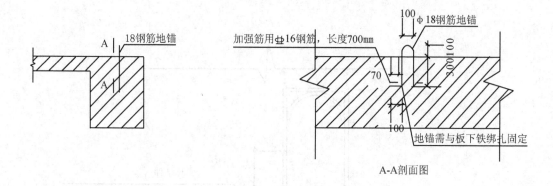

实例三图 4 U 型地锚剖面图

5. 钢丝绳

在顶板混凝土强度达到 75% 以上时，张拉 Φ12.5# 卸荷钢丝绳，钢丝绳与结构阳角接触部位加垫 12mm 厚胶合板。钢丝绳锁扣做法详见下图：

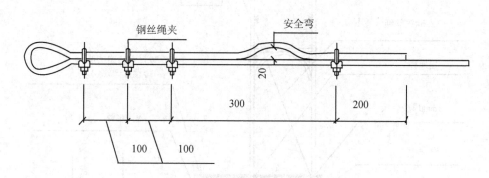

实例三图 5 12.5mm 钢丝绳锁扣做法

（二）悬挑式门架搭设

1. 安装流程

安装三角托架 → 电焊水平槽钢 → 铺安全平网及木板 → 安装可调支座 → 架立门架 → 安装交叉支撑 → 安装交脚踏板 → 安装扫地杆和封口杆 → 与结构拉结 → 接高门架 → 安装交叉支撑 → 与结构拉结 → 挂安全网 → 照上述步骤，逐层向上安装 → 验收

2. 三角托架施工方法：

（1）三角托架设置在边梁处，采用 M16 螺栓固定在边梁上。

（2）三角托架上铺设至少两道[6.3 槽钢，用 12 号铁丝绑扎或与三角托架点焊。

（3）三角托架端头采用 Φ12.5 钢丝绳斜拉，通过在梁顶部预埋环或者抱柱子等方法与主体结构拉接。

（4）预埋在上层梁上的地锚采用 $\Phi18$ 钢筋环。斜拉钢丝绳拉结点的位置应在梁或柱子上，承载力不足的结构部位禁止安装斜拉钢丝绳。

3. 安装可调底托：选取一个角部为开始点，向两边延伸交圈搭设；门架组立搭设时，第一层架（基础架）必须装设可调整底座，可使门架立杆接触面增大，并可方便施工作业以达水平与垂直度工艺的要求，使外脚手架得到平行和稳定。

4. 架立门架并随即安装交叉支撑：安装完第一跨门架的可调支座后，随即进行第一跨门架的架立，随架立门架便随即进行交叉支撑的安装；交叉拉杆与安全栏杆的架设是使整个架体达到整体性连结的重要配件，兼俱施工人员在施工操作面上的安全防护。对于中间部位，不足一跨时，使用半跨门架进行搭设，半组架尽可能设置在小立面，且上下必须一致，相邻门架采用钢管扣件连接。

5. 铺钢制扣挂式脚踏板，应与搭门架同步进行。每层设置，既是作业层板，又是形成构架刚度和稳定承载能力的构架组件。

6. 架设扫地杆或水平杆：为使第一层架（基础架）的立杆更为稳固且连为一体，在完成架体要求后，立即架设扫地杆；水平杆安装不得滞后于架体一步。

7. 安装连墙件：采用刚性作法，$\Phi42$ 钢管特制连墙件靠近门架各杆件节点处设置。按竖向随楼层高度，水平向 2 跨布置，最大水平间距不大于 3.66m，竖向间距不大于 3.4m。

连墙件的搭设应符合下列规定：

（1）连墙件的设置必须与手架搭设同步，严禁滞后或搭设完毕后补做；

（2）当脚手架连墙件滞后于操作层两步以上时，应采用确保脚手架稳定的临时拉结措施，并直到该层段连墙件搭设完毕后，方可拆除；

（3）连墙杆垂直墙面设置，不得向上倾斜，连墙件与墙身连接部分须牢固可靠。

（4）连墙件和加强（固件）等与门架采用扣件连接，应符合下列规定：

1）扣件规格应与所连钢管杆件的外径相匹配；

2）扣件螺栓拧紧扭力矩为 45～60N·m；

3）各杆件端头伸出扣件盖板边缘长度不应小于 100mm。

4）连墙件与门架连接处应尽量靠近门架拱形加强杆。

5）搭设时转角处两向门架立杆必须紧靠加固，用"8"字扣件扣牢，采用直角扣件与连墙件连接，以加强其整体性。

8. 施工过程中作业层临时拉接采用抛撑形式，做法如图：

9. 脚手架应沿建筑物周围连续、同步搭设升高，在建筑物周围形成封闭结构；如不能封闭时，在脚手架两端应增设连墙件，按每层楼增设一连墙件。

10. 顶板混凝土强度达到 75% 以上时，张拉 $\Phi12.5#$ 钢丝绳以起到卸荷及安全保护作用，钢丝绳与结构阳角接触部位加垫 12mm 厚胶合板。

11. 满挂密目安全网：密目网采用 1.8m 宽的，竖向绑挂，上下对接。

（1）安全网绑扎所使用的铁丝，不能使用扎丝，而应当使用 18#或以上铁丝，以保证连接的强度。没有铁丝，用尼龙绳也可代替。但必须考虑绑扎后的牢固程度和经受日照雨淋。

（2）相邻两片安全网的联系，应当主要依靠网间预留拴拉孔与孔之间的连接。在无法接连的情况下，也可采用穿越网间的方式绑扎。

（3）安全网绑扎好后，相邻的安全网无论上、下、左、右都应达到无缝连接，不允许出现有空隙的情况。凡有空隙的地方，必须用安全网补齐。

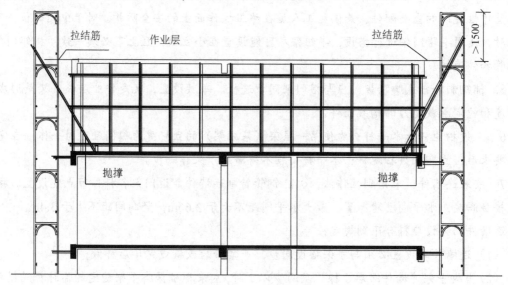

实例三图 6 作业层剖面图

12. 架体与结构间的水平防护采用安全兜网，每 3 层楼沿结构外檐设置一道，靠结构侧在楼板上用预埋 Φ8 以上钢筋固定，另一边和门架立杆固定。

13. 搭设高度随工程进度，完成搭设高度必须高于施工作业面 1.5m 以上，以防护施工人员安全。

14. 出料平台处门架加固做法

（1）出料平台不得与脚手架立杆进行接触，底部要求与架体保持距离，不得直接压落到架体上部，小间距不得小于 200mm。

（2）在出料平台处，需拆除脚手架交叉杆、拉杆。先在需要拆除交叉杆、拉杆部位的相邻门架立杆上下设置水平杆加固杆，并增设拉接点保证门架稳定，然后再进行拆除。

（3）出料平台由项目部单独设计专项方案。

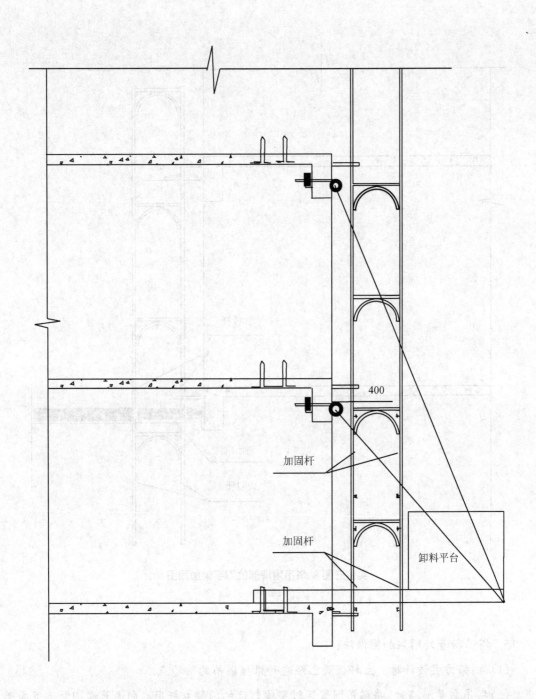

400

加固杆

加固杆

卸料平台

实例三图 7 卸料平台部位脚手架加固图

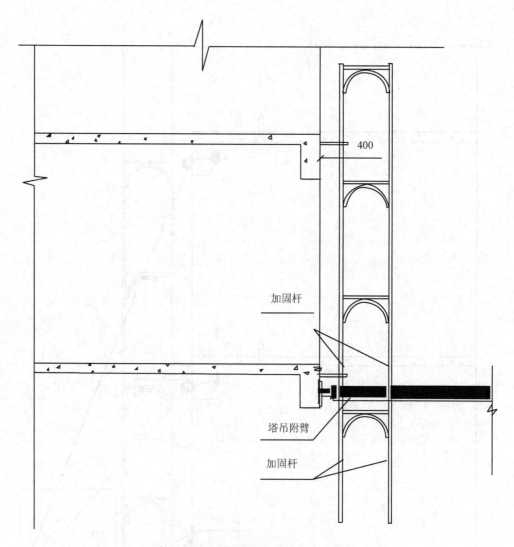

实例三图 8 塔吊附墙部位脚手架加固图

15．塔吊附着处门架加固做法：

（1）门架方案设计时，立杆位置已经避开根据塔吊的附墙点。

（2）塔吊需要附墙时，将塔吊附臂穿过架体部位的门架立杆用纵向通长横钢管上下加固。

（3）将塔吊附臂穿过架体部位的门架交叉杆、拉杆拆除。

16．施工电梯位置加固做法：

（1）对项目部确定的施工电梯位置左右两侧的门架立杆每层楼面设置连墙件，左右连续两根立杆。

（2）将需要安装电梯部位的门架拆除掉。

（3）电梯防护架搭设完成后，补齐门架与电梯防护架之间的空档。

17．外墙柱处模板与外架关系图(略)

18．验收：由项目总工组织，质检员、安全员、工程管理人员对外架验收合格后方可使用。

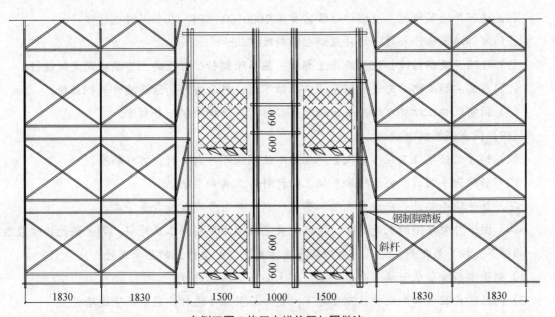

实例三图 9 施工电梯位置加固做法

（三）门架使用的注意事项

1．施工使用期间不得拆除交叉支撑、连墙件、栏杆和加固杆件（水平加固杆、扫地杆、封口杆等）；

2．作业需要时，临时拆除交叉支撑或连墙件应经公司技术安全部门批准，经批准可拆时要符合下列规定：

（1）交叉支撑只能在门架一侧局部拆除，临时拆除前，应对拆除交叉支撑的门架进行临时加固。作业完成后，应立即恢复拆除的交叉支撑；拆除时间较长时，还应加设扶手或安全网；

（2）只能拆除个别连墙件，在拆除前、后应采取安全加固措施并应在作业完成后立即恢复；不得在竖向或水平向同时拆除两个及两个以上连墙件。

3．关于交叉作业的注意事项：

（1）当主体结构还在施工时，在脚手架搭设过程中，必须与主体结构施工方面进行协调，在主体结构没有外墙作业的流水段搭设脚手架，以保证人员安全施工。

（2）因脚手架为辅助作业设施，固在施工过程中若有必须拆除及补搭的地方要及时通知项目部，在经同意后派专人协助。

（3）作业层上施工荷载应符合设计要求，不得超过 2KN。严禁在脚手架上集中堆放模板、钢筋等物料。

（4）为了保证脚手架安全，严禁利用外脚手架承担侧向荷载。

（5）进行外墙装修时，连墙件位置需要留 100h100 方洞，在拆架时进行修补。

4．门架外墙装修修补时连墙件及钢丝绳拆改方法：

（1）连墙件及钢丝绳拆改只能在上部脚手架拆除到拆改部位的上 2 层楼高度时进行。

（2）在需要拆改楼层先进行门窗洞口拉结牢固，然后方可拆除连墙件及钢丝绳。

（3）门窗洞口拉结件在脚手架拆除到此部位时，随脚手架一并拆除。

（四）门式架的拆除

（1）脚手架经单位工程负责人会同使用单位确认不再需要时，方可拆除。

（2）拆除脚手架前，应清除脚手架上的材料、工具和杂物。

（3）拆除脚手架时，应设警戒区和警戒标志，并由专职人员负责警戒。

（4）由于外装修用的也是此架，须在外装完成后方可拆除本层外架。脚手架的拆除应在统一指挥下，按后装先拆，先装后拆的顺序进行及下列安全作业的要求进行；

1）脚手架拆除应从一端走向另一端，自上而下逐层地进行；

2）同层的构配件和加固件按先上后下，先外后里顺序进行，最后拆除连墙件；

3）拆除过程中，脚手架自由悬臂高度不得超过两步，否则，应加设临时拉结；

4）连墙件、加强杆、卸荷钢丝绳等，必须在脚手架拆卸到相关门架时方可拆除；

5）工人应站在下层脚手板上进行本层的拆卸作业，按规定使用安全防护用品；

6）拆除工作台中，严禁使用榔头等硬件出打、撬挖、拆下的连接棒、螺栓和扣件等应放入袋内，整袋吊下或运出，严禁向地面抛掷；

7）解开连结的门架、杆件和配件，必须及时取下、运出或吊下，严禁悬于架上；

8）严禁作业人员在未卸下已拆物件和对已开拆架体未作临时安全拉结的情况下，擅自离开和下班。

六、门式架验收流程及质量要求

(一) 施工检验流程图

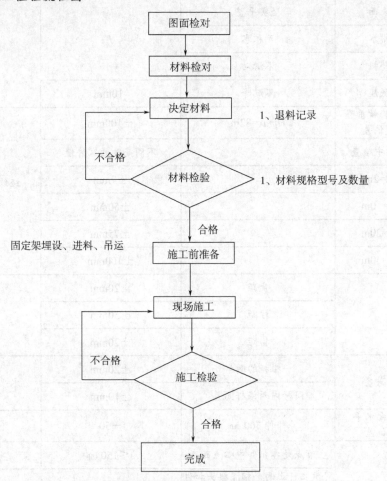

实例三图 10 施工检验流程图

(二) 验收流程

班组自检合格→报项目由安全组→项目部组织技术、质量、生产人员进行联合验收合格→报监理进行验收

(三) 质量要求

(1) 脚手架搭设完毕或部分搭设完毕，应按标准对脚手架的构造、搭设规定和标准规定进行检查，经检查验收合格后方可交付使用。

(2) 脚手架工程的验收，应进行现场检查，检查应着重以下各项，并记入施工验收报告：

(3) 构配件和加固件是否齐全，质量是否合格，连接和挂扣是否坚固可靠、安全网的张挂设置是否齐全、基础是否平整坚实、支垫是否符合规定、连墙件的数量、设置是否符合要求；

(4) 垂直度及水平度是否合格，脚手架搭设的垂直度与水平允许偏差应符合标准相关要求：

实例三表 3 脚手架搭设垂直度与水平度及最大允许偏差

项目		技术要求	容许偏差	检查方法
地基基础	表面	坚实平整	/	观察
	排水	无积水		
	垫板	不滑动		
	底座	不沉降	-10mm	
立杆垂直度	最后验收垂直度偏差	$Hmax=82m$	±100mm	经纬仪或吊线、卷尺
	搭设中检查		不同高度的容许值	
	H=2m		±7mm	
	H=10m		±50mm	
	H=20m		±75mm	
	H=30m		±100mm	
间距		步距	±20mm	钢板尺
		柱距	±50mm	
		排距	±20mm	
纵向水平杆高差		一根杆的两端	±20mm	水平仪或水平尺
		同跨内两根杆高差	±10mm	
双排脚手架横向水平杆外伸长度偏差		外伸 500 mm	-50	钢板尺
扣件安装		主节点处各扣件中心点距离	a≤150 mm	钢板尺
		同步立杆上两个相隔接头扣件的高差	a≥500 mm	钢卷尺
		立杆上的接头扣件至主节点的距离	a≤h/3	
		纵向水平杆上的接头扣件至主节点的距离	a≤la/3	
		扣件螺栓拧紧扭力矩 40~65N²m	/	
		45~60 度	/	
		对接 a=130~150 mm l≤300 mm	/	
		对接 a≥100 mm l≥200 mm	/	

检查方法：水准仪、经纬仪或线坠、钢直尺

（5）每天对脚手架进行一次巡视检查，每次大风或雨后应对脚手架进行全面检查，防止意外情况发生。

七、应急预案

（一）安全应急工作组织机构

为科学安排环境和职业健康安全管理工作，明确各岗位职责，使之在管理工作中互相协调，各司其责，促进本项目环境和职业健康安全管理工作的有效开展，项目部成立安全应急救援小组，在政府有关部门及公司相关部门的领导监督下，形成纵、横管理网络。项目环境与职业健康安全应急救援小组成员及分工如下：

组长：×××

副组长：×××

组员：×××、×××

（二）救援小组各岗位职责

（1）安全应急救援小组组长岗位职责：

1）负责组织项目人员进行安全应急救援预案的编制。

2）负责项目潜在的事故或紧急情况发生时组织应急小组，按照应急预案组织抢救工作。

3）监督并抽查项目应急准备工作的实施情况。

4）参与项目事故的的调查，并对项目预案提出修正意见。

5）负责事故的调查处理。

6）向上级机关汇报安全事故。

（2）安全应急救援小组副组长岗位职责：

1）负责参与安全应急救援预案的编制并协助组织实施。

2）在应急小组组长不在施工现场时，负责项目潜在的事故或紧急情况发生时组织应急小组，按照应急预案组织抢救工作。

3）负责将安全应急救援预案的内容向项目管理人员交底。

4）负责按安全应急救援预案落实岗位责任、应急器材、应急人员。

5）参与事故的调查处理。

（3）施工组安全应急救援小组成员岗位职责：

1）防止与纠正措施的制定与实施并监督。

2）负责向施工作业队进行交底。

3）组织环境与职业健康工作的具体实施。

4）检查安全应急器材、应急人员。

5）向项目领导报告事故。

6）负责按照安全救援小组领导要求处理紧急事务。

实例三表4 应急救援领导小组成员名单

序号	职务	姓名	负责内容
1	项目经理	×××	对项目部管理人员进行明确分工，各司其职
2	总工程师	×××	负责电动吊篮施工方案的总体框架的确定
3	安全总监	×××	全面负责吊篮施工安全工作
4	工程经理	×××	负责现场管理、工程进度工作
5	材料室	×××	吊篮材料的进场及验收
6	土建技术	×××	制定详细的施工方案并负责吊篮施工全过程的技术指导与监督
7	专职安全员	×××	负责吊篮施工安全工作及相关内业资料
8	土建质检员	×××	现场施工质量检查
9	综合室主任	×××	施工现场后勤保障工作

（三）应急信息资源

（1）保证通讯设备在事故发生时能应用和畅通通讯设备保证通畅，可保证在事故发生时能及时向有关部门、单位拨打电话报警报救。

1）急救电话：120

2）消防报警电话：119

3）公安报警电话：110

（2）电话报救须知

拨打电话时须尽量说清楚以下几件事：

1）说明伤情和已经采取了些什么措施，好让救护人员先做好急救的准备。

2）讲清楚伤者（事故）发生在××区××路与××路口西北侧的××村地区5#地规划项目中铁建设集团工地。

3）说明报救者单位、姓名或项目电话的电话，以便救护车找不到所报地方时，随时用电话联系。基本打完报救电话后，应问接报人员还有什么问题不清楚，如无问题才能挂断电话，通完电话后，应派人在现场外等候接应救护车，同时把救护车进事故现场的路上障碍及时给予清除，以利救护车到达后，能及时进行抢救。

（3）就近医院路线本工程位于××市××区××乡管辖内，工地现场东南方向约1.5公里路程是××医院，现场出现人员伤害事故及时送往该院进行治疗抢救。具体路线如下：

项目部东大门右转——向南4200米到路口——左转向东800米到××路——右转向南550米路东即到医院

（四）脚手架事故人员伤害应急预案

1. 紧急处置程序

本应急预案是为预防和控制潜在的脚手架坍塌、人员坠落等紧急情况做好应急准备，一旦发生能及时、有效的实施应急响应，使人员伤害得以减少和控制。

（1）工地如突发因工重伤、死亡事故，应由专人组织抢救伤员、保护现场，并以最快方式向项目部领导小组报告，领导小组应立即向公司、北京安全监督部门报告简要情况。

（2）如认定重伤或死亡事故，安全员负责保护现场并负责绘制事故现场平面图和提供有关资料。

（3）安全员、项目经理填写事故报告。

（4）各级人员认真配合上级和政府主管部门人员勘察现场，开展事故调查。

（5）调查重伤事故由项目经理组织事故调查组，并在 10 天内提出事故报告报公司安全部。

（6）轻伤事故由安全员填写调查分析报告。

（7）项目部发生重伤事故，项目经理要召开专题会议，通报事故经过、原因，应吸取教训、总结经验，提出预防和改进措施，强化安全生产管理的要求，预防同类事故再次发生。

2. 紧急处理

（1）发生人身意外伤害时需采取的相应措施：

1）现场发生人员以外伤害事故，不要慌乱，安排专人守在伤员前进行临时救护。工程经理负责与急救中心联系说明伤员所处地点、行车路线及所在地点的明显标志。接车工作由安全员负责。

2）如现场发生人身意外伤害事故，如当事人没有自觉症状，不要轻易放走当事人，要对其进行全面检查并观察 24 小时，确定没有损伤时才能视为正常。

3）伤者已失去知觉但尚有心跳和呼吸的抢救措施：应使其舒适地平卧着，解开衣服以利呼吸，四周不要围人，保持空气流通，冷天应注意保暖，同时立即请医生前来或送往医院诊治。若发现触电者呼吸困难或心跳失常，应立即实行人工呼吸及胸外心脏挤压。

4）对"假死"者的急救措施：当判定触电者呼吸和心跳停止时，应立即按心肺复苏法就地抢救。方法如下：

①通畅气道。第一，清除口中异物。使触电者仰面躺在平硬的地方，迅速解开其领扣、围巾、紧身衣和裤带。如发现触电者口内有食物、假牙、血块等异物，可将其身体及头部同时侧转，迅速用一只手指或两只手指交叉从口角处插入，从口中取出异物，操作中要注意防止将异物推到咽喉深入。第二，采用仰头抬颏法畅通气道。操作时，救护人用一只手放在触电者前额，另一只手的手指将其颏颌骨向上抬起，两手协同将头部推向后仰，舌根自然随之抬起、气道即可畅通。为使触电者头部后仰，可于其颈部下方垫适量厚度的物品，但严禁用枕头或其他物品垫在触电者头下。

②口对口（鼻）人工呼吸。使病人仰卧，松解衣扣和腰带，清除伤者口腔内痰液、呕吐物、血块、泥土等，保持呼吸道通畅。救护人员一手将伤者下颌托起，使其头尽量后仰，另一只手捏住伤者的鼻孔，深吸一口气，对住伤者的口用力吹气，然后立即离开伤者口，同时松开捏鼻孔的手。吹气力量要适中，次数以每分钟 16～18 次为宜。

③胸外心脏按压。将伤者仰卧在地上或硬板床上，救护人员跪或站于伤者一侧，面对伤者，将右手掌置于伤者胸骨下段及剑突部，左手置于右手之上，以上身的重量用力把胸骨下段向后压向脊柱，随后将手腕放松，每分钟挤压 60～80 次。在进行胸外心脏按压时，宜将伤者头放低以利静脉血回流。若伤者同时拌有呼吸停止，在进行胸外心脏按压时，还应进行人工呼吸。一般做四次胸外心脏按压，做一次人工呼吸。

5）对于骨折伤员，特别是怀疑颈椎、腰椎骨折的伤要做好固定，用硬板搬运，不得随意拉扯、扭曲身体搬运。

（2）急救

1）领导小组在得到因公伤害事故报告后，应立即组织救护，防止险情扩大。

2）伤情危机时送至就近医院进行抢救，指导原则为尽最大努力减少拖延时间，保证抢救及时，把损失降低到最低限度。

3）如现场无应急车辆，须打"120"请求急救车。

4）若医院路线不清，可要求"120"急救车送往指定医院。

5）伤员送往医院过程中，必须由安全员相陪，以避免产生不必要的麻烦，领导小组组员负责保护好现场，并及时通知有关领导及相关安全人员。

（3）总结与改进

1）对发生事故的原因进行调查和分析，提出事故责任人，并追究相关责任人的责任。

2）总结教训，找出薄弱环节，采取纠正和预防措施。

（五）消防应急抢险

本应急预案是为预防和控制潜在的火灾（特别是高层建筑防火、脚手架火灾）事故或紧急情况做好应急准备，一旦发生能及时有效的实施应急响应，使火灾得以控制和扑灭，以减少和控制人员伤亡和财产损失。

1. 人员培训和教育

（1）对员工进行基本防火知识教育。

（2）对义务消防员进行基本消防知识教育和消防器材的操作培训。

（3）安全员策划现场防火重点，消防设施和消防通道布置，绘制消防平面图。

（4）组织消防演习，主要演习消防器材的使用方法、人员和财务的疏散等内容。

2. 应急措施

（1）发生火灾，首先是迅速扑灭火源和报警，及时疏散有关人员，对伤者进行救治。

（2）火灾发生初期，是扑救的最佳时机，发生火灾部位的人员要及时把握好这一时机，尽快把火扑灭。消防报警电话：119。

（3）在扑救火灾的同时拨电话报警和及时向上级有关部门及领导报告。

（4）在现场的消防安全管理人员，应立即指挥员工撤离火场附近的可燃物，避免火灾区域扩大。

（5）组织有关人员对事故区域进行保护。

（6）及时指挥、引导员工按预定的线路、方法疏散、撤离事故区域。

（7）发生人员伤亡，要马上进行施救，将伤员撤离危险区域，同时打"120"电话求救。

（六）防止高处坠落事故的预防措施

（1）以预防坠落事故为目标，对于恐怕发生坠落事故等特定危险施工的同时，在施工前，制订防范措施，并应在日常安全检查中加以确认。

（2）凡身体不适合从事高处作业的人员，不得从事高处作业。从事高处作业的人员按规定进行体检和定期体检。

（3）严禁穿硬塑料底等易滑鞋、高跟鞋进入施工现场。

（4）作业人员严禁互相打闹，以免失足发生坠落事故。

（5）不得攀爬脚手架。

（6）进行悬空作业时，应有牢靠的立足点并正确系挂安全带。

（七）应急救援措施

（1）行人工呼吸，胸外心脏挤压。处于休克状态的伤员要让其安静、保暖、平卧、少动，并将下肢抬高约 20 度左右，尽快送医院进行抢救治疗。

（2）出现颅脑外伤，必须维持呼吸道通畅。昏迷者应平卧，面部转向一侧，以防舌根下坠或分泌物、呕吐物吸入，发生喉阻塞。有骨折者，应初步固定后再搬运。偶有凹陷骨折、严重的颅底骨折及严重的脑损伤症状出现，创伤处用消毒的纱布或清洁布等覆盖伤口，用绷带或布条包扎后，及时送就近有条件的医院治疗。

（3）发现脊椎受伤者，创伤处用消毒的纱布或清洁布等覆盖伤口，用绷带或布条包扎后。搬运时，将伤者平卧放在帆布担架或硬板上，以免受伤的脊椎移位、断裂造成截瘫，招致死亡。抢救脊椎受伤者，搬运过程，严禁只抬伤者的两肩与两腿或单肩背运。

（4）发现伤者手足骨折，不要盲目搬运伤者。应在骨折部位用夹板把受伤位置临时固定，使断端不再移位或刺伤肌肉，神经或血管。固定方法：以固定骨折处上下关节为原则，可就地取材，用木板、竹头等，在无材料的情况下，上肢可固定在身侧，下肢与腱侧下肢缚在一起。

（5）遇有创伤性出血的伤员，应迅速包扎止血，使伤员保持在头低脚高的卧位，并注意保暖。正确的现场止血处理措施：

1）一般伤口小的止血法：先用生理盐水（0.9%NaCl 溶液）冲洗伤口，涂上红汞水，然后盖上消毒纱布，用绷带，较紧地包扎。

2）加压包扎止血法：用纱布、棉花等作成软垫，放在伤口上再加包扎，来增强压力而达到止血。

3）止血带止血法：选择弹性好的橡皮管、橡皮带或三角巾、毛巾、带状布条等，上肢出血结扎在上臂上 1/2 处（靠近心脏位置），下肢出血结扎在大腿上 1/3 处（靠近心脏位置）。结扎时，在止血带与皮肤之间垫上消毒纱布棉纱。每隔 25～40 分钟放松一次，每次放松 0.5～1 分钟。

（6）动用最快的交通工具或其它措施，及时把伤者送往邻近医院抢救，运送途中应尽量减少颠簸。同时，密切注意伤者的呼吸、脉搏、血压及伤口的情况。

（八）物体打击事故的预防

（1）定期检查安全防护是否到位，及时修补破损安全网，及时恢复被破坏的安全防护部位，防止高空坠物发生。

（2）拆除或拆卸作业要在设置警戒区域、有人监护的条件下进行。

（九）脚手架基础下沉的预防

对于三角托架部位发生架体下沉时，在三角托架端头下面加设支撑杆，在架体上增加钢丝绳卸荷。

八、成品保护

（1）安装、拆除外架时注意材料轻拿轻放，不得破坏已完工程成品。

（2）在施工过程中不得随意拆除外架拉杆、横杆，有局部妨碍施工的部位必须经过安全员同意并另行加固后再行拆除。

（3）安全网悬挂整齐、美观、牢固，破损的安全网应及时更换。

九、安全、环保措施

（一）安全目标

无伤亡事故、无门架坍塌事故、无火灾事故。

（二）质量目标

一次验收合格。

（三）安全生产措施

（1）搭、拆脚手架必需由专业架子工担任，并按现行国家标准《特种作业人员安全技术考核管理规则》（GB5036）考核合格，持证上岗。上岗人员应定期进行体检，凡不适于高处作业者，不得上脚手架操作。

（2）作业时，应认真穿戴专业工种服装和防护用具，身系安全带，严禁穿拖鞋、硬底及带钉易滑鞋，袖口裤口应扣紧。

（3）脚手架经单位工程负责人检查验收并确认不再需要时，方可拆除。

（4）在靠近电流处搭设，必须先切断或迁移电流，然后才搭设。脚手架离高压输电线路应符合安全距离，否则应设置防护架和隔电板，其距离应在二米以上。

（5）凡遇六级以上大风、雾、雷雨或下雪时，均不得进行高处作业。

（6）严禁作业人员饮用含酒精类饮料，禁止睡眠不足、精神无法集中和身体不适合高处作业人员上架作业；严禁作业人员在架上嬉戏。

（7）作业层上施工荷载应符合设计要求，不得超载，严禁在脚手架上集中堆放模板、钢筋等物料。

（8）严禁利用外脚手架做模板支撑，混凝土输送管、布料杆、搅风绳等不得固定在脚手架上。

（9）拆除脚手架前，应清除脚手架上的材料、工具和杂物。严禁废料在架上随意往下抛丢。

（10）拆除脚手架时，应设置警戒区和警戒标志，并由专职人员负责警戒。

（11）统一指挥，上下呼应，动作协调。作业人员应在拆除中呼应和配合，当准备松开架体与连墙体连续或杆件一端结扣时，应先通知另一端作业人员，以防发生意外。在任何情况下，严禁单人在无其他在场人员的情况进行拆除作业。

（12）划出工作区标志，严格控制进入除工作区内工作人员与车辆，并采取确保其安全的管理措施。

（13）物料工具要用滑轮和绳索运送，不得乱扔。

（14）拆下的材料应按要求捆好用垂直运输设备运至地面，防止碰撞，严禁抛掷，并应及时整理、保养和检修。

（15）拆架时要与外墙施工队密切配合，使外墙的收尾工作能顺利完成。

（16）脚手架的验收和日常检查按以下规定进行，检查合格后，方允许投入使用。或继续使用：

1) 搭设完毕后连续使用达六个月；

2) 施工中途停止使用超过 15 天，在重新使用前；

3) 在遭受暴风、大雨、大雪、地震等强力因素作用之后；

4) 在使用过程中，发现有显著变形、沉降、拆除杆件和拉结以及安全隐患存在的情况时。

(17) 悬挑架仅是施工的一个操作平台和防护栏杆，其本身所能承受的荷载很小，严禁在架体上堆放任何施工材料。加固模板的支撑严禁支在悬挑架上。

(18) 悬挑架在使用过程中，安全员要随时检查架体的各个杆件、扣件是否牢固，扣件是否扣紧。

(19) 悬挑架严禁用塔吊整体吊运。必须人工拆除下层架体，到上层再重新搭设。

(20) 每段架体的最下面的一层防护兜网必须满铺一层密目网。

(21) 在用塔吊吊运东西时，严禁碰撞悬挑架。

(22) 搭设上段架体时，不得利用下段架体作为受力点；拆除下段架体时，不得碰动上段悬挑架。

（四）冬季施工措施

1．冬季施工目标

(1) 加强冬施准备工作，提前作好热源准备。

(2) 加强冬施准备工作，提高冬施工作质量水平。

(3) 提高人的素质，为适应冬施管理的要求，对冬施管理人员进行系统培训。

2．冬季施工准备工作

(1) 生产准备

1) 结合施工特点将冬施准备所需的劳动力，材料等均纳入生产计划。

2) 临时设备与设施越冬维护，对现场搅拌机棚，卷扬机棚，消防设施及管道部分进行越冬防冻维护，保证冬季正常使用。

(2) 技术准备

1) 结合冬季施工原则及工程特点编写施工方案。

2) 在冬季施工前对技术干部进行专业培训。

3．冬季施工管理

(1) 常温转入冬季施工温度控制。

1) 低温施工：当大气温度低于 10℃时，即转入冬季施工。

2) 当室外日平均气温连续天低于 5℃时，一切施工项目即转入冬季施工。

（五）消防措施

(1) 脚手架附近应放置一定数量的灭火器和消防装置应懂得灭火器的基本使用方法和火灾的基本常识。

(2) 必须及时清理利运走脚手架上及周围的建筑垃圾

(3) 在脚手架上或脚手架附近临时动火，必须事先办理动火许可证，事先清理动火现场或采用不燃材料进行分隔，配置灭火器材，并有专人监督，与动火工种配合、协调。

(4) 禁止在脚手架上吸烟。禁止在脚手架或附近存放可燃、易燃、易爆的化工材料和建筑材料。

（5）管理好电源和电器设备，停止生产时必须断电，预防短路，在带电情况下维修、或操作电气设备时要防止产生电弧或电火花损害脚手架，甚至引发火灾，烧毁脚手架。

（6）室内脚手架应注意照明灯具与脚手架之间的距离，防止长时间强光照射或灯具过热，使竹、木材杆件发热烤焦，引起燃烧。严禁在满堂脚手架室内烘烤墙体或动用明火。严禁用灯泡、碘钨灯烤火取暖及烘衣服、手套等。

（7）动用明火（电焊气焊、喷灯等）要按消防条例及建设单位、施工单位的规定办理动用明火审批手续，经批准并采取了一定的安全措施才准作业。工作完毕后要详细检查脚手架上、下范围内是否有余火，是否损伤了脚手架，待确保无隐患后才准离开作业地点。

（六）使用过程中定期检查的主要内容

（1）在搭设和使用过程中要注意架体的垂直度，整体垂直度应不超过 h/500 及 ±50mm，整体水平度应不超过 ±100mm。

（2）在上下榀门架的组装是否扣牢安全插销。

（3）门架连墙件与建筑物是否可靠连接。连墙件间距是否符合设计要求。

（4）架体外立杆内侧是否采用用密目式安全网封严。

（5）作业层铺挂扣式脚手板是否扣紧，是否有脱落和松动。

（6）作业层外侧是否设置交叉拉杆及水平拦杆，在使用中发现有漏设的要及时补上。

（7）作业层均分布荷载标准值不得超过 $2.0KN/m^2$，所以要检查作业层是否超出要求荷载值。

（8）三角托架的变形观测：在三角托架上设计观测点，定期水准仪观测

（9）脚手架垂直度的观测方法：在架体上设置观测点，定期用经纬仪观测。

（七）环保措施

（1）按照北京市市级文明工地的标准施工，重点控制现场的布置、文明施工、污染等。

（2）保持场容整洁，材料分类码放整齐，拆下的构配件按照规格码放，有防雨防潮措施，各种机械使用维修保养定人定期检查，保持场地的整洁。

（3）施工队要随时将落在架体上的砼等垃圾清理干净。

（4）施工时操作工人不得在架子上打闹、大声喧哗、敲打钢管严格控制噪音、粉尘以及光污染，夜间施工禁止大声喧哗。

（5）按照规定涂刷油漆，不得乱涂乱画。

（6）保养卡子用的机油等材料不得乱放，更不得污染其它成品。

实例四 ××国际中心悬挑式脚手架安全专项方案

一、编制依据

《建筑施工扣件式钢管脚手架安全技术规范》（JGJ130-2011）。

《建筑施工高处作业安全技术规范》（JGJ80-91）。

集团公司安全文明施工标准化管理手册

××工程 DK3-A05 楼、商业裙房施工图纸。

××工程施工组织设计。

二、工程概况

（一）工程概况

本 DK3 工程由两栋高层住宅（A05#、A06#楼）及一栋 9F 商业裙房组成，高层住宅楼为剪力墙结构，A05 楼为 35 层，A06 楼为 37 层，商业裙房紧邻 A05#楼，总层数为 9 层。A05 及商业裙房从 2 层开始使用挑架，具体层高及架体种类见下表：

实例四表 1 层高及架体种类表

部位	结构类型	总层数	楼层	层高(m)	架体类型
A05#楼	剪力墙结构	35 层	2 层/3～9 层	3.8m/3.5m	挑架
			10 层～35（标准层）	2.8m	爬架
商业裙房	框架—剪力墙	9 层	2 层/3～9 层	3.8m/3.5m	挑架

实例四表 2 挑架布置表

施工部位	步数	层数
5#楼	第一步	2～4 层
	第二步	5～7 层
	第三步（兼做 10 层以上爬架搭设平台）	8～9 层
商业裙房	第一步	2～5 层
	第二部	6～9 层

（二）工程重难点

本工程 5#楼 9 层及以下楼层结构平面未设置阳台、空调板等外悬挑板，但从 10 层开始往上，楼层建筑使用功能变为住宅，出现阳台（宽度 1500mm）、空调板（宽度 800mm）等悬挑构件，因此该设计给本工程挑架施工带来一定的难度。针对此问题，5#楼从 8 层结构平面开始布置最后一步挑架，在 9 层设置卸载钢丝绳，并在 8 层布置挑架时预留出 10 层外挑构件模板搭设所需空间及支撑，以此来解决外挑构件支模搭设的问题。

三、施工准备

（一）技术准备

（1）仔细阅读并审核施工图，熟悉结构形状、尺寸，做出架体布置详图。

（2）根据工程进度情况及布置图，编制各种材料的备料计划、进场时间安排，确保脚手架及时搭设使用。

（二）材料准备

（1）钢管：$\Phi 48 \times 3.5mm Q235$ 钢管，钢管长度 1.2m、3m、4m、6m。钢管使用前应先除锈

再涂刷黄色防锈油漆，用于剪刀撑的钢管涂刷红白色相间防锈油漆。

（2）扣件：转向扣件、十字扣件、接头扣件等。扣件进入施工现场应检查产品合格证，并应进行抽样复试，技术性能应符合现行国家标准《钢管脚手架扣件》GB15831的规定。扣件在使用前应逐个挑选，有裂缝、变形、螺栓出现滑丝的严禁使用。

（3）16#工字钢：Q235钢材，工字钢使用前先除锈再涂刷红白相间防锈油漆。

（4）脚手板：采用松木脚手板，每块重量不大于30kg，厚度不小于50㎜，材质要符合《木结构设计规范》（GBJ5）中二级材质的规定。

（5）防护网：绿色密目安全网1.8×6.0m（网目3.5×3.5mm）、安全小兜网1.5×6.0m网眼不大于5cm、安全平网3.0×6.0m网眼不大于5cm。

（三）其它材料及工具准备

（1）Φ16钢筋（一级圆钢）、

（2）14#钢丝绳（带配套卡子）

（3）紧绳器

（4）扳手、安全带等。

（四）现场准备

（1）材料准备充足；钢管、工字钢刷漆已完成；

（2）作业层楼面具备安装悬挑钢梁条件；

（3）现场杂物已清除。

（五）施工组织

（1）项目部成立以项目经理为组长的领导小组，负责脚手架的搭设施工质量和进度。

（2）项目经理、总工、栋号长、技术员、安全员、物资主任等负责外架施工整个过程。

（3）主要管理人员分工如下：

实例四表3 主要管理人员分工表

序号	职务	负责内容
1	项目经理	现场总负责、总协调
3	总工程师	人员培训、方案交底、技术协调
4	工程经理	施工部署
5	栋号长	人员、机械组织、现场指挥
6	土建工程师	书面技术交底
7	安全员	安全文明施工指挥、交底
8	材料主任	材料供应
9	测量员	轴线、标高控制

（4）施工队成立以队长为组长的领导班子，成立专业班组，明确人员分工，各行其责。

四、施工安排

(一) 施工部位及工期安排

实例四表 4 施工部位及工期安排表

序号	施工部位	施工时间	备注
1	A05	2014.10.8～2014.11.30	计划 54 天
2	商业裙房	2015.1.15～2015.3.3	计划 48 天

(二) 管理机构及劳动力组织安排

(1) 针对本工程结构施工要求质量高的特点，项目部安排施工及明确人员职责，进行管理人员的编制：项目部技术室专业负责人根据本工程的特点结合现场要求编制施工方案和技术交底，并抓施工现场技术交底落实问题，由项目工程经理和栋号长按进度计划进行工程的人机料协调和调度，质检员对施工质量进行全面控制。

(2) 劳动力组织：

劳务公司每个主楼配备 1 个外架班组，共需要 2 个，每个班组 10 人，共需 20 人。架体搭设高度必须超出作业面 1.5m 以上，并与施工同步。

五、施工方法

(一) 脚手架的搭设具体参数

立杆间距：1.5m；排距 0.9m；内侧步高 1.8m，外侧步高 0.6m；内排立杆距梁墙外皮距离：0.40m；

小横杆端距墙面距离：0.15m，外端外露长度 0.1～0.15m；

拉结点竖向间距：3m，水平间距不大于 4.5m；

脚手板铺设层数：2 层，作业层数：2 层；

悬挑梁水平间距：即立杆柱距≤1.5m；

预埋锚环水平间距：即立杆柱距≤1.5m；

14# 卸载钢丝绳在每根工字钢底部均设。

(二) 基本构造

(1) 纵向水平杆：设置在立杆内侧，长度大于三跨。采用接头扣件连接时，接头扣件交错布置，两根相邻纵向水平杆的接头要设置在不同步或跨内，接头在水平方向错开的距离大于 500 mm，接头中心至最近的主节点的距离小于纵距的三分之一。见下面示意图：

(2) 悬挑梁采用 16# 工字钢，截面高度为 160mm。每个型钢悬挑外端宜设置 Φ14 钢丝绳与上一层建筑结构斜拉结，钢丝绳作为附加保险措施，不参与悬挑钢梁受力计算。悬挑梁尾端应在两处及以上固定于钢筋混凝土梁板结构上。锚固型钢悬挑梁的 U 型钢筋拉环直径为 16 mm。

(3) U 型钢筋拉环应采用冷弯成型。U 型钢筋拉环与型钢间隙应用硬木楔楔紧。

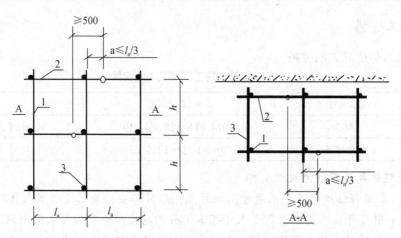

实例四图1 纵向水平杆对接接头布置图

（a）接头不在同步内（立面）；（b）接头不在同跨内（平面）

1—立杆；2—纵向水平杆；3—横向水平杆

（4）型钢悬挑梁固定端应采用2个（对）及以上U型钢筋拉环与梁板固定，挑梁尾端两个，挑梁前端距结构外边100mm处一个（穿过剪力墙时，前端可以不设）。U型钢筋拉环或锚固螺栓应预埋至混凝土梁、板底层钢筋位置，并应与混凝土梁、板底层钢筋焊接或绑扎牢固，其锚固长度应符合现行国家标准《混凝土结构设计规范》GB50010中钢筋锚固的规定。

（5）型钢悬挑梁悬挑端应设置能使脚手架立杆与钢梁可靠固定的定位点，定位点离悬挑梁端部不应小于100mm。

（6）定位点可采用竖直焊接长0.2m、直径25mm的钢筋或短管。

（7）锚固位置设置在楼板上时，楼板的厚度不宜小于120mm。如果楼板的厚度小于120mm应采取钢筋加强措施。

（8）由于使用木脚手板，纵向水平杆作为横向水平杆的支座，用十字扣件固定在立杆上。

（9）横向水平杆：主节点处必须设置一根横向水平杆，用十字扣件扣接，并且严禁拆除。横向水平杆外端外露长度100～150mm，主节点处的两个十字扣件的中心距小于150 mm。

（10）作业层上非主节点处的横向水平杆，根据支承脚手板的需要等间距设置，间距为500 mm。

（11）使用木脚手板，双排脚手架的横向水平杆两端均要采用十字扣件固定在纵向水平杆上。

（12）木脚手板的设置：作业层脚手板要满铺、铺稳，离开墙面120～150 mm。木脚手板设置在三根横向水平杆上。脚手板长度小于2m时，可采用两根横向水平杆支承，但两端要固定可靠，防止倾翻。

（13）脚手板采用对接平铺。接头处必须设置两根横向水平杆，脚手板外伸长度130～150 mm，两块脚手板的外伸长度之和不大于300 mm。见下面示意图：

（14）立杆接长各步接头必须采用接头扣件连接。立杆上的接头扣件交错布置，两根相邻立杆的接头设置在不同步内，同步内隔一根立杆的两个相隔接头在高度方向错开的距离不小于500 mm，接头中心至主节点的距离小于步距的三分之一。

（15）悬挑架的外立面剪刀撑应自下而上连续设置。

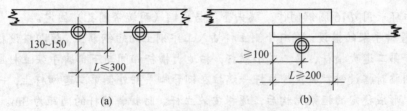

实例四图 2 脚手板对接平铺示意图

（三）施工流程

（1）工艺流程：预埋锚环→安装工字钢挑梁→安装第一步大横杆、小横杆、脚手板→安装第二步大、小横杆→安装上面横杆→加剪刀撑→加卸载钢丝绳→铺脚手板→挂安全网。

（2）悬挑架平面形式及工字钢布置见挑架平面图（附图）。

（3）锚环的埋设：在二层钢筋混凝土楼面施工时埋设 Φ20 钢筋锚环，锚环放置在板筋下铁上，与板筋绑扎牢固，并在锚环的弯曲处各加放 1 根 Φ14 的钢筋，长度为 1m。锚环埋设方向垂直于悬挑工字钢，间距相同。

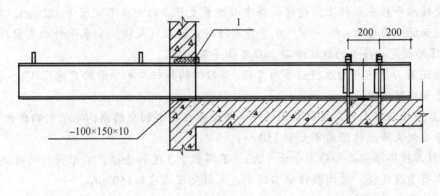

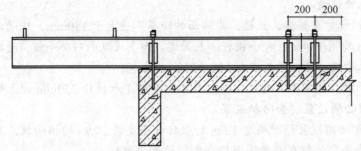

实例四图 3 悬挑架平面形式及工字钢布置见挑架平面图

（4）工字钢的安放：工字钢端部翼缘上焊接直径 25mm 的短钢筋用以固定竖向钢管脚手架的立杆，钢筋长 150mm。待二层楼板混凝土强度达到 1.2MPa，可上人操作时，将加工好的工字钢插入锚环环箍内，伸出结构边梁 1.3m，拉线调整平齐，使端部短钢筋位于一条线上，并用木楔塞紧锚环环箍内的空隙。

（5）转角及楼梯间外墙等处，在悬挑工字钢外端纵向设置顺墙工字钢，两者用 U 型拉环固定。U 型拉环采用 $\Phi16$ 圆钢制作，端头套丝与角钢（两端带圆孔）固定。

（6）钢管脚手架的搭设：将内外侧立杆插入工字钢上的短钢筋上，随即搭设扫地大横杆、扫地小横杆和第二道大横杆、第二道小横杆，扫地大横杆相间与下部脚手架立杆固定牢固，并在楼板范围内临时搭设斜拉杆，斜拉杆一端拉在钢管脚手架外侧第二道横杆上，一端固定在楼板的锚环上，形成稳定的框架结构后，逐根安装立杆。防护斜拉杆的间距为 3m。内侧立杆直接与内侧扫地大横杆连接，外侧立杆与外侧扫地大横杆相连接。在安装时注意保持立杆的垂直度和横杆的平直度。

（7）安装脚手板，并在两侧用脚手板设置挡脚板，脚手板下面再满挂一层安全小兜网。

（8）待上一层结构施工完毕后，采用小横杆与脚手架连接，沿周圈与所有剪力墙连接。

（9）安装第三步大横杆和小横杆及脚手板、防护部分的两道防护大横杆。

（10）随脚手架的安装在外侧满挂密目安全网同时安装剪刀撑。

（11）钢管脚手架的搭设方法和注意事项与落地脚手架相同。

（四）剪刀撑设置

（1）在挑架的外侧立面设连续剪刀撑，并由底至顶连续设置。剪刀撑应用旋转扣件固定在与之相交的水平杆或立杆上，旋转扣件中心线至主节点的距离不宜大于 150mm。竖向剪刀撑斜杆与地面的倾角应为 45°～60°，水平剪刀撑与支架纵（或横）向水平杆的夹角应为 45°～60°，剪刀撑的固定与接长的规定和单、双排脚手架相同。

（2）每道剪刀撑跨越的立杆最多为 7 根，剪刀撑的斜杆与水平面的交角在 45°～60° 之间，斜杆与脚手架可靠连接。

（3）剪刀撑斜杆采用搭接时要用转向扣件固定在与之相交的横向水平杆的伸出端或立杆上，扣件中心到主节点的距离不大于 150 mm。

（4）剪刀撑搭接接长部分不小于 1.2m，不得少于 3 道扣连接，其中斜杆的对接和搭接接头部位至少有 1 道连接。转向扣件轴心距平、立杆交汇点应≤150mm。

（五）脚手板的铺设

（1）脚手板铺设时应铺满、铺稳，离墙面的距离不应大于 150mm，在两端、拐角处以及沿板长每 15～20m 均用 10# 铁丝和小横杆绑扎固定。脚手板纵向对接平铺，对接处其下两侧必须分别再设置支承横杆，横杆间距应在 100～200mm 之间；

（2）板下支承横杆间距不得超过 1.0m，严禁有超过支承横杆 250mm 以上的探头板出现。

（六）脚手架必须设置安全防护装置

（1）立杆内侧必须设置挡护高度 1.5m 的栏杆和高度约 20cm 的挡脚板，且栏杆间净空高度不大于 0.5m。脚手架外侧在每两道大横杆之间设置挡腰杆。

（2）自底层起采用密目网对构架外侧全封闭。每个作业层脚手板下，均要设置一道安全小兜网。

（七）连墙件

（1）立杆必须用拉结点与结构墙、柱可靠拉接，按照两步三跨设置拉结点，且每个拉结点的覆盖面积小于 40m²。

（2）拉结点要从底层第一步纵向水平杆的主节点处呈菱形水平设置，偏离主节点的距离不大于 300 mm。当拉结点不能水平设置时，与脚手架连接的一端下斜连接。

（八）预埋锚环的加工

采用一级圆钢 Φ16 钢筋制作，锚环加工示意图如下：

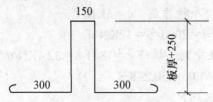

实例四图 4　$\phi16$ 地锚

（九）卸载钢丝绳

卸载钢丝绳吊点设置在上一层砼剪力墙上。利用剪力墙穿墙螺栓孔将钢丝绳穿过墙体再用绳卡固定。卸载钢丝绳与墙体夹角宜为 60° 左右。卸载钢丝绳在每根工字钢端头均设。钢丝绳必须用紧绳器拉紧。

钢丝绳用花篮螺栓和专用卡环连接悬挑工字钢。吊点设在工字钢悬挑端部，钢丝绳穿过工字钢端部绳孔拉紧。

（十）受力杆件验算

计算参数：

立杆及挑梁纵距 1500，每立杆均设挑梁。架子搭设为 4 个标准层，层高 3.5 米，实际搭设步距 1500，按 14 米计算。内立杆距墙面 400mm，外立杆距墙面 1300mm。主体施工设定为 4 层铺板，1 个作业层，装修施工设定为 4 层铺板，4 个作业层。计算简图如下：

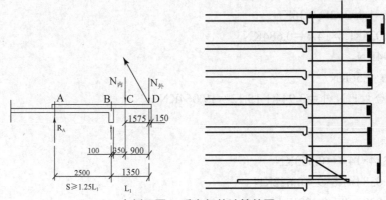

实例四图 5　受力杆件计算简图

荷载计算

小横杆荷载：

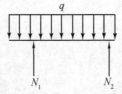

（1）恒载：小横杆自重：$N_{11}=0.0384\times1.4\times0.7\div1.05=0.0385KN$

$N_{21}=0.0384\times1.4-0.0385=0.018KN$

架板荷载：$N_{12}=0.35×1.8×1.4×0.7÷1.05=0.588KN$

$N_{22}=0.350×1.8×1.4-0.588=0.294KN$

（2）活载：主体施工按 2 个操作层：$q=6KN/m^2$

装修施工按 4 个操作层：$q=2000×6=12KN/m^2$

施工荷载取值为 $6KN/m^2$ 集中到小横杆 $q=18×1.8=32.4KN/m$

活载：$N_{13}=32.4×1.4×0.7÷1.05=30.24KN$

$N_{23}=32.4×1.4-6.72=15.12KN$

外立杆：

（1）恒载：

立杆：$0.0384×14.4=0.553KN$

大横杆：$0.0384×1.8×9=0.622KN$

小横杆：$0.018×9=0.162KN$

栏杆：$0.0384×1.8×4=0.277KN$

剪刀撑：$0.0384×\sqrt{2}×1.8×2=0.195KN$

对接扣：$0.016×5=0.08KN$

直角扣：$0.0125×23=0.288KN$

旋转扣：$0.015×2=0.03KN$

架板：$0.294×2=0.588KN$

踢脚板：$0.125KN$

兜网：$0.05×1.8×2×2=0.36KN$

密目网：$0.025×1.8×14.4=0.684KN$

合计：3.944KN。

（2）活载：7.56KN

（3）荷载合计：N 外 $=3.944+15.12=19.064KN$

内立杆：

（1）恒载：

立杆：$0.0384×14.4=0.553KN$

大横杆：$0.0384×1.8×9=0.622KN$

小横杆：$0.0385×9=0.323KN$

对接扣：$0.016×5=0.08KN$

直角扣：$0.0125×23=0.288KN$

架板：$0.588×2=1.176KN$

兜网：$0.05×1.8×2×2=0.36KN$

合计：3.382KN

（2）活载：7.72KN

（3）荷载合计：

$N_内=3.382+7.72=11.102KN$

挑梁内力计算

按内侧简支计算。

钢丝绳子拉力

$T=[（N_{内}×0.6+q1×1.65^2/2）/1.65+N_{外}]/Sin\alpha$

$=[（11102×0.6+167×1.65^2/2）/1.65+7304]×1.87/1.58$

$=13586N$

架子加于框架梁上的荷载：

$R_B=N_{内}+N_{外}+q_1×1.65-T×Sin\alpha$

$=11102+19064+167×1.65-13586×1.58/1.78$

$=18382N$

$=18.382KN$

挑梁 C 支座弯矩：

$M_C=R_B×0.6-q1×0.6^2/2$

$=18382×0.6-167×0.6^2/2$

$=10999N^2m$

挑梁截面验算：

按 GBJ17-88 钢结构设计规范公式计算，挑梁弯矩 $M=10999N·m$。

选用 16#工字钢：16#工字钢参数：$h=16$ cm $b=6.0$ cm $A=26.1$ cm^2 $t=0.95$ cm $r=0.95$ cm

$r_1=4.75$ cm $I_x=609.4$ cm^4 $I_y=61.1$ cm^4 $Wx=87.1$ cm^3

$Wy=14.12$ cm^4 $i_x=5.35$ cm $i_y=1.69$ cm

强度验算：

$\delta=M/Wx=10999×10^3/87.1×10^3=126.3MPa\leqslant215MPa$

强度满足要求。

钢丝绳计算：

$T=13586N$

安全系数取 8

钢丝绳拉力为

$13586×8$

$=108688N$

$=108.7KN$

选用，14#钢丝绳。

结论意见及说明：

结论意见：挑梁选用 16#工字，钢丝绳选用 14#可满足要求。锚环选用 Φ20 圆钢可满足要求。

（十一）脚手架的拆除

（1）脚手架拆除作业必须由上而下逐层进行，严禁上下同时作业；连墙件必须随脚手架逐层拆除，严禁先将连墙件整层或数层拆除后再拆脚手架；分段拆除高差大于两步时，应增设连墙件加固。

（2）拆除全部剪刀撑以前，必须搭设临时加固斜支撑，预防架倾倒。连墙件待其上部杆件拆除完毕后（伸上来的立杆除外）方可松开拆去。

（3）拆除脚手架杆件，必须由2～3人协同操作，拆纵向水平杆时，应由站在中间的人向下传递，拆下的杆配件必须以安全的方式运出和吊下，严禁向下抛掷。

（4）架子拆除时应划分作业区，周围设绳绑围栏或竖向警戒标志；工作面应设专人指挥，拆除作业区的周围及进出口处，必须派专人看护，严禁非作业区人员进入危险区域，拆除大片架子应加临时围栏。作业区内电线及其他设备有妨碍时，应事先与有关部门联系拆除、转移或加防护。

（5）拆除全部过程中，应指派1名责任心强、技术水平高的工人担任指挥和监护，并负责任拆除撤料和监护操作人员的作业。

（6）拆除时要统一指挥，上下呼应，动作协调，当解开与另一人有关的结扣时，应先通知对方，以防坠落。拆除架子时拆除过程中，凡已经松开连接的配件必须及时拆除运走，避免误扶、误靠已松脱的连接杆件。

（7）拆架子的高处作业人员应戴安全帽，系安全带，扎裹腿，穿软底鞋方允许上架作业。

（8）拆立杆要先抱住立杆再拆开最后两个扣，拆除大横杆、斜撑、剪刀撑时，应先拆中间扣，然后托住中间，再解端头扣。连墙杆应随拆除进度逐层拆除，拆抛撑前，应用临时撑支住，然后才能拆抛撑。

（9）大片架子拆除后所预留的斜道、通道等，应在大片架子拆除前先进行加固，以便拆除后能确保其完整、安全和稳定。

（10）拆除时严禁撞碰脚手架附近电源线，以防止触电事故发生。拆除时不得碰坏门窗、玻璃、外墙立管等物品。

（11）拆下的材料，应用绳索栓住杆件利用滑轮徐徐下运，严禁抛掷，运至地面的材料应按指定地点，随拆随运，分类堆放，当天拆当天清，拆下的扣件或铁丝要集中回收处理。

（12）在拆架过程中，不得中途换人，如必须换人时，应将拆除情况交待清楚后方可离开。

六、质量保证措施

（一）构配件的检查与验收

（1）新钢管的检查：应有产品合格证和质量检验报告；钢管表面应平直光滑，不得有裂缝、结疤、分层、错位、硬弯、毛刺、压痕、深的划道等；钢管外径、壁厚、端面等偏差符合规范。

（2）旧钢管的检查：表面锈蚀深度、弯曲变形要符合规范规定。

（3）扣件的验收：新扣件要有生产许可证、检测报告和合格证，对质量有怀疑时，按规范抽样送检；旧扣件有裂缝、变形严重的不得使用，出现滑丝的螺栓必须更换；新旧扣件均要进行防锈处理。

（4）脚手板的检查：宽度不小于20 cm，厚度不小于50 mm，腐朽的脚手板不得使用。

（二）脚手架的检查与验收

（1）脚手架检查验收的时间：作业层上施加荷载前；达到设计高度后；遇有六级大风及大雨后；停用超过一个月。

（2）脚手架使用过程中，应定期进行检查：杆件的设置和连接，连墙件、支撑、门洞口处等的构造；地基是否积水，底座是否松动，立杆是否悬空；扣件螺栓是否松动；安全防护措施是否符合要求；是否超载。

（3）脚手架搭设检查项如下表。

实例四表 5　脚手架搭设及验收质量标准

项目		技术要求	容许偏差	检查方法
地基基础	表面	坚实平整	/	观察
	排水	无积水		
	垫板	不滑动		
	底座	不沉降	-10mm	
立杆垂直度	最后验收垂直度偏差	Hmax=82m	±100mm	经纬仪或吊线、卷尺
	搭设中检查		不同高度的容许值	
	H=2m		±7mm	
	H=10m		±50mm	
	H=20m		±75mm	
	H=30m		±100mm	
间距		步距	±20mm	钢板尺
		柱距	±50mm	
		排距	±20mm	
纵向水平杆高差		一根杆的两端	±20mm	水平仪或水平尺
		同跨内两根杆高差	±10mm	
双排脚手架横向水平杆外伸长度偏差		外伸 500 mm	－50	钢板尺
扣件安装		主节点处各扣件中心点距离	a≤150 mm	钢板尺
		同步立杆上两个相隔接头扣件的高差	a≥500 mm	钢卷尺
		立杆上的接头扣件至主节点的距离	a≤h/3	
		纵向水平杆上的接头扣件至主节点的距离	a≤la/3	
		扣件螺栓拧紧扭力矩 40～65N·m	/	扭力扳手
剪刀撑斜杆与地面的倾角		45～60 度	/	角尺
脚手板外伸长度		对接 a=130～150 mm l≤300 mm	/	钢卷尺
		对接 a≥100 mm l≥200 mm	/	

七、成品保护措施

（1）在外架施工时不得在楼板结构上乱仍钢管，不得破坏已完工程成品。

（2）在施工过程中不得随意拆除外架拉杆、横杆，有局部妨碍施工的部位必须经过安全员同意并另行加固后再行拆除。

（3）在施工时操作工人不得在架子上打闹、大声喧哗、敲打钢管。

（4）安全网悬挂整齐、美观、牢固。钢管涂刷的油漆颜色均匀、美观，采用红白相间油漆涂刷。

八、文明和环保施工管理措施

（1）按照陕西省建设工程安全文明样板工地的标准施工，重点控制现场的布置、文明施工、污染等。

（2）保持场容整洁，材料分类码放整齐，拆下的钢管、卡子按照规格码放，有防雨防潮措施，各种机械使用维修保养定人定期检查，保持场地整洁。

（3）杆、架板、扣件运至现场后，如用起重机械提升就位，应有专人指挥，专人负责，放置在指定地点；如工人卸车摆放，应轻拿轻放，排列整齐，严禁打开车挡板后，任其由车上滚落到地下。

（4）施工时操作工人不得在架子上打闹、大声喧哗、敲打钢管严格控制噪音、粉尘。

（5）脚手架外侧钢管，钢管上的砼及时清理，按照规定涂刷油漆，不得乱涂乱画。

（6）保养卡子用的机油等材料不得乱放，更不得污染其它成品。

九、安全施工管理措施

（1）项目安全员要积极监督检查逐级安全责任制的贯彻和执行情况，定期组织安全工作大检查。

（2）外架施工前项目安全员必须对所有架子工人进行安全交底，并对安全知识进行考核，不合格者严禁上岗。搭设脚手架必须由经过安全技术教育的架子工承担，做到持证上岗。同时做好教育记录和安全施工技术交底。

（3）作业层上的施工荷载应符合设计要求，不得超载。不得将模板支架、缆风绳、泵送混凝土和砂浆的输送管等固定在架体上；严禁悬挂起重设备，严禁拆除或移动架体上安全防护设施。

（4）现场施工人员必须按规定佩带工作证，戴好安全帽。工作期间不得饮酒、吸烟，要严格遵守工地的各项规章制度。

（5）在脚手架搭设和拆除过程中，下面必须设警戒线，在警戒线以内，严禁人员施工、行走，外围有人指挥。

（6）搭拆脚手架时，工人必须佩带好安全带，工具及零配件要放在工具袋内，穿防滑鞋工作，袖口、裤口要扎紧。

（7）六级（含六级）以上大风、高温、大雨、大雪、大雾等恶劣天气，应停止作业。雨雪后上架作业要采取防滑措施，并扫除积雪。

（8）脚手板要铺满、铺平，不得有探头板。作业层的挡板、防护栏杆及安全网不得缺失。严格控制施工荷载，确保较大的安全储备，同时施工荷载不大于 $2kN/m^2$（$200kg/m^2$）。严禁在脚手架上堆放材料、垃圾。

（9）搭设脚手架起步时应设临时抛撑，同时设一道随架子搭设高度提升的安全网。

（10）安全通道的出入口均用密目安全网防护严密，防护棚上满铺脚手板和密目安全网。

（11）拆卸脚手架时应分段、分区、分层拆卸。钢丝绳必须在其上的全部可拆杆件都拆除后方可拆除。严禁搭设和拆除脚手架的交叉作业。

（12）须有良好的防电、避雷装置。

（13）架子搭设完毕需经验收合格后方可使用。

（14）脚手架使用期间严禁拆除主节点处的纵、横向扫地杆、水平杆以及连墙件。

十、成本节约措施

为保证外架美观，所有外排钢管刷黄色油漆，小横杆端头刷漆，其它部位钢管不刷漆；作业层满铺脚手板，其它部位架体封闭、挡脚板采用废旧木胶合板，综合利用。

十一、挑架工字钢平面布置图

实例五 ××综合楼二期吊篮安装安全专项方案

一、编制依据

《综合实训楼二期等 2 项（××校区教学用房）综合实训楼二期》施工组织设计

（一）施工图纸

《教学用房项目综合实训楼二期施工图纸》

（二）施工规程、规范

《高处作业吊篮》　　　GB19155-2003

《建筑施工工具式脚手架安全技术规范》　　　JGJ202-2012

京建法【2014】4 号北京市《建筑施工高处作业吊篮安全监督管理规定》

《建设工程施工现场安全防护、场容卫生及消防保卫标准》DB11/945-2012

《北京市建筑工程施工安全操作规程》　　　DBJ01-62-2002

《建筑工程资料管理规程》　　　DB11/T695-2009

《高处作业吊篮使用管理手册》（试行）文件

《建设工程安全生产管理条例》　　　国务院第 393 号令

《危险性较大分部分项工程管理办法》　　　建制[2009]87 号文件

《北京市实施〈危险性较大的分部分项工程安全管理办法〉规定》

京建施 2009-841 号文件

《质量、环境、职业安全健康和工程建设施工企业质量管理规范管理体系程序文件汇编》（Q/ZTJS-QSEG-02-2011-A）

二、工程概况

(一)工程结构概况简介

××楼二期,总建筑面积为18251.1平方米,其中地上建筑面积为15450.1平方米,地下建筑面积2801平方米,建筑地上十一层,地下两层,结构类型:框架剪力墙结构;建筑檐高:45m;层高:地下二层及地下一层4.4m,一层4.38m,西南入口大厅部位1-2层8.58m,二层4.2m,三层4.5m,四层4.3m,五层3.9m,六层4.6m,七层4.3m,八层-十层3.5m,十一层3.45m,屋面层3.5m。

(二)电动吊篮安装概况

根据工程实际情况及施工要求,电动吊篮施工布置在屋面层的有34个,尺寸规格有6米、4米、2.5米、1.5米四种,其中北塔楼南立面吊篮落地在八层屋面,南塔楼北立面吊篮落地在八层屋面;八层屋面吊篮布置了6个,尺寸规格分别为6米、4米两种。吊篮数量、尺寸及悬挂位置应根据现场情况为满足施工要求进行调节,具体布置情况可参考图纸中标示,吊篮布置见后附图。

三、施工准备

(一)技术准备

(1)由安全领导小组组长、项目总工组织一次方案研讨会,讨论本方案的细节做法。施工前组织安全员和吊篮安装工仔细审图,熟悉图纸,掌握工程对吊篮的构造要求,根据工程结构的实际情况制定详细的有针对性和可操作性的技术交底。重点部位要进行现场交底,现场确定施工方法。同时对施工队提出工程质量、进度要求,详细编写电动吊篮施工方案。

(2)施工前必须进行安全教育,吊篮安装工必须持证上岗。

(二)材料准备

(1)必须使用具有吊篮租赁资质企业的吊篮,材料应有产品质量合格证,并进行进场检查验收。

(2)将吊篮和悬臂支架用货车运至施工现场,按照安装工艺流程图将吊篮各部件运送到安装位置,安装前必须对进场吊篮部件进行检查核对。

(3)主要材料计划:ZLP630型电动吊篮40个。

四、施工安排

(一)施工部位及施工内容

综合实训楼二期工期紧张,结构复杂,檐高超过45m,为了保证外幕墙快速有效安全的施工,采取电动吊篮作为作业平台,在综合实训楼的十一层及八层屋面悬挂吊篮结构,进行外立面幕墙的施工,十一层北塔楼南侧吊篮在八层屋面落地,南塔楼北侧吊篮也在八层屋面落地,八层及其他十一层吊篮在地面落地。

(二)工期安排

吊篮使用时间为:2014年11月10日-2015年3月30日

（三）劳动力安排

吊篮专业安装人员 25-30 名，从事吊篮安装拆除的人员应持有《建筑施工特种作业资格证》，驻场维修人员 3 名，确保吊篮的正常使用，对施工过程中吊篮移位进行技术指导和监督，并负责对操作人员进行操作培训，培训合格后发"吊篮安全操作证"。

（四）项目部人员组织机构图及人员职责分工

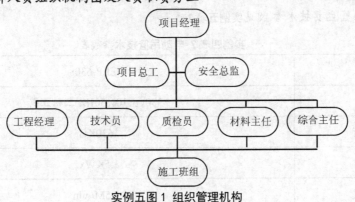

实例五图 1　组织管理机构

实例五表 1　项目部成员职责及任务划分表

序号	职务	姓名	负责内容
1	项目经理	×××	对项目部管理人员进行明确分工，各司其职
2	总工程师	×××	负责电动吊篮施工方案的总体框架的确定
3	安全总监	×××	全面负责吊篮施工安全工作
4	工程经理	×××	负责现场管理、工程进度工作
5	材料室	×××	吊篮材料的进场及验收
6	土建技术	×××	制定详细的施工方案并负责吊篮施工全过程的技术指导与监督
7	专职安全员	×××	负责吊篮施工安全工作及相关内业资料
8	土建质检员	×××	现场施工质量检查
9	综合室主任	×××	施工现场后勤保障工作

五、主要施工方法和工艺

（一）电动吊篮搭设安装

（1）电动吊篮的简介及选型

电动吊篮专业术语为高处作业吊篮，是指悬挂机构架设于建筑物或构筑物上，提升机驱动悬吊平台通过钢丝绳沿立面运行的一种非常设型悬挂作业平台设备。目前主管部门将该种设备列属于装修机械，既不属于起重设备，也不属于特种设备。北京市的归口管理部门为北京市住房建设委员会施工安全管理处。

本工程选用 ZLP-630 型电动吊篮，篮框外型尺寸为：宽 700mm×高 1100mm，单元长度有 1 米、1.5 米、2 米、2.5 米、3 米五种尺寸，然后按需要进行拼装，最大长度为 6 米，最小长度为 1 米，最大节数为 3 节。

（2）电动吊篮主要技术参数见**实例五表 2**。

实例四表 2　电动吊篮技术参数表

型号	ZLP-630
电源	380v±10%50HZ 三相五线
额定载荷	630KG
电机功率	1.5KWx2
提升速度	9.5M/min
钢丝绳	4×31SW+FC，φ8.3mm 整绳破断拉力：52.5KN
安全锁	LS30（防倾斜式）
平台长度	1～6m
支架	2×6m
配重	950KG（25KG/块，共 38 块）

（3）吊篮结构简介

1）吊篮的悬挂机构是由前梁（悬臂）、中梁、后梁、前支座、后支座、上托架、加强钢丝绳及配重等组成，用 M14 螺栓连接组装好后，放置在屋顶平台上。横梁连接好后总长约 6 米，工作钢丝绳及安全钢丝绳从前梁前端垂直放下。每台吊篮两套悬挂机构。

2）按吊篮所需长度拼接吊篮平台，吊篮篮体组装后在吊篮两侧分别安装提升机、安全锁、限位开关，中间装有电控箱。

3）每台吊篮有 4 根钢丝绳分别从屋顶悬臂垂下，吊篮两端钢丝绳各一根分别穿过提升机，用于吊篮的提升和下降；每端的另一根钢丝绳分别穿过安全锁，用于防止吊篮的倾斜和坠落。

4）限位开关 2 个分别安装在吊篮两侧的最高点，当吊篮上升碰到钢丝绳的最高限位块时，吊篮断电停止上升。

5）电箱的要求：每台 ZLP630 型吊篮的功率为：1.5KW×2=3KW。

则该楼需安装吊篮 40 台，则吊篮的总功率为 3×40=120KW，依据电工手册：$I=P/U=120000/380=315.78A$，则该楼需配备使用带空开的电箱四个及对应的漏电开关，做到一机一闸一漏。

（二）吊篮安装过程

（1）吊篮安装工艺流程图

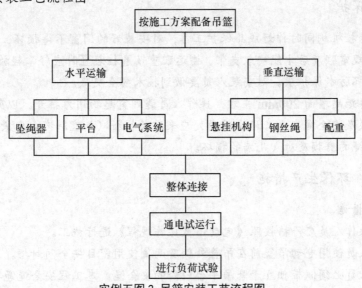

实例五图 2　吊篮安装工艺流程图

（2）进场：将吊篮和悬臂支架用货车运至施工现场，按照安装工艺流程将吊篮各部件运送到安装位置。安装前必须对进场吊篮部件进行检查核对。准备好必需的安装工具，在安装现场设置明显的警示标志。所有进场人员必须佩带好安全帽、安全带及其他安全用具，清理好安装现场。

（3）安装：在屋面防水保护层施工完毕并达到一定强度后，组织安装人员在使用位置最高平坦处安装屋面悬挂装置，将配重块整齐码放在配重架上，并加以固定。配重块每块 25 公斤，加载配重块时，配重块数量应根据前梁悬伸长度、前后座间距和悬吊载荷确定，配种块下垫截面比较大的木板等。

（4）屋面支架安装完成后，在地面对应的位置安装吊篮篮体。在支架和篮体安装之后，安装人员必须完成工作中的自检和互检程序，并重点检查各连接点的螺栓是否缺少和松动。

（5）每台吊篮均设有一条保险绳，保险绳必须固定在屋顶永久性固定点上，保险绳沿女儿墙放下且保险绳必须独立于屋面支架。

（6）试验：在确认上述工作完成之后，安装人员连接好电源线，将钢丝绳穿到提升机和安全锁内，将吊篮上下运行 3-5 次，进行试运行。并再次检查各连接点的安装情况，检查安全锁和限位开关的灵敏性。

（7）设备验收：屋面机构、钢丝绳、提升机、保险绳安全锁试验、试运行等。设备经班组自检后报项目部验收，由项目部安全总监组织安全、技术、质量、工程及施工操作班组长进行，验收合格后报监理验收，完全验收合格后各方签署验收单，吊篮交付使用。

（8）移篮：吊篮未着地不允许进行位置移动。

（9）安全锁作为防坠设置，必须每年进行一次检验，由生产厂家或专业检测机构进行。

并在安全锁上张贴检验合格标志。

六、成品保护

（1）安装悬挂机构同时作好成品保护工作，对安装好的门窗不得损坏，屋面防水保护层施工完毕并达到规定强度后才能安装支架，搬运配重及悬挂装置时应轻拿轻放，前、后支架下垫木板，不得损坏防水保护层。对安装人员要做到技术安全交底。

（2）吊篮要距离墙面200mm左右，操作人员遇到突起物用力推开，以免对墙面的碰撞。

（3）电缆线及安全绳在女儿墙上转角处应采取软材料（如塑料布、麻袋片等）包裹，防止电缆线和安全绳的磨损及对女儿墙的损坏。

七、安全、环保生产措施

（一）安全措施

（1）吊篮操作人员应严格按照《电动吊篮操作规程》进行施工。

（2）施工人员使用电动吊篮前在吊篮外侧及两侧使用密目安全网封挡。

（3）操作人员必须佩带独立于悬吊平台以外的安全绳。本工程安全绳绳径不小于18mm.（依据DB11/945-2012标准，2.5.8绳径不小于12.5mm。）

（4）吊篮篮体长度在1～6米（含6米）内任意组装，但最大长度不能超过6米。

（5）所有吊篮操作人员必须经过安全技术专业培训，考试合格，取得吊篮操作证后方可上篮操作。

（6）吊篮操作人员须身体健康，患有心脏病、高血压、恐高症等疾病人员严禁从事吊篮工作，严禁酒后作业。

（7）吊篮严禁做冲击载荷实验，不得私拆、更改吊篮的任何部件，使用时必须保持吊篮的水平，篮内物品必须摆放均匀，不得超载。

（8）吊篮工作人员严禁借用梯子或其他设备取得较高的工作高度，除吊篮内其他任何部位严禁站人放物，篮内不宜电焊作业。

（9）起降吊篮必须由一人操作，篮内作业必须将安全带挂在专用保险绳上，其他地方严禁系挂安全带或不系安全带作业，严禁在吊篮内吸烟、斗殴、打闹。

（10）作业时所用工具必须拿稳拿牢，作业中所产生的垃圾应及时清理，袋装下楼，严禁高空抛物。

（11）当吊篮发生故障时，严禁私拆私修，必须通知专业人员维修，当风力超过5级（含5级）、大雨、夜间等恶劣天气条件下不得使用吊篮。

（12）每班作业前操作人员必须认真检查吊篮的安全锁、配重铁、钢丝绳、坠铁、电源等部件，并在2米以下高度空载运行2-3次，确认无故障后方可使用。

（13）严禁吊篮做垂直运输工具频繁运送物品，升降时注意上下是否有障碍物，应特别注意下行时不能碰到绳坠铁。电动吊篮运转中严禁上锁。

（14）主体一层以上须搭设安全网。

（15）正常工作温度为：（-20～+40）℃，电动机外壳温度超过65℃时，应暂停使用提升机。

（16）正常工作电压应保持在 380V±5%范围内，当现场电压低于 360V 时，应停止使用吊篮。

（17）严禁对悬吊平台猛烈晃动、"荡秋千"等。

（18）电焊作业：电焊机严禁放置在吊篮上，电焊地线不能与吊篮任何部件连接，电焊钳不能搭挂在吊篮上，应放在绝缘板上以防打火，严防电焊渣溅到钢丝绳上。

（19）钢丝绳与女儿墙等屋面连接处必须采用防护措施，保证软接触（可采用软塑料管剖开包裹钢丝绳并绑扎牢固，但不得超过限位止档）。

（20）每天施工开始前，专业技术人员应对吊篮进行一次全面检查，检查无问题后方可进行作业；每天施工作业后，一定要及时清理平台上的建筑垃圾，确保平台的自重不再增加。

（21）吊篮在使用过程中，严禁在二层以上上下人员及物料，以防坠人坠物。作业时严禁吊篮下方站人，严禁交叉作业。

（22）作业结束后，吊篮应与建筑物固定，并切断电源，锁好电气控制箱。

（23）严禁吊篮超载作业，吊篮的最大载荷不允许超过 400kg。

（24）在吊篮内的操作人员不准穿拖鞋或光脚；或者穿易打滑的鞋。

（25）钢丝绳存放时，必须成捆扎好。存放地点应干燥通风。钢丝绳不能有灯笼状散股、断丝、电焊灼伤、锈蚀、平扁变形，特别注意不能沾有油脂及油漆等。

（26）电缆线为三相五芯线缆，在使用和存放时，绝不允许被挂断或碾压，以防出现内断而导致电机缺相等故障。

（二）环保措施

（1）按照北京市市级文明工地的标准施工，重点控制现场的布置、文明施工、污染等。

（2）保持场容整洁，材料分类码放整齐，拆下的构配件按照规格码放，有防雨防潮措施，各种机械使用维修保养定人定期检查，保持场地的整洁。

（3）施工队要随时将落在外架的砼等垃圾清理干净。

（4）施工时操作工人不得在脚手架及吊篮上打闹、大声喧哗、敲打钢管严格控制噪音、粉尘以及光污染，夜间施工禁止大声喧哗。

（5）按照规定涂刷油漆，不得乱涂乱画。

（6）保养卡子用的机油等材料不得乱放，更不得污染其它成品。

八、安全事故应急预案

（一）组织机构及职责

由项目部成立应急响应指挥部，负责指挥及协调工作。

组长：×××

副组长：×××

成员：×××、×××

通讯联系：××××××

医院急救中心：120   火警：119   匪警：110

项目部值班电话：××××××

（二）项目部应急救援领导小组主要职责

（1）负责制定、修订和完善项目部应急救援预案；审核并监督检查下属各施工单位应急救援预案的制定完善和执行情况。

（2）监督检查下属各施工单位组建应急救援专业队伍并纳入项目统一管理。

（3）负责组织抢险组、救援组、医护组的实际训练等工作。

（4）负责建立通信与报警系统，储备抢险、救援、救护方面的装备和物资。

（5）负责督促做好事故的预防工作和安全措施的定期检查工作。

（6）发生事故时，发布和解除应急救援命令和信号。

（7）向上级部门、当地政府和友邻单位通报事故的情况。

（8）必要时向当地政府和有关单位发出紧急救援请求。

（9）负责事故调查和善后的组织工作。

（10）负责协助上级部门总结事故的经验教训和应急救援预案实施情况。

（三）项目部应急救援领导小组指挥人员职责分工

组长：负责主持实施中的全面工作。

副组长：负责应急救援协调指挥工作。组员：（根据具体设置进行分工）

（1）工程室：负责事故处置时生产系统的调度工作，救援人员的组织工作，事故现场通讯联系和对外联系，监督检查下属各单位生产安全事故应急救援预案中所涉及的应急救援专业队伍人员、人员职责分工、通讯网建立健全情况，负责救援队员的实际培训工作，发现问题及时令其整改。负责工程抢险、抢修工作的现场指挥；车辆设施设备的调度工作；监督检查下属各施工单位生产安全事故应急救援预案中所涉及的应急救援车辆准备情况，确保各类救援机械设备始终处于良好状态，发现问题及时令其整改，负责现场排险、抢修队员的实际培训工作。

（2）技术室：负责事故现场及有毒有害物质扩散区域内的监测和处理工作，制定相应的应急处理技术方案措施并监督其实施。

（3）安全室：协助领导小组做好事故报警，情况通报、上报及事故调查处理工作，总结事故教训和应急救援经验；监督检查下属各单位生产安全事故应急救援预案的制定及生产过程中的各种事故隐患，发现问题及时令其整改。

（4）材料室：负责抢险救援物资设施设备的供应、准备、调配和运输，以及事故现场所需转运的物资运输、存放工作。

（5）综合室：负责现场医疗救护指挥及伤亡人员抢救和护送转院及有关生活必需品的供应工作；监督检查下属各施工单位生产安全事故应急救援预案中所涉及的现场医疗设施设备的准备情况，负责现场医护队员的实际培训工作，发现问题及时令其整改。负责警戒、治安保卫、疏散、道路管制工作；协助总公司与政府部门做好事故调查及善后处理工作；监督检查下属各施工单位生产安全事故应急救援预案中所涉及的灭火、警戒、治安保卫、疏散、道路管制工作所需的物资、人员到位情况及生产过程中的各种消防治安隐患，发现问题及时令其整改。

（6）项目部所属施工单位负责人、分包队：负责制定、修订和完善本单位的应急救援预案，落实应急救援预案实施中的全面工作，一旦发生生产安全事故立即按应急救援程序进行现场救援，当接到项目部应急救援组织领导小组的指令时要无条件的服从，合理指挥。

附、电动吊篮钢丝绳及抗倾覆安全系数验算

1. 钢丝绳的受力检验：依据 GB19155-2003《高处作业吊篮》，钢丝绳的安全系数不应小于 9。

$n = S \cdot a / W = 52.5 \times 2 / （630+520） \times 10^{-3} \times 9.8 = 9.32 > 9$

通过计算可知：钢丝绳符合标准要求。

说明：n 为钢丝绳安全系数；S 为单根钢丝绳的最小破断拉力；a 为钢丝绳根数；W 为额定载荷与吊篮自重的重力之和，其中 520---为吊篮的自重（包括平台、电箱、提升机、重锤、钢丝绳等重力之和，kg），630---为吊篮的额定载荷（kg）。

2. 杠杆式支架的力矩平衡计算：依据 GB19155-2003《高处作业吊篮》，吊篮悬挂机构的抗倾覆力矩的比值不得小于 2。

A 当前梁伸出长度在 1.5 米，有效载荷为 630kg 时的吊篮支架受力计算：

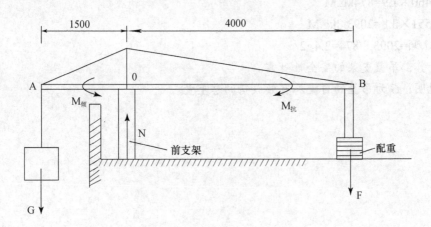

实例五图 3　吊篮支架受力计算简图

$G = （630+520kg） / 2 = 575kg$

支架自重为 76kg

$F = 25kg/块 \times 19 块 + 76 = 551kg$

$M 倾 = 575 \times 1.5 = 862.5kg.M$

$M 抗 = 551 \times 4 = 2204kg.M$

$M 抗 / M 倾 = 2204 / 862.5 = 2.55 > 2$

通过计算，吊篮支架的安全性可靠。

B 当前梁伸出长度在 1.9 米，有效载荷为 400kg 时：

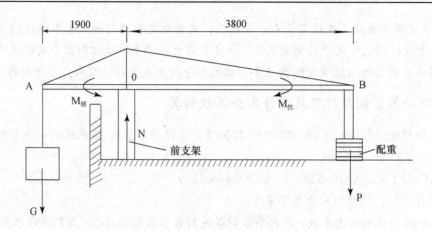

实例五图 4 吊篮支架受力计算简图

G＝（400kg+520）/2=460kg

支架自重为 76kg

F=25kg/块×19 块+76=551kg

M 倾=460×1.9=874kg.M

M 抗=551×3.8=2093.8kg.M

M 抗/M 倾=2093.8/874=2.4>2

通过计算，吊篮支架的安全性可靠。

符号说明：G 为吊篮的自重和有效载荷的总重量。

第7章 起重吊装及安装拆卸工程安全专项施工方案

7.1 起重吊装及安装拆卸工程安全专项方案的编制

7.1.1 工程概况及编制依据

1. 工程概况

主要阐述建筑施工工程的特点、建设地点、建筑面积、结构形式、几何特征、施工条件、施工工期、现场特殊环境和场地水文地质情况以及该项目所需起重机械的数量、安放位置、安装高度和附着安排等内容。

2. 编制依据

（1）《建筑地基基础设计规范》GB 50007

（2）《建筑桩基技术规范》JGJ 94

（3）《混凝土结构设计规范》GB 50010

（4）《施工升降机安全规程》GB 10055

（5）《塔式起重机安全规程》GB 5144

（6）《塔式起重机操作使用规程》ZBJ 80012

（7）《塔式起重机使用说明书》

（8）《施工升降机使用说明书》

（9）《建筑结构荷载规范》GB 50009

（10）《建筑施工安全检查标准》JGJ 59

（11）《工程建设重大事故报告和调查程序规定》

（12）《建筑施工手册（第四版）》

（13）建（构）筑物设计文件、地质报告

（14）地下管线、周边建筑物等情况调查报告

（15）本工程施工组织总设计及相关文件

7.1.2 安装、拆卸工程危险源分析与相关控制措施

起重机械在安装、拆卸和使用过程中，很容易出现起重吊装事故、电气设备故障、高空坠落事故等常见事故，从而造成财产损失和人员伤亡，为预防突然出现的事故，减少财产损失和人员伤亡，应积极采取应急准备措施和响应预案。

1. 防止起重吊装事故措施

（1）坚持操作人员持证上岗。操作人员技术水平是保证塔机安全使用的关键，因此应有

计划地对司机、安拆工、维修人员进行技术和安全培训，使其真正了解和掌握起重设备的结构、工作原理，熟知安全操作规程，并严格执行持证上岗。

（2）严格执行塔机操作规程和技术交底。起重机应由专职司机负责操作，非司机不得任意开动和操作，司机酒后和患病时不准操作。尤其安装、拆卸、加节、降节时均必须有专人监督和详细技术交底，由经过培训合格人员进行操作。

（3）严格控制起重机械基础设计和施工。对路基轨道的铺设要严格要求，钢轨的型号、枕木的长度、断面尺寸、间距、轨道的横向和纵向坡度、轨距公差等应符合规定。对固定式塔机基础必须全方位考虑地质、建筑物开槽、基础配筋、混凝土配比、预埋螺栓等注意事项。

（4）吊装用起重机械必须性能稳定、安全可靠，严禁带病工作。

（5）起重机的行驶道路必须平坦坚实，对地下墓坑和松软土层进行有效处理。必要时，需铺设木头或路基箱。起重机不得停置在斜坡上工作。当起重机通过墙基或地梁时，应在墙基两侧铺垫道木或石子，以免起重机直接碾压在墙基或地梁上。

（6）应尽量避免超载吊装。在某些特殊情况下难以避免时，应采取措施，如：在起重机吊杆上拉缆风绳或在其尾部增加平衡重等。起重机增加平衡重后，卸载或空载时，吊杆必须落到水平线夹角 60° 以内，操作时应缓慢进行。

（7）禁止斜吊。所谓斜吊，是指所要起吊的重物不在起重机起重臂的正下方，因而当将捆绑重物的吊索挂上吊钩后，吊钩滑车组不与地面垂直，而与水平线成一个夹角。斜吊还会使重物在离开地面后发生快速摆动，可能碰伤人或碰撞其他物体。

（8）起重机应避免带载行走。如需作短距离带载行走时，载荷不得超过允许起重量的70％，构件离地面不得大于 50cm，并将构件转至正前方，拉好溜绳，控制构件摆动。

（9）双机抬吊时，要根据起重机的起重能力进行合理的负荷分配，各单机载荷不得超过其允许载荷的 80％，并在操作时统一指挥，互相密切配合。在整个抬吊过程中，两台起重机的吊钩滑车组应基本保持垂直状态。

（10）绑扎构件的吊索需经过计算，绑扎方法应正确牢靠。所有起重工具应定期检查。

（11）不吊重量不明的重大构件或设备。

（12）禁止在六级风及以上的情况下进行吊装作业。

（13）起重吊装的指挥人员必须持证上岗，作业时应与起重机驾驶员密切配合，执行规定的指挥信号。驾驶员应听从指挥，当信号不清或错误时，驾驶员可拒绝执行。

（14）严禁起吊重物长时间悬挂在空中，作业中遇突发故障，应采取措施将重物降落到安全地方，并关闭发动机或切断电源后进行检修。在突然停电时，应立即把所有控制器拨到零位，断开电源总开关并采取措施使重物降到地面。

（15）吊钩和吊环严禁补焊。当吊钩、吊环表面有裂纹、严重磨损或危险断面有永久变形时应予更换。

2. 防止高处坠落措施

（1）操作人员在进行高处作业时，必须正确使用安全带。安全带一般应高挂低用，即将安全带绳端的钩环挂于高处，而人在低处操作。

（2）在高处使用撬棍时，人要立稳，如附近有脚手架或已安装好的构件，应一手扶住，一手操作。撬棍插进深度要适宜，如果撬动距离较大，则应逐步撬动，不宜急于求成。

（3）雨、雪天进行高处作业时，必须采取可靠的防滑、防寒和防冻措施。作业处和构件上有水、冰、霜、雪均应及时清除。遇有六级风以上强风、浓雾等恶劣天气，不得从事露天高处吊装作业。暴风雪及台风暴雨后，应对局处作业安全设施逐一加以检查，发现有松动、变形、损坏或脱落等现象，应立即修理完善。

（4）操作人员在高空平台上通行时，应思想集中，不得嬉戏、打闹，攀登扶梯时，应抓稳、踏实。

（5）从事设备附着固定安装时，必须搭设牢固可靠的操作平台，操作平台须设置护栏横杆。在梁上或跳台上行走时，应设置护栏横杆或绳索。

3．防止高处落物伤人措施

（1）地面操作人员必须戴安全帽。

（2）高处操作人员使用的工具、零配件等，应放在随身配带的工具袋内，不可随意向下丢掷。

（3）在高处用焊接、气割时，应采取措施，防止火花落下伤人。

（4）地面操作人员，应尽量避免在高空作业面的正下方停留或通过，也不得在起重机的起重臂或正在吊装的构件下停留或通过。

（5）构件安装后，必须检查连接质量，只有连接确实安全可靠，才能松钩或拆除临时固定工具。

（6）设置吊装禁区，禁止与吊装作业无关的人员入内。

4．防止触电措施

（1）吊装工程施工组织设计中，必须有现场电气线路及设备布置平面图。现场电气线路和设备应有专人负责安装、维护和管理，严禁非电工人员随意拆改。

（2）施工现场架设的低压线路不得用裸导线。所架设的高压线应距建筑物 10m 以外，距离地面 7m 以上跨越交通要道时，需加设安全保护装置。施工现场夜间照明，电线及灯具高度不应低于 2.5m。

（3）起重机不得靠近架空输电线路作业。起重机与架空输电线路的安全距离不得小于表 7-1 的规定。

表 7-1　起重机与架空输电线路的安全距离

安全距离 ＼ 电压	<1	1～15	20～40	60～110	220
沿垂直方向（m）	1.5	3.0	4.0	5.0	6.0
沿水平方向（m）	1.0	1.5	2.0	4.0	6.0

（4）构件运输时，车辆与高压线净距不得小于 2m，与低压线净距不得小于 1m，否则，应采取停电或其他保证安全的措施。

（5）现场各种电线接头、开关应装入开关箱内，用后加锁，停电必须拉下电闸。

（6）使用塔式起重机或长起重臂的其他类型起重机时，应有避雷、防触电设施。

（7）各种用电机械必须有良好的接地或接零。接地线应用截面不小于 25mm² 的多股软裸铜线和专用线夹。不得用缠绕的方法接地和接零。

（8）在雨天或潮湿地点作业的人员，应戴绝缘手套和穿绝缘鞋。大风雪后，应对供电线路进行检查，防止断线造成触电事故。

7.1.3 起重机械生产安全应急预案

1. 目的

为全面贯彻落实"安全第一、预防为主、综合治理"的安全生产方针，保证员工生命安全，规范应急管理工作，做到发生突发事件后能及时、有效、有序、迅速应对处置，最大限度地减少事故造成的人员伤亡、财产损失与社会影响，特制定本预案。

2. 工作原则

事故应急处置坚持如下原则：

（1）以人为本，最大限度保证企业员工和当地群众生命安全。

（2）实行公司、车间、班组"立即报告、三级管理、按级启动、分级负责"。

（3）先抢救人员、控制险情，再消除污染、抢救设备。

（4）反应快捷、措施果断。企业各起重机械使用班组收到事故报告后需及时启动应急预案，应急指挥领导小组成员应尽快赶至现场，了解事故情况，制定有效的现场抢险救援方案，避免不规范、无组织的救援行动引发二次事故，同时指挥果断，尽量减少事故损失。

（5）预防为主、加强教育。坚持预防为主的工作方针，加强对务工人员的教育，提高其综合素质，建立健全施工现场稳定预警工作机制，做到早发现、早报告、早控制、早解决，将事件控制在萌芽阶段，及时消除诱发事件的各种因素。

3. 危险性分析

起重伤害指从事起重作业时引起的机械伤害事故。起重作业是指在吊运坯体、地板、小车生产中，采用相应的机械设备和设施来完成结构吊装和设施安装，其作业属于危险性作业，作业环境复杂，技术难度大。

常见起重危害包括脱钩砸人、钢丝绳断裂抽人、移动吊物撞人、钢丝绳刮人、滑车碰人、起重设备在使用和安装过程中的倾翻事故及提升设备过卷、蹲罐等事故。常见起重伤害事故原因包括使用应报废的钢丝绳；重物重量不明或超过额定起重量；无人指挥或指挥信号不明、混乱；作业区内有人逗留；作业场所地面不平整、支撑不稳定、配重不平衡；安全防护装置缺乏或失灵。

4. 组织机构及职责

（1）组织机构

应急指挥领导小组

组长：×××

副组长：×××

成员：×××

应急指挥领导小组职责：

1）负责设备事故现场救援的指挥、协调工作。

2）负责采取有效措施，防止事故蔓延。

3）负责组织对事故设备进行抢修，尽快恢复设备运行。

4）负责组织事故鉴定和事故原因分析工作。

5）负责设备事故的处理。

6）应急指挥领导小组办公室设在协调科，联系电话。

（2）各班组按规定成立应急救援小组，组长由车间设备主管领导担任。

应急救援小组职责：

1）负责本三级单位的起重伤害事故的应急与响应工作；

2）负责及时与厂应急行动指挥部和有关部门联系以解决问题，安排事故调查小组赴事故发生地处理问题。

3）各应急小组在应急指挥领导部的指挥下，承担警戒、抢险、救人、抢救财产、设备和疏散群众任务。

5. 预防措施

（1）对新入厂员工或进入新的工作岗位及采用新技术、新工艺、新设备、新材料、进行施工的作业人员进行安全生产教育培训，考试合格后方可上岗作业。对施工作业人员作业前进行安全生产技术方面交底，告知其作业岗位的危险性、安全操作规程和违章操作的危险。

（2）对起重机械（重要零部件、安全控制装置）安排专人管理，定期（每月）进行检查、维修和保养，不使用报废及禁止使用的设备。起重机械安装拆除必须由具备安拆资质的队伍进行操作并在安装拆除前告知上级管理部门，起重机械安装完毕后应当经有相应资质的检验检测机构检测合格后才能使用。

（3）机械设备操作人员按要求经有关部门培训，考核合格后持操作证上岗作业，并严格遵守操作规程，按起重吊装方案进行作业，必须严格遵守"十不吊"的规定。

（4）按照《起重作业管理规定》实施作业。

（5）吊装前组织有关人员研讨吊装中可能出现的不安全因素，制订有效防范措施。对吊装过程中将要使用的设备、绳索进行全面检查，绝不允许有不合格设备或绳索投入使用。

6. 应急准备及处置方法

（1）应急准备

1）应急指挥领导小组接到事件报告时，应做好以下工作：

① 立即向应急指挥部报告，请求并迅速传达指令；

② 迅速通知、联系相关职能部门和事故发生单位；

③ 指令应急小组和相关单位做好应急准备；

2）内、外联络通讯设备

在紧急状态时，能迅速联络到相关人员和相关部门、单位。如：对讲机、移动电话、传真机等。

3）交通工具

满足运送救援物资，进行人员救援、疏散的交通工具。如：汽车等。

4）照明设备

在无电源的情况下，以满足紧急救援、指挥工作的需要，选择应急照明工具，应考虑其安全性能，如防爆型电筒等。

5）急救设备

专业救援必用的设备和设施，如：输水装置、应急照明、医用急救箱、千斤顶等。上述物资设备，必须设专人保管，定时检查维护。

（2）应急处置方法

1）起重伤害事故目击者应高声呼救，并立即向应急指挥领导小组报告。应急小组报告接受人为（至少2人），各单位其他管理人员也都有认真接受报告和向上级反映事故情况的责任。

2）事故发生后，由应急指挥领导小组负责下达应急预案启动指令，第一时间向当地救援机构、公安部门求援（如需要），并按事故报告规定向当地政府、部门上级领导、公司应急指挥办公室报告事故情况。应急处理小组成员的指挥和联系通讯不得中断。

3）应急指挥领导小组应准确判断事故影响范围，协调各组之间的工作，派专人对影响区域进行检查，确定抢救方案，指挥分包单位开展抢救，需保证事故现场相对安全和稳定时，抢救队员才可以进入现场抢救受伤人员。如事故的影响还在继续或加重，抢救人员不得进入事故现场；应急指挥领导应通过扩音器指挥被重物压住或被围困的人员保持冷静并积极展开自救，告诉他们已采取的具体救援措施，稳定他们情绪，防止他们慌乱紧张，造成创伤面更大的伤害或引起倒塌坠落物的再次失稳，救护抢险组人员引导他们对流血处做力所能及的止血处理。

抢救时对压住受伤人员的重量和体积较大的铁件、附件，由吊车平稳吊离；重量和体积较小的物体，至少由两人轻轻抬离，防止对受伤人员的二次伤害。起重吊装事故的发生后，往往会伴生着其他事故的发生或造成隐患，通常用挖掘机或钢纤等工具清理悬浮不稳的机具和材料，起重吊装事故通常也会影响到装置设备、管道、电缆电线等，必须对发生的事故进行综合性的处理，防止事故后的连锁反映或出现新的意外事故。确认事故隐患被彻底清除后，同时事故原因已调查清楚，相应的证据已获得，才能恢复施工生产。

4）应急指挥领导小组与当地医院立即取得联系，利用现场救援车辆火速把伤者送往附近医院救治，但对伤势严重者应注意搬运方法，不得由此加重伤者伤情；在急救医疗机构人员赶到前抢险救护组应对受伤者进行必要的救助，根据伤情对伤者进行分类处理，处理的原则是先重后轻、先急后缓、先近后远；对呼吸困难、窒息和心跳停止的伤者，从速置头于后仰位，托起下颌，使呼吸道畅通，同时进行人工呼吸。急救医疗机构人员赶到后，现场医疗急救人员要尽量配合医生进行急救，由医疗救护负责人把伤情、已经采取了的措施向医生做简短而明了的介绍，以便医生能尽快了解情况，快速而有效地做出急救决策。

现场紧急救治时，首先观察伤者的受伤情况、部位、伤害性质，如伤者神志清醒，只有简单砸伤或少量出血的外伤时，医疗救护人员应对伤者进行消毒、止血、包扎后，送回住地休息。

如伤者神志清醒，砸伤面较大、流血较多、能走动时，医疗救护人员进行止血、包扎后将伤者送上救护车，由医生负责救护并送到医院进一步观察治疗。

如伤者神志清醒，手臂或小腿发生闭合性或开放性骨折，伴有开放性伤口和出血，应先止血和包扎伤口，再用夹板对骨折部位进行固定；用救护车送到医院救治；固定时操作者动作要轻快，最好不要随意移动伤肢或翻动伤者，以免加重损伤，增加疼痛；如断骨伸出伤口外，不要把刺出的断骨送回伤口，以免感染和刺破血管和神经，加重伤情；抬运伤员上车时操作者要轻、稳、快，避免震荡或碰到负伤部位。

如伤者神志清醒，有颅脑内出血时，应立即由救护车送到医院进行抢救；如发现有断手或断肢要立即拾起，用干净的手绢、毛巾、布片包好，放在没有裂缝的塑料袋或胶皮带内，不要在断肢上涂碘酒、酒精或其他消毒液，避免组织细胞变质；扎紧袋口（在夏季应在口袋周围放冰块雪糕等降温）后，医生将伤员抬上救护车后，随救护车将伤者送到医院进行断手或断肢再植和抢救。

如伤者神志清醒，发现严重眼伤时，可让伤者仰躺，用枕头支撑其头部，使其保持静止不动，立即用救护车将伤者送医院。

如伤者神志清醒，发现铁件或钢筋从身体穿破时，不得将铁件或钢筋从伤者身体内拔出，必须立即将伤者抬上救护车，送到医院抢救，避免处理不当造成伤者的二次伤害。

如伤者处于昏迷状态，有可能发生颈椎、胸椎、腰椎骨折时，抢救人员不能翻动伤员，4人将昏迷伤员用手抬到木板上，抬运时，抢救者必须有一人双手托住伤者腰部，切不可单独一人用拉、拽的方法抢救伤者，避免把伤者的脊柱神经拉断，造成下肢永久性瘫痪的严重后果；并用木板将伤者抬上救护车立即送医院抢救。

5）应急指挥领导小组做好应急状态下工地所有设施和物资的安全，支援和保障现场抢救组的工作，负责事故现场的保护，并检查事故现场有无其它安全隐患，若有，立即组织周围人员疏散，随后立即向应急指挥小组汇报情况。

6）起重吊装事故应急措施终止令由应急处理小组下达。应急救援预案实施终止后，应采取有效措施防止事故扩大，保护事故现场和物证，经有关部门认可后及时恢复施工生产。

7．事故处理与调查

（1）发生重大以上（含重大事故）特种设备事故，由特种设备事故应急救援领导小组牵头，组织有关专家成立事故调查组，对设备事故现场进行勘察，讯问有关当事人，从技术、管理方面认真分析事故原因，提交事故原因分析报告和处理意见。

（2）发生重大以下特种设备事故由二级单位负责事故调查、原因分析及处理意见，上报局特种设备事故应急救援领导小组核准。

（3）二级单位负责对事故相关责任人进行处理，局特种设备管理部门监督事故责任人的处理执行情况，并根据特种设备管理有关规定对事故单位进行考核兑现。

（4）应急工作结束后，应急救援小组要认真核对参加应急的人数，清点各种应急机械与设备、监测仪器、个体防护设备、医疗卫生设备和药品、生活保障物资等。现场应急救援小组应整理好应急记录、图纸等资料、核算应急发生的费用，并及时组织参加应急的部门与人员进行总结分析，写出应急总结报告，在规定时间内上报相关部门。

7.2 起重吊装及安装拆卸工程施工安全技术

7.2.1 起重机械安全技术

1. 起重吊装工程安全技术

（1）混凝土结构吊装

1）一般规定

①构件运输时的混凝土强度，一定要符合设计规定，如设计无要求时，应遵守《混凝土结构工程施工质量验收规范》GB50204 的规定。构件的运输应符合下列规定：

a. 构件运输应严格执行所制定的运输技术措施。

b. 运输道路应平整，有足够的承载力、宽度和转弯半径。

c. 高宽比较大的构件的运输，应采用支承框架、固定架、支撑或用倒链等予以固定，不得悬吊或堆放运输。支承架应进行设计计算，应稳定、可靠和装卸方便。

d. 当大型构件采用半拖或平板车运输时，构件支承处应设转向装置。

e. 运输时，各构件应拴牢于车厢上。

②构件的堆放应符合下列规定：

a. 构件堆放场地应压实平整，周围应设排水沟。

b. 构件应按设计支承位置堆放平稳，底部应设置垫木。对不规则的柱、梁、板，应专门分析确定支承和加垫方法。

垫点应接近设计支承位置，异形平面垫点应由计算确定，等截面构件垫点位置亦可设在离端部 0.207L（L 为构件长）处。柱子则应避免柱裂缝，一般易将垫点设在构件 300mm～400mm 处。同时构件应堆放平稳，底部垫点处应设垫木，应避免搁空而引起翘棱。

c. 屋架、薄腹梁等重心较高的构件，应直立放置，除设支承垫木外，应在其两侧设置支撑使其稳定，支撑不得少于 2 道。

d. 重叠堆放的构件应采用垫木隔开，上下垫木应在同一垂线上。堆放高度梁、柱不宜超过 2 层；大型屋面板不宜超过 6 层。堆垛间应留 2m 宽的通道。

e. 装配式大板应采用插放法或背靠法堆放，堆放架应经设计计算确定。

插放的墙板，应用木楔子使墙板和架子固定牢靠，不得晃动。靠放的墙板应有一定的倾斜度（一般为 1∶8），两侧的倾斜度应相等，堆放块数亦要相近，相差不应超过三块（包括结构吊装过程中形成的差数）。每侧靠放的块数视靠放架的结构而定。楼、屋面板重叠平放的构件，垫木应垫在吊点位置且与主筋方向垂直。

③目前在现场预制的钢筋混凝土构件，一般都使用砖模或土模平卧（大面朝上）生产，为了便于清理和构件在起吊中不断裂，应先用起重机将构件翻身，翻转 90°使小面朝上，并移到吊装的位置堆放。构件翻身应符合下列规定：

a. 柱翻身时，应确保本身能承受自重产生的正负弯矩值。其两端距端面 1/5～1/6 柱长处应垫方木或枕木垛。

b. 屋架或薄腹梁翻身时应验算抗裂度，不够时应予加固。当屋架或薄腹梁高度超过 1.7m 时，应在表面加绑木、竹或钢管横杆增加屋架平面刚度，并在屋架两端设置方木或枕木垛，其上表面应与屋架底面齐平，且屋架间不得有粘结现象。翻身时，应做到一次扶直或将屋架转到与地面夹角达到 70° 后，方可刹车。

④构件跨度大于 30m 时，如采用整体预制，不但运输不方便，而且翻身时（扶直）也容易损坏，故常分成几个块体预制，然后将块体运到现场组合成一个整体。这种组合工作叫做构件拼装。构件拼装应符合下列规定：

a．当采用平拼时，应防止在翻身过程中发生损坏和变形；当采用立拼时，应采取可靠的稳定措施。当大跨度构件进行高空立拼时，应搭设带操作台的拼装支架。立拼的程序一般为：做好各块体的支垫→竖立三脚架→块体就位→检查→焊接上、下弦拼接钢板。

b．当组合屋架采用立拼时，应在拼架上设置安全挡木。

⑤吊点设置和构件绑扎应符合下列规定：

a．当构件无设计吊环（点）时，应通过计算确定绑扎点的位置。绑扎方法应可靠，且摘钩应简便安全。

b．当绑扎竖直吊升的构件时，应符合下列规定：

Ⅰ绑扎点位置应略高于构件重心。

Ⅱ在柱不翻身或吊升中不会产生裂缝时，可采用斜吊绑扎法。

Ⅲ天窗架宜采用四点绑扎。

c．当绑扎水平吊升的构件时，应符合下列规定：

Ⅰ绑扎点应按设计规定设置。无规定时，最外吊点应在距构件两端 1/5～1/6 构件全长处进行对称绑扎。

Ⅱ各支吊索内力的合力作用点应处在构件重心线上。

Ⅲ屋架绑扎点宜在节点上或靠近节点。

d．绑扎应平稳、牢固，绑扎钢丝绳与物体间的水平夹角应为：构件起吊时不得小于 45°；构件扶直时不得小于 60°。

⑥构件起吊前，其强度应符合设计规定，并应将其上的模板、灰浆残渣、垃圾碎块等全部清除干净。

⑦楼板、屋面板吊装后，对相互间或其上留有的空隙和洞口，应设置盖板或围护，并应符合现行行业标准《建筑施工高处作业安全技术规范》JGJ80 的规定。

⑧多跨单层厂房宜先吊主跨，后吊辅助跨；先吊高跨，后吊低跨。多层厂房宜先吊中间，后吊两侧，再吊角部，且应对称进行。

⑨吊装前应对周围环境进行详细检查，尤其是起重机吊杆及尾部回转范围内的障碍物应拆除或采取妥善安全措施保护。

2）单层工业厂房结构吊装

①钢筋混凝土柱子种类很多，轻重悬殊，因而绑扎方式和起重机的选择均差别较大。同时起吊前技术准备条件多，如杯口、柱身弹线、标高找平等，这些都需要认真做好准备。柱的吊装应符合下列规定：

a．柱的起吊方法应符合施工组织设计规定。

b．柱就位后，应将柱底落实，每个柱面应采用不少于两个钢楔楔紧，但严禁将楔子重叠放置。初步校正垂直后，打紧楔子进行临时固定。对重型柱或细长柱以及多风或风大地区，在柱上部应采取稳妥的临时固定措施，确认牢固可靠后，方可指挥脱钩。

c. 校正柱时，严禁将楔子拔出，在校正好一个方向后，应稍打紧两面相对的四个楔子，方可校正另一个方向。待完全校正好后，除将所有楔子按规定打紧外，还应采用石块将柱底脚与杯底四周全部楔紧。采用缆风或斜撑校正柱时，应在杯口第二次浇筑的混凝土强度达到设计强度的75％时，方可拆除缆风或斜撑。

d. 杯口内应采用强度高一级的细石混凝土浇筑固定。采用木楔或钢楔作临时固定时，应分二次浇筑，第一次灌至楔子下端，待达到设计强度30％以上，方可拔出楔子，再二次浇筑至基础顶；当使用混凝土楔子时，可一次浇筑至基础顶面。混凝土强度应作试块检验，冬期施工时，应采取冬期施工措施。

②梁的吊装应符合下列规定：

a. 梁的吊装应在柱永久固定和柱间支撑安装后进行。吊车梁的吊装，应在基础杯口二次浇筑的混凝土达到设计强度50％以上，方可进行。

b. 重型吊车梁应边吊边校，然后再进行统一校正。

c. 梁高和底宽之比大于4时，应采用支撑撑牢或用8号钢丝将梁捆于稳定的构件上后，方可摘钩。

d. 吊车梁的校正应在梁吊装完，也可在屋面构件校正并最后固定后进行。校正完毕后，应立即焊接固定。

③屋架吊装前应将纵横轴线用经纬仪投于柱顶，并于柱顶弹屋架安装线。另外应在屋架上弦自中央向两边分别弹出天窗架、屋面板的安装位置线并在屋架下弦两端弹出安装用的纵横轴线，且屋架吊装应符合下列规定：

a. 进行屋架或屋面梁垂直度校正时，在跨中，校正人员应沿屋架上弦绑设的栏杆行走，栏杆高度不得低于1.2m；在两端，应站在悬挂于柱顶上的吊篮上进行，严禁站在柱顶操作。垂直度校正完毕并进行可靠固定后，方可摘钩。

b. 吊装第一榀屋架和天窗架时，应在其上弦杆拴缆风绳作临时固定。缆风绳应采用两侧布置，每边不得少于2根。当跨度大于18m时，宜增加缆风绳数，间距不得大于6m。

④天窗架与屋面板分别吊装时，天窗架应在该榀屋架上的屋面板吊装完毕后进行，并经临时固定和校正后，方可脱钩焊接固定。

⑤校正完毕后应按设计要求进行永久性的接头固定。用电焊作最后固定时，应避免同时在屋架两端的同一侧施焊，以免因焊缝收缩使屋架倾斜。另应待施焊完2/3焊缝长，即最后固定已得到基本的可靠保证时，才能摘钩。

⑥屋架和天窗架上的屋面板吊装，应从两边向屋脊对称进行，且不得用撬杠沿板的纵向撬动。就位后应采用铁片垫实脱钩，并应立即电焊固定，应至少保证3点焊牢。

⑦托架吊装就位校正后，应立即支模浇灌接头混凝土进行固定。

⑧支撑系统应先安装垂直支撑，后安装水平支撑；先安装中部支撑，后安装两端支撑，并与屋架、天窗架和屋面板的吊装交替进行。

3）多层框架结构吊装

①多层装配式结构中的柱子有普通单根柱（截面矩形或正方形）和"T"形、"+"形、"r"

形、"H"形等异形柱子，框架柱吊装应符合下列规定：

a. 上节柱的安装应在下节柱的梁和柱间支撑安装焊接完毕、下节柱接头混凝土达到设计强度的 75% 及以上后，方可进行。

b. 多机抬吊多层 H 型框架柱时，递送作业的起重机应使用横吊梁起吊。在操作上还应注意下列几点：

Ⅰ 各起重机都应将回转刹车打开，以便在吊钩滑轮组发生倾斜时，可自动调整一部分。

Ⅱ 指挥人员应随时观察两机的起钩速度是否一致，当柱截面发生倾斜时，即说明两机起升速度有快慢，此时两机的实际负荷与理想的分配数值不同，应指挥升钩快者暂停，进行调整。

Ⅲ 副机司机应注意使副机的起钩速度与主机的起钩速度保持一致。

c. 柱就位后应随即进行临时固定和校正。榫式接头的，应对称施焊四角钢筋接头后方可松钩；钢板接头的，应各边分层对称施焊 2/3 的长度后方可脱钩；H 型柱则应对称焊好四角钢筋后方可脱钩。

d. 重型或较长柱的临时固定，应在柱间加设水平管式支撑或设缆风绳。

e. 吊装中用于保护接头钢筋的钢管或垫木应捆扎牢固。

②楼层梁的吊装应符合下列规定：

a. 吊装明牛腿式接头的楼层梁时，应在梁端和柱牛腿上预埋的钢板焊接后方可脱钩。

b. 吊装齿槽式接头的楼层梁时，应将梁端的上部接头焊好两根后方可脱钩。

③楼层板的吊装应符合下列规定：

a. 吊装两块以上的双 T 形板时，应将每块的吊索直接挂在起重机吊钩上。

b. 板重在 5kN 以下的小型空心板或槽形板，可采用平吊或兜吊，但板的两端应保证水平。

c. 吊装楼层板时，严禁采用叠压式，并严禁在板上站人、放置小车等重物或工具。

4）墙板结构吊装

①墙板结构吊装一般有两种方式：一种是逐间闭合吊装，另一种是同类构件依次吊装。前者易于临时固定和组织流水作业，稳定性好，安全较有保证，应尽量采用此种方法吊装。装配式大板结构吊装应符合下列规定：

a. 吊装大板时，宜从中间开始向两端进行，并应按先横墙后纵墙，先内墙后外墙，最后隔断墙的顺序逐间封闭吊装。

b. 吊装时应保证坐浆密实均匀，保证墙板底部与基础部分能结合紧密，确保连接的整体性和传力的均匀性。

c. 当采用横吊梁或吊索时，起吊应垂直平稳，吊索与水平线的夹角不宜小于 60°。

d. 大板宜随吊随校正。就位后偏差过大时，应将大板重新吊起就位。

e. 外墙板应在焊接固定后方可脱钩，内墙和隔墙板可在临时固定可靠后脱钩。

f. 校正完后，应立即焊接预埋筋，待同一层墙板吊装和校正完后，应随即浇筑墙板之间立缝作最后固定。

g. 圈梁混凝土强度应达到 75% 及以上，方可吊装楼层板。

②框架挂板吊装应符合下列规定：

a. 挂板的运输和吊装不得用钢丝绳兜吊，并严禁用钢丝捆扎。

b．安装前应用水准仪检查墙板基底的标高，墙板的安装高度应用墨线弹在柱子上，作为安装挂板的控制线。挂板吊装就位后，应与主体结构临时或永久固定后方可脱钩。

③工业建筑墙板一般包括肋形板实腹板和空心板等，吊装应符合下列规定：

a．各种规格墙板均应具有出厂合格证。

b．吊装时应预埋吊环，立吊时应有预留孔。无吊环和预留孔时，吊索捆绑点距板端不应大于 1/5 板长。吊索与水平面夹角不应小于 60°。

c．就位和校正后应做可靠的临时固定或永久固定后方可脱钩。按柱上已弹好的墙板位置线，调整好墙板横、竖位置、就位后随即用压条螺栓固定，待螺栓拧紧摘钩后，螺栓与螺母的焊接可在墙板吊装完毕后进行，但每安装完一根压条，即应向压条里的竖缝灌灰浆，并应捣实，不能安装完几根压条后再一并灌浆。采用焊接固定时，可在焊缝焊完 2/3 后脱钩，但应在上一层板安装前焊完下层板的焊缝。

（2）钢结构吊装

1）一般规定

①钢构件应按规定的吊装顺序配套供应，装卸时，装卸机械不得靠近基坑行走。

②钢构件的堆放场地应平整，构件应放平、放稳，避免变形。

③柱底灌浆应在柱校正完或底层第一节钢框架校正完，并紧固地脚螺栓后进行。流出的砂浆应清洗干净，加盖草袋养护。砂浆必须做试块，到时试压，作为验收资料。

④作业前应检查操作平台、脚手架和防风设施。

⑤柱、梁安装完毕后，在未设置浇筑楼板用的压型钢板时，应在钢梁上铺设适量吊装和接头连接作业时用的带扶手的走道板。压型钢板应随铺随焊。

⑥吊装程序应符合施工组织设计的规定。缆风绳或溜绳的设置应明确，对不规则构件的吊装，其吊点位置，捆绑、安装、校正和固定方法应明确。

2）钢结构厂房吊装

①钢柱的吊装方法与装配式钢筋混凝土柱相似，亦为旋转或滑行吊装法，对重型柱可采用双机或三机抬吊，钢柱吊装应符合下列规定：

a．钢柱起吊至柱脚离地脚螺栓或杯口 300mm～400mm 后，应对准螺栓或杯口缓慢就位，经初校后，立即进行临时固定，然后方可脱钩。

b．柱校正后，应立即紧固地脚螺栓，将承重垫板点焊固定，并随即对柱脚进行永久固定。

②吊车梁吊装应符合下列规定：

a．吊车梁吊装应在钢柱固定后、混凝土强度达到 75％以上和柱间支撑安装完后进行。吊车梁的校正应在屋盖吊装完成并固定后方可进行。

b．吊车梁支承面下的空隙应采用楔形铁片塞紧，应确保支承紧贴面不小于 70％。

③由于屋架的跨度、重量和安装高度不同，适合的吊装机械和吊装方法亦随之而异。但屋架一般都采用悬空吊装，为吊起后不致发生摇摆和碰坏其他构件。起吊前应在支座附近的节间用麻绳系牢，随吊随放松，以保持其正确位置。钢屋架吊装应符合下列规定：

a．应根据确定的绑扎点对钢屋架的吊装进行验算，不满足时应进行临时加固。

b．屋架吊装就位后，应在校正和可靠的临时固定后方可摘钩，并按设计要求进行永久固定。屋架临时固定如需临时螺栓和冲钉，则每个节点处应穿入的数量必须由计算确定，并应符合下列规定：

　　Ⅰ 不得少于安装孔总数的 1/3，且不得少于两个；

　　Ⅱ 冲钉穿入数量不宜多于临时螺栓的 30%；

　　Ⅲ 扩钻后的螺栓（A 级、B 级）的孔不得使用冲钉。

　　④天窗架宜采用预先与屋架拼装的方法进行一次吊装。

　　3）高层钢结构吊装

　　①钢柱吊装前应确定整个吊装程序，若选用节间综合吊装法时，必须先选择一个节间作为标准间，由上而下逐间构成空间标准间，然后以此为依靠，逐步扩大框架，直至该层完成。若选用构件分类大流水吊装法时，应在标准节框架先吊钢柱，再吊装框架梁，然后安装其他构件，按层进行，从上到下，最终形成框架。钢柱吊装应符合下列规定：

　　a. 安装前，应在钢柱上将登高扶梯和操作挂篮或平台等固定好。

　　b. 起吊时，柱根部不得着地拖拉。

　　c. 吊装时，柱应垂直，严禁碰撞已安装好的构件。

　　d. 就位时，先对钢柱的垂直度、轴线、牛腿面标高进行初校，待临时固定可靠后方可脱钩。钢柱上下接触面的间隙，一般不得大于 1.5mm，如间隙在 1.5mm～6.0mm 之间，可用低碳钢的垫片垫实空隙。如超过 6mm，应查清原因后进行处理。

　　②钢梁安装前应对钢梁的型号、长度、截面尺寸和牛腿位置进行检查，并在距梁上翼缘处适当位置开孔作为吊点。当一节钢框架吊装完毕，即需对已吊装的柱梁进行误差检验和校正。对于控制柱网的基准柱，用激光仪观测，其他柱根据基准柱用钢卷尺量测。吊装应符合下列规定：

　　a. 吊装前应按规定装好扶手杆和扶手安全绳。

　　b. 吊装应采用两点吊。水平桁架的吊点位置，应保证起吊后桁架水平，并应加设安全绳。

　　c. 梁校正完毕，应及时进行临时固定。

　　③剪力墙板吊装应符合下列规定：

　　a. 当先吊装框架后吊装墙板时，临时搁置应采取可靠的支撑措施。

　　b. 墙板与上部框架梁组合后吊装时，就位后应立即进行侧面和底部的连接。

　　④框架的整体校正，应在主要流水区段吊装完成后进行。

　　4）轻型钢结构和门式刚架吊装

　　①轻型钢结构的吊装应符合下列规定：

　　a. 轻型钢结构的组装应在坚实平整的拼装台上进行。组装接头的连接板应平整。组装中在构件表面的中心线偏差不得超过 3mm，连接表面及沿焊缝位置每边 30mm～50mm 范围内的铁毛刺和污垢，油污必须清除干净。

　　b. 屋盖系统吊装应按屋架→屋架垂直支撑→檩条、檩条拉杆→屋架间水平支撑→轻型屋面板的顺序进行。

　　c. 吊装时，檩条的拉杆应预先张紧，屋架上弦水平支撑应在屋架与檩条安装完毕后拉紧。

　　d. 屋盖系统构件安装完后，应对全部焊缝接头进行检查，对点焊和漏焊的进行补焊或修正后，方可安装轻型屋面板。

②门式刚架吊装应符合下列规定：

a. 轻型门式刚架可采用一点绑扎，但吊点应通过构件重心，中型和重型门式刚架应采用两点或三点绑扎。

b. 门式刚架就位后的临时固定，除在基础杯口打入 8 个楔子楔紧外，悬臂端应采用工具式支撑架在两面支撑牢固。在支撑架顶与悬臂端底部之间，应采用千斤顶或对角楔垫实，并在门式刚架间作可靠的临时固定后方可脱钩。

c. 支撑架应经过设计计算，且应便于移动并有足够的操作平台。

d. 第一榀门式钢架应采用缆风或支撑作临时固定，以后各榀可用缆风、支撑或屋架校正器作临时固定。

e. 已校正好的门式刚架应及时装好柱间永久支撑。当柱间支撑设计少于两道时，应另增设两道以上的临时柱间支撑，并应沿纵向均匀分布。

f. 基础杯口二次灌浆的混凝土强度应达到 75％及以上方可吊装屋面板。

（3）网架吊装

1）一般规定

①吊装作业应按施工组织设计的规定执行。

②施工现场的钢管焊接工，应经过焊接球节点与钢管连接的全位置焊接工艺评定和焊工考试合格后，方可上岗。

③吊装方法应根据网架受力和构造特点，在保证质量、安全、进度的要求下，结合当地施工技术条件综合确定。网架的安装方法及适用范围可按如下参考：

a. 高空散装法：适用于螺栓连接节点的各种类型网架；

b. 分条或分块安装法：适用于分割后刚度和受力状况改变较小的网架，如两向正交、正放四角锥、正放抽空四角锥等网架，分条或分块的大小应根据起重能力而定；

c. 空滑移法：适用于两向正交正放、正放四角锥、正放抽空四角锥等网架；

d. 整体吊装法：适用于各种类型的网架，吊装时可在高空平移或旋转就位；

e. 整体提升法：适用于周边支承及多点支承网架，可用升板机、油压千斤顶等小型机具进行施工；

f. 整体顶升法：适用于支点较少的多点支承网架。

④吊装的吊点位置和数量的选择，应符合下列规定：

a. 应与网架结构使用时的受力状况一致或经过验算杆件满足受力要求；

b. 吊点处的最大反力应小于起重设备的负荷能力；

c. 各起重设备的负荷宜接近。

⑤吊装方法选定后，应分别对网架施工阶段吊点的反力、杆件内力和挠度、支承柱的稳定性和风荷载作用下网架的水平推力等项进行验算，必要时应采取加固措施。

⑥验算荷载应包括吊装阶段结构自重和各种施工荷载。吊装阶段的动力系数应为：提升或顶升时，取 1.1；拔杆吊装时，取 1.2；履带式或汽车式起重机吊装时，取 1.3。

⑦在施工前应进行试拼及试吊，确认无问题后方可正式吊装。

⑧当网架采用在施工现场拼装时，小拼应先在专门的拼装架上进行，其拼装允许偏差应符合现行国家《钢结构工程施工质量验收规范》GB50205 和《空间网格结构技术规程》JGJ7 的

有关规定。高空总拼应采用预拼装或其他保证精度措施，总拼的各个支承点应防止出现不均匀下沉。

2）高空散装法安装

①当采用悬挑法施工时，应在拼成可承受自重的结构体系后，方可逐步扩展。

②当搭设拼装支架时，支架上支撑点的位置应设在网架下弦的节点处。支架应验算其承载力和稳定性，必要时应试压，并应采取措施防止支柱下沉。

③拼装应从建筑物一端以两个三角形同时进行，两个三角形相交后，按人字形逐榀向前推进，最后在另一端正中闭合（图 7-1）。

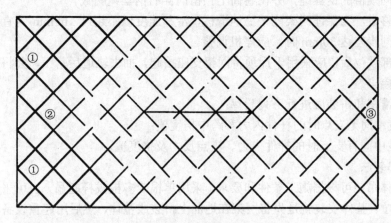

①—安装顺序

图 7-1 网架的安装顺序

④第一榀网架块体就位后，应在下弦中竖杆下方用方木上放千斤顶支顶，同时在上弦和相邻柱间应绑两根杉杆作临时固定。其他各块就位后应采用螺栓与已固定的网架块体固定，同时下弦应采用方木上放千斤顶顶住。

⑤每榀网架块体应用经纬仪校正其轴线偏差；标高偏差应采用下弦节点处的千斤顶校正。

⑥网架块体安装过程中，连接块体的高强度螺栓应随安装随紧固。

⑦网架块体全部安装完毕并经全面质量检查合格后，方可拆除千斤顶和支杆。千斤顶应有组织地逐次下落，每次下落时，网架中央、中部和四周千斤顶下降比例宜为 2：1.5：1。

3）分条、分块安装

①当网架分条或分块在高空连成整体时，其组成单元应具有足够刚度，并应能保证自身的几何不变性，否则应采取临时加固措施。

②在条与条或块与块的合拢处，可采用临时螺栓等固定措施。

③当设置独立的支撑点或拼装支架时，支架上支撑点的位置应设在网架下弦的节点处。支架应验算其承载力和稳定性，必要时应试压，并应采取措施防止支柱下沉。

④合拢时，应先采用千斤顶将网架单元顶到设计标高，方可连接。

⑤网架单元应减少中间运输，运输时应采取措施防止变形。

4）高空滑移法安装

①应利用已建结构作为高空拼装平台。当无建筑物可供利用时，应在滑移端设置宽度大于两个节间的拼装平台。滑移时应在两端滑轨外侧搭设走道。

②当网架的平移跨度大于 50m 时，宜在跨中增设一条平移轨道。

③网架平移用的轨道接头处应焊牢，轨道标高允许偏差应为 10mm。为了使网架沿直线平移，一般还在网架上安装导轮，在天沟梁上设置导轨。网架上的导轮与导轨之间应预留 10mm 间隙。

④网架两侧应采用相同的滑轮及滑轮组；两侧的卷扬机应选用同型号、同规格产品，并应采用同类型、同规格的钢丝绳，并在卷筒上预留同样的钢丝绳圈数。

⑤网架滑移时，为保证网架能平稳地滑移，滑移速度以不超过 1m/min 为宜。并且两侧应同步前进，当同步差达 30mm 时，应停机调整。

⑥网架全部就位后，应采用千斤顶将网架支座抬起，抽去轨道后落下，并将网架支座与梁面预埋钢板焊接牢靠。

⑦网架的滑移和拼装应进行下列验算：

a. 当跨度中间无支点时的杆件内力和跨中挠度值；

b. 当跨度中间有支点时的杆件内力、支点反力及挠度值。

5）整体吊装法

①网架整体吊装可根据施工条件和要求，采用单根或多根拔杆起吊，也可采用一台或多台起重机起吊就位。整体安装就是先将网架在地面上拼装成整体，然后用起重设备将其整体提升到设计位置加以固定。这种方法不需高大的拼装支架，高空作业少，易保证质量，但需要起重量大的起重设备，技术较复杂。当采用多根拔杆方案时，可利用每根拔杆两侧起重机滑轮组中产生水平分力不等原理推动网架移动或转动进行就位，见图 7-2。

网架吊装设备可根据起重滑轮组的拉力进行受力分析，提升阶段和就位阶段，可分别按下式计算起重滑轮组的拉力：

提升阶段（图 7-2a）

$$F_{t1} = F_{t2} = \frac{G_1}{2\sin\alpha_1}$$

就位阶段（图 7-2c）

$$F_{t1}\sin\alpha_1 + F_{t2}\sin\alpha_2 = G_1$$

式中：G_1——每根拔杆所担负的网架、索具等荷载；

F_{t1}、F_{t2}——起重滑轮组的拉力；

α_1、α_2——起重滑轮组钢丝绳与水平面的夹角。

网架位移距离（或旋转角度）与网架下降高度之间的关系可用图解法或计算法确定。当采用单根拔杆方案时，对矩形网架，可通过调整缆风绳使拔杆吊着网架进行平移就位；对正多边形或圆形网架可通过旋转拔杆使网架转动就位。

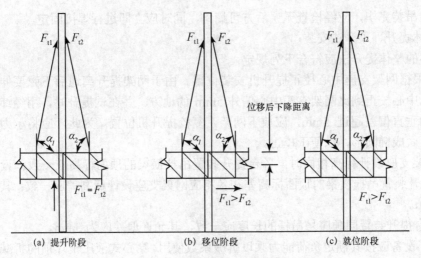

图 7-2 网架空中移位示意

②网架整体吊装时，应保证各吊点起升及下降的同步性。相邻两拔杆间或相邻两吊点组的合力点间的相对高差，不得大于其距离的 1/400 和 100mm，亦可通过验算确定。

③当采用多根拔杆或多台起重机吊装网架时，应将每根拔杆每台起重机额定负荷乘以 0.75 的折减系数。当采用四台起重机将吊点连通成两组或用三根拔杆吊装时，折减系数应取 0.85。

④网架拼装和就位时的任何部位离支承柱及柱上的牛腿等突出部位或拔杆的净距不得小于 100mm。

⑤由于网架错位需要，对个别杆件可暂不组装，但应取得设计单位的同意。

⑥拔杆、缆风绳、索具、地锚、基础的选择及起重滑轮组的穿法等应进行验算，必要时应进行试验检验。

拔杆的选择取决于其所承受的荷载和吊点布置，网架安装时的计算荷载为：

$$Q = (\gamma_{G1}Q_1 + Q_2 + Q_3)K$$

式中：γ_{G1}——荷载分项系数 1.1；

Q_1——网架重量（kN）；

Q_2——附加设备（包括桁条、通风管、脚手架）的重量（kN）；

Q_3——吊具重量（kN）；

K——由提升差异引起的受力不均匀系数，如网架重量基本均匀，各点提升差异控制在 100mm 以下时，此系数取值 1.3。

应经过网架吊装验算来确定吊点的数量和位置。不过，在起重能力、吊装应力和网架刚度满足要求的前提下，应当尽量减少拔杆和吊点的数量。缆风绳的布置，应使多根拔杆相互连接。

⑦当采用多根拔杆吊装时，拔杆安装应垂直，缆风绳的初始拉力应为吊装时的 60%，在拔杆起重平面内可采用单向铰接头。当采用单根拔杆吊装时，底座应采用球形万向接头。

⑧拔杆在最不利荷载组合下，其支承基础对地基土的压力不得超过其允许承载力。

⑨起吊时应根据现场实际情况设总指挥 1 人，分指挥数人，作业人员应听从指挥，操作步调应一致。应在网架上搭设脚手架通道锁扣摘扣。

⑩网架吊装完毕，应经检查无误后方可摘钩，同时应立即进行焊接固定。

6）整体提升、顶升法安装

①网架的整体提升法应符合下列规定：

a. 应根据网架支座中心校正提升机安装位置。由于网架提升离地后下弦要伸长，所以，可将提升机中心校正到比网架支座中心偏外 5mm 的地方。并在试提升时，用经纬仪测量吊杆垂直度，如垂直偏差超过 5mm，应放下网架，复校提升机位置。为此，应将承力桁架与钢柱连接的螺孔做成椭圆形，以便于校正。

b. 网架支座设计标高相同时，各台提升装置吊挂横梁的顶面标高应一致；设计标高不同时，各台提升装置吊挂横梁的顶面标高差和各相应网架支座设计标高差应一致；其各点允许偏差应为 5mm。

c. 各台提升装置同顺序号吊杆的长度应一致，其允许偏差应为 5mm。

d. 提升设备应按其额定负荷能力乘以折减系数使用。穿心式液压千斤顶的折减系数取 0.5；电动螺杆升板机的折减系数取 0.7；其他设备应通过试验确定。

e. 网架提升应同步。

f. 整体提升法的下部支承柱应进行稳定性验算。

②网架的整体顶升法应符合下列规定：

a. 顶升用的支承柱或临时支架上的缀板间距应为千斤顶行程的整数倍，其标高允许偏差应为 5mm，不满足时应采用钢板垫平。

b. 千斤顶应按其额定负荷能力乘以折减系数使用。丝杆千斤顶的折减系数取 0.6，液压千斤顶的折减系数取 0.7。

c. 顶升时各顶升点的允许升差为相邻两个顶升用的支承结构间距的 1/1000，且不得大于 30mm；若一个顶升用的支承结构上有两个或两个以上的千斤顶时，则取千斤顶间距的 1/200，且不得大于 10mm。

d. 千斤顶或千斤顶的合力中心应与柱轴线对准。千斤顶本身应垂直。

e. 顶升前和过程中，网架支座中心对柱基轴线的水平允许偏移为柱截面短边尺寸的 1/50 及柱高的 1/500。

f. 顶升用的支承柱或支承结构应进行稳定性验算。

7.2.2 塔式起重机安装拆卸安全技术

1. 塔式起重机的安装

（1）塔式起重机安装条件

1）塔式起重机安装前，必须经维修保养，并应进行全面的检查，确认合格后方可安装。新购置的塔式起重机由厂家直接运输到现场安装时，可不需维修保养，但应进行新购设备的检验验收工作。

2）塔式起重机的基础及其地基承载力应符合使用说明书和设计图纸的要求。安装前应对基础进行验收，合格后方可安装。基础周围应有排水设施。

塔式起重机基础验收单位应包括施工（总）承包单位、基础施工单位、塔式起重机安装单位、监理单位等。

塔式起重机按使用说明书要求设计的基础如不能满足地基承载力要求,应进行塔式起重机基础变更设计,并应经技术负责人审核后方可实施。

3) 行走式塔式起重机的轨道及基础应按使用说明书的要求进行设置,且应符合现行国家标准 《塔式起重机安全规程》GB5144 及《塔式起重机》GB/T5031 的规定。

4) 内爬式塔式起重机的基础、锚固、爬升支承结构等应根据使用说明书提供的荷载进行设计计算,并应对内爬式塔式起重机的建筑承载结构进行验算。

5) 塔式起重机应在其基础验收合格后进行安装。

(2) 塔式起重机基础设计

塔式起重机基础设计内容参见《建筑施工塔式起重机安装、使用、拆卸安全技术规程》JGJ196-2010 和《塔式起重机混凝土基础工程技术规程》JGJ/T187-2009 的相关规定。

(3) 塔式起重机附着装置的设计

1) 当塔式起重机作附着使用时,附着装置的设置和自由端高度等应符合使用说明书的规定。

2) 当附着水平距离、附着间距等不满足使用说明书要求时,应进行设计计算、绘制制作图和编写相关说明。附着装置设计时,应对支承处的建筑主体结构进行验算。附着装置设计要经过审批手续,以确保安全。

3) 附着装置的构件和预埋件应由原制造厂家或由具有相应能力的企业制作。

(4) 塔式起重机的安装

1) 安装前应根据专项施工方案,对塔式起重机基础的下列项目进行检查,确认合格后方可实施:

①基础的位置、标高、尺寸、路基和轨道铺设;

②基础的隐蔽工程验收记录和混凝土强度报告等相关资料;

③安装辅助设备的基础、地基承载力、预埋件等;

④基础的排水措施;

⑤应对所安装塔式起重机的各机构、结构焊缝、重要部位螺栓、销轴、卷扬机构和钢丝绳、吊钩、吊具、电气设备、线路等;

⑥应对自升塔式起重机顶升液压系统的液压缸和油管、顶升套架结构、导向轮、顶升支撑(爬爪)等进行检查;

⑦安装人员应使用合格的工具、安全带、安全帽;

⑧安装作业中配备的起重机械等辅助机械应状况、技术性能;

⑨安装现场的电源电压、运输道路、作业场地等作业条件;

⑩安全监督岗的设置及安全技术措施的贯彻落实。

2) 安装作业,应根据专项施工方案要求实施。安装作业人员应分工明确、职责清楚。安装前应对安装作业人员进行安全技术交底。

3) 安装辅助设备就位后,应对其机械和安全性能进行检验,合格后方可作业。

4) 安装所使用的钢丝绳、卡环、吊钩和辅助支架等起重机具均应符合相关规范的规定,并应经检查合格后方可使用。

5）安装作业中应统一指挥，明确指挥信号。当视线受阻、距离过远时，应采用对讲机或多级指挥。

6）塔式起重机的独立高度、悬臂高度应符合使用说明书的要求。塔式起重机的独立高度指的是塔式起重机未附墙之前处于独立工作状态时的塔身高度；塔式起重机的悬臂高度指的是塔式起重机附墙后最上面一道附着点之上塔身部分的高度。

7）雨雪、浓雾天气严禁进行安装作业。安装时塔式起重机最大高度处的风速应符合使用说明书的要求，且风速不得超过 12m/s。风力等级与风速的对照关系见表 7-2。

表 7-2　风力等级与风速对照表

风力（级）	1	2	3	4	5	6
风速范（m/s）	0.3～1.5	1.6～3.3	3.4～5.4	5.5～7.9	8.0～10.7	10.8～13.8
风力（级）	7	8	9	10	11	12
风速范（m/s）	13.9～17.1	17.2～20.7	20.8～24.4	24.5～28.4	28.5～32.6	32.7 以上

8）塔式起重机不宜在夜间进行安装作业；当需在夜间进行塔式起重机安装和拆卸作业时，应保证提供足够的照明。

9）当遇特殊情况安装作业不能连续进行时，必须将已安装的部位固定牢靠并达到安全状态，经检查确认无隐患后，方可停止作业。

10）电气设备应按使用说明书的要求进行安装，安装所用的电源线路应符合现行行业标准《施工现场临时用电安全技术规范》JGJ46 的要求。

11）塔式起重机的安全装置必须齐全，并应按程序进行调试合格。

12）连接件及其防松防脱件严禁用其他代用品代用。连接件及其防松防脱件应使用力矩扳手或专用工具紧固连接螺栓。

（5）塔式起重机升降作业

1）顶升系统必须完好；

2）结构件必须完好；

3）顶升前，塔式起重机下支座与顶升套架应可靠连接；

4）顶升前，应确保顶升横梁搁置正确；

5）顶升前，应将塔式起重机配平；顶升过程中，应确保塔式起重机的平衡；

6）顶升加节的顺序，应符合使用说明书的规定；

7）顶升过程中，不应进行起升、回转、变幅等操作；

8）顶升结束后，应将标准节与回转下支座可靠连接；

9）塔式起重机加节后需进行附着的，应按照先装附着装置、后顶升加节的顺序进行，附着装置的位置和支撑点的强度应符合要求；

10）升降作业完毕后，应按规定扭力紧固各连接螺栓，应将液压操纵杆扳到中间位置，并应切断液压升降机构电源；

11）升降作业应有专人指挥，专人操作液压系统，专人拆装螺栓。非作业人员不得登上顶升套架的操作平台。操作室内应只准一人操作；

12）升降作业应在白天进行；

13）顶升前应预先放松电缆，电缆长度应大于顶升总高度，并应紧固好电缆。下降时应适时收紧电缆；

14）升降作业前，应对液压系统进行检查和试机，应在空载状态下将液压缸活塞杆伸缩 3 次～4 次，检查无误后，再将液压缸活塞杆通过顶升梁借助顶升套架的支撑，顶起载荷 100mm～150mm，停 10min，观察液压缸载荷是否有下滑现象；

15）升降作业时，应调整好顶升套架滚轮与塔身标准节的间隙，并应按规定要求使起重臂和平衡臂处于平衡状态，将回转机构制动。当回转台与塔身标准节之间的最后一处连接螺栓（销轴）拆卸困难时，应将最后一处连接螺栓（销轴）对角方向的螺栓重新插入，再采取其他方法进行拆卸。不得用旋转起重臂的方法松动螺栓（销轴）；

16）顶升撑脚（爬爪）就位后，应及时插上安全销，才能继续升降作业。

（6）安装质量检查

1）安装完毕后，应及时清理施工现场的辅助用具和杂物。

2）安装单位应对安装质量进行自检，并应按《建筑施工塔式起重机安装、使用、拆卸安全就似乎规程》JGJ196-2010 附录 A 填写自检报告书。

3）安装单位自检合格后，应委托有相应资质的检验检测机构进行检测。检验检测机构应出具检测报告书。

4）安装质量的自检报告书和检测报告书应存入设备档案。

5）经自检、检测合格后，应由总承包单位组织出租、安装、使用、监理等单位进行验收，并应按 JGJ196-2010 附录 B 填写验收表，合格后方可使用。

6）塔式起重机停用 6 个月以上的，在复工前，应按 JGJ196-2010 附录 B 重新进行验收，合格后方可使用。

7）塔式起重机安装过程中，应分阶段检查验收。各机构动作应正确、平稳，制动可靠，各安全装置应灵敏有效。在无载荷情况下，塔身的垂直度允许偏差应为 4/1000。

（7）塔式起重机的附着

塔式起重机的附着装置应符合下列规定：

1）附着建筑物的锚固点的承载能力应满足塔式起重机技术要求。附着装置的布置方式应按使用说明书的规定执行。当有变动时，应另行设计；

2）附着杆件与附着支座（锚固点）应采取销轴铰接；

3）安装附着框架和附着杆件时，应用经纬仪测量塔身垂直度，并应利用附着杆件进行调整，在最高锚固点以下垂直度允许偏差为 2/1000；

4）安装附着框架和附着支座时，各道附着装置所在平面与水平面的夹角不得超过 10°；

5）附着框架宜设置在塔身标准节连接处，并应箍紧塔身；

6）塔身顶升到规定附着间距时，应及时增设附着装置。塔身高出附着装置的自由端高度，应符合使用说明书的规定；

7）塔式起重机作业过程中，应经常检查附着装置，发现松动或异常情况时，应立即停止作业，故障未排除，不得继续作业；

8）拆卸塔式起重机时，应随着降落塔身的进程拆卸相应的附着装置。严禁在落塔之前先拆附着装置；

9）附着装置的安装、拆卸、检查和调整应有专人负责；

10）行走式塔式起重机作固定式塔式起重机使用时，应提高轨道基础的承载能力，切断行走机构的电源，并应设置阻挡行走轮移动的支座。

（8）塔式起重机内爬升

塔式起重机内爬升时应符合下列规定：

1）内爬升作业时，信号联络应通畅；

2）内爬升过程中，严禁进行塔式起重机的起升、回转、变幅等各项动作；

3）塔式起重机爬升到指定楼层后，应立即拔出塔身底座的支承梁或支腿，通过内爬升框架及时固定在结构上，并应顶紧导向装置或用楔块塞紧；

4）内爬升塔式起重机的塔身固定间距应符合使用说明书要求；

5）应对设置内爬升框架的建筑结构进行承载力复核，并应根据计算结果采取相应的加固措施。

2. 塔式起重机的拆卸

（1）塔式起重机拆卸作业宜连续进行；当遇特殊情况拆卸作业不能继续时，应采取措施保证塔式起重机处于安全状态。

（2）当用于拆卸作业的辅助起重设备设置在建筑物上时，应明确设置位置、锚固方法，并应对辅助起重设备的安全性及建筑物的承载能力等进行验算。

（3）拆卸前应检查主要结构件、连接件、电气系统、起升机构、回转机构、变幅机构、顶升机构等项目。发现隐患应采取措施，解决后方可进行拆卸作业。

（4）附着式塔式起重机应明确附着装置的拆卸顺序和方法。

（5）自升式塔式起重机每次降节前，应检查顶升系统和附着装置的连接等，确认完好后方可进行作业。

（6）拆卸时应先降节、后拆除附着装置。

（7）拆卸完毕后，为塔式起重机拆卸作业而设置的所有设施应拆除，清理场地上作业时所用的吊索具、工具等各种零配件和杂物。

7.2.3 施工升降机安装拆卸安全技术

1. 施工升降机的安装

（1）安装条件

1）施工升降机基础应符合使用说明书要求，当使用说明书无要求时，应经专项设计计算，地基上表面平整度允许偏差为10mm，场地应排水通畅。对基础设置在地下室顶板、楼面或其他下部悬空结构上的施工升降机，应对基础支撑结构进行承载力验算。施工升降机安装前应按《建筑施工升降机安装、使用、拆卸安全技术规程》JGJ215-2010附录A对基础进行验收，合格后方能安装。

2）安装作业前，安装单位应根据施工升降机基础验收表、隐蔽工程验收单和混凝土强度报告等相关资料，确认所安装的施工升降机和辅助起重设备的基础、地基承载力、预埋件、基础排水措施等符合施工升降机安装、拆卸工程专项施工方案的要求。

3）施工升降机安装前应对各部件进行检查。对有可见裂纹的构件应进行修复或更换，对有严重锈蚀、严重磨损、整体或局部变形的构件必须进行更换，符合产品标准的有关规定后方能进行安装。

4）安装作业前，应对辅助起重设备和其他安装辅助用具的机械性能和安全性能进行检查，合格后方能投入作业。

5）安装作业前，安装技术人员应根据施工升降机安装、拆卸工程专项施工方案和使用说明书的要求，对安装作业人员进行安全技术交底，并由安装作业人员在交底书上签字。在施工期间内，交底书应留存备查。

6）有下列情况之一的施工升降机不得安装使用：

①属国家明令淘汰或禁止使用的；

②超过由安全技术标准或制造厂家规定使用年限的；

③经检验达不到安全技术标准规定的；

④无完整安全技术档案的；

⑤无齐全有效的安全保护装置的。

7）施工升降机必须安装防坠安全器。防坠安全器应在一年有效标定期内使用。根据现行行业标准《施工升降机齿轮锥鼓形渐进式防坠安全器》JG121 的规定：防坠安全器无论使用与否，在有效检验期满后都必须重新进行检验标定。施工升降机防坠安全器的寿命为 5 年。

8）施工升降机应安装超载保护装置。超载保护装置在载荷达到额定载重量的 110%前应能中止吊笼启动，在齿轮齿条式载人施工升降机载荷达到额定载重量的 90%时应能给出报警信号。

9）附墙架附着点处的建筑结构承载力应满足施工升降机使用说明书的要求。

10）施工升降机的附墙架形式、附着高度、垂直间距、附着点水平距离、附墙架与水平面之间的夹角、导轨架自由端高度和导轨架与主体结构间水平距离等均应符合使用说明书的要求。

11）当附墙架不能满足施工现场要求时，应对附墙架另行设计。附墙架的设计应满足构件刚度、强度、稳定性等要求，制作应满足设计要求。附墙架设计时应考虑基础状况、上部自由端高度、工作载荷、风载荷等因素的影响，并绘制相关图纸和编写有关说明。

12）在施工升降机使用期限内，非标准构件的设计计算书、图纸、施工升降机安装工程专项施工方案及相关资料应在工地存档。

13）基础预埋件、连接构件的设计、制作应符合使用说明书的要求。

14）安装前应做好施工升降机的保养工作。

（2）安装作业

1）安装作业人员应按施工安全技术交底内容进行作业。

2）安装单位的专业技术人员、专职安全生产管理人员应进行现场监督。

3）施工升降机的安装作业范围应设置警戒线及明显的警示标志。非作业人员不得进入警戒范围。任何人不得在悬吊物下方行走或停留。

4）进入现场的安装作业人员应佩戴安全防护用品，高处作业人员应系安全带，穿防滑鞋。

作业人员严禁酒后作业。

5）安装作业中应统一指挥，明确分工。危险部位安装时应采取可靠的防护措施。当指挥信号传递困难时，应使用对讲机等通信工具进行指挥。

6）当遇大雨、大雪、大雾或风速大于 13m/s 等恶劣天气时，应停止安装作业。当有特殊要求时，由用户与制造商协商解决。风力等级与风速对照表见表 7-2。

7）电气设备安装应按施工升降机使用说明书的规定进行，安装用电应符合现行行业标准《施工现场临时用电安全技术规范》JGJ46 的规定。

8）施工升降机金属结构和电气设备金属外壳均应接地，接地电阻不应大于 4Ω。

9）安装时应确保施工升降机运行通道内无障碍物。

10）安装作业时必须将按钮盒或操作盒移至吊笼顶部操作。当导轨架或附墙架上有人员作业时，严禁开动施工升降机。

11）传递工具或器材不得采用投掷的方式。

12）在吊笼顶部作业前应确保吊笼顶部护栏齐全完好。

13）吊笼顶上所有的零件和工具应放置平稳，不得超出安全护栏。

14）安装作业过程中安装作业人员和工具等总载荷不得超过施工升降机的额定安装载重量。

15）当安装吊杆上有悬挂物时，严禁开动施工升降机。严禁超载使用安装吊杆。

16）层站应为独立受力体系，不得搭设在施工升降机附墙架的立杆上。

17）当需安装导轨架加厚标准节时，应确保普通标准节和加厚标准节的安装部位正确，不得用普通标准节替代加厚标准节。

18）导轨架安装时，应对施工升降机导轨架的垂直度进行测量校准。施工升降机导轨架安装垂直度偏差应符合使用说明书和表 7-3 的规定。

表 7-3 安装垂直度偏差

导轨架架设高度 h（m）	$h \leqslant 70$	$70 < h < 100$	$100 < h \leqslant 150$	$150 < h \leqslant 200$	$h > 200$
垂直度偏差（mm）	不大于（1/1000）h	$\leqslant 70$	$\leqslant 90$	$\leqslant 110$	$\leqslant 130$
	对钢丝绳式施工升降机，垂直度偏差不大于（1.5/1000）h				

19）接高导轨架标准节时，应按使用说明书的规定进行附墙连接。

20）每次加节完毕后，应对施工升降机导轨架的垂直度进行校正，且应按规定及时重新设置行程限位和极限限位，经验收合格后方能运行。

21）连接件和连接件之间的防松防脱件应符合使用说明书的规定，不得用其他物件代替。对有预紧力要求的连接螺栓，应使用扭力扳手或专用工具，按规定的拧紧次序将螺栓准确地紧固到规定的扭矩值。安装标准节连接螺栓时，宜螺杆在下，螺母在上。

22）施工升降机最外侧边缘与外面架空输电线路的边线之间，应保持安全操作距离。最小安全操作距离应符合表 7-4 的规定。

表 7-4 最小安全操作距离

外电线电路电压（kV）	＜1	1～10	35～110	220	330～500
最小安全操作距离（m）	4	6	8	10	15

23）当发现故障或危及安全的情况时，应立刻停止安装作业，采取必要的安全防护措施，

应设置警示标志并报告技术负责人。在故障或危险情况未排除之前，不得继续安装作业。

24）当遇意外情况不能继续安装作业时，应使已安装的部件达到稳定状态并固定牢靠，经确认合格后方能停止作业。作业人员下班离岗时，应采取必要的防护措施，并应设置明显的警示标志。

25）安装完毕后应拆除为施工升降机安装作业而设置的所有临时设施，清理施工场地上作业时所用的索具、工具、辅助用具、各种零配件和杂物等。

26）钢丝绳式施工升降机的安装还应符合下列规定：

①卷扬机应安装在平整、坚实的地点，且应符合使用说明书的要求；

②卷扬机、曳引机应按使用说明书的要求固定牢靠；

③应按规定配备防坠安全装置；

④卷扬机卷筒、滑轮、曳引轮等应有防脱绳装置；

⑤每天使用前应检查卷扬机制动器，动作应正常；

⑥卷扬机卷筒与导向滑轮中心线应垂直对正，钢丝绳出绳偏角大于 2°时应设置排绳器；

⑦卷扬机的传动部位应安装牢固的防护罩；卷扬机卷筒旋转方向应与操纵开关上指示方向一致。卷扬机钢丝绳在地面上运行区域内应有相应的安全保护措施。

27）施工升降机导轨架的纵向中心线至建筑物外墙面的距离宜选用使用说明书中提供的较小的安装尺寸。

28）导轨架自由高度、导轨架的附墙距离、导轨架的两附墙连接点间距离和最低附墙点高度不得超过使用说明书的规定。

29）施工升降机周围应设置稳固的防护围栏。楼层平台通道应平整牢固，出入口应设防护门。全行程不得有危害安全运行的障碍物。

30）施工升降机安装在建筑物内部井道中时，各楼层门应封闭并应有电气连锁装置。装设在阴暗处或夜班作业的施工升降机，在全行程上应有足够的照明，并应装设明亮的楼层编号标志灯。

（3）安装自检和验收

1）施工升降机安装完毕且经调试后，安装单位应按 JGJ215-2010 附录 B 及使用说明书的有关要求对安装质量进行自检，并应向使用单位进行安全使用说明。

2）安装单位自检合格后，应经有相应资质的检验检测机构监督检验。

3）检验合格后，使用单位应组织租赁单位、安装单位和监理单位等进行验收。实行施工总承包的，应由施工总承包单位组织验收。施工升降机安装验收应按 JGJ215-2010 附录 C 进行。

4）严禁使用未经验收或验收不合格的施工升降机。

5）使用单位应自施工升降机安装验收合格之日起 30 日内，将施工升降机安装验收资料、施工升降机安全管理制度、特种作业人员名单等，向工程所在地县级以上建设行政主管部门办理使用登记备案。

6）安装自检表、检测报告和验收记录等应纳入设备档案。

2 施工升降机的拆卸

（1）拆卸前应对施工升降机的关键部件进行检查，当发现问题时，应在问题解决后方能进行拆卸作业。

（2）施工升降机拆卸作业应符合拆卸工程专项施工方案的要求。

（3）应有足够的工作面作为拆卸场地，应在拆卸场地周围设置警戒线和醒目的安全警示标志，并应派专人监护。拆卸施工升降机时，不得在拆卸作业区域内进行与拆卸无关的其他作业。

（4）夜间不得进行施工升降机的拆卸作业。

（5）拆卸附墙架时施工升降机导轨架的自由端高度应始终满足使用说明书的要求。

（6）应确保与基础相连的导轨架在最后一个附墙架拆除后，仍能保持各方向的稳定性。

（7）施工升降机拆卸应连续作业。当拆卸作业不能连续完成时，应根据拆卸状态采取相应的安全措施。

（8）吊笼未拆除之前，非拆卸作业人员不得在地面防护围栏内、施工升降机运行通道内、导轨架内以及附墙架上等区域活动。

7.3 起重吊装及安装拆卸工程安全专项施工方案实例

实例一 ××工程双 T 板吊装安全专项施工方案

一、编制依据

（一）施工图纸及施组

施工图纸《××粮食储备库园区粮库新建工程 1-10 号平房仓》

施工组织设计《××省级粮食储备库园区粮库新建工程施工组织设计》

（二）标准、规范、规程及其他

序号	编制依据	依据编号	备注
1	《混凝土结构设计规范》	GB50010-2010	
2	《混凝土结构工程施工质量验收规范》	GB50204-2002	
3	预应力混凝土用钢绞线	GB/T5224-2003	
4	起重机械安全规程	GB6067-2010	
5	预应力混凝土双 T 板	06SG432-1	
6	建筑机械使用安全技术规程	JGJ33-2012	
7	施工现场临时用电安全技术规范	JGJ46-2005	

注：施工过程中如遇到国家规范、图集、标准更改，则工程要求也随之相应更改，按照新标准执行。

二、工程概况

(一) 工程概况

实例一表1 工程概况表

工程名称	××省级粮食储备库园区粮库新建工程
建设单位	××省级粮食储备库
设计单位	山东省粮油工程设计院
勘察单位	××岩土地基勘测有限公司
监理单位	××工程项目管理有限公司
施工单位	××建设集团有限公司
专业吊装单位	××新型建筑材料有限公司

(二) 双T板概况

本工程1-10#平房仓屋面采用预应力双T板（图集06SG432-1）YTSB244-2第42、43页，双T板共计吊装数量为400快。平房仓为24米跨度，多跨单层粮库。吊装作业依据现场施工进度计划进行，由运输车辆分别将双T板运输进场，使用150t汽车吊进行吊装工作。

实例一表2 双T板基本尺寸数据

双T板基本尺寸数据					
序号	型号	宽度（米）	长度（米）	自重（t）	数量（块）
1	YTSB244-2	2.39	23.98	18.35	40（单个平房仓）

(三) 施工重点及难点

（1）该工程1-10#平房仓双T板为大型运输、吊装工程。其运输、吊装是一项复杂的过程。运输过程由双T板厂家专业运输车辆，伸缩式的托盘车运输车队全面负责对该项目的运输工作。吊装过程中由厂家配备的专职安全员和指挥人员负责安装指挥。我方应做好协调与安全监督工作。

（2）预制混凝土双T板跨度较大为24米，安装时存在机械吊装场地的满足吊装空间，起吊机械的选择，起吊工艺流程的布置，起吊质量的保证，安全控制等问题，如何结合工程的工期紧、安全要求高是该项施工的重点。

（3）如何控制预埋件误差是本工程双T板吊装施工的难点之一。混凝土圈梁上的预埋件位置精准度直接决定吊装的顺利程度，须提前把控预埋件的精准位置。为保证不影响吊装安装的顺利进行，项目部成立预埋件控制小组，浇筑混凝土前由专职测量员现场定位预埋件位置及标高控制。浇筑混凝土时由技术、质检人员负责对安装过程中的技术指导和质检工作，对预埋件施工做到全程跟踪和检查工作，确保后续施工的顺利进行。预埋件位置见附图一

三、施工准备

(一) 技术准备

（1）技术人员应对设计图纸进行认真的审核，明确各部位的节点做法，如发现图纸中有

不明确事项，在施工前向设计人员提出，由设计人员进行确定。

（2）根据工程的特点、质量要求、工期要求、现场要求等，制定出详细的屋面工程施工方案，进行合理的施工安排，确保质量、进度、成本、现场等各项指标的顺利实现。

（3）施工前向施工队进行详细的交底，使其明确各部位的施工做法、操作工艺、施工要求等。

（二）材料准备

（1）根据约定时间，专业吊装单位提前查看工地现场与我方商定好确切的吊装时间，组织车队相关人员进行事前准备工作，所有人员提前到位，对伸缩盘双T板专用车辆进行检修，每辆车拉两页双T板，板与板之间有枕木、垫木间隔，不允许出现支点受力不均，结构扭曲等情况。出发前做好人员培训，车辆在运输过程中，不得急加速，急刹车影响车辆的稳定性，车速匀速安全行驶。到达工地后配合吊装负责人的指挥，到指定点地点并通过项目部的检查合格。

（2）双T板堆放场地应平整压实，堆放时除最下层构件采用通长垫木外，上层的构件宜采用单独垫木，垫木应放在距板端200--300mm处，并做到上下对齐，垫平垫实。构件堆放层数不宜超过5层。

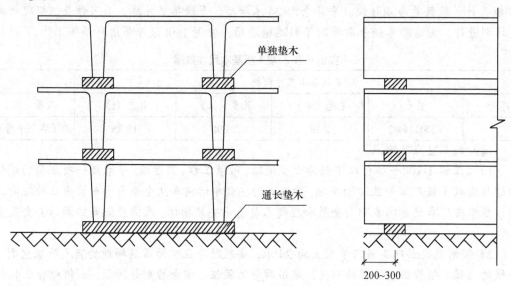

实例一图1 堆放示意图

（三）现场准备

（1）吊装前须清理好施工现场，清除有碍吊装工作进行的一切障碍物，对于路面不平或软土质部位，采取路面平整和硬化措施，保证道路畅通；必须保障停车、行车路线平整，对吊车轮胎无损害，保障汽车吊进行正常吊装。

（2）吊装前必须准备好吊装用的垫块、垫木及所用铁件等。

（3）为了保证安装工作顺利进行，构件安装前要对构件质量进行全面检查，由专职测量员。检查构件表面有无变形和裂缝等缺陷，还要检查构件的外形和截面尺寸。

（4）施工前要提前画好构件安装十字线，必须认真检查机械设备的性能、索具、绳索、撬杠等的完好程度；劳工组织要详细妥当，劳保用品要配备齐全。

（四）吊装前准备

（1）吊装前测框架梁铁件标高，在框架梁上放好双 T 板吊装轴线，并将汽车吊装行走路线及运输双 T 板汽车路线地面夯实至-0.45m 设计地面垫层下标高一致，疏通好道路，清理现场，有碍吊装施工进行的障碍物必须拆除，确认混凝土结构强度是否满足设计要求及施工规范及结构的几何尺寸，在确保无误的前提下进行吊装，做到稳吊轻放，确保构件产品的完好。

（2）查看吊装现场，确定运输路线，准备好吊装运输工具，检查吊装索具，对需吊装的板确定车辆顺序，以及对板进行复检，作好技术交底，按排好吊装人员以及劳动保护用具。

（3）起重机吊装准备及开行路线：

1）起重机吊装前应对施工机械及用具进行全面的检查，并设警戒区域，安装警戒线。操作人员及指挥、监督人员必须全部到位，确保施工的正常进行。

2）构件吊装前对构件质量进行检查，对有较大损伤等的不合格构件应作废弃处理。

3）采用顺序安装方法，起重机从厂房内一端单跨顺序排列进行构件安装。

四、施工安排

（一）机械及人员安排

吊车150t，1辆（由厂家配备）上、下各一人信号

指1位吊装就位5位司机1位

质量、安检各1位；（以上机型及人员均由厂家配备）

（二）项目部组织机构

实例一表3 项目部组织机构人员表

序号	管理人员姓名	职务	职责
1	×××	项目经理	现场施工总指挥
2	×××	总工兼工程经理	吊装施工总协调工作及方案落实情况。
3	×××	工长	施工现场的组织协调，落实各项施工管理措施
4	×××	技术员	技术交底及方案编写
5	×××	质检员	检查施工过程中各项质量保证措施的落实
6	×××	测量员	根据技术要求，对现场的找坡标高进行控制
7	×××	安全员	负责吊装施工时现场安全
8	×××	材料主管	组织相关材料的进场，钢管等周转材料的进退场，参与材料的检查验收，并负责厂家资料的收集整理

（三）施工工期及顺序安排

本工程1-10#平房仓吊装计划于2013年3月25至4月25依次完成吊装施工。吊装安装顺序按照混凝土梁、柱（8.71m—8.95m）浇筑完成时间安装双 T 板。吊装双 T 板顺序为9#、10#、5#、7#、8#、6#、3#、4#、2#、1#仓依次吊装，计划为栋仓的安装时间为2天。每栋仓的吊车支设位置见附图二。

五、主要施工方法及工艺

（一）吊装工艺流程

绑扎→吊装→安装、校正→焊接

（1）绑扎：双 T 板的吊装使用 150T 汽车起吊，绑扎点对称双 T 板重心，根据构件，采用四点绑扎。双 T 板板端捆绑 Φ21 溜绳，以控制双 T 板在空中的位置，吊具采用 Φ28 钢丝绳，吊装双 T 板时应保证所有吊钩均匀受力，缆绳吊角应不小于 45 度。

（2）吊装

为确保安全，选择白天吊装。吊装时，车队由北大门进入施工工地，车进到仓库内侧，由一端向另一端进行吊装。吊升时，双 T 板采用悬吊法吊升，吊升速度必须缓慢有序，离地时进行试吊工作（离地约 300 mm）确认吊臂、缆绳、吊钩安全后方可将构件继续吊起，构件起吊后旋转至砼托梁或框架上方，超过梁面约 200 mm，然后缓慢下落在梁上，对好轴线和埋件，缓缓落下校正好标高。

（3）安装、校正

双 T 板安装应从一端向另一端依次开始安装。两侧山墙和变形缝处隔墙安装时，

山墙和隔墙不以双 T 板为侧向支点，吊装及安装过程均由现场指挥人员指挥安装，安装后应及时测量标高，找平时用铁板件垫平，然后方可脱勾，再进行下一块的吊装，依次类推，直至吊装完毕。校正：双 T 板的四个支承面必须平等，对双 T 板平速度及安装位置偏差进行校正无误后，方可进行下一顺序作业。

（4）焊接

1）双 T 安装时板板应搁置在混凝土圈梁预埋件上，采用满焊焊接。

2）双 T 板的支撑面必须平整，平整后应与预埋件焊接，其焊接应按一下要求进行：吊装就位后，先焊接一端的两个板肋的支座，待屋面构造层做好后，再焊接另一端的两个支座，对于板跨≥15m 板，每侧焊缝长≥80mm。用于山墙处传递山墙水平力的板端焊缝应加强：焊缝厚≥8mm，每侧焊缝长≥100mm。

实例一表 4 双 T 坡板肋梁两端连接构造

构造形式	适用条件		施工要求	
			焊缝长度 lw（mm）	安装顺序
两端焊接	非抗震设计及抗震设防烈度小于 8 度	l<18	≥60	吊装就位后应先焊一端，待屋面做法完成后再焊另一端
		18≤l≤24	≥80	
	抗震设防烈度为 8 度	l<18	≥80	
一端焊接、一段螺栓连接	抗震设防烈度为 8 度	18≤l≤24	≥100	吊装就位后应先连接一端，待屋面做法完成后再连接另一端，先进行端的连接方式可由安装单位确定
	温度变化较大的无保温屋面板		≥100	
两端螺栓连接	板端承受较大振动作用的屋面板		——	——

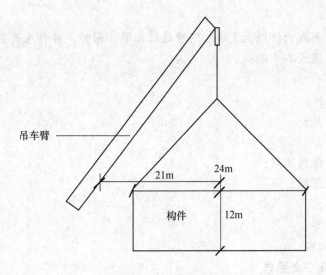

实例一图 2 吊装示意图

六、质量保证措施

（1）吊装前，甲方复查框架梁顶埋件标高、轴线位置，梁的砼强度符合规范要求后，方可通知吊方吊装，起吊应平稳缓慢，以免碰撞构件。

（2）双 T 板落在梁顶铁件上调整固定好，再施焊，先焊双 T 板一个端头，再三边满焊。

（3）吊装时双 T 板砼强度必须达到设计要求。

七、安全保证措施

（一）施工保证措施

该工程吊装构件重，采用车辆较大，高空作业，因此必须做好各种安全措施，以确保吊装安全顺利进行。

（1）吊装人员必须经过培训，并熟悉了解方案，掌握吊装要领和安全措施，不得酒后或带病参加作业，穿戴好安全防护用品。

（2）吊装前对相关人员进行技术交底和吊装方法及安全等方面的要求，明确分工。消除安全隐患，确认无问题后，方可正式吊装。

（3）作业区，甲方设专人监管，非吊装人员不得进入，吊臂、吊装物下严禁站人或通行。

（4）吊装前将脚手架落至框架梁下 30cm，搭设操作平台、框架梁四周铺设脚手板 500mm 宽，框架梁间满挂安全网，用棕绳捆绑在柱子上。

（5）吊装时起重臂下严禁站人，下部车驾驶室不得坐人，吊装过程中做到四统一：统一指挥、统一调度、统一信号、统一时间。

（6）起吊时应注意钢丝绳不能打折，所持位置，要互相对称。

（7）双 T 板提高降落时要平稳，避免振动或摇动。双 T 板提升降落时要平稳，避免振动或摇动。

（8）遇有雨雪天或六级以上大风，不准进行吊装。同时，操作人员要做到十不吊：

1）指挥信号有误或不明确；

2）超负荷；

3）梁板上有人；

4）安全装置不灵；

5）下大雨；

6）能见度低、视线不好；

7）超重钢丝绳滑槽；

8）梁板被挂牢；

9）梁板紧固不牢；

10）风力超过六级

（二）高空作业安全操作

（1）在进行高空作业前，高空作业所用的防护绳、安全帽、高空作业安全带等防护用品必须经检查可靠、有效方可使用。

（2）进行高空作业的工作人员及进入高空作业区的一切人员，必须在作业前或进入作业区前戴好安全帽和系好高空作业安全带。

（3）进行高空作业时，应在地面危险范围内设立危险警示标志。

（4）在进行高空作业时，必须至少有一名监护人，监护人要监守施工现场，切实履行职责，密切注意作业状况，发现危险及时发出警示。监护人员还应阻止其他人员进入地面危险区域。

（5）高空作业时，应将手持工具、小型材料等放在工具袋内，严禁工具袋由高空掉下或使用破损的工具袋。

（6）高空作业时所有的材料和工具应用绳索或起重工具传递，不可向下投掷或向上抛送物件。

（7）高空作业的专职安全员就是现场安全责任人，高空作业必须有专职安全员签字确认后，才能作业。专职安全员必须到现场检查安全情况和落实措施，对任何产生的违章予以制止。

（8）遇大雨、大雪、光线不足、风力达6级以上等不良环境时，安全管理处将进行通知，作业人员必须听从指挥，禁止私自进行高空作业。

（9）无安全措施，严禁在未固定的横梁、构件是行走或作业。

（10）严禁在高空作业台面上打闹跑跳。

（11）严禁酒后进行高空作业。

（三）机械使用安全操作

（1）早在人员已经体检合格，无妨碍作业的疾病和生理缺陷，并经过专业培训，考核合格取得操作证后，方可持证上岗；

（2）操作人员在作业过程中，应集中精力，正确操作，不得擅自离开工作岗位或将机械交给其他无证人员操纵，严禁无关人员进入作业区域操作室内；

（3）机械设备应按其性能的要求正确使用，减少安全装置或安全装置失效的机械设备不得使用；

（4）操纵人员应遵守机械设备的有关保养规定，认真及时做好各级保养工作，经常保持机械的完好状态；

（5）严谨拆除机械设备上的自动控制机构和各种安全限位装置及监测指示仪表、警报器等自动报警、信号装置，其调试和故障的排除应由专业人员负责进行；

（6）实行多班作业的机械，应执行交接班制度，认真填写交接班记录，接班人员经检查确认无误后，方可进行工作；

（7）现场施工负责人应为机械作业提供道路、水电、机械或停机场地等必备的条件，并消除对机械作业有妨碍或不安全的因素，夜间作业应设置充足的照明；

（8）机械必须按照出厂试验说明书规定的技术性能承载能力和使用条件正确操作，合理使用，严谨超载作业或任意扩大使用范围；

（9）机械设备不得带病运行，运行中发现不正常时应先停机检查，排除故障后方可使用；

（10）严禁违章操作，凡违反本规程的作用命令，操作人员应先说明理由后，可以拒绝执行，由于发令人强制违章作业而造成的一切事故，均由发令人承担；

（11）新机经过大修或技术改造的机械，必须按出厂说明书的要求进行测试和试运转；

（12）使用机械与安全生产发生矛盾时，必须首先服从安全要求；

（13）机修使用的润滑油（脂），应符合产品说明书所规定的种类和牌号，并按时、按季、按质进行增加或更换；

（14）当机械设备发生事故或未遂恶性事故时，必须及时抢救，保护现场，并立即报告领导和有关部门听侯处理，催事故应按"四不放过"的原则进行处理；

（15）人机固定，定机定人，操作人员必须搞好机械设备的例行保养，在开机前，停机后，搞好清洁、润滑、调整、坚固和防腐工作，经常保持机械设备的良好状态；

（16）所有机电设备自下班后一定要切断电源。

（四）施工用电安全操作

（1）明确施工现场用电的安全要求，防止用电安全事故的发生，确保安全。

（2）职责

1）工地电工负责工地临时用电搭接及管理，所有用电器具的安全检查等。

2）施工人员服从安全用电的规定，按要求操作机具。

3）项目部负责现场用电的安全管理及出现事故后的应急准备。

（3）工作程序

1）临时接线

a．工地现场所有临时用电执行《施工现场临时用电安全技术规范》（JGJ46-2005）标准，接线必须由电工进行，其他任何人不得任意搭接。电工在进行线路接驳时，必须通过工地指挥部的同意，且有其电工在场时才能接驳。

b．施工现场每栋仓应接总开关箱一个，并由此引出分开关箱若干，各用电器及单个开关插座就直接接驳在分开关箱内。开关箱的制作应满足电工规范，应有接地保护和过载保护装置。开关箱应加锁，并指定专门电工负责管理，以防无关人员乱搭线，而引起事故的发生。

c．工地不得使用裸体导线，除了固定使用的照明线路由电工接驳使用铜芯线外，临时用电的班组使用的移动电路必须使用护套线，不得用其他线代替。

d. 开关箱内不得放置其他物品，附近不得堆积杂物，以免堵塞通道。室外放置的开关箱要绝缘，要有防雨措施。电线不得被挤压或被水浸泡，以防漏电。

2）用电

a. 所有进场使用的电动工具，必须经过安全检查，以防漏电引起安全事故。

b. 所有用电器的使用者必须遵守用电的规范要求，不得违章操作，防水、防潮，并注意绝缘保护，确保用电安全。发现问题应通过电工解决，避免自作主张。

c. 施工现场严禁使用与施工无关的电器（如电炉、电炒锅等），如因工作需要则必须通过电工的同意，以免造成电路超载而引起不安定因素。

3）电工

电工必须是经培训有资格的人员担任，要持证上岗。值班电工必须严格遵守岗位责任制及《施工现场临时用电安全技术规范》（JGJ46—2005）标准的要求，发现不符合安全操作规程的，立即令其停工整改，不服者，可报告项目经理，由项目经理解决。

（4）检查与应急

1）值班电工是工地用电安全的常设督查员，其应经常巡视工地，发现问题及时处理，确保工地用电安全。

2）项目部管理人员也要定期和不定期检查工地的用电安全。出现事故（如触电、火灾、食物中毒、中暑、化学品中毒等）依据施工现场应急措施规程进行处理。

3）项目部每周例行检查时，以及安全管理科下工地检查时，都应将用电安全的检查作为检查项目之一，并记录在质安大检查综合评定表中，发现问题应立即通知项目部及施工班组整改，必要时，发出纠正/预防措施要求单。

实例二　××广场大型设备安装安全专项施工方案

一、方案说明

查看施工蓝图，本通风空调工程设计有冷水机组（三台2929KW离心式冷机和一台1369KW螺杆式冷机）；冷冻水泵设四台（三用一备）与离心机对应，另设二台（一用一备）与螺杆机对应；板式换热器（二台5000KW）；热水泵共设五台（四用一备）；一台全自动钠离子软水器和一个软化水箱；一台真空排气补水定压机组；冷却塔设三台与离心机对应，另设一台与螺杆机对应；冷却水泵设四台（三用一备）与离心机对应，另设二台（一用一备）与螺杆机对应；空调机组、新风机组、吊装式空气处理器、风机盘管、风机等设备。

其中制冷机组由厂家负责吊装就位，冷却塔由厂家现场组装。因此本方案针对空调机组、新风机组、真空排气补水定压机组的吊装及就位做详细的规划与部署，大型制冷机组、冷却塔只对吊装路线做一说明。为确保该项工作的安全顺利完成，项目技术人员现场实地勘察及测量，结合现场实际情况及设备相关特性，特编制本方案以指导现场各项施工作业。

二、编制依据

1. 设备参数、施工蓝图；

2. 经批准的施工进度计划；

3. 经批准的设备进场计划；

4. 建筑卷扬机安全规则 GB/T1955；

5. 起重吊运指挥信号 GB5082；

6. 起重机用钢丝绳检验和报废实用规范 GB5972；

7. 建设工程施工安全技术操作规程（2004）；

8.《机械设备安装工程施工及验收规范》（GB50231）；

9.《起重设备安装工程施工及验收规范》（GB50278）；

10.《建筑机械使用安全技术规程》（JGJ33）；

11. 手拉葫芦安全规则 JB9010；

12. 分公司各种管理制度及管理规定；

13. 根据现场实际作业条件及设备特性。

三、工程概况

（一）施工概况：

本工程位于西安市高新区，建筑面积150753平米。地下2层；1#、2#楼地上23层，建筑高度99.3米；3号楼地上19层，建筑高度80.3米；4号楼地上4层，建筑高度23.65米。工程性质为酒店、办公、培训中心、综合配套楼。设备安装位置分布于各栋楼各层。

（四）设备参数及安装位置（详见下表）：

实例二表1 设备参数及安装位置

楼号	空调系统编号	服务房间	机组编号	机组尺寸	进场通道	机组名称
1、2#楼	1至2F吊装空气机组	办公楼1、2层	C8	1040×990×690		吊装式空气处理机组
	1至23F-X-1	办公1-23层新风	C7	1290×1350×1070		变风量空气处理机组（落地）
3、4#楼	1F-K-1	一层大堂	A30	1600×1800×1130	机房留墙	柜式空调机组（落地）
	1F-K-2	一层自助餐厅	A36	4284×2568×1711	机房留墙	组合式空调机组
	2F-K-1	二层宴会厅	A48	4692×2874×2017	机房留墙	组合式空调机组（变风量）
	3F-K-1	三层多功能厅	A41	4998×2874×2629	机房留墙（有点窄）共用机房	组合式空调机组（变风量）
	4F-K-1	四层游泳池	A66	4680×1600×2141		组合式新风换气空调机组
	1F-X-1	一层夹层办公	A10	1240×990×690		吊装式空气处理机组
	1F-X-2	夹层餐厅	A78	1040×1190×740		吊装式空气处理机组
	1F-X-3	夹层新风	A55	840×990×510		吊装式空气处理机组

楼号	空调系统编号	服务房间	机组编号	机组尺寸	进场通道	机组名称
3、4#楼	2F-X-1	二层餐厅包间	A14	1240×1940×690		吊装式空气处理机组
	2F-X-2	二层厨房	A50	1240×990×690		吊装式空气处理机组
	2F-X-3	二层宴会前厅	A55	840×990×510		吊装式空气处理机组
	3F-X-1	三层会议	A14	1240×1940×690		吊装式空气处理机组
	3F-X-2	多功能厅前厅	A55	840×990×510		吊装式空气处理机组
	4F-X-1	四层健身房	A14	1240×1940×690		吊装式空气处理机组
	5至18F-X-1	客房	A10	1240×990×690		吊装式空气处理机组
	19F-X-1	19层包间	A14	1240×1940×690		吊装式空气处理机组
	一层吊装机组	一层餐厅前厅	A58	1040×1090×690		吊装式空气处理机组
			A60	840×990×510		吊装式空气处理机组
	夹层吊装机组	餐厅上空	A76	840×1360×510		吊装式空气处理机组
	二、三层吊装机组	宴会厅前厅	A62	840×1160×510		吊装式空气处理机组
	地下新风机（X-9）	地下办公及餐厅	D12	1040×2040×740		吊装式空气处理机组
	地下新风机（X-8、10）	地下办公及餐厅	D13	1040×2040×920	共用机房	吊装式空气处理机组
	地下室吊装机组	地下办公及餐厅	D146	1040×1090×690		吊装式空气处理机组

四、施工工艺及流程：

（一）吊装工艺选择：

根据与西安分公司内部协议，我司可以无偿使用其现场内塔吊、施工电梯等垂直运输设备。结合设备布置情况及设备参数（外形尺寸及重量）综合考虑拟采用塔吊、施工电梯、汽车吊三者相结合的方式进行设备的吊装：

地下部分设备主要有制冷机组、真空排气补水定压机组及新风机组、风机，其中制冷机组、真空排气补水定压机组可以利用汽车吊直接从预留设备吊装孔（9000mm×9000mm如下图）吊入设备机房内就位；新风机组则可以利用叉车和手动液压车（牛车）直接倒横移空位机房内就位。

地上部分主要有1#、2#、3#楼新风机组及4#楼空调、新风机组。考虑到塔吊有以下弊端且新风机组本身尺寸较小、重量较轻。故，1#、2#、3#楼新风机房新风机组利用施工电梯运输到各个楼层，然后人工利用油压车水平搬运到设备房间就位。地上3#、4#楼空调机房空调机组利用汽车吊（裙楼塔吊已拆除）吊到各个楼层，然后人工水平倒运至设备房间就位。厂区内及水平一层利用叉车和油压车搬运就位。

现主体结构封顶在即，最早计划1#、2#楼上机房新风机组于2014年12月初进场，届时主体结构已封顶塔吊或已拆除。且塔吊高度高，吊装时绳索长设备在空中摆动幅度大难以控制，容易对周边建筑物及设备边角造成破坏。故采用施工电梯实现垂直运输然后就位。

（二）现场实际情况：

根据现场勘察的实际情况，项目部拟定了吊装作业现场（见下图吊装现场作业图）作业半径为14m，结合设备最大件重量，根据起重设备性能表，拟选择决定采用120t汽车吊与人工起重搬运相配合来完成该项搬运就位工作。（人工搬运牵引动力采用JK—2t卷扬机）设备吊装顺序按其安装位置先里后外。

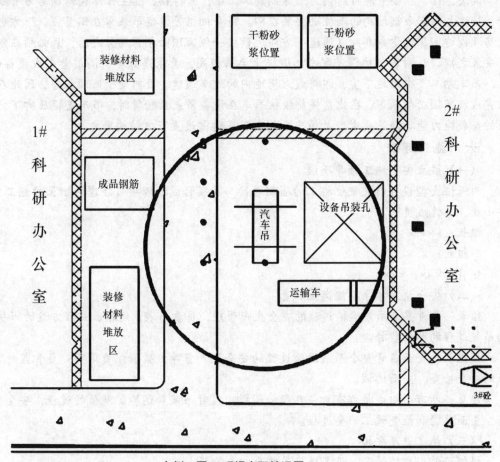

实例二图1 现场实际情况图

（三）吊车选择依据：

结合最大件设备重量：15 吨，则其在吊装时的安全重量为：安全重量=设备重量×安全系数=15t×1.3=19.5吨，经查吊车性能表得知：120t 汽车吊（配重35）、作业半径14m，出臂28.5m 时，其吊荷为：22.5 m，满足设备吊装要求。

（四）吊装流程：

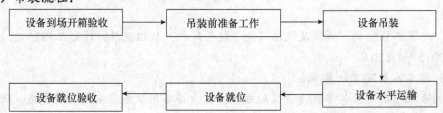

五、施工难点

首先，现场场地紧张，场地内仅有南侧一条道路通行。目前拟定设备吊装吊车站车位置为1#、2#楼中间近1#楼一侧的过车通道，而设备运输车只能就近停靠在南侧道路上。如果设备进场卸车，届时其他施工用车辆将无法进出施工现场。

其次，1#、2#楼中间目前仍为土建钢筋加工区，需待1#、2#主体结构封顶后方可拆除；且1#、2#楼之间有个钢结构的雨棚也安装在即。制冷机组等设备吊装需在钢筋棚、下方也即制冷机房及周边回顶满堂架拆除（通道下方即近1#楼一侧回顶必须保留）之后，且必须在钢结构雨棚安装之前。故对各方协调及配合的衔接上要求极高，要求高效率、高质量完成设备的吊装。

吊车站车下方为地下室，即将成为场地内的过车通道。目前处于回顶状态，因此在设备吊装完成前回顶必须保留。在此需提前校核吊车在设备吊装且转臂时，吊车支腿压脚下方结构梁板的荷载能力能否满足要求，且吊车后侧支腿压脚需设置下方结构梁之上。

六、施工部署

（一）成立安全施工领导小组

为保证大型设备吊装就位施工的顺利进行，我项目成立以项目经理为组长的施工安全领导小组，具体成员如下：

组长：×××

副组长：×××

组员：×××、×××

（二）安全施工领导小组岗位职责

组长：负责整个吊装运输过程的安全生产管理，负责吊装、运输、就位方案的审核，运输和吊装过程的全面监督。

副组长：全面负责整个吊装运输过程的安全生产督导，监督组员落实；负责监督各个环节的安全检查，全面协调。

组员：所有小组成员都有责任在现场巡视、监督吊装和运输、就位的过程，安全生产检查，全面监督和检查施工的全过程。

（三）施工进度安排

根据目前工期的情况，设备进场吊装分四个阶段：

第一，地上部分1#、2#办公楼新风机组先进场：计划工期10天，2014年12月1日至2014年12月10日；

第二，地下部分制冷机房冷机等大型设备进场：计划工期15天，2015年1月20日至2015年2月4日；

第三，地上部分3#、4#空调新风机组加冷却塔进场：计划工期15天，2015年3月15日至2015年3月30日；

第四，地下部分空调、新风及风机（包含屋面风机）机组进场：计划工期15天，2015年4月15日至2015年4月30日；

（四）施工人员及工机具准备

大型制冷机组由甲分包单位负责落地就位，其余设备吊装就位由项目部完成。所需施工人员和施工机具配备如下：

实例二表2 施工人员部署

序号	职务	人数	职责
1	现场负责人	1	负责各相关方面协调工作
2	指挥员	1	负责各施工阶段的指挥工作
3	汽车吊械驾驶员	1	负责各种汽车吊械的操作
4	起重工	4	负责在吊装、搬运时技术性工作
5	电工	1	负责现场临时用电工作
6	壮工	6	负责配合起重工各方面工作

实例二表3 施工作业机具材料

序号	名称	规格	单位	数量
1	卷扬机	JK-2	台	1
2	汽车吊	70T200T	台班台班	4 2
3	大板	/	块	30
4	运输托架	/	套	4
5	挎顶	/	把	4
6	油压千斤顶	10t	把	2
7	滚杠	Φ70	根	20
8	方木	10×10	根	20
9	方木	20×20×6M	根	10
10	滑轮	/	片	10
11	夹板	/	个	5
12	双联工字钢	20#	根	6
13	道木	/	根	30
14	电锤	/	把	1
15	钢丝绳、卡环	/		若干
16	钢板	2M×4M×16mm	块	4
17	小型工具车		辆	1

（五）安全管理和保障措施

（1）夜间施工必须保证足够照明和通讯畅通，每人手持对讲设备。

（2）挂钩人员要注意吊钩、钢丝绳是否完好。吊物要捆扎牢靠，吊钩要找准重心。吊物要垂直，不准斜吊或斜拉。物体吊起时，禁止人员站在吊物之上，其下方禁止有人。

（3）机械运输时，在每个操作面、每层、每个作业点的所有操作人员必须手持对讲机，操作必须统一指挥，相互照应，相互配合。

（4）设备运输和操作前必须认真阅读起重机械安全操作规程和吊运注意事项，确保安全施工。

（5）设备吊运过程前，严格检查工机具的工作状况，确保安全有效；过程中，严格执行"十不吊"准则和吊运机械安全使用要求（细则附后）。

（6）吊运过程中，项目部管理人员必须全程监控，预防事故发生；杜绝野蛮施工和违规操作。

七、吊装时所需现场条件：

（1）设备入口处外墙脚手架（二层至顶层）需全部拆除，拆除宽度不小于设备入口宽度；

（2）吊卸现场杂物需提前清理干净，需满足吊车站车要求；

（3）吊车进厂路径需满足要求，设备吊装时，吊车的站位及设备运输车的停靠问题会影响其它社会车辆，请提前向有关部门协调；

（4）各层需留有足够搬运通道；

（5）设备基础浇筑并验收完成；

（6）洞口周边钢筋需提前折弯（向下）以防剐蹭设备；

（7）制冷机房内部需配备足够的照明及380V/220V电源；

八、吊装前相应工作准备：

（1）厂区内建筑外围周边需回填完毕，路面硬化达到通车要求，设备装载运输车、吊车可直接行驶至设备吊装口上方附近合适位置；

（2）吊车的相关准备工作，对地下结构进行摸底后，进行支腿、试杆等工作；

（3）不在吊车、塔吊作业半径之内的设备进行二次倒运；

（4）吊装前确认设备编号确保吊装位置的准确性，避免出现差错；

九、具体施工方法及步骤：

1. 设备开箱验收

项目人员组织各方对设备进行验收，合格后进行型号及编号确认，避免错误施工。

2. 吊装前相关准备工作吊车进入现场，对地下结构摸底后进行支车等准备工作。

3. 设备吊装：

（1）首先进行吊装索具的安装（需要时，在吊索之间安装支撑架，防止设备外框受力变形），在先进入设备一端吊装绳适当加长；

（2）设备试吊：当设备吊离地面约100mm—200mm时暂停，由专人检查吊车各相关部位、吊索、设备重心等，待确认无安全隐患后，上报指挥员正式起吊；

（3）当设备吊至指定楼层后，在信号工指挥下，吊车向设备入口方向转臂、趴杆；

（4）人工用大绳将设备齐力向楼内牵引，吊车配合落绳；

（5）直到将设备全部进入楼内为止，解除吊索；

4. 设备搬运：

人工采用油压车搬运方式，前拉后推，将其搬运至指定基础位置（如设备较长，可在其后方再加一辆油压车）

5. 设备合拢、就位：

人工用挎顶或撬棍为动力，将设备逐件依序合拢后，将其就位并找正找平。

6. 设备就位验收，覆盖保护：

7. 其余设备吊装、搬运工艺同上。

十、起重机械安全操作保障措施：

（一）起重机使用安全规定

起重机的司机要经过培训，考试合格后，持证上岗。要严格按起重机械安装技术规程进行操作。同时应了解起重机的构造、性能、传动原理、安全规程等。

要严格遵守各项规章制度，遵章守纪，坚守工作岗位。及时发现起重机的异常情况，并妥善加以处理。

（二）起重机使用前的检查项目

各传动机构是否灵活可靠。部件是否完好，螺栓有无松动。钢丝绳有无磨损、断丝、断股，绳卡是否牢靠。

散热器中的水、油箱内的油，润滑系统的润滑油等是否符合要求。

安全装置是否灵活可靠。

轮胎气压是否充足，支腿动作是否良好。

空载时进行试运转，正常后方可投入使用。

司机操作时，精神要集中，细心观察每个动作，并不得随意离开操作岗位，了解各机构运转情况，及时处理出现的问题。

起重机进行作业时，要有专人进行指挥，用统一的指挥信号，指挥人员要站在四级视线范围以内，并应具备较丰富的应变能力。

起重机作业场地要有畅通的吊装通道，并与附近的设备、建筑物保持一定的距离，不得发生碰撞情况。

起重机工作时，司机应用手柄开关操作。停机时，不要用安全装置去关闭，也不准用人体或其他方法转动控制器。要采用正确的关机动作。

指挥人员要了解被吊物体的重量。要根据现场的实际情况和起吊要求与司机配合好，选择合适的吊臂、角度、回转半径和绳索等，有的放矢地进行吊装作业。

起重机吊重物时，机身位置要正确、平稳，支腿位置合适牢固，吊重物时不准斜拉硬拽，严禁不支腿进行吊装作业。同时应尽量避免在倾斜的场地上吊起重物旋转。起重机停妥后，其支腿应垫实，允许倾斜度不大于3度。

起重机在吊勾上挂绳索时，要使吊勾中心和设备重心相一致，如用八字绳交叉挂绳索时，要有防滑和防倾覆的装置。

在起重机作业范围内，非作业人员不准进入，起重臂和重物下方不得站人。起重机停止作业时，要将重物落位，不准将重物悬在空中，防止发生危险。

起重机吊重物时，通常先进行试吊，试吊高度为200mm左右，试吊时间为10min。试吊时应检查各系统有无异常情况。开始起吊前，应鸣铃示意，起动要平稳，逐档加速；对于提升机构每档转换时间为1～2s，运行机构每档转换时间不小于3s；对于大起重量的设备，可达6～8s。

起重机不准进行超负荷作业，在满载和接近满载时，在指挥和操作上，应禁止同时作两种操作机械动作。对指挥信号有误，有权拒绝进行吊装作业，并提出纠正意见。

起重机吊索应保持垂直起吊。吊钩起、落应平稳，在操作中尽量避免紧急刹车或出现冲击动作。起重机满载时，应控制回转范围，一般要求不宜超过90度。

（三）机具安全使用要求

吊装前对各机具（如钢丝绳、链式起重机、千斤顶、滑轮、卡环、绞磨、卷扬机等）进行检查，发现有缺陷，不符合安全要求的不准使用。

起吊用的吊钩、吊环、链条等，要符合标准要求，并不得超负荷使用。起升卷筒的钢丝绳，在任何情况下不得少于3圈；吊重钢丝绳，应垂直地面，不得斜吊。

起吊用的钢丝绳、链式起重机、吊钩等机具，不得和电气线路交叉、接触，并保持一定的安全距离。

钢丝绳端部应采用插接，并应保证其牢固性；

工作中的钢丝绳，不得与其他物体相摩擦，特别是带棱角的金属物体，着地的钢丝绳应以垫板或滚轮托起；

工作中若发现钢丝绳股缝间有大量的油挤出，这是钢丝绳破断的前兆，应立即停吊查明原因；

使用导向滑轮作水平导向时，底滑轮钩向下挂住绳扣，防止使用中脱钩，垂直悬挂的导向滑轮要在钩子上绕一圈，避免滑轮移动或绳索走动时，发生滑动。

千斤顶要直立使用，不得放倒或倾斜使用。油压千斤顶油缸内不得少于规定的油量。螺旋千斤顶，螺纹磨损率不得超过2%。

（四）吊装作业人员安全操作规定

操作人员在作业前，要明确任务，并制定可靠的安全技术措施，项目管理人员要经常督促检查，发现问题要及时、妥善加以解决。

施工人员要服从统一指挥和调配，要分工明确，坚守岗位，尽职尽责，保证吊装工作的顺利进行。

作业区要有警戒标志，非作业人员不得进入作业区。

起吊工作要作到六不吊：指挥信号或手势不明确不吊，重量和重心不清不吊，超过额定负荷不吊，工作视线不清不吊，挂钩方法不对不吊。

设备起吊前，要检查各绑扎点是否可靠，重心是否准确，并应进行试吊。

起吊机具受力后，要仔细检查地锚、钢丝绳、卷扬机等变化情况，发现异常现象，应立即停止起吊工作。

布置滚杠人员不得戴手套操作，摆放和调整滚杠时，大拇指在外，其他四指放在滚杠筒内，以免压伤手指。

当重物水平移动时注意转向、角度，尽量减少锤击。在锤击时要查看锤头是否牢固，前后位置是否有人。

使用撬杠时，不准骑在上面，当重物升高后，用坚实垫木垫牢，严禁将手伸入重物底面。

（五）"十不吊"原则

施工现场使用吊车作业时严格执行"十不吊"的原则，即"重量不明不吊、吃土不清不吊、信号不清不吊、有起无落不吊、吊物不清不吊、夜间无照明不吊、吊索不符合规定不吊、吊物绑扎不牢固不吊、吊物上下有人不吊、六级风以上不吊"。

　　（六）设备水平运输安全措施

　　1. 须有统一指挥，相互照应，相互配合。

　　2. 滚道要坚实平整；根据重物重量设置走板，走板接头应错开；并控制移动速度。

　　3. 捆扎重物人员、挂钩人员要注意吊钩、钢丝绳是否完好。吊物要捆扎牢靠，吊钩要找准重心。吊物要垂直，不准斜吊或斜拉。物体吊起时，禁止人员站在吊物之上，其下方禁止有人。

　　4. 细致研究设备相关资料，认真阅读施工方案。施工前对施工人员进行细致的安全交底和安全教育工作，不遵守安全规定的人员应立即停止其工作。

　　5. 吊卸前，要做好机具、设备的安全检查，尤其是钢索、冷水机组的各连接点部位及地锚点等受力集中处。

十一、成品保护措施：

　　（一）对设备的保护措施

　　机组安装须在土建工程已完工，包括墙面粉刷、地面工程完工情况下进行。机组吊装一定要使用机身上吊装用吊耳，避免吊装绳索触碰机体。

　　小型设备将考虑带包装运输；

　　吊装设备时，固定钢丝绳与设备接触面应采用软质材料填充，确保设备不受钢丝绳挤压而造成设备损坏，特别是配电盘、仪表盘、连接阀门、管口等；设备起吊前应用木板将易损坏的部位进行保护，设备周围墙体、柱体及楼板边缘要用橡胶板保护，防止吊运过程中损坏设备。

　　设备运输过程中，应考虑对设备边角、易损件特殊保护，配件应单独存放；就位后机组用苫布整体封盖，以防外表灰尘及零部件损坏。

　　（二）对建筑结构的保护措施

　　机组拖运时要注意对其他专业的成品保护，应对结构中的周边柱子、墙面使用钢板条包裹。严禁直接在地面上进行拖动作业，损坏结构地面。

实例三 ××办公楼工程塔式起重机安装拆卸专项施工方案

一、工程概况

　　工程名称：××市××国际大厦工程

　　工程地址：××市××路与滏西街交叉口滏阳公园东行100米路北

　　建设单位：××市××通房地产开发有限公司

　　监理单位：××市××监理有限公司

　　设计单位：中煤××设计工程有限责任公司

　　施工单位：××冶金建设有限公司

　　建筑面积：总建筑面积48737.04m²

　　结构类型：钢筋混凝土框剪结构

　　基础形式：主楼桩筏基础，裙楼独立基础。

　　根据现场工程施工需要，拟在该建筑安装塔式起重机QTZ63一台。具体安装位置详见现场塔机位置示意图。

二、QTZ63 塔式起重机基本技术参数

(1) 安装高度：115 米（注：附着 6 道）

(2) 工作幅度：最大 55 米，最小 2.5 米

(3) 最大起重量：6 吨

(4) 臂端最大起重量 1.0 吨

(5) 起重力矩：63 吨·米

(6) 总功率：54.6KW

(7) 工作温度：-20℃～40℃，风力小于 6 级

(8) 自重：65t

三、方案编制依据

(1) 国家标准

塔式起重机安全规程 GB5114-85

起重机械用钢丝绳检验和报废实用规范 GB5972-86

塔式起重机使用安全技术规程 ZBJ80012-89

建筑机械使用安全技术规程 JGJ33-86

建筑机械技术试验规程 JGJ34-86

起重吊运指挥信号 GB5082-85

塔机设计标准 JJI-85

(2) 厂家提供的技术资料：

QTZ63 塔式起重机安装、使用说明书（厂家提供）

(3) 行业主管部门及中诚公司有关塔机拆安安全管理方面的文件、制度和规定。

(4)《中华人民共和国建筑法》、《中华人民共和国安全生产法》及《建筑工程安全生产管理条例》。

四、定位要求及基础施工处理

1. 现场定位

塔机的现场定位由项目经理部会同机械公司技术人员，根据现场施工、塔机性能及安装需要安装在⑥、⑦轴中间，塔吊基础北侧边距 A 轴 3 米。

2. 地基处理

(1) 塔吊基础下设置 9 根钢筋砼灌注桩，桩长 15 米，桩径 800mm，C25 砼。

(2) 本机采用预埋塔机脚柱钢筋混凝土固定基础，要求地基承载力不小于 0.2MPa。

3. 基础施工制作

(1) 基础尺寸：5500×5500×1500mm。详见附图。

(2) 支腿的主弦杆严格按基础制作方案要求预埋并用定位框架进行精确定位，底部用钢筋马凳或混凝土垫块（严禁用木板或砖块）垫实。

（3）基础布筋严格按照基础制作方案施工，不得减少和短缺，不得随意更改。

（4）安装人员安放预埋件。准确定位，按基础制作方案中图四在混凝土中固定。安装人员通过架设固定调整基础的水平度及垂直度（为确保定位准确，可进行四边及两对角线实地测量，并作些微调整），并用斜铁找平。塔机基础垂直度控制在 1‰内，达到要求后将马镫、斜铁及预埋地脚固定好，以免由于后工序的操作动摇了已调整好的水平度。

（5）混凝土标号：砼 C35。均匀浇注混凝土，并捣实。

（6）再次测试塔机固定架的垂直度公差小于等于 2mm，调整，使其符合规定，做好最终测量记录、存档。

（7）基础平面平整，平面度公差在 1.7m×1.7m 平面内水平度公差小于 2mm。固定架水平标高小于 2mm，脚柱垂直度公差小于 2mm；

（8）注意正确接地和排水设置。接地电阻与预埋固定角钢焊好，并将接地电阻的另一端插入土层 1.5 米，测试电阻值，保证阻值不大于 4Ω 并做好记录、存档。

（9）塔机基础保养要良好，做好混凝土强度报告。混凝土强度达到 90%后方可进行整机安装。

五、配合安装机械、器具

1. 基本准备

（1）塔机专用电箱。为了满足塔机正常工作，塔机必须使用专用配电箱，250A 空气开关一只，应根据塔机的定位对配电箱合理安放。

（2）道路及安装场地。项目部应提供专门堆放塔机部件的场地，有长约 60m 用以安装塔臂的平整场地或道路；安装区域地面平整，施工道路上无障碍物，能保证 25T 汽车吊及运输车辆的顺利通行。

2. 安装前准备及检查工作

（1）备好电源线、25T 汽车吊一台、运输车辆，其中一台长度不得小于 12m 用于对塔机平衡臂的运输。索具、3t 手拉葫芦、专用扳手 4 把、大锤 2 把、配套钢丝绳三付、撬棍及其它辅助工具的准备工作，并对安装场地进行清理、检查。

（2）按要求复核所有的基础埋件质量，基础和预埋件水平度必须严格符合基础要求（水平度公差不得大于 2mm），验收不合格者不得安装。复核验收资料经双方签字后存档；

（3）安装前的塔身、起重臂、平衡臂、塔尖、司机室等机械部分要做好油漆保养工作；

（4）待安装的塔机应做到性能完好，金属结构部分无疲劳损伤、变形、无焊缝开裂、脱焊。对钢丝绳、滑轮组、电器设备、顶升机构等安装前均应认真检查，发现问题应及时修理或更换。否则不得安装。

（5）组织作业人员，现场协调员 1 名，高空指挥 1 名，高空作业人员 4 名，地面作业人员 1 名，塔机司机 1 名。作业人员必须戴好安全帽，高空作业人员系好安全带，并了解本次安拆机械性能。

（6）对索具、起重机具、手拉葫芦、专用扳手及其它辅助工具认真检查，不合格者一概不允许使用。

六、安装要求及步骤

1. 塔机安装起吊重量技术参数

(1) 塔机安装采用 25t 汽车吊。

(2) 塔机初始安装为 3 节加强节, 高度 2.8m×3=8.4m, 重量 2.5 t。

(3) 套架总成高 6.868m, 起吊重量为 3.8t (包括爬升套架、平台、顶升衡梁、油缸、油箱即泵站)

(4) 支座 (包括回转支撑、爬梯信道、引进梁) 高 2m, 重量为 5.61t。

(5) 塔顶 (包括塔尖、信道、司机室) 高 6.5m, 起吊重量为 1.43t。

(6) 塔吊平衡臂及起升机构长 11.8m, 起吊重量为 4.8t。

(7) 吊装司机操作室。

(8) 塔机大臂配置 55m。起吊重量 6.76t (包括: 起重臂、起重臂拉杆、小车牵引机构、载重小车)。

(9) 平衡重总计 12.6 吨, 共 7 块。

2. 塔机安装要求

(1) 塔机安装作业时要设专人指挥, 工作人员的联络, 必须规定严格的信号, 手势或旗号等, 最好采用步话机, 对讲机, 扩音话筒等联络。

(2) 各部螺栓必须拧紧, 钢丝绳夹必须压紧, 尤其是起升卷扬机卷筒与减速器输出轴联接滑块处的螺栓切不可松动。

(3) 平衡臂两根钢丝绳拉索长短应调整一致, 使其受力均匀。

(4) 顶升过程中, 塔机除自己安装需要吊装外, 不得进行其它吊装作业, 更不准回转。

(5) 吊臂和平衡臂安装时, 一定要把吊绳与汽车吊钩用钢丝绳夹或卸扣夹牢, 防止斜拉塔帽越过自身重心及钢丝绳脱钩而造成事故。

(6) 液压顶升之前必须调整好套架滚轮与导轨的间隙, 要求 2∽5mm, 且四个方向应均匀。

(7) 液压顶升油缸在每次间隙使用前或停机过夜后, 均应对油缸进行空行程试运转 (伸长, 缩回) 动作, 以排出缸内空气而实现顶升不爬行和颤动。

(8) 液压系统溢流阀开启压力应调整到 210Kg/cm (2.1MPa)。

(9) 电缆长度按塔机预定高度加 2m 的余留量, 盘绕好放置于底架的方框内部, 电缆的上引部分用电缆夹固定于标准节腹杆上, 每 9m 一个夹子。每次顶升前先松开所有电缆夹头, 每顶升一次, 放出一段电缆。

(10) 未安装平衡臂, 吊臂之前, 必须进行顶升试运转。

(11) 每次顶升完成, 收回油缸活塞之前, 必须检查套架挡块在标准节支承块的上表面是否放牢, 否则, 绝对禁止收回油缸活塞。

(12) 压板碰触高度限位器, 幅度限位器, 回转限位器后必须能灵敏, 准确地切断相应的电器回路, 高度限位器切断起升回路电源时, 吊钩滑轮在上限位置距小车滑轮的距离, 应大于 200mm。

(13) 塔机的安装位置, 必须使塔机的最大旋转部分--吊臂, 吊钩等避离输电线 5m 以上,

否则，会触电产生人机伤亡事故。（必要时候必须搭设防护）

（14）司机在接通地面电源，登上塔机进入司机室内应全面检查各按钮，操纵手柄等是否处于非工作状态，确实无误后方可启动总按钮。

（15）塔身标准节的安装不得任意交换位置，套架装油缸的一侧要与塔身标准节带支承块的一侧重合，否则将无法顶升。

（16）塔机各部分所有可拆螺栓，销轴等必须按随机附件表所列规格和材料，准确无误地使用，不得代换。

（17）吊臂（起重臂）组装必须注意以下主要事项：

①由于吊臂由多节制成，必须按出厂规定的标记或标牌组装，切不可相互更换。

②由于连接各节吊臂的销轴数量多，直径也不同，但差异不大，故应注意按相应的配合尺寸对应安装，千万不可错装，杜绝出现把小销轴装入大孔的错误。

③吊臂相互连接用的上，下弦销；均是专用特制零件，不可用其它销轴代用。

（18）整机安装完毕后，应检查塔身的不垂直度，要求偏差≤2/1000。

（19）收紧变幅小车的钢丝拉绳，以小车在载重情况下不打滑为宜。

（20）夜间作业，作业现场必须备有充分的照明设施。

（21）塔机试验或工作时，各机构的操作必须按挡位从低速-中速-高速的顺序起动，由高速-中速-低速的顺序停止，中间不得越挡操作，每挡的停歇约为2～5秒。

（22）各机构需要反向运行时，必须等电机正转停止后才能启动反转，反之亦同样。

（23）操作必须由专人负责，不得乱用人操作。

（24）塔机不得斜拉或斜吊重物，禁止用于拔桩等类似作业。

（25）试验时，如发现塔机有异常现象，应停机切断电源，待查清并排除故障后再使用。

（26）起重钩及吊物下严禁站人。

3．安装程序

（1）将25t汽车吊在现场选择合理位置就位。作为本次塔机安装的起重设备，严格按操作规范精心操作安全工作。

（2）将基础节连接好套入套架，吊起固定在预埋脚柱上。注意套架开口方向，方便塔机顶升作业时标准节的引入。用销轴联接好。

（3）吊起回转支承与塔身标准节及套架连接，其顶升梁要位于顶升套架开口处。

（4）用螺栓将外下转台和塔身标准节连接好，调整套架导轮和标准节之间的间隙达到0.5～2mm。方便塔机顶升时套架升高。

（5）将驾驶室吊起置于转台上面，对好定位销孔，并注意驾驶室的方向。

（6）将塔帽头吊起，缓缓置于转台的上方，对准塔顶下端四个耳孔与上转台相应的耳板，并注意塔顶的前后方向和起重臂方向的一致性。然后将四个连接销轴穿好并锁上弹簧销，螺栓连接部要拧紧预紧力。（见上图）

（7）将平衡臂及安放其上的电器、卷筒钢丝绳等吊起安装于上转台相应的位置，打入连接销轴并穿入开口销轴固定。

（8）用起重机吊起安放于最外侧一块平衡重置于平衡臂后端最外侧，并保证平衡重落实固定在平衡臂上，不得出现平衡重倾斜或虚放等情况。

（9）将起重臂在地面按规定连接好后由水平地缓缓吊起，将臂根铰点对准上转台上相应的耳板，然后穿好销轴并锁好，再向上微提吊钩，使起重臂向上仰起3°～4°，由操作人员将起重臂上弦杆销轴打入，然后慢慢落钩待耳板轴孔对准塔顶连接耳板轴孔时将销轴穿好并锁住。缓慢下勾，待绳索松弛后摘钩。（如下图）

（10）用起重机将其余平衡重稳平稳地安放在平衡臂相应位置上。

（11）专业安装人员严格按说明书穿绕起升机构钢丝绳子及小车变幅机构钢丝绳。

（12）安装并调试液压、电器、各限位系统，检查金属结构等相关部件，均合格正常工作后方可进行顶升作业。

4. 顶升程序

（1）先用小车将一节标准节送挂在套架牵引机构上，再在起重臂距回转中心18.4m附近吊起一节，不要离地太高。

（2）打开套架下转台四根短立柱与塔身标准节之间的连接螺栓，给液压装置接通电源。

（3）操纵三位四通阀使液压缸下铰点板梁两端轴头卡入顶升耳板内，继续让液压缸缓缓伸出。

（4）继续操纵三位四通阀，让液压缸再向外伸出，当顶升至塔身耳板时，换向阀回到中位，这时操作套架上的机械锁板，将外套架锁定在塔身顶长耳板上，缓缓往回收液压缸，让液压缸下铰点板梁从顶升耳板内脱出，当液压缸收至塔身标准节上面一个顶升耳板附近时，再将板梁两端卡入耳板内。（如右图）

（5）再开动三位四通阀，让液压缸伸出，继续进行第二步顶升，当又顶时，换向阀回到中位并将套架锁定在该位置。

（6）操作人员迅速将事先挂在牵引梁上的一个标准节推入套架正中。操作换向阀，让套架慢慢下落，待该标准节下端四个连接止口和塔身上端四个止口吻合后停止下落套架，穿好8个联结销轴并插入立销。将索引机构上的吊钩从刚接好的标准节上摘下并向外推出，准备迎接下一个标准节。再缓缓下落套架，待推入的标准节上端四个止口与套架下转台的四个短立柱止口相吻合，然后穿好螺栓并紧固。（如右下图）

（7）如此循环往复，继续顶升加节。整个顶升接高可归纳为如下顺序：

悬挂标准节→打开上端连接螺栓→套架顶升机械锁板锁定→收液压钢板梁进入下一个顶升耳板→顶升→标准节下端止口就位并紧固→上端止口就位并紧固。就此塔身可一直接高至最大独立起升高度。

5. 立塔后的自检、报检

塔机安装完毕后，必须按照说明书立塔后自检要求严格检测试验设备。并填写当地塔式起重机拆装检查验收纪录进行检测表。

6. 运转前的准备工作（日常保养）

（1）阅读上班的工作记录，首先处理上一班发现的问题，故障未排除，不准开车。

（2）检查电气系统工作是否正常，各安全装置是否灵敏，可靠，绝对不可在失灵状态下勉强工作。

（3）钢丝绳在卷筒上缠绕必须整齐，不得打结，折弯，挤压等，使用中避免反向弯曲，在一个节距内断丝 8 根，或名义直径磨损缩小超过 5%，应换新钢丝绳，检查绳夹是否松动，其它其重零部件的连接是否可靠。

（4）检查卷扬机制动器工作是否可靠；刹车瓦片磨损是否过大。

（5）金属结构的连接螺栓是否松动。

（6）传动机构的响声有否异常。

（7）接地线与塔身连接是否可靠。

（8）注意润滑作业。

（9）安全操作要求：

（10）司机必须身体健康，符合高空作业及起重机械对司机的要求。

（11）司机必须经过培训，合格后方可开车，非司机严禁开车。

（12）司机班前不得喝酒，工作要精力集中，严禁与别人闲谈，看书看报，更不准打闹。

（13）司机应配备试电笔，班前检查机壳是否有电。

（14）司机应随时注意建筑物的外伸物，防止相撞。

（15）合闸后司机不得离开驾驶室，如遇停电或急事必须离开工作岗位时，必须把吊钩升至建筑物之上，将主令开关手柄置于零位，按下总停按钮，切断总电源开关，否则，不准离开操作岗位。

（16）开车前应鸣铃示意。

（17）吊装作业时，地面，楼台施工面要设专人指挥塔机作业，与司机的联络，必须规定严格的信号，手势或旗号等，最好采用对讲机联络。

（18）司机必须严格按照本塔机技术性能表和起重特性曲线图（见图二）的规定作业，不得超载，不可强行操作。

（19）在多台塔机同时进入一个施工现场时，塔机的平面布置要合理，相互之间不得在空间交错和发生干涉。

（20）当风力大于 10 级时，应将塔机降至 5 个标准节以下的高度，或用牵缆绳等加固。

（21）所有安全装置，必须随时保养，不得任意搬动，拆卸，严禁超载使用。

（22）停机修理和保养时，必须切断总电源开关，不许带电作业。

（23）夜间不工作时，不得熄灭障碍灯。

（24）减速器，滑轮，轴承等要按规定日常保养加油，发现有漏油现象，要即使处理。

（25）检修人员在使用变幅小车处的吊栏进行检修前，必须严格检查和拧紧吊栏的连接螺栓。

（26）塔机在每班作业完毕后，必须将吊臂转到下风处，吊钩升至离开最高建筑物的位置，小车停在吊臂全长的中点处，切断电源，各控制开关回到零位方可离去。

（27）塔机大修或转移工地重新安装，必须认真检查金属结构的各焊缝，对各种机构，电气，液压顶升系统等进行时运转，正常后进行空载，额定载荷，超载 10% 的动载试验，超载 25% 的静载试验，合格后才能进行正常的吊装作业。

（28）严禁故意用保护装置达到停车的目的。（除检查之外）

（29）起升的低速挡主要用于负重起动和吊物慢就位，运行时间不可过长；而高速挡只能承担轻负荷，主要用于空钩升降。

（30）下班应作好交接班记录，尤其是未处理的故障一定要写清。

除以上要求外，司机应熟悉国家关于起重机械建筑施工的各项规范和要求，严格照章办事。

七、配合拆卸机械、器具

本机采用预埋脚柱式钢筋混凝土固定基础，为固定式安装。根据现场需要，当塔机可降至基本的初始安装高度，计划采用 25 吨汽车吊一台，运输车辆视情况定，其中一台长度不得小于 12m 用于对塔机平衡臂的运输。索具、3t 手拉葫芦、专用扳手大扳手 4 把、大锤 4 把、配套钢丝绳三付、撬棍及其它辅助工具

八、拆卸步骤及要求

1. 拆卸前准备工作

（1）塔机拆卸前的检查。待拆卸的塔机应做到性能完好，金属结构部分无疲劳损伤、无焊缝开裂、脱焊。对钢丝绳、滑轮组、电器设备、顶升机构及各工作机构、安全装置等拆卸前均应认真检查，发现问题应及时修理或更换。

（2）作好电源线、50t 汽车吊、运输车辆、索具、手拉葫芦、专用扳手及其它辅助工具的准备工作，并对拆卸场地进行清理、检查；有长约 60m 用以拆卸塔臂的平整场地或道路。拆卸区域地面平整，施工道路上无障碍物，能保证 50t 汽车吊及运输车辆的顺利通行。

（3）组织作业队伍。作业人员必须戴好安全帽，高空作业人员第好安全带，对索具、起重机具、手拉葫芦、专用扳手及其它辅助工具认真检查，不合格者一概不允许使用。

2. 降塔程序

（1）自升式起重机长降塔身时，必须严格按说明书规定，使起重机处于最佳平衡状态，并将导向装置调整到规定间隙。

（2）升降塔身时，必须有专人检查，预防电缆被硬拉、刮伤、挤伤等。

（3）对顶升液压系统进行专人检查，并进行空载伸缩，检查液压系统。注意防止过载的安全阀和平衡阀，使之达到正常的工作压力。

（4）顶升拆卸标准节作业中，严禁塔式起重机作任何动作。如旋转、小车行走、起升等。

（5）顶升油缸工作一个行程后，等套架、底部的自行爬爪支承在油缸横梁下一个踏步上并接触良好后再收缸作下一个行程。

（6）升降后应将操作杆回零，并切断液压顶升机构的电源。

重复以上程序，将塔机降至初始安装高度。（能够用 25t 汽车吊作业的高度）

3. 拆卸主机程序

（1）将 25t 汽车吊在现场选择合理位置就位。作为本次塔机拆除的起重设备，严格按操作规范认真操作。

（2）将平衡重逐块卸下（留最里面一块）。

（3）将塔机起重臂吊起达一定高度，将起重臂拉杆在大臂上捆绑好后解开与塔帽的连接，将大臂放至水平打掉大臂与塔帽的联结销轴，拆下起重臂。

（4）将平衡臂上的最后一块平衡重卸下，与拆起重臂一样拆下平衡臂。

（5）将驾驶室及塔帽依此吊下。

（6）将起重机回转机构整体吊下。

（7）吊下液压油箱并依此拆卸各平台及其护拦。

（8）按操作规范拆卸套架（连同基础节）。

（9）将塔机各部件盘点、装车运输出工地。

至此，整机拆除完毕。

九、塔式起重机拆装安全操作规程

1. 适用范围：

本规程适用于本公司所有的塔式起重机及同类型的塔式起重机的拆装作业，包括顶升、附着。

2. 对拆装工（起重工）的要求

（1）拆装工必须年满 18 周岁以上，并且有初中以上文化程度。

（2）拆装工必须经当地劳动部门或指定单位培训，取得特种作业许可证后，方可参加起重机拆装作业。

（3）每个拆装工每次拆装作业中，必须了解所从事的项目、部位、内容及要求，对所拆装的部位必须做到：

①准确了解其重量；

②吊点位置；

③选择合适的吊挂位置；

④正确地选择吊具和索具。

（4）拆装人员在进入工作现场时，必须戴安全帽。高空作业还必须穿防滑鞋，系安全带，戴手套。

（5）拆装人员必须在指定的专门指挥人员指挥下作业，其它人员不得发出指挥信号。

（6）作业前，拆装工人必须对所有使用的钢丝绳、链条、卡环、吊钩及各种吊具和索具按有关规定作认真检查，合格后方准使用。

（7）起重作业中，不允许把钢丝绳和链条等不同种类的索具混合用于一个重物的捆扎或吊运。

（8）拆装人员如遇身体不适，不得参加高空作业。

3. 指挥人员

（1）在拆装作业过程中，必须指定专门指挥人员，并在其指挥下工作。

（2）起重作业中，指挥人员是唯一的发布号令者，严禁无证人员指挥。

（3）挥人员在作业中，必须佩带有"指挥"案的袖标。

（4）指挥人员必须了解所指挥作业的起重机的性能。

（5）作业中两个或两个以上指挥人员指挥同一台起重机作业时：

①所有指挥人员必须佩带相同标志。

②各指挥人员必须使用同一种指挥信号。

③作业中，只允许一个人对司机操作发出指挥信号，严禁有两个或两个以上的人对司机发出指挥信号，其它指挥人员只能相互传递指挥信号。利用通讯设备进行指挥时，所有指挥人员用的通讯设备中，只允许有一个与司机的通讯设备的频率相同。

④指挥人员这间必须有良好的配合，特别是在起重机作业时，由一个指挥人员转入另一个指挥人员作业时，相互交接的指挥人员必须事先联系好后方能交接，绝对不允许两个人同时指挥，间断指挥或无指挥作业。

（6）指挥人员必须了解每项作业的内容和要求。

（7）指挥人员在作业中，按有关规定，检查所用的钢丝绳和吊钩是否符合要求，不符合要求严禁使用。

（8）起重机的工作条件不符合有关的安全规定时，指挥人员不得指挥作业。

（9）指挥人员要监督本职所辖范围的作业人员戴安全帽，系安全带，穿工作鞋。

4. 指挥信号的要求

（1）起重作业中所用的各种指挥信号及通讯种类必须符合 GB5082-85 规定的要求。指挥人员在作业中必须位于司机听力或视力所及的明显处，不允许进入司机的盲区和隔音区指挥。

（2）指挥信号，必须清晰可辨，随时都可以传递指挥信号。

（3）作业前，指挥人员与司机必须相互约定所采用的指挥信号种类。

（4）不准中途改用未经约定的指挥信号种类，在需要更换时，必须使起重机停止运转，指挥人员与司机取得联系，并经双方认可后更换。

（5）作业中，各种指挥信号可单独使用，也可两种信号配合使用。

5. 对电工及操作者的要求

（1）电器部分的拆装，必须由持上岗证的电工进行，严禁他人拆装。

（2）必须严格遵守安全操作规程及其它安全用电要求。

（3）塔吊的司机，必须持证上岗，严格遵守安全操作规程。

6. 拆装作业前、中、后，拆装人员必须遵守下列安全规程工作

（1）工作前

1）拆装作业前，拆装负责人必须对所有拆装人员先公布拆装方案，后进行安全技术交代和作业进度交底及人员分工等。

2）拆装负责人要向塔吊机长了解塔机技术情况等。

3）对轨道路基或预埋基础进行验收（包括地耐力、平整度、垂直度、砼标号及预埋基础图）。

4）拆安负责人要指定专人对所使用的钢丝绳、卡环、吊钩，各种吊具索具作认真检查，不符合标准严禁使用。

5）拆安负责人指挥正式指挥人担任指挥工作并与司机约定采用的指挥信号种类。

6）作业人员必须身体状况良好，对身体不适者不得从事高空作业。

7）进入施工现场必须戴安全帽，高空人员必须穿防滑鞋，系好安全带。

8）拆装人员必须了解下列指示：

①了解起重机的性能和工作任务及安全交底。

②必须详细了解并严格按照说明书中规定的安装机拆卸程序进行作业，严禁对拆装程序作改动。

③起重机拼装或解体，各部件相连处采用连接形式和使用的连接件的尺寸、规格及要求。对有润滑要求的螺栓需按说明书要求进行润滑。

④了解每个拆装件的重量和吊点

9）起重机司机应保证塔吊技术状况良好，做好制动器、钢丝绳等要害部位的检查工作，保证安全装置灵敏可靠。

（2）工作中：

1）起重机司机，只服从指定的指挥人员的指挥。

2）作业中有两个指挥人员同时发出信号，不得操作。只有一个指挥发出信号时方可操作。

3）对所拆装的部件，必须选择合适的吊点和吊挂部分，严防由于吊挂不当造成零部件的损坏或造成钢丝绳的断裂。

4）必须按拆装工艺作业，安装过程中，发现不符合技术要求的零部件不得安装。

5）在安装或拆卸带有起重臂和平衡臂的起重机时，禁止只拆装一个臂就中断作业。

6）预紧力的螺栓时，必须使用专用的可读数的工具。

7）安装起重机时必须将各部的销、平台、扶杆、护圈等安全防护零部件装齐。

（3）工作后：

1）装完毕的起重机，必须使各工作机构工作正常。

2）对各安全保护装置进行调试，保证灵敏可靠。

3）把起重机停放在不防碍回转的位置，松开回转制动，进入风标效应。如起重要在回转范围内有障碍物，要将大臂与建筑物用绳索拉结，以防与周围建筑物干涉。

4）小车变帽起重机要把小车开到规定位置，吊钩开至最高点。

5）各控制器回零，切断总电源，关好门窗，收好工具。

6）拆装负责人负责填写验收表。并与塔机机长、安全员、现场负责人按验收项目进行验收，符合规定后，予以签字认可。

7）验收中如发现安装质量问题，由拆装负责人与技术负责人提出解决方案，由拆装队负责解决，否则塔机不得投入使用。

8）塔式起重机安装完毕，其塔身对支承面垂直偏差不大于2‰。

十、设备进出场安拆作业对场地和环境的要求

（1）塔式起重要进入施工现场前，设备租出单位必须向使用单位（项目经理部）进行安全技术交底。提出进场时所需的环境、场地和交通条件，对行走式塔机提供路基铺设方案图。对预埋脚柱式基础，提供厂家施工图纸，以便经理部根据现场情况进行选择。

（2）对于现场或工程较复杂而造成塔式起重机易装难拆的工程。在安装前必须制定出符合安全规定的拆除方案。

（3）现场情况必须满足拆装需要，拆装的辅助设备如汽车起重机等，必须符合起重性能的要求。

（4）轨道辅设或预埋基础施工必须符合使用说明书中的有关规定。

（5）塔式起重机接地必须牢固可靠，接地电阻不大于4Ω，接地装置选择和安装应符合有关的电器安全的要求。

（6）拆装塔式起重机的气候条件：

①温度-20℃—+40℃。

②风力不高于4级风。

③大雪、大雨、大雾及能风度低情况下不得进行拆装作业。

（7）供电电压浮动不得超过额定电压的5%。

（8）起重机在任何部位与架空输电线的安全距离应符合有关安全标准的规定。

第 8 章 拆除、爆破工程安全专项施工方案

8.1 拆除、爆破工程安全专项方案的编制

8.1.1 主要编制依据

（1）《爆破安全规程》GB6722
（2）建（构）筑物设计文件、地质报告
（3）地下管线、周边建筑物等情况调查报告
（4）本工程施工组织总设计及相关文件

8.1.2 危险因素分析

（1）炸药储存保管不当造成事故
（2）点炮方法不当、导火线质量不良造成事故
（3）盲炮处理不当、打残眼造成事故
（4）爆破后过早进入现场引起事故
（5）爆破时警戒不严、安全距离不够造成事故
（6）早爆事故
（7）施工器材、设备设施安装、维护、使用不当造成事故

8.1.3 拆除工程安全防护措施

（1）拆除施工采用的脚手架、安全网，必须由专业人员按设计方案搭设，由有关人员验收合格后方可使用。水平作业时，操作人员应保持安全距离。

（2）安全防护设施验收时，应按类别逐项查验，并有验收记录。

（3）作业人员必须配备相应的劳动保护用品（安全帽、安全带、防护眼镜、防护手套、防护工作服等），并正确使用。

（4）施工单位必须依据拆除工程安全施工组织设计或安全专项施工方案，在拆除施工现场划定危险区域，并设置警戒线和相关的安全标志，应派专人监管。

（5）施工单位必须落实防火安全责任制，建立义务消防组织，明确责任人，负责施工现场的日常防火安全管理工作。

8.1.4 土石方爆破安全措施

（1）石方开挖爆破，必须按国家《爆破安全规程》执行，设立爆破安全小组，负责爆破作业安全工作。

（2）爆破作业必须统一指挥，统一布置。

（3）爆破器材必须严格管理，必须实施实销实报，剩余的爆破材料必须当日退库，严禁私自收藏，乱丢乱放，更不得用爆炸物品炸鱼、炸兽，发现爆破器材丢失、被盗要立即报告，等待处理。

（4）进入施工现场的人员必须戴好安全帽，否则一律不准进入施工现场。作业人员在保管、加工、运输爆破器材过程中，严禁穿着化纤衣服。

（5）对危险的工作面进行钻孔装药或危岩的处理等作业时，必须采取相应的安全措施，以保证工作人员的安全。

（6）爆破作业不准在夜间、暴雨天、大雾天进行，同一爆区爆破作业不准边钻孔、边装药联网作业。

（7）爆破时，在爆破安全区外设置警戒人员，以防飞石伤到过往行人和车辆。

（8）爆破前，必须由爆破专职技术人员对使用爆破器材进行检查，对失效及不符合技术条件要求的不得使用。

（9）起爆时，经爆破专职人员对爆破现场检查，确认无拒爆、盲炮现象时，方可解除警戒。

8.2 拆除、爆破工程施工安全技术

8.2.1 拆除工程安全技术

1．一般规定

（1）项目经理必须对拆除工程的安全生产负全面领导责任。项目经理部应按有关规定设专职安全员，检查落实各项安全技术措施。

（2）施工单位应全面了解拆除工程的图纸和资料，进行现场勘察，编制施工组织设计或安全专项施工方案。

（3）拆除工程施工区域应设置硬质封闭围挡及醒目警示标志，围挡高度不应低于 1.8m，非施工人员不得进入施工区。当临街的被拆除建筑与交通道路的安全距离不能满足要求时，必须采取相应的安全隔离措施。

硬质围挡是指使用铁板压制成型材料、轻质材料、砌筑材料等，保证围挡的稳固性，防止非施工人员进人施工现场。安全隔离措施是指临时断路、交通管制、搭设防护棚等。

（4）拆除工程必须制定生产安全事故应急救援预案。

（5）施工单位应为从事拆除作业的人员办理意外伤害保险。

（6）拆除施工严禁立体交叉作业。

（7）作业人员使用手持机具时，严禁超负荷或带故障运转。

（8）楼层内的施工垃圾，应采用封闭的垃圾道或垃圾袋运下，不得向下抛掷。

（9）根据拆除工程施工现场作业环境，应制定相应的消防安全措施。施工现场应设置宽度不小于3.5m消防车通道，保证充足的消防水源，配备足够的灭火器材。

2．施工准备

（1）拆除工程的建设单位与施工单位在签订施工合同时，应签订安全生产管理协议，明确双方的安全管理责任。建设单位、监理单位应对拆除工程施工安全负检查督促责任；施工单位应对拆除工程的安全技术管理负直接责任。

（2）建设单位应将拆除工程分包给具有相应资质等级的施工单位。建设单位应在拆除工程开工前15日，将下列资料报送建设工程所在地的县级以上地方人民政府建设行政主管部门备案：

1）施工单位资质登记证明；

2）拟拆除建筑物、构筑物及可能危及毗邻建筑的说明；

3）拆除施工组织方案或安全专项施工方案；

4）堆放、清除废弃物的措施。

（3）建设单位应向施工单位提供下列资料：

1）拆除工程的有关图纸和资料；

2）拆除工程涉及区域的地上、地下建筑及设施分布情况资料。

（4）建设单位应负责做好影响拆除工程安全施工的各种管线的切断、迁移工作。当建筑外侧有架空线路或电缆线路时，应与有关部门取得联系，采取防护措施，确认安全后方可施工。

（5）当拆除工程对周围相邻建筑安全可能产生危险时，必须采取相应保护措施，对建筑内的人员进行撤离安置。

（6）在拆除作业前，施工单位应检查建筑内各类管线情况，确认全部切断后方可施工。

（7）在拆除工程作业中，发现不明物体（是指施工单位无法判别该物体的危险性、文物价值），应停止施工，采取相应的应急措施，保护现场，及时向有关部门报告。

3．人工拆除

（1）进行人工拆除作业时，楼板上严禁人员聚集或堆放材料，作业人员应站在稳定的结构或脚手架上操作，被拆除的构件应有安全的放置场所。

（2）人工拆除施工应从上至下，逐层拆除分段进行，不得垂直交叉作业，作业面的孔洞应封闭。

（3）人工拆除建筑墙体时，严禁采用掏掘或推倒的方法。

（4）拆除建筑的栏杆、楼梯、楼板等构件，应与建筑结构整体拆除进度相配合，不得先行拆除。建筑的承重梁、柱、应在其所承载的全部构件拆除后，再进行拆除。

（5）拆除梁或悬挑构件时，应采取有效的下落控制措施，方可切断两端的支撑。

（6）拆除柱子时，应沿柱子底部剔凿出钢筋，使用手动倒链定向牵引，再采用气焊切割柱子三面钢筋，保留牵引方向正面的钢筋。

（7）拆除管道（用于有毒有害、可燃气体的管道）及容器时，必须在查清残留物的性质，并采取相应措施确保安全后，方可进行拆除施工。

4．机械拆除

（1）当采用机械拆除建筑时，应从上至下，逐层分段进行；应先拆除非承重结构，再拆除承重结构。拆除框架结构建筑，必须按楼板、次梁、主梁、柱子的顺序进行施工，对只进行部分拆除的建筑，必须先将保留部分加固，再进行分离拆除。

（2）施工中必须由专人负责监测被拆除建筑的结构状态，做好记录。当发现有不稳定状态的趋势时，必须停止作业，采取有效措施，消除隐患。

（3）拆除施工时，应按照施工组织设计选定的机械设备及吊装方案进行施工，严禁超载作业或任意扩大使用范围。供机械设备使用的场地必须保证足够的承载力。作业中机械不得同时回转、行走。

（4）进行高处拆除作业时，对较大尺寸的构件或沉重的材料（是指楼板、屋架、梁、柱、混凝土构件等）必须采用起重机具及时吊下。拆卸下来的各种材料应及时清理，分类堆放在指定场所，严禁向下抛掷。

（5）采用双机抬吊作业时，每台起重机载荷不得超过允许载荷的 80%，且应对第一吊进行试吊作业，施工中必须保持两台起重机同步作业。

（6）拆除吊装作业的起重机司机，必须严格执行操作规程。信号指挥人员必须按照现行国家标准《起重吊运指挥信号》GB5082 的规定作业。

操作规程"十不吊"是指：被吊物重量超过机械性能允许范围；指挥信号不清；被吊物下方有人；被吊物上站人；埋在地下的被吊物；斜拉、斜牵的被吊物；散物捆绑不牢的被吊物；立式构件不用卡环的被吊物；零碎物无容器的被吊物；重量不明的被吊物。

（7）拆除钢屋架时，必须采用绳索将其拴牢，待起重机吊稳后，方可进行气焊切割作业。吊运过程中，应采用辅助措施使被吊物处于稳定状态。

（8）拆除桥梁时应先拆除桥面的附属设施及挂件、护栏等。

5．静力破碎

（1）进行建筑基础或局部块体拆除时，宜采用静力破碎的方法。

（2）采用具有腐蚀性的静力破碎剂作业时，灌浆人员必须戴防护手套和防护眼镜。孔内注入破碎剂后，作业人员应保持安全距离，严禁在注孔区域行走。

（3）静力破碎剂严禁与其他材料混放。

（4）在相邻的两孔之间，严禁钻孔与注入破碎剂同步进行施工。

（5）静力破碎时，发生异常情况，必须停止作业。查清原因并采取相应措施确保安全后，方可继续施工。

8.2.2 爆破工程安全技术

1．爆破拆除工程安全技术

（1）爆破拆除工程应根据周围环境作业条件、拆除对象、建筑类别、爆破规模，按照现行国家标准《爆破安全规程》GB6722 将工程分为 A、B、C 三级，并采取相应的安全技术措施。爆破拆除工程应做出安全评估并经当地有关部门审核批准后方可实施。

1）有下列情况之一者，属 A 级：

①环境十分复杂，爆破可能危及国家一、二级文物保护对象，极重要的设施，极精密仪器和重要建（构）筑物。

②拆除的楼房高度超过 10 层，烟囱的高度超过 80m，塔高超过 50m。

③一次爆破的炸药量多于 500kg。

2）有下列情况之一者，属 B 级：

①环境复杂，爆破可能危及国家三级或省级文物保护对象，住宅楼和厂房。

②拆除的楼房高度 5～10 层，烟囱的高度 50～80m，塔高 30～50m。

③一次爆破的炸药量 200～500kg。

3）符合下列情况之一者，属 C 级：

①环境不复杂，爆破不会危及周围的建（构）筑物。

②拆除的楼房高度低于 5 层，烟囱的高度低于 50m，塔高低于 30m。

③一次爆破的炸药量少于 200kg。

（2）从事爆破拆除工程的施工单位，必须持有工程所在地法定部门核发的《爆炸物品使用许可证》，承担相应等级的爆破拆除工程。爆破拆除设计人员应具有承担爆破拆除作业范围和相应级别的爆破工程技术人员作业证。从事爆破拆除施工的作业人员应持证上岗。

（3）爆破器材必须向工程所在地法定部门申请《爆炸物品购买许可证》到指定的供应点购买。爆破器材严禁赠送、转让、转卖、转借。

（4）运输爆破器材时，必须向工程所在地法定部门申请领取《爆炸物品运输许可证》，派专职押运员押送，按照规定路线运输。

（5）爆破器材临时保管地点，必须经当地法定部门批准。严禁同室保管与爆破器材无关的物品。

（6）爆破拆除的预拆除施工，是指爆破实施前有必要进行部分拆除的施工，预拆除施工可以减少钻孔和爆破装药量，清除下层障碍物（如非承重的墙体）有利建筑塌落破碎解体，烟囱定向爆破时开凿定向窗口有利于倒塌方向准确，应确保建筑安全和稳定。预拆除施工可采用机械和人工方法拆除非承重的墙体或不影响结构稳定的构件。

（7）对烟囱、水塔类构筑物采用定向爆破拆除工程时，爆破拆除设计应控制建筑倒塌时的触地振动。必要时应在倒塌范围铺设缓冲材料或开挖防振沟。

（8）为保护临近建筑和设施的安全，爆破振动强度应符合现行国家标准《爆破安全规程》GB6722 的有关规定。建筑基础爆破拆除时，应限制一次同时使用的药量。

（9）爆破拆除施工时，应对爆破部位进行覆盖和遮挡，覆盖材料和遮挡设施应牢固可靠。

（10）爆破拆除应采用电力起爆网路和非电导爆管起爆网路。电力起爆网路的电阻和起爆电源功率，应满足设计要求；非电导爆管起爆应采用复式交叉封闭网路。爆破拆除不得采用导爆索网路或导火索起爆方法。

装药前，应对爆破器材进行性能检测。试验爆破和起爆网路模拟试验应在安全场所进行。

（11）爆破拆除工程的实施应在工程所在地有关部门领导下成立爆破指挥部，应按照施工组织设计确定的安全距离设置警戒。

（12）爆破拆除工程必须按照现行国家标准《爆破安全规程》GB6722 的规定执行。

2. 土石方爆破工程安全技术

（1）基本要求

1）土石方爆破工程应由具有相应爆破资质和安全生产许可证的企业承担。爆破作业人员应取得有关部门颁发的资格证书，做到持证上岗。爆破工程作业现场应由具有相应资格的技术人员负责指导施工。

2）爆破前应对爆区周围的自然条件和环境状况进行调查，了解危及安全的不利环境因素，采取必要的安全防范措施。

3）爆破作业环境有下列情况时，严禁进行爆破作业：

①爆破可能产生不稳定边坡、滑坡、崩塌的危险；

②爆破可能危及建（构）筑物、公共设施或人员的安全；

③恶劣天气条件下。

4）爆破作业环境有下列情况时，不应进行爆破作业：

①药室或炮孔温度异常，而无有效针对措施；

②作业人员和设备撤离通道不安全或堵塞。

5）装药工作应遵守下列规定：

①装药前应对药室或炮孔进行清理和验收；

②爆破装药量应根据实际地质条件和测量资料计算确定；当炮孔装药量与爆破设计量差别较大时，应经爆破工程技术人员核算同意后方可调整；

③应使用木质或竹质炮棍装药；

④装起爆药包、起爆药柱和敏感度高的炸药时，严禁投掷或冲击；

⑤装药深度和装药长度应符合设计要求；

⑥装药现场严禁烟火和使用手机。

6）填塞工作应遵守下列规定：

①装药后必须保证填塞质量，深孔或浅孔爆破不得采用无填塞爆破；

②不得使用石块和易燃材料填塞炮孔；

③填塞时不得破坏起爆线路；发现有填塞物卡孔应及时进行处理；

④不得用力捣固直接接触药包的填塞材料或用填塞材料冲击起爆药包；

⑤分段装药的炮孔，其间隔填塞长度应按设计要求执行。

7）严禁硬拉或拔出起爆药包中的导爆索、导爆管或电雷管脚线。

8）爆破警戒范围由设计确定，但不能小于现行国家标准《爆破安全规程》GB6722 的规定值。警戒区的明显标志要包括视觉信号和听觉信号，岗哨要有人值守。

9）爆破警戒时，应确保指挥部、起爆站和各警戒点之间有良好的通信联络。常用的联络方法有口哨、警报器、对讲机、彩旗等。

10）爆破后应检查有无盲炮及其他险情。当有盲炮及其他险情时，应及时上报并处理，同时在现场设立危险标志。盲炮处理要符合现行国家标准《爆破安全规程》GB6722 的规定。

（2）浅孔爆破

1）浅孔爆破宜采用台阶法爆破。在台阶形成之前进行爆破时应加大警戒范围。

2）装药前应进行验孔，对于炮孔间距和深度偏差大于设计允许范围的炮孔，应由爆破技术负责人提出处理意见。

3）装填的炮孔数量，应以当天一次爆破为限。

4）起爆前，现场负责人应对防护体和起爆网路进行检查，并对不合格处提出整改措施。

5）起爆后，应至少 5min 后方可进入爆破区检查。当发现问题时，应立即上报并提出处理措施。

（3）深孔爆破

1）深孔爆破装药前必须进行验孔，同时应将炮孔周围（半径 0.5m 范围内）的碎石、杂物清除干净；对孔口岩石不稳固者，应进行维护。

2）有水炮孔应使用抗水爆破器材。

3）装药前应对第一排各炮孔的最小抵抗线进行测定，当有比设计最小抵抗线差距较大的部位时，应采取调整药量或间隔填塞等相应的处理措施，使其符合设计要求。

4）深孔爆破宜采用电爆网路或导爆管网路起爆；大规模深孔爆破应预先进行网路模拟试验。

5）在现场分发雷管时，应认真检查雷管的段别编号，并应由有经验的爆破员和爆破工程技术人员连接起爆网路，并经现场爆破和设计负责人检查验收。

6）装药和填塞过程中，应保护好起爆网路；当发生装药卡堵时，不得用钻杆捣捅药包。

7）起爆后，应至少经过 15min 并等待炮烟消散，并确认坍落体和边坡稳定后方可进入爆破区检查。当发现问题时，应立即上报并提出处理措施。

（4）光面爆破或预裂爆破

1）高陡岩石边坡应采用光面爆破或预裂爆破开挖。钻孔、装药等作业应在现场爆破工程技术人员指导监督下，由熟练爆破员操作。

2）施工前应做好测量放线和钻孔定位工作，钻孔作业应做到"对位准、方向正、角度精"，炮孔的偏斜误差不得超过 1°。

3）光面爆破或预裂爆破宜采用不耦合装药，应按设计装药量、装药结构制作药串。药串加工完毕后应标明编号，并按药串编号送入相应炮孔内。

4）填塞时应保护好爆破引线，填塞质量应符合设计要求。

5）光面（预裂）爆破网路采用导爆索连接引爆时，应对裸露地表的导爆索进行覆盖，降低爆破冲击波和爆破噪声。

（5）爆破安全防护及爆破器材管理

1）爆破安全防护措施、盲炮处理及爆破安全允许距离应按现行国家标准《爆破安全规程》GB6722 的相关规定执行。

2）爆破器材的采购、运输、贮存、检验、使用和销毁应符合现行国家标准《爆破安全规程》GB6722 的有关规定。

8.3 拆除、爆破工程安全专项施工方案实例

实例一　××工程内支撑爆破拆除安全专项方案

一、工程概况

（一）项目概况

总建筑面积 21.2 万 m^2，其中地下建筑面积约 6.9 万 m^2，地上 7-8 层商业用房，建筑高约 36.3m，2 栋 41-44 层酒店式公寓，建筑高约 138.6m；地下室为三层，开挖深度为 ±0.00 以下-16.25 米，基坑开挖面积大约 26330 平方米。工程地处市区，基坑开挖深度大，基坑等级为一级。设计采用了支护桩加横向钢筋混凝土支撑结构作为基坑支护，地下室施工完毕后需对横向支撑结构进行爆破拆除。

该基坑北侧距离红线最近约 5m，红线外为 202 号公路人行道，且其上有下水管道，东侧距离红线约 2～5m，红线外为树林；南侧距离红线约 8m；西侧距离红线最近 3 米，红线外围为 101 号公路，但路旁有地下管线，因此该场地的爆破条件相对复杂。根据地勘资料显示，基坑西面的宝丰北路、北面的清江路、东面的云杉路底下埋有管线需要重点保护。

（二）支撑工程结构

整个支撑结构分两层，第一层由立柱、冠梁、主撑、八字撑和连杆组成，第一层由立柱、围檩、主撑、八字撑和连杆组成。立柱为桩基型钢柱结构，其它均为钢筋混凝土结构。钢筋混凝土构件的混凝土强度等级第一道支撑为 C30，第二道支撑为 C40，保护层厚 30mm，配筋率大约 1.2%～2.6%。支撑整体布局示意如实例一图 1、实例一图 2 所示。

实例一图 1　第一道支撑结构平面布置示意图

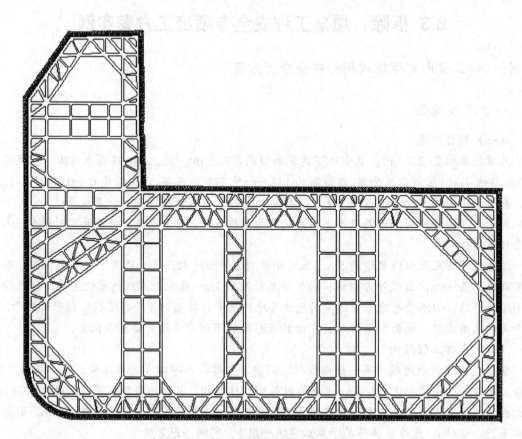

实例一图2 第二道支撑结构平面布置示意图

需爆破拆除的钢筋混凝土构件按照截面不同共19种，根据拆除要求不同可分为立柱结构、支撑结构和围檩结构。需拆除的构件具体如下实例一表1所示。

实例一表1 结构名称及界面尺寸表

第一道支撑（压顶梁不拆除）					
立柱	主撑	压顶梁	压顶梁	八字撑	连杆
LZ1/2/3	ZC1-1/ZC1-1A	YDL-1/1A	YDL-2	ZC1-2	ZC1-3/ZC1-3A
440×440	1000×700	1100×700	1150×700	900×700	700×700

第二道支撑					
立柱	围檩	围檩2	主撑	主撑2	八字撑	连杆
LZ1/2/3	WL2-1/1A	WL2-2	ZC2-1/1A	ZC2-2/2A	ZC2-3/3A	ZC2-4/4A/4B
440×440	1300×900	1600×1000	1200×800	1300×900	1000×800	800×800

（三）工程要求

支撑结构充分拆除但不得损坏支护结构和已建结构以及周边环境。施工产生的振动、飞石、噪声、粉尘等危害在控制范围内。钢筋混凝土充分解体破碎，爆渣适合于机械清运，所有废旧钢铁方便回收。

二、爆破总体方案设计

（一）设计原则

安全第一无事故；待拆结构拆充分；保留结构无损伤；保证质量缩工期；保护环境不扰民。

（二）设计依据

（1）泛海城市广场二期设计、勘察、施工资料；

（2）中华人民共和国国家标准，爆破安全规程（GB6722—2011）；

（3）刘殿中.工程爆破实用手册.北京：冶金工业出版社，1999；

（4）《中华人民共和国民用爆炸物品管理条例》

（三）总体方案设计

在本工程中，由于整个支撑结构属梁柱结构平面布置，拆除时需充分考虑结构拆除后的基坑支护整体稳定。因此为达到整个支撑结构受力和变形均匀，同时考虑到拆除作业必须在已建的结构上进行需对已建地下室结构保护，应进行分区、分构件先后爆破。设计原则为整体对称爆破；辅助支撑先拆，主要支撑后拆；栈桥面板用机械拆除，单个构件连网时先起爆端头预裂隔振；节点部位以爆破开裂为主要目的；靠近需保护结构部位尽量人工拆或者预裂爆破拆，单次拆除体量不能过大。同时，爆破过程中应尽量只形成梁柱结构的塑性铰破坏而不能产生大体量混凝土同时掉落，在这个前提下再控制布孔和装药量以达到混凝土结构的充分破碎以便清渣。

因此，根据本工程实际情况，需采用预留炮孔，分区分构件微差控制爆破技术。整个爆破设计按以下思路进行：用预埋 pvc 管为预留炮孔；对整个支撑结构进行分区并把各个分区的按合理顺序拆除以充分释放支护结构安全变形；单个区内的构件按先梁后柱、先辅后主的顺序进行拆除，单个构件爆破破碎前在构件端部设计成小药量预裂爆破以达到隔振的目的；支撑梁节点部位只需爆破开裂后再用人工或者机械清理混凝土渣；栈桥部位面板先行用机械拆除再设计支撑梁的爆破拆除；立柱采用气割方式人工拆除。

由于支撑系统需要分区分块进行拆除，为确保基坑工程安全，在支撑拆除之前，除需完成先期拆除支撑投影范围内的地下结构外，尚应多施工起码一跨的结构，以确保未拆除支撑的安全。同时，在第二道支撑拆除时，基础底板应已全部施工完成；在第一道支撑拆除时，地下二层结构楼板应已全部施工完成。

三、爆破技术设计

（一）结构分区

根据支撑结构的整体受力情况分析，可按照支撑结构横向受力大小进行分区，具体分区如图实例 1-3、图实例 1-4 所示：结构分区示意图所示。

第一道支撑拆除体系分 10 区进行，拆除顺序为①→②→……⑩。

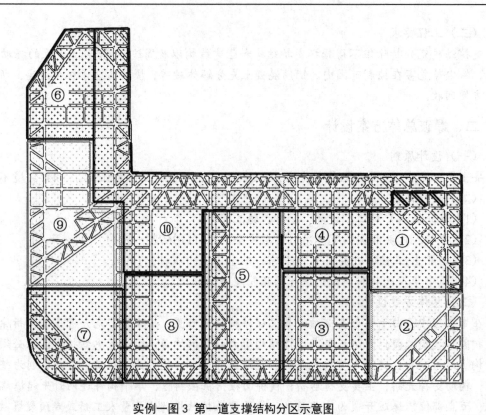

实例一图3 第一道支撑结构分区示意图

第二道支撑拆除体系分11区进行，拆除顺序为①→②→………11。

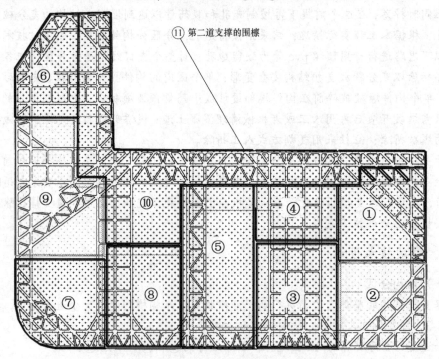

实例一图4 第二道支撑结构分区示意图

在两道支撑的拆除过程中，均为：一区先分块爆破，待支护结构稳定观察 1 天确定结构没有大变形后再开始二区爆破；二区分块爆破完成后，支护结构稳定观察 3 天后开始三区的分块装药爆破；四区为第二道支撑的围檩，节点处的布孔装药爆破应遵循开裂为主的原则进行设计；南面围檩采用爆破拆除，东、北、西面采用人工拆除。

（二）参数选取

本工程为钢筋混凝土梁柱结构拆除爆破，混凝土强度等级第一道支撑为 C30，第二道支撑为 C40，梁柱的尺寸如实例一表 1 所示，因此可选取最小抵抗线：第一道支撑 W=35cm，第二道支撑 W=40cm。

炮孔间排距如表 3 所示；预裂爆破中，构件预裂 a=40cm，围檩预裂 a=50cm。实际取值根据构件截面尺寸和特点进行分析取值。

炸药单耗选定：根据刘清荣《控制爆破》中，对多临空面的混凝土梁取单耗 $0.5kg/m^3$ 的取值，实际使用应根据现场试爆之后的效果进行增减。单孔药量根据构件尺寸和钢筋分布多少进行计算见表 3。

（三）炮孔布置

本工程中的炮孔均采用预埋 Φ40pvc 管作为预留炮孔，根据不同的截面尺寸设计不同的预埋方案，总体而言分为共分为 10 种截面布孔和 14 种节点布孔。详见附件：支撑爆破拆除预埋炮孔布置示意图。在单个构件拆除中，除在附件中所示的截面布孔外，在构件端头处需布置 400mm 间距的平行预裂孔。

（四）单段最大药量及分块最大体量计算

1. 单段最大药量控制

单段最大药量主要根据振动传播情况及空气冲击波破坏作为控制指标。由于设计中已确定采用预裂爆破隔振，因此振动指标按 0.5 指数放宽。由于需保护的结构主要为基坑支护结构和已建地下室结构，其允许振动速率按 3cm/s 取值，结合 0.4 的放宽指标可取 7.5cm/s 作为控制指标。

根据《爆破安全规程》推荐的萨道夫斯基振动衰减公式：

$$V = k(Q_{max}^{1/3}/R)^\alpha \tag{1}$$

式中：V——爆破引起建筑物振动速度，cm/s；本工程取允许振动速度取[V]=7.5cm/s；K，
α——根据本工程特性分别取 50，1.3。

Q_{max}——为爆破单段起爆最大药量。

R——为爆破中心距建筑物的直线距离。

由此可得本工程单段最大药量计算过程为：

$$Q_{max}=R^3 (V/k)^{3}/\alpha \tag{2}$$

由此可计算得各分区的单段最大药量如表实例 1-2：根据振动速率所得单段最大药量表所示。

实例一表 2　根据振动速率所得单段最大药量表

分区	一区	二区	三区	四区
单段最大药量（kg）	7.50	20	5.47	2.57

空气冲击波距离按《爆破安全规程》GB6722－2011 推荐的露天裸露爆破大块的计算公式计算：

$$R_K = 25Q_{max}^{1/3} \tag{3}$$

式中：R_K——冲击波对人体造成伤害的最小允许距离，本工程中着重保护基坑周边的项目用房，因此取 40m；

Q_{max}——为单段起爆最大装药量，kg；

因此根据冲击波破坏距离计算得单段最大药量计算过程如下：

$$Q_{max} = (R_K/25)^3 \tag{4}$$

结合准备采取的覆盖措施，可计算得单段最大药量可估计为 5kg。

2. 分块最大体量

单次分块最大体量计算主要根据爆破拆除后掉落爆渣的触底振动对已建地下室结构的影响。根据中科院力学研究所的推荐公式：

$$V = k_t ((mgH/\sigma)^{1/3}/R)^\beta \tag{5}$$

式中：V——爆渣塌落引起的地表振动速度，本工程控制指标为 7.5cm/s；

m——下落构件质量，T；

g——重力加速度，9.8m/s^2；

H——构件重心的高度，m；本工程取 3m；

σ——地面介质的破坏强度，MPa；一般取 10MPa；

R——建筑物距冲击地面中心的距离，m；本工程取 2.5m；

K_t、β——衰减参数，本工程取 3.37、1.66，

将上述取值代入公式（5）得 m=35t。因此单次爆破分块最大方量为 14m^3。上述计算过程取爆破最不利情况条件下的振动，也未考虑爆破后块度对产生振动条件的影响，也未考虑设计采取的减振措施，因此此计算结果安全系数较高，可根据现场试爆结果进行重新确定。

（五）单孔药量计算

单孔药量计算公式，根据刘殿中主编.《工程爆破实用手册》.北京：冶金工业出版社，1999。推荐的计算公式：

$$Q = kabH \tag{6}$$

式中：Q——单孔装药量 kg；

k——单位炸药消耗药量，kg/m^3；本次工程构件为钢筋混凝土结构且钢筋较多，取 k=0.5kg/m^3；

a、b——炮孔的间排距，m；

h——构件高度，m。

根据布孔方案，各个不同构件炮孔布置及单孔药量见实例一表 3 所示。

实例一表 3 炮孔参数表

爆破部位		爆破参数					
名称	结构截面尺寸（mm×mm）	布孔	孔深（cm）	排数	间距（cm）	排距（cm）	单孔药量（g）
WL2-2/2A	1600×900	主爆孔	60	3	100	35	67
		预裂孔	70	1	50	/	40
WL2-1/1A	1300×900	主爆孔	60	3	100	35	60
		预裂孔	70	1	50	/	40
ZC2-1/1A	1200×800	主爆孔	50	3	100	30	50
ZC2-2/2A	1300×900	主爆孔	60	3	100	35	60
ZC2-3/3A	1000×800	主爆孔	50	2	80	30	50
ZC2-4/4A/4B	800×800	主爆孔	50	2	90	10	50
ZC1-1/ZC1-1A	1000×700	主爆孔	45	2	100	30	50
ZC1-2	900×700	主爆孔	45	2	90	20	50
ZC1-3/ZC1-3A	700×700	主爆孔	45	1	45		50
节点	/	主爆孔	50	/	45	45	50

（六）爆破网络设计

根据本工程特点，整体拆除为分区分次拆除，连网设计为分构件连网起爆，分区内为对称起爆，构件连网先端头起爆预裂隔振，后爆破松动梁身混凝土。实际分次方案应根据现场作业面等实际情况制定分次方法，因此，在本设计属中仅对难度大的 1/K 轴与 B 轴之间的 16 轴至 19 轴的主撑和栈桥的一次性爆破进行举例设计。

该结构的爆破可一次性起爆或者分块起爆，当一次性起爆时，连网设计如图 6 所示，起爆网路采用电雷管起爆导爆管传爆连网，采用孔内外微差的组合起爆网路，孔内外微差采用不同段的导爆管雷管实现。孔内微差根据分段情况，分别采用 3 段、5 段、7 段、9 段、13 段、15 段导爆管雷管，左右两幅之间分别用 1 段和 3 段电雷管引爆，产生 50ms 的时间差。

设计中的整个区块先两端预裂切断，然后采用两端逐渐向里的起爆方法。整个起爆顺序是：先预裂切割主撑端头，后分块先辅助支撑，后主支撑。

连网验算：

最后一个雷管点燃时间：1 段+5 段+5 段=0ms+100ms+100ms=200ms

最快起爆的爆破孔：1 段+10 段=225ms＞200ms，起爆时最早起爆的炮孔不会影响连网安全。

但是本连网设计孔外传爆接头众多（共分三层传爆线路），因此连网过程中必须严密保护和遮盖传爆雷管，避免出现传爆过程的雷管爆炸破坏网路。

（七）试爆试验设计

本设计文件所设计的各技术内容在施工之前必须先进行试爆试验，试爆试验需验证如下内容：

（1）爆破覆盖效果

（2）爆破振动影响范围及单段最大药量

（3）爆破破碎效果

（4）爆破安全控制措施有效性

爆破试验在第一道支撑一区的2轴～4轴与C轴～D轴交接的ZC1—1梁中选取一段，按照本章选取的参数进行试爆，试爆过程中对覆盖效果、破碎效果、警戒范围进行观察；并用振动监测仪进行监测，测试振动衰减规律，并根据振动监测结果评价爆破振动对周边环境和保留结构的影响程度。

通过试爆试验，对爆破的各项参数、方法、控制措施进行调整，确定最终的爆破参数、安全措施、警戒范围等内容。

（八）机械拆除设计

（1）拆除范围：第一道支撑梁栈桥部位面板先行用机械拆除。

（2）主要施工流程

机械截断拆除：对拆除板面进行标记→栈桥板下铺设旧木模或汽车轮胎组合铺设草包防护区→截断局部栈桥板→施工场地清运

（3）拆除作业

启动120型挖掘机炮头，对已支撑梁进行机械振动破碎，拆除时，挖掘机炮头宜从支撑梁的侧面开始进行破碎。为尽量减小拆除混凝土废渣的直径，炮头振动破碎点间距宜布置为小于40cm×40cm。

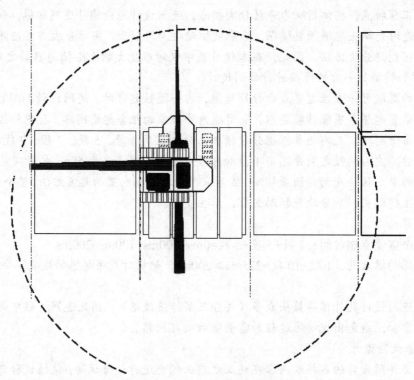

实例一图5　镐头机拆除支撑平面示意图

（九）成品保护措施

由于支撑系统需要分区分块进行拆除，为确保基坑工程安全和做好已施工结构部位成品保护工作，在支撑拆除之前，除需完成先期拆除支撑投影范围内的地下结构外，尚应多施工起码一跨的结构，以确保未拆除支撑的安全。同时，在第二道支撑拆除时，基础底板应已全部施工完成；在第一道支撑拆除时，地下二层结构楼板应已全部施工完成。

爆破拆除过程中，拆除部位下部结构楼板在混凝土强度达到80%以后实施爆破，同时下部模板支撑架体保留至爆破完毕后予以拆除，防止爆破过程中，造成局部结构欲裂破坏。

渣土清运过程中，禁止大型机械进入结构楼板实施作业。下部渣土由人工配合小推车整理清运。

（十）废混凝土清理

现场采用氧气、乙炔气割的方法将分段拆除后的支撑梁钢筋全部分离出来。对于局部破碎后的混凝土块过大的情况，可采用空压机就地二次破碎的方法进行钢筋和混凝土的分离。

为确保支撑梁拆除的施工进度，支撑梁拆除的废渣计划采用塔吊加人力斗车运输至地面，由现场10t载重汽车转运至市郊外指定堆放地点。运输距离约30公里。

分段拆除后的支撑梁费混凝土渣，尽量利用塔吊夜间来吊运。同时，为确保拆撑工期，现场增加2台20t汽车吊在基坑和栈桥周边配合吊运废渣。

四、爆破安全设计

（一）爆破安全技术措施

1. 爆破飞石控制措施

在爆破中，飞石发生在抵抗线或填塞长度太小的地方。定位不准确和装药不当等都会使实际爆破参数比计算参数或大或小，若抵抗线偏小，则会产生飞石。

因此，在爆破前，需对爆破构件进行严密覆盖，用自制土工格（规格35×35cm）作为第一道屏障，土工格上覆盖一层水袋，水袋上方采用草帘或者遮阳布并用水淋湿（水淋湿起防尘作用）；首次爆破拆除时，优先采用第一道屏障实施试验爆破。根据试验情况，如若覆盖效果不好，则在胶管帘外加设横钢管。下部地下室楼板采用50厚挤塑板或者减震砂袋铺垫，防止飞石飞溅损坏楼面。

爆破过程中，各区需将拆除支撑和栈桥区域架体范围内均匀覆盖，第二道支撑有临基坑边围檩体系，待中间部分分区域拆除后延围檩和基坑边均匀覆盖，人工拆除部分无需加覆盖。具体覆盖措施如实例一图6：覆盖方案及垫层示意图所示。

目前，没有统一计算拆除爆破飞石的公式，按《爆破安全规程》GB6722-2011规定，爆破飞石的安全距离为50m，加强覆盖的情况下，警戒距离大于30m。

2. 爆破振动安全控制措施

本工程中的单段最大药量已由爆破振动安全计算确定，因此可以认为爆破振动危害已按照规程进行了控制。同时，施工过程必须严格按照设计的方案对构件端头进行预裂爆破并最早起爆以起到隔振作用。

在实际施工过程中，需对爆破振动进行监测，以验证设计是否准确。如果振动偏大，则需进一步对单段最大药量进行控制。

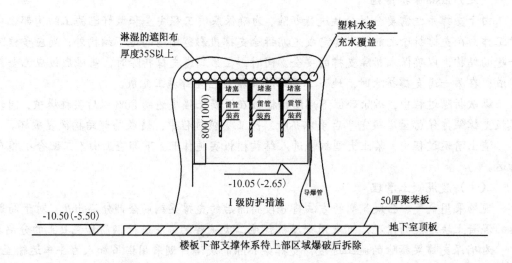

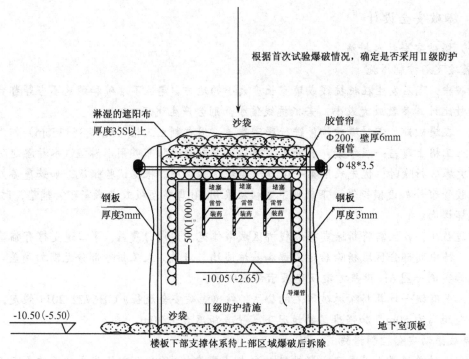

实例一图6　覆盖方案及垫层示意图

3. 爆破冲击波安全控制措施

本工程中的单段最大药量已由冲击波安全计算确定，因此可以认为冲击波危害已按照规程进行了控制。同时，施工过程必须严格按照设计的方案的覆盖方法进行覆盖，并及时补充损毁的覆盖材料以保证单次爆破的覆盖材料用量。

在实际施工过程中，需对爆破冲击波进行监测，以验证设计是否准确。如果冲击波依然造成破坏，则需进一步对单段最大药量和覆盖方法进行控制。

4. 坍塌触地振动控制措施

严格按照设计要求进行装药爆破以及单段起爆方量。同时在构件下部预先堆 1m 厚的沙袋或者沙料，具体如实例一图 6：覆盖方案及垫层示意图所示。以防止塌落构件造成已建结构的损坏。

5. 噪声的控制

爆破时会产生一定的声响，犹如鞭炮声一般，持续时间约为 3～5 秒。需尽量减小爆破声响，以避免引起周围人员不必要的惊慌。控制具体措施为：

(1) 与周边单位建立密切关系，加强协调工作，爆破前召开协调会，选择合适的爆破时间。

(2) 精确计算装药量，避免多余能量向空中的发散，但也要尽可能减少爆后清凿工作量，减少空压机噪声。

(3) 利用微差爆破技术，控制每段起爆药量，防止单段的爆破噪声过大。

(4) 保证炮孔的堵塞长度与堵塞质量，避免冲炮。

(5) 一方面我们采用加强覆盖、严密防护的方法，使影响因素控制在最小的范围内。另一方面，爆破前与各有关方面进行协调，张贴爆破告知，通知所有周围邻近工作和生活的人员，以免引起惊慌发生不测事故。

6. 炮烟扬尘控制

炸药爆炸时会产生一定的炮烟，并且会由于支撑爆炸时产生一定的扬尘，具体采取防范措施有：

(1) 加强炸药的防水防潮，保证良好的堵塞，避免炸药产生不完全的爆炸反应；

(2) 爆破后及时洒水降烟降尘；

(3) 爆破后一切人员必须等到炮烟稀释至爆破安全规程中允许的浓度以下时，经公司专职人员确认后才能返回工作面。

(二) 爆破安全管理措施

1. 爆破现场人员管理

(1) 行政管理严格执行 WISCO 和 KJSCO 安全管理文件，并按照地方政府和公安部对爆破器材的管理和使用规定进行。

(2) 爆破作业严格执行 GB6722-2011《爆破安全规程》有关安全规定。

(3) 成立专门安全组织机构，协调和解决现场施工中的安全问题。

(4) 施工人员要"二穿一戴"，爆破作业人员必须持证上岗，对所有施工人员进行安全教育。

(5) 设立安全管理网络，成立爆破指挥部，实行统一指挥。

(6) 火工材料进场后立即用红绳将警戒范围圈围，将其他人员疏散到警戒区以外，至解除警戒后方可撤离。

(7) 爆破施工期间，在各主要道路张贴爆破时间及地点的通知。

2. 项目安全组织机构

为了保证爆破拆除期间现场施工和安全受控，项目部成立爆拆期间施工领导小组，指导协调泛海城市广场二期项目在爆破拆除期间安全、施工进度安排以及一些突发事件的应急处理。

项目领导小组组成及联系电话：

组长：×××　　电话：××××××

副组长：×××　　电话：××××××

组员：×××、×××

3. 安全警戒

（1）安全距离

实施爆破时的警戒工作至关重要。爆破拆除的警戒保卫工作由现场爆破指挥部和公安局共同组织实施。根据技术设计方案，在周边环境中设立明显爆破警戒标识，人员的警戒范围，周边范围100m。在周围交通路口和关键部位设置警戒哨，警戒哨和警戒范围见安全警戒图。

（2）警戒岗哨

在危险半径范围以外，各进出爆破区的道路和通道口上设警戒岗哨，并立指示标志，警戒人员配红袖章和小红旗等明显标志，见警戒图（图略）。

4. 安全管理措施

（1）各种爆破作业必须使用符合国家标准和部颁标准的爆破器材；

（2）在爆破工程中推广应用爆破新技术、新工艺、新器材和仪表，必须经主管部门鉴定批准，方可使用；

（3）爆破施工中必须执行"一炮三检"的制度，即（装药前检查、装药后检查、爆破后检查）；

（4）进行爆破作业，爆破安全负责人、爆破技术负责人、爆破施工负责人、各司其职，负责爆破工作的警戒、检查、施爆工作；

（5）凡从事爆破作业的人员，必须经过特种作业培训，考试合格并持有特种作业资格证，方可从事爆破作业；

（6）取得《特种作业资格证》新的爆破员，应在有经验的爆破员指导下三个月后，

方可独立从事爆破作业，爆破员从事新的爆破工作，必须经过专门的训练；

（7）爆破工程技术人员要根据现场实际情况，在确保周围环境安全的情况下，设计爆破方案，确定爆破参数，并负责指导实施，负责爆破质量；

（8）爆破员要按照爆破指令单和爆破设计规定进行爆破作业，严格遵守爆破安全规程；

（9）爆破前要对爆区周围的自然条件和环境状况进行调查，了解危及安全环境的不利因素，采取必要的安全防范措施；

（10）装炮前检查周围环境是否有明火及其它不安全因素，装炮时必须佩带安全帽，并清退无关人员离开现场；

（11）爆破装药现场不应用明火照明，爆破装药用电灯照明时，在离爆破器材20米以外可装220V照明器材，在作业现场或硐室内使用电压不高于36V的照明器材；

（12）爆破前必须明确规定安全警戒线，制定统一的爆破时间和信号，并在指定的地点设安全哨，待施工人员、行人和车辆等全部避入安全区内后方可起爆，警报解除后方可放行，

炮工的隐蔽场所必须安全可靠，道路必须畅通；

（13）所有爆破器材的加工和爆破作业的人员，不应穿戴产生静电的衣物；

（14）人工装药应用木质或竹制的炮棍。用装药器装药时，装药器必须符合要求；

（15）起爆网路严格按照设计进行联接。敷设起爆网络应由有经验的爆破员或爆破技术人员实施并实行双人作业；

（16）爆破后，爆破安全负责人带领爆破员亲自对爆破作业区进行全面认真地检查，发现哑炮及时清理，因特殊情况不能处理的，须在其附近设警戒人员看守，并设明显标志。确认作业现场安全的情况下发方可解除警戒，施工人员及机具方可进入现场；

（17）爆破结束后，必须将剩余的爆破器材如数及时交回爆破器材库；

（18）每次爆破后，都要对现场进行检查并填写爆破记录；

（19）进行爆破作业时，由项目经理统一协调指挥、调动有关人员，对违反本制度和公司劳动纪律，不服从管理的人员有权进行处罚；

（20）项目经理遇到特殊、重大情况时要逐级上报，尤其涉及安全、危及公司利益的问题隐瞒不报的，要依纪律和法规严肃处理；

（21）爆破员要认真学习有关爆破理论知识、相互交流学习、总结经验，共同提高业务水平；

（22）每年度或一个较大的爆破工程结束后，爆破工程技术人员应提交爆破总结；23、爆破记录和爆破总结，应整理归档。

5. 安全生产、文明施工措施

（1）组织所有的施工人员，学习安全规程及技术交底方案，切实加强现场施工管理；切实做好文明施工，所有的施工人员必须遵守爆破安全规程，做好进入工地要穿工作服、戴安全帽。

（2）严格爆炸物品管理，专人看管，随领随用，用完归库。

（3）严格按照设计进行施工，保证施工质量和安全。

（4）按公安部门指定的路线运输爆破器材，在公安部门认可的地方存放，使用爆破器材要登记上账，剩余少量的爆破器材在现场销毁。

（5）爆破器材严格检验，确保100%合格。

（6）在重要路段设立"爆破施工标示牌"和"安全警示牌"。

6. 事故应急处理预案

为了更好的应对施工期间危险事件的发生，确保施工安全，将认真贯彻"安全第一、预防为主"精神，进一步完善施工期间安全应急救援措施。

（1）基本方针和行动原则

公司全体职工特别是领导干部要具备防患于未然的思想准备和措施准备，并熟悉和掌握施工期间各种危及发生时的应对策略。基本方针："安全第一，预防为主，全力抢险"；行动原则："服从公司统一指挥，具体处理以项目部为主"。

（2）拆除施工应急救援指挥系统

项目部专门设立施工安全应急救援指挥中心、领导小组、联系电话、总指挥长等。应急救援指挥中心地址：项目会议室。领导小组成员包括：公司总经理、总工程师、工程部经理、项目部经理等。总指挥长（项目部经理）：对整个施工期间工作做好布属，制定总体应急预案，对应急事件发生及时做好救援工作安排。副指挥长（工程部经理）：具体落实施工应急措施，做好应急事件发生后的具体救援工作。应急救援队伍：服从指挥长安排，做好救援工作。

（3）应急救援措施

1）施工期间，项目部加强项目管理，成立专门的应急救援队伍，随时待命。

2）与分包单位共同建立拆除工程指挥部，明确各自责任与分工，就危险物品（易燃易爆物品）的注意事项等做好交底工作。

3）施工期间，爆破现场作好安全隔离带。无关人员一律不准进入爆破现场。所有爆破施工人员必须佩带醒目的安全标志，持证上岗。

4）火工品进入施工现场后，指定专人负责施工区内的火工品的监管工作，组织工地项目部进行24小时值班，值班人员值班期间必须佩带手机等通讯工具，并保证处于开机状态；并做好值班记录。

5）爆炸物品的管理严格按照《民用爆破物品管理条例》、《爆破安全规程》及公安局的有关规定执行。切实加强对爆破物品的管理制度，严格按照公安部对爆破物品管理的有关规定。现场操作时由安全员负责监督和检查，做到万无一失。

6）爆前认真检查防护棚的搭建情况，严格执行防护方案，并由指定的人员检查防护质量，决不放过任何一个漏洞。

7）选择最佳爆破时间，为确保工程安全的万无一失，爆破时请辖区派出所的民警同志协助进行临时封路警戒。

8）爆破期间，可能产生爆破中断，爆破中断期间除检查哑炮的施工人员，其余所有人员不准进入爆破现场。哑炮检查期间，道路交通放行，警戒人员原地待命，处理哑炮时，仍然封路警戒。

9）在爆后清理钢筋和渣土时，对清理工人及时进行安全教育，派专业人员检查哑炮，发现哑炮及时登记、及时汇报，作好安全销毁工作，不留隐患，并始终进行监护，直至清理完毕。

10）施工期间公司组织一支以总经理为首，工程部经理、总工程师参加的监督队伍，负责对工地进行不定时检查，发现问题立即整改。

11）要求值班人员在施工期间，发现安全隐患立即汇报公司领导，并做好应急处理措施。

12）危急发生后，现场工作人员应尽一切努力控制事态发展，使其不扩大、不升级、不蔓延、并力求减少损失和影响。

13）危急发生后，现场工作人员应在第一时间将有关情况向市区安监局，以及公安管理部门和公司指挥部如实汇报，并按各级部门领导的指示精神落实措施。

14）事件处理过程中，要做到统一思想、统一认识、统一指挥，要做到以大局为重，要做到临危不乱、迅速果断、沉着稳健、注重效能。

15）指定发言人（由项目经理担任），统一对内外发布信息，规定一致的发布口径、途径、证据，并积极与新闻媒体沟通。

16）制定积极的奖惩措施，要求施工人员严格遵守施工期间安全的工作事宜，并鼓励检举不遵守规定行为。对在施工期间有突出成绩的施工人员给予物质和精神上奖励；对不遵守规定的人员给予教育批评，并开除出工地。

（4）应急救援器材：

小车：3 辆　　挖掘机（带镐头）：2 台

80 吨汽车吊：1 台　　其他工具：若干

应急医院：××医院

五、爆破施工组织设计

（一）施工质量管理体系

1．施工项目流程

本项目根据爆破安全规程（GB6722-2011）以及武汉市相关规定，爆破项目流程按照如下程序进行：

签订施工合同（甲乙双方）→设计方案评估（甲方、爆破协会专家组）→爆破项目申报（公安局）→爆破项目备案（公安局）→爆破器材申领（民爆公司）→爆破实施（施工、监理）。

2．施工管理体系

此次爆破工作量大，环境条件复杂，工期紧，如何安全有序地进行施工组织是爆破按时、按质顺利完成的关键。为实现高效、优质的目标，本项目拟将采用"项目法"施工，成立出具有责任心强、技术精、素质高并长期从事拆除爆破的行政管理人员和技术人员组成项目经理部。具体投入和实施人员如下图 8：爆破施工管理体系框图。

其中：项目经理负责项目协调和总指挥；

爆破技术负责人负责爆破技术协调和指导以及技术措施交底；爆破安全负责人负责起爆协调、安全检查和起爆警戒。

爆破施工负责人负责现场布孔、装药连网、覆盖、起爆等爆破施工实施流程。爆后清渣负责人负责爆渣的清运。

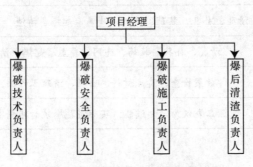

实例一图 7 爆破施工管理体系框图

3．质量保证措施

建立以项目经理为核心，技术措施为保障的质量保证体系。质量保证措施：

（1）施工前进行详细的技术质量交底，学习相关规程，熟悉图纸及设计说明，认真研究落实各项施工方案和措施，开工前做到层层落实到人。

（2）认真校核设计参数，若实际工作中发生偏差，应及时上报并采取相应措施。

（3）严格作业面的"三检"制度，这是质量管理程序中最基本也是最关键的一环。

（4）爆破器材严格检验，确保100%合格。

（二）施工进度

（1）整个爆破施工的流程如下图实例一图8：施工流程图所示。

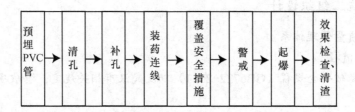

实例一图8 施工流程图

一道支撑从开始清孔至清渣完毕，共需37个工作日。详见实例一表4：施工进度计划表。

实例一表4　施工进度计划表

	待定	待定	8d	16d	25d	35d	37d
预埋炮孔	根据施工进度进行						
支撑使用阶段	人员培训、技术交底						
一分区施工	清孔、补孔、装药、连网、覆盖、起爆、清渣						
二分区施工		清孔、补孔、装药、连网、覆盖、起爆、清渣					
三分区施工			清孔、补孔、装药、连网、覆盖、起爆、清渣				
四分区施工				清孔、补孔、装药、连网、覆盖、起爆、清渣			
善后清理工作面			效果检查、清点材料、出场、清理工作面，交接工作面				
备注			本表仅为计划过程，实际实施爆破时根据实际情况调整				

（2）工期保证措施

①周密安排计划，留有余地并督促各工艺计划到天。

②按计划组织机械及时进场并投入使用，确保机械的使用率和完好率。

③认真落实每天计划，强化施工跟踪控制管理。

④加强施工技术和质量管理，用预制保证工期。

⑤灵活调度人、材、机，组织工序大街紧密，加强施工薄弱环节和关键工序，确保施工周期。

（三）主要机械及爆破器材计划

实例一表5 施工机械一览表

机械名称	规格	单位	数量	备注
住友小镐头机	120型（11T/台）	2	机械拆除用	住友小镐头机
风镐		把	25	
空压机	开山牌2.8L	台	10	电动
钻头	Φ40	根	120	
起爆器	500	台	4	
欧姆表	数字式	台	4	
起爆线		m	300	铜芯
运渣车	解放载重10T	辆	不少于5辆	清渣用
吊车	徐工20T	台	2台	清渣用
常用工具	液压绳锯机、电锤、吊葫芦、压线钳、铁锹	/	若干	配合用

实例一表6 主要物资一览表

物资名称	规格	单位	数量	备注
胶管帘	Φ200，厚度6mm	m	60000	
遮阳布	厚度35S以上	m^2	5200	
冲水塑料袋	0.3mm厚	袋	6000	
土工格	35mm×35mm	m^2	32000	
钢管	Φ48×3.0	m	5400	
钢板	4m×6m×3mm	块	50	
沙袋	50kg	袋	20000	
警戒旗		帜	60	
对讲机		台	30	

实例二 ××裙楼拆除工程安全专项施工方案

一、编制依据

（一）编制依据

《××装修改造项目施工总承包工程施工组织设计》《××修改造项目施工总承包工程招标文件》《××装修改造工程施工图》，由××国际工程公司设计，具体内容如下表所示

序号	图纸名称	出图日期
1	结构专业施工图	2012-9-25
2	建筑专业施工图	2012-9-25

（二）规范、规程及标准

序号	规范、规程名称	编号	标准类别
1	《建筑工程施工质量验收统一标准》	GB50300－2013	国家标准
2	《工程测量规范》	GB50026-2007	国家标准
3	《特种作业人员安全技术培训考核管理规定》	安监总局[2010]第30号令	国家法规
4	《建设工程施工现场供用电安全规范》	GB50194-2014	国家标准
5	《生产安全事故应急预案管理办法》	安监总局[2009]第17号令	国家法规
6	《建筑施工高处作业安全技术规范》	JGJ80-91	行业标准
7	《建筑施工安全检查标准》	JGJ59-2011	行业标准
8	《施工现场临时用电安全技术规范》	JGJ46-2005	行业标准
9	《建筑施工扣件式钢管脚手架安全技术规范》	JGJ130-2011	行业标准
10	《建筑机械使用安全技术规程》	JGJ33-2012	行业标准
11	《建筑拆除工程安全技术规范》	JGJ147-2004	行业标准
12	《北京市环境噪声污染防治办法》	北京市人民政府[2007]第181号令	地方法规
13	《建筑工程资料管理规程》	DBJ11/T695-2009	地方标准
14	《北京市城市房屋拆迁施工现场防治扬尘污染管理规定》	京房地拆字[1999]第37号	地方法规

（三）公司文件

序号	名称	编号
1	《质量、环境、职业安全健康和工程建设施工企业质量管理规范管理体系程序文件汇编》	Q/ZTJS-QSEG-02-2011-A
2	《质量、环境、职业安全健康和工程建设施工企业质量管理规范管理体系管理手册》	Q/ZTJS-QSEG-01-2011-A

二、工程概况

（一）设计概况

序号	项　目	内　容			
1	工程名称	××内外装修工程			
2	建设单位	××有限责任公司			
3	设计单位	××国际工程公司			
4	监理单位	××监理（北京）有限公司			
5	施工单位	××建设集团有限公司			
6	监督单位	××区建设工程质量监督站			
7	计划工期	计划开工日期：2013 年 4 月 1 日 竣工日期：2014 年 11 月 04 日，共 583 日			
8	质量目标	合格			
9	工程规模	建筑面积	50000 平方米		
		地下层数	2 层	地上	29 层
		建筑高度	90.5m		
10	工程地址	××市××路 2 号			

（二）相关图纸

《裙房拆除阶段现场平面布置图》、《裙房拆除施工段平面流程图》、《裙楼大堂部分拆除剖面图》、《梁板支撑示意图》等。

三、施工安排

（一）方案选择

××内外装修工程裙楼拆除工期紧、体量大、存在较大的危险性，因此应尽可能减少人工操作，以长臂液压剪、挖掘机、液压锤等大型机械为主的机械化施工方案。同时，本工程为保护性拆除，在确保主楼结构和地下室完好的前提下进行施工，因此，需要采取必要的措施，对地下室顶板进行加固和防护。对于大型机械自身局限性所带来的不足，一部分部位施工中，应以人工操作为主，大型机械进行辅助配合。

（二）组织结构及人员分工

项目部抽调经验丰富的工程技术人员及管理人员，成立以项目经理杨军为组长的裙房拆除工作领导小组，根据工程特点，合理组织施工。

1．组织结构图

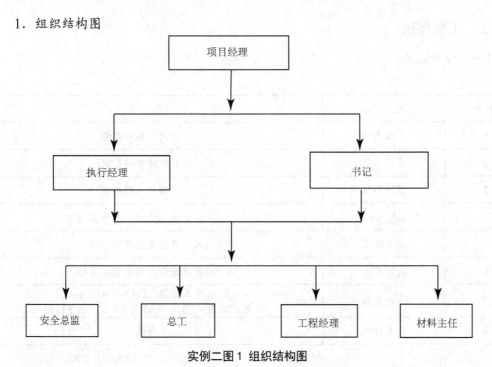

实例二图1 组织结构图

2．岗位职责

（1）项目经理：对本工程负全部责任，满足合同规定的各项要求，执行公司质量体系文件，主持本项目施工组织设计或施工方案的编制并贯彻执行，主持工程竣工验收工作，明确各部门人员职能分工。负责对甲方、监理的联系，组织工程质量的检查、评定、整改活动。

（2）执行经理：在项目经理领导下工作，协助项目经理对项目施工进行全过程的组织和管理，协调现场各工种、工序的搭接和交叉作业，对安全生产负全面管理责任。

（3）书记：在甲方的配合与帮助下，处理好工程所在地建委、城管、市政、街道办事处等政府机构的关系，做好周围小区居民、商铺的安抚工作，为拆除施工创造一个良好的外部环境。

（4）总工：组织实施公司质量体系文件，监督施工现场各类人员履行质量职责；对本项目技术工作负责审核，编制该工程项目质量计划及施工方案和补充方案；协助项目经理对工程质量进行管理和控制，主持日常质量分析活动，工程质量定期检查、评审、整改，指导监督现场各级管理人员做好质量记录。

（5）工程经理：负责施工方案的具体实施，负责落实施工计划并安排现场工作。根据施工方案、设计要求检查施工班组执行情况，对违反操作规程的应予以纠正；制定重要的或特殊的工程部位施工方案，并对其可行性和执行结果负责，填写关键工序的施工记录，参加竣工的编制整理。

（6）安全总监：负责工地的安全保卫工作，负责落实施工过程中的各项安全工作，组织安全学习和安全教育，巡视工地，发现安全隐患随时停工整顿，是工地的安全的第一责任人。

（7）材料主任：提前对此项工程的需求做预计，保证项目部所需材料、设备等各项物资的及时到位，不得因此而影响施工进度。

（三）施工进度安排

1．节点安排

根据对现场的实地勘察，并经过仔细分析、研究，拟将整个工程分为六个分项施工，其中：

（1）开工之日起，2 日内施工准备，完成消防通道清理，各项防护措施到位，临水临电架设完毕，满足大型机械进场要求；

（2）13 日内完成地下室顶板支撑及首层Ⅲ区地面钢板铺设；

（3）5 日内把大堂部分从上至下剪开，将裙楼在平面上一分为二，具备两个施工段作业条件；

（4）15 日内完成裙楼主体部分的拆除；

（5）12 日内将白天拆除下来的各种物料、机械、渣土，在夜晚完成外运和消纳；

（6）2 日内完成为场地清理及平整，达到工程整体移交验收标准。

2．进度计划

以施工总进度计划为依据，按照施工流水短划分，编制各施工段横道图，各期计划必须逐级保证，也可根据总进度计划编制工作量计划来控制总进度计划的实施（进度计划详见附录）。

（四）施工顺序安排

1．施工段划分

裙楼拆除按照水平方向，划分为两个施工段，流水进行施工：

第Ⅰ施工段：28-30/XH轴，为原结构大厅位置，大厅净高达9m，跨度较大，井梁纵横交错，拆除难度大，先对原结构一层地面需满铺钢板做好防护措施。该施工段拆除工程量较小，但却是本次拆除的关键，不能从大厅处撕开一条口子，将裙楼从水平方向上切割开来，就没办法为后续施工创造作业条件。

第Ⅱ施工段：20-30/XH-Z轴，该段拆除紧靠北大门，施工时，应对工地北大门采取管制措施，只允许拆除单位相关车辆及人员进出。同时，施工段路面上分布有较多电缆、电力、污水、通信等管线。施工时应做好标识，采取必要保护措施。

第Ⅲ施工段：G-XH/5-28轴，拆除工程体量大，且距离办公区、物料提升机、工人生活区较近，拆除过程中应特别重视对现场道路的封闭以防止飞石溅落。

2．流水安排

水平方向施工流程按照流程布置图的要求进行，竖向的拆除顺序应遵循：先切断主楼与裙楼连梁，再拆除整层楼板，最后剪碎墙柱的顺序，从上至下，逐层进行，建筑垃圾应随拆随运，大块的混凝土块需进行二次破碎，结构内的钢筋应回收再利用。

Ⅰ区首层以上拆除→屋面层主楼与裙楼之间连梁断开→屋面拆除→三层墙柱拆除→三层楼板主楼与裙楼之间连梁断开→三层楼板拆除→二层墙柱拆除→Ⅰ区首层顶板拆除→二层楼板主楼与裙楼之间连梁断开→二层楼板拆除→首层墙柱保留性拆除

（五）重难点分析

1．工程重要性

本工程地处京城燕莎商务圈内，北三环与机场高速在此交汇。距机场22公里仅需15分钟车程，步行5分钟可达国际展览中心，距农业展览馆1公里，交通畅达，是首都国际机场通往北京市区的重要交通枢纽，地理位置十分突出。地铁三元桥站又是地铁十号线与机场快轨换乘站，人流量非常大。

2．工程难点

（1）原裙楼拆除面积约为9725平米，拆除工程量大，工期紧，且处在施工总进度计划的关键线路上。

（2）由于工程处于重要路段，并且在交通限制范围内，给现场拆除及建筑垃圾清运带来难度。

（3）裙楼拆除属于保护性拆除，仅拆除上部结构，地下室不拆除，对原结构的保护要求高。

（4）施工场地狭小，裙楼距离围挡最近处不足20m，建筑垃圾、回收钢筋的堆放、拆除机械、吊装机械的平面布置要求高等。

（5）工程西南侧紧临居民楼，大部分住户为××离退休职工，对维权意识强烈，对环境保护和文明施工要求很高。

四、施工准备

（一）技术准备

（1）熟悉大型拆除机械的使用说明书。

（2）熟悉施工图纸、规范，根据施组和方案编写技术交底、安全交底。

（3）对施工管理及操作人员进行安全、技术交底培训，明确安全施工方法、施工工艺及施工程序。

（4）明确施工中的验收程序、各种记录、报审、报验表格。

（二）工具准备

根据本工程的实际工程量、施工难度特点和业主的工期要求，经技术论证，拟派如下机械设备，具体数量见下表：

实例二表1　工具准备数量

序号	名称	规格型号	单位	数量	备注
1	加长臂液压剪	PC400-5	台	2	高层建筑物拆除
2	挖掘机	EX300-5	台	6	建筑物拆除和装运渣土
3	液压锤	克虏伯 HM-960	具	6	建筑物拆除及地下破碎
4	吊车	泰安20T	台	2	吊卸屋面、楼板等
5	气焊枪		把	30	切割钢筋
6	大型运输车	斯太尔20T	辆	20	外运、消纳渣土
7	洒水车	BSZ5091GSS	辆	8	洒水降尘、施工范围内及周边清洁
8	轻型汽车	BJ1041H424D	辆	4	运送各种物资、物料
9	灭火器	MFZL5型	具	50	预防消防措施使用
10	其他手持工具		套	20	人工拆除使用

（三）材料准备

根据本工程的实际工程量、施工难度特点和业主的工期要求，经计算，拟派如下工种和施工人员，具体数量见下表：

实例一表 2 工种和施工人员拟派数量

序号	工种	人数	备注
1	架子工	10 人	搭设层脚手架
2	电工	2 人	临时用电
3	水工	2 人	临时用水
4	电气焊工	12 人	钢筋及钢架切割
5	信号工	2 人	指挥大型机械操作
6	消防、安全、环卫	9 人	
7	合计	37 人	

（四）现场条件准备

1. 临时施工道路

现场施工可由北三环北大门和京密路东大门进入，进入现场前应对已有的道路作一次检查，以便全面施工时能保证现场文明施工及道路畅通有序。施工前应确保对地下管线、地上的电力、通讯线路确认，并做好标记。采用厚钢板对地下管线、井盖覆盖，防止大型机械施工中的破坏。

2. 临时供水供电

（1）临时用水包括施工用水、生活用水；

（2）工人生活区门前预留两个 DN65 消火栓取水口，供洒水车补给供水。现场水钻施工用水，可直接从主楼内架设临时用水管线；

（3）利用现场已有的管线，采取环形封闭布置，能保证供水的可靠性，当管网等一处发生故障时，供水仍能沿管网输送；

（4）施工现场用电为水钻切割楼板时用电；

（5）施工用电的配电箱设置于便于操作的地方，用成品的配电箱并加防雨措施。

（6）施工前应确保对××裙楼断电、断水，切断通讯线路的电源和信号，对不能切断的电源和通讯信号，做好醒目标记，选取施工点时绕开线路，并派专人看护。

3. 安全防护

根据 xx 裙楼的位置，裙楼周围消防道路距离临近围挡最窄处约 11m。为保证拆除安全，在施工区域内相应位置悬挂安全生产标语，各个路口设置警示灯牌。大型拆除机械进行拆除作业时，对作业面影响范围内拉警戒线，封闭现场道路，在确保拆该段拆除作业面安全之前，应指派专制保卫人员 24 小时巡逻值班。同时，主楼与裙楼断开之后，将主楼通向裙楼的所有通道用木板封闭，并设置安全警示标志。

五、施工技术方案

（一）地下室顶板支撑

为了保证地下室顶板的完好，拆除施工前，应对大堂范围地下一层顶板进行支撑。这样，不至于从高处砸落下来的建筑垃圾，不会因为堆载较大而将楼板压塌掉。

1. 板下支撑体系的设计：

板下支撑采用钢管扣件式满堂脚手架，立杆下均放置50mm×100mm×100mm垫板，立杆间距1.5米，横杆步距1.5米，立杆距离梁、柱、混凝土墙体300mm～500mm左右。连接扣件部分要安装牢固。

离地200mm设置横扫杆；立杆上部采用可调顶托，顶托伸出长度不超过200mm；顶托上采用10cm×10cm的木方做主次龙骨，直接顶在结构面上，次龙骨间距300mm；

在支撑体系外周搭设连续剪刀撑，内部纵横向每隔6米搭设剪刀撑。

2. 梁下支撑体系设计：

扣件式脚手架在离地200mm处设置扫地杆，步距不大于1.5m，满堂架应设置剪刀撑，间距不大于6米，梁、板下采用50mm×100mm×100mm垫板，可调支撑托。梁体支撑时，在梁两侧立杆间距不大于300mm，沿梁跨度方向间距不得超过400mm。

立杆上部采用可调顶托，顶托伸出长度不超过200mm；顶托上采用10cm×10cm的木方做主次龙骨，直接顶在结构面上，次龙骨间距300mm；

满堂架搭设方式：满堂架的搭设，应先放线抄平，梁架立杆每排间距按上述设计排放，并采用纵横向横杆与满堂架拉设牢固。剪刀撑应纵横向搭设，每6m设置一道，由底到顶全高设置。对于梁板下支架，采用可调顶托进行调节，可调顶托伸出不得超过200mm，在方木安装前，所有顶托必须顶紧，不得留有未顶紧的顶托。支撑搭设后，必须进行验收，验收合格后，才可以进行使用。

（二）主楼与裙楼分割

先使用长臂液压钳，将联系于主楼和裙楼之间的梁从中间剪碎掉混凝土，再向主楼一侧一点一点将梁的混凝土剪碎，当距离主楼结构边缘50cm时，应停止施工，改用人工系好安全绳，使用乙炔焊，将梁钢筋切割掉，靠近主楼一侧梁体50cm应保留。

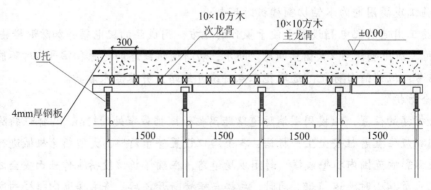

实例二图2　板下支撑示意图

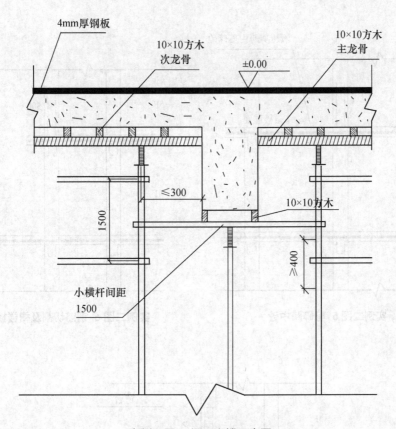

实例二图 3　梁下支撑示意图

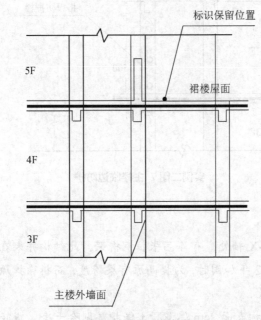

实例二图 4　测量放线

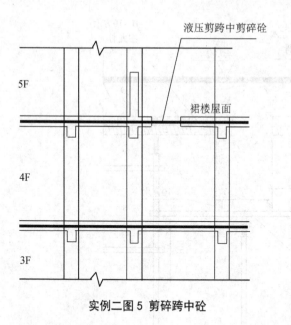

实例二图 5　剪碎跨中砼

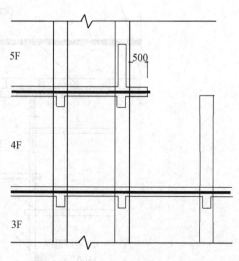

实例二图 6　钢筋切割及裙楼楼板拆除

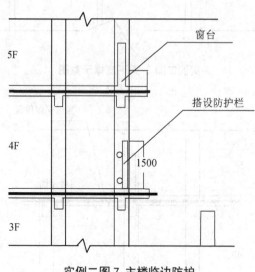

实例二图 7　主楼临边防护

（三）钢架拆除

　　裙楼屋面 20—23 轴/T-X 轴处，有 4 品张拉钢桁架，此结构并未在施工图纸上标注。经与甲方沟通，该钢桁架为 1992 年加固时，为提高原有梁跨度，而拆除掉原结构柱所增加的结构，主要起张拉梁的作用，因此，

　　（1）使用电镐将钢结构表面 2cm 厚混凝土保护层剔除干净，减轻自重；

　　（2）使用液压锤将屋面楼板凿掉，但仍应保留屋面框架梁；

（3）利用长臂液压钳，将屋面框架梁从跨中剪断，再由跨中逐步剪至支座处；

（4）长臂液压钳与液压锤配合进行施工，将 X 轴方向上的独立柱逐步剪除掉，使钢桁架安装指定的方向倾倒，最好将钢桁架锚固的剩下的几根柱子拆除掉，是整个桁架能够平稳的落在三层的楼板上；

（5）安排四组工人操作氧乙炔，将一品桁架分三段切割完毕，切割时从两端往中间对称进行施工；

（6）将切割成段的钢架，系好钢丝绳，用汽车吊逐段掉至地面。

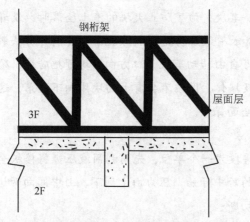

实例二图 8　钢桁架卸落后

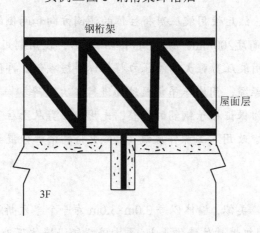

实例二图 9　钢桁架卸落前

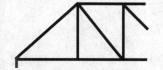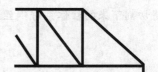

实例二图 10　钢桁架分块切割示意图

（四）裙楼拆除

1. Ⅰ区大厅拆除

回顶和钢板铺设完成之后，将大型施工机械从汽车坡道驶入二层停车平台，将长臂液压剪在停车平台上展开，从上至下，从外往内，将大堂前厅的檐口拆除掉，并及时清理干净，为Ⅰ区首层以上的拆除作业创造工作面。

Ⅰ区首层以上拆除过程中，为了保证主楼的安全及地下室顶板的不被破坏，大堂部位跨度过大，为保证地下室顶板的完好，应采取必要的措施。可以先在一层地板上面铺设厚10mm，大小为5m×2.4m的钢板10块，这样可以将机械的重量分散，以免力量集中于一点，对地下室顶板可以起到保护的作用；其次，为了防止大块的渣土坠落时，或者梁柱向下倾倒时破坏地下室顶板，在拆除时，采用加长臂液压剪进行拆除施工，其前部剪头装置犹如一把大剪，在任何角度，利用前部反转装置可自由转动剪头开口方向，均可把砖墙、砼及低于10公分厚的钢板剪断拆除，不留任何大块砼及墙体，保证不会有大的块体向下坠落，这样就能充分保证拆除过程中对主楼及地下室顶板的全面保护。

2. 顶板、梁的破碎拆除

以两柱（墙）之间的梁段为一个单位，先用利用液压锤将楼板全部破碎掉，保留框架梁的骨架，再使用液压钳从梁的跨中开始，压力由上到下、由中间向两边"捏"碎混凝土，裸露出内部钢筋后，再使用割炬切断；

3. 柱子的破碎拆除

首先确定倾倒方向，然后使用液压剪将柱体的倾倒方向和两侧的保护层混凝土剔除，区块大小：距板底150mm，高度200mm。裸露出内部钢筋后，使用割炬切断改区域的主筋和箍筋，保留背部主筋。最后使用液压剪强大的液压力将柱体缓缓按倒。再使用割炬切断背部主筋。将切割下来的柱体系好钢丝绳，用汽车吊调至地面进行二次破碎。

拆除首层柱子时，为保证柱子钢筋的完整，先用液压剪从上往下"捏碎"柱子，剪至距离柱根50cm，停止机械操作。改用人工操作风镐（电镐）将剩余部分混凝土破碎掉，不得切断柱子原有主筋。

4. 拆除剪力墙体

施工方法同拆除柱体类似，墙体以每3.0m×3.0m为一个单元拆除，使用液压剪将墙体两侧由上至下剪开，然后使用机械钩住墙体上部，再由液压锤沿墙体下部将底部混凝土拆除松动（保留内部钢筋），最后使用液压剪强度的液压力将改部分墙体缓慢按下，再使用割炬切断背部主筋。将切割下来的柱体系好钢丝绳，用汽车吊调至地面进行二次破碎。

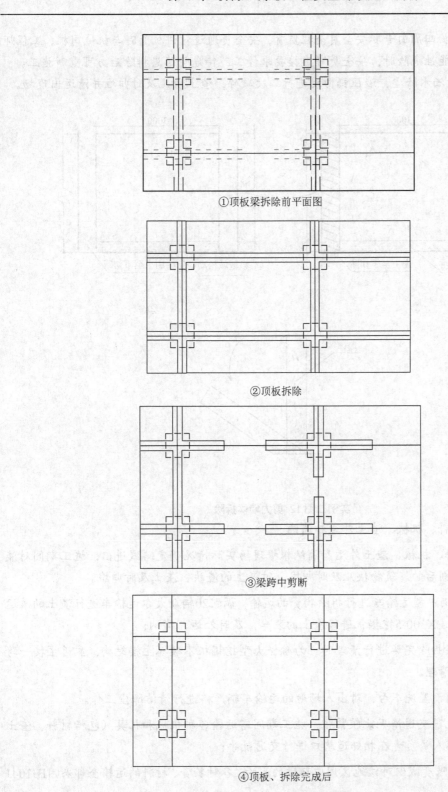

①顶板梁拆除前平面图

②顶板拆除

③梁跨中剪断

④顶板、拆除完成后

实例二图 11 顶板、梁的破碎拆除图

　　施工期间建筑物四周由专职安全员全程监督，安全员通过对讲机随时与机械司机、工程师保持联络，遇有可能性危险时，安全员可直接要求停工，待危险隐患排除后方可重新施工。消防水枪全程进行洒水降尘，液压锤协助进行二次破碎，渣土块儿及时归堆并清运出现场。

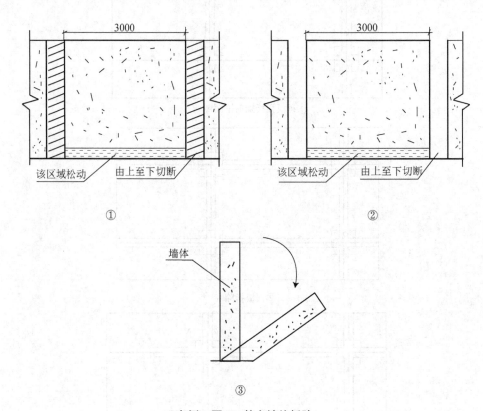

实例二图 12　剪力墙体拆除

（五）各种物料、机械、渣土外运和消纳

　　（1）各种物料、机械、渣土外运和消纳根据现场实际情况确定路线进出，施工期间对液压锤和工人二次分割后的建筑物块儿及时归堆，对产生的渣块、渣土及时归堆。

　　（2）拟调配4辆中型运输车进行拆除物资的运输，调配20辆斯太尔运输车进行渣土的清运工作。使用2台日立EX300-5挖掘机进行渣土的装车，及时外运、消纳；

　　（3）裙楼首层拆除完毕进行清理时，为确保大型挖掘机不破坏主楼结构，靠近主楼一跨垃圾需用人工进行清理。

　　（4）工地大门设置洗车台，对出入场地的运输车辆严格进行清洁降尘工作。

　　（5）由于该地段交通情况比较紧张，施工期间需运输各种机械和机具（包括材料、渣土运输），将指派专职人员负责在相邻道路口进行交通疏导；

　　（6）为了最大限度减少对该地区周边环境的影响，各种物资、材料的运输全部采用BJ1041等中小型运输车辆。

（六）现场清理及平整

采用日立EX300挖掘机对场地进行平整，对高出地平的土堆、渣块及时处理，场地平整后，派驻现场的环保工程洒水车分阶段对地面进行数次洒水，使地面表层硬化、结层，抑制扬尘的产生，并按照甲方的要求对现场进行防尘处理。工程交付时要经业主及有关部门验收合格，并及时办理验收手续。

六、工期保证措施

本工程工期较紧，因此坚决贯彻甲方计划管理以竣工交付为目标的总精神，以施工组织设计中的总进度为基础，计划为龙头，实行长计划、短安排，通过月计划的布置和实施，加强调度职能，维护计划的严肃性，实现按期完成竣工的目标。

（一）保证实现施工总进度计划的措施

（1）项目经理部同业主单位紧密配合，统一协调各单位的关系，对工程进度、质量、安全全面负责，从组织上保证总进度的实现。

（2）建立每周的例会制度。举行与业主单位、被拆除单位联席办公会议，及时解决施工生产中出现的问题。

（3）实施网络法施工，强化施工管理，抓住主导工序，安排足够的劳动力。

（4）合理利用空间，进行立体交叉作业。

（5）推广局部小流水段施工工艺，合理安排工序，科学管理，加快工程进度。

（6）采取切实可行的季节性施工措施，保证连续施工，确保进度和安全。

（7）班组选择优先考虑施工进度快、质量优的班组，并具有一定的业绩，施工人员均组织类似工程施工经验丰富的精兵强将组成。

（8）配备足够的机械设备，保证工期使用需要。

（9）调配充足的周转材料，具体进场时间可根据施工需要及时提前进场，确保工程进度需要。

（10）适当延长工作时间，施工班组吃、住都在工地。

（11）星期天和节假日不放假，一般每月人均休息1—2天，其余时间都在工地上班工作。

（12）考虑到季节、气候及其它原因，要求分包单位适当增加劳动力并在项目预留一定数量的工人，根据需要进场。

（13）适当结合夜间施工，根据本工程的状况，为保证工期要求，征得环保部门同意，实施连续作业的施工方法。

（14）计划工期以周为单位控制，每周检查工期情况：以计划工期为依据，每周检查本周工程进度情况，应确保计划的实施。如发现本周期未达到计划要求，应立即制订切实可行的措施，确保在下周赶上，做到按计划目标周周兑现，并力争提前。

（15）落实内部责任制。根据各工种操作的特点及计划工程的目标，落实内部责任制，制订奖励条例，做到奖罚分明，周周兑现。

（16）工程快收尾阶段是个重要关键，应在多工种的密切配合及协调下，做到尽快收尾，并加快工程机具设备、周转材料的出场工作，做到工完料尽场地清。

（17）编制切实可行的施工准备计划，科学合理安排组织施工工序，对准备工作建立严格的现任制和检查制度，做到有计划、有分工、有布置、有检查，各部分项目工程必须按计划完成。

（18）要去分包单位保证优先安排人力、物力、财力，确保施工进度要求，使之能按计划完成。

（19）严格各工序工程质量的监控，确保各工序一次验收合格，避免返工，用高质量保证施工进行。

（20）推动全面计划管理，采用网格计划跟踪技术和动态管理的方法，坚持分步计划平衡。

（21）精心组织，指挥得力，加强施工现场的控制与协调，超前预测，并及时解决好施工过程中可能发生劳动力、机具、设备、工序交接、材料和资金等方面的矛盾，使施工过程紧张有序、有条不紊地均衡生产。

（22）一旦发生日计划与总进度计划相比滞后现象时，要及时调整，采取相应的补救措施，制定可行的计划，以保证总的进度计划实现。

（23）为保证计划目标的实现，各部门必须密切配合，协调一致，材料、设备的供应，劳动力的调配，专业队伍的配合等。

（二）控制施工工期的奖罚措施

（1）项目部制订施工工期奖罚措施及方法，采取工期奖罚直接与经济挂钩，调动施工班组的积极性，实现控制施工进度的目的。

（2）控制进度的考虑分三个阶段来实施以达到充分反映各施工班组的工期控制能力和施工速度。第一个阶段为以总进度计编制区段计划和日工作量计划，使班组明确当天的工作当天完成，完成或完不成的可当日检查进行奖罚。第二个阶段为当第一个阶段不能完成的班组制订分项、分部工程施工计划，以压缩施工工期来弥补楼层进度和日工作量的不足，如能达到分项、分部工程施工计划进度，同样给予奖励，如达不到的则在上阶段的基础上加倍处罚。第三阶段为第一、二阶段全部不能达到的班组进行总工期考核，在原总进度计划的要求上，控制全部施工工期，在最终能够达到施工工期的班组，应得到控制总施工工期规定的工期资金。

（3）对屡次达不到施工进度的班组要求进行措施上的压力，项目部应及时采用强制调换或增加施工人员、停工整顿、责令加班加点弥补的有效措施。不执行强制措施的则清退出本工地。

（4）项目部在实施工期奖罚时，以总施工进度计划、周度计划、业主平时的考核等形式为依据。

七、安全措施

（一）临时用电

（1）各级配电、用电电源必须设置漏电保护开关，单机漏电保护开关额定动作电源≯30mA，手持电动工具应选用15mA，漏电保护作电流的防溅型产品。

（2）所有配电箱开关箱在使用过程中的作用顺序如下：

送电：总配电箱→分配电箱→开关箱→用电设备

停电：用电设备→开关箱→分配电箱→总配电箱

（3）各组配电用电器应安装在绝缘电路安装板上，电器及熔断丝规格必须与电流量相一致。

（4）各级配电箱必须固定设置，箱底距地面不小于1.4m，各级配电箱必须设置防雨措施，设门备锁。

（5）适当接地电阻（一般不大于4欧），减少触电事故发生。

（6）施工现场的总配电箱和开关箱应至少设置两级漏电保护器，而且两级漏电保护器的额电动作电流和额定动作时间应作合理配合，使之具有分级保护的功能。

（7）漏电保护器的选择应符合GB6829—86《漏电电流动作保护器（剩余电流动作保护器）》的要求，开关箱内的漏电保护器其额定漏电动作电流应不大于30mA，额定电动作时间应小于0.1s，使用潮湿和有腐蚀介质场所的漏电保护器应采用防溅型产品，其额定漏电动作电流应不大于15mA，额定漏电动作时间应小于0.1s。

（8）安全要求：

1）各用电器的安装维修或拆除必须由电工完成，电工等级应同工程的难易程度和技术复杂性相适应。电工必须参加市建设局的电工学习班，并持有建设局颁发的电工证方能上岗。

2）各用电人员应掌握安全用电基本知识和所用设备的性能，使用设备前必须按规定穿戴和配备好相应的劳动防护用品，并检查电气装置和保护设施是否完成，严禁设备带病工作运行。

3）停用的设备必须拉闸断电，锁好开关箱，专业电工负责保护所用设备的负荷线、保护零线和开关箱，发现问题及时解决。

4）施工现场临时用电必须建立技术资料，临时用电工程检查表，电气设备的试验收表、接地电阻测试表，定期检查复查表以及电工巡检记录。

5）施工现场建筑工程不得在低压线路下方施工，线路下方不得搭设作业棚、生活设施，不得堆放构件、架具、材料及其它杂物。

6）机械用电配电箱必须采取防护措施，增设屏障遮拦、围栏、保护网，并挂有醒目的警告牌，在加设防护设施时，应有电气工程技术人员或专职人员负责监护。

7）电气设备的金属外壳必须专用零线连接，保护零线应由工程接地线配电室零线的第一级漏电保护器电源侧的零线引出。

8）保护零线的统一为绿黄双色线，在任何情况下不准使用双色线作负荷线，保护零线不得装设开关或保险，保护零线应单独敷设，不作它用，重复接地线应与保护零线相连接，保护零线除必须在总配电箱作重复接地外，还必须在配电线路中间和末端处作重复接地。

9）施工现场的施工人员必须严格按照OHSMS的要求，积极推行施工现场标准化管理，按施工组织设计组织施工。

（9）临时用电定期安全检查

1）施工现场电工每天上班前检查一遍线路和电气设备的使用情况，问题及时处理，每周对所有配电箱开关箱进行检查和维修，并且做好记录。

2）施工现场每周由工长、安全员、技术员、电工对工地的用电设备用电情况进行全面检查。

3）查出问题定人定时定措施进行整改，对整改情况进行复查。

（二）高空作业防护措施

（1）高处作业施工前逐级进行安全技术教育及交底，落实所有安全技术措施和人身防护用品。

（2）高处作业中的安全标志、工具、仪表电气设施和各种设备施工前经检查确认后方可投入使用。

（3）高处作业人员必须经过专业技术培训及专业考试合格后持证上岗，并在施工前现场进行安全教育。

（4）雨天进行高处作业时，必须采取可靠的防滑措施，待水清除后方能作业。

（5）施工作业场所有坠落可能的物件，一律先行撤除或加以固定。

（6）拆卸下的物件及物资等及时清理运走，不得任意乱置或向下丢弃。传递物件禁止抛掷。

（7）高处作业时，在下方设置警戒区，设立安全警示牌，由现场安全员在下方监督安全生产和维持周边秩序。

（三）其他安全措施

（1）全面接受甲方的安全指导。

（2）公司、项目部、班组长在进场前进行三级安全教育和消防安全教育，并由各班组和职工签订《施工安全协议书》，明确安全责任，提高职工自我保护意识。

（3）各个班组安排专人作为安全监督员，在实际施工作业中专职进行监督和巡查。

（4）现场设置安全生产巡逻人员，全天候、全方位监督施工现场，发现问题及时纠正，找出原因并督促改正。情况严重者，巡逻人员有权要求停工，并及时向项目经理汇报。

（5）各工种必须持证上岗，按照本工种的安全技术操作规程操作。

（6）使用明火要经安全部门同意，开据动火证以后才可动火，气割须配备专职灭火工，并且配备灭火器材。

（7）各类电器也要本着谁使用，谁负责的原则，做到安全用电，防止电器损坏或火灾发生。

（8）在高空作业时，须检查下部结构情况是否稳固。分段作业要观察结构连接情况，不得立体交叉作业。

（9）拆除前要检查被拆除建筑物的内部情况，确定该建筑物具备施工条件后方可施工。

（10）四级以上大风及雷雨天停止施工。

（11）拆除建筑物之前首先要将现场清理，不得有无关人员并在四周设立警戒后方可动工。

（12）对施工现场进行封闭管理，施工人员一律统一服装进场，与工程无关的人员严禁进入施工现场。

（13）拆除施工严格按照施工组织设计进行。

（14）劳动防护用品购买时严把质量关，发放及时，并根据使用要求在使用前对其防护功能进行必要的检查。

（15）进入施工现场必须戴安全帽，高空作业时必须系安全带。施工人员对"三宝"的使用必须符合相关的使用要求。

1）安全帽配戴要求

安全帽必须经有关部门检验合格后方能使用。正确使用安全帽并扣好帽带。不准把安全帽抛、扔或坐、垫。不准使用缺衬、缺带及破损的安全帽。

2）安全带配戴要求

安全带必须经有关部门检验合格后方能使用。

安全带使用两年后，必须按规定抽检一次，对抽检不合格的必须更换安全绳后方能使用。

安全带应储存在干燥、通风的仓库内，不准接触高温、明火、强碱或尖锐的坚硬物体。

安全带应高挂低用，不准将绳打结使用。

安全带上的各种部件不得任意拆除。更换新绳时要注意加绳套。

①驾驶员认真遵守交通规则，精心驾驶，中速行驶，及时维修机械、车辆，严禁酒后驾车，确保行车安全。

②按防治职业病的要求提供职业病防护设施和个人使用的职业病防护用品，改善工作条件。

③搞好工地卫生，防止工地中毒。

④施工现场的卫生管理制度和操作规程根据实际情况随时改进。

⑤施工现场制定消防管理规定、消防紧急预案，配备的消防器材做到布局合理、数量充足。

⑥施工现场保证供应卫生饮水，有固定的盛水容器和有专人管理，并定期清洗消毒。

⑦施工现场制定卫生急救措施，配备保健药箱、一般常用药品及急救器材。

⑧施工现场制定伤亡事故处理办法。

（四）预防"五大"伤害事故措施：

1.高处坠落：

高处作业时要设置安全标志，张挂安全网，系好安全带，患有心脏病、高血压、精神病等人员不能从事高处作业。高处作业人员和衣着要灵便，但决不可赤身裸体，脚下要穿软底防滑鞋、硬质底鞋、带钉易滑的靴鞋，操作要严格遵守各项安全操作规程和劳动纪律，攀爬和悬空作业人员持证上岗。高处作业中所用的物料应该堆放平稳，不可置放在临边或洞口附近，也不可妨碍通行和装卸。严禁从高处往下丢弃物体.各施工作业场所内，凡有坠落可能的任何物料都要一律先行撤除或者加以固定，以防跌落伤。高处作业的防护设施应经常检查，并加强工人的安全教育，防患于未然。

2.防治"触电"伤害措施

施工现场用电采用"三相五线制"，各用电电器的安装、维修或拆除必须由电工完成，电工等级符合国家规定要求，各用电人员应掌握安全用电基本知识和所用设备的性能，停用的设备必须拉闸断电，锁好开关箱，机械用电配电箱必须采取防护措施，增设屏障遮拦、围扩，并悬挂醒目的警告标志牌，电气设备的金属外壳必须与专用保护零线连接，保护零线应由工程接地线，配电室零线和第一级漏电保护器电源侧的零线引出.用电设备应各自专用的开关箱，实行一机一闸制。施工现场电工每天上班前应检查一遍线路和电气设备的使用情况，发现问题及时处理，加强管理人员及工人的用电安全教育，严禁私自接设线路，严防"触电"事故。

3.防治"物体打击"措施

加强施工管理人员和工人的防护意识的教育，高处作业中所用的物料应该堆放平稳，不可置放在临边附近，对作业中的走道、通道和登高用具等，都应随时加以清扫干净。拆卸下的物体，剩余材料和废料都要加以清理和及时运走，不得从高处任意往下乱丢弃物体，传递物件时不能抛掷。各施工作业场所内，凡有坠落可能的任何物料，都有要一律先撤除或者加以固定，以防跌落伤人。进入施工现场所有人员均要求戴好安全帽，挖掘机、液压锤等大型机械设备要定人定机，高空作业中严禁从高处向下抛物体，要用绳子系好后慢慢往下传送，工现场要设置物体打击的警告牌。

4.防治"机械伤害"措施

要认真学习掌握本工程安全技术操作规程和安全知识，自觉遵守安全生产规章制度，严格按交底的要求施工，作业中坚守岗位，遵守操作规程，不违章作业，有权拒绝违章指挥，实行定人定机制，不得擅自操作他人操作的机具，作业前应检查作业环境和使用的机具，做好作业环境和操作防护措施。

5.防治"坍塌伤害"措施

拆除建筑物期间由专职安全员在建筑物四周巡查，严禁有人员靠近建筑物，并时刻观察被拆除建筑物的情况，机械施工必须严格按照既定的施工方案实行，仔细分析被拆除建筑物的结构特点，全面杜绝坍塌事故的发生。

八、应急预案及措施

虽然采取以机械拆除为主的施工方案，但还有部分工艺采用人工实施拆除。在项目部的监督管理下，加强在施人员的安全教育，制定严谨的岗位责任制并落实到个人，在投标书中进行了安全承诺，但也要防止突发事故的发生。在此原则下项目部特制定安全事故应急预案抢救措施及重点防护。

项目部成立处置突发事件工作指挥部：由项目部项目经理担任指挥长，项目部各职能部门负责人参加。在指挥部的直接领导下，下设：情报信息组、安全排查组、现场处置组、外围管制组、伤员救护组、机动组。

（一）高处坠落应急预案

（1）一旦发生作业人员从高处坠落，总指挥应立即率领现场人员根据现场的实际情况有组织的进行抢救，同时负责拨打急救电话120联系救援车辆。

（2）如现场还有危险发生的可能性，应立即将伤员转移至安全地带，如现场没有危险应尽量少搬动伤员，应先对伤员进行简单的止血包扎，发生骨折的应用木板固定。

（3）如伤员呼吸、心跳停止，应对伤员进行人工呼吸和心脏按压，在救护车到来之前不要停止对伤员的抢救。对伤情不太严重的伤员进行简单的止血包扎后直接用车送往就近医院进行治疗。

（4）施工人员负责维护现场秩序，疏散无关围观人员，设置警戒线安排人员保护好事故现场。

（5）安全员负责及时、具体、真实的向上级汇报事故的损失和人员伤亡情况，配合事故的调查处理工作。总结经验、吸取事故教训，落实整改措施。

（6）现场防护重点及预防措施

1）安全部加强对职工的安全生产教育，严格遵守操作规程，不违章作业，认真执行安全技术交底。正确佩戴和使用安全帽、安全带等劳动保护用品。

2）机械设备专人负责、定人定岗、持证操作。作业前检查机械的各种保险装置是否有效。

3）重点检查施工现场"四口、五临边"的安全防护设施是否齐全到位，是否符合安全生产标准。

（二）物体打击应急预案

（1）一旦发生作业人员受到物体打击，总指挥应立即率领现场人员投入抢救，同时拨打急救电话120联系救援车辆。

（2）根据现场的实际情况有组织的进行抢救，如现场还有危险发生的可能性，应立即将伤员转移至安全地带；如现场没有危险应尽量少搬动伤员。

（3）应先对伤员进行简单的止血包扎，发生骨折的应用木板固定；如伤员呼吸、心跳停止应对伤员进行人工呼吸和心脏按压，在救护车到来之前不要停止对伤员的抢救。

（4）对伤情不太严重的伤员进行简单的止血包扎后直接用车送往就近医院进行治疗。

（5）员工负责维护现场秩序、疏散无关人员、设置警戒线、保护好事故现场。

（6）及时、具体、真实的向上级汇报事故的损失和人员伤亡情况，配合事故的调查处理工作。遵循"三不放过"的原则查清事故原因，总结经验、吸取事故教训，落实整改措施。

（7）现场防护重点及预防措施

1）加强对职工的安全生产教育，严格遵守操作规程，不违章作业。高空作业时不乱掷料具物品，使用的工具随时入袋。

2）认真执行安全技术交底。正确配戴和使用安全帽，安全帽配戴时扣紧下额带。

3）机械设备专人负责、定人定岗、持证操作。作业前检查机械的各种保险装置。

4）重点检查施工现场"四口、五临边"的安全防护设施是否齐全到位，是否符合安全生产标准。

5）脚手板铺设严密、牢固，安全网栓结结实、严密。

6）设置专门存放点存放脚手板，存放场地平整。

（三）机械设备伤害应急预案

（1）一旦发生机械设备伤害事故，可根据现场的实际情况进行抢救，并积极采取相应的应急措施。

（2）发生轻伤时，先对受伤人员进行止血包扎；发生重伤或伤员被机械设备卡住时，应本着先救人后减少经济损失的原则，尽快使伤员脱离危险处境，同时拨打120急救电话。

（3）救护组抢救伤员时，要根据不同的伤情，采取止血、包扎、固定等不同的抢救方法。

（4）及时查看伤员的受伤部位、受伤情况，如发生残肢、断指等严重情况时，要及时进行查找，用干净的纱布包裹，尽快送往附近医院或急救中心。

（5）副总指挥负责带领员工设立警戒线，清理无关人员。

（6）预防重点及防护措施

1）不违章指挥；租赁资质、手续齐全单位的机械设备；用有资质的单位进行拆卸、安装作业。机械设备及时淘汰更新，不超期服役。

2）明确机械负责人；施工机械定人定岗，操作机手上岗工作前细致检查。认真执行机械安全技术操作规程。正确使用和佩戴个人劳动保护用品。

3）工人上岗前先教育培训，操作机手持证上岗，不擅自脱岗；机械验收合格后再投入使用；下班后、机械维修时要拉闸断电。

4）夜间施工光照条件不足的要及时采取措施满足施工作业要求。机械设备使用专门开关箱，执行"一机、一闸、一漏、一箱"的规定。

5）购买和使用合格的经过国家质量认证的优质产品和机械配件。及时保养、更换设备磨损过度的零部件；完善机械动力传动的防护装置，及各种警示标识。

（四）触电应急预案

（1）一旦发现有人触电，首先要切断电源，使触电者尽快脱离危险区。如果电箱不在附近，在抢救触电者时要用干燥、绝缘的物品（如干燥的衣服、绳索、木板、木棒）将电源线挑离触电者身体。

（2）万一触电者因抽筋而紧握电线，可用干燥的木柄消防斧、胶把钳等工具切断电源线。

（3）如果触电者身上或周围发生着火时，抢救前要先拉闸断电，或使用干粉灭火器进行灭火，不能用水直接泼。

（5）抢救出触电者以后，首先要查看伤员是否还有心跳、呼吸。如果伤员的心跳、呼吸已经停止，应该先对其进行胸腔按压和人工呼吸；在救护车到来之前此项工作不能停止。

（6）员工负责设立警戒线，清理无关人员。保护好事故现场，以免事故现场被破坏，影响事故调查。

（7）预防重点及防护措施

1）制定施工组织设计方案；对新工人上岗前进行安全生产教育培训，持证上岗；正确配戴安全保护用品；禁止酒后作业；禁止非电工操作。

2）不违章指挥，对操作人员进行安全技术交底；安全管理人员要认真履行职责，严格、细致的做好现场检查工作。

3）电器设备进行检修时电闸箱处按照规定悬挂警示标识；并安排专人进行值守，严格按照规定程序送电。

4）与外高压线距离太近的机械设备、高大脚手架，按规定设置安全有效的防护措施、避雷设施。

5）不符合安全使用要求的电气设备、电气材料坚决不用。及时更换磨损、老化、绝缘不合格的动力线，不使用麻花线或塑料胶质线。

6）电箱安装位置合理，防护措施齐全；电闸箱进出线清楚明了，不随便拉接。

7）保险丝不准用其它材料代替；漏电保护器定期检查、及时更换；固定的机械设备设置专用开关箱；严格执行"一机、一闸、一漏"的规定。

8）室外照明灯具距地面不低于3m，室内照明灯具距地面不低于2.4m；在潮湿的作业场所、金属容器内进行施工作业时按照规定使用安全电压照明；焊机的一次电源线、二次电源线符合安全使用标准。

（五）火灾、灼伤应急预案

在对工程的现场实际情况进行检查、评估、监控和危险预测的同时，确定安全防范和应急重点，加强施工现场的消防安全工作，消除火灾隐患，扑灭初起火灾以确保工程项目顺利进行。

（1）在发现火情的第一时间，由发现人首先向周围人员报警，可用直接大声呼喊等方式。同时报告项目部领导或现场负责人。

（2）项目部接警后，立即组织人员投入应急抢险工作的实施，由总指挥请示总经理后拨打119火警电话，报清火灾地点，保证迅速、沉着、准确、简明的报告火警，并派专人在工地门口等候、引导消防车辆。

（3）首先安排电工切断电源，接通水源，疏通现场道路，员工在项目经理的带领下，根据起火原因和燃烧物的性质、状态、燃烧范围等因素，正确选择灭火方向、部位，采取适当的措施，正确使用消火栓或干粉灭火器进行灭火。

（4）员工在总指挥的带领下，抢救现场受伤人员，将伤员转移到安全地带，对烧伤人员的伤口用干净的纱布敷盖，注意保暖，实施简单包扎，待救护车到后将伤员送往医院。

（5）安全员负责带领员工，迅速查明起火部位的物资情况，根据现场实际情况，在确保人员安全的前提下积极实施受伤人员的救助。

（6）安全员负责保障信息畅通，并随时向总指挥汇报，切实保证灭火工作中各项需求信息准确到位。

（7）安全员负责现场的安全保卫工作，维持现场秩序，疏散无关人员，保障消防车辆通行。加强警戒，设置警戒线，禁止无关人员进入现场，保护好火灾现场和重要物资。

（8）消防队到达现场后，义务消防队要听从火场指挥员的指挥，并将相关情况和信息进行汇报沟通。积极协助消防队采取技术性的或相应的补救措施。

（9）灭火后协助有关部门调查火灾原因，吸取火灾教训，落实整改措施，如实向上级汇报。

（10）现场防范重点、预防措施

1）杜绝违章指挥，施工前对工人进行进场安全教育；多工种交叉作业时要对工人进行详细的安全技术交底。

2）安全管理人员加强对施工现场的督促检查工作；检查安全预防措施的实施，出现问题督促落实整改。

3）专业工种持证上岗；履行动火作业审批手续；气割机现场作业时，配备专职防火员、灭火器材；作业前清理现场的易燃物品；操作时按规定配戴安全保护用品。

4）杜绝现场吸烟、酒后作业现象；宿舍严禁私拉乱接电源，不违章使用电器。

5）食堂的液化汽罐与工作间分开放置，单设隔离间，与灶眼保持安全距离，下班后拧紧阀门，经常检查，发现故障及时更换。

（六）中毒、中暑应急预案

（1）由总指挥带领员工，根据现场的实际情况，具体分析、具体对待，采取不同的抢救方式和方法。

（2）当发生食物中毒时，首先要对中毒人员进行催吐，服用催吐药物或苏达水；使有毒食物尽快排出体外，减少有毒物在体内存留的时间。

（3）当发生人员中暑时，首先将伤员抬到通风阴凉的地方；解开衣扣，使伤员保持呼吸顺畅，并给予解暑药物和清凉饮料，以防体液的过度流失。

（4）当人员发生煤气中毒时，首先将伤员抬到通风、空气流通的场所；冬季注意保暖；对呼吸、心跳已经停止的伤员要进行心脏按压和人工呼吸；同时用氧气袋给氧。

（5）在一些空气不流通、多工种交叉作业的场所，当感觉胸口发闷、呼吸不畅或发生晕倒时，应立即将伤员抬离作业现场。

（6）在基坑、隧道、涵洞等作业场所发生人员窒息、晕倒情况时，抢救前必须采取通风或其他安全措施，不能盲目救人；以免造成更大的人员伤亡。

（7）在以上各种救护方案实施的同时，由总指挥拨打120、999急救电话，边抢救边等待救护车辆的到来，不轻易放弃对重症伤员的抢救工作。

（8）防范重点及预防措施

1）对管理者及作业工人开展职业安全健康知识和相关的法律、法规的培训；正确识别作业现场危害因素，不盲目作业。

2）工人上岗前进行安全生产教育培训，加强对职业安全健康工作的认识，健全管理制度，加强监督管理，消除麻痹思想；操作时正确配戴手套、防毒面具等劳动保护用品。

3）对食堂操作人员进行岗位技能培训；不加工发芽的土豆及腐烂变质的食物。教育工人不食用未煮熟的扁豆；加强对亚硝酸钠（工业盐）的发放管理。

4）对空气污染严重、高温、空气不流通的作业场所增设保护措施；在高温、天气闷热时给作业工人发放清凉饮料、防暑降温药品。

（七）坍塌应急预案

（1）一旦发坍塌安全生产事故，由总指挥组织工作人员立即投入抢救，使伤者尽快脱离危险区。

(2) 如果伤员已被掩埋，要及时向其他在场人员了解情况，询问被掩埋人员数量、基本具体位置，抢救中注意保护伤员，不能盲目施救。

(3) 抢救过程中不准违章指挥，以免造成更大的人员伤亡。抢救中发生困难的，由总指挥经请示后向其他单位进行求助，紧急调运机械设备，使伤员尽快脱离危险。

(4) 救护组抢救伤员时，要根据不同的伤情，采取止血、包扎等不同的抢救方法。对发生骨折的伤员要采取木板固定的方法，并小心谨慎搬运。

(5) 抢救出伤员后，首先要查看伤员是否还有心跳、呼吸。如果伤员的心跳、呼吸已经停止，应该先对其进行胸腔按压和人工呼吸，在救护车到来之前此项工作不能停止。

(6) 发生轻伤时，先对受伤人员进行止血包扎，发生重伤或伤员被机械设备、构造筑件卡住时，本着先救人后考虑减少经济损失的原则，尽快使伤员脱离危险处境，由总指挥经请示后拨打120急救电话。

(7) 安全员负责组织工作人员设立警戒线，清理无关人员。禁止非抢救人员围观现场；保护好事故现场，以免事故现场被破坏，影响事故调查。

(8) 现场预防重点及预防措施

1) 对新工人上岗前进行安全生产教育培训，消除麻痹大意思想；严格遵守安全操作规程；管理人员不违章指挥；对作业工人进行专项的安全技术交底。

2) 制定专项的施工方案、安全措施；雨季土方施工时采取相应的防止坍塌措施。在沟、坑、槽1米以内不违章堆土、堆料、停置机具。

3) 机械设备施工时与坑、槽边保持一定的安全距离，距离不符合规定时采取有效的安全措施，从而确保安全施工。

（八）疫情预案

(1) 为了控制和消除传染病的发生与流行，使突发的疫情得到最快最大最有效的控制，使患者得到最快最及时的救治。保障员工的安全与健康，结合本项目部实际，特制定项目经理部疫情预案：

(2) 与××防疫站建立联系，雇佣卫生防疫部门定期对现场、工人生活的基地和工程进行防疫和卫生的专业检查和处理，包括消灭白蚁、鼠害、蚊蝇和其他害虫，以防对施工人员、现场和永久工程造成任何危害。

(3) 在现场设立专门的临时医疗站，配备足够的设施、药物和称职的医务人员。并准备至少两套担架，用于一旦发生安全事故时对受伤人员的急救。

(4) 发生事件后的应急联系电话及地址：火灾电话119，医院紧急救护电话120，公安报警电话110。

(5) 甲类、乙类传染病疫情控制

1) 当发现甲、乙类传染病病人或疑似传染病病人时，责任疫情报告人立即拨打当地卫生防疫站电话，报告疫情，同时上报公司疫情控制指挥部。

2) 现场控制组组长立即就地对病人进行隔离，并派专人到路口接应当地防疫车辆，同时，组织控制组成员对本区域实行临时监控，严禁人员出入，并维护好现场秩序。

3) 指挥部接到疫情报告后，即刻召集卫生防疫组成员，携带救治药品、生物制品、消毒药品和器械，以最快的速度，赶往疫情现场。

4) 卫生防疫组到达疫情现场后，协助卫生防疫站对现场疫情做进一步处理。

5) 项目经理部协助当地医疗机构，对传染病病人进行治疗。

（6）丙类传染病疫情控制。

当发现丙类传染病病人或疑似丙类传染病病人时，项目经理部派专人护送病人。

抢救措施：

1) 施工前和当地医院（煤炭总医院）建立良好的关系，如发生事故，使伤员在第一时间内能得到救治。

2) 在发生重大突发性事件时，应同时保护现场，抢救伤员，向甲方、区建委等主管部进行汇报。

3) 工程中由专职安全员轮流值班，常备抢救运输设备及人员，配合医务人员对伤员进行抢救，对重伤人员及时的送往附近医院进行抢救。

4) 由项目经理指挥对事发现场进行看护，确保事发现场的真实性。由项目经理向甲方及各级主管部逐级向上汇报。

5) 此事故应急方案及抢救措施在工程中应贯彻执行，施工中要落实到班组，并下发至每个在施人员并遵照执行。

九、环境保护方案及措施

此拆除项目为××裙楼建筑物拆除，拆除物东侧为北三环，西邻现状居民区，南侧为南北通道,, 故在拆除过程中对环保要求较高；拆除时用10辆水车进行洒水降尘，保证每台施工机械都有至少一台水车洒水降尘，为保证供水及时，提前应优先保证对水车进行水源的供给。

（一）环境保护方针和目标

环境保护方针："改善环境、节能降耗、共创绿色家园"

环境保护目标：空气中颗粒粉尘含量、现场噪声值达到国家相关标准，污染事故为零。

（二）环保施工管理方针

环保施工是一个系统工程，贯穿于项目施工管理的始终。依据标准和公司环保要求，建立环境管理体系，制定环境方针、环境目标和环境指标，配备相应的资源，遵守法规，预防污染，节能减废，力争达到施工与环境的和谐，将以一流的管理、一流的技术、一流的施工、去努力实现环境管理标准的要求，确保施工对环境的影响最小，并最大限度地达到施工环境的美化，选择环保型、节能型的工程材料设备，不仅在施工过程中达到环保要求，而且要确保工程成为使用功能完备的绿色建筑。

（三）环保施工管理工作

拆除施工过程中，将重点控制和管理现场布置、临建规划、现场文明施工、大气污染、对水污染、噪音污染、道路遗撒、资源的合理使用等。制定控制措施时，应考虑对企业形象的影响、环境影响的范围，影响程度、发生频次、社区关注程度、法规符合性、资源消耗、可节约程度等。

（四）环保施工组织管理制度

（1）在项目经理建立环境保护体系，明确体系中各岗位的职责和权限，建立并保持一套工作程序，对所有参与体系工作的人员进行相应的培训。

（2）结合每周生产协调设置"文明施工和环境保护"专题，总结前一阶段的文明施工和环境保护管理情况，布置下周的文明施工和环境保护管理工作。

（3）建立并执行施工现场环境保护管理检查制度。每周组织一次由各专业配属施工单位的文明施工和环境保护管理负责人参加的联合检查，对检查中所发现的问题，开出"隐患问题通知单"，各专业配属施工单位在收到"隐患问题通知单"后，应根据具体情况，定时间、定人、定措施予以解决，项目经理部有关部门应监督落实问题的解决情况。

（4）严格按照GB/T24001-1996体系要求进行组织施工。按照环境管理方案进行落实每一分项工程中。

（五）场容布置

（1）对施工现场进行设计和规划，以确保文明工地的实现。施工外围防护做到牢固、美观、封闭完整的要求。

（2）大门口内设二图五板（即：施工现场平面图、施工现场卫生区域划分图、施工现场安全生产管理制度板、施工现场消防保卫管理制度板、施工现场管理制度板、施工现场环境保护管理制度板、施工现场行政卫生管理制度板）。

（3）施工现场必须严格按照市政环保规定和现场管理规定进行管理，现场设置专人负责场容清洁，每天负责现场内外的清理、保洁，洒水降尘等工作。

（六）防止对大气污染

（1）现场扬尘排放达标：现场施工扬尘排放到目测无尘的要求，现场主要运输道路硬化率达到100%。

（2）渣土外运时在现场大门口两侧搭设清理架子，指派专人将车内渣土拍实，后盖好车盖，再将封闭式车箱上端及两侧虚土清扫，避免途中遗洒和运输过程中造成扬尘。

（3）在大门内侧设置弧形水池，池宽3.6米，长1.2m，弧深为0.2m，槽内满焊Φ16@250×250钢筋网，并铺设导水沟，将冲洗池内的水经过过滤后排入市政管网。以保证出土车辆驶出现场前必须清扫干净，尤其是将车辆轮胎及车帮清扫干净。

（4）每天收车后，派专人清扫场区外的市政道路，并适量洒水压尘，达到环卫要求。

（5）临时堆放的渣土需对其进行覆盖，夜晚及时清运出场。确保拆除现场无裸露的渣土，避免扬尘污染。

（6）室外机械拆除过程中，保证每台机械配备一个消防水管随机械进行浇洒消防水以降尘。

（七）防止对水污染

（1）生活及生产污水达标排放，生活污水中的COD达标（COD=200mg/L）

（2）现场交通道路和材料堆放地统一规划排水沟，控制污水流向，设置沉淀池，污水经沉淀后再排入市政污水管线，严防施工污水直接排入市污水管线或流出施工区域污染环境。

（3）加强对现场存放油品和化学品的管理，对存放油品和化学品的库房进行防渗漏处理，采取有效措施，在储存和使用中，防止油料跑、冒、滴、漏污染水体。

（八）防止施工噪音污染

（1）根据环保声标准（分贝）日夜要求的不同，合理协调安排施工分项的施工时间，避免噪音扰民。渣土外运施工噪音排放要求：昼间<75dB。

（2）拆除以液压剪拆除工艺为主，此种机械可直接粉碎钢筋混凝土梁、柱及板，工作时15m外噪声为45dB，施工噪音低，符合环保要求。

（3）加强环保意识的宣传。采用有力措施控制人为的施工噪声，严格管理，最大限度地减少噪音扰民。

（4）现场指挥使用对讲机来降低吹哨声带来的噪音污染。

（九）限制光污染措施

探照灯尽量选择既能满足照明要求又不刺眼的新型灯具，同时增设灯罩，使夜间照明只照射工区而不影响周围社区居民休息。

（十）废弃物管理

（1）施工现场设立专门的废弃物临时贮存场地，废弃物应分类存放，对有可能造成二次污染的废弃必须单独贮存、设置安全防范措施且有醒目标识。

（2）废弃物的运输确保不散撒、不混放，送到政府批准的单位或场所进行处理。

（3）对可回收的废弃物做到回收利用。

（十一）材料设备的管理

（1）对现场堆场进行统一规划，对不同的进场材料设备进行分类合理堆放和储存，并挂标示牌进行标明，重要设备材料利用专门的围栏和库房储存，并设专人管理。

（2）在施工过程中，严格按照材料管理办法，进行限额领料。

（3）对废料、旧料做到每日清理回收。

（4）合理规划施工现场材料堆放场，保证现场道路畅通。

（十二）施工现场卫生

（1）施工现场垃圾按指定的地点集中收集，并及时运出现场。

（2）每天派人打扫现场厕所，保证现场和周围环境整洁文明。

（3）现场的厕所、排水沟及阴暗潮湿地带要经常进行消毒。

（4）现场施工道路要保持畅通清洁，不得随意堆放物品，更不允许堆放杂乱物品或施工垃圾。

附表

裙楼拆除施工横道图

时间工序	施工进度计划														
	1	3	5	7	9	11	13	15	17	19	21	23	25	27	29	30
施工准备	—														
顶板支撑															
铺设钢板															
大堂门厅拆除															
Ⅰ区首层以上拆除															
钢架拆除															
主楼拆除															
二次破碎															
渣土清运															
场地清理															
工程验收															

第9章 其他危险性较大工程安全专项施工方案实例

9.1 建筑幕墙工程安全专项施工方案实例

一、工程概况

本工程为火车站站舍工程，幕墙主要为干挂陶板体系，局部采用铝单板幕墙，外门窗采用断桥铝合金窗框及浮法中空钢化玻璃 TP8+12A+TP8 组成的框架式明框玻璃幕墙结构。龙骨之间采用螺栓连接，龙骨与主体结构的连接通过槽钢连接件与预埋件或后置埋件焊接。墙体保温防水体系采用 100mm 厚挤塑聚苯板外贴反射型防水透气膜。

根据改造工程节点工期要求，幕墙施工分两个阶段，第一阶段为转线前施工阶段，第二阶段为转线后施工阶段。

二、编制依据

（1）《中华人民共和国建筑法》
（2）《中华人民共和国安全生产法》
（3）《建设工程安全管理条例》
（4）《玻璃幕墙工程技术规范》JGJ102-2003
（5）《金属与石材幕墙工程技术规范》JGJ133-2001
（6）《建筑幕墙》GBT21086-2007

三、幕墙工程施工工序安排

（一）测量放线

对整个工程进行分区、分面、编制测量计划，在对建筑物轮廓测量前要编制测量计划，对所测量对象进行分区、分面、分部的计划测量，然后进行综合，测量区域的划分。测量放线内容包括：建筑物外轮廓测量、竖框定位放线、标高测量复核以及门窗洞口尺寸复核。其中：

（1）在外轮廓测量中确定基准测量层为站台层及商业夹层，确定基准测量轴线南北向为 S 轴、M 轴、E 轴，东西向为 11 轴、15 轴、22 轴、26 轴。幕墙施工定位前，与结构施工人员共同确定基准轴线并复核结构施工中的基准轴线。随后在关键层中确定关键点，关键点不少于两个。放线从关键点开始，先放水平线，用水准仪（有时也可用水平管）进行水平线的放线。

（2）幕墙分格包括水平分割及垂直分割。在竖框定位放线前，查看图纸分格；明了分格线定位轴线的关系；找出定位轴线的准确位置；准备工具，同时对卷尺等测量仪器进行调校；确定分割起点的定位轴线。水平线拉好调整后，进行水平分割，根据水平分割吊垂直线，进行垂直分割。

（二）埋件处理

对所有幕墙工程所埋设的埋件进行复查，埋件应牢固，位置正确。检验标准为：埋件的上下，左右偏差不应大于 20mm。埋件的表面平整度是否影响支座的安装，埋件的前后或标高偏差不应大于 10mm。对局部后置埋件进行拉力、剪力、弯距的测试，对不符合测试标准的，补后置埋件。

（三）防雷接地电阻测试

根据结构施工中所埋设的避雷均压带的标高、层次、位置进行防雷接地电阻的测试，填写测试结果报告，由测试人员与监理签字认可。根据规范，幕墙应形成自身的防雷体系，并应与主体结构的防雷体系可靠地连接。

（四）连接件安装

工艺流程：准备材料---材料就位---检查质量---清理连接件---安装---收紧。

安装槽钢连接件前要对其进行清理，若已有污染或腐蚀，要再进行防腐处理。之后进行安装，即根据立柱分格线将槽钢点焊在预埋件上，检查槽钢角度与位置无误后进行满焊。对所装上的连接件要进行全面检查，包括防腐是否可靠，规格是否正确，调节是否到位。

（五）竖向龙骨安装

工艺流程：对号就位---套芯固定梁下端---穿螺栓固定梁上端---三维方向调正

按照作业计划将要安装的竖龙骨运送到各楼层楼板面上，同时注意其表面的保护，严禁将龙骨材料存放于脚手架内。竖梁安装一般由下而上进行，带芯套的一端朝上，第一根竖梁按悬垂构件先固定上端，调正后固定下端；第二根竖梁将下端对准第一根竖梁上端的芯套用力将第二根竖梁套上，并保留 15mm～20mm 的伸缩缝，再吊线或对位安装梁上端，依此往上安装。可将吊坠在施工范围内的竖梁同时自下而上安装完，再水平移动吊垂安装另一段立面的竖梁。

（六）层高及横梁测量定位、安装

横梁放线是在竖梁上标出横梁所在位置，在每根竖梁上都要准确无误，一般放线是遵循从中间向上下分线的原则进行，以每层水平线为标准，随时复查分格是否水平。

横梁定位后，进行横梁角码定位钻孔，准备横梁安装。将横梁角码置于横梁两端，再将横梁垫圈置横梁两端，用 $\phi4.8\times25$ 自攻自钻钉穿过横梁角码，垫圈及竖梁，逐渐收紧不锈钢螺栓，同时注意，观察横梁角码的就位情况，调整好各配件的位置以保证横梁的安装质量。横梁安装完成后要对横梁进行检查，主要包括以下内容检查：各种横梁的就位是否有错，横梁与竖梁接口是否吻合，横梁垫圈是否规范整齐，横梁是否水平。

（七）避雷安装

工艺流程：预埋件与均压环焊接→连接件焊在预埋件上→每层竖框通过铜制膨胀节连接→竖框与连接件连通→横框与竖框连通。

（八）陶板、铝板、玻璃等幕墙材料安装

工艺流程：施工准备---检查验收板块---将板块按层次堆放---初安装---调整---固定---验收。

板块安装在整个幕墙安装中是最后的成品环节，在施工前要做好充分的准备工作。准备工作包括人员准备、材料准备、施工现场准备。在安装板块前要按层次堆放好，同时要按安装顺序进行堆放，堆放时要适当倾斜，以免倾覆损坏。陶板、铝板、玻璃等幕墙材料应放置在各施工层所在楼板面上，禁止将材料堆放于脚手架上。

安装有以下几个步骤：

陶板：先沿竖龙骨安装分缝胶条→安装挂件→挂陶板→调整就位

铝板：测量放线→安装固定铁码→钢型材安装→铝板安装

玻璃：立柱安装→横梁安装→附件安装→玻璃安装

安装前会同相关部门进行隐蔽工程检查。

（九）注耐候密封胶

工艺流程：填塞垫杆---清洁注胶缝---粘贴刮胶纸---注密封胶---刮胶---撕掉刮胶纸---清洁饰面层---检查验收。

在幕墙板块之间嵌缝处填充泡沫棒，注入硅酮耐候密封胶。耐候硅酮密封胶的施工厚度大于 3.5mm，施工宽度不应小于施工厚度的 2 倍；较深的密封槽口底部采用聚乙烯发泡材料填塞。耐候硅酮密封胶在接缝内形成相对两面粘结，不得三面粘结。选择规格合适、质量合格的垫杆填塞到拟注胶之缝中，保持垫杆与板块侧面有足够的磨擦力，填塞后垫杆凸出表面距玻璃表面约 4mm。选用干净不脱毛的洗洁布和二甲苯，用"两块抹布法"将拟注胶缝在注胶前半小时内清洁干净。胶缝在清洁后半小时内应尽快注胶，超过时间后应重新清洁。刮胶应沿同一方面将胶缝括平（或凹面），同时应注意密封胶的固化时间。

四、施工安全保障措施

（一）组织保障

建立安全保证体系，切实落实安全生产责任制，项目部设置安全生产领导小组，外装饰架子八队架子队队长朱必成为安全第一责任人，管生产的施工负责人必须管安全；架子队设安保部，并设专职安全检查员，做到分工明确，责任到人。

（二）技术措施

（1）安全生产培训教育及安全技术交底按相关规范规程制度进行。施工人员进场先进行安全教育，内容包括安全生产思想教育、安全知识教育、安全技能教育。安全教育分三个层次进行，一是对管理人员的安全教育，二是对架子队施工负责人、安全员开展的安全业务培训，三是对工地施工人员的入场教育，每一批工人进场，由项目部组织进行岗前安全培训，由安全部门统一命题考试，合格者才能上岗，并在分项工程施工前由施工负责人进行安全技术交底。对每一位安装人员，进行技术交底、安装措施防火交底。对高空施工作业的复杂性和危险性以及危险部位，在下达施工任务的同时应进行全面交底，向所有施工人员讲清施工方法和安全注意事项。

（2）安全施工的保证措施

①安装使用的施工工具要进行严格的检验。手电钻、电锤、射钉枪等电动工具须做绝缘电压试验，手持玻璃吸盘和玻璃吸盘安装机须检查吸附重量和吸附时间试验。

②施工人员必须配备安全帽、安全带、工具袋，防止玻璃、人员及物件的坠落。

③应注意不要因密封材料在工程使用中中毒，且要保管好溶剂，以免发生火灾。

④工程的上下部交叉作业时，结构施工层下方架设防护网。

⑤不得安排有高血压、心脏病和其它不适于高处作业的人员及未满十六岁的童工从事高空作业。每天开始工作前，必须按要求配戴安全劳保用品，并要仔细检查安全带是否牢固可靠，严禁在空中抛掷物体。所有在高空作业的人员必须严格按照操作规程进行工作。

⑥手持电动工具：一、二类设备必须按要求安装不同规格的漏电保护装置（起重一类设备还必须加保护接地或接零），操作者穿戴合格绝缘保护用品；电焊机：焊机一、二次接线柱处应有保护罩。一次线不应超过 2 米，严禁大把线，二次线应用焊接电缆线，二次线不准栓在钢脚手架上或钢筋上；气焊设备：乙炔瓶应装有瓶冒，防震胶圈，瓶阀减压器等齐全有效。使用时不得颠倒放置，必须立放。乙炔瓶、氧气瓶距操作地点不少于 10 米，两设备相距不少于 3 米。电锯：必须装有分料器、防护罩，本体应设按钮开关。电源端部应有漏电保护器。危险作业区域：必须设有安全警示标志，夜间有红灯示警，危险作业区域除设标志外，尚应有专人监护。不得随意拆除或更换。

⑦作业层脚手板与建筑物之间的空隙大于 15cm 时应作全封闭，防止人员和物料坠落。作业人员上下应有专用通道，不得攀爬架体。

（3）冬季施工安全保障措施

①进入冬施前，脚手架外围必须用密目式绿网封闭，以防雨雪覆盖脚手板通道，造成通道溜滑。脚手架，脚手板有冰雪积留时，施工前应清除干净。

②登高作业人员必须佩戴防滑鞋、防护手套等防滑、防冻措施，并按要求正确戴好安全帽、系好安全带。

③遇到雨雪等恶劣天气时，要及时清除施工现场的积水、积雪，严禁雨雪和大风天气强行组织施工作业。

④对施工现场脚手架、安全网等防护设施的拆除，要实行严格的内部审批制度，不得随意拆除。

⑤加强冬季施工安全教育培训，并做好冬季施工安全技术交底工作，提高员工冬季安全施工的预防意识。

⑥做好事故应急预案管理，加强与气象等部门的联系与合作，做好寒潮大风等恶劣天气的预警工作。加强施工内部管理，落实安全管理责任，全力做好防抗寒潮大风工作。完善现场事故应急预案制度，建立冬季施工安全生产值班制度，落实抢险救灾人员、设备和物资，一旦发生重大安全事故时，确保能够高效、有序地做好紧急抢险救灾工作，最大限度地减轻灾害造成的人员伤亡和经济损失。

（4）不可预料及紧急情况处理措施

在自然灾害后应当对门窗进行全面的检查，并按损坏程序对门窗进行全面评价提出处理意见。根据自然灾害后检查结果提出修复加固方案，报经有关专业部门审批后，选由专业施工队伍进行施工。

（5）正确使用"三宝"，严格按照《建筑施工高处作业安全技术规范》 JGJ80－91 作好"四口"、"五临边"的防护工作。

（三）监测监控

日常的检查监督：安装过程中将派专职安全人员进行监督和巡回检查。根据建筑幕墙施工作业点比较分散的特点，工程项目部的负责人和管理人员要经常深入作业现场，对既定的安全技术措施、现场的安全管理制度的执行情况以及对照《建筑施工安全检查标准》（JGJ59-99），对施工现场人的不安全行为和物的不安全状态进行检查，发现事故隐患，要弄清原因和责任人，并限时整改，还要发动群众进行自检查和互检，以利尽早发现事故隐患，消灭或降低损失。

阶段性检查监督：建立定期和不定期的现场安全检查制度。定期检查：项目经理部每半月进行一次安全检查；安全员和作业班组随时注意安全检查。每次检查都必须做好记录，发现事故隐患要及时签发安全隐患通知单，并本着三定的原则（即定整改负责人、定整改时间、定整改措施）及时解决，将事故苗头消灭在萌芽状态。

五、应急预案

（一）危险因素辨识

B 级危害因素：人员高空坠落、高空坠物打击、电焊作业引发火灾

C 级危害因素：机械伤人、触电

（二）应急体系

（1）成立应急小组及职能组，并落实职责

1）领导小组职责：工地发生事故时，负责指挥工地抢救工作，向各职能组下达抢救指令任务，协调各组之间的抢救工作，随时掌握各组最新动态并做出最新决策，第一时间向 110、119、120、公司及当地消防部门、建设行政主管部门及有关部门报告和求援。平时小组成员轮流值班，值班者必须在工地，手机 24 小时开通，发生紧急事故时，在应急小组长未到达工地前，值班者即为临时代理组长，全权负责落实抢险。

2）职能组职责：

联络组：其任务是了解掌握事故情况，负责事故发生后在第一时间通知公司，根据情况酌情及时通知当地建设行政主管部门、电力部门、劳动部门、当事人的家属等。

抢险组：其任务是根据指挥组指令，及时负责扑救、抢险，并布置现场人员到医院陪护。当事态无法控制时，立刻通知联络组拨打政府主管部门电话求救。

疏散组：其任务为在发生事故时，负责人员的疏散、逃生。

救护组：其任务是负责受伤人员的救治和送医院急救。

保卫组：负责损失控制，物资抢救，对事故现场划定警戒区，阻止与工程无关人员进入现场，保护事故现场不遭破坏。

调查组：分析事故发生的原因、经过、结果及经济损失等，调查情况及时上报公司。如有上级、政府部门介入则配合调查。

后勤组：负责抢险物资、器材器具的供应及后勤保障。

3）应急小组地点和电话有关单位部门联系方式

（2）物资配置和急救器具准备

1）项目设应急救援专用资金，不得挪作它用。

2）施工现场必须配备应急救援器材和设备：救援车辆、急救药品、急救包、外伤救护用品、担架、安全防护用具、安全绳索、救生梯。取暖器 1 台，棉被 2 床，急救药箱 2 个，手电 6 个，对讲机 6 部，担架 2 副，融雪剂 2t。应急车辆应加好抗冻汽油，配置防滑胎。

3）抢险装备：手机、电话、对讲机、照明灯、手电、手提灯、小型汽车、安全帽、安全带、防滑鞋等。

4）每月两次对应急物资进行清点，发现短缺或者损坏及时更换或补充。

5）其它必备的物资供应渠道：保持社会上物资供应渠道（电话联系），随时确保供应。

（3）事故应急响应步骤

1）立即报警

一旦发生事故由安全员组织抢救伤员，打电话 给项目急救中心。由班组长保护好现场防止事态扩大。

2）组织救护

小组人员协助安全员做好现场救护工作，水、电工协助送伤员外部救护工作，如有轻伤或休克人员，由安全员组织临时抢救、包扎止血或做人工呼吸或胸外心脏挤压，尽最大努力抢救伤员，将伤亡事故控制在最小范围内。如事故严重，应立即上报。

3）现场保护

保护好事故的现场，防止事态扩大。通过事故现场分析事故发生的原因、经过、结果及经济损失等，调查情况及时上报。如有上级、政府部门介入则配合调查。

4）加强高空坠落的管理，落实高空坠落的预防措施

①以预防坠落事故为目标，对于可能发生坠落事故等事故的特定危险施工，在施工前，制定防范措施。上岗前应依据有关规定进行专门的安全技术签字交底，提供合格的安全帽、安全带等必备的安全防护用具，作业人员应按规定正确佩戴和使用，并应在日常安全检查中加以确认。

②凡身体不适合从事高处作业的人员不得从事高处作业。从事高处作业的人员要按规定进行体检和定期体检。

③各类安全警示标志按类别，有针对性地、醒目地张挂于现场各相应部位。在洞口邻边等施工现场的危险区域设置醒目标准的安全防护设施、安全标志。

④高处作业之前，由施工单位工程负责人组织有关人员进行安全防护设施逐项检查及验收，验收合格后，方可进行高处作业。防护栏杆以黄黑或红白相间条纹标示，盖板及门以黄或红色标示。

⑤严禁穿硬塑料底等易滑鞋、高跟鞋。

⑥作业人员严禁互相打闹，以免失足发生坠落危险。

⑦不得攀爬脚手架及跨越阳台。

⑧进行悬空作业时，应有牢靠的立足点并正确系挂安全带。

⑨尚未砌砖封闭的框架工程楼层周边，屋面周边，尚未安装栏杆的阳台边、楼梯口，井架、人货梯与建筑物通道、跑道（斜道）两侧，卸料平台外侧边、基坑周边等，必须设置 1.2m 高的临时护栏，护栏围密目式（2000 目）安全网。

⑩脚手架内立杆与建筑物周边之间，从首层开始张挂一道平网及密目网兜底，以后每隔 10m 张挂一道平网，所有空隙必须做全封闭。脚手架外侧全部用密目式（2000 目）网做密封，密目网必须可靠地固定在架体上。电梯井内每隔两层或每隔 10m 张挂一道安全平网，平网必

须生根牢靠。所有操作层均张挂一道安全平网。

⑪边长大于 250mm 的边长预留洞口采用贯穿于混凝土板内的钢筋构成防护网，面用木板作盖板加沙浆封固；边长大于 1500mm 的洞口，四周设置防护栏杆并围密目式（2000 目）安全网，洞口下张挂安全平网。

⑫电梯口（包括垃圾口）、钢井架口必须设置规范化、标准化的层间闸（栅）门，其高度不得低于 1800mm。施工外用电梯楼层门采用钢丝网片或铁皮作封闭，使楼层内人员无法开启门锁。

⑬各种架子搭好后，项目经理必须组织架子工和使用的班组共同检查验收，验收合格后，方准上架操作。使用时，特别是大风暴雨后，要检查架子是否稳固，发现问题及时加固，确保使用安全。

⑭施工使用的临时梯子要牢固，踏步 300～400mm，与地面角度成 60°～70°，梯脚要有防滑措施，顶端捆扎牢固或设专人扶梯。

5）高空坠物打击防治措施

①幕墙工程材料采用双笼电梯运输，严格遵守双笼电梯使用规范。

②在吊运物件时，必须注意物件与结构之间的安全距离，防止发生意外。

③使用双笼电梯进行材料运输时，材料不得过长，严禁伸出吊笼，严格按照限载要求装运材料。方钢龙骨在材料加工区完成下料后用双笼电梯运输，为防止竖龙骨等长料从电梯内滑落，在电梯笼内斜放竖龙骨时，在吊笼门口处卡放一根 100mm×100mm 的木方，用于顶紧固定竖龙骨。

6）电焊作业引发火灾预防措施

①作业人员必须是经过电、气焊专业培训和考试合格，取得特种作业操作证的电气焊工，并持证上岗。

②电焊机设备、线路不准超负荷使用，线路接头要结实接牢，发现发热或打火短路问题要立即修理。

③进行电、气焊作业时，应先到项目部开据动火证，施工现场采取防火措施（放置专门接火花的容器等），作业层楼板部位放置干粉灭火器，派专人看火。

7）机械伤人防治措施

①机械操作人员，必须经过培训，经考试合格后，发给机械操作证。无操作证严禁操作机械。

②为加强机械设备的维护保养，消除隐患，保持机械良好技术状态，坚持巡回检查制度。

③使用机械必须实行"两定三包"制度（即定人、定机，包使用、包保管、包保养），操作人员要相对稳定。

8）电焊机防触电防治措施

①进行电气焊作业时，必须一人作业、一人监护，作业人员穿绝缘鞋，停电验电后再作业；

②电焊机控制箱内安装防触电装置，电焊机的控制箱必须是独立的，容量符合焊接要求，控制装置应能可靠地切断设备最大额定电流；

③电焊机一二次侧防护罩齐全，电源线压接牢固并包扎完好无明露带电体，把线与焊机采

用铜质接线端子，焊把线长度不大于 30 米，并且双线到位，导线完好无破损；

④作业完毕必须拉闸、断电、锁箱。

9）冬季施工安全保障措施

①做好冬季气象预报观察工作，施工尽量避免低温天气；

②入冬前购置棉被、热水器等防冻设施；

③降雪后施工现场及时清雪，施工道路洒融雪剂清雪，不得浇水。

10）幕墙工程施工交叉作业安全控制措施

本工程中，外幕墙进入施工状态时，主体结构已经封顶，二次结构砌筑工程、钢结构工程及幕墙工程等分部分项工程施工人员已经进场施工。外脚手架按照施工方案要求搭设到位，经相关部门验收合格并已投入使用，脚手架防护措施到位，主体结构加气块外墙砌筑工程与幕墙施工同步进行。因此，幕墙工程施工中将与钢结构工程及砌筑工程在平面位置及立面位置存在交叉作业。

外脚手架使用注意事项：

①脚手架体设计施工荷载为 $2kN/m^2$，脚手架使用中应严格控制施工荷载，严禁堆放幕墙材料，幕墙材料堆放于主体结构内，不得集中堆料施荷。

②幕墙工程施工中遇脚手管与施工部位发生冲突需做局部改动时，与总承包单位联系，由总包单位进行。严禁私自拆除脚手架与结构柱、梁拉接点等脚手管杆件及脚手架体安全网、护身栏杆等安全防护设施。

③幕墙工程施工中，定期检查脚手架，发现问题和隐患，在施工作业前及时维修加固，以达到坚固稳定，确保施工安全。脚手架拆除时加强幕墙成品保护。

11）幕墙工程与外墙砌筑工程、钢结构工程交叉作业安全控制措施

①幕墙工程应尽量避免与砌筑工程交叉作业，幕墙竖龙骨安装时，连接件与结构预埋铁件焊接先采用螺栓连接，从而加快安装速度，全部安装、调整完毕后，再进行满焊，避免与砌筑工程水平交叉作业；横龙骨等安装时，可通过调整施工作业层（与砌筑作业层相互错开）来避免与砌筑工程发生交叉作业。

②外墙砌筑时，砌筑工作面与外脚手架交界处满挂安全网，防止人员坠落；

③窗洞口处，应在墙体砌筑过程中及砌筑完毕后搭设防护栏杆并满挂密目网；

④部分砌筑墙与幕墙冲突位置，先施工幕墙龙骨，再进行砌筑，最后安装幕墙面层，严禁同时进行施工。

⑤装饰施工时，在交口处施工顺序为先外装后内装。基本原则是互不妨碍，互不影响，确保工程进度。要求内装在施工时不能破坏外装构件，如需连接，必须经总包单位及幕墙施工队伍同意，可靠连接后必须做好防腐蚀处理。

⑥钢结构吊装前，应确保钢丝绳牢固，桁架及杆件紧固无松动。吊点设置合理，吊装应尽量避开幕墙施工作业。

12）外墙保温施工注意事项及相关安全控制措施

①在脚手架上进行电、气焊作业时，应先到项目部开据动火证，施工部位必须有防火措施（放置干粉灭火器等）和专人看守。

②外墙保温施工从上往下进行，施工中避免进行电气焊施工。

③幕墙龙骨安装使用电气焊时，应采取挡板措施，防止火花溅落到密目网上，在焊接施工部位，放置干粉灭火器，并设置看火人。现场焊接时，在现场下方加设接火斗，以免发生火灾。

（4）应急演练

项目部副经理负责主持、组织项目部每年进行一次综合模拟演练。各组员按其职责分工，协调配合完成演练。演练结束后由组长组织对"应急响应"的有效性进行评价，必要时对应急响应的要求进行调整或更新。演练、评价和更新的记录应予以保存。

1）消防知识培训

为确保义务消防人员正确及时的灭火，项目部安全部负责对灭火救护人员进行培训，灭火救护知识如下：

①会报火警（119）：报失火单位详细名称和位置、报起火的具体部位和正在燃烧的物质、报火灾的燃烧程度和有可能出现的危险、报警人的姓名和报警用的电话号码。

②会使用消防器材：干粉不能扑灭酒精、醇类和金属物质类的火灾，5 公斤的射程为 5～8 米，时间为 20 秒。干粉灭火器先拔保险栓，靠近起火点，选择起火点的上风或侧风方向，对准火苗的根部，由近及远，从上至下；电类火灾灭火的时候不能采用水，因为水容易触电。

③会扑灭初起火灾 发现越迅速越好。

④会疏散自救，安全逃走，不要快速跑动，不要大声喊叫。

基本措施：

    a. 使头脑尽快冷静下来。

    b. 迅速用湿的棉织品堵住口鼻。

    c. 尽量降低身体姿势。

    d. 积极创造逃生的条件。

2）创伤知识培训：

①石灰粉进入眼中，不可用水冲洗，要用油类清理。

②骨折时最重要的是固定，其目的不是让骨折复位，而是防止骨折断端的移动。

③晕厥和休克的救治方法不一样，对意识不清的病人，不可剧烈摇晃，否则有可能加重病情。

④在搬运和转送伤者前，先去除伤员身上的用具和口袋中的硬物。

⑤在搬运和转送过程中，颈部和躯干不能前屈或扭转，而应使脊柱伸直，绝对禁止一个抬肩一个抬腿的搬法，以免发生或加重截瘫。

⑥创伤局部妥善包扎，但对怀疑颅底骨折和脑脊液漏患者切忌作填塞，以免导致颅内感染。

⑦颌面部伤员首先应保持呼吸道畅通，撤除假牙，清除移位的组织碎片、血凝块、口腔分泌物等，同时松开伤员的颈、胸部钮扣。

⑧周围血管伤，压迫伤部以上动脉干至骨骼。直接在伤口上放置厚敷料，绷带加压包扎以不出血和不影响肢体血循环为宜。当上述方法无效时可慎用止血带，原则上尽量缩短使用时间，一般以不超过 1 小时为宜，做好标记，注明上止血带时间。

⑨使用绷带的一般原则

a. 用绷带时，伤病者应坐或躺下。尽可能坐或站在他的前方，自伤侧裹扎绷带。

b. 一定要从内侧向外包裹，从伤处下方向上包裹。

c. 如果伤病者躺着，缠绕绷带时应自踝、膝、背和颈部等自然凹陷处通过。

d. 绷带裹扎的松紧度应以能够固定敷料、控制出血，或防止移动，但不得干扰血液循环为原则。

e. .如果裹扎住四肢，则应露出手指或脚趾，以便检查循环情况。

f. 如果目的在固定肢体，绷带结应打在未受伤侧的前方，除非有其他特殊情况。如果两侧都受了伤，则应打结在身体中央。如果必须打结以固定绷带时，一定要打死结。

g. 在四肢和身体间，以及在四肢的关节处，要使用绷带时，应尽量加入足够的填料，特别要注意自然凹陷的部位。

h. 在扎好绷带后，应立刻检查血液循环与神经。以后每隔 10 分钟也得检查一次。一旦发现有以下情况出现，应视需要调整或解开绷带。伤病者的手指或脚趾刺痛是否失去感觉。

3）防触电知识培训

①脱离电源的基本方法有：

a. 将出事附近电源开关闸刀拉掉、或将电源插头拔掉，以切断电源。

b. 用干燥的绝缘木棒、竹竿、布带等物将电源线从触电者身上拨离或者将触电者拨离电源。

c. 必要时可用绝缘工具（如带有绝缘柄的电工钳、木柄斧头以及锄头）切断电源线。

d. 救护人可戴上手套或在手上包缠干燥的衣服、围巾、帽子等绝缘物品拖拽触电者，使之脱离电源。

e. 如果触电者由于痉挛手指导线缠绕在身上，救护人先用干燥的木板塞进触电者身下使其与地绝缘来隔断入地电流，然后再采取其它办法把电源切断。

f. 如果触电者触及断落在地上的带电高压导线，且尚未确证线路无电之前，救护人员不得进入断落地点 8～10 米的范围内，以防止跨步电压触电。进入该范围的救护人员应穿上绝缘靴或临时双脚并拢跳跃地接近触电者。触电者脱离带电导线后，应迅速将其带至 8～10 米以外立即开始触电急救。只有在确证线路已经无电，才可在触电者离开触电导线后就地急救。

②在使触电者脱离电源时应注意的事项：

a. 未采取绝缘措施前，救护人不得直接触及触电者的皮肤和潮湿的衣服。

b. 严禁救护人直接用手推、拉和触摸触电者，救护人不得采用金属或其他绝缘性能差的物体（如潮湿木棒、布带等）作为救护工具。

c. 在拉拽触电者脱离电源的过程中，救护人宜用单手操作，这样对救护人比较安全。

d. 当触电者位于高位时，应采取措施预防触电者在脱离电源后，坠地摔伤或摔死（电击二次伤害）。

e. 夜间发生触电事故时，应考虑切断电源后的临时照明问题，以利救护。

③触电者未失去知觉的救护措施：

应让触电者在比较干燥、通风暖和的地方静卧休息，并派人严密观察，同时请医生前来或送往医院诊治。

④触电者已失去知觉但尚有心跳和呼吸的抢救措施：

应使其舒适地平卧着，解开衣服以利呼吸，四周不要围人，保持空气流通，冷天应注意保暖，同时立即请医生前来或送医院诊治。若发现触电者呼吸困难或心跳失常，应立即施工呼吸及胸外心脏挤压。

⑤对"假死"者的急救措施：当判断触电者呼吸和心跳停止时，应立即按心肺复苏法地抢救。

4）对器材使用、维护技术培训

为做到救援时正确快速使用救援器材，要求救援人员正确掌握救援器材的使用方法，日常要定期参加对其使用方面的培训。

为确保救援器材随时处于有效状态，要派专人定期对救援器材的可靠性进行检查、维护。如灭火器要定期检查是否达到气压标准，对失效的药及时更换。对应急救援使用的器材要平时定期维护。

5）演练频率

当施工现场发生火灾事故时，为快速有效的进行扑救，日常要组织义务消防人员进行模拟消防演练，通过演练发现消防预案、灭火方法的不足之处，从而加以改定，根据目前施工现状，我项目部定于每月 26 日进行综合性应急演练工作。

6）加强宣传教育，使全体员工了解消防常识。

附件一 计算书

落地式扣件钢管脚手架计算书

钢管脚手架的计算参照《建筑施工扣件式钢管脚手架安全技术规范》（JGJ130-2001）、《建筑地基基础设计规范》（GB 50007-2002）、《建筑结构荷载规范》（GB 50009-2001）等编制。

一、参数信息

1. 脚手架参数

计算的脚手架为双排脚手架，横杆与立杆采用单扣件方式连接，搭设高度为 26 米，立杆采用单立管。

搭设尺寸为：立杆的纵距 1.50 米，立杆的横距 1.05 米，立杆的步距 1.80 米。内排架距离完成面长度为 250mm。

采用的钢管类型为 $\Phi48\times3.5$（计算时考虑到钢管的锈蚀，管壁厚度按 3.0 计算）。

连墙件分两种，与柱连接的连墙件竖向间距 3.6m，水平间距随柱距，10m、12m、18m、27.5m 不等，采用扣件连接，与梁连接的连墙件竖向间距为 9.0m，水平间距为 4.5m，采用预埋钢管和扣件连接，在计算时综合两种情况，按照 3 步 3 跨考虑。

2. 荷载参数

施工均布荷载为 $2.0kN/m^2$，脚手板自重标准值 $0.35kN/m^2$，

同时施工 2 层，脚手板共铺设 3 层。

脚手架用途：结构施工期间的维护脚手架和装修脚手架。

单位：[mm]

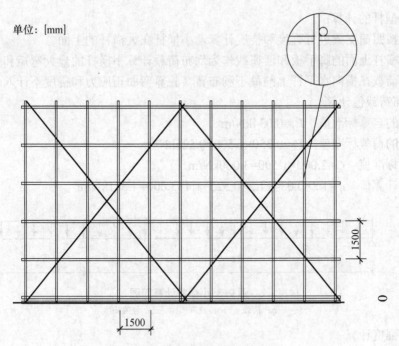

1500

1500

图 9-1 单立杆落地脚手架正立面图

单位：mm

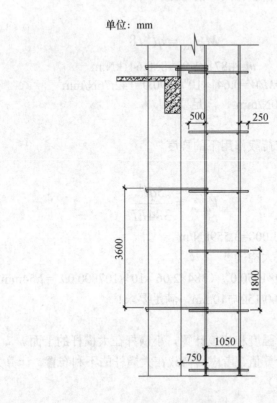

500　　250

3600

1800

1050

750

图 9-2 落地架侧立面图

二、小横杆的计算：

小横杆按照简支梁进行强度和挠度计算，小横杆在大横杆的上面。

按照小横杆上面的脚手板和活荷载作为均布荷载计算小横杆的最大弯矩和变形。

考虑活荷载在横向水平杆上的最不利布置（验算弯曲正应力和挠度不计入悬挑荷载）。

1. 均布荷载值计算

小横杆的自重标准值　P_1=0.034kN/m

脚手板的荷载标准值　P_2=0.350×1.500=0.525kN/m

活荷载标准值　Q=2.000×1.500=3.000kN/m

荷载的计算值　q=1.2×0.034+1.2×0.525+1.4×3.000=4.871kN/m

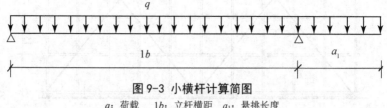

图 9-3 小横杆计算简图

q：荷载　　$1b$：立杆横距　　a_1：悬挑长度

2. 抗弯强度计算

最大弯矩考虑为简支梁均布荷载作用下的弯矩

计算公式如下：

$$M_{q\max} = ql^2/8$$

$$m=4.871×1.05^2/8=0.641\text{kN.m}$$

$$\sigma=M/W=0.641×10^6/4490.0=142.76\text{N/mm}^2$$

小横杆的计算强度小于205.0N/mm²，满足要求！

3. 挠度计算

最大挠度考虑为简支梁均布荷载作用下的挠度

计算公式如下：

$$V_{q\max} = \frac{5ql^4}{384EI}$$

荷载标准值q=0.034+0.525+3.000=3.559kN/m

简支梁均布荷载作用下的最大挠度

$$V=5.0×3.559×1050.0^4/（384×2.06×10^5×107800.0）=2.54\text{mm}$$

小横杆的最大挠度小于1050.0/150与10mm，满足要求！

三、大横杆的计算：

大横杆按照三跨连续梁进行强度和挠度计算，小横杆在大横杆的上面。

用小横杆支座的最大反力计算值，考虑活荷载在大横杆的不利布置，计算大横杆的最大弯矩和变形。（需要考虑悬挑荷载）

1. 荷载计算

小横杆的自重标准值　P_1=0.034×1.050×（1+0.500/1.050）²=0.078kN

脚手板的荷载标准值P_2=0.350×1.050×（1+0.500/1.050）^{2}×1.500/2=0.601kN

活荷载标准值Q=2.000×1.050×（1+0.500/1.050）^{2}×1.500/2=3.432kN

荷载的计算值　P=（1.2×0.078+1.2×0.601+1.4×3.432）/2=2.810kN

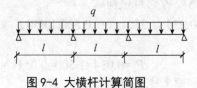

图9-4 大横杆计算简图

2．抗弯强度计算

最大弯矩考虑为大横杆自重均布荷载与荷载的计算值最不利分配的弯矩和

均布荷载最大弯矩计算公式如下：

$$M_{max} = 0.08ql^2$$

集中荷载最大弯矩计算公式如下：

$$M_{max} = 0.175pl$$

m=0.08×（1.2×0.034）×1.500^2+0.175×2.810×1.500=0.745kN.m

σ=0.745×10^6/4490.0=165.917N/mm^2

大横杆的计算强度小于205.0N/mm^2，满足要求！

3．挠度计算

最大挠度考虑为大横杆自重均布荷载与荷载的计算值最不利分配的挠度和

均布荷载最大挠度计算公式如下：

$$V_{max} = 0.677\frac{ql^4}{100EI}$$

集中荷载最大挠度计算公式如下：

$$V_{pmax} = 1.146 \times \frac{pl^3}{100EI}$$

大横杆自重均布荷载引起的最大挠度

V_1=0.677×0.034×1500.00^4/（100×2.060×10^5×107800.000）=0.05mm

集中荷载标准值P=0.078+0.601+3.432=4.111kN

集中荷载标准值最不利分配引起的最大挠度

V_2=1.146×4111.021×1500.00^3/（100×2.060×10^5×107800.000）=7.16mm

最大挠度和

$V=V_1+V_2$=7.212mm

大横杆的最大挠度小于1500.0/150与10mm，满足要求！

四、扣件抗滑力的计算：

按《建筑施工扣件式钢管脚手架安全技术规范》表5.1.7，直角、旋转单扣件承载力取值为8.00kN，按照扣件抗滑承载力系数1.00，该工程实际的旋转单扣件承载力取值为8.00kN 。

纵向或横向水平杆与立杆连接时，扣件的抗滑承载力按照下式计算（规范5.2.5）：

$$R \leqslant Rc$$

其中 Rc——扣件抗滑承载力设计值，取8.00kN。

　　　R——纵向或横向水平杆传给立杆的竖向作用力设计值；

小横杆的自重标准值（需要考虑悬挑荷载）

$$P_1=0.034×1.050×（1+0.500/1.050）^2×2/2=0.078kN$$

大横杆的自重标准值

$$P_2=0.034×1.500=0.051kN$$

脚手板的荷载标准值（需要考虑悬挑荷载）

$$P_3=0.350×1.050×（1+0.500/1.050）^2×1.500/2=0.601kN$$

活荷载标准值（需要考虑悬挑荷载）

$$Q=2.000×1.050×（1+0.500/1.050）^2×1.500/2=3.432kN$$

荷载的计算值

$$R=1.2×0.078+1.2×0.051+1.2×0.601+1.4×3.432=5.681kN$$

单扣件抗滑承载力的设计计算R ≤8.00满足要求！

五、脚手架荷载标准值：

作用于脚手架的荷载包括静荷载、活荷载和风荷载。

静荷载标准值包括以下内容：

（1）脚手架自重标准值产生的轴向力

每米立杆承受的结构自重标准值（kN/m）：查规范本例为0.1394

$NG_1=$（0.1394+（1.05×2/2）×0.034/1.50）×26.000=4.243kN

（2）脚手板自重标准值产生的轴向力

脚手板的自重标准值（kN/m^2）：本例采用木脚手板，标准值为0.35

$NG_2=$0.350×3×1.500×（1.050+0.500）/2=1.221kN

（3）栏杆与挡脚手板自重标准值产生的轴向力

栏杆与挡脚手板自重标准值（kN/m）：本例采用栏杆、木脚手板，标准值为0.14

$NG_3=$0.140×1.500×3/2=0.315kN

（4）吊挂的安全设施，安全网自重标准值产生的轴向力

吊挂的安全设施荷载，包括安全网自重标准值（kN/m^2）：0.005

$NG_4=$0.005×1.500×26.000=0.195kN

经计算得到，静荷载标准值

构配件自重：$NG_{2K}=NG_2+NG_3+NG_4=1.731N$。

钢管结构自重与构配件自重：$NG=NG_1+NG_{2k}=5.974kN$。

（5）施工荷载标准值产生的轴向力

施工均布荷载标准值（kN/m^2）：2.000

$NQ=$2.000×2×1.500×（1.050+0.500）/2=4.65kN

（6）风荷载标准值产生的轴向力

风荷载标准值：

$$W_k = 0.7U_z \cdot U_s \cdot W_0$$

其中 W_0——基本风压（kN/m^2），按照《建筑结构荷载规范》的规定采用：W_0=0.450

〈1〉可按《建筑结构荷载规范》（GBJ9）取重现期为30年确定，0.7是参考英国脚手架标准（BS 5973-1981）计算确定；

〈2〉可按《建筑结构荷载规范》（GB50009-2001）附表D.4取重现期10年确定，取消基本风压W0值乘以0.7修正系数。

〈3〉脚手架使用期较短，一般为2～5年，遇到强劲风的概率相对要小得多；

U_z——风荷载高度变化系数，按照《建筑结构荷载规范》（GB50009-2001）的规定采用：

脚手架底部 U_z=1.420，

U_s——风荷载体型系数：U_s=0.8700

经计算得到，脚手架底部风荷载标准值W_k=0.7×1.420×0.8700×0.450=0.389kN/m^2。

考虑风荷载时，立杆的轴向压力设计值

N=1.2NG + 0.85×1.4NQ=12.702kN

不考虑风荷载时，立杆的轴向压力设计值

N=1.2NG + 1.4NQ=13.679kN

风荷载设计值产生的立杆段弯矩M_W

M_W=0.85×1.4$W_k l_a h^2$/10

其中 W_k——风荷载基本风压标准值（kN/m^2）；

l_a——立杆的纵距（m）；

h——立杆的步距（m）。

经计算得， 底部立杆段弯矩m_w=0.85×1.4×0.389×1.50×1.80^2/10=0.225kN/m

六、立杆的稳定性计算：

1．不考虑风荷载时，立杆的稳定性计算

$$\sigma = \frac{N}{\varphi A}$$

不考虑风荷载时，立杆的稳定性计算 σ＜[f]，满足要求！

2．考虑风荷载时，立杆的稳定性计算

$$\sigma = \frac{N}{\varphi A} + \frac{Mw}{W} \leq [f]$$

经计算得到σ=12702/（0.268×424.000）+（156000.000/4490.000）=146.526N/mm^2

考虑风荷载时，立杆的稳定性计算σ＜[f]，满足要求！

七、连墙件的计算：

1．连墙件的轴向力设计值计算：

$$N_l=N_lw + N_0$$

其中 N_lw——风荷载产生的连墙件轴向力设计值（kN），应按照下式计算：

$$N_lw=1.4 × W_k × Aw$$

脚手架顶部U_z=1.420

连墙件均匀布置，　受风荷载作用最大的连墙件应在脚手架的最高部位

脚手架顶部风荷载标准值$W_k=0.7U_z×U_s×W_0=0.7×1.420×0.8700×0.450=0.389kN/m^2$。

　　　W_k——风荷载基本风压标准值，$W_k=0.389kN/m^2$；

　　　A_w——每个连墙件的覆盖面积内脚手架外侧的迎风面积，$A_w=4.50×10=45m^2$；

　　　N_0——连墙件约束脚手架平面外变形所产生的轴向力（kN）；$N_0=5.000kN$

经计算得到 $N_{lw}=24.51kN$，连墙件轴向力计算值 $N_l=29.507kN$

2．连墙件的稳定承载力计算：

连墙件的计算长度l_0取脚手架到墙的距离

长细比$\lambda=l_0/i=30.00/1.60=19$

长细比$\lambda=19<[\lambda]=150$（查《冷弯薄壁型钢结构技术规范》），满足要求！

　　　Φ——轴心受压立杆的稳定系数，由长细比λ查表得到$\Phi=0.949$；

$N_l/\Phi A=29.507×10^3/(0.949×424)=73.33N/mm^2$

连墙件稳定承载力$\leq[f]=205$，连墙件稳定承载力计算满足要求！

3．连墙件抗滑移计算：

连墙件采用双扣件与墙体连接。

经过计算得到 $N_l=29.507kN$大于扣件的抗滑力16.00kN，应采用双扣件，才能满足要求！

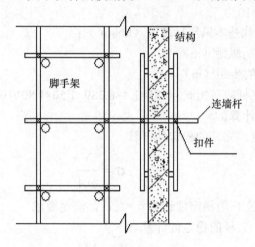

图9-5 连墙件扣件连接示意图

八、立杆的地基承载力计算：

立杆基础底面的平均压力应满足下式的要求

　　（1）立杆基础底面的平均压力计算$p=N/A$

其中　N——上部结构传至基础顶面的轴向力设计值（kN）；$N=13.679$

　　　A——基础底面面积（m^2）；

　　　　　　　$p=13.679/0.25=54.72kN/m^2=5.47×10^{-2}N/mm^2$

　　（2）地基承载力设计值计算$f_g=K_c×f_{gk}$

其中　K_c——脚手架地基承载力调整系数；$K_c=1.0$

f_{gk}——地基承载力标准值（N/mm^2）；f_{gk}=30.00

f_g=1.00×30.00=30.00N/mm^2

地基承载力的计算$p＜f_g$满足要求！

9.2 钢结构吊装工程安全专项施工方案实例

一、工程概况

（一）主要建筑结构特征：

（1）本工程为一幢单层轻钢屋面建筑，主厂房长为 115.4 米，建筑总宽为 38 米，A-G/1-5 轴线，跨度为 19 米，檐口高度为 4.2m；B-P/6-19 轴线，跨度为 16 米×2，檐口高度为 8m；屋面主体结构 H 型钢梁，檩条采用 C 型钢

（2）本工程焊接 H 型钢屋架梁采用 Q235B，次构件采用 Q235B 钢材，本工程檩条采用 Q235 钢材，现场主体钢架拼接采用 10.9 级摩擦型高强度螺栓连接；

（3）本工程屋面板为 YX-760 型彩钢瓦楞板，中间厚保温棉，下托铝箔纸及不锈钢钢丝；

（4）本工程钢结构采用机械抛丸除锈，除锈等级达到 Sa52.5 级。涂装底漆为红丹底漆二道，醇酸面漆二道，漆膜厚度达到设计或施工规范要求。

（二）工程施工特点：

（1）本工程为单层屋面轻钢结构，在施工期间应注意各分包单位之间的配合；

（2）为了确保在施工工期内完成钢结构工程，需要土建单位应提供钢构吊装的工作面，场地结实平整，砼强度应达到设计要求，从而配合钢结构施工的进度，以确保按期完工。

（3）施工过程中应注意工程施工阶段中各工种、各工序的配合及衔接。

（4）要求人员配备，机械设备充足，保证施工进度要求，特别是在钢构件吊装部分施工期间更应充分配备施工人员、机械设备，以此来保证在有效的工期内完成施工任务。

本工程现场道路已平整完毕并硬化，吊车行走路线采用 300mm 厚道渣 20 吨压路机压实牢固并用石子找平，吊车停车点用钢板和枕木铺设，确保吊车安全运行不倾覆，水电齐全，为钢结构吊装顺利进行提供良好的保证；但施工期间我公司应当保护其他单位的劳动成果，其他单位也应对我公司进场的产品进行保护，以此避免损坏构件所带来的误工。

二、编制依据

（1）××市工业建筑设计院有限责任公司提供的设计图纸；

（2）《钢结构工程施工质量验收规范》GB50205-2001；

（3）《冷弯薄壁型钢结构技术规范》GB50018-2002；

（4）《建筑施工高处作业安全技术规范》JGJ80-91；

（5）《建筑机械使用安全技术规程》JGJ33-2001；

（6）《建筑施工安全检查标准》JGJ59-2011；

（7）《施工现场临时用电安全技术规范》JGJ46-2005；

（8）《建设工程安全生产管理条例》及市政府相关部门发文；

（9）实际的现场状况。

三、施工计划

（一）构件出厂准备

①针对本工程的实际情况，在出厂前需对钢梁进行预拼装，其质量必须符合《钢结构工程施工质量验收规范》GB50205-2001 的规定。对构件的变形、缺陷应进行矫正或修补。

②出厂前应对构件的变形、缺陷作统一的质量检验，对超过允许偏差的构件，应进行矫正或修补。

③点安装所需的连接板、螺栓、螺母等零星件的数量。

④备其他辅助材料，如焊条及各种规格的垫铁等。

⑤开具进场的所有构件、材料等的清单，并提供出厂合格证及有关质保资料。

（二）工期、质量目标

①工期目标：确保在合同工期内完成合同条款内的各项工作（详见进度表）

②质量目标：本工程质量目标为合格

③安全目标：本工程施工工期内确保"三无"——无人身伤亡，无火灾，无重大设备事故的目标。

四、施工工艺技术

（一）吊装准备

钢结构安装前按照构件明细表核对进场构件，查验质量证明书和设计更改文件，检查验收构件在运输过程中的变形情况，并记录在案，发现问题及时进行矫正至合格。对于砼柱顶的预埋件，应先检查复核轴线位置，高低偏差、平整度、标高，然后弹出十字中心线和引测标高，并向现场监理或甲方代表进行钢构件进场报验，必须取得验收的合格资料。由于涉及到钢结构制作与安装两方面，又涉及到土建与钢结构之间的关系，因此它们之间的测量工具必须统一。

（二）钢结构安装方法

根据现场实际情况，需在跨内吊装。本工程 B-P/6-19 轴线，拼装后的起重量最大为 1.2T，跨度为 16 米×2，高度为 8 米，因此在计算时，以此区域为主。安装时考虑分两段吊装，先吊装第一吊装单元（GL1+GL2 拼装后钢梁），然后吊装第二吊装单元（GL1A 钢梁）。第一吊装单元及第二吊装单元均采用 16T 汽吊吊装。考虑施工安全及可操作性，利用土建单位在钢筋混凝土柱边搭设的钢管脚手架为螺栓紧固的操作平台。

先行依次吊装第一吊装单元（GL1+GL2 拼装后钢梁），从 19 轴向 8 轴推进；再吊装第二吊装单元（GL1A 钢梁），由 19 轴向 8 轴推进；详见吊装行进路线图；具体吊装路线根据土建提供的工作面再作调整。

（三）空间结构刚度单元稳定体系形成过程

先吊装⑲轴线上的第一吊装单元，就位后立即用 4 根揽风绳做临时固定，接着吊装⑲轴线上的第一吊装单元，就位后也用揽风绳做临时固定，然后立即安装⑲—⑱轴线之间的檩条，檩条安装不少于 3 根，使①—②轴线之间形成一个整体，以此类推，按照剩下的轴线。吊装完⑲—⑱轴线所有的第一吊装单元后，按照同样的方法吊装第二吊装单元。

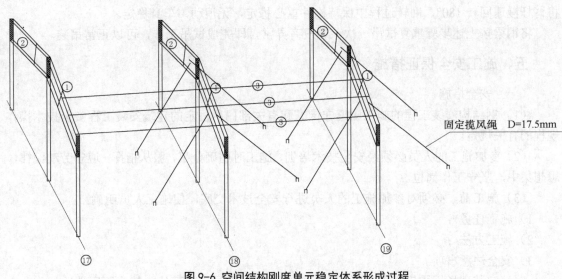

固定揽风绳　D=17.5mm

图 9-6 空间结构刚度单元稳定体系形成过程

（四）钢结构施工工艺流程

轴线复测→钢结构进场→钢梁安装→支撑、系杆安装→檩条安装→其他构件安装

（五）钢构件试吊

在安装之前首先根据业主提供的高程及坐标控制点建立厂房的半永久性控制点，由专业测量人员严格复查砼柱顶的标高和行、列轴线尺寸，实测实量预埋螺栓与定位轴线的尺寸、标高。

试吊按照空载、静载及动载的程序进行。

1. 试吊准备

（1）将试吊范围内的场地平整，杂物清理干净。

（2）现场准备吊机，准备好起重用钢丝绳。

（3）测量人员在试吊现场将吊机出杆 24m，工作半径为 7.0m 的位置用石灰粉做出标记。

（4）用重量为 1.2t 的构件作为试吊荷载，其动载时最大重量为 2.16t（见后面计算）。杆件分别用夹具夹紧，下面用枕木抄垫。

2. 试吊

（1）试吊前检查：试吊前对吊机各部位进行详细检查，包括车况，支腿枕木、构件、连接部件、电缆线布置，钢丝绳状况、构件螺栓紧固情况、安全防护状况等做认识检查，确保满足使用要求后方可进行下一步工作。

（2）空载试车：要求对吊车行走、臂杆变幅、臂杆回转、大钩升降等各种操作情况进行试验，观察各电机在运转过程中吊机桅杆的受力变化情况，同时试验限位器是否工作正常。

（3）静载试车：在吊机出杆 24m，工作半径为 7.0m 处，先起吊钢梁，构件离地提升 30cm 后，刹车保持 5 分钟不动，然后观察臂杆变幅、臂杆回转、大钩升降有没有异常，没有异常后提升。

（4）动载试车：在静载试车没有异常的前提下，将构件从 30cm 提升到 8m 的起吊高度，然后观察臂杆变幅、臂杆回转、大钩升降有没有异常；若没有异常回转，在 8m 的起吊高度，将臂杆慢速回转180°，回转过程中保持构件重心稳定，无浪动，车身稳定。

将钢梁按上述步骤重复试吊一次，若没有异常，即完成试吊工作，可以正常吊装。

五、施工安全保证措施

（一）安全措施

（1）钢结构安装工程的施工应遵守国家和有关部门所规定的建筑安装工程安全技术操作规程的有关规定。

（2）参加施工的人员必须经安全技术培训，施工时明确分工，服从指挥，遵守劳动纪律，思想集中，坚守工作岗位。

（3）施工前，必须对参加施工的人员进行安全技术交底，使施工人员明确：

1）施工任务；

2）施工方法；

3）安全注意事项

（4）安装现场周围应设置禁区标志，严禁非施工人员进入现场。禁止不同性质的作业人员进行交错作业，避免因相互不了解作业性质而造成安全事故。

（5）施工人员进入现场戴、系好安全帽；登高作业人员必须系好安全带，移动结束应立即在可靠地方扣好保险扣；焊接作业应穿绝缘鞋，并戴好防护面罩，高空焊接时一定要系好安全带，严禁带电流动，防止造成触电坠落事故。

（6）安装作业人员不得穿硬、滑底鞋及酒后进行高空作业。

（7）施工现场的临时道路应满足施工机械的行走要求，吊车的支撑点应坚实可靠，垫衬材料应有足够的强度。

（8）机械操作人员应集中思想，服从指挥，做到眼观六路耳听八方，能及时发现不安全因素和事故苗头，并妥善采取预防及避险措施。

（9）起吊前，应认真检查钢索、卸扣及夹具等是否正常，并验算钢索的破断拉力与构件重量相比是否符合要求；吊车的起重能力与构件的重量之比是否符合安全要求，必要时应进行定点低空试吊。

（10）采用捆扎方式起吊的构件，应在构件的棱角部位采取钢索保护措施，防止钢索早期磨损和因受力而切断钢索。同时应正确计算吊点位置，保证构件平衡。

（11）起吊时，应采取一定的保险措施，防止钢索滑钩。吊臂及构件下严禁人员站立及穿行。控制构件定向绳索的操作人员应密切注视构件吊升过程，相互配合，严防构件相互碰撞，使起吊平稳。

（12）高空作业人员应配备随身工具袋，所使用的工具严禁随意抛掷，地面作业人员应尽量避免在高空作业的下方通过，防止坠落物伤人。

（13）阴雨、大风（大风达到6级）天气严禁高空作业。

（二）施工用电安全技术措施

现场采用 TN-S 三相五线制配电系统，实行三级配电，二级保护。我公司施工用电直接由土建单位临近接入点接驳，并设置独立的分配电箱，开关箱，独立装表计量。分配电箱、开关箱必须有漏电开关保护。

现场用电的接驳移位必须由专职电工进行，严禁无证操作。

1．配电箱的电缆线应有套管，电线进出不混乱。大容量电箱上进线加滴水弯。

2．照明导线应用绝缘子固定。严禁使用花线或塑料胶质线。导线不得随地拖拉或绑在机械上。照明灯具的金属外壳必须接地或接零。单相回路内的照明开关箱必须装设漏电保护器。

3．架空线应装设横担和绝缘纸，其规格、线间距离、档距等应符合架空线路要求，其电杆板线离地 2.5m 以上应加绝缘子。

4．电箱内开关电器必须完整无损，接线正确。各类接触装置灵敏可靠，绝缘良好。无积灰、杂物，箱体不得歪斜。电箱内应设置漏电保护器，选用合理的额定漏电动作电流进行分级配合。配电箱应设总熔丝、分熔丝、分开关。零排地排齐全，动力和照明分别设置。

5．配电箱的开关电器应与配电线或开关箱一一对应配合，作分路设置，以确保专路专控；总开关电器与分路开关电器的额定值、动作整定值相适应。熔丝应和用电设备的实际负荷相匹配。

6．接地体可用角钢、圆钢或钢管，但不得用螺纹钢，一组 2 根接地体之间间距不小于 2.5mm，入土深度不小于 2m，接地电阻应符合规定。

7．电焊机有可靠的防雨措施。一、二次线（电源、龙头）接线处应有齐全的防护罩，二次线应使用线鼻子。电焊机外壳应有良好的接地或接零保护。

（三）安装安全监控细则

1．构件卸车作业安全监控措施

（1）查看车上构件编号，确定所属的安装区域，选定坚实的堆放场所。

（2）车辆在作业区域行进，应有专人指挥，严防碰撞及陷车现象发生。车辆应保证平稳，防止构件滑移。

（3）查看车上构件是否运输过程有滑移、散架现象，构件固定钢索有无过度张紧迹象。放松钢索时应密切注视构件动向，防止散架塌坍事故发生。

（4）吊车停靠位置应选择正确，大型构件的卸车应特别注意吊车的装卸能力是否符合要求。

（5）构件卸车应按顺序进行，同时注意车辆平衡，防止上层构件倾倒及翻车。

（6）构件应堆放平稳，垫点通直，边缘构件应采取防倾倒措施，易倒但不易变形的构件可直接采取卧式堆放。

（7）立放的构件及其边缘区域禁止人员坐、蹲、卧及扭动构件。严禁随意挪用构件支撑，防止构件失稳。

（8）严格执行"钢结构安装作业安全保证技术措施"。

2．钢梁安装作业安全监控措施

（1）根据构件编号，确定安装位置，准确选定钢索捆扎点，确保钢梁平衡，防止起吊时钢索在钢梁上滑移而损坏及切断钢索。

（2）钢缆、卸扣的规格型号选择正确，确保有足够的强度承受钢梁的重量。

对大型钢梁要进行低空试吊，并采取钢索保护措施，必要时应采取多点起吊，试吊时人员要有安全距离。

（3）在吊装机械起重能力许可的情况下，钢梁应尽可能地扩大地面拼装单元。钢梁地面拼装时，应采取可靠的防倒措施，拼装支撑点应坚实平整，高强栓拧紧时用力要均匀，切忌用力过猛而造成钢梁大幅晃动，造成支撑松动和钢梁失衡。

（4）随钢梁一起吊升的高强栓、钢钎、扳手等要安放妥当，施工作业区严禁闲人进入，控制定向绳索要有专人负责，并相互配合、专心一致，避免碰撞。

（5）登高作业人员安装时，要扣好保险扣，随身工具及螺栓安放可靠，作业点下方严禁人员走动及停留。

（6）已安装完毕的钢梁要有可靠的抗风防倒措施，并形成刚度立体空间。

（7）严格执行"钢结构安装作业安全保证技术措施"。

3．檩条安装作业安全技术操作细责

（1）使用汽车起重机起吊待安装的檩条时，要严格掌握好起吊点的重心，控制在离两端 L/4 处。

（2）檩条要叠放整齐，防止起吊时散架。

（3）单次起吊数量不能过多，钢梁受力分布要均匀。

（4）如果是多根檩条捆扎起吊，檩条的纵向轴线两端一定距离内禁止人员走动。控制绳索的人员要密切注意整个吊升过程，防止檩条向一侧倾斜坠落伤人。

（5）檩条安装时，人员在钢梁上直立移动，要设置生命线，采用钢缆作为设置的生命线。一根保险索只允许一名安装人员挂钩使用，严禁二人以上共用一根钢索。

（6）生命线的计算：根据每根生命线上只允许一名安装人员，每人自重估算为 0.08 吨；我公司使用生命线为 1×19+1、d=10mm，查表选用 1×19+1、d=10mm、抗拉强度为 170 kg/mm^2 钢丝绳时，其破断拉力总和 P$_破$=10.1 吨，根据公式[P]=P$_破$×φ$_修$÷K=10.1×0.85÷8=1.07 吨>0.08 吨，因此使用 1×19+1、d=10mm 做为生命线满足使用要求。

4．吊车作业安全技术操作细责

（1）操作人员必须持证上岗。

（2）操作时，要做到眼观六路耳听八方，服从指挥。

（3）作业前，必须检查车辆及所用的索具状况是否正常，钢索规格是否能够承受作业对象的重量要求。卸扣具规格是否符合所用钢索的规格要求。

（4）捆扎钢索和构件锐角接触处，最好采用包角处理，作业过程中，要经常检查钢索的破损程度和卸扣具状况，确保作业安全。

（5）正式起吊前，要进行定点低空试吊，试吊时，人员要有足够的安全距离。

（6）熟悉场地状况和作业点周边环境，注意作业半径内是否有障碍物（如：电线，房屋，人员等），确保作业顺利和安全。

5．安全措施

钢梁在地面拼装时，施工人员将在钢梁上翼板通长设置"生命线"，施工人员上下钢梁利用砼柱两侧的脚手架，在空中拼接处设置操作吊篮，在钢梁上进行高空操作必须系、戴安全带，系在生命线上。钢梁安装完毕后，在钢梁下设置安全网，以确保施工人员在钢梁上安装檩条及附件的安全。施工人员上下钢梁利用砼柱两侧的脚手架。

六、应急救援预案

为了认真贯彻"安全第一、预防为主"的方针，保障国家、公司个人的生命财产、安全，防止突发性重大事故发生，并能在事故一旦发生后，有效地进行控制处理。根据"预防为主、自救为主、统一指挥、分工负责"的原则，制定本预备方案。

（一）应急处理原则

（1）单位发生重大事故后，抢救受伤人员是第一位的任务，现场指挥人员要冷静沉着地对事故和周围环境做出判断，并有效地指挥所有人员在第一时间内积极抢救伤员，安定人心，消除人员恐惧心理。

（2）事故发生地要快速地采取一切措施防止事故蔓延和二次事故发生。

（3）要按照不同的事故类型，采取不同的抢救方法，针对事故的性质，迅速做出判断，切断危险源头再进行进行积极抢救。

（4）事故发生后，要尽最大努力保护好事故现场，使事故现场处于原始状态，为以后查找原因提供依据，这是现场应急处置的所有人员必须明白并严格遵守的重要原则。

（5）发生事故单位要严格按照事故的性质及严重程度，遵循事故报告原则，用快速方法向有关部门报告。

（二）应急反应组织机构

工程项目经理部设置应急计划实施的应急反应组织机构

成立应急救援预案的独立领导小组，领导小组及其人员组成

姓名　　　　　　　　职位　　　　　　电话

组　长：　　　　　项目经理

副组长：　　　　　安全员

组　员：

指挥机构职责：

指挥领导小组负责本项目部"事故预案"的制定、修订，组建应急救援专业队伍，实施救援行动和演练，检查督促做好重大事故的预防措施和应急救援的各项必须的准备工作。

发生重大事故时，由指挥部发布或解除应急救援命令、信号、就地组织由成员为骨干的救援队伍，实施有序救援行动；及时向公司通报事故情况或请求支援，必要时向有关单位（如110、120、119电话）发出救援请求。事后组织事故调查，总结应急救援经验教训。

（三）机构分工：

组长：组织指挥工地的应急救援

副组长：协助组长负责应急救援的具体指挥工作，人员具体调配，指挥人员对现场有害物资扩散区域的封锁、清洗和处置。

指挥领导小组：指挥领导小组其余成员负责情况通报，事故现场处置、监测、人员集中或疏散工作。严防事故恶化、扩大。提供必要的消防设备器材。

指挥领导小组与施工班组负责人均配有手机，能保证通讯无阻，可及时传达，一旦出现突

发性事故，指挥部立即发出警告，使事故班组的人员立即进入紧急戒备状态及时作好应急准备。

指挥领导小组从本工程实际出发将应急救援骨干与义务消防队合编，经过加强专业知识学习与联系，要根据事故特点及时有效地排除险情、控制事态、抢救伤员，做到"召之即来、来之能战、战之能胜"。在指挥人员的组织下，骨干成员和参加救援人员齐心协力、全力以赴抢险、避险，力争减少国家、集体和人员的生命财产损失。

（四）急救物资

（1）急救药品：消毒用品、止血带、无菌敷料等；

（2）夹板、夹棍等；

（3）铁撬棍、钢丝绳、千斤顶、车辆等；

（五）急救措施

触电：发现有人触电时，应首先迅速拉电闸断电或用木方、木板的不导电材料将触电者与接触电器部位分离，然后抬到平整场地实施人员急救，并向工地负责人报告。

高空坠落：当有人高空坠落受伤时，应注意摔伤及心贴骨折部位的保护，避免因不正确的抬运，使骨折部位造成二次伤害。

食物中毒：发现饭后多人有呕吐，腹泻等不正常症状时，让病人多喝水以刺激胃部让其呕吐，并拨打电话120，同时要及时向工地负责人报告。

煤气中毒：发现有人煤气中毒时，要迅速打开门窗，使空气流通或将中毒者穿暖抬到室外，实现现场抢救并及时送往医院。

发生火灾：当有火险发生时，不要惊慌，应当立即取出灭火器或接通水源扑救。当火势较大时，现场无力扑救时，立即拨打电话119报警。

钢梁发生倾覆：当大风及强台风来临之前，钢梁应及时采取临时固定措施，施工人员和施工机械应及时撤离施工现场，吊装工作不得施工，防止钢梁倒塌时人员的伤亡事故的发生；撤离时，不要惊慌，有顺序的撤离。发生钢梁发生倒塌后，应注意保护现场，及时向市安检站通报，不得有谎报、漏报的现象。如有人员伤亡的及时拨打120和就近医院，进行抢救。

9.3 人工挖扩孔桩工程安全专项施工方案实例

一、工程概况

（一）桩基础设计概况

1-13m 空心板梁桥为跨越水渠和地埋管道而设。其中心里程桩号为 K1+268.5，全长 13m 预应力混凝土空心板梁，桩基础设计为 3m×24m 和 3m×15m，直径为 1.2m 的圆柱式摩擦桩基础。各桥桩基情况如表 9-1 所示。

表 9-1 各桥桩基情况

桥名	桩号	桩径/m	桩长/m	根数	单根混凝土土方量/m³	总混凝土方量/m³
1-13m 空心板梁桥	0	1.2	24	3	62.4	187.2
	1	1.2	15	3	29.46	88.35

（二）施工自然地理概况

1．自然地理条件及地形地貌

该地区地形多样，包括单面低山、坡状台地、冲洪积倾斜平面、斜地、洼地、山前小型扇裙、山前倾斜平原等，拟建场区地势起伏，西高东低，南高北低，地面标高在 751.3～787.6m，地表相对高差 36.3m。

2．地层岩性

桥址范围内主要地层为第四系上更新统及全新统洪积圆砾土。其岩性特征详述如下：圆砾土分布于地表及桥基深度范围内，浑圆及圆棱状，厚度：粗圆砾土 5～10m，灰黄色，粒径：2～20mm 约占 15%，20～60mm 约占 80%，余为杂砂及粉粒充填；细圆砾土大 15m，灰色，粒径：2～20mm 约占 55%，20～60mm 约占 30%，余为杂砂粒充填。成分以石英、长石为主，中密，稍湿。II 级普通土。地基承载力允许基本值 $[f_{a0}]$ =400kPa。

二、施工准备

（一）现场准备

1）根据本工程现场的地质资料和必要的水文地质资料和桩基工程施工图及图纸会审纪要等有关资料制定切实可行的施工方案。

2）施工场地和邻近区域内的地下管线、水渠等施工前已经同两家产权单位进行详细沟通，并签订好了施工安全协议书，对挖孔存在施工风险认真进行识别，对可能危及的部位已采取了相应的防范措施。

3）桩基施工用的临时设施，如供水、供电、道路、排水、临设房屋等，已在开工前准备就绪，施工场地已进行平整处理，以保证施工机械正常作业。

4）按基础平面图设置桩位轴线、定位点，测定高程水准点，并已设在不受施工影响的地方。开工前，经复核后已妥善保护，施工中经常复测。

5）场地及四周已设有排水沟、集水井，并制定泥浆和废渣的处理方案，施工现场的出土路线应畅通。

6）施工前已由施工单位的技术负责人和施工负责人逐孔全面检查各项施工准备，逐级进行技术、安全交底和安全教育，使安全管理在思想、组织、措施上都得到落实。

7）开工前，必须强调劳动纪律，向工人班组进行技术交底，学习"人工挖孔专项方案"及有关施工规范，掌握施工顺序，保证工作质量和安全生产的技术措施落实到人。

（二）技术准备

1）挖孔桩受力性能可靠，结构传力明确，沉降量小；成孔后可直观检查孔内直径、垂直度及持力层的土质情况，保证桩的质量。不需要大型机械设备，施工操作工艺简单。结合本项目实际情况，选用人工挖孔灌注桩施工工艺是最现实和可行的。

2）采用人工挖孔灌注桩的主要原因：钻孔机械长 10m，宽 5m，自重 94t；自来水管 φ813mm，每节为 4m 的承插结构，水压为 1.1MPa，水管防护加之钻机作业的巨大作用力受力复杂，钻机无法移动定位，需从自来水管上往返经过，存在安全隐患。研究决定选用人工挖孔工艺进行施工，K1+265.5 处为地埋管道中心，有 2.8m 深为回填土；靠近 30m 桥 1 号台背有 3.5m 深是回填土，所以 24m 桩基础的上部 4m 深度（在计算时该深度考虑为自由桩长度）采用钢筋混凝土预制井圈防护；4m 以下采用现浇钢筋混凝土护壁。15m 桩基础均采用现浇钢筋混凝土护壁。

3）已组建以项目经理、项目技术负责人为核心的技术管理体系，下设施工技术、质量、材料、资料、计划等分支。

4）已编制好人工挖孔桩专项施工方案，作好分项工程技术交底。

5）已建立完善的信息、资料档案制度。

6）已编制钢筋、水泥、木材等材料计划，相应编制材料试验计划，指导材料定货、供应和技术把关。

7）按资源计划安排机械设备，周转工具进场，并完备相应手续。

8）建立完善的质量保证措施。

9）会同总包方、勘察设计、建设单位、监理单位、质监单位等部门复核定点坐标及验基。

10）做好对班组人员的技术、安全交底工作。开工前，必须强调劳动纪律，向工人班组进行技术交底，学习"人工挖孔专项方案"及有关施工规范，掌握施工顺序，保证工作质量和安全生产的技术措施落实到人。

（三）施工机具安排

1）提升机具支架、工字轨道、电葫芦或手摇卷筒辘轳。

2）挖孔机具采用短柄铁锹、镐、锤、钎子。

3）运输工具小推车。

4）混凝土浇筑设备混凝土汽车泵、小直径插入式振捣棒、插钎、串筒等。

5）一般机具、设备卷扬机组或电动葫芦、手推车或翻斗车、镐、锹、手铲、钎、线坠、定滑轮组、导向滑轮组、混凝土搅拌机、吊桶、溜槽、导管、振捣棒、插钎、粗麻绳、钢丝绳、安全活动盖板、防水照明灯（低压 36V，100W），电焊机、通风及供氧设备、扬程水泵、木辘轳、活动爬梯、安全帽、安全带等。

三、人工挖孔灌注桩施工工艺

（一）施工工艺流程

（二）人工挖孔桩

人工挖孔桩是利用人工自上而下逐层用镐、锹进行；在孔口上安装支架，用 1～2t 慢速卷扬机提升，弃土装入胶桶内垂直起吊运输出井口外。每挖深 1m 支模浇一圈混凝土护壁，如此不断往下深挖，一直挖到设计要求的标高，然后在孔内安放钢筋笼，灌注桩基混凝土。

桩孔挖掘及支撑护壁两道工序须连续作业，不宜中途停顿，以防坍孔。支撑形式视土质情况而定。护壁厚度采用 0.20m，混凝土标号要求与桩基混凝土标号相同配置钢筋。在挖孔过程中，经常检查桩孔尺寸平面位置、竖轴线情况，如有偏差及时纠正。

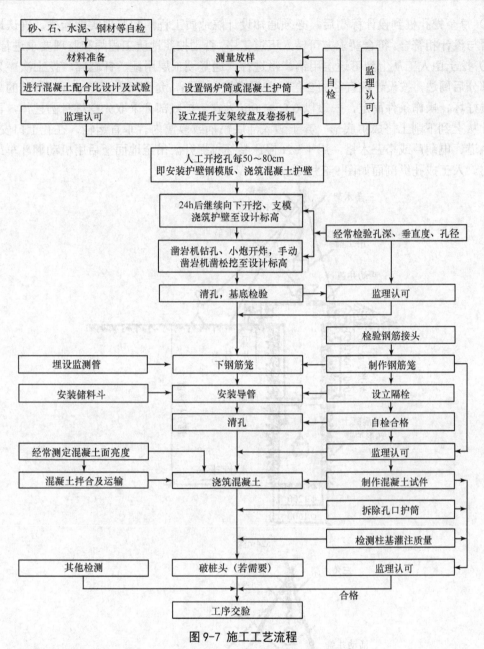

图 9-7 施工工艺流程

（三）土方开挖

1）放线定位　按设计图纸放线，定桩位。每米挖 2.6m³ 土。

2）开挖土方　采取分段开挖，每段高度决定于土壁直立状态的能力，以 0.8～1.0m 为一施工段。开挖面积的范围为设计桩径加护壁厚度。挖土由人工从上到下逐段进行，同一段内挖土次序先中间后周边；扩底部分采取先挖桩身圆柱体，再按扩底尺寸从上到下削土修成扩底形。

3）测量控制　桩位轴线采取在地面设十字控制网、基准点。安装提升设备时，使吊桶的钢丝绳中心与桩孔中心一致，以做挖土时粗略控制中心线用。

4）每个挖孔桩到设计标高后，必须通知设计院地质工程师和监理实地验槽，确认地质情况是否与设计相符合。符合要求方可转入下道工序，否则按照地质工程师和监理要求进行处理。

5）挖土由人工从上到下逐层用镐、锹进行，遇坚硬土层用锤、钎破碎，挖土次序为先挖中间部分后周边，按设计桩直径加 2 倍护壁厚度控制截面，允许尺寸误差 3cm。每节的高度根据土质好坏、操作条件而定，一般以 0.5～1.0m 为宜。扩底部分采取先挖桩身圆柱体，再按扩底尺寸从上到下削土修成扩底形。弃土装入活底吊桶或箩筐内。垂直运输，在孔上口安支架、工字轨道、电葫芦或搭三木搭，用 1～2t 慢速卷扬机提升。吊至地面上后用机动翻斗车或手推车运出。人工成孔纵剖面如图 9-8 所示。

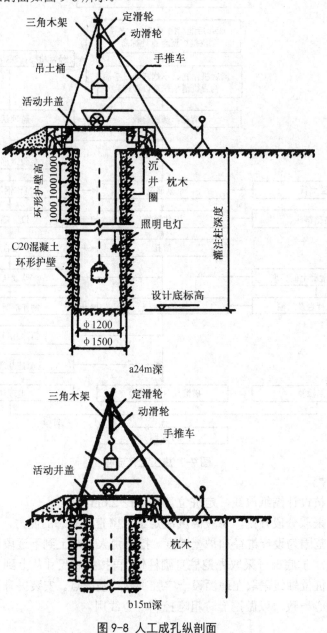

图 9-8 人工成孔纵剖面

（四）钢筋混凝土护壁

1）桩孔护壁混凝土每挖完一节，经检查断面尺寸符合设计要求，报监理工程师检验合格后，立即浇筑护壁混凝土，坍落度控制在 30～50mm，确保孔壁稳定性。

2）设置操作平台，用来临时放置混凝土拌合料和灌注护壁混凝土用。

3）支设护壁模板 模板高度取决于开挖土方施工段的高度，一般为 1m。护壁中心线控制，系将桩控制轴线，高程引到第 1 节混凝土护壁上，每节以十字线对中、吊大线锤控制中心点位置，用尺杆找圆周，然后由基准点测量孔深。

4）浇筑护壁混凝土 护壁混凝土要捣实，上下壁搭接 50～100mm，护壁采用内齿式；护壁混凝土强度等级为 C30，厚度均为 20mm，护壁内等距放置 31 根直径 10mm、长 1.1m 的直钢筋两端带弯钩，插入下层护壁内，使上下护壁有钢筋拉结。环筋布置情况。第 1 节混凝土护壁高出地面 200mm 左右，便于挡水和定位。

5）拆除模板继续下一段施工 护壁混凝土（视情况酌情加早强剂）达到一定强度后（常温下 4h）便可拆模，再开挖下一段土方，然后继续支模灌注混凝土，如此循环，直到挖至设计要求的深度。

6）每节桩孔护壁做好以后，将桩位轴线和标高测设在护壁上口，然后，用十字线对中、吊线坠向井底投设，以半径尺杆检查孔壁的垂直度。随之进行修整，孔深必须以基准点为依据逐根引测。保证桩孔轴线位置、标高、截面尺寸满足设计要求。

7）成孔以后必须对桩身直径、孔底标高、桩位中心线、井壁垂直度等进行检测，并做好记录，报监理检验合格方可进入下道工序。

（五）除渣

挖孔除渣采用人工孔底装渣，卷扬机或人力绞架提升出孔的方式除渣。孔内弃渣吊出后，渣料应顺孔桩平台水平外弃，保证挖孔废料堆放整齐、规范。渣料提升系统在使用过程中必须经常检查部件磨损情况，如有明显损坏，必须及时更换，以保证安全使用，人员上下孔设安全爬梯。

（六）终孔检查

挖孔到达设计深度后，清除孔壁及孔底浮土、松散层；孔底必须平整，符合设计尺寸，保证桩身混凝土与孔壁及孔底密贴，受力均匀。开挖过程中经常检查了解地质情况，与设计资料不符的，应及时报监理工程师提出变更设计。终孔后钎探查明孔底以下是否有不良地质情况（如薄层泥岩、淤泥夹层等）。

（七）桩基钢筋

钢筋笼的成型为防止钢筋笼吊放时扭曲变形，一般在主筋内侧每隔 2.5m 加设一道直径 25～30mm 的加强箍，每隔一箍在箍内设一井字加强支撑，与主筋焊接牢固组成骨架。主筋在现场对焊连接。大直径螺旋形箍筋和加强箍的加工成型，可采取在常用弯曲机的顶盘上加一个同箍筋直径的圆盘以插销连接，在不改变传动机构的情况下进行弯曲成型，每根螺旋箍筋4圈。长度大（15m 以上）的钢筋笼，为便于吊运，一般分 2 节制作。钢筋笼组装通常在桩基工程附近地面平卧进行，方法是在地面设 2 排轻轨，先将加强箍间距排列在轻轨上，按划线逐根放上主筋并与之点焊焊接，控制平整度误差≤50mm。上下节主筋接头错开 50%。

螺旋箍筋每隔 1～1.5 箍与主筋按梅花形用电弧焊点焊固定。在钢筋笼四侧主筋上每隔 5m 设置一个 φ20mm 耳环作定位垫块之用，使保护层保持 7cm，钢筋笼外形尺寸要严格控制，比孔小 11～12cm。钢筋笼就位，对重 1t 以内的小型钢筋笼，可用带有小卷扬机和活动三角木架作为小型吊运机具（或汽车式起重机）运输和吊放入孔内就位。直径、长度、质量大的钢筋笼，可用 15t 履带式起重机进行。水平吊运仍采用 2 台 15t 履带式起重机抬运，主机吊顶部加强箍 4 点，辅机吊下部 4 点递送，当运到桩位上部，在空中翻转，直立扶稳后辅机脱钩，全部钢筋由主机承担，缓慢落入桩孔内就位，用 2 根横担穿过钢筋笼顶部加强箍，悬挂在孔口混凝土护壁上再卸钩，如为两节，再同法将上节钢筋笼吊到下节钢筋笼上，使主筋对准，采用帮条双面焊接，最后再用 2 台起重机将整个钢筋笼抬起，抽出横担后，缓慢放入桩孔内就位。一般钢筋笼离桩底均有一定距离，可采用 4 根 φ22mm 钢吊钩钩住笼顶加强箍，用槽钢横担悬挂在井壁上，脱钩后借自重可保持钢筋笼标高、垂直度和保护层正确。

（八）混凝土灌注

挖孔桩灌筑混凝土前，应先放置钢筋笼，钢筋笼必须坐落在孔底的原状土层上，若有浮土必须彻底清理干净。混凝土配制采用粒径≤50mm 石子，水泥用 42.5 级普通或矿渣水泥，坍落度为 8～10cm，采用商品混凝土灌注。浅孔桩直接采用混凝土泵车浇筑，深孔桩采用混凝土泵车配合漏斗或导管。混凝土应连续分层浇灌，每层浇灌高度不得超过 1.5m。大直径挖孔桩应分层捣实，第 1 次浇灌到扩底部位的顶面，随即振捣密实，再分层浇筑桩身，直至桩顶。在混凝土初凝前抹压平整，避免出现塑料性收缩裂缝或环向干缩裂缝。表面有浮浆层应凿除，以保证与上部承台或底板的良好连接。灌注桩身混凝土时应留置试块，每根桩不得少于一组。

四、质量与安全保证措施

（一）质量保证措施

1. 质量保证措施

1）施工质量保证措施前做好施工技术交底，现场施工负责人要熟悉设计图纸、施工工艺及质量要求，施工工人要熟悉施工工艺。

2）放样准确，护桩要稳固。

3）施工现场要挂施工牌，标明现场施工负责人、技术负责人和混凝土施工配合比。

4）钢筋电焊工、机械工必须要有上岗证。

5）整个施工过程要严格按照监理程序施工。

6）钻孔过程中应经常检孔，如有偏差应及时纠正。

7）桩底要支撑在设计要求的持力层上，并清除底部沉渣，要每桩进行隐蔽检查。

8）挖孔过程中注意土层、岩层的变化情况，发现异常情况应立即通知技术管理人员、监理工程师、业主、地质、设计部门。

2. 质量要求

1）灌注桩的原材料和混凝土强度必须符合设计要求和施工规范的规定。

2）实际浇筑混凝土量严禁小于计算体积。

3）浇筑混凝土后的桩顶标高及浮浆的处理，必须符合设计要求和施工规范的规定。

4）基本项目桩身直径应严格控制。一般不应超过桩长的 3‰，且最大不超过 50mm。孔底虚土厚度不应超过规定。扩底形状、尺寸符合设计要求，桩底应落在持力土层上，持力层土体不应被破坏。允许偏差项目：①钢筋笼主筋间距 ±10mm，尺量检查；②钢筋箍筋间距 ±20mm，尺量检查；③钢筋笼直径±10mm，尺量检查；④钢筋笼长度±50mm，尺量检查；⑤桩位中心轴线±10mm，拉线和尺量检查；⑥桩孔垂直度3‰L，且≤50mm，吊线和尺量检查；⑦桩身直径±10mm，尺量检查；⑧桩底标高±10mm，尺量检查；⑨护壁混凝土厚度 ±20mm 尺量检查。

（二）安全保证措施

1. 施工安全技术管理

加强桥梁施工安全技术管理，合理安排工序进度的作业循环，组织均衡生产，统一指挥，及时解决生产进度与施工安全的矛盾，避免抢进度而忽视安全造成事故。

2. 安全措施

1）人工挖孔桩安全技术要求及施工安全措施

人工挖孔桩的基础方案，必须由设计单位根据工程地质、水文资料、安全因素、施工条件、经济合理等条件研究决定。设计人工挖孔桩必须注意以下几个要点：①设计桩基时必须一并设计护壁的厚度和混凝土强度及拆模时间；②桩间净距≥3 倍桩径，并≥0.5m。

2）开挖前，施工单位应邀请设计、建设单位讨论会

审挖桩次序平面布置，完善施工安全防护措施，制定孔渣和废水的处理方案。

3）负责人必须逐孔全面检查各项施工准备，做好安全技术交底，使安全管理在思想、组织、措施上都得到落实才通知开挖。

4）桩开挖过程中，必须有专人巡视各开挖桩孔的施工情况，严格做好安全监护。

5）桩开挖应交错进行。桩孔成型后即应验收浇筑桩心混凝土。正在浇筑混凝土的孔，10m 半径内的其他桩孔下严禁有人作业。

6）挖孔人员应是 18～35 岁的男性青年，并经健康检查和井下、高空、用电、简单机械和吊装等安全培训考核。每孔作业人员应不少于 3 人。作业人员应自觉遵章守纪，严格按规定作业。

7）挖孔、起吊、护壁、余渣运输等所使用的一切设备、设施、安全装置（含防毒面具）、工具、配件、材料和个人劳动防护用品等，必须经常检查，做好管、用、养、修、换，确保完好率和使用安全度。

8）每次下孔作业前必须先通风，作业过程中必须保持继续通风。鉴于供电不正常的实际，为确保通风和连续性生产，挖桩施工必须备用柴油发电机应急。

9）孔下作业必须在交接班前或终止当天当班作业时，用手钻或≥ϕ16 钢钎对孔下作不少于 3 点的品字侦探。正常作业时，应每挖深 50mm 左右就对孔下作一次勘扦，确定无异常时，才继续下挖，发现异常及时报告。

10）为预防有害气体或缺氧等中毒，必须对孔内气体抽样检测。凡一次检测有毒含量超过容许值时，应立即停止作业，进行除毒。

11）桩孔必须每挖深 50～80cm 就护壁一次，严禁只下挖不及时护壁的冒险做法。第 1 节护壁要高出孔口 25cm 作孔口周围安全踢脚栏板，护壁拆模须经施工技术人员签证同意。

12）孔深挖至超过操作人高度时，应必须及时有孔口或孔内装设靠周壁略低的半圆平护板（网）。吊渣桶上下时，孔下人员应壁于护板（网）下、护板（网）位置应随孔深增加，往作业面下引。在孔内上下递物和工具时，严禁抛掷和下掉，必须严格用吊索系牢。

13）成孔或作业下班后，必须在孔的周围设不低于 80cm 高的护栏或盖孔口板。

14）下孔人员必须戴安全帽和系安全带、安全带扣绳由孔上人员负责随作业面往下松长。上、下孔必须使用软爬梯、严禁用手脚爬踩孔壁或乘吊渣上下。

15）孔上与孔内人员必须随时保持有效的联系，应采用有线或无线对讲机、步话机等良好的通讯设备，或其他可靠的联络通讯办法。

16）电工必须持证。电器必须严格接地接零和使用漏电保护器三种安全保护。电器安装后经验收合格才准接通电源使用，各孔用电必须分闸，严禁一闸多孔和一闸多用。孔上电线、电缆必须架空，严禁拖地和埋压土中，孔内电缆、电线必须有防磨损、防潮、防断等保护措施。孔内作业面照明应采用安全矿灯或 36V 以下的安全电压。

17）工作人员上下桩孔所使用的电葫芦、吊笼必须是合格的机械设备，同时应配备自动卡紧保险装置，以突然停电。不得用人工拉绳子运送工作人员或脚踩护壁凸上下桩孔。电葫芦宜用按钮式开关，上班前、下班后均应专人严格检查并且每天加足滑油，保证开关灵

活、准确、链无损、有保险扣且不打死结，钢丝绳无断丝。支承架应加固稳定，使用前必须检查其安全起吊能力。桩孔内必须放爬梯或设置尼龙绳，并随挖孔深度增加放长至工作面，作求急之备用。

18）桩孔开挖后，现场人员应注意观察地面和建（构）筑物的变化。桩孔如靠近旧建筑物或危房时，必须对旧建筑物或危房采取加固措施后才能施工。

19）挖出的土石方应及时运走，孔口四周 2m 范围内不得堆放余泥杂物。机动车辆通行时，应做出预防措施或暂停孔内作业，以防挤压塌孔。

20）当桩孔开挖深度超过 5m 时，每天开工前应进行有毒气体的检测，一般宜用仪器检测，也可用简易办法，如在鸟笼内放置鸽子，吊放至桩孔底，放置时间不得少于 10min，经检查鸽子生态正常，方可下孔作业。

21）每天开关，并用鼓风机或大风扇向孔内送内 5min，使孔内混浊空气排出，才准下人。孔深超过 10m 时，地面应配备向孔内送风的专门设备，风量不宜少于 25L/s。

22）做好单孔开挖、成型、护壁、孔底岩层（土质）、扩孔、桩心灌注等有关技术资料的记录和汇总。

9.4 预应力工程安全专项施工方案

一、编制依据

（1）施工图纸
（2）《混凝土结构设计规范》（GB50010-2010）
（3）《混凝土结构工程施工及验收规范》（GB50204-2002）（2011 版）

（4）《无粘结预应力混凝土结构技术规程》（JGJ/T92-2004）

（5）《预应力筋用锚具、夹具和连接器》（GB/T14370-2007）

（6）《预应力混凝土用钢绞线》（GB/T5224-2014）

（7）《缓粘结预应力混凝土结构施工技术规程》（DB/T29-190-2010）

二、工程概况

某酒店工程规划用地面积39183m²，总建筑面积45186.44 m²。本工程为商务酒店，包括主楼及裙房，其中主楼地下一层，地上十九层，建筑总高度80.95m，结构类型为框架-核心筒结构；裙楼地下一层，地上二层，建筑总高度11.0m，结构类型为框架结构。

裙楼 C 区宴会厅屋面（10.0m）b 轴～d 轴悬挑梁和 T、U、V、W、X、Y、a、b 轴框架梁中采用缓粘结预应力技术。预应力梁截面包括：500×1800、400×800。

本工程缓粘结预应力筋应用北京市建筑工程研究院课题研究成果，采用ΦS15.2 高强 1860级国家标准低松弛预应力钢绞线作为原材，其标准强度f_{ptk}=1860N/mm²，润滑粘结剂配方最佳张拉时间为两个月内。预应力筋张拉控制应力钢绞线强度的 75%，即每束钢绞线张拉控制力为1395N/mm²，施工时超张拉 3%。张拉端采用夹片式锚具，固定端采用挤压式锚具。

三、施工组织安排和进度计划

按项目策划书要求，该预应力分项工程采用专业分包方式施工，经项目部组织招标、评标，最后确定分包施工单位为某市建筑工程研究院有限责任公司。

（一）预应力分包责任范围：

（1）提供预应力成套技术的施工组织设计等。

（2）提供预应力成套技术所需的缓粘结预应力筋、锚具及相应配件，根据预应力施工组织设计进行预应力筋的加工制作，并且负责运至施工现场。

（3）负责预应力筋的铺放、张拉端节点的安装并负责预应力筋的张拉。

（4）协助有关各方进行预应力分项施工的质量监督和检查验收、服从总包和监理公司的管理。

（5）严格按设计图纸、有关规范、规程及施工组织设计进行预应力专项施工，在不同施工阶段提供相应的技术资料，并在结构验收时将各种预应力资料整理齐全，报总包、监理公司。

（二）总包单位配合内容

（1）提供预应力部分的正式图纸、有关技术资料和施工进度计划。

（2）负责解决预应力筋张拉用操作平台和张拉设备用电源（380V、15A），并提供现场办公用房和库房。操作平台可以利用原有的脚手架，应保证预应力施工净宽不少于 1m，并有必要的安全防护措施，平台面低于预应力筋平面至少 20cm，原则上要求张拉工人有足够摆放机具及张拉操作空间。

（3）提供施工现场预应力材料的装卸和垂直运输及其临时堆放的场地。

（4）在模板的制作和安装时应根据预应力施工组织设计的要求进行，以满足预应力施工工艺的要求。

（5）根据预应力施工组织设计进行预应力筋张拉后张拉端的混凝土封堵。

（6）负责协调安排好各工序、工种间的关系。

（7）施工中应提前 7 天通知预应力筋进场铺放和张拉。张拉前提供张拉部位混凝土强度报告单。

（三）施工人员配置

1. 分包项目部组成人员

预应专业分包项目部由项目负责人、项目工程师、施工工长、质检员、安全员及材料员组成，项目部主要负责人参加了"北京市新少年宫"等多项缓粘结预应力工程的施工，具备丰富的预应力施工经验。施工工长也具有 8 年以上的预应力施工经验，参与过东方广场、现代城、首都机场、中关村西区等大型项目的施工组织工作；施工作业人员全部经过严格的岗位培训，80%以上的工人至少从事预应力施工工作 3 年以上。

2. 劳动力需用量计划

表 9-2 劳动力需用量计划表

施工内容	劳动力用量
铺筋	20
剔凿、切筋、整理材料	8
张拉	8

3. 岗位责任制

（1）分包项目负责人：

1）负责与工程项目相关合同的评审和签订；

2）组织与工程相关的技术审核、审定；

3）解决工程项目中的技术难点；

（2）分包项目工程师

1）编制切实可行的施工方案，向施工作业人员进行技术交底和安全交底；

2）对工程的施工作业质量、施工作业安全进行指导与检查，若发现问题及时纠正解决；

3）参加预应力工程部位的隐检验收和质量验收；

4）与总包单位配合，负责解决与预应力专项分包有关的施工管理和技术问题。办理有关预应力施工、设计变更洽商，同时向项目施工作业人员就设计变更中有关施工内容进行交底；

（3）分包项目工长

1）依据分包项目工程师所作的施工方案和技术交底组织施工人员进行预应力的现场施工；

2）依据分包单位建工研究院预应力所《预应力施工队管理条例》对预应力施工队的现场作业人员实施管理；

3）参加预应力工程部位的隐检验收和质量验收，按时参加由业主、总包或监理组织的、要求分包方参加的工作例会，并根据会议要求积极配合或调整分包方工作，并将相关活动及内容在施工日志中予以记录；

（4）资料员

负责预应力相关资料的填写、整理和归档；

（5）安全员

负责预应力施工期间与预应力施工有关的安全工作，解决施工过程中的安全隐患等问题，有问题及时上报分包项目工程师或分包项目工长，并服从总包单位的安全管理工作安排。

（6）质检员

监督检查预应力工程施工质量，发现问题及时解决或上报分包项目工长、分包项目工程师进行解决。

（四）使用的材料和拟投入的设备

本工程采用了北京建筑工程研究院研制开发的 BUPC 高效预应力成套体系及其产品，该体系产品由北京高效预应力中试基地生产，北京市建筑工程研究院监制和经营。

1．预应力筋

预应力筋原材采用符合国家标准的天津高力Φ^i15.2 高强 1860 级预应力钢绞线，其标准强度f_{ptk}=1860N/mm^2，缓粘结预应力筋均在北京市建筑工程研究院所属工厂涂塑包装成型，缓粘结预应力筋专用润滑材料由北京市建筑工程研究院材料所研制生产，具有良好的润滑性和自行固化性能，能够很好的满足使用要求。

表 9-3 钢绞线尺寸及性能

钢绞线结构	钢绞线公称直径 mm	强度级别（N/mm^2）	截面面积 mm^2	整根钢绞线的最大负荷 KN	屈服负荷 KN	伸长率%	缓粘结塑料皮厚度 mm
1×7	Φ15.20	1860	140.00	259	220	3.5	0.8-1.2

2．锚具

张拉端及固定端均采用了北京市建筑工程研究院的 BUPC 体系（其详细技术性能指标见 BUPC 高效预应力成套体系标准）；预应力锚具采用北京市建筑工程研究院生产的 BUPC 体系中的系列锚具，该体系锚具是Ⅰ类锚具，已应用在数百项工程中。其产品为国家、建设部新技术推广产品。

张拉端为单孔夹片式锚具，由锚具、锚板、螺旋筋组成。

固定端采用单束挤压锚，由挤压锚具、锚板、螺旋筋组成。

3．张拉设备

张拉设备采用北京市建筑工程研究院生产的配套张拉产品，其产品为国家、建设部新技术推广产品。单根缓粘结预应力筋张拉，采用 YCN-25 型前卡千斤顶，配套手提式超高压小油泵；张拉最大张拉力为 250kN。

（五）进度计划

预应力筋、锚具及配件均按照图纸具体要求在北京建筑工程研究院专业工厂内提前加工组装并运到工地现场。根据现场进度计划，预应力分项施工进度上做到与总体施工进度相一致，既不耽误工期又不致造成过多的积压占用场地，力争做到预应力材料随运随铺放。

本工程预应力的施工进度控制应服从土建总的结构施工进度，做到在保证质量前提下，与同层的钢筋工程和水电工程同步穿插进行，尽量少占工期，要保证预应力筋、锚具、承压板、螺旋筋等材料供应充足、及时。预应力筋铺放不拖工期，不耽误混凝土的正常浇筑。混凝土达到设计要求（40×95%＝38MPa）的可进行张拉的强度，且具备混凝土强度试验报告单及张拉端张拉条件（如张拉场地，预应力筋张拉端混凝土清理等）后，立即张拉，不占用过多模板。

施工进度计划及人员安排：

1. 按土建结构施工整体部署，穿插或平行进行预应力施工，尽量少占用土建结构施工日历天数。

2. 预应力技术人员现场操作人员高峰时期共 12 人，平时不少于 5 人。

3. 进度计划见附件

四、预应力施工工艺

（一）预应力梁施工流程图

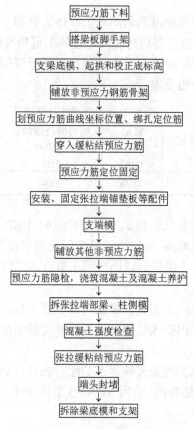

预应力筋下料
↓
搭梁板脚手架
↓
支梁底模、起拱和校正底标高
↓
铺放非预应力钢筋骨架
↓
划预应力筋曲线坐标位置、绑扎定位筋
↓
穿入缓粘结预应力筋
↓
预应力筋定位固定
↓
安装、固定张拉端锚垫板等配件
↓
支端模
↓
铺放其他非预应力筋
↓
预应力筋隐检，浇筑混凝土及混凝土养护
↓
拆张拉端部梁、柱侧模
↓
混凝土强度检查
↓
张拉缓粘结预应力筋
↓
端头封堵
↓
拆除梁底模和支架

图 9-9　预应力梁施工流程图

（二）预应力施工工艺

1. 预应力材料

本工程采用了北京建筑工程研究院研制开发的缓粘结高效预应力成套体系及其产品，该体系产品由北京高效预应力中试基地生产，北京市建筑工程研究院监制和经营，缓粘结预应力专用润滑材料由北京市建筑工程研究院材料所研制生产，在北京市建筑工程研究院生产成型。

2. 预应力筋制作及存放

预应力筋按照施工图纸，进行下料和组装后直接运到工地现场。预应力筋应按施工图上结构尺寸和数量，考虑预应力筋的曲线长度、张拉设备及不同形式的组装要求，每根预应力筋的每个张拉端预留出不小于 30cm 的张拉长度进行下料。

预应力筋下料应用砂轮切割机切割，严禁使用电焊和气焊。对一端锚固、一端张拉的预应力筋进场前要逐根进行组装。

当预应力筋、锚具及配件运到工地，铺放使用前，应将其妥善保存放在干燥平整的地方，夏季施工时预应力筋在施工工地堆放时应尽量避免夏日阳光的暴晒，施工时应堆放在阴凉处，实在无法解决时可采用塑料布遮盖的方法。下边要有垫木，避免材料锈蚀，锚具、配件要存在室内，运输、存放时都要尽量避免预应力筋外皮破损。

3．梁中缓粘结预应力筋铺放

预应力施工工序

（1）准备端模

预应力梁端模须采用木模，若施工工艺有特殊要求也可采用其它模板。根据预应力筋的平、剖面位置在端模上打孔，孔径 25～30mm。

（2）预应力筋架立筋的制作

预先制作架立筋，要求架立筋采用直径不小于 8mm 普通钢筋。保证浇筑混凝土时预应力筋稳定，高度按施工翻样图的预应力筋矢高控制点高度，与梁中的箍筋绑扎在一起。

（3）预应力梁底支撑体系及模板安装

本工程预应力梁截面包括：500×1800、400×800，其中 T、U、V、W、X、Y、a、b 轴 500×1800 框架梁采用碗扣式满堂架支撑体系，立杆南北向间距 1.2m，东西向间距 0.9m，沿梁跨度方向立杆纵距 0.45m，梁底设置 2 根支撑杆。b 轴～d 轴 400×800 悬挑梁采用扣件式满堂架支撑体系，立杆东西向间距 1.2m，南北向间距 0.9m，沿梁跨度放向立杆纵距 0.45m，梁底设置一根支撑杆。

（3）支板底模和端模

预应力梁的支撑体系需要在预应力筋张拉后拆除。张拉端梁、柱侧模要在张拉端构造节点全部安装完后对应预应力筋位置按第 1 条要求在模板上钻孔封堵，梁端模就位后其圆孔应与预应力张拉端伸出位置相对应。

（5）预应力筋铺放

预应力筋铺放按其铺放的三个主要步骤详细说明：

1）节点安装

根据建筑立面要求，可采用两种不同的张拉端节点组装方法。

根据端模板上打孔位置，按附图所示安装混凝土表面的张拉端节点（在设计要求张拉端可以露出混凝土梁、柱的部位）

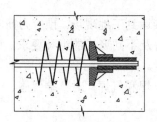
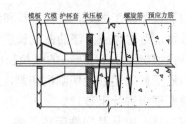

(a)固定端锚固系统构造 (挤压锚具)　　　　　(b)张拉端组装状态

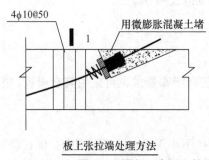
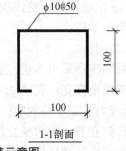

板上张拉端处理方法　　　　　　　1-1剖面

图 9-10　混凝土表面张拉端节点安装示意图

节点安装要求：

①要求预应力筋伸出承压板长度（预留张拉长度）≥30cm。

②将木端模固定好。

③凸出混凝土表面的张拉端承压板应用钉子固定在端模上。

④螺旋筋应固定在张拉端及锚固端的承压板后面，圈数不得少于 3～4 圈。

⑤挤压锚、张拉锚与承压板及螺旋筋间不应有缝隙。

⑥预应力筋必须与承压板面垂直，其在承压板后应有不小于 30cm 的直线段。

2）安放架立筋

按照施工图纸中预应力筋矢高的要求，将编号的架立筋安放就位并固定。为保证预应力钢筋的矢高准确、曲线顺滑，按照图纸要求在控制点安放马镫。

3）铺放梁中预应力筋

预应力筋应按施工图纸的要求进行铺放，铺放过程中其平面位置及剖面位置应定位准确。

由于预应力筋在梁中有多束，如果张拉端设在同一方向，可两个平行布置，预应力筋平均高度应满足设计要求。

剖面位置是根据施工图所要求的预应力筋曲线剖面位置，对其需支架立筋处和该位置处预应力筋重心线距板底的高度进行调整，并将预应力筋和架立筋绑扎牢固。

4）预应力筋的铺放顺序

预应力筋铺筋时应保证设计矢高，且避免施工中的混乱。铺设预应力筋前还要特别注意与非预应力筋的铺设走向位置协调配合一致。预应力筋的铺放顺序及位置应与普通钢筋的铺放顺序与位置相协调；为了充分发挥预应力筋的作用，需调整时使跨中预应力筋的高度尽量低，支座处尽量高。

5）预应力筋铺放原则及注意事项

①运到工地的预应力筋均带有编号标牌，预应力筋的铺放要与施工图所示的编号相对应。

②为保证预应力筋的矢高位置，要求先铺预应力筋，后铺水、电线道等。

③张拉端的承压板需有可靠固定，严防震捣混凝土时移动，并须保持张拉作用线与承压板垂直（绑扎时应保持预应力筋与锚杯轴线重合）。

④预应力筋的位置宜保持顺直，承压板面必须与张拉作用线垂直，节点组装件安装牢固，不得留有间隙。

⑤在预应力筋的张拉端和锚固端各装上一个螺旋筋，要求螺旋筋要紧靠承压板和锚板，或按设计要求放置钢筋网片。

⑥缓粘结预应力筋铺放前检查外包塑料皮有无破损，若有要用胶带缠补好。

⑦从预应力筋开始铺设直到混凝土浇筑，避免在预应力筋周围使用电焊，以防预应力筋通电造成强度降低。

（三）混凝土的浇筑及振捣

预应力筋铺放完成后，应由施工单位、质量检查部门、监理进行隐检验收，确认合格后，方可安装其它非预应力筋，安装其它非预应力筋时应加强对预应力筋的保护。

混凝土浇注应分为层进行，每层浇注时都应认真振捣，保证混凝土的密实。尤其是承压板、锚板周围的混凝土严禁漏振，不得有蜂窝或孔洞，保证密实。振捣时，应避免踏压碰撞预应力筋、支撑马凳以及端部预埋部件。

在混凝土初凝之后（浇筑后 2~3 天），应及时拆除端模，清理穴模。

（四）预应力筋张拉

（1）张拉准备

满堂架及外架搭设过程考虑预应力张拉操作空间，西侧、北侧张拉作业时利用外架操作平台，根据张拉设备及人员施工空间，搭设相应临时操作平台并做好防护；东侧张拉作业时在 18~19 轴窗井处梁底架体顶面设置操作平台满铺脚手板。

（2）预应力筋张拉前标定张拉机具

张拉机具采用北京市建筑工程研究院研制的系列千斤顶和配套油泵。根据设计和预应力工艺要求的实际张拉力对泵顶进行标定（有效期 6 个月）。实际使用时，由此标定曲线上找到控制张拉力值相对应的值，并将其打在相应的泵顶标牌上，以方便操作和查验。标定书在张拉资料中给出。

（3）控制应力和实际张拉力

根据设计要求的预应力筋张拉控制应力取值，实际张拉力根据实际状况进行超张拉 3%（单束缓粘结预应力筋实际张拉力 N=201KN），采用 $0 \rightarrow 103\%\sigma con$，张拉顺序按由下向上，由中到边对称张拉的原则进行。

（4）混凝土达到设计要求的强度（95%结构混凝土设计强度）后方叮进行预应力筋张拉，具体张拉时间按土建施工进度要求进行。

（5）预应力筋张拉可根据平面图依次顺序进行。

（6）单端筋，一端张拉；双端筋先张拉一端，后在另一端进行补拉。每束预应力筋张拉完后，应立即测量校对伸长值。如发现异常，应暂停张拉，待查明原因，并采取措施后，再继续张拉。

（7）预应力筋张拉工艺流程

a.量测预应力筋初始长

b.安装锚具

c.装千斤顶

d.张拉应力 $1.03\sigma con$

e.锁定锚具

（8）操作要点：

①穿筋：将预应力筋从千斤顶的前端穿入，直至千斤顶的顶压器顶住锚具为止。如果需用斜垫片或变角器，则先将其穿入，再穿千斤顶。

②张拉：油泵启动供油正常后，开始加压，当压力达到 2.5MPa 时，停止加压。调整千斤顶的位置，继续加压，直至达到设计要求的张拉力。当千斤顶行程满足不了所需伸长值时，中途可停止张拉，作临时锚固，倒回千斤顶行程，再进行第二次张拉。张拉时，要控制给油速度，给油时间不应低于 0.5min。

③测量记录：应准确到毫米。

预应力筋张拉前逐根测量外露缓粘结筋的长度，依次记录，作为张拉前的原始长度。张拉后再次测量缓粘结筋的外露长度，减去张拉前测量的长度，所得之差即为实际伸长值，用以校核计算伸长值。

（9）质量控制方法和要求：

①采用张拉时张拉力按标定的数值进行，用伸长值进行校核，即张拉质量采用应力应变双控方法。

②认真检查张拉端清理情况，不能夹带杂物张拉。

③锚具要检验合格，使用前逐个进行检查，严禁使用锈蚀锚具。

④张拉严格按照操作规程进行，控制给油速度，给油时间不应低于 0.5min。

⑤预应力筋筋应与承压板保持垂直，否则，应加斜垫片进行调整

⑥千斤顶安装位置应与缓粘结筋在同一轴线上，并与承压板保持垂直，否则，应采用变角器进行张拉。

⑦张拉中钢丝发生断裂，应报告工程师，由工程师视具体情况决定处理。

⑧实测伸长值与计算伸长值相差超过+6%或-6%时，应停止张拉，报告工程师进行分析处理，然后才能继续张拉。

（五）张拉工作完成后张拉端处理

张拉后，应将锚具外露的预应力筋预留不少于 20mm 长度后将多余部分用机械方法切断，将张拉端清理干净，再用细石膨胀混凝土或环氧砂浆封堵。密封后钢筋不得外露。

五、质量保证体系

（一）质量保证措施

1）加强技术管理，认真贯彻国家规定、规范、操作规程及各项管理制度。

2）建立完整的质量管理体系，项目管理部设置质量管理领导小组，由项目负责人和总工程师全权负责，选择精干、有丰富经验的专业质量检查员，对各工序进行质量检查监督和技术指导。

3）严格执行质量目标管理，把质量与效益严密挂钩，实行优质优价，质量目标责任制。质检员认真行使质量否决权，使质量管理始终处于受控状态。

4）项目部每天要开好现场生产的质量碰头会，每周对工程进行全面检查，进行三分析活动，即：分析质量存在的问题，分析质量问题的原因，分析应采取的措施，查出问题及时整改。

5）预应力张拉操作人员，必须经过培训，持证上岗。

6）应严格执行 "三检"、"一控"。

"三检"：自检、交接检、专业人员检查。

"一控"：自控准确率、一次验收合格率。

7）应加强施工全过程中的质量预控，密切配合建设、监理、总包三方人员的检查与验收，按时作好隐蔽工程记录。

8）加强原材料的管理工作，严格执行各种材料的检验制度，对进场的材料和设备必须认真检验，并及时向总包单位和监理方提供材质证明、试验报告和设备报验单。

9）优化施工方案，认真作好图纸会审和技术交底。每层、段都要有明确和详细的技术交底。施工中随时检查施工措施的执行情况，作好施工记录。按时进行施工质量检查掌握施工情况。

10）加强成品保护工作，对缓粘结预应力筋要采取保护措施，吊装时用专用吊绳。穿束时，如遇障碍，应进行调整后再穿，发现破皮后应及时用胶带缠补，尽量避免缓粘结预应力筋的油脂对非预应力筋的污染。

11）认真作好工程技术资料，及时准确完整收集和整理好各种资料，如合格证、试验报告、质检报告、隐蔽验收记录等，及时办理各种签证手续，由资料员负责各种资料的收发由技术负责人负责资料的内涵管理、整理和保管等外延管理。

12）实行严格的奖罚制度，奖优罚劣。对重视质量、施工质量一次达标者给予奖励，对不重视质量、违章作业、质量低劣者给予重罚。若造成返工，损失由责任人自负。不合格质量只允许在施工过程中出现，但不允许最终留在工程实体上。

（二）缓粘结预应力筋施工的质量保证措施

缓粘结预应力筋的润滑材料由北京市建筑工程研究院材料所研制生产，该材料具有良好的润滑性、涂附性和自行固化性能，可以保证施工阶段不离析，固化后体积稳定不收缩，能够很好的满足工程质量要求；

缓粘结预应力筋的加工时间应与工程整体进度相协调，总包单位准确通知工程进度，减少缓粘结筋制作到铺放在空气中的暴露时间；

缓粘结预应力筋端头要用胶带包裹密实，避免润滑剂流出和杂质进入，运输、吊装过程中应注意避免对预应力筋表皮的损伤，轻拿轻放、严禁抛摔，铺放时避免拖擦，并着重加强铺放后及混凝土浇筑时的成品保护工作；

尽量避免缓粘结预应力筋穿越后浇带，总包单位应合理安排施工段的划分和施工顺序，在混凝土强度达到设计要求后尽快优先张拉缓粘结预应力筋。

缓粘结预应力筋在张拉阶段与缓粘结预应力筋性能基本一致，可以完全采用缓粘结预应力筋的张拉工艺，设备及锚固装置。

（三）质量评定标准

按照中华人民共和国国家标准《混凝土结构工程施工质量验收规范》（GB50524-2002）和中华人民共和国行业标准《缓粘结预应力混凝土结构技术规程》（JGJT92-2004）的规定进行质量评定，工程质量必须符合上述标准的要求。

（四）质量回访

在工程结构封顶和工程竣工后对施工质量进行回访，请建设单位设计单位监理单位总包单位对预应力的施工质量服务态度相互配合等方面进行评定，并认真作好回访记录。

六、环境保护与安全管理

（一）环境保护

预应力施工过程中的各个环节、各个工序应注重环境的保护，正确使用易污染环境的材料和机具设备，施工过程中严格控制噪音，不扰乱其他工种人群。

（1）对施工工艺进行不断革新，在预应力材料生产、制造和施工过程中树立环境保护意识。

（2）对废弃的材料采取措施防止对环境产生破坏。

（3）提高所有参与施工的管理人员及工人增强对环境保护问题的认识。

（4）社会的每一个成员都有保护环境的责任和义务。

（二）安全管理

（1）与总包单位安全生产管理体系挂钩，同时建立自身的安全保障体系，由项目负责人全面管理，每个班组设安全员一名，具体负责缓粘结预应力施工的安全。

（2）在进行技术交底时，同时进行安全施工交底。

（3）张拉操作人员必须持证上岗。

（4）张拉作业时，在任何情况下严禁站在预应力筋端部正后方位置。操作人员严禁站在千斤顶后部。在张拉过程中，不得擅自离开岗位。

（5）油泵与千斤顶的操作者必须紧密配合，只有在千斤顶就位妥当后方可开动油泵。油泵操作人员必须精神集中，平稳给油回油，应密切注视油压表读数，张拉到位或回缸到底时需及时将控制手柄置于中位，以免回油压力瞬间迅速加大。

（6）张拉过程中，锚具和其它机具严防高空坠落伤人。油管接头处和张拉油缸端部严禁手触站人,应站在油缸两侧。预应力施工人员进入现场应遵守工地各项安全措施要求。

七、工程事故预防及处理办法

(1)预应力张拉前严格检查预应力筋,防止预应力筋发生绞纽现象。

(2)张拉过程中要控制好张拉速度,张拉过程中如发生异常,应立即停止张拉,待查明原因后再继续施工。

(3)张拉应保证同一束中各根预应力筋的应力一致;逐根或逐束张拉时应保证各阶段不出现对结构不利的应力状态。

(4)若出现预应力筋断丝或断筋现象,且超出规范要求,按以下步骤处理:

1)首先停止张拉,分析事故原因。若有必要对本批次的预应力筋及锚具再作复试,看是否材质本身的原因。

2)检查张拉机具的标定记录是否正确,若有必要再次标定张拉设备。首先考虑超张拉其余的预应力筋,若超张拉能够弥补断筋的损失就超张拉,否则就要更换预应力筋。

3)对一端张拉的预应力筋,切除锚具后,还应将锚固端剔凿出来,将损伤的预应力筋抽出,将新的预应力筋锚固端加工好;重新穿好预应力筋,用高强膨胀混凝土修补好剔凿处。

八、预应力施工验收和技术资料

(一)预应力专项工程施工及质量检查验收依据

(1)《混凝土结构工程施工及验收规范》(GB50204-2002)(2011 版)

(2)《预应力用混凝土钢绞线规范》(GB/T 5224-2003)

(3)《预应力筋用锚具、夹具和连接器》(GB/T 14370-2007)

(4)《无粘结预应力混凝土结构技术规程》(JGJ92-2004)

(5)《现浇混凝土空心楼盖结构技术规程》(CECS 175:2004)

(6)《缓粘结预应力混凝土结构施工技术规程》(DB/T29-190-2010)

(二)预应力施工技术资料

(1)预应力专项工程施工方案

(2)预应力专项工程施工技术、安全交底

(3)预应力筋合格证、材质检验报告、复检报告

(4)锚夹具合格证、检验报告

(5)锚具组装件检验报告

(6)预应力分项工程检验批记录

(7)预应力分项工程隐蔽验收记录

(8)预应力筋张拉机具标定书

(9)预应力筋张拉记录

附件1：（500×1800）预应力梁模板碗扣钢管高支撑架计算书

裙楼C区T、U、V、W、X、Y、a、b轴500×1800预应力屋面框架梁，梁底支撑体系自-0.1m层顶板开始搭设，采用碗扣式满堂脚手架，最大支模高度为9.98m（计算书按10m计算）。立杆南北向间距1.2m，东西向间距0.9m，步距1.2m。

计算依据《建筑施工碗扣式钢管脚手架安全技术规范》（JGJ166-2008）。

计算参数：

模板支架搭设高度为10.0m，

梁截面 B×D=500mm×1800mm，立杆的纵距（跨度方向）l=0.45m，立杆的步距 h=1.20m，梁底增加2道承重立杆。

面板厚度12mm，剪切强度1.4N/mm²，抗弯强度15.0N/mm²，弹性模量6000.0N/mm²。

木方40×90mm，剪切强度1.3N/mm²，抗弯强度13.0N/mm²，弹性模量9000.0N/mm²。

梁底支撑顶托梁长度1.50m。

梁顶托采用钢管48×3.0mm。

梁底承重杆按照布置间距600，300mm计算。

模板自重0.50kN/m²，混凝土钢筋自重25.50kN/m³，施工活荷载4.50kN/m²。

扣件计算折减系数取1.00。

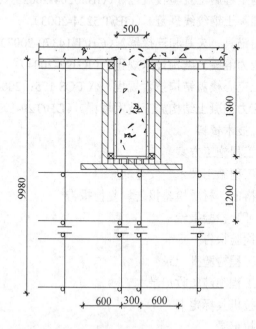

图9-11 梁模板支撑架立面简图

采用的钢管类型为 $\varphi48\times3.0$。

一、模板面板计算

面板为受弯结构，需要验算其抗弯强度和刚度。模板面板的按照多跨连续梁计算。作用荷载包括梁与模板自重荷载，施工活荷载等。

1. 荷载的计算：

（1）钢筋混凝土梁自重（kN/m）：

$$q_1=25.500\times1.800\times0.450=20.655\text{kN/m}$$

（2）模板的自重线荷载（kN/m）：

$$q_2=0.500\times0.450\times（2\times1.800+0.500）/0.500=1.845\text{kN/m}$$

（3）活荷载为施工荷载标准值与振捣混凝土时产生的荷载（kN）：

经计算得到，活荷载标准值 $P_1=（2.500+2.000）\times0.500\times0.450=1.012\text{kN}$

均布荷载 $q=1.20\times20.655+1.20\times1.845=27.000\text{kN/m}$

集中荷载 $P=1.40\times1.013=1.418\text{kN}$

面板的截面惯性矩 I 和截面抵抗矩 W 分别为：

本算例中，截面惯性矩 I 和截面抵抗矩 W 分别为：

$W=45.00\times1.20\times1.20/6=10.80\text{cm}^3$；

$I=45.00\times1.20\times1.20\times1.20/12=6.48\text{cm}^4$；

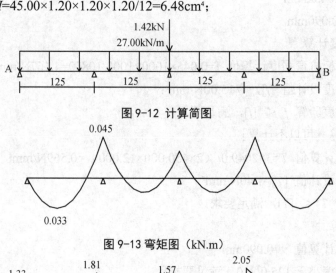

图 9-12 计算简图

图 9-13 弯矩图（kN.m）

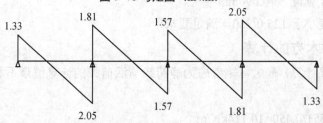

图 9-14 剪力图（kN）

变形的计算按照规范要求采用静荷载标准值，受力图与计算结果如下：

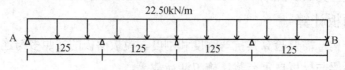

图 9-15 变形计算受力图

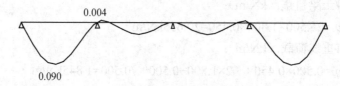

图 9-16 变形图（mm）

经过计算得到从左到右各支座力分别为

N_1=1.326kN

N_2=3.857kN

N_3=4.551kN

N_4=3.857kN

N_5=1.326kN

最大弯矩m=0.045kN.m

最大变形 V=0.090mm

（1）抗弯强度计算

经计算得到面板抗弯强度计算值 f=0.045×1000×1000/10800=4.167N/mm²

面板的抗弯强度设计值 [f]，取15.00N/mm²；

面板的抗弯强度验算 f < [f]，满足要求！

（2）抗剪计算 ［可以不计算］

截面抗剪强度计算值 T=3×2049.0/（2×450.000×12.000）=0.569N/mm²

截面抗剪强度设计值 [T]=1.40N/mm²

抗剪强度验算 T < [T]，满足要求！

（3）挠度计算

面板最大挠度计算值 v=0.090mm

面板的最大挠度小于 125.0/250，满足要求！

二、梁底支撑木方的计算

按照三跨连续梁计算，最大弯矩考虑为静荷载与活荷载的计算值最不利分配的弯矩和，计算公式如下：

均布荷载 q=4.551/0.450=10.114kN/m

最大弯矩m=0.1ql²=0.1×10.11×0.45×0.45=0.205kN.m

最大剪力 Q=0.6×0.450×10.114=2.731kN

最大支座力 N=1.1×0.450×10.114=5.007kN

木方的截面力学参数为

本算例中，截面惯性矩I和截面抵抗矩W分别为：

W=4.00×9.00×9.00/6=54.00cm³；

I=4.00×9.00×9.00×9.00/12=243.00cm⁴；

（1）木方抗弯强度计算

抗弯计算强度 f=0.205×10⁶/54000.0=3.79N/mm²

木方的抗弯计算强度小于 13.0N/mm²，满足要求！

（2）木方抗剪计算 [可以不计算]

最大剪力的计算公式如下：

$$Q=0.6ql$$

截面抗剪强度必须满足：

$$T=3Q/2bh<[T]$$

截面抗剪强度计算值 T=3×2731/（2×40×90）=1.138N/mm²

截面抗剪强度设计值 [T]=1.30N/mm²

木方的抗剪强度计算满足要求！

（3）木方挠度计算

均布荷载通过上面变形受力图计算的最大支座力除以跨度得到7.143kN/m

最大变形 v=0.677×7.143×450.0⁴/（100×9000.00×2430000.0）=0.091mm

木方的最大挠度小于 450.0/250，满足要求！

三、托梁的计算

托梁按照集中与均布荷载下多跨连续梁计算。

均布荷载取托梁的自重 q=0.040kN/m。

图 9-17 托梁计算简图

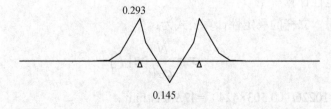

图 9-18 托梁弯矩图（kN.m）

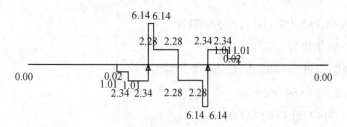

图 9-19 托梁剪力图（kN）

变形的计算按照规范要求采用静荷载标准值，受力图与计算结果如下：

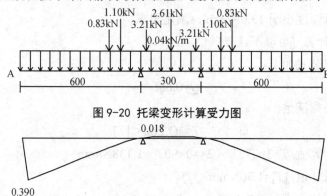

图 9-20 托梁变形计算受力图

图 9-21 托梁变形图（mm）

经过计算得到最大弯矩 m=0.293kN.m

经过计算得到最大支座 F=8.480kN

经过计算得到最大变形 V=0.390mm

顶托梁的截面力学参数为

截面抵抗矩 W=4.49cm³；

截面惯性矩 I=10.78cm⁴；

（1）顶托梁抗弯强度计算

抗弯计算强度 f=0.293×10⁶/1.05/4491.0=62.14N/mm²

顶托梁的抗弯计算强度小于 205.0N/mm²，满足要求！

（2）顶托梁挠度计算

最大变形 v=0.390mm

顶托梁的最大挠度小于 600.0/400，满足要求！

四、立杆的稳定性计算

不考虑风荷载时，立杆的稳定性计算公式为：

$$\sigma = \frac{N}{\varphi A} \leqslant [f]$$

经计算得到 σ=10226/（0.503×424）=47.948N/mm²；

不考虑风荷载时立杆的稳定性计算 $\sigma < [f]$，满足要求！

考虑风荷载时，立杆的稳定性计算公式为：

$$\frac{N_w}{\varphi A} + 0.9\frac{M_w}{W} \leqslant [f]$$

风荷载设计值产生的立杆段弯矩mw计算公式

$$m_w = 1.4W_k l_a l_0^2/8 - P_r l_0/4$$

风荷载产生的内外排立杆间横杆的支撑力 P_r 计算公式

$$P_r = 5 \times 1.4W_k l_a l_0/16$$

其中　W_k——风荷载标准值（kN/m²）；

$W_k = 0.300 \times 1.200 \times 1.040 = 0.374$kN/m²

　　　h——立杆的步距，1.20m；

　　　l_a——立杆迎风面的间距，1.50m；

　　　l_b——与迎风面垂直方向的立杆间距，0.45m；

风荷载产生的内外排立杆间横杆的支撑力

$P_r = 5 \times 1.4 \times 0.374 \times 1.500 \times 1.800/16 = 0.442$kN.m；

风荷载产生的弯矩

$M_w = 1.4 \times 0.374 \times 1.500 \times 1.800 \times 1.800/8 - 0.442 \times 1.800/4 = 0.119$kN.m；

N_w——考虑风荷载时，立杆的轴心压力最大值；

　　　$N_w = 8.480 + 1.2 \times 1.455 + 0.9 \times 1.4 \times 0.119/0.450 = 10.560$kN

经计算得到

$$\sigma = 10560/（0.503 \times 424）+ 119000/4491 = 73.445\text{N/mm}^2；$$

考虑风荷载时立杆的稳定性计算　$\sigma < [f]$，满足要求！

风荷载作用下的内力计算

架体中每个节点的风荷载转化的集中荷载

$$w = 0.374 \times 0.450 \times 1.200 = 0.202\text{kN}$$

节点集中荷载 w 在立杆中产生的内力

$$w_v = 1.200/1.500 \times 0.202 = 0.162\text{kN}$$

节点集中荷载 w 在斜杆中产生的内力

$$w_s = （1.200 \times 1.200 + 1.500 \times 1.500）^{1/2}/1.500 \times 0.202 = 0.259\text{kN}$$

支撑架的步数 $n = 8$

节点集中荷载w在立杆中产生的内力和为0.259+（8.000-1）×0.259=2.071kN

节点集中荷载w在斜杆中产生的内力和为8.000×0.162=1.294kN

架体自重为1.455kN

节点集中荷载 w 在斜杆中产生的内力和小于架体自重，满足要求！

附件2：（400×800）预应力梁扣件钢管高支撑架计算书

裙楼C区c-d轴间预应力梁截面400×800，梁底支撑采用扣件式满堂脚手架，模板支撑体系自地下部分（-5.0m局部-6.5m）开始搭设，最大支模高度为16.38m（计算书按16.4m计算）。架体搭设在基坑原土层上（-6.5m部分为回填土），土质为粉质粘土，采用扣件式满堂脚手架，立杆东西向间距1.2m，南北向间距0.9m，步距1.5m。

计算依据《建筑施工模板安全技术规范》（JGJ162-2008）。

计算参数：

模板支架搭设高度为16.4m，

梁截面 B×D=400mm×800mm，立杆的纵距（跨度方向）l=0.45m，立杆的步距 h=1.50m，梁底增加1道承重立杆。

面板厚度12mm，剪切强度1.4N/mm²，抗弯强度15.0N/mm²，弹性模量6000.0N/mm²。

木方40×90mm，剪切强度1.3N/mm²，抗弯强度13.0N/mm²，弹性模量9000.0N/mm²。

梁两侧立杆间距1.20m。

梁底按照均匀布置承重杆3根计算。

模板自重0.50kN/m²，混凝土钢筋自重25.50kN/m³，施工活荷载2.00kN/m²。

地基承载力标准值105kN/m²，基础底面扩展面积0.250m²，地基承载力调整系数0.50。

扣件计算折减系数取1.00。

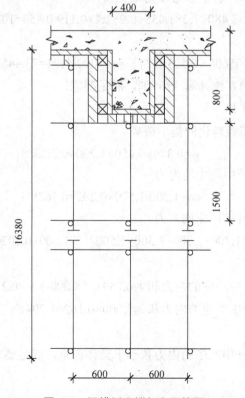

图 9-22　梁模板支撑架立面简图

按照规范4.3.1条规定确定荷载组合分项系数如下：

由可变荷载效应控制的组合S=1.2×（25.50×0.80+0.50）+1.40×2.00=27.880kN/m²

由永久荷载效应控制的组合S=1.35×24.00×0.80+0.7×1.40×2.00=27.880kN/m²

由于永久荷载效应控制的组合S最大，永久荷载分项系数取1.35，可变荷载分项系数取0.7×1.40=0.98

采用的钢管类型为φ48×3.0。

一、模板面板计算

面板为受弯结构，需要验算其抗弯强度和刚度。模板面板的按照多跨连续梁计算。

作用荷载包括梁与模板自重荷载，施工活荷载等。

1. 荷载的计算：

（1）钢筋混凝土梁自重（kN/m）：

q_1=25.500×0.800×0.450=9.180kN/m

（2）模板的自重线荷载（kN/m）：

q_2=0.500×0.450×（2×0.800+0.400）/0.400=1.125kN/m

（3）活荷载为施工荷载标准值与振捣混凝土时产生的荷载（kN）：

经计算得到，活荷载标准值 P_1=（0.000+2.000）×0.400×0.450=0.360kN

考虑0.9的结构重要系数，均布荷载 q=0.9×（1.35×9.180+1.35×1.125）=12.521kN/m

考虑0.9的结构重要系数，集中荷载 P=0.9×0.98×0.360=0.318kN

面板的截面惯性矩I和截面抵抗矩W分别为：

本算例中，截面惯性矩I和截面抵抗矩W分别为：

$$W=45.00×1.20×1.20/6=10.80cm^3;$$

$$I=45.00×1.20×1.20×1.20/12=6.48cm^4;$$

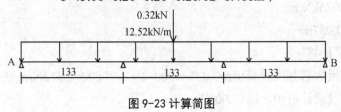

图 9-23 计算简图

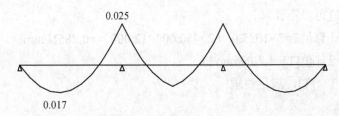

图 9-24 弯矩图（kN.m）

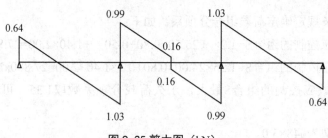

图 9-25 剪力图（kN）

变形的计算按照规范要求采用静荷载标准值，受力图与计算结果如下：

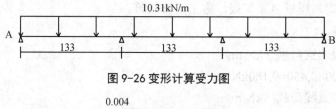

图 9-26 变形计算受力图

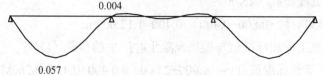

图 9-27 变形图（mm）

经过计算得到从左到右各支座力分别为

N_1=0.644kN

N_2=2.019kN

N_3=2.019kN

N_4=0.644kN

最大弯矩m=0.025kN.m

最大变形 V=0.057mm

（1）抗弯强度计算

经计算得到面板抗弯强度计算值f=0.025×1000×1000/10800=2.315N/mm²

面板的抗弯强度设计值[f]，取15.00N/mm²；

面板的抗弯强度验算f＜[f]，满足要求！

（2）抗剪计算[可以不计算]

截面抗剪强度计算值T=3×1025.0/（2×450.000×12.000）=0.285N/mm²

截面抗剪强度设计值[T]=1.40N/mm²

抗剪强度验算 T＜[T]，满足要求！

（3）挠度计算

面板最大挠度计算值 v=0.057mm

面板的最大挠度小于 133.3/250，满足要求！

二、梁底支撑木方的计算

按照三跨连续梁计算，最大弯矩考虑为静荷载与活荷载的计算值最不利分配的弯矩和，计算公式如下：

均布荷载　q=2.019/0.450=4.487kN/m

最大弯矩m=$0.1ql^2$=0.1×4.49×0.45×0.45=0.091kN.m

最大剪力　Q=0.6×0.450×4.487=1.211kN

最大支座力　N=1.1×0.450×4.487=2.221kN

木方的截面力学参数为

本算例中，截面惯性矩I和截面抵抗矩W分别为：

W=4.00×9.00×9.00/6=54.00cm³；

$$I=4.00×9.00×9.00×9.00/12=243.00cm^4；$$

（1）木方抗弯强度计算

抗弯计算强度　f=0.091×10⁶/54000.0=1.68N/mm²

木方的抗弯计算强度小于 13.0N/mm²，满足要求！

（2）木方抗剪计算［可以不计算］

最大剪力的计算公式如下：

$$Q=0.6ql$$

截面抗剪强度必须满足：

$$T=3Q/2bh < [T]$$

截面抗剪强度计算值　T=3×1211/（2×40×90）=0.505N/mm²

截面抗剪强度设计值　[T]=1.30N/mm²

木方的抗剪强度计算满足要求！

（3）木方挠度计算

均布荷载通过上面变形受力图计算的最大支座力除以跨度得到3.359kN/m

最大变形　v=0.677×3.359×450.0⁴/（100×9000.00×2430000.0）=0.043mm

木方的最大挠度小于 450.0/250，满足要求！

三、梁底支撑钢管计算

（一）梁底支撑横向钢管计算

横向支撑钢管按照集中荷载作用下的连续梁计算。

集中荷载P取木方支撑传递力。

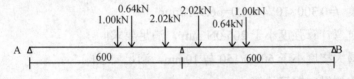

图 9-28 支撑钢管计算简图

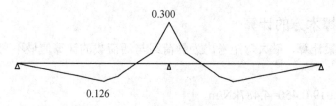

图 9-29 支撑钢管弯矩图（kN.m）

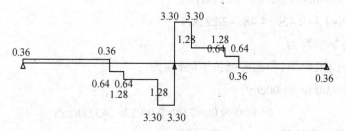

图 9-30 支撑钢管剪力图（kN）

变形的计算按照规范要求采用静荷载标准值，受力图与计算结果如下：

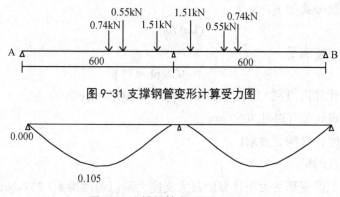

图 9-31 支撑钢管变形计算受力图

图 9-32 支撑钢管变形图（mm）

经过连续梁的计算得到

最大弯矩 m_{max}=0.300kN.m

最大变形 v_{max}=0.105mm

最大支座力 Q_{max}=6.604kN

抗弯计算强度 f=0.300×10⁶/4491.0=66.90N/mm²

支撑钢管的抗弯计算强度小于 205.0N/mm²，满足要求！

支撑钢管的最大挠度小于 600.0/150 与 10mm，满足要求！

（二）梁底支撑纵向钢管计算

梁底支撑纵向钢管只起构造作用，无需要计算。

四、扣件抗滑移的计算

纵向或横向水平杆与立杆连接时，扣件的抗滑承载力按照下式计算：

$$R \leqslant R_c$$

其中　R_c—— 扣件抗滑承载力设计值，取 8.00kN；

　　　　R——纵向或横向水平杆传给立杆的竖向作用力设计值；

计算中 R 取最大支座反力，R=6.60kN

单扣件抗滑承载力的设计计算满足要求！

五、立杆的稳定性计算

不考虑风荷载时，立杆的稳定性计算公式为：

$$\sigma = \frac{N}{\varphi A} \leqslant [f]$$

经计算得到 σ =8966/（0.391×424）=54.062N/mm²；

不考虑风荷载时立杆的稳定性计算 $\sigma < [f]$，满足要求！

考虑风荷载时，立杆的稳定性计算公式为：

$$\sigma = \frac{N}{\varphi A} + \frac{M_w}{W} \leqslant [f]$$

风荷载设计值产生的立杆段弯矩 mw 计算公式

$$M_w = 0.9 \times 0.9 \times 1.4 W_k l_a h^2 /10$$

其中　W_k——风荷载标准值（kN/m²）；

　　　　　　$W_k = 0.300 \times 1.200 \times 0.800 = 0.288$kN/m²

　　h——立杆的步距，1.50m；

　　l_a——立杆迎风面的间距，1.20m；

　　l_b——与迎风面垂直方向的立杆间距，0.45m；

风荷载产生的弯矩 mw=0.9×0.9×1.4×0.288×1.200×1.500×1.500/10=0.088kN.m；

　　　N_w——考虑风荷载时，立杆的轴心压力最大值；

　N_w=6.604+0.9×1.2×1.944+0.9×0.9×1.4×0.088/0.450=9.188kN

经计算得到 σ =9188/（0.391×424）+88000/4491=75.036N/mm²；

考虑风荷载时立杆的稳定性计算 $\sigma < [f]$，满足要求！

六、基础承载力计算

立杆基础底面的平均压力应满足下式的要求

$$p \leqslant f_g$$

其中　p——立杆基础底面的平均压力（kN/m²），$p=N/A$；p=35.86

　　　　N——上部结构传至基础顶面的轴向力设计值（kN）；N=8.97

　　　　A——基础底面面积（m²）；A=0.25

　　　　f_g——地基承载力设计值（kN/m²）；f_g=52.50

地基承载力设计值应按下式计算

$$f_g = k_c \times f_{gk}$$

其中　k_c——脚手架地基承载力调整系数；k_c=0.50

　　　　f_{gk}——地基承载力标准值；f_{gk}=105.00

地基承载力的计算满足要求！

第 10 章 建筑施工安全应急预案范例

10.1 应急预案编制范本

××事故应急准备与响应预案

1. 编制目的

建设工程项目部制定施工现场安全事故应急预案，是为了防止施工现场的生产安全事故发生，完善应急工作机制，在工程项目发生事故状态下，迅速有序地开展事故的应急救援工作，抢救伤员，减少事故损失。

2. 危险性分析

2.1 项目概况

预案中要写明建筑工程的地理位置、从业人数、主要生产作业内容和周围的环境情况；以及规划用地红线内的面积，所用地内建筑物的组成情况，施工范围、总建筑面积、高度，包括地上、地下及相关建筑和设备用房等有关内容；周边区域重要基础设施、道路等情况。

2.2 危险源情况

根据从事工程的项目特点，所承接的项目主要有机械设备、电气焊、高空作业等工程施工。可发生和重大危险因素的生产安全事故有高空坠落事故、触电事故、坍塌事故、电焊伤害事故、车辆火灾事故、交通安全事故、火灾爆炸事故、机械伤害事故等。

3. 应急组织机构与职责

3.1 应急救援领导小组与职责

（1）项目经理是应急救援领导小组的第一负责人，担任组长，负责紧急情况处理的指挥工作。成员分别由商务经理、生产经理、项目书记、总工程师、机电经理组成。安监部长是应急救援第一执行人，担任副组长，负责紧急情况处理的具体实施和组织工作。

（2）生产经理是坍塌事故应急小组第二负责人，机电经理是触电事故应急小组第二负责人，现场经理是大型脚手架及高处坠落事故、电焊伤害事故、车辆火灾事故、交通事故、火灾及爆炸事故、机械伤害事故应急第二负责人，分别负责相应事故救援组织工作的配合工作和事故调查的配合工作。

3.2 应急小组下设机构及职责

（1）抢险组。

组长及成员：组长由项目经理担任，成员由安全总监、现场经理、机电经理、项目工程师和项目班子及分包单位负责人组成。

主要职责：组织实施抢险行动方案，协调有关部门的抢险行动；及时向指挥部报告抢险进展情况。

（2）安全保卫组。

组长及成员：组长由项目书记担任，成员由项目行政部、经警组成。

主要职责：负责事故现场的警戒，阻止非抢险救援人员进入现场，负责现场车辆疏通，维持治安秩序，负责保护抢险人员的人身安全。

（3）后勤保障部。

组长及成员：组长由项目书记担任，成员由项目物资部、行政部、合约部、食堂组成。

主要职责：负责调集抢险器材、设备；负责解决全体参加抢险救援工作人员的食宿问题。

（4）医疗救护组。

组长及成员：组长由项目卫生所医生组成，成员由卫生所护士、救护车队组成。

主要职责：负责现场伤员的救护等工作。

（5）善后处理组。

组长及成员：组长由项目经理担任，成员由项目领导班子组成。

主要职责：负责做好对遇难者家属的安抚工作，协调落实遇难者家属抚恤金和受伤人员住院费问题；做好其他善后事宜。

（6）事故调查组。

组长及成员：组长由项目经理、公司责任部门领导担任，成员有项目安全部长，公司相关部门，公司有关技术专家组成。

主要职责：负责对事故现场的保护和图纸的测绘，查明事故原因，确定事件的性质，提出应对措施，如确定为事故，提出对事故责任人的处理意见。

4．预防与预警

4.1 高处坠落预防措施

（1）加强安全自我保护意识教育，强化管理安全防护用品的使用。

（2）重点部位项目，严格执行安全管理专业人员旁站监督制度。

（3）随施工进度，及时完善各项安全防护设施，各类竖井安全门栏必须设制警示牌。

（4）各类脚手架及垂直运输设备搭设、安装完毕后，未经验收禁止使用。

（5）安全专业人员，加强安全防护设施巡查，发现隐患及时落实解决。

4.2 火灾爆炸事故预防措施

各施工现场应根据各自进行的施工工程的具体的情况制定方案，建立各项消防安全制度和安全施工的各项操作规程。

（1）根据施工的具体情况制定消防保卫方案，建立健全各项消防安全制度，严格遵守各项操作规程。

（2）在工程场地内不得存放油漆、稀料等易燃易爆物品。

（3）施工单位不得在工程内设置调料间，不得在工程内进行油漆的调配。

（4）工程场地内严禁吸烟，使用各种明火作业应开具动火证并设专人监护。

（5）作业现场要配备充足的消防器材。

（6）施工期间工程内使用各种明火作业应得到施工单位项目经理部消防保卫部门的批准，并且要配备充足灭火材料和消防器材。

（7）严禁在施工工程现场内存放氧气瓶、乙炔瓶。

（8）施工作业时氧气瓶、乙炔瓶要与动火点保持 10m 的距离，氧气瓶与乙炔瓶的距离应保持 5m 以上。

（9）进行电、气焊作业要取得动火证，并设专人看管，施工现场要配置充足的消防器材。

（10）作业人员必须持上岗证，到项目经理部有关人员处办理动火证，并按要求对作业区域易燃易爆物进行清理，对有可能飞溅下落火花的孔洞采取措施进行封堵。

4.3 触电事故预防措施

（1）坚持电气专业人员持证上岗，非电气专业人员不准进行任何电气部件的更换或维修。

（2）建立临时用电检查制度，按临时用电管理规定对现场的各种线路和设施进行检查和不定期抽查，并将检查、抽查记录存档。

（3）检查和操作人员必须按规定穿戴绝缘胶鞋、绝缘手套；必须使用电工专用绝缘工具。

（4）临时配电线路必须按规范架设，架空线必须从采用绝缘导线，不得采用塑胶软线，不得成束架空敷设，不得沿地面明敷。

（5）施工现场临时用电的架设和使用必须符合《施工现场临时用电安全技术规范》（JGJ46-2005）的规定。

（6）施工机具、车辆及人员，应与线路保持安全距离。达不到规定的最小距离时，必须采用可靠的防护措施。

（7）配电系统必须实行分级配电。现场内所有电闸箱的内部设置必须符合有关规定，箱内电器必须可靠、完好，其选型、定值要符合有关规定，开关电器应标明用途。电闸箱内电器系统需统一样式，统一配置，箱体统一刷涂桔黄色，并按规定设置围栏和防护棚，流动箱与上一级电闸箱的连接，采用外搭连接方式（所有电箱必须使用定点厂家的认定产品）。

（8）工地所有配电箱都要标明箱的名称、控制的各线路称谓、编号、用途等。

（9）应保持配电线路及配电箱和开关箱内电缆、导线对地绝缘良好，不得有破损、硬伤、带电梯线露、电线受挤压、腐蚀、漏电等隐患，以防突然出事。

（10）独立的配电系统必须采用三相五线制的接零保护系统，非独立系统可根据现场的实际情况采取相应的接零或接地保护方式。各种电气设备和电力施工机械的金属外壳、金属支架和底座必须按规定采取可靠的接零或接地保护。

（11）在采取接地和接零保护方式的同时，必须设两级漏电保护装置，实行分级保护，形成完整的保护系统。漏电保护装置的选择应符合规定。

（12）为了在发生火灾等紧急情况时能确保现场的照明不中断，配电箱内的动力开关与照明开关必须分开使用。

（13）开关箱应由分配电箱配电。注意一个开关控制两台以上的用电设备不可一闸多用，每台设备应由各自开关箱，严禁一个开关控制两台以上的用电设备（含插座），以保证安全。

（14）配电箱及开关箱的周围应有两人同时工作的足够空间和通道，不要在箱旁堆放建筑材料和杂物。

（15）各种高大设施必须按规定装设避雷装置。

（16）分配电箱与开关箱的距离不得超过 30m；开关箱与它所控制的电气设备相距不得超过 3m。

（17）电动工具的使用应符合国家标准的有关规定。工具的电源线、插头和插座应完好，电源线不得任意接长和调换，工具的外绝缘应完好无损，维修和保管有专人负责。

（18）施工现场的照明一般采用 220V 电源照明，结构施工时，应在顶板施工中预埋管，临时照明和动力电源应穿管布线，必须按规定装设灯具，并在电源一侧加装漏电保护器。

（19）电焊机应单独设开关。电焊机外壳应做接零或接地保护。施工现场内使用的所有电焊机必须加装电焊机触电保护器。接线应压接牢固，并安装可靠防护罩。焊把线应双线到位，不得借用金属管道、金属脚手架、轨道及结构钢筋做回路地线。焊把线无破损，绝缘良好。电焊机设置点应防潮、防雨、防砸。

4.4 信息报告

（1）事故发现人员，应立即向组长（副组长）报告。如果是火灾事故，必须同时打 119 向公安消防部门报警，急救拨打 120、999。

（2）组长接到报警后，通知副组长、组员，立即启动应急救援系统。

（3）根据事故类别向事故发生地政府主管部门报告。

（4）报告应包括以下内容：

1）事故发生时间、类别、地点和相关设施。

2）联系人姓名和电话等。

5. 应急响应

5.1 大型脚手架及高处坠落事故应急处置

5.1.1 大型脚手架出现变形事故征兆时的应急措施

（1）因地基沉降引起的脚手架局部变形。在双排架横向截面上架设八字戗或剪刀撑，隔一排立杆架设一组，直到变形区外排。八字戗或剪刀撑下脚必须设在坚实、可靠的地基上。

（2）脚手架赖以生根的悬挑钢梁挠度变形超过规定值，应对悬挑钢梁后锚固点进行加固，钢梁上面用钢支撑加 U 形托旋紧后顶住屋顶。预埋钢筋环与钢梁之间有空隙，须用马楔备紧。吊挂钢梁外端的钢丝绳逐根检查，全部紧固，保证均匀受力。

（3）脚手架卸荷、拉接体系局部产生破坏，要立即按原方案制定的卸荷拉接方法将其恢复，并对已经产生变形的部位及杆件进行纠正。如纠正脚手架向外张的变形，先按每个开间设一个 5t 倒链，与结构绷紧，松开刚性拉接点，各点同时向内收紧倒链，至变形被纠正，做好刚性拉接，并将各卸荷点钢丝绳收紧，使其受力均匀，最后放开倒链。

5.1.2 大型脚手架失稳引起倒塌及造成人员伤亡时的应急措施

（1）迅速确定事故发生的准确位置、可能波及的范围、脚手架损坏的程度、人员伤亡情况等，以根据不同情况进行处置。

（2）划出事故特定区域，非救援人员未经允许不得进入特定区域。迅速核实脚手架上作业人数，如有人员被坍塌的脚手架压在下面，要立即采取可靠措施加固四周，然后拆除或切割压住伤者的杆件，将伤员移出。如脚手架太重可用吊车将架体缓缓抬起，以便救人。如无人员伤亡，立即实施脚手架加固或拆除等处理措施。以上行动须由有经验的安全员和架子工长统一安排。

5.1.3 发生高处坠落事故的抢救措施

（1）救援人员首先根据伤者受伤部位立即组织抢救，促使伤者快速脱离危险环境，送往医院救治，并保护现场。察看事故现场周围有无其它危险源存在。

（2）在抢救伤员的同时迅速向上级报告事故现场情况。

（3）抢救受伤人员时几种情况的处理：

1）如确认人员已死亡，立即保护现场。

2）如发生人员昏迷、伤及内脏、骨折及大量失血：①立即联系 120、999 急救车或距现场最近的医院，并说明伤情。为取得最佳抢救效果，还可根据伤情送往专科医院。②外伤大出血：急救车未到前，现场采取止血措施。③骨折：注意搬运时的保护，对昏迷、可能伤及脊椎、内脏或伤情不详者一律用担架或平板，禁止用搂、抱、背等方式运输伤员。

3）一般性伤情送往医院检查，防止破伤风。

5.2 触电事故应急处置

（1）截断电源，关上插座上的开关或拔除插头。如果够不着插座开关，就关上总开关。切勿试图关上那件电器用具的开关，因为可能正是该开关漏电。

（2）若无法关上开关，可站在绝缘物上，如一叠厚报纸、塑料布、木板之类，用扫帚或木椅等将伤者拨离电源，或用绳子、裤子或任何干布条绕过伤者腋下或腿部，把伤者拖离电源。切勿用手触及伤者，也不要用潮湿的工具或金属物质把伤者拨开，也不要使用潮湿的物件拖动伤者。

（3）如果患者呼吸心跳停止，开始人工呼吸和胸外心脏按压。切记不能给触电的人注射强心针。若伤者昏迷，则将其身体放置成卧式。

（4）若伤者曾经昏迷、身体遭烧伤，或感到不适，必须打电话叫救护车，或立即送伤者到医院急救。

（5）高空出现触电事故时，应立即截断电源，把伤人抬到附近平坦的地方，立即对伤人进行急救。

（6）现场抢救触电者的经验原则是：迅速、就地、准确、坚持。

1）迅速：争分夺秒将触电者脱离电源。

2）就地：必须在现场附近就地抢救，病人有意识后再就近送医院抢救。从触电时算起，5分钟以内及时抢救，救生率 90%左右。10 分钟以内抢救，救生率 6.15%希望甚微。

3）准确：人工呼吸的动作必须准确。

4）坚持：只要有百万分之一希望就要近百分之百努力抢救。

5.3 坍塌事故应急处置

（1）坍塌事故发生时，安排专人及时切断有关闸门，并对现场进行声像资料的收集。发生后立即组织抢险人员在半小时内到达现场。根据具体情况，采取人工和机械相结合的方法，对坍塌现场进行处理。抢救中如遇到坍塌巨物，人工搬运有困难时，可调集大型的吊车进行调运。在接近边坡处时，必须停止机械作业，全部改用人工扒物，防止误伤被埋人员。现场抢救中，还要安排专人对边坡、架料进行监护和清理，防止事故扩大。

（2）事故现场周围应设警戒线。

（3）统一指挥、密切协同的原则。坍塌事故发生后，参战力量多，现场情况复杂，各种力量需在现场总指挥部的统一指挥下，积极配合、密切协同，共同完成。

（4）以快制快、行动果断的原则。鉴于坍塌事故有突发性，在短时间内不易处理，处置行动必须做到接警调度快、到达快、准备快、疏散救人快、达到以快制快的目的。

（5）讲究科学、稳妥可靠的原则。解决坍塌事故要讲科学，避免急躁行动引发连续坍塌事故发生。

（6）救人第一的原则。当现场遇有人员受到威胁时，首要任务是抢救人员。

（7）伤员抢救立即与急救中心和医院联系，请求出动急救车辆并做好急救准备，确保伤员得到及时医治。

（8）事故现场取证救助行动中，安排人员同时做好事故调查取证工作，以利于事故处理，防止证据遗失。

（9）自我保护，在救助行动中，抢救机械设备和救助人员应严格执行安全操作规程，配齐安全设施和防护工具，加强自我保护，确保抢救行动过程中的人身安全和财产安全。

5.4 电焊伤害事故应急处置

（1）未受过专门训练的人员不准进行焊接工作。焊接锅炉承压部件、管道及承压容器等设备的焊工，必须按照锅炉监察规程（焊工考试部分）的要求，经过基本考试和补充考试合格，并持有合格证，方可允许工作。

（2）焊工应穿帆布工作服，戴工作帽，上衣不准扎在裤子里。口袋须有遮盖，脚下穿绝缘橡胶鞋，以免焊接时被烧伤。

（3）焊工应带绝缘手套，不得湿手作业操作，以免焊接时触电。

（4）禁止使用有缺陷的焊接工具和设备。

（5）高空电焊作业人员，应正确佩戴安全带，作业面设水平网兜并铺彩条布，周围用密目网维护，以防焊渣四溅。

（6）不准在带有压力（液体压力或气体压力）的设备上或带电的设备上进行焊接。

（7）现场上固定的电源线必须加塑料套管埋地保护，以防止被加工件压迫发生触电。

（8）电焊施工前，项目要统一办理动火证。

5.5 车辆火灾事故应急处置

（1）车辆火灾事故发生后，项目应立即组织人员灭火，有可能的情况下卸下车上货物。

（2）疏通事发现场道路，保证救援工作顺利进行，疏散人群至安全地带。

（3）在急救过程中，遇有威胁人身安全情况时，应首先确保人身安全，迅速组织脱离危险区域或场所后，再采取急救措施。

（4）为防止车辆爆炸，项目人员除自救外，还应向社会专业救援队伍求援，尽快扑灭火情。

（5）定期检查维修车辆，检查车辆上灭火器的配备，保证良好的车况是防止车辆发生火灾的最好措施。

（6）夏季天气炎热，车内温度高，为防止车辆自燃现象的发生，应尽量将车停在阴凉处或定时对车辆洒水降温。

5.6 重大交通事故应急处置

（1）事故发生后，迅速拨打急救电话，并通知交警。

（2）项目在接到报警后，应立即组织自救队伍，迅速将伤者送往附近医院，并派人保护现场。

（3）协助交警疏通事发现场道路，保证救援工作顺利进行，疏散人群至安全地带。

（4）做好事后人员的安抚、善后工作。

5.7 火灾、爆炸事故应急处置

5.7.1 火灾、爆炸事故应急流程应遵循的原则

（1）紧急事故发生后，发现人应立即报警。一旦启动本预案，相关责任人要以处置重大紧急情况为压倒一切的首要任务，绝不能以任何理由推诿拖延。各部门之间、各单位之间必须服从指挥、协调配和，共同做好工作。因工作不到位或玩忽职守造成严重后果的，要追求有关人员的责任。

（2）项目在接到报警后，应立即组织自救队伍，按事先制定的应急方案立即进行自救；若事态情况严重，难以控制和处理，应立即在自救的同时向专业队伍救援，并密切配合救援队伍。

（3）疏通事发现场道路，保证救援工作顺利进行；疏散人群至安全地带。

（4）在急救过程中，遇有威胁人身安全情况时，应首先确保人身安全，迅速组织脱离危险区域或场所后，再采取急救措施。

（5）切断电源、可燃气体（液体）的输送，防止事态扩大。

（6）安全总监为紧急事务联络员，负责紧急事物的联络工作。

（7）紧急事故处理结束后，安全总监应填写记录，并召集相关人员研究防止事故再次发生的对策。

5.7.2 火灾、爆炸事故的应急措施

（1）对施工人员进行防火安全教育

目的是帮助施工人员学习防火、灭火、避难、危险品转移等各种安全疏散知识和应对方法，提高施工人员对火灾、爆炸发生时的心理承受能力和应变力。一旦发生突发事件，施工人员不仅可以沉稳自救，还可以冷静地配合外界消防员做好灭火工作，把火灾事故损失降低到最低水平。

（2）早期警告。事件发生时，在安全地带的施工人员可通过手机、对讲机向楼上施工人员传递火灾发生信息和位置。

（3）紧急情况下电梯、楼梯、马道的使用

高层建筑在发生火灾时，不能使用室内电梯和外用电梯逃生。因为室内电梯井会产生"烟

囱效应"，外用电梯会发生电源短路情况。最好通过室内楼梯或室外脚手架马道逃生（本工程建筑高度不高，最好采取这种方法逃生）。如果下行楼梯受阻，施工人员可以在某楼层或楼顶部耐心等待救援，打开窗户或划破安全网保持通风，同时用湿布捂住口鼻，挥舞彩色安全帽表明你所处的位置。切忌逃生时在马道上拥挤。

5.7.3 火灾、爆炸发生时人员疏散应避免的行为因素

（1）人员聚集。

灾难发生时，由于人的生理反应和心理反应决定受灾人员的行为具明显向光性，盲从性。向光性是指在黑暗中，尤其是辨不清方向，走投无路时，只要有一丝光亮，人们就会迫不及待的向光亮处走去。盲从性是指事件突变，生命受到威胁时，人们由于过分紧张、恐慌，而失去正确的理解和判断能力，只要有人一声招呼，就会导致不少人跟随、拥挤逃生，这会影响疏散甚至造成人员伤亡。

（2）恐慌行为。

是一种过分和不明智的逃离行为，它极易导致各种伤害性情感行动。如：绝望、歇斯底里等。这种行为若导致"竞争性"拥挤，再进入火场，穿越烟气空间及跳楼等行动，时常带来灾难性后果。

（3）再进火场行为。

受灾人已经撤离或将要撤离火场时，由于某些特殊原因驱使他们再度进入火场，这也属于一种危险行为，在实际火灾案例中，由于再进火场而导致灾难性后果的占有相当大的比例。

5.8 机械伤害事故应急处置

应急指挥立即召集应急小组成员，分析现场事故情况，明确救援步骤、所需设备、设施及人员，按照策划、分工，实施救援。需要救援车辆时，应急指挥应安排专人接车，引领救援车辆迅速施救。

5.8.1 塔式起重机出现事故征兆时的应急措施

（1）塔吊基础下沉、倾斜：

1）应立即停止作业，并将回转机构锁住，限制其转动。

2）根据情况设置地锚，控制塔吊的倾斜。

（2）塔吊平衡臂、起重臂折臂：

1）塔吊不能做任何动作。

2）按照抢险方案，根据情况采用焊接等手段，将塔吊结构加固，或用连接方法将塔吊结构与其他物体联接，防止塔吊倾翻和在拆除过程中发生意外。

3）用2～3台适量吨位起重机，一台锁起重臂，一台锁平衡臂。其中一台在拆臂时起平衡力矩作用，防止因力的突然变化而造成倾翻。

4）按抢险方案规定的顺序，将起重臂或平衡臂连接件中变形的连接件取下，用气焊割开，用起重机将臂杆取下。

5）按正常的拆塔程序将塔吊拆除，遇变形结构用气焊割开。

（3）塔吊倾翻：

1）采取焊接、连接方法，在不破坏失稳受力情况下增加平衡力矩，控制险情发展。

2）选用适量吨位起重机按照抢险方案将塔吊拆除，变形部件用气焊割开或调整。

（4）锚固系统险情：

1）将塔式平衡臂对应到建筑物，转臂过程要平稳并锁住。

2）将塔吊锚固系统加固。

3）如需更换锚固系统部件，先将塔机降至规定高度后，再更换部件。

（5）塔身结构变形、断裂、开焊：

1）将塔式平衡臂对应到变形部位，转臂过程要平稳并锁住。

2）根据情况采用焊接等手段，将塔吊结构变形或断裂、开焊部位加固。

3）落塔更换损坏结构。

5.8.2 小型机械设备事故应急措施

（1）发生各种机械伤害时，应先切断电源，再根据伤害部位和伤害性质进行处理。

（2）根据现场人员被伤害的程度，一边通知急救医院，一边对轻伤人员进行现场救护。

（3）对重伤者不明伤害部位和伤害程度的，不要盲目进行抢救，以免引起更严重的伤害。

5.8.3 机械伤害事故引起人员伤亡的处置

（1）迅速确定事故发生的准确位置、可能波及的范围、设备损坏的程度、人员伤亡等情况，以根据不同情况进行处置。

（2）划出事故特定区域，非救援人员未经允许不得进入特定区域。迅速核实塔式起重机上作业人数，如有人员被压在倒塌的设备下面，要立即采取可靠措施加固四周，然后拆除或切割压住伤者的杆件，将伤员移出。

（3）抢救受伤人员时几种情况的处理：

1）如确认人员已死亡，立即保护现场；

2）如发生人员昏迷、伤及内脏、骨折及大量失血：①立即联系120、999急救车或距现场最近的医院，并说明伤情。为取得最佳抢救效果，还可根据伤情联系专科医院。②外伤大出血：急救车未到前，现场采取止血措施。③骨折：注意搬动时的保护，对昏迷、可能伤及脊椎、内脏或伤情不详者一律用担架或平板，不得一人抬肩、一人抬腿。

3）一般性外伤：①视伤情送往医院，防止破伤风。②轻微内伤，送医院检查。

4）制定救援措施时一定要考虑所采取措施的安全性和风险，经评价确认安全无误后再实施救援，避免因采取措施不当而引发新的伤害或损失。

6 应急物资及装备

（1）救护人员的装备：头盔、防护服、防护靴、防护手套、安全带、呼吸保护器具等；

（2）灭火剂：水、泡沫、CO_2、卤代烷、干粉、惰性气体等；

（3）灭火器：干粉、泡沫、1211、气体灭火器等；

（4）简易灭火工具：扫帚、铁锹、水桶、脸盆、沙箱、石棉被、湿布、干粉袋等；

（5）消防救护器材：救生网、救生梯、救生袋、救生垫、救生滑杆、缓降器等；

（6）自动苏生器：适用于抢救因中毒窒息、胸外伤、溺水、触电等原因造成的呼吸抑制或窒息处于假死状态的伤员；

（7）通讯器材：固定电话一个，移动电话：原则上每个管理人员一人一个，对讲机若干。

7 预案管理

7.1 培训

（1）根据受训人员和工作岗位的不同，选择培训内容，制定培训计划。

（2）培训内容：鉴别异常情况并及时上报的能力与意识；如何正确处理各种事故；自救与互救能力；各种救援器材和工具使用知识；与上下级联系的方法和各种信号的含义；工作岗位存在哪些危险隐患；防护用具的使用和自制简单防护用具；紧急状态下如何行动。

7.2 演练

项目部按照假设的事故情景，每季度至少组织一次现场实际演练，将演练方案及经过记录在案。

8 预案修订与完善

（1）为了能把新技术和新方法运用到应急救援中去，以及对不断变化的具体情况保持一致，预案应进行及时更新，必要时重新编写。

（2）对危险源和新增装置、人员变化进行定期检查，对预案及时更新。

（3）在实践和演习中提高水平，对预案进一步合理化。

10.2 应急预案范例

10.2.1 火灾事故应急准备与响应预案

1. 编制目的

为使发生火灾时能采取最有效的方法抢救被困人员或自救，同时尽可能不使火势蔓延，最大限度减小经济损失，特制定本预案。

2. 组织机构及职责

由项目部成立应急响应指挥部，负责指挥及协调工作。

组长：×××

成员：×××、×××、×××、×××、×××

具体分工如下：

（1）×××负责立即组织人员进行扑救。

（2）×××负责组织人员疏导被困人员、维持现场秩序。

（3）×××负责立即同医院、公安、消防部门的联系，说明详细事故地点、事故情况，并派人到路口接应。

（4）×××负责现场物资、车辆的调度。

3. 火灾事故应急措施

（1）立即报警。当接到汇报施工现场火灾发生信息后，指挥小组立即拨打"119"火警电话，并及时通知集团公司应急抢险领导小组，以便领导了解和指挥扑救火灾事故。

（2）组织扑救火灾。当基地或施工现场发生火灾后，除及时报警外，指挥小组要立即组织义务消防队员和员工进行扑救，扑救火灾时按照"先控制、后灭火；救人重于救火；先重点后一般"的灭火战术原则。并派人及时切断电源，接通消防水泵电源，组织抢救伤亡人员，隔离火灾危险源和重要物资，充分利用施工现场中的消防设施器材进行灭火。

（3）协助消防员灭火。在自救的基础上，当专业消防队到达火灾现场后，火灾事故应急指挥小组要简要的向消防队负责人说明火灾情况，并全力支持消防队员灭火，要听从消防队的指挥，齐心协力，共同灭火。

（4）伤员身上燃烧的衣物一时难以脱下时，可让伤员躺在地上滚动，或用水洒扑灭火焰。

（5）保护现场。当火灾发生时和扑救完毕后，指挥小组要派人保护好现场，维护好现场秩序，等待对事故原因及责任人的调查。同时应立即采取善后工作，及时清理，将火灾造成的垃圾分类处理并采取其他有效措施，从而将火灾事故对环境造成的污染降低到最低限度。

（6）火灾事故调查处置。按照集团公司事故（事件）报告分析处理制度规定，项目部火灾事故应急准备和响应指挥小组在调查和审查事故情况报告出来以后，作出有关处理决定，重新落实防范措施。并报集团公司应急抢险领导小组和上级主管部门。

附：施工现场灭火器材布置图（略）。

4．应急物资

常备药品：消毒用品、急救物品（绷带、无菌敷料）及各种常用小夹板、担架、止血带、氧气袋、灭火器等救火物资。

5．通讯联络

医院急救中心：120 火警：119 匪警：110

工地现场值班电话：×××××××

有关负责人电话：×××××××

项目负责人：×××   手机：136×××××××

安全员：×××   手机：138×××××××

技术负责人：×××   手机：133×××××××

施工员：×××   手机：136×××××××

6．注意事项

（1）贵重的书画文物及重要的档案资料等，一旦着火不可用水扑救。

（2）凡比重轻于水的易燃液体着火后不宜用水扑救，因为着火的易燃液体会漂在水面上，到处流淌，反而造成火势蔓延。

（3）高压电器设备失火不能用水来扑救，一是水能导电容易造成电器设备短路烧毁，二是容易发生高压电流沿水柱传到消防器材上，造成消防人员伤亡。

（4）硫酸、硝酸、盐酸遇火不能用水扑救，因为这三种强酸遇火后发生强烈的发热反应，引起强酸四处飞溅，甚至发生爆炸。

（5）金属钾、钠、铿和易燃的铝粉、锰粉等着火，千万不可用水扑救，因为它们会与水发生化学反应，生成大量可燃性气体—氢气，不但火上浇油，而且极易发生爆炸。

10.2.2 坍塌倒塌事故应急准备与响应预案

1．编制目的

为有效防止事故扩大，降低员工生命危险，最大限度减小经济损失，特制定本预案。

2．组织机构及职责

由项目部成立应急响应指挥部，负责指挥及协调工作。

组长：×××

成员：×××、×××、×××、×××、×××

具体分工如下：

（1）×××负责立即组织人员抢救伤员。

（2）×××负责组织人员进行塌方处理。

（3）×××负责立即同医院、劳动等部门的联系，说明详细事故地点、事故情况，并派人到路口接应。

（4）×××负责现场物资、车辆的调度。

3．坍塌倒塌事故应急措施

（1）事故发生后应立即报告应急抢险指挥部。

（2）挖掘被掩埋伤员及时脱离危险区。

（3）清除伤员口、鼻内泥块、凝血块、呕吐物等，将昏迷伤员舌头拉出，以防窒息。

（4）进行简易包扎、止血或简易骨折固定。

（5）对呼吸、心跳停止的伤员予以心脏复苏。

（6）尽快与120急救中心取得联系，详细说明事故地点、严重程度，并派人到路口接应。

（7）组织人员尽快解除重物压迫，减少伤员挤压综合症的发生，并将其转移至安全地方。

（8）若有骨折时应及时用夹板等简易固定后立即送医院。

（9）基坑：

1）加强排水、降水措施；

2）加强支护和支持加桩板等，对边坡薄弱环节进行加固处理；

3）迅速运走坡边弃土、材料、机械设备等重物；

4）削去部分坡体，减缓边坡坡度。

（10）在没有人员受伤的情况下，现场负责人应根据实际情况研究补救措施，在确保人员生命安全的前提下，组织恢复正常施工秩序。

（11）现场安全员应对脚手架、井架、塔吊等施工设备倒塌事故进行原因分析，制定相应的纠正措施，认真填写伤亡事故报告表、事故调查等有关处理报告，并上报集团应急抢险领导小组。

4．应急物资

常备药品：消毒用品、急救物品（绷带、无菌敷料）及各种常用小夹板、颈托、担架、止血带、氧气袋等物资。

5．通讯联络

医院急救中心：120 火警：119 匪警：110

工地现场值班电话：×××××××

有关负责人电话：×××××××

项目负责人：×××　　手机：138××××××××

安全员：×××　　　　手机：136××××××××

技术负责人：×××　　手机：133××××××××

施工员：×××　　　　手机：136××××××××

6．注意事项

（1）应立即停止施工。

（2）注意观察基坑周边建筑物或设备。

（3）人工胸外心脏挤压、人工呼吸不能轻易放弃，必须坚持到底。

10.2.3 高处坠落事故应急准备与响应预案

1．编制目的

为确保我项目部高处坠落事故发生以后，能迅速有效地开展抢救工作，最大限度地降低员工及相关方生命安全风险，特制定本预案。

2．组织机构及职责

由项目部成立应急响应指挥部，负责指挥及协调工作。

组长：×××

成员：×××、×××、×××、×××、×××

具体分工如下：

（1）×××负责现场，任务是掌握了解事故情况，组织现场抢救。

（2）×××负责联络，任务是根据指挥小组命令，及时布置现场抢救，保持与当地电力、建设行政主管部门及劳动部门等单位的沟通。

（3）×××负责维持现场秩序，做好当事人、周围人员的问讯记录。

（4）×××负责妥善处理好善后工作，负责保持与当地相关部门的沟通联系。

3．高处坠落事故应急措施

（1）迅速将伤员脱离危险场地，移至安全地带。

（2）保持呼吸道通畅，若发现窒息者，应及时解除其呼吸道梗塞和呼吸机能障碍，应立即解开伤员衣领，消除伤员口鼻、咽、喉部的异物、血块、分泌物、呕吐物等。

（3）有效止血，包扎伤口。

（4）视其伤情采取报警直接送往医院，或待简单处理后去医院检查。

（5）伤员有骨折，关节伤、肢体挤压伤，大块软组织伤都要固定。

（6）若伤员有断肢情况发生应尽量用干净的干布（灭菌敷料）包裹装入塑料袋内，随伤员一起转送。

（7）预防感染、止痛，可以给伤员用抗生素和止痛剂。

（8）记录伤情，现场救护人员应边抢救边记录伤员的受伤机制、受伤部位、受伤程度等第一手资料。

（9）立即拨打120向当地急救中心取得联系（医院在附近的直接送往医院），应详细说明事故地点、严重程度、本部门的联系电话，并派人到路口接应。

（10）项目指挥部接到报告后，应立即在第一时间赶赴现场，了解和掌握事故情况，开展抢救和维护现场秩序，保护事故现场。

4. 应急物资

常备药品：消毒用品、急救物品（绷带、无菌敷料）及各种常用小夹板、颈托、担架、止血带、氧气袋。

5. 通讯联络

医院抢救中心：120　匪警：110　火警：119

工地现场值班电话：×××××××

有关负责人电话：×××××××

项目负责人：×××　　　手机：136××××××××

安全员：×××　　　　手机：138××××××××

技术负责人：×××　　　手机：133××××××××

6. 注意事项

（1）事故发生时应组织人员进行全力抢救，视情况拨打120急救电话和马上通知有关负责人。

（2）重伤员运送应用担架，腹部创伤及背柱损伤者，应用卧位运送；胸部伤者一般取半卧位，颅脑损伤者一般取仰卧偏头或侧卧位，以免呕吐误吸。

（3）注意保护好事故现场，便于调查分析事故原因。

10.2.4 触电事故应急准备与响应预案

1. 目的

为确保我项目部触电事故发生以后，能迅速有效地开展抢救工作，最大限度地降低员工及相关方生命安全风险，特制定本预案。

2. 组织机构及职责

由项目部成立应急响应指挥部，负责指挥及协调工作。

组长：×××

成员：×××、×××、×××、×××、×××

具体分工如下：

（1）×××负责现场，任务是掌握了解事故情况，组织现场抢救。

（2）×××负责联络，任务是根据指挥小组命令，及时布置现场抢救，保持与当地电力、建设行政主管部门及劳动部门等单位的沟通。

（3）×××负责维持现场秩序，做好当事人、周围人员的问讯记录。

（4）×××负责妥善处理好善后工作，负责保持与当地相关部门的沟通联系。

3. 触电事故应急措施

（1）现场人员应当机立断地脱离电源，尽可能的立即切断电源（关闭电路），亦可用现场得到的绝缘材料等器材使触电人员脱离带电体。

（2）将伤员立即脱离危险地方，组织人员进行抢救。

（3）若发现触电者呼吸或呼吸心跳均停止，则将伤员仰卧在平地上或平板上立即进行人工呼吸或同时进行体外心脏按压。

（4）立即拨打 120 向当地急救中心取得联系（医院在附近的直接送往医院），应详细说明事故地点、严重程度、本部门的联系电话，并派人到路口接应。

（5）立即向所属公司、集团公司应急抢险领导小组汇报事故发生情况并寻求支持。

（6）维护现场秩序，严密保护事故现场。

4. 应急物资

常备药品：消毒用品、急救物品（绷带、无菌敷料）及氧气袋。

5. 通讯联络

医院抢救中心：120 匪警：110 火警：119

工地现场值班电话：×××××××

有关负责人电话：×××××××

项目负责人：×××　　手机：138××××××××

安全员：×××　　手机：133××××××××

技术负责人：×××　　手机：136××××××××

6. 注意事项

（1）在未脱离电源时，切不可用手去拉触电者。

（2）事故发生时应组织人员进行全力抢救，视情况拨打 120 急救电话和马上通知有关负责人。

（3）注意保护好事故现场，便于调查分析事故原因。

（4）心肺复苏抢救措施要坚持不断的进行（包括送医院的途中）不能随便放弃。

10.2.5 道路管线事故应急准备与响应预案

1. 编制目的

为确保我项目部道路管线事故发生后，能迅速地展开抢救工作，最大限度减少经济损失，特制定本预案。

2. 组织机构及职责

由项目部成立应急响应指挥部，负责指挥及协调工作。

组长：×××

成员：×××、×××、×××、×××、谢××

具体分工如下：

（1）×××负责现场，任务是掌握了解事故情况，组织现场抢救。

（2）×××负责联络，任务是根据指挥小组命令，及时布置现场抢救，保持与当地电力、煤气、建设行政主管部门及劳动部门等单位的沟通。

（3）×××负责维持现场秩序，做好当事人与周围人员的问讯记录。

3．道路管线事故应急措施

（1）事故第一现场人员应立即报告应急指挥小组，并停止施工。

（2）当机立断，尽快将受伤人员脱离危险地方，防止二次伤害。

（3）立即组织职工自我救护队进行自救，并向当地 120 急救中心取得联系，说明事故地点、严重程度，并派人到路口接应。

（4）加强支护和支持加桩板等，对边坡薄弱环节进行加固处理。

（5）如由周边弃土、堆料或其他机械设备施工所致，则迅速运走弃土、堆料和机械设备，并派专人负责基坑土体隆起和开挖时周边的位移与沉降变化的监测工作。

（6）项目部接到报告后，应立即指令全体成员在第一时间赶赴现场，了解和掌握事故情况，开展抢救和现场秩序的维护。

（7）指令善后人员到达事故现场，做好与当事人家属的接洽善后等工作。

（8）现场安全员对事故进行原因分析，制定相应的整改措施，认真填写事故报告和相关处理报告，并上报公司及上级机关。

4．应急物资

常备药品：消毒用品、急救物品（绷带、无菌数料）及各种常用小夹板、止血带、氧气袋。

5．通讯联络

医院急救中心：120 火警：119 匪警：110

工地现场值班电话：××××××××

有关负责人电话：××××××××

项目负责人：×××　　　手机：138××××××××

安全员：×××　　　手机：136××××××××

技术负责人：×××　　手机：136××××××××

施工员：×××　　　手机：138××××××××

6．注意事项

（1）事故发生后应立即停止施工，关闭机械，以免二次伤害。

（2）要求心肺复苏坚持不断的进行（包括送医院的途中）不能随意的放弃。

10.2.6 食物中毒事故应急准备与响应预案

1. 编制目的

施工现场人员多,饮食卫生关系众多人员的生命健康。一旦发现食物中毒事故,将会导致施工现场人员的生命健康受到威胁和直接的经济损失。为确保我项目部中毒事故发生以后,能迅速有效地开展抢救工作,并能积极而因地制宜、分秒必争地给予妥善的处理,最大限度地降低员工及相关方生命安全风险,提高后期的抢救成功率,特制定本预案。

2. 组织机构及职责

由项目部成立应急响应指挥部,负责指挥及协调工作。

组长:×××

成员:×××、×××、×××、×××、×××

具体分工如下:

(1)×××任务是了解掌握疫情,组织现场抢救指挥。

(2)×××任务是根据指挥组指令,及时布置现场抢救,对中毒人员的呕吐物取样,保持与当地防疫部门、建设行政主管部门的沟通,并及时通知当事人的亲人。

(3)×××任务是维护现场秩序、保护事发现场、做好当事人、周围人员的问讯记录,保持与当地公安部门的沟通。

(4)×××负责妥善处理好善后工作,保持与当地相关部门的沟通联系。

3. 食物中毒事故应急措施

(1)事故出现立即向急救中心 120 呼救。讲清中毒人员症状、持续时间、人数、地点,并派人到路口接应。

(2)用人工刺激法,用手指或钝物刺激中毒者的咽弓及咽后壁,用来催吐,如此反复直到吐出物为清亮液体为止。

(3)对可疑的食物禁止再食用,收集呕吐物、排泄物及血、尿送到医院做毒物分析。

(4)对于催吐无效或神态不清者可让其喝牛奶或蛋清等润滑剂来洗胃,结合毒物而防止毒物的吸收并保护胃黏膜。

(5)用硫酸镁 15~30g 加水 200mL 来给中毒者导泻。

(6)项目部指挥部接到报告后,即指令全体人员在第一时间赶赴现场,了解和掌握疫情,开展抢救和维护现场秩序,封存事故现场,获取中毒食品化验样品,供卫生防疫部门检验。

(7)现场安全员应对中毒事故进行原因分析,制定相应的纠正预防措施,认真填写事故调查报告,并上报公司及有关上级机关。

4. 应急物资

常备药品:消毒用品、氧气袋。

5. 通讯联络

医院抢救中心:120 匪警:110 火警:119

工地现场值班电话:××××××××

有关负责人电话：×××××××

项目负责人：×××　　手机：138××××××××

安全员：×××　　手机：136××××××××

技术负责人：×××　　手机：133××××××××

6．注意事项

（1）事故发生时应组织人员进行全力抢救，视情况拨打 120 急救电话和马上通知有关负责人。

（2）如果患者昏迷则需侧躺送医院救治，以免自然呕吐时，将呕吐物吸入气管里面。

（3）不可作口对口人工呼吸，以免将毒物吸入施救者体内造成中毒。

（4）误食腐蚀性毒物（如强酸、强碱类）者或昏迷者，或抽筋者或中毒孕妇不可进行催吐。

（5）重症中毒者要禁食 8～12h，可静脉输液，待病情好转后，再吃些米汤、面条等易消化食物。

10.2.7 突发性停电应急准备与响应预案

1．编制目的

为确保我项目部发生突然停电后，能迅速有效地组织对本工程供电电流的维护，将恢复供电后的触电和机械伤害事故风险降低到最小程度。

2．组织机构及职责

由项目部成立应急响应指挥部，负责指挥与协调工作。

组长：×××

成员：×××、×××、×××、×××、×××

具体分工如下：

（1）×××负责停电后各路电箱的电路切断工作。

（2）×××负责了解停电的原因及可能恢复供电的具体时间。

（3）×××负责施工机具的待机状况。

（4）×××负责维护因停电引起的现场秩序。

3．突发性停电的应急措施

（1）立即切断总配电房的电源开关，离开时锁好门。

（2）分别切断各路分箱、分配电箱、开关箱的电路。

（3）检查正在使用的各种小型机械的待机状况，确保供电后安全、有序地恢复工作。

（4）检查大型机械如塔吊、人货电梯、井架、爬架等停止运行后的状态及限位效果。

（5）有序地组织人货两用电梯内人员的安全撤离。

（6）有序地组织混凝土浇捣的质量控制，避免造成严重的质量事故。

（7）充分了解停电的原因及可能恢复供电的时机。

（8）组织检查本工地供电线路是否因施工不当造成断电。

（9）对可能造成的不稳定秩序及时进行排解。

4．通讯联络

供电所电话：×××

工地现场值班电话：×××××××

有关负责人电话：×××××××

项目负责人：×××　　　手机：13×××××××××

安全员：×××　　　　　手机：13×××××××××

技术负责人：×××　　　手机：13×××××××××

施工员：×××　　　　　手机：13×××××××××

5．注意事项

（1）恢复供电后应先检查各类机械设备是否处于安全待机状态。

（2）恢复供电后，合闸顺序应为总配电房，分箱，分配箱，开关箱。

（3）对可能造成的其他事故，应启动相应的应急救援预案。

10.2.8　防台防汛事故应急准备与响应预案

1．编制目的

为早抓落实防台防汛工作，防止险情扩大，使灾害损失减少到最低限度，特制定本预案。

2．组织机构及职责

由项目部成立应急响应指挥部，负责指挥及协调工作。

组长：×××

成员：×××、×××、×××、×××、×××

具体分工如下：

（1）×××任务是了解掌握险情，组织现场抢救指挥。

（2）×××任务是根据指挥组指令，及时布置现场抢险，保持与当地防台、防汛部门、建设行政主管部门的沟通。

（3）×××任务是维护现场秩序、做好周围人员的问讯记录、保持与当地上级部门的沟通。

（4）×××负责妥善处理好善后工作，保持与当地相关部门的沟通联系。

3．防台防汛事故应急措施

（1）现场人员应立即上报项目部指挥小组。

（2）现场下水道疏通。

（3）生活区、宿舍后勤生活保障、救护。

（4）施工现场塔吊、施工电梯、井架、脚手架、模板等的检查与检修。

（5）施工用电、各部位配电箱、现场高空照明灯及架空线路的检查、加固及抢修。

（6）立即拨打"120"急救中心与医院联系或拨打"110、119"救助，详细说明事故地点、严重程度及本部门的联系电话，并派人到路口接应。

（7）事故调查报告，并上报公司及有关上级机关。

4．应急物资

常备药品：消毒用品、急救物品（绷带、无菌敷料）及各种常用小夹板、担架、止血带、氧气袋及抢救麻袋、泥浆泵、汽车、木料等。

5．通讯联络

医院抢救中心：120　匪警：110　火警：119

工地现场值班电话：×××××××××

有关负责人电话：×××××××××

项目负责人：×××　　手机：137×××××××××

安全员：×××　　　　手机：138×××××××××

技术负责人：×××　　手机：136×××××××××

10.2.9 公司本部事故事件及紧急情况应急预案与响应计划

1．事故事件和紧急情况清单

经调查和分析，公司本部事故事件和紧急情况清单见表 10-1。

表 10-1　事故事件和紧急情况清单

序号	类型	潜在险情
1	火灾、爆炸	办公区失火、库房失火，锅炉、燃气罐爆炸
2	工程事故	坍塌事故
3	机械事故	汽车碰撞或失火
4	伤亡事故	触电
5	管道严重破裂	燃气、上下水管网破裂
6	食物中毒	不当饮食或人为造成引起的食物中毒
7	大面积中暑	群体中暑
8	突发传染病	传播迅速、后果严重的传染病
9	不可抗力自然灾害	地震、地裂、地表陷落、冰雹、暴雨、大风、雷电、暴雪严寒、严重沙尘暴等
	其他	生活或办公室建筑失稳或倒塌，社会事件

2．应急期间组织机构及职责

2.1 应急组织机构

公司本部应急组织机构及人员安排见表 10-2。

表 10-2 应急期间组织机构及人员

序号	情况类型	组织机构及人员	
1	火灾爆炸	指挥员	×××
		通讯联络组	×××
		灭火行动组	×××、×××
		疏散引导组	×××、×××
		安全防护救护组	×××、×××
2	工程事故	指挥长	×××
		副指挥长	×××
		工程抢修组	组长：××× 成员：×××、×××
		救护组	组长：××× 成员：×××、×××
		物资组	组长：××× 成员：×××、×××
		外协组	组长：××× 成员：×××、×××
3	机械事故	应急小组	组长：××× 副组长：××× 成员：×××、×××
4	伤亡事故	总指挥	×××
		指挥	×××
		通讯联络员	×××
		现场疏导员	×××
		救援运输队	×××
		现场救护队	×××
		现场保护队	×××
5	严重管道严重破裂	队长	×××
		副队长	×××
		土方组	组长：××× 成员：×××、×××
		电气组	组长：××× 成员：×××、×××
		管道组	组长：××× 成员：×××、×××
		物资组	组长：××× 成员：×××、×××
		运输组	组长：××× 成员：×××、×××

续表

序号	情况类型	组织机构及人员	
6	食物中毒	总指挥	×××
		指挥	×××
		通讯联络组	×××
		救护组	×××
7	大面积中暑	总指挥	×××
		指挥	×××
		通讯联络组	×××
		救护组	×××
8	突发传染病	指挥员	×××
		联络员	×××
		卫生员	×××
9	不可抗力自然灾害或其他情况	指挥长	×××
		副指挥长	×××
		工程抢修组	组长：××× 成员：×××、×××
		救护组	组长：××× 成员：×××、×××
		物资组	组长：××× 成员：×××、×××
		外协组	组长：××× 成员：×××、×××

2.2 应急岗位职责

2.2.1 火灾爆炸

（1）指挥员职责：

1）正确组织指挥其他责任分工小组，有效展开工作和组织人员的调配。

2）对火灾危险性大、火灾后损失大、伤亡大、政治影响大的重点部位制定灭火计划。

3）分析火势发展变化情况，采取有效的灭火措施。

4）根据救人、疏散物资和灭火等具体任务的需要，有计划、适时、准确地向火场调集灭火力量。

5）组织好本单位义务消防队与公安消防部门协同作战，紧密配合。

6）协助公安消防部门调查火灾原因。

（2）通讯联络组职责：

1）发现火灾后迅速拨打119报警。

2）报警时候说明火灾地点和单位。

3）说明火灾燃烧类型，火势大小。

4）说明报警人的姓名、单位及电话号码。

5）报警后迅速到路口等候消防车，指引火场道路。

（3）灭火行动组职责：

1）熟悉掌握本单位的消防道路、消防设施、器材的位置并达到熟练使用。

2）加强平时的灭火技术训练，掌握灭火方法，针对不同的物资分别采用窒息法、冷却法、隔离法、抑制法有效扑灭火灾。

3）在较短时间内到达火警地点，迅速有效扑灭火灾或援助消防队控制火势和扑灭火灾以减少火灾的损失。

（4）疏散引导组职责：

1）针对本单位或场所的人员情况对人员、物资进行疏散。

2）明确安全出口位置、疏散标志，根据火灾发生的不同部位组织不同的疏散路线。

3）疏散引导人员要明确任务，合理分工，落实具体的疏散措施。

（5）安全防护救护组职责：

1）贯彻执行救人重于灭火的原则，组织人力和工具尽早尽快的将被困人员抢救出来。

2）在救护时要准、稳、果断勇敢，确保安全。

3）掌握寻人方法和火场救人的道路。

4）以最快的速度将救出的伤员护送到附近医院。

2.2.2 工程事故

（1）指挥长职责：

负责现场勘察，召集队伍，调动资源，下达任务。

（2）副指挥长职责：

负责制定抢修方案，解决抢修过程中的技术问题，向指挥长提出资源计划，受指挥长的指挥。

（3）工程抢修组职责：

组长：负责组织人员、重要物资及时、有序地疏散到安全区，对危险区域进行隔离，组织实施工程抢险方案，受指挥长的指挥。

成员：负责组织人员、重要物资及时、有序地疏散到安全区，对危险区域进行隔离，组织实施工程抢险方案，受本组组长的指挥。

（4）救护组职责：

组长：负责组织对受伤人员的救护，受副指挥长的指挥。

成员：负责对受伤人员的救护，及时送医院，受本组组长的指挥。

（5）物资组职责：

组长：负责组织抢修机具、材料的调配，受指挥长的指挥。

成员：负责抢修机具、材料的调配，受本组组长的指挥。

（6）外协组职责：

组长：负责组织联系社会的救助，协调外援的抢修工作，受副指挥长指挥。

成员：负责联系社会的救助，协调外援的抢修工作，受本组组长指挥。

2.2.3 机械事故

（1）应急小组组长职责：

1）准确掌握事故动态，正确制定抢险方案，执行有效处理措施，控制事故蔓延发展。

2）及时向有关领导汇报。

3）保护事故现场。

（2）副组长：协助组长工作。

（3）成员：执行组长、副组长命令。

2.2.4 伤亡事故

（1）总指挥职责：准确掌握事故动态，正确指挥抢险队伍，控制事故蔓延发展。

（2）指挥职责：快速反映，及时了解事故情况向指挥汇报，并协助指挥抢险。

（3）通讯联络员职责：快速将事故情况向总指挥汇报，及时联络救援人员、车辆和物资。

（4）现场疏导员职责：及时、稳妥地疏散现场人员，正确快速地引导救护车辆。

（5）救援、运输队职责：以最快的速度安全地运送伤员和救援物资、及时投入救援抢险。

（6）现场救护队职责：加强日常演练，发生紧急情况快速到位，对伤员正确施救。

（7）现场保护队职责：加强安全防范意识，及时到达制定位置，严密保护事故现场。

2.2.5 管道严重破裂

（1）队长职责：负责现场考察，召集队伍、调动资源，下达任务。

（2）副队长职责：负责制定抢修方案，解决抢修过程中的技术问题，向队长提出资源计划，受队长的指挥。

（3）土方组职责：

组长：负责组织障碍物拆除，管沟槽的开挖、支撑、排水、回填土方，受副队长的指挥。

成员：受本组组长的指挥。

（4）电气组职责：

组长：组织保障抢修照明及施工用电，受副队长指挥。

成员：保障抢修照明及施工用电，受本组组长指挥。

（5）管道组职责：

组长：负责组织破损管道修复或更换，受副队长指挥。

成员：负责破损管道的修复或更换，受本组组长指挥。

（6）物资组职责：

组长：负责组织抢修机具、材料的调配，受队长指挥。

成员：负责抢修机具、材料的调配，受本组组长指挥。

（7）运输组职责：

组长：负责组织被拆除障碍物、挖填土方、抢修机具、材料、抢修队伍的运输，受副队长指挥。

成员：负责被拆除障碍物、挖填土方、抢修机具、材料、抢修队伍的运输，受本组组长指挥。

2.2.6 食物中毒

（1）总指挥职责：

1）负责应急救援人员的分工与调配。

2）调查发病原因、落实发病人数。

3）根据中毒情况，向公司领导和综合管理部报告。

4）向所在地区卫生防疫部门报告。

（2）指挥职责：

协助总指挥进行工作。

（3）通讯联络组职责：

1）负责与各级领导和地区卫生防疫部门的联系。

2）保持通讯系统通畅，做好通讯记录。

（4）救护组职责：

1）负责污染物的卫生消毒。

2）落实病人的隔离措施。

3）现场救护。

4）拨打急救中心电话。

2.2.7 大面积中暑

（1）总指挥职责：

1）负责应急救援人员的分工与调配。

2）调查中暑原因、落实发病人数。

3）根据中暑情况，向公司领导和综合管理部报告。

（2）指挥职责：

协助总指挥进行工作。

（3）通讯联络组职责：

1）负责与各级领导和地区卫生防疫部门的联系。

2）保持通讯系统通畅，做好通讯记录。

（4）救护组职责：

负责采取救护措施。

2.2.8 突发传染病

（1）指挥员职责：

1）负责应急救援人员的分工与调配。

2）调查发病原因、落实发病人数。

3）根据传染病的发病情况，向公司领导和综合管理部报告疫情。

4）向所在地区卫生防疫部门报告疫情。

（2）联络员职责：

1）负责与各级领导和地区卫生防疫部门的联系。

2）保持通讯系统通畅，做好通讯记录。

（3）卫生员职责：

1）负责污染物的卫生消毒。

2）落实病人的隔离措施。

2.2.9 不可抗力自然灾害或其他情况

（1）指挥长职责：

负责下达发出警报、抢修令，召集抢修队，动员全体人员进行抢救、抢险工作。

（2）副指挥长职责：

负责协助指挥长掌握灾情情况，密切关注灾害的发展趋势，提供抢修方案，提出建议，受指挥长指挥。

（3）工程抢修组职责：

组长：负责组织发出警报，人员及重要物资撤离危险区域，对危险区域进行隔离，标出明显警示，组织按方案进行抢修，受指挥长指挥。

副组长：制定抢修技术方案，受本组组长指挥。

成员：负责发出警报，人员及重要物资撤离危险区域，对危险区域进行隔离，标出明显警示，按方案进行抢修，受本组组长指挥。

（4）救护组职责：

组长：负责组织对受伤人员的救护，受副指挥长指挥。

成员：负责对受伤人员的救护，受本组组长指挥。

（5）物资组职责：

组长：负责组织抢修机具、材料的调配，受指挥长指挥。

成员：负责抢修机具、材料的调配，受本组组长指挥。

（6）外协组职责：

组长：负责组织联系社会的援助，协调外援的抢险工作，受副指挥长指挥。

成员：负责联系社会的援助，协调外援的协调工作，受本组组长指挥。

3．事故事件和紧急情况响应措施

（1）火灾、爆炸。

1）各单位防火组织立即奔赴现场，迅速判明起火、爆炸位置。

2）根据不同的火灾、爆炸性质、燃烧物质、采取正确的灭火方法，使用正确的灭火设施和器材。

3）结合分工发挥各自职责。

4）公安消防队伍到达火场后，参加灭火的单位和个人必须服从公安消防机构总指挥员统一调动，执行火场总指挥的灭火命令。

5）灭火工作完毕后，保护好火灾、爆炸现场，单位防火组织协助公安消防部门调查事故原因，核实火灾损失，查明事故责任，处理善后事宜。

（2）工程事故、机械事故。

1）发现险情的人员立即向领导报告。

2）适用时，立即切断电源。

3）指挥长召集抢险小组进入应急状态，并上报。

4）对险情制定抢修方案。

5）根据险情制定抢修方案。

6）各小组按职责实施方案。

7）保护事故现场。

（3）伤亡事故。

1）出现事故立即向领导报告。

2）总指挥立即组织抢险队伍，进入应急状态，控制事故蔓延发展。

3）联络组及时联络救援人员、车辆和物资。

4）救援、运输队及时、稳妥地疏散现场人员，正确快速地引导救援、救护车辆。救护队对伤员正确施救。

5）保护事故现场。

6）死亡事故发生后必须及时报告公司安全管理部和公司领导。

（4）管道严重破裂。

1）发现人员立即向领导报告。

2）项目部领导接到险情报告后，立即到事发现场勘察，查明险情，下达关闭管路命令，立即向水、油、气管理部门通告，对抢修所需的资源进行估算。

3）副队长根据判断结果，制定抢修技术方案，明确抢修队各小组的任务。

4）队长组织抢修队成员，调动必要的机具、设备、材料等资源。

5）对管路破损部位的地上地下障碍物进行清除，亮出被抢修地域。

6）破土挖掘沟槽，亮出破损管道，对沟槽进行必要的防护和排水。

7）对管道进行修补或更换，接口、焊缝等作业必须达到有关技术质量标准。

8）对被损坏管道修补或更换完毕后，加压检验，合格后开启管道系统阀门。

9）沟槽土方回填，将现场及道路清理干净。

（5）食物中毒、大面积中暑。

1）发现异常情况及时报告。

2）救护指挥立即召集抢救小组，进入应急状态。

3）判明中毒性质，采取相应排毒救治措施。

4）如果需要将患者送医院救治，联络组与医院取得联系。

5）使用适宜的运输设备（含医院救护车）尽快将患者送至医院。

6）对现场进行必要的可行的保护。

（6）突发传染病。

1）发现疫情及时报告。

2）指挥员召集救护组进入应急状态。

3）调查发病原因，查明发病人数。

4）控制传染源，立即对病人采取隔离措施，并派专人管理，及时通知就近医院救治。

5）切断传播途径，卫生管理员对病人接触过的物品，要用 84 消毒液进行消毒。操作时要戴一次性的口罩和手套，避免接触传染。

6）保护易感染人群，发生传染病爆发流行时，生活区要采取封闭措施，禁止人员随便流动，防止疾病蔓延。

（7）不可抗力自然灾害。

1）指挥长下达发出警报令，项目部进入抢险救灾状态，抢险队及全体人员投入抢险工作。

2）在指挥长的统一指挥下，及时、有序地将人员疏散到安全区，重要物资撤离危险区。

3）危险区隔离，标出警示。

4）根据分析判断的结果，指挥长、副指挥长定出抢险的方案，调动必要的机具、设备、材料等资源。

5）各抢险组长根据抢险方案，将具体任务下达给各小组成员，各小组成员按要求完成。

6）及时接收媒体或气象部门有关事态后序发展的预测报告，密切跟踪灾害变化，以采取相应的措施。

（8）其他。

1）发现险情的人员立即向领导报告。

2）领导立即调集一切可利用资源，根据实际情况，采取必要和可行的措施。

3）立即上报有关领导，必要时报告有关外部机构。

4．应急设备清单

公司本部应急设备清单如表 10-3。

表 10-3　公司本部应急设备清单

序号	设备名称	数量	负责人	有效期截止日	用途	存放地点
1	救护车	1辆	×××	××年××月××日	急救	A区医疗中心
2	担架	1付	×××	××年××月××日	救援	A区医疗中心
3	氧气瓶及输氧设备	1套	×××	××年××月××日	急救	A区医疗中心
4	简单手术器械	若干	×××	××年××月××日	应急治疗	A区医疗中心
5	中暑药品	若干	×××	××年××月××日	中暑治疗	A区医疗中心
6	其他常用药品及消毒剂	若干	×××	××年××月××日	应急治疗	A区医疗中心
7	电焊机	2台	×××	××年××月××日	抢修	C区设备站
8	气割设备	2套	×××	××年××月××日	抢修	C区设备站
9	套丝机	2台	×××	××年××月××日	抢修	C区设备站

序号	设备名称	数量	负责人	有效期截止日	用途	存放地点
10	电锤	5 台	×××	××年××月××日	抢修	C 区设备站
11	电钻	1 台	×××	××年××月××日	抢修	C 区设备站
12	管钳	1 台	×××	××年××月××日	抢修	C 区设备站
13	行灯变压器	1 台	×××	××年××月××日	抢修	D 区电工室
14	应急灯、手电	若干	×××	××年××月××日	抢修	D 区电工室
15	电测量仪表	1 套	×××	××年××月××日	抢修	D 区电工室
16	绝缘护具	若干	×××	××年××月××日	抢修	D 区电工室
17	消防工具	1 架	×××	××年××月××日	消防	B 区消防中心
18	消防钩	1 把	×××	××年××月××日	消防	B 区消防中心
19	消防锹	1 把	×××	××年××月××日	消防	B 区消防中心
20	消防橘	1 只	×××	××年××月××日	消防	B 区消防中心
21	消防斧	1 把	×××	××年××月××日	消防	B 区消防中心
22	消防箱	2 个	×××	××年××月××日	消防	B 区消防中心
23	干粉灭火器	10 只	×××	××年××月××日	消防	各区消防点
24	水带	2 条	×××	××年××月××日	消防	B 区消防中心
25	水箱	1 个	×××	××年××月××日	消防	B 区消防中心
26	水枪	1 把	×××	××年××月××日	消防	B 区消防中心

5. 疏散路线及现场应急平面图

公司本部疏散路线和应急平面图（略）。

6. 周边可利用资源

注：按照当地医院及相关部门列出清单。

7. 公司主要相关领导和部门联络方式

附联络方式电话号码（略）。

附 录

附录 1 模板设计中常用建筑材料自重

附表 常用建筑材料自重

材料名称	单位	自重	备注
胶合三夹板（杨木）	kN/m²	0.019	—
胶合三夹板（椴木）	kN/m²	0.022	—
胶合三夹板（水曲柳）	kN/m²	0.028	—
胶合五夹板（杨木）	kN/m²	0.030	—
胶合五夹板（椴木）	kN/m²	0.034	—
胶合五夹板（水曲柳）	kN/m²	0.040	—
铸铁	kN/m²	72.50	—
钢	kN/m³	78.50	—
铝	kN/m³	27.00	—
铝合金	kN/m³	28.00	—
普通砖	kN/m³	19.00	$\rho=2.5\lambda=0.81$
黏土空心砖	kN/m³	11.00～4.50	$\rho=2.5\lambda=0.47$
水泥空心砖	kN/m³	9.8	290×290×140—85 块
石灰炉渣	kN/m³	10～12	—
水泥炉渣	kN/m³	12～14	—
石灰锯末	kN/m³	3.4	石灰：锯末=1：3
水泥砂浆	kN/m³	20	—
素混凝土	kN/m³	22～24	振捣或不振捣
矿渣混凝土	kN/m³	20	—
焦渣混凝土	kN/m³	16～17	承重用
焦渣混凝土	kN/m³	10～14	填充用
铁屑混凝土	kN/m³	28～65	—
浮石混凝土	kN/m³	9～14	—
泡沫混凝土	kN/m³	4～6	—
钢筋混凝土	kN/m³	24～25	—
膨胀珍珠岩粉料	kN/m³	0.8～2.5	干，松散 $\lambda=0.045～0.065$
水泥珍珠岩制品	kN/m³	3.5～4	
膨胀蛭石	kN/m³	0.8～2	
聚苯乙烯泡沫塑料	kN/m³	0.5	$\lambda<0.03$
稻草	kN/m³	1.2	
锯末	kN/m³	2～2.5	

附录2 各类模板用材设计指标

2.1 钢材设计指标

2.1.1 钢材的强度设计值，应根据钢材厚度或直径按表 2.1.1-l 采用。钢铸件的强度设计值应按表 2.1.1-2 采用。连接的强度设计值应按表 2.1.1-3、表 2.1.1-4 采用。

表 2.1.1-1 钢材的强度设计值（N/mm²）

钢材		抗拉、抗压和抗弯 f	抗剪 f_v	断面承压（刨平顶紧）f_{ce}
牌号	厚度或直径（mm）			
Q235 钢	≤16	215	125	325
	>16～40	205	120	
	>40～60	200	115	
	>60～100	190	110	
Q345 钢	≤16	310	180	400
	>16～35	295	170	
	>35～50	265	155	
	>50～100	250	145	
Q390 钢	≤16	350	205	415
	>16～35	335	190	
	>35～50	315	180	
	>50～100	295	170	
Q420 钢	≤16	380	220	440
	>16～35	360	210	
	>35～50	340	195	
	>50～100	325	185	

注：表中厚度系指计算点的钢材厚度，对轴心受拉和轴心受压构件系指截面中较厚板件的厚度。

表 2.1.1-2 钢铸件的强度设计值（N/m²）

钢号	抗拉、抗压和抗弯 f	抗剪 f_v	端面承压（刨平顶紧）f_{ce}
ZG200-400	155	90	260
ZG230-450	180	105	290
ZG270-500	210	120	325
ZG310-570	240	140	370

表 2.1.1-3　焊缝的强度设计值（N/mm²）

焊接方法和焊条型号	构件钢材		对接焊缝				角焊缝
	牌号	厚度或直径（mm）	抗压	焊缝质量为下列等级时，抗拉		抗剪	抗拉、抗压和抗剪
				一级、二级	三级		
自动焊、半自动焊和 E43 型焊条的手工焊	Q235 钢	≤16	215	215	185	125	160
		>16～40	205	205	175	120	
		>40～60	200	200	170	115	
		>60～100	190	190	160	110	
自动焊、半自动焊和 E50 型焊条的手工焊	Q345 钢	≤16	310	310	265	180	200
		>16～35	295	295	250	170	
		>35～50	265	265	225	155	
		>50～100	250	250	210	145	
自动焊、半自动焊和 E55 型焊条的手工焊	Q390 钢	≤16	350	350	300	205	220
		>16～35	335	335	285	190	
		>35～50	315	315	270	180	
		>50～100	295	295	250	170	
	Q420 钢	≤16	380	380	320	220	220
		>16～35	360	360	305	210	
		>35～50	340	340	290	195	
		>50～100	325	325	275	185	

注：1.自动焊和半自动焊所采用的焊丝和焊剂，应保证其熔敷金属的力学性能不低于现行国家标准《埋弧焊用碳钢焊丝和焊剂》GB/T5293 和《低合金钢埋弧焊用焊剂》GB/T12470 中相关的规定。

2.焊缝质量等级应符合现行国家标准《钢结构工程施工质量验收规范》GB50205 的规定。其中厚度小于 8mm 钢材的对焊焊缝，不应采用超声波探伤确定焊缝质量等级。

3.对接焊缝在受压区的抗压强度设计值取，在受拉区的抗弯强度设计值取。

4.表中厚度系指计算点的钢材厚度，对轴心受拉和轴心受压构件系指截面中较厚板件的厚度。

表 2.1.1-4　螺栓连接的强度设计值（N/mm²）

螺栓的性能等级、锚栓和构件钢材的牌号		普通螺栓						锚杆	承压型连接高强度螺栓		
		C 级螺栓			A 级、B 级螺栓						
		抗拉	抗剪	承压	抗拉	抗剪	承压	抗拉	抗拉	抗剪	承压
普通螺栓	4.6 级、4.8 级	170	140	—	—	—	—	—	—	—	—
	5.6 级	—	—	—	210	190	—	—	—	—	—
	8.8 级	—	—	—	400	320	—	—	—	—	—
锚杆	Q235 钢	—	—	—	—	—	—	140	—	—	—
	Q345 钢	—	—	—	—	—	—	180	—	—	—
承压型连接高强度螺栓	8.8 级	—	—	—	—	—	—	—	400	250	—
	10.9 级	—	—	—	—	—	—	—	500	310	—
构件	Q235 钢	—	—	305	—	—	405	—	—	—	470
	Q345 钢	—	—	385	—	—	510	—	—	—	590
	Q390 钢	—	—	400	—	—	530	—	—	—	615
	Q420 钢	—	—	425	—	—	560	—	—	—	655

注：1. A 级螺栓用于 $d \leqslant 24$mm 和 $l \leqslant 10d$ 或 $l \leqslant 150$mm（按较小值）的螺栓；B 级螺栓用于 $d > 24$mm 或 $l > 10d$ 或 $l > 150$mm（按较小值）的螺栓。d 为公称直径，l 为螺栓杆公称长度。

2. A 级、B 级螺栓孔的精度和孔壁表面粗糙度，C 级螺栓孔的允许偏差和孔壁表面粗糙度，均应符合现行国家标准《钢结构工程施工质量验收规范》GB50205 的要求。

2.1.2 计算下列情况的结构构件或连接件时，本附录 2 第 2.1.1 条规定的强度设计值应乘以下列相应的折减系数：

1. 单面连接的单角钢·

（1）按轴心受力计算强度和连接 0.85；

（2）按轴心受压计算稳定性

等边角钢 0.6+0.0015λ，但不大于 1.0；

短边相连的不等边角钢 0.5+0.0025λ，但不大于 1.0；

长边相连的不等边角钢 0.7；

λ 为长细比，对中间无连系的单角钢压杆，应按最小回转半径计算。当 λ＜20 时，取 λ=20；

2. 无垫板的单面施焊对接焊缝 0.85；

3. 施工条件较差的高空安装焊缝连接 0.90；

4. 当上述几种情况同时存在时，其折减系数应连乘。

2.1.3 钢材和钢铸件的物理性能指标应按表 2.1.3 采用。

表 2.1.3　钢材和钢铸件的物理性能指标

弹性模量 E（N/mm²）	剪切模量 G（N/mm²）	线膨胀系数 α（以每度计）	质量密度 ρ（kN/mm³）
$2.06×10^5$	$0.79×10^5$	$12×10^{-6}$	78.50

2.2 冷弯薄壁型钢设计指标

2.2.1 冷弯薄壁型钢钢材的强度设计值应按表 2.2.1-1 采用、焊接强度设计值应按表 2.2.1-2 采用、C 级普通螺栓连接的强度设计值应按表 2.2.1-3 采用。电阻点焊每个焊点的抗剪承载力设计值应按表 2.2.1-4 采用。

表 2.2.1-1　冷弯薄壁型钢钢材的强度设计值（N/mm ）

钢材牌号	抗拉、抗压和抗弯 f	抗剪 f_v	端面承压（磨平顶紧）f_{ce}
Q235 钢	205	120	310
Q345 钢	300	175	400

表 2.2.1-2　冷弯薄壁型钢焊接强度设计值（N/mm²）

构件钢材牌号	对接焊接			角焊缝
	抗压	抗拉	抗剪	抗压、抗拉、抗剪
Q235 钢	205	175	120	140
Q345 钢	300	255	175	195

注：1.Q235 钢与 Q345 钢对接强度设计值应按本表中 Q235 钢一样的数值采用。

2.经 X 射线检查符合一、二级焊缝质量标准对接焊缝的抗拉强度值采用抗压强度设计值。

表 2.2.1-3　薄壁型钢 C 级普通螺栓连接的强度设计值（N/mm²）

类别	性能等级	构件钢材的牌号	
	4.6 级、4.8 级	Q235 钢	Q345 钢
抗拉	165	—	—
抗剪	125	—	—
抗压	—	290	370

表 2.2.1-4 电阻点焊的抗剪承载力设计值

相焊板件中外层较薄板件的厚度 t（mm）	每个焊点的抗剪承载力设计值（kN）	相焊板件中外层较薄板件的厚度 t（mm）	每个焊点的抗剪承载力设计值（kN）
0.4	0.6	2.0	5.9
0.6	1.1	2.5	8.0
0.8	1.7	3.0	10.2
1.0	2.3	3.5	12.6
1.5	4.0	—	—

2.2.2 计算下列情况的结构构件和连接时，本附录表 2.2.1-1～表 2.2.1-4 规定的强度设计值，应乘以下列相应的折减系数。

1. 平面格构式檩系的端部主要受压腹杆 0.85；

2. 单面连接的单角钢杆件：

（1）按轴心受力计算强度和连接 0.85；

（2）按轴心受压计算稳定性 0.6+0.0014λ；

注：对中间无联系的单角钢压杆，λ 为按最小回转半径计算的杆件长细比；

3. 无垫板的单面对接焊缝 0.85；

4. 施工条件较差的高空安装焊缝 0.9；

5. 两构件的连接采用搭接或其间填有垫板的连接，以及单盖板的不对称连接 0.9；

6. 上述几种情况同时存在时，其折减系数应连乘。

2.2.3 钢材的物理性能应符合表 2.1.3 的规定。

2.3 木材设计指标

2.3.1 木模板结构用材的设计指标应按下列规定采用：

1. 木材树种的强度等级应按表 2.3.1-1 和表 2.3.1-2 采用；

2. 在正常情况下，木材的强敌设计值及弹性模量，应按表 2.3.1-3 采用；在不同的使用条件下，木材的强度设计值和弹性模量尚应以表 2.3.1-4 规定的调整系数；对于不同的设计使用年限，木材的强度设计值和弹性模量尚应乘以表 2.3.1-5 规定的调整系数；木模板设计按使用年限为 5 年考虑。

表 2.3.1-1 针叶树木材适用的强度等级

强度等级	组别	适用树种
TC17	A	柏木、长叶松、湿地松、粗皮落地松
	B	东北落叶松、欧洲赤松、欧洲落叶松
TC15	A	铁杉、油杉、太平洋海岸黄柏、花旗松—落叶松、西部铁杉、南方松
	B	鱼鳞云杉、西南云杉、南亚松

强度等级	组别	适用树种
TC13	A	油松、新疆落叶松、云南松、马尾松、扭叶松、北美落叶松、海岸松
	B	红皮云杉、丽江云杉、樟子松、红松、西加云杉、俄罗斯红松、欧洲云杉、北美山地云杉、北美短叶松
TC11	A	西北云杉、新疆云杉、北美黄松、云南—松—冷杉、铁—冷杉、东部铁杉、杉木
	B	冷杉、速生杉木、速生马尾松、新西兰辐射松

表 A.3.1-2 阔叶树种木材适用的强度等级

强度等级	适用范围
TB20	青冈、椆木、门格里斯木、卡普木、沉水稍克隆、绿心木、紫心木、李叶豆、塔特布木
TB17	栎木、达荷玛木、萨佩莱木、苦油树、毛罗藤黄
TB15	锥栗（栲木）、桦木、黄梅兰蒂、梅萨瓦木、水曲柳、红劳罗木
TB13	深红梅兰蒂、浅红梅兰蒂、白梅兰蒂、巴西红厚壳木
TB11	大叶椴、小叶椴

表 2.3.1-3 木材的强度设计值及弹性模量

强度等级	组别	抗弯 fm	顺纹抗压及承压 fc	顺纹抗拉 ft	顺纹抗剪 fv	横纹承压 fc，90 全表面	横纹承压 fc，90 局部表面和面	横纹承压 fc，90 拉力螺栓垫板下	弹性模量 E
TC17	A	17	16	10	1.7	2.3	3.5	4.6	10000
	B		15	9.5	1.6				
TC15	A	15	13	9.0	1.6	2.1	3.1	4.2	10000
	B		12	9.0	1.5				
TC13	A	13	12	8.5	1.5	1.9	2.9	3.8	10000
	B		10	8.0	1.4				9000
TC11	A	11	10	7.5	1.4	1.8	2.7	3.6	9000
	B		10	7.0	1.2				
TB20	—	20	18	12	2.8	4.2	6.3	8.4	12000
TB17	—	17	16	11	2.4	3.8	5.7	7.6	11000
TB15	—	15	14	10	2.0	3.1	4.7	6.2	10000
TB13	—	13	12	9.0	1.4	2.4	3.6	4.8	8000
TB11	—	11	10	8.0	1.3	2.1	3.2	4.1	7000

注：计算木构件端部（如接头处）的拉力螺栓垫板时，木材横纹承压强度设计值应按"局部表面和齿面"一栏的数值采用。

表 2.3.1-4 **不同使用条件下木材强度设计值和弹性模量的调整系数**

使用条件	调整系数	
	强度设计值	弹性模量
露天环境	0.9	0.85
长期生产性高温环境，木材表面温度达 40～50℃	0.8	0.8
按恒荷载验算时	0.8	0.8
用在木构筑物时	0.9	1.0
施工和维修时的短暂情况	1.2	1.0

注：1. 当仅有恒荷载或恒荷载产生的内力超过全部荷载所产生的内力的 80%时，应单独以恒荷载进行验算。

2. 当若干条件同时出现时，表列各系数应连乘。

表 2.3.1-5 **不同设计使用年限时木材强度设计值和弹性模量的调整系数**

设计使用年限	调整系数	
	强度设计值	弹性模量
5 年	1.1	1.1
25 年	1.05	1.05
50 年	1.0	1.0
100 年及以上	0.9	0.9

2.3.2 对本附录表 2.3.1-1、表 2.3.1-2 以外的进口木材，应符合国家有关规定的要求。

2.3.3 下列情况，本附录表 2.3.1-3 中的设计指标，尚应按下列规定进行调整：

1. 当采用原木时，若验算部位未经切削，其顺纹抗压、抗弯强度设计值和弹性模量可提高 15%；

2. 当构件矩形截面的短边尺寸不小于 150mm 时，其强度设计值可提高 10%；

3. 当采用湿材时，各种木材的横纹承压强度设计值和弹性模量以及落叶松木材的抗弯强度设计值宜降低 10%；

4. 使用有钉孔或各种损伤的旧木材时，强度设计值应根据实际情况予以降低。

2.3.4 进口规格材应由主管的管理机构按规定的专门程序确定强度设计值和弹性模量。

2.3.5 本细则采用的木材名称及常用树种木材主要特性、主要进口木材现场识别要点及主要材性、已经确定的目测分级规格材的树种和设计值应符合现行国家标准《木结构设计规范》GB50005 的有关规定。

2.4 铝合金型材

2.4.1 建筑模板结构或构件，当采用铝合金型材时，其强度设计值应按表 2.4.1 采用。

表 2.4.1 铝合金型材的强度设计值（N/mm²）

牌号	材料状态	壁厚（mm）	抗拉、抗压、抗弯强度设计值 f_{Lm}	抗剪强度设计值 f_{LV}
LD_2	Cs	所有尺寸	140	80
LY_{11}	Cz	≤10.0	146	84
	Cs	10.1～20.0	153	88
LY_{12}	Cz	≤5.0	200	116
		5.1～10.0	200	116
		10.1～20.0	206	119
LC_4	Cs	≤10.0	293	170
		10.1～20.0	300	174

注：材料状态代号名称：Cz—淬火（自然时效）；Cs—淬火（人工时效）。

2.5 竹木胶合板材

2.5.1 覆面竹胶合板的抗弯强度设计值和弹性模量应按表 2.5.1 采用或根据试验所得的可靠数据采用。

2.5.2 覆面木胶合板的抗弯强度设计值和弹性模量应按表 2.5.2 采用或根据试验所得竹胶合板的可靠数据采用。

2.5.3 复合木纤维板的抗弯强度设计值和弹性模量应按表 2.5.3 采用或根据试验所得的可靠数据采用。

表 2.5.1 覆面竹胶合板抗弯强度设计值（fjm）和弹性模量

项目	板厚度（mm）	板的层数	
		3 层	5 层
抗弯强度设计值（N/mm²）	15	37	35
弹性模量（N/mm²）	15	10584	9898
冲击强度（J/cm²）	15	8.3	7.9
胶合强度（N/mm²）	15	3.5	5.0
握钉力（N/mm）	15	120	120

表 2.5.2　覆面木胶合板的抗弯强度设计值（fjm）和弹性模量

项目	板厚度（mm）	表面材料					
		克隆、山樟		桦木		板质材	
		平行方向	垂直方向	平行方向	垂直方向	平行方向	垂直方向
抗弯强度设计值（N/mm²）	12	31	16	24	16	12.5	29
	15	30	21	22	17	12.0	26
	18	29	21	20	15	11.5	25
弹性模量（N/mm²）	12	11.5×10³	7.3×10³	10×10³	4.7×10³	4.5×10³	9.0×10³
	15	11.5×10³	7.1×10³	10×10³	5.0×10³	4.2×10³	9.0×10³
	18	11.5×10³	7.0×10³	10×10³	5.4×10³	4.0×10³	8.0×10³

表 2.5.3　复合木纤维板的抗弯强度设计值（fjm）和弹性模量应

项目	板厚度（mm）	受力方向	
		横向	纵向
抗弯强度设计值（N/mm²）	≥12	14～16	27～33
弹性模量（N/mm²）	≥12	6.0×10³	6.0×10³
垂直表面抗拉强度设计值（N/mm²）	≥12	>1.8	>1.8

附录 3　等截面连续梁的内力及变形系数

3.1 等跨连接梁

表 3.1-1　二跨等跨连接梁

荷载简图		弯矩系数 K_M		剪力系数 K_V		挠度系数 K_w
		$M_{1中}$	$M_{B支}$	V_A	$V_{B左}$ $V_{B右}$	$w_{1中}$
	静载	0.07	−0.125	0.375	−0.625 0.625	0.521
	活载最大	0.096	−0.125	0.437	−0.625 0.625	0.912
	活载最小	0.032	—	—	—	−0.391

荷载简图		弯矩系数 K_M		剪力系数 K_V		挠度系数 K_w
		$M_{1中}$	$M_{B支}$	V_A	$V_{B左}$ $V_{B右}$	$w_{1中}$
（两集中荷载 F，A、B、C，跨 l、l）	静载	0.156	−0.188	0.312	−0.688 0.688	0.911
	活载最大	0.203	−0.188	0.406	−0.688 0.688	1.497
	活载最小	0.047	—	—	—	−0.586
（四集中荷载 F F F F，A、B、C，跨 l、l）	静载	0.222	−0.333	0.667	−1.333 1.333	1.466
	活载最大	0.278	0.333	0.833	−1.333 1.333	2.508
	活载最小	0.084	—	—	—	−1.042

注：1. 均布荷载作用下：$M=K_M ql^2$，$V=K_V ql$，$w=K_w \dfrac{ql^4}{100EI}$；集中荷载作用下：$M=K_M Fl$，$V=K_V F$，$w=K_w \dfrac{Fl^3}{100EI}$。

2. 支座反力等于该支座左右截面剪力的绝对值之和。

3. 求跨中负弯矩及反挠度时，可查用上表"活载最小"一项的系数，但也要与静载引起的弯矩（或挠度）相组合。

4. 求跨中最大正弯矩及最大挠度时，该跨应满布活荷载，相邻跨为空载；求支座最大负弯矩及最大剪力时，该支座相邻两跨应布满活荷载，即查用上表"活载最大"一项的系数，并与静载引起的弯矩（剪力或挠度）相组合。

表 3.1-2 三跨等跨连续梁

荷载简图		弯矩系数 K_M			剪力系数 K_V		挠度系数 K_w	
		$M_{1中}$	$M_{2中}$	$M_{B支}$	$M_{1中}$		$M_{2中}$	$M_{B支}$
见图1	静载	0.080	0.025	−0.100	0.400	−0.600 0.500	0.677	0.052
	活载最大	0.101	0.075	0.117	0.450	−0.617 0.583	0.990	0.677
	活载最小	−0.025	−0.050	0.017	—		0.313	−0.625

续表

荷载简图		弯矩系数 K_M			剪力系数 K_V		挠度系数 K_w	
		$M_{1中}$	$M_{2中}$	$M_{B支}$		$M_{1中}$	$M_{2中}$	$M_{B支}$
见图2	静载	0.175	0.100	−0.150	0.350	−0.650 0.500	1.146	0.208
	活载最大	0.213	0.175	−0.175	0.425	−0.675 0.625	1.615	1.146
	活载最小	-0.038	-0.075	0.025	—	—	-0.469	-0.937
见图3	静载	0.244	0.067	−0.267	0.733	−1.267 1.000	1.883	0.216
	活载最大	0.289	0.200	−0.311	0.866	−1.311 1.222	2.716	1.883
	活载最小	−0.067	−0.133	0.044	—	—	−0.833	−1.667

图1	图2	图3

注：1.均布荷载作用下：$M=K_M q l^2$，$V=K_V q l$，$\omega=K_w \dfrac{q l^4}{100EI}$；集中荷载作用下：$M=K_M F l$，$V=K_V F$，$\omega=K_w \dfrac{F l^3}{100EI}$。

2.支座反力等于该支座左右截面剪力的绝对值之和。

3.求跨中负弯矩及反挠度时，可查用上表"活载最小"一项的系数，但也要与静载引起的弯矩（或挠度）相组合。

4.求某跨的最大正弯矩及最大挠度时，该跨应满布活荷载，其余每隔一跨满布活荷载；求某支座的最大负弯矩及最大剪力时，该支座相邻两跨应满布活荷载，其余每隔一跨满布活荷载，即查用上表中"活载最大"一项的系数，并与静载引起的弯矩（剪力或挠度）相组合。

表 3.1-3　四等跨连续梁

荷载简图		弯矩系数 K_M				剪力系数 K_V			挠度系数 K_w	
		$M_{1中}$	$M_{2中}$	$M_{B支}$	$M_{C支}$	V_A	$V_{B左}$ $V_{B右}$	$V_{C左}$ $V_{C右}$	$\omega_{1中}$	$\omega_{2中}$
见图1	静载	0.077	0.036	-0.107	-0.071	0.393	-0.607 0.536	-0.464 0.464	0.632	0.186
	活载最大	0.100	0.098	0.121	-0.107	0.446	-0.620 0.603	-0.571 0.571	0.967	0.660
	活载最小	-0.023	-0.045	0.013	0.018	—	—	—	-0.307	-0.558
见图2	静载	0.169	0.116	-0.161	-0.107	0.339	-0.661 0.554	-0.446 0.446	1.079	0.409
	活载最大	0.210	0.183	-0.181	-0.161	0.420	-0.681 0.654	-0.607 0.607	1.581	1.121
	活载最小	-0.040	-0.067	0.020	0.020	—	—		-0.460	-0.711
见图3	静载	0.238	0.111	-0.286	-0.191	0.714	-1.286 1.095	-0.905 0.905	1.764	0.573
	活载最大	0.286	0.222	-0.321	-0.286	0.857	-1.321 1.274	-1.190 1.190	2.657	1.838
	活载最小	-0.071	-0.119	0.036	0.048	—	—		-0.819	-1.265

图1	图2	图3

注：通三跨等跨连续梁

3.2 不等跨连续梁在均布荷载作用下的弯矩、剪力系数

表 3.2-1 二跨不等跨连续梁

荷载简图	计算公式
	弯矩 $M=$表中系数$\times ql^2_1$（kN·m） 剪力 $V=$表中系数$\times ql_1$（kN）

	静载时							活载最不利布置时			
n	M_1	M_2	$M_{B最大}$	V_A	$V_{B左最大}$	$V_{B右最大}$	V_C	$M_{1最大}$	$M_{2最大}$	$V_{A最大}$	$V_{C最大}$
1.0	0.070	0.070	−0.125	0.375	−0.625	0.625	−0.375	0.096	0.096	0.433	−0.438
1.1	0.065	0.090	−0.139	0.361	−0.639	0.676	−0.424	0.097	0.114	0.440	−0.478
1.2	0.060	0.111	−0.155	0.345	−0.655	0.729	−0.471	0.098	0.134	0.443	−0.518
1.3	0.053	0.133	−0.175	0.325	−0.674	0.784	−0.516	0.099	0.156	0.446	−0.558
1.4	0.047	0.157	−0.195	0.305	−0.695	0.839	−0.561	0.100	0.179	0.443	−0.598
1.5	0.040	0.183	−0.219	0.281	−0.719	0.896	−0.604	0.101	0.203	0.450	−0.638
1.6	0.033	0.209	−0.245	0.255	−0.745	0.963	−0.647	0.102	0.229	0.452	−0.677
1.7	0.026	0.237	−0.274	0.226	−0.774	1.011	−0.689	0.103	0.256	0.454	−0.716
1.8	0.019	0.267	−0.305	0.195	−0.805	1.069	−0.731	0.104	0.285	0.455	−0.755
1.9	0.013	0.298	−0.339	0.161	−0.839	1.128	−0.772	0.105	0.316	0.457	−0.794
2.0	0.008	0.330	−0.375	0.125	−0.875	1.188	−0.813	0.106	0.347	0.458	−0.833
2.25	0.003	0.417	−0.477	0.023	−0.976	1.337	−0.913	0.107	0.433	0.462	−0930
2.5	—	0.513	−0.594	−0.094	−1.094	1.488	−1.013	0.108	0.527	0.464	−1.027

表 3.2-2　三跨不等跨连续梁

荷载简图		计算公式	
q A　1　B　2　C　1　D l_1　$l_2=nl_1$　l_1		弯矩=表中系数×ql^2_1（kN·m） 剪力=表中系数×ql_1（kN）	

	静载时						活载最不利布置时					
n	M_1	M_2	$M_{B支}$	V_A	$V_{B左}$	$V_{B右}$	$M_{1最大}$	$M_{2最大}$	$M_{B最大}$	$V_{A最大}$	$V_{B左最大}$	$V_{B右最大}$
0.4	0.087	−0.063	−0.083	0.417	−0.583	0.200	0.089	0.015	−0.096	0.422	−0.596	0.461
0.5	0.088	−0.049	−0.080	0.420	−0.580	0.250	0.092	0.022	−0.095	0.429	−0.595	0.450
0.6	0.088	−0.035	−0.080	0.420	−0.580	0.300	0.094	0.031	−0.095	0.434	−0.595	0.460
0.7	0.087	−0.021	−0.082	0.413	−0.582	0.350	0.096	0.040	−0.098	0.439	−0.593	0.483
0.8	0.086	−0.006	−0.086	0.414	−0.586	0.400	0.098	0.051	−0.102	0.443	−0.602	0.512
0.9	0.083	0.010	−0.092	0.408	−0.592	0.450	0.100	0.063	−0.108	0.447	−0.608	0.546
1.0	0.080	0.025	−0.100	0.400	−0.600	0.500	0.101	0.075	−0.117	0.450	−0.617	0.583
1.1	0.076	0.041	−0.110	0.390	−0.610	0.550	0.103	0.089	−0.127	0.453	−0.627	0.623
1.2	0.072	0.058	−0.122	0.378	−0.622	0.600	0.104	0.103	−0.139	0.455	−0.639	0.665
1.3	0.066	0.076	−0.136	0.356	−0.636	0.650	0.105	0.118	−0.152	0.458	−0.652	0.708
1.4	0.061	0.094	−0.151	0.349	−0.651	0.700	0.106	0.134	−0.168	0.460	−0.668	0.753
1.5	0.055	0.113	−0.163	0.332	−0.663	0.750	0.107	0.151	−0.185	0.462	−0.635	0.798
1.6	0.049	0.133	−0.187	0.313	−0.687	0.800	0.107	0.169	−0.204	0.463	−0.704	0.843
1.7	0.043	0.153	−0.203	0.292	−0.708	0.850	0.108	0.188	−0.224	0.465	−0.724	0.890
1.8	0.036	0.174	−0.231	0.269	−0.731	0.900	0.109	0.203	−0.247	0.466	−0.747	0.937
1.9	0.030	0.196	−0.255	0.245	−0.755	0.950	0.109	0.229	−0.271	0.468	−0.771	0.985
2.0	0.024	0.219	−0.281	0.219	−0.781	1.000	0.110	0.250	−0.297	0.469	−0.797	1.031
2.25	0.011	0.279	−0.354	0.146	−0.854	1.125	0.111	0.307	−0.369	0.471	−0.869	1.151
2.5	0.002	0.344	−0.433	0.063	−0.938	1.250	0.112	0.370	−0.452	0.474	−0.952	1.272

3.3 悬臂梁的反力、剪力、弯矩、挠度

表 3.3 悬臂梁的反力、剪力、弯矩、挠度表

荷载形式				
M 图				
V 图				
反力	$R_B=F$	$R_B=F$	$R_B=ql$	$R_B=qa$
剪力	$V_B=-R_B$	$V_B=-R_B$	$V_B=-R_B$	$V_B=-R_B$
弯矩	$M_B=-Fl$	$M_B=-Fb$	$M_B=-\dfrac{1}{2}ql^2$	$M_B=-\dfrac{qa}{2}(2l-a)$
挠度	$\omega_A=\dfrac{Fl^3}{3EI}$	$\omega_A=\dfrac{Fb^2}{6EI}(3l-b)$	$\omega_A=\dfrac{ql^4}{8EI}$	$\omega_A=\dfrac{q}{24EI}(3l^4-4b^3l+b^4)$

3.4 双向板在均布荷载作用下的内力及变形系数

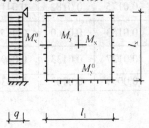

挠度=表中系数$\times\dfrac{ql^4}{B_c}$；$\mu=0.3$

端弯矩=表中系数$\times ql^2$；

跨中弯矩 $M_x^0=M_x+\mu M_y$

$\qquad M_y^0=M_y+\mu M_x$

式中，l 取用 l_x 和 l_y 中之较小者

表 3.4　双向板在均布荷载作用下的内力及变形系数

l_x/l_y	l_y/l_x	f	f_{max}	M_x	M_{Xmax}	M_y	M_{Ymax}	M_x^0	M_y^0
0.50		0.00257	0.00258	0.0408	0.0409	0.0028	0.0089	—0.0836	0.0569
0.55		0.00252	0.00255	0.0398	0.0399	0.0042	0.0093	—0.0827	—0.0570
0.60		0.00245	0.00249	0.0384	0.0386	0.0059	0.0105	—0.0814	—0.571
0.65		0.00237	0.00240	0.0368	0.0371	0.0076	0.0116	—0.0796	—0.0572
0.70		0.00227	0.00229	0.0350	0.0354	0.0093	0.0127	—0.0774	—0.0572
0.75		0.00216	0.00219	0.0331	0.0335	0.0109	0.0137	—0.0750	—0.0572
0.80		0.00205	0.00208	0.0310	0.0314	0.0124	0.0147	—0.0722	—0.0570
0.85		0.00193	0.00196	0.0289	0.0293	0.0138	0.0155	—0.0693	—0.0567
0.90		0.00181	0.00184	0.0268	0.0273	0.0159	0.0163	—0.0663	—0.0563
0.95		0.00169	0.00172	0.0247	0.0252	0.0160	0.0172	—0.0631	—0.0558
1.00	1.00	0.00157	0.00160	0.0227	0.0231	0.0168	0.0180	—0.0600	—0.0550
	0.95	0.00178	0.00182	0.0229	0.0234	0.0194	0.0207	—0.0629	—0.0599
	0.90	0.00201	0.00206	0.0228	0.0234	0.0223	0.0238	—0.0656	—0.0653
	0.85	0.00227	0.00233	0.0225	0.0231	0.0255	0.0273	—0.0683	—0.0711
	0.80	0.00256	0.00262	0.0219	0.0224	0.0290	0.0311	—0.0707	—0.0772
	0.75	0.00286	0.00294	0.0208	0.0214	0.0329	0.0354	—0.0729	—0.0837
	0.70	0.00319	0.00327	0.0194	0.0200	0.0370	0.0400	—0.0748	—0.0903
	0.65	0.00352	0.00365	0.0175	0.0182	0.0412	0.0446	—0.0762	—0.0970
	0.60	0.00386	0.00403	0.0153	0.0160	0.0454	0.0493	—0.0773	—0.1033
	0.55	0.00419	0.00437	0.0127	0.0133	0.0496	0.0541	—0.0780	—0.1093
	0.50	0.00449	0.00463	0.0099	0.0103	0.0534	0.0588	—0.0784	—0.1146

附录 4 类截面轴心受压钢构件稳定系数

附表 b 类截面轴心受压钢构件的稳定系数 Φ

$\lambda\sqrt{\dfrac{f_y}{235}}$	0	1	2	3	4	5	6	7	8	9
0	1.000	1.000	1.000	0.999	0.999	0.998	0.997	0.996	0.995	0.994
10	0.992	0.991	0.989	0.987	0.985	0.983	0.981	0.978	0.976	0.973
20	0.970	0.967	0.963	0.960	0.957	0.953	0.950	0.946	0.943	0.939
30	0.936	0.932	0.929	0.925	0.922	0.918	0.914	0.910	0.906	0.903
40	0.899	0.895	0.891	0.887	0.882	0.878	0.874	0.870	0.865	0.861
50	0.856	0.852	0.847	0.842	0.838	0.833	0.828	0.822	0.818	0.813
60	0.807	0.802	0.797	0.791	0.786	0.780	0.774	0.769	0.763	0.757
70	0.751	0.745	0.739	0.732	0.726	0.720	0.714	0.707	0.701	0.694
80	0.688	0.681	0.675	0.668	0.661	0.655	0.648	0.641	0.635	0.628
90	0.621	0.614	0.608	0.601	0.594	0.588	0.581	0.575	0.5668	0.561
100	0.555	0.540	0.542	0.536	0.520	0.523	0.517	0.511	0.505	0.499
110	0.493	0.487	0.481	0.475	0.470	0.464	0.458	0.453	0.447	0.442
120	0.437	0.432	0.426	0.421	0.416	0.411	0.406	0.402	0.397	0.392
130	0.387	0.383	0.378	0.374	0.370	0.365	0.361	0.357	0.353	0.349
140	0.345	0.341	0.337	0.333	0.329	0.326	0.322	0.318	0.315	0.311
150	0.308	0.304	0.301	0.298	0.295	0.291	0.288	0.295	0.282	0.279
160	0.276	0.273	0.270	0.267	0.265	0.262	0.259	0.256	0.254	0.251
170	0.249	0.246	0.244	0.241	0.239	0.236	0.234	0.232	0.229	0.227
180	0.225	0.223	0.220	0.218	0.216	0.214	0.212	0.210	0.208	0.206
190	0.204	0.202	0.200	0.198	0.197	0.195	0.193	0.191	0.190	0.188
200	0.186	0.184	0.183	0.181	0.180	0.178	0.176	0.175	0.173	0.172
210	0.170	0.169	0.167	0.166	0.165	0.163	0.162	0.160	0.159	0.158
220	0.156	0.155	0.154	0.153	0.151	0.150	0.149	0.148	0.146	0.145
230	0.144	0.143	0.142	0.141	0.140	0.138	0.137	0.136	0.135	0.134
240	0.133	0.132	0.131	0.130	0.129	0.128	0.127	0.126	0.125	0.124
250	0.123									

附录 5　满堂脚手架与满堂支撑架立杆计算长度系数 μ

表 5-1　满堂脚手架立杆计算长度系数

步距（m）	立杆间距（m）			
	1.3×1.3	1.2×1.2	1.0×1.0	0.9×0.9
	高宽比不大于 2	高宽比不大于 2	高宽比不大于 2	高宽比不大于 2
	最少跨数 4	最少跨数 4	最少跨数 4	最少跨数 5
1.8	—	2.176	2.079	2.017
1.5	2.569	2.505	2.377	2.335
1.2	3.011	2.971	2.825	2.758
0.9	—	—	3.571	3.482

注：1. 步距两级之间计算长度系数按线性插入值。

2. 立杆间距两极之间，纵向间距与横向间距不同时，计算长度系数较大间距对应的计算长度系数取值。立杆间距两级之间值，计算长度系数取两级对应的较大的 μ 值。要求高宽比相同。

3. 高宽比超过表中规定时，应按《建筑施工扣件式钢管脚手架安全技术规范》JGJ130-2011 执行。

表 5-2　满堂脚手架（剪刀撑设置普通型）立杆计算长度系数 μ1

步距（m）	立杆间距（m）											
	1.2×1.2		1.0×1.0		0.9×0.9		0.75×0.75		0.6×0.6		0.4×0.4	
	高宽比不大于 2		高宽比不大于 2		高宽比不大于 2		高宽比不大于 2		高宽比不大于 2.5		高宽比不大于 2.5	
	最少跨数 4		最少跨数 4		最少跨数 5		最少跨数 5		最少跨数 5		最少跨数 8	
	a=0.5 (m)	a=0.2 (m)	a=0.5 (m)	a=0.2 (m)	a=0.5 (m)	a=0.2 (m)	a=0.5 (m)	a=0.2 (m)	a=0.5 (m)	a=0.2 (m)	a=0.5 (m)	a=0.2 (m)
1.8	—	—	1.165	1.432	1.131	1.388						
1.5	1.298	1.649	1.241	1.574	1.215	1.540						
1.2	1.403	1.869	1.352	1.799	1.301	1.719	1.257	1.669				
0.9	—	—	1.532	2.153	1.437	2.066	1.422	2.055	1.599	2.251		
0.6	—	—	—	—	1.699	2.622	1.629	2.526	1.839	2.846	1.839	2.846

注：1. 步距两级之间计算长度系数按线性插入值。

2. 立杆间距两极之间，纵向间距与横向间距不同时，计算长度系数较大间距对应的计算长度系数取值。立杆间距两级之间值，计算长度系数取两级对应的较大的 μ 值。要求高宽比相同。

3. 立杆间距 0.9m×0.6m 计算长度系数，同立杆间距 0.75m×0.75m 计算长度系数，高宽比不变，最小宽度 4.2m。

4. 高宽比超过表中规定时，应按《建筑施工扣件式钢管脚手架安全技术规范》JGJ130-2011 执行。

表 5-3 满堂支撑架（剪刀撑设置加强型）立杆计算长度系数 μ_1

步距(m)	立杆间距（m）											
	1.2×1.2		1.0×1.0		0.9×0.9		0.75×0.75		0.6×0.6		0.4×0.4	
	高宽比不大于2		高宽比不大于2		高宽比不大于2		高宽比不大于2		高宽比不大于2.5		高宽比不大于2.5	
	最少跨数4		最少跨数4		最少跨数5		最少跨数5		最少跨数5		最少跨数8	
	a=0.5(m)	a=0.2(m)	a=0.5(m)	a=0.2(m)	a=0.5(m)	a=0.2(m)	a=0.5(m)	a=0.2(m)	a=0.5(m)	a=0.2(m)	a=0.5(m)	a=0.2(m)
1.8	1.099	1.355	1.059	1.305	1.031	1.269	—	—	—	—	—	—
1.5	1.174	1.494	1.123	1.427	1.091	1.386	—	—	—	—	—	—
1.2	1.269	1.685	1.233	1.636	1.204	1.596	1.168	1.546	—	—	—	—
0.9	—	—	1.377	1.940	1.352	1.903	1.285	1.806	1.294	1.818	—	—
0.6	—	—	—	—	1.556	2.395	1.477	2.284	1.497	2.300	1.497	2.300

注：1.步距两级之间计算长度系数按线性插入值。

2.立杆间距两极之间，纵向间距与横向间距不同时，计算长度系数较大间距对应的计算长度系数取值。立杆间距两级之间值，计算长度系数取两级对应的较大的 μ 值。要求高宽比相同。

3.立杆间距 0.9m×0.6m 计算长度系数，同立杆间距 0.75m×0.75m 计算长度系数，高宽比不变，最小宽度 4.2m。

4.高宽比超过表中规定时，应按《建筑施工扣件式钢管脚手架安全技术规范》JGJ130-2011 执行。

表 5-4 满堂支撑架（剪刀撑设置普通型）立杆计算长度系数 μ_2

步距(m)	立杆间距（m）					
	1.2×1.2	1.0×1.0	0.9×0.9	0.75×0.75	0.6×0.6	0.4×0.4
	高宽比不大于2	高宽比不大于2	高宽比不大于2	高宽比不大于2	高宽比不大于2.5	高宽比不大于2.5
	最少跨数4	最少跨数4	最少跨数5	最少跨数5	最少跨数5	最少跨数8
1.8	—	1.750	1.697	—	—	—
1.5	2.089	1.993	1.951	—	—	—
1.2	2.492	2.399	2.292	2.225	—	—
0.9	—	3.109	2.985	2.896	3.251	—
0.6	—	—	4.371	4.211	4.744	4.744

注：1.步距两级之间计算长度系数按线性插入值。

2.立杆间距两极之间，纵向间距与横向间距不同时，计算长度系数较大间距对应的计算长度系数取值。立杆间距两级之间值，计算长度系数取两级对应的较大的 μ 值。要求高宽比相同。

3.立杆间距 0.9m×0.6m 计算长度系数，同立杆间距 0.75m×0.75m 计算长度系数，高宽比不变，最小宽度 4.2m。

4.高宽比超过表中规定时，应按《建筑施工扣件式钢管脚手架安全技术规范》JGJ130-2011 执行。

表 5-5 满堂支撑架（剪刀撑设置加强型）立杆计算长度系数 μ2

步距（m）	立杆间距（m）					
	1.2×1.2	1.0×1.0	0.9×0.9	0.75×0.75	0.6×0.6	0.4×0.4
	高宽比不大于2	高宽比不大于2	高宽比不大于2	高宽比不大于2	高宽比不大于2.5	高宽比不大于2.5
	最少跨数4	最少跨数4	最少跨数5	最少跨数5	最少跨数5	最少跨数8
1.8	1.656	1.595	1.551	—	—	—
1.5	1.893	1.808	1.755	—	—	—
1.2	2.247	2.181	2.128	2.062	—	—
0.9	—	2.802	2.749	2.608	2.626	—
0.6	—	—	3.991	3.806	3.833	3.833

注：1.步距两级之间计算长度系数按线性插入值。

2.立杆间距两极之间，纵向间距与横向间距不同时，计算长度系数较大间距对应的计算长度系数取值。立杆间距两级之间值，计算长度系数取两级对应的较大的 μ 值。要求高宽比相同。

3.立杆间距0.9m×0.6m计算长度系数，同立杆间距0.75m×0.75m计算长度系数，高宽比不变，最小宽度4.2m。

4.高宽比超过表中规定时，应按《建筑施工扣件式钢管脚手架安全技术规范》JGJ130-2011执行。

附录 6 扣件式钢管脚手架钢管截面几何特性

表 6-1 钢管截面几何特性

外径 Φ, d	壁厚 t	截面积 A	惯性矩 I	截面模量 W	回转半径 i	每米长质量
(mm)		(cm²)	(cm⁴)	(cm³)	(cm)	(kg/m)
48.3	3.6	5.06	12.71	5.26	1.59	3.97

附录 7 满堂脚手架与满堂支撑架立杆计算长度系数 μ

表 7-1 满堂脚手架立杆计算长度系数

步距 (m)	立杆间距（m）			
	1.3×1.3	1.2×1.2	1.0×1.0	0.9×0.9
	高宽比不大于2	高宽比不大于2	高宽比不大于2	高宽比不大于2
	最少跨数4	最少跨数4	最少跨数4	最少跨数5
1.8	—	2.176	2.079	2.017
1.5	2.569	2.505	2.377	2.335
1.2	3.011	2.971	2.825	2.758
0.9	—	—	3.571	3.482

注：1.步距两级之间计算长度系数按线性插入值。

2.立杆间距两级之间，纵向间距与横向间距不同时，计算长度系数按较大间距对应的计算长度系数取值。立杆间距两级之间值，计算长度系数取两级对应的较大的 μ 值。要求高宽比相同。

参 考 文 献

1 中华人民共和国住房和城乡建设部． JGJ 59-2011　建筑施工安全检查标准．北京：中国建筑工业出版社，2012

2 中华人民共和国住房和城乡建设部．JGJ 180-2009 建筑施工土石方工程安全技术规范．北京：中国建筑工业出版社，2009

3 中华人民共和国住房和城乡建设部．JGJ 120-2012 建筑基坑支护技术规程．北京：中国建筑工业出版社，2009

4 中华人民共和国住房和城乡建设部．JGJ 130-2011 建筑施工扣件式钢管脚手架安全技术规范．北京：中国建筑工业出版社，2011

5 中华人民共和国住房和城乡建设部．JGJ 128-2010 建筑施工门式钢管脚手架安全技术规范．北京：中国建筑工业出版社，2010

6 中华人民共和国住房和城乡建设部．JGJ 231-2010 建筑施工承插型盘扣式钢管支架安全技术规程．北京：中国建筑工业出版社，2010

7 中华人民共和国住房和城乡建设部．JGJ 162-2008 建筑施工模板安全技术规范．北京：中国建筑工业出版社，2008

8 中华人民共和国住房和城乡建设部．JGJ 196-2010 建筑施工塔式起重机安装、使用、拆卸安全技术规程．北京：中国建筑工业出版社，2010

9 中华人民共和国住房和城乡建设部．JGJ 215-2010 建筑施工升降机安装、使用、拆卸安全技术规程．北京：中国建筑工业出版社，2010

10 中华人民共和国住房和城乡建设部．JGJ/T 187-2009 塔式起重机混凝土基础工程技术规程．北京：中国建筑工业出版社，2010

11 中华人民共和国住房和城乡建设部．JGJ 311-2013 建筑深基坑工程施工安全技术规范．北京：中国建筑工业出版社，2014

12 中华人民共和国住房和城乡建设部．建质[2009]87 号　危险性较大的分部分项工程安全管理办法